JN265303

企画・提案からプロジェクト管理、運用まで

Webディレクション
標準スキル 152

日本WEBデザイナーズ協会 [編]

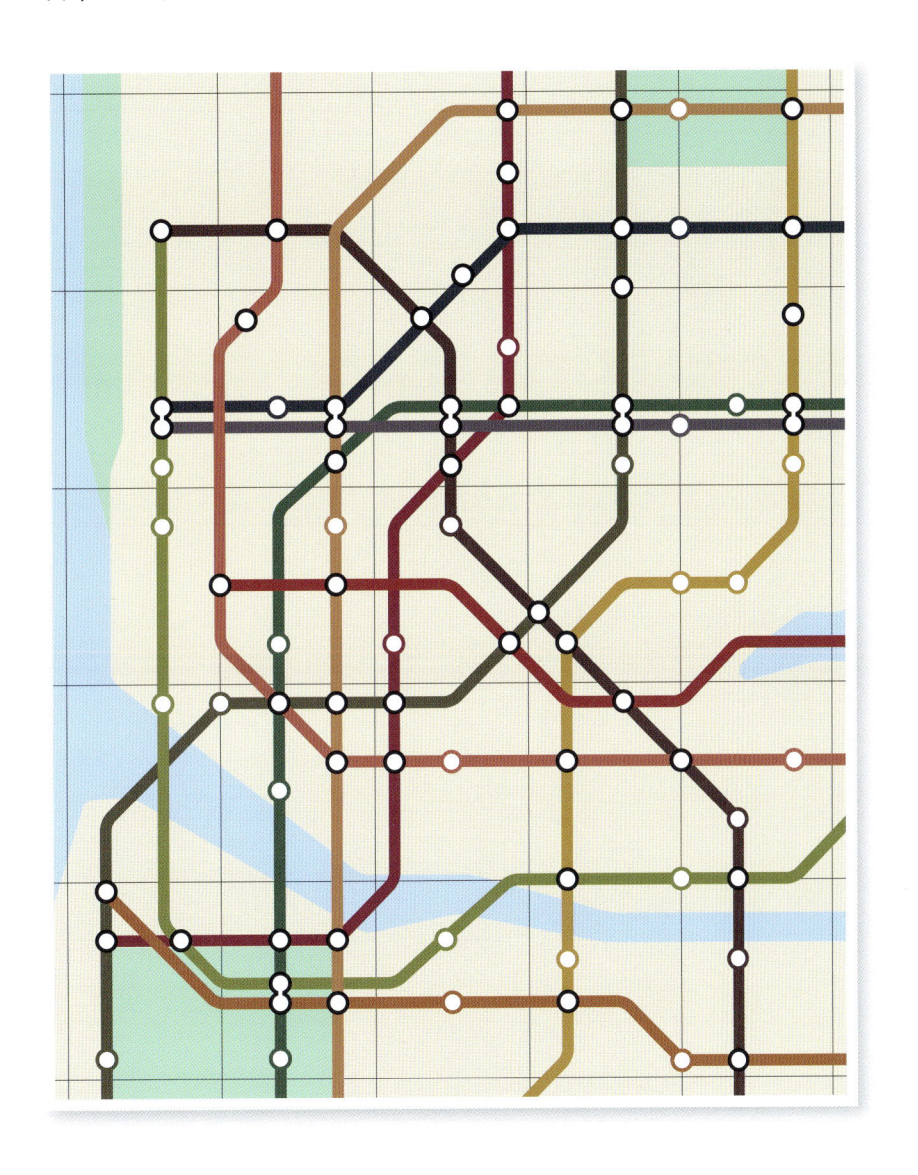

ASCII

- 本書は情報の提供のみを目的としています。本書を運用した結果について、著者およびアスキー・メディアワークスは一切の責任を負いません。
- 本書の内容は2012年2月現在の情報に基づいています。WebサイトのURLやソフトウェアのバージョン等は予告なく変更されている場合があります。
- 本書に登場する会社名、商品名等は該当する各社の商標または登録商標です。本書では®マークおよび™マークの表示を省略しています。

はじめに

　Webは、今やどの企業にとっても必要不可欠なツールの1つになり、広報、販売、顧客管理、プロモーション、商品開発、顧客サポートと、あらゆる業務に関係している、あるいは根底にあるものとなっています。しかし、その一方で、景気の低迷、CMS機能のめざましい向上などの背景、Webを「確実に成果を上げるツール」として捉える傾向の強まりから、Webサイト制作における「制作のインスタント化」が否めません。

　いかに効果を出したか？ を測定しやすいのがWebの長所だという考えから、クライアントである企業は、コンテンツのクオリティよりも、短期間で結果がでやすい施策を重視する傾向にあります。数値として計測されにくい、ブランドへのコミットメント度合い、ファンの醸成度合いは、その大切さは理解していても、結果が分かりやすい指標に重きを置いてしまうのです。

　しかしながら、このような傾向には、落とし穴を感じずにはいられません。一時的なタイムセールや話題作りのためのコンテンツは、2日もすればソーシャルメディアのタイムラインとともに風化していき、容易に忘れ去られてしまうでしょう。ページビュー至上主義から、いつしかエンゲージメントの重要性が謳われるようになっていきましたが、よくよく考察してみると、CPR（Cost Per Response）やCPO（Cost Per Order）を上げるためだけの効率的な販売営業に終始しているケースもあります。熱心な営業マンのおかげで売れている商品は、営業マンを失えばとたんに売れ行きが下降します。明らかなのは、このスタイルでは常に営業に主眼をおかなくてはならず、販売という立場でファンの醸成を図ることが難しいという事実です。

　現在のWebを取り巻く環境もこれと似ています。インターネット慣れした消費者が情報に溺れて、ゆっくりと判断するよりも、すぐに「得すること」に踊らされてしまっているのではないだろうか、そう感じるのです。

　プロモーションサイトであれ、ECサイトであれ、企業サイト、モバイルサイトであれ、それぞれ個別の目的は存在するものの、最終的かつ総合的なゴールは、消費者のブランドロイヤリティを高め、ライフタイムバリューを引き上げていくことです。企業の統一した価値を消費者へ植え付けて行くためには、企業の統一したMI（マインド／精神）、VI（ビジュアル／見た目）、BI（ビヘイビア／行動）と常にイコールな制作物を創出しなくてはならないのです。

　そこでカギを握るポジションが、Webディレクターです。Webサイトの制作は、ただ単にレイアウトを整えればよいわけではありません。コンテンツの企画、編集、デザイン、制作などの各種スペシャリストが集まり、チームでプロジェクトを遂行します。それらをまとめるのが、Webディレクターの役割です。

　本書には、それぞれの専門分野で活躍するプロの視点で、Web制作のさまざまな手法からマーケティングの知識まで、Webディレクションに欠かせないスキルとノウハウがびっしりと収められています。新米・若手Webディレクターはもちろん、「Web」に関わるすべての方々のお役に立ち、結果として、日本の産業の活性化に貢献できれば幸いです。

2012年2月
日本WEBデザイナーズ協会 会長
中川　直樹

Webディレクション標準スキル152 ● 目次

第1章 プロジェクトの全体像とWebディレクターの役割 … 011

- 001 Webディレクターの仕事とは … 012
- 002 業種で異なるWebディレクターの役割 … 014
- 003 Webサイト制作のステークホルダー … 016
- 004 Webサイト制作プロジェクトの流れ … 018
- 005 Webディレクターが身につけたい「段取り力」 … 020
- 006 制作スタッフ間のコミュニケーション … 022
- 007 クライアントの理解とコミュニケーション … 024
- [コラム❶] 10年後を生き抜くWebディレクターの心得 … 026

第2章 Webサイト制作案件の提案・受注 … 031

- 008 オリエンテーションの実施 … 032
- 009 ヒアリングシートによる要望の明確化 … 034
- 010 企画提案書の作成 … 036
- 011 要件定義書の作成 … 040
- 012 費用の算出と見積書の作成 … 042
- 013 プレゼンテーションの進め方と心構え … 046
- 014 コンペ形式による案件の受注 … 048
- 015 受注から支払いまでの流れ … 050
- 016 受注契約の締結 … 052

第3章 Webサイトのプランニング … 055

- 017 目的によって違うWebサイトのタイプ … 056
- 018 プロモーションサイトの役割と構成 … 058
- 019 企業サイトの役割と構成 … 060
- 020 ECサイトの要件定義 … 062
- [コラム❷] 大規模サイトの要件をどう定めるか … 064
- 021 Webサイトによるブランディング … 066
- 022 Webサイトの現状把握 … 068
- 023 Webサイトの現状分析 … 070
- 024 ユーザビリティ調査の実施 … 072
- 025 マーケティング戦略のフレームワーク … 074
- 026 AIDMAからAISAS、そしてSIPSへ … 076
- 027 コンタクトポイントの設計とメディアプランニング … 078
- 028 ペルソナによるターゲットの明確化 … 080
- [コラム❸] Webプロモーションのこれからの可能性 … 082
- 029 SWOT分析で課題を探る … 084
- 030 KPIの設定とゴールの明確化 … 086
- 031 Webサイトのコンセプトメイキング … 088
- 032 ブレーンストーミングとバズセッション … 090
- 033 Webコンテンツの企画 … 092
- 034 Webサイトで使うドメイン名の選定 … 094
- 035 グローバルWebサイトの企画 … 096
- 036 ECサイトの企画 … 098
- 037 海外向けECサイトの企画 … 100

第4章 Webサイトの設計とデザインディレクション … 103

- 038 Webページの基本的なレイアウト構成 … 104
- 039 Webサイトとアクセシビリティ … 106
- 040 画面解像度・OSブラウザーの選定 … 108
- 041 ユーザビリティとユーザーエクスペリエンス … 110
- 042 情報アーキテクチャー（IA）の理解 … 112
- 043 Webサイトのナビゲーション設計 … 114
- 044 SEOを意識したサイト設計 … 116
- 045 サイトマップの作成 … 118
- 046 ディレクトリマップの作成 … 120
- 047 ワイヤーフレームの作成 … 122
- 048 Webデザインにおけるタイポグラフィ … 124
- 049 Webサイトの配色・色彩計画 … 126
- 050 トーン&マナーによるブランドイメージの構築 … 128
- 051 デザインカンプの作成 … 130
- 052 グローバルWebサイトの設計 … 132

第5章 プロジェクトマネジメント … 135

- 053 議事録の作成と共有 … 136
- 054 プロジェクトの情報共有 … 138
- 055 プロジェクトメンバーのアサイン … 140
- 056 タスクの洗い出しとWBSの作成 … 142
- 057 スケジュールの作成と進捗管理 … 144
- 058 プロジェクトの予算管理 … 146
- 059 外注企業の利用と管理 … 148
- 060 プロジェクトのリスク管理 … 150
- 061 プロジェクトの品質管理 … 152

第6章 Webコンテンツの制作ディレクション … 155

- 062 Webコンテンツ制作の発注 … 156
- 063 コンテンツ素材の管理 … 160
- 064 画像フォーマットの種類と使い分け … 162
- 065 Webに特化した文章術「Webライティング」 … 164
- 066 納期や工数、コストを減らす校正作業 … 166
- 067 Webサイトにかかわるさまざまな法律 … 168
- 068 個人情報保護法とプライバシーポリシー … 170
- 069 Webサイトで使う素材の著作権 … 172
- 070 ECサイトに必須の特定商取引法の理解 … 174
- 071 Webサイトで扱う動画ファイルの選択 … 176
- 072 動画コンテンツ配信プラットフォームの選び方 … 178
- 073 WebサイトにおけるPDFの利用 … 180

第7章 Webサイトの制作ディレクション …… 183

- 074 Webデザインツールの種類と使い分け …… 184
- 075 Webサーバーの選定 …… 186
- 076 テスト環境の構築 …… 188
- 077 バージョン管理ツールの導入と使い方 …… 190
- 078 HTMLの種類とマークアップの基本 …… 192
- 079 CSSによるWebページのデザイン …… 194
- 080 Webサイトの価値を高めるJavaScript …… 196
- 081 「Web標準」の考え方 …… 198
- [コラム4] 仕様策定が進む「HTML5」と「CSS3」 …… 200
- 082 RSSフィードの作成と活用 …… 202
- 083 検索結果の表示を変えるマイクロフォーマット …… 204
- 084 Webサイトの質を保つ制作仕様書の作成 …… 206
- 085 CMSテンプレートによるWebサイトの制作 …… 208
- 086 文字コードとフォントの基礎知識 …… 210
- 087 ブラウザーテストとテストツール …… 212
- 088 RIA技術の活用 …… 214
- 089 Ajaxの仕組みとライブラリーの利用 …… 216
- 090 Flashコンテンツの制作 …… 220
- 091 独自空間を演出するフルFlashサイト …… 224
- [コラム5] 3つの事例からフルFlashサイトの可能性を探る …… 226
- 092 SilverlightとAdobe AIR …… 228

第8章 Webシステムの開発ディレクション …… 231

- 093 システム化の企画と提案 …… 232
- 094 システムドキュメントの作成 …… 234
- 095 システムフローの作成 …… 238
- 096 ネットワーク機器構成の検討・構築 …… 240
- 097 サーバーサイド技術の役割と利用 …… 242
- 098 Webシステムにおけるプログラミング言語の選定 …… 244
- 099 データベースのしくみと役割 …… 246
- [コラム6] クラウド・コンピューティングによるインフラの構築 …… 248
- 100 セキュリティ対策とリスク対応 …… 250
- 101 巧妙化、複雑化するサーバー攻撃 …… 252
- 102 ユーザー認証とSSLの導入 …… 254
- 103 ASP／SaaSの活用 …… 256
- 104 Web APIの利用とマッシュアップ …… 258
- 105 オープンソースの活用 …… 260
- 106 決済システムの選定 …… 262
- 107 決済代行会社の選択基準 …… 264
- 108 ブログ／CMSの選定 …… 266
- 109 企業コミュニティサイトの構築 …… 268
- 110 ECプラットフォームの選定 …… 270
- 111 リリース準備とWebサイトの公開 …… 272

第9章 Webプロモーションの実施 275

- 112 検索エンジンとSEO … 276
- 113 SEOを成功に導く外部対策 … 278
- 114 インターネット広告の利用 … 280
- 115 SEMの基本 リスティング広告 … 282
- 116 アフィリエイトのしくみ … 284
- 117 ソーシャルメディア・マーケティング … 286
- 118 ネットを活用した広報活動 … 288
- 119 クロスメディアによるプロモーション … 290
- 120 国ごとで大きく異なる海外SEO/SEM事情 … 292
- 121 メールマガジンによるメールマーケティング … 294

第10章 Webサイトの運用・改善 297

- 122 PDCAでまわす運用業務の基本 … 298
- 123 運用業務の受注と体制の構築 … 300
- 124 業務分担を明確にするECサイトの運営 … 302
- [コラム❼] 実例にみる大規模サイトの運用ディレクション … 304
- 125 Webサイト運営のリスクマネジメント … 306
- [コラム❽] ソーシャルメディアの普及で注目されるテキストマイニングの可能性 … 308
- 126 Webサイトの効果測定 … 310
- 127 Webアクセス解析の活用 … 312
- 128 アクセス解析レポートと定期ミーティング … 316
- 129 アクセス解析から導く改善提案 … 318
- [コラム❾] アクセス解析と業務データの連携 … 320
- 130 LPOとEFOによるWebサイトの改善 … 322
- 131 A/Bテストによる効果検証 … 324
- 132 レコメンデーションと行動ターゲティング … 326

第11章 モバイルサイトの構築 329

- 133 携帯電話とインターネットアクセス … 330
- 134 ケータイサイトの種類とビジネスモデル … 332
- 135 ケータイサイトの要件定義 … 334
- 136 PCとの違いにみるケータイサイトの設計 … 336
- 137 ケータイサイト制作のポイント … 338
- 138 ケータイサイトの集客手法 … 340
- 139 ソーシャルメディアの広がりとモバイルデバイス … 342
- 140 モバイルアクセス解析の特徴とツールの選び方 … 344
- 141 ケータイアプリの開発フロー … 346
- 142 スマートフォンとWeb制作 … 348
- 143 スマートフォンサイトの制作 … 350
- 144 iPhoneアプリ開発のワークフロー … 352
- 145 マルチスクリーンサイトの設計・制作 … 354
- 146 モバイルCMSの種類と選び方 … 356
- [コラム❿] モバイルコンテンツ市場の動向と今後の可能性 … 358

第12章 Web技術の応用 ... 361

- 147 Webアクセス端末としてのビデオゲーム機 ... 362
- 148 デスクトップウィジェットの開発と可能性 ... 364
- 149 情報端末におけるWeb技術の活用 ... 366
- 150 タッチパネル端末向けコンテンツの制作 ... 368
- 151 デジタル放送とマルチメディアサービス ... 370
- 152 デジタルサイネージのコンテンツ制作 ... 372
- [コラム⑪] 海外、国内でも広がるデジタルサイネージの実例と可能性 ... 374
- [コラム⑫] ディレクターが押さえておきたい世界のWebトレンド ... 376

〈ミニコラム〉

- Webディレクション 用語集❶ ... 030
- 隙のない要件定義書を書く ... 054
- Webディレクション 用語集❷ ... 102
- Webディレクション 用語集❸ ... 134
- バグ管理システムを使う ... 154
- Webディレクション 用語集❹ ... 182
- Webディレクション 用語集❺ ... 230
- Webサイトのバックアップ ... 274
- ユーザー視点のコンテンツ設計 ... 296
- Webディレクション 用語集❻ ... 328
- 「レスポンシブ・Webデザイン」の新潮流 ... 360
- EPUB3で広がる電子書籍ビジネスの可能性 ... 378

索引 ... 380

執筆者プロフィール ... 386

〈本書の構成〉

本書は、Web制作会社などに所属するWebディレクターが、Webサイト制作のディレクション業務を進めるうえで必要なスキルについて解説した本です。Webディレクターには、マーケティング、プロジェクト管理、デザイン、Web技術など、広範な知識が求められます。本書では、受注から企画・設計、制作、納品・公開までの各工程における基本的な業務知識を網羅するとともに、納品後の運用やプロモーション、システム開発、モバイルサイト制作など、発展的なテーマについても紹介しています。

章	タイトル	概要
第1章	プロジェクトの全体像とWebディレクターの役割	Webディレクターの仕事内容、プロジェクトの大まかな流れ、制作に関わるスタッフやクライアントとのコミュニケーションなど、プロジェクトをスムーズに進めるために知っておきたい基礎を解説します。
第2章	Webサイト制作案件の提案・受注	Webサイト制作プロジェクトの最初のステップが、クライアントへのヒアリングと企画の提案です。オリエンテーションやプレゼンテーションの実施方法、企画書や見積書の書き方など、受注に必要なスキルを解説します。
第3章	Webサイトのプランニング	クライアントの要望を的確にくみ取り、目的を達成するWebサイトを作るには、魅力的な企画が必要です。Webサイトのタイプ別の特徴から、マーケティングの基礎知識、企画立案の手法など、企画力を磨くための方法を紹介します。
第4章	Webサイトの設計とデザインディレクション	Webサイトの使い勝手を左右する「サイト設計」と、ブランディングに欠かせない「デザイン」。アクセシビリティやユーザビリティに考慮しながら、よりよいユーザーエクスペリエンスを実現するための基礎知識を解説します。
第5章	プロジェクトマネジメント	プロジェクトを滞りなく進めるために欠かせないのが「プロジェクトマネジメント」。スケジュールを守り、コストを抑え、品質を保つノウハウを紹介します。
第6章	Webコンテンツの制作ディレクション	Webサイトを構成するさまざまなコンテンツ。テキスト原稿の書き方や校正の方法、素材の扱いや発注方法など、コンテンツ制作をディレクションするために必要なスキルを紹介します。
第7章	Webサイトの制作ディレクション	コンテンツやデザインが決まったら、いよいよ制作フェーズ。HTMLやCSSといったベーシックなWebサイトを構成する技術から、Flash、Ajaxなどリッチコンテンツの制作に欠かせない知識も解説します。
第8章	Webシステムの開発ディレクション	Webディレクターはシステム開発に関わることもあります。システム開発特有のドキュメント作成のポイント、セキュリティ対策やインフラの選定、ECプラットフォームやCMSなどのソフトウェアについても紹介しました。
第9章	Webプロモーションの実施	Webサイトの存在を知らしめるには、プロモーションが必要です。この章では、プロモーションの基本である検索エンジンマーケティングから、ソーシャルメディア、インターネット広告について説明します。
第10章	Webサイトの運用・改善	Webサイトは作って終わりではありません。運用業務の基本から、アクセス解析による改善手法まで、よりよいWebサイトに育てていくための方法を解説します。
第11章	モバイルサイトの構築	急速に広まっているモバイル端末。フィーチャフォン向けの「ケータイサイト」「ケータイアプリ」から、スマートフォン向けの「スマートフォンサイト」「スマートフォンアプリ」まで、モバイル端末向けのコンテンツ制作に必要な知識を紹介します。
第12章	Web技術の応用	Web制作会社の制作領域は、Webサイトにとどまりません。情報端末や地上デジタル放送、デジタルサイネージなど、Web技術を応用する他分野とWebディレクターとの関わり、これからの可能性について紹介します。

〈本書の使い方〉

1テーマあたり2ページ・1見開きを基本に、Webディレクションに必要なスキルと知識を、
テキストとビジュアルで簡潔に説明しています。

リレーション　本文に関連しているテーマの項目番号を示しています。本文とあわせて読むことで理解がより深まります。

図解　チャート図や表、画面写真などで本文の内容を分かりやすく解説したり、本文では言及できなかった具体的な内容、補足情報などを紹介しています。

サマリー　本文の内容をコンパクトにまとめています。全体をざっと把握したいときはここから読んでいくとよいでしょう。

脚注　本文内で使用している用語の補足、参照しているURLなどを記載しています。

第1章

プロジェクトの全体像とWebディレクターの役割

- **001** Webディレクターの仕事とは ……… 012
- **002** 業種で異なるWebディレクターの役割 ……… 014
- **003** Webサイト制作のステークホルダー ……… 016
- **004** Webサイト制作プロジェクトの流れ ……… 018
- **005** Webディレクターが身につけたい「段取り力」 ……… 020
- **006** 制作スタッフ間のコミュニケーション ……… 022
- **007** クライアントの理解とコミュニケーション ……… 024
- [コラム❶] 10年後を生き抜くWebディレクターの心得 ……… 026

RELATION ▶ 002　003　004　005

001 Webサイト制作の全工程を支える
Webディレクターの仕事とは

Text：安原慶英（フライング・ハイ・ワークス）

「Webディレクターってどんなことをするの？」といった質問に、一瞬言葉を詰まらせてしまった経験のある人もいるのではないでしょうか。それもそのはずです。「Webディレクター」という職業は、一言で言い表すことが難しいからです。

Webディレクターは、Webサイトの構築にあたって、プロジェクトの受注からサイトの企画・設計、制作進行、運用までのさまざまフェーズに関わり、案件をスムーズに進行させていく役割を担っています。つまり、一口に「Webディレクター」といっても、その仕事領域は非常に幅広く、多岐に渡っているのです。

Webディレクターの業務の流れ

たとえば、企業から依頼される案件の場合、Webディレクターは、まずクライアントとオリエンテーリング（ヒアリング）をして、コンテンツの企画・構成を練り（プランニング）、サイトを設計し、情報を整理します。そして、見積もりを作成し、制作側の企画意図などを伝えるためにプレゼンテーションも実施します。

案件が受注に至ったら、デザイナーやプログラマーなどの制作スタッフ（社内・社外）を選定し、制作の工程を管理します。サイトが構築できたら、検収・納品（公開）へと運んでいきます。

ECサイトやキャンペーンサイトなどのように、集客、収益の効果を明確にする必要があるサイトの場合は、事前にある程度のマーケティングも実施します。

得意分野で自分のスタイルを確立しよう

Webディレクターは、プロジェクトの始めから終わりまですべての工程に関わりますが、勤務する企業が主軸とする業種・業態や規模によって、業務内容はもとより、各工程に関わる幅や深さはまったく異なります。

たとえば、企画プロモーションがメインの会社であれば、営業や企画提案部分の業務の比重が高くなり、システム開発系の会社ではシステム設計・仕様作成、開発進行管理などがメインになってきます。

したがって、前に紹介したディレクション業務のすべてについてスペシャリストである必要はありません。実際のところ、営業力や企画力に長けていて、デザインやプログラムにも精通し、マネージメント能力が高く、すべてを完璧にこなせる「スーパーディレクター」はほとんどいないといっても過言ではないでしょう。

これからWebディレクターとしてやっていこうという人は、「インパクトのある企画なら負けない」「コーディングやプログラミングは趣味でやっていた」など、自分の得意分野を見極め、その能力を伸ばしていきましょう。自分の強みを活かしたディレクターのスタイルを作り上げ、ポジションを確立してください。

Webディレクターは、Webサイトの構築にあたり、プロジェクトの受注からサイトの企画・設計、制作進行、運用までのさまざまフェーズに関わる。ただし、その仕事内容は、会社が主軸とする業種や業態、規模によっても変わってくる。ディレクション業務のすべてにスペシャリストである必要はなく、むしろ自分の強みを生かしたディレクターのスタイルを作り、ポジションを確立することが大切だ。

Webディレクターの役割

WebディレクターはWebサイト制作のすべての工程に携わる

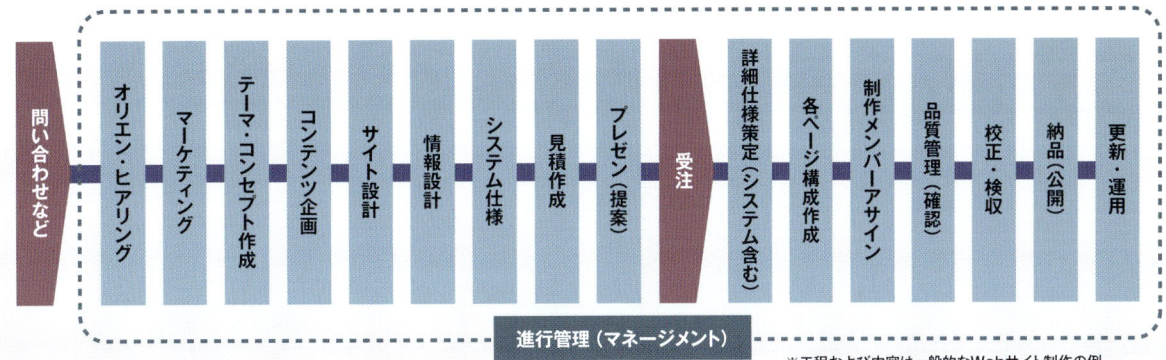

問い合わせなど → オリエン・ヒアリング → マーケティング → テーマ・コンセプト作成 → コンテンツ企画 → サイト設計 → 情報設計 → システム仕様 → 見積作成 → プレゼン（提案） → **受注** → 詳細仕様策定（システム含む） → 各ページ構成作成 → 制作メンバーアサイン → 品質管理（確認） → 校正・検収 → 納品（公開） → 更新・運用

進行管理（マネジメント）

※工程および内容は一般的なWebサイト制作の例。
必ず上記のような工程・内容になるわけではない

スキルレーダーチャート

企業や業種によってWebディレクターに求められるスキルは異なる。
自分の得意分野を生かしたディレクターになるための参考にしよう

営業系ディレクター
（レーダーチャート：ヒアリング力、コミュニケーション力、交渉力、企画力（発想力）、提案力（プレゼン力）、設計力、構成力（整理力）、マネジメント力、デザインセンス、プログラム理解力）

向いている人：とにかく人と接することが好き
特徴：「ヒアリング力」「コミュニケーション力」「交渉力」が高い

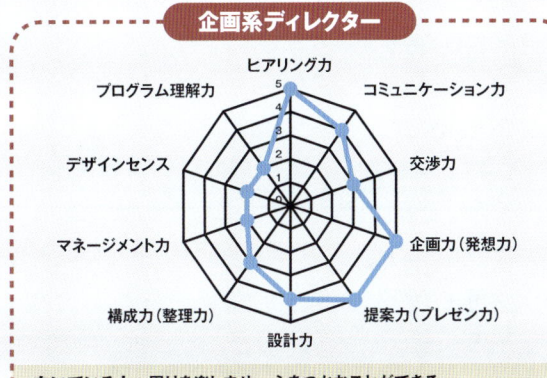

企画系ディレクター

向いている人：周りを楽しませ、心をつかむことができる
特徴：「ヒアリング力」「企画力（発想力）」「提案力（プレゼン力）」が高い

デザイン系ディレクター

向いている人：バランス感覚が抜群でセンスがよい
特徴：「企画力（発想力）」「構成力（整理力）」「デザインセンス」が高い

システム系ディレクター

向いている人：とにかく新しい技術や構造を考えるのが好き
特徴：「設計力」「構成力（整理力）」「プログラム理解力」が高い

※タイプとスキルはあくまでも目安であり、絶対的な定義ではない

RELATION ▶ 001 003 004 005

002 業種で異なるWebディレクターの役割

それぞれの立ち位置を理解する

Text：安原慶英（フライング・ハイ・ワークス）

Webディレクターが勤務する企業の業態には、大きく「広告代理店」「Web制作会社」「システム開発会社」「サービスプロバイダー」の4つがあります。それぞれの業態によって、Webディレクターの役割も異なります。

広告代理店ではプロモーションを提案

広告代理店は、メディアの広告枠を企業に販売するのが主な業務ですが、最近では商品やサービスの販促活動の企画・制作も業務範囲となってきています。

広告代理店のディレクターはクライアントの要望をヒアリングし、マーケティングや販促活動をする上でメディア（本書ではWeb）をどのように使い、プロモーションしていくかの企画を提案します。また、社内に制作部署がない場合は、ディレクターが外部の制作会社に対するディレクション業務を担当します。

Web制作会社ではWeb制作の全体を管理

代理店や企業から依頼された内容をもとに、デザインを作成し、HTMLコーディングをしてWebサイトを構築することが主な業務です。近年では、企画部分から制作会社が関わる案件も増えており、制作会社のディレクターが企画提案を担当することも珍しくありません。

ディレクターはサイトの構成や設計を考え、企画内容をWebコンテンツへと落し込み、場合よっては大まかなシステム要件の仕様も作成します。また、デザイナーやプログラマーなどのスタッフの選定や、制作進行の管理、構築後の検収や内容の校正、さらには公開後の運営管理までを任されるケースもあります。

システム開発やサービス企画のディレクション

システム開発会社は、動的コンテンツなどの制作のためのプログラミングがメイン業務です。制作会社のシステム構築の部分だけを抜き出したようなイメージです。

したがって、ディレクターの仕事はシステム開発のディレクションが中心です。代理店や制作会社からの依頼に基づいて、システム要件の洗い出しやシステム仕様の作成、開発進行管理、検収などに携わります。

サービスプロバイダーは、コミュニティサイトの運営やゲーム配信など、独自のサービスを自社で展開している企業のことです。ディレクターには、代理店と制作会社を足したような役割が求められます。つまり、コンテンツ企画や販促プロモーションからサイト設計、制作進行管理、更新・運用まで、ほぼ全工程に関わります。

ここまで見てきたように、一口にWebディレクターと言っても、業務内容は業態によってさまざまで、さらに同じ業態であっても会社によって詳細は異なってきます。まずは、自社の業務内容とその中で果たすべき役割をよく把握することが重要です。

Webディレクターが所属する会社の業態には、主に広告代理店、Web制作会社、システム開発会社、サービスプロバイダーの4つがある。代理店では企画から、制作会社はサイトの構成から関わることが多く、システム開発会社ではシステム開発の管理・進行が中心になる。サービスプロバイダーでは代理店＋制作会社の役割が求められる。まずは、自社の業務内容と果たすべき役割を把握することが重要だ。

業態別Webディレクターの主な業務

業　態	ディレクターの主な業務
広告代理店	マーケティング、企画提案、プロジェクト進行管理
Web制作会社	企画提案、サイト設計（システム含む）、情報設計、制作進行管理、（更新・運用）
システム開発会社	システム要件作成、システム仕様・設計、開発進行管理
サービスプロバイダー	マーケティング、企画提案、サイト設計（システム含む）、情報設計、プロジェクト進行管理（制作進行管理）、更新・運用

工程別に見るWebディレクターの業務範囲の違い

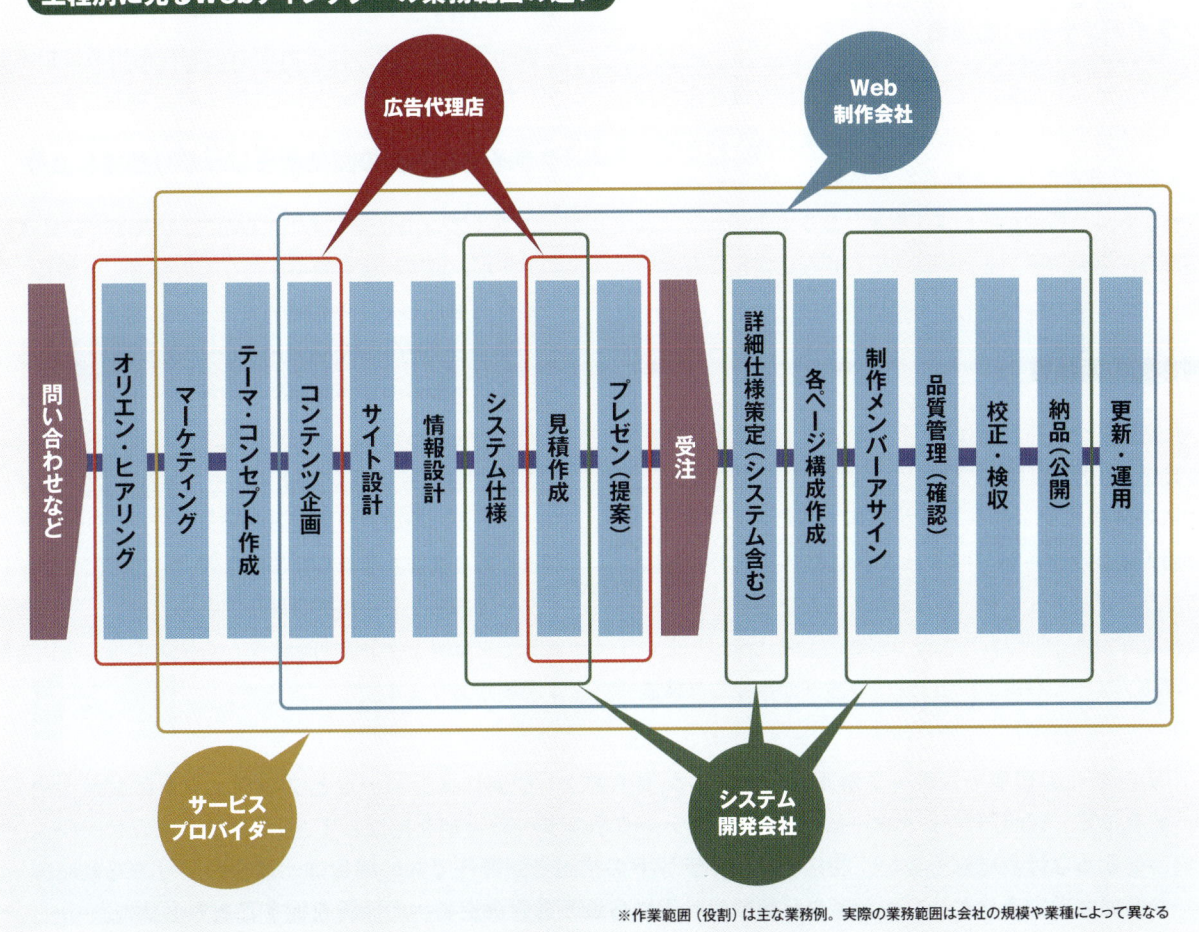

工程：問い合わせなど → オリエン・ヒアリング → マーケティング → テーマ・コンセプト作成 → コンテンツ企画 → サイト設計 → 情報設計 → システム仕様 → 見積作成 → プレゼン（提案） → 受注 → 詳細仕様策定（システム含む） → 各ページ構成作成 → 制作メンバーアサイン → 品質管理（確認） → 校正・検収 → 納品（公開） → 更新・運用

- 広告代理店：コンテンツ企画～プレゼン（提案）
- Web制作会社：詳細仕様策定～更新・運用
- システム開発会社：システム仕様～各ページ構成作成
- サービスプロバイダー：オリエン・ヒアリング～更新・運用（全体）

※作業範囲（役割）は主な業務例。実際の業務範囲は会社の規模や業種によって異なる

004 プロジェクトの全体像をつかむ
Webサイト制作プロジェクトの流れ

Text：大嶋宏己（フライング・ハイ・ワークス）

　一般的なWebサイト制作のプロジェクトについて、大まかな流れとポイントを4つのフェーズで説明します。各フェーズのポイントを把握し、的確にディレクションしましょう。

打ち合わせから提案まで

　Web制作は、クライアントからの問い合わせや、営業担当者が案件を取ってくるところから始まります。この時点で見積りの提出が必要な場合もありますが、多くはヒアリングのための初回の打ち合わせ（オリエンテーション）をセッティングします。なお、案件を受ける際には、コンペか否かも必ず確認しましょう。

　初回の打ち合わせで、クライアントの要望やサイト制作の目的などを把握したら、次に企画提案書を作成します。要望や案件規模にもよりますが、初期段階の提案ではプロジェクトの全体像やコンセプトに沿った企画案を盛り込みます。クライアントから要望があれば、この段階でデザインのラフ案を制作することもあります。

サイトの企画と設計

　プレゼンテーションを経て、提案内容と見積もりがクライアントに了承され、正式な依頼をもらった段階で契約となります。その後は提案内容をより具体化し、制作仕様を詰めていきます。同時に素材の準備も進めますが、クライアント都合などで素材準備が予定通りに行かない場合は、制作可能な部分から手をつけるなどして、スケジュールが遅延しない方法を検討します。

　このフェーズは、その後の制作を円滑に進めるための準備段階として非常に重要です。制作に入ってからの「ひっくり返り」を防ぐためにも、十分な時間を取って、クライアントと意識をよくすり合わせておきましょう。

制作・開発

　決定した仕様に基づいてデザインを制作し、HTML[※1]やCSS[※2]をコーディングします。その後、制作したサイトをテストサーバーにアップして、社内チェックとクライアントの確認を取り、公開に向けて最終的な調整をします。確認作業ではプロジェクトメンバー以外も巻き込んでチェックすると間違いを発見しやすくなります。

公開と運用

　すべての準備が整った段階でサイトを本番公開します。併せてサーバーを移転する場合は、DNS[※3]の切り替えタイミングなどに注意します。

　公開後は運用フェーズとなり、必要に応じてサイトを更新します。また、場合によってはアクセス解析などを導入してサイトの状況を検証・分析し、結果をもとに改善の提案や改修作業をすることも必要です。

Webディレクターは、Webサイト制作の各フェーズのポイントを把握し、的確なディレクションをする必要がある。打ち合わせをして企画提案書を作成し、正式な依頼を受けたらスケジュールが遅延しないように注意し、制作仕様を詰める。デザイン、HTMLを制作し、最終チェックを経て、Webサイトを公開する。サイトの本番公開後は運用フェーズとなり、必要に応じてWebサイトを更新する。

一般的なプロジェクトの流れ

打ち合わせ・提案

- **問い合わせ**：クライアントから問い合わせが来る
- **依頼**：クライアントから営業担当へ依頼がある
- **オリエンテーション**：クライアントから詳細なヒアリングを受けて、先方の要望を把握。提案に関する分析、調査を開始する
- **初期提案・概算見積もり**：コンセプト決定、サイトマップ、コンテンツ案、企画案骨子、トップページ構成、トップページラフ、概算の見積もりなどを提案する
- **プレゼンテーション**：提案内容を説明のうえ、内容に納得してもらい、正式な発注を受ける

受注

サイト企画・設計

- **サイトプランニング**：全体の構成、各ページの情報設計、システム仕様設計、コンテンツ企画の具体化など、時間をかけてサイト仕様を具体的に決定する。素材準備も平行して進める
- **随時打ち合わせ**：クライアントと十分に打ち合わせを重ね、目的の共有や意識のすり合わせをする。実制作に必要なドキュメント類の準備なども進める

制作・開発

- **デザイン制作**：サイト仕様に基づき、インターフェイスを制作。デザインは随時クライアントに確認を取り、了承されたページからコーディングに進む。必要に応じてイラストや図版、地図なども作成する
- **コーディング**：HTMLやCSSにて、コーダーがインターフェイスをコーディングする。必要に応じてJavaScriptなども実装する
- **システム・Flash開発**：動的なコンテンツがある場合、プログラマーがPHPやPerlなどの言語を用いてシステムを開発。案件により、Flashコンテンツも開発する

テストサーバーアップ

- **校正・最終調整**：社内およびクライアントにより確認、校正をする。その他、公開に向けての最終調整を進める

公開・運用

納品（本番公開）

- **更新・運用**：クライアントに最終確認を取り、サイトを本番公開する。多くの場合、ここからサイト運用フェーズに入り、アクセス解析などを導入してサイトの状況を検証、改善や改修を繰り返していく

※1　HTML（→192ページ）
※2　CSS（→194ページ）
※3　Domain Name Systemの略。IPアドレスとドメイン名の対応づけを管理する仕組み

RELATION ▶ 001 002 053 057

005 常に求められる重要スキル
Webディレクターが身につけたい「段取り力」

Text：轡田高志（フライング・ハイ・ワークス）

Webディレクターの業務は、案件ごとに必要なスキルが異なります。そのため、ディレクターは幅広いスキルを身につけておくことが重要です。

必要なスキルとしては、たとえば集客や認知を目的とした「企画系」のスキル、ビジュアルを重視する「クリエイティブ系」のスキル、また会員制サイトや、CMS※導入などを企画するための「システム系」のスキルなどが挙げられます。

中でも、業務の内容に関わらず常に求められるのが、スケジューリングスキル、すなわち「段取り力」です。

「段取り力」を身につけるための3つのポイント

段取り力とは、「情報の管理」「優先順位付け」「業務の推進」の3つを複合的に活用できる能力と言ってよいでしょう。まず「情報の管理」とは、クライアントの要望や注意点を的確にスタッフに伝え、仕様に沿って制作をしていくために必要な能力です。「優先順位付け」は円滑に作業を進めるため、「業務の推進」は目標を定めて業務を進行し、問題発生時には速やかに対処するために欠かせません。

「情報の管理」はただ記録を取ることではない

情報の管理とは、単に必要事項を記録しておくことではありません。たとえば、ヒアリングや打ち合わせ時などにメモを取る際には、ただ内容を記入するだけではなく、注意点や後日提案する事項、再確認すべきことなどの情報を付加します。また、得られた情報をスタッフ内で共有することも重要です。

優先順位を付けることで作業効率が向上

作業を上流から順々にこなすだけでは、無駄な作業や時間が発生する場合があります。無駄を減らすには、作業の全体像を把握して優先順位を付けることが必要です。作業内容を俯瞰することで作業の前にやるべき確認事項や、先行して着手しても構わない事項などを洗い出し、それらを優先的に処理することで、その後の作業の無駄を減らせます。

優先順位付けが終わったら、業務の中で最優先してすべきことと継続して進めることを違うタスクとして切り分け、タスクごとに締め切りを設定しましょう。次に、それぞれの締め切りから作業時間を逆算して、いつ作業を始めるべきかを明確にして作業を進めます。また、集中が必要な「頭脳作業」と時間をかければ進む「単純作業」は、作業時間帯や曜日などで分けておきます。作業の分割とタスクの明確化で、作業効率が高まります。

Webディレクターにとって、「段取り力」はあらゆる業務で必要なスキルです。普段から意識して身につけていくよう心がけてください。

> Webディレクターには、「企画系」「クリエイティブ系」「システム系」など幅広いスキルが求められる。中でも、業務の内容に関わらず必要なのが「段取り力」。段取り力は、スタッフに的確に情報を伝え共有する「情報の管理」、無駄な作業や時間を回避するための「優先順位付け」、頭脳作業と単純作業を切り分けて進める「業務の推進」の3つを複合的に活用できる能力を指す。

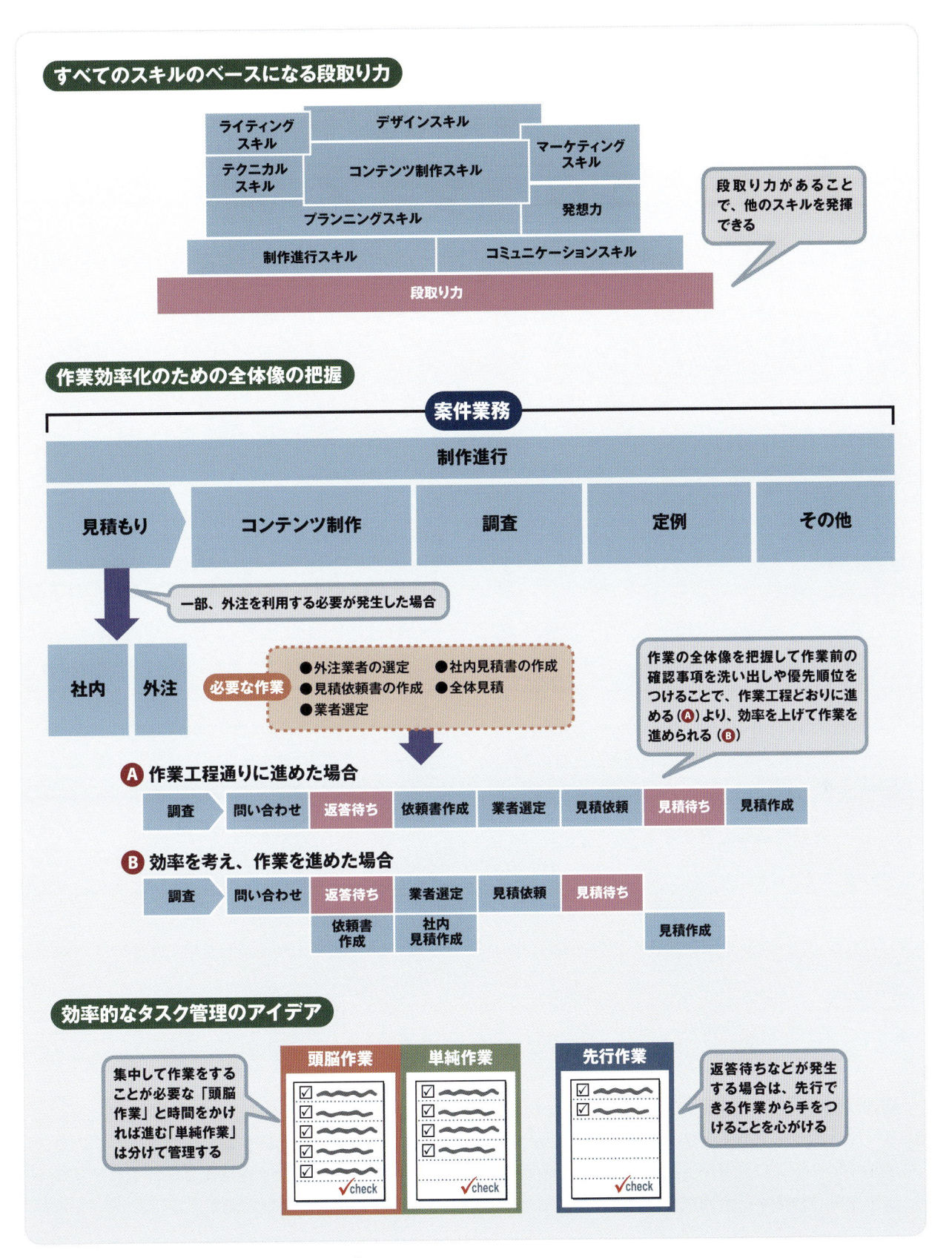

すべてのスキルのベースになる段取り力

```
ライティング    デザインスキル
スキル                          マーケティング
テクニカル     コンテンツ制作スキル    スキル
スキル
              プランニングスキル      発想力
      制作進行スキル    コミュニケーションスキル
                段取り力
```

> 段取り力があることで、他のスキルを発揮できる

作業効率化のための全体像の把握

案件業務

制作進行

| 見積もり | コンテンツ制作 | 調査 | 定例 | その他 |

一部、外注を利用する必要が発生した場合

社内 / 外注

必要な作業
- ●外注業者の選定　●社内見積書の作成
- ●見積依頼書の作成　●全体見積
- ●業者選定

> 作業の全体像を把握して作業前の確認事項を洗い出しや優先順位をつけることで、作業工程どおりに進める（Ⓐ）より、効率を上げて作業を進められる（Ⓑ）

Ⓐ 作業工程通りに進めた場合

| 調査 | 問い合わせ | 返答待ち | 依頼書作成 | 業者選定 | 見積依頼 | 見積待ち | 見積作成 |

Ⓑ 効率を考え、作業を進めた場合

| 調査 | 問い合わせ | 返答待ち | 業者選定 | 見積依頼 | 見積待ち |
| | | 依頼書作成 | 社内見積作成 | | 見積作成 |

効率的なタスク管理のアイデア

頭脳作業 / **単純作業** / **先行作業**

> 集中して作業をすることが必要な「頭脳作業」と時間をかければ進む「単純作業」は分けて管理する

> 返答待ちなどが発生する場合は、先行できる作業から手をつけることを心がける

※　Content Management Systemの略（→266ページ）

RELATION ▶ 001 005 007 054

スタッフ・クライアント間の"翻訳家"を目指せ

006 制作スタッフ間のコミュニケーション

Text：フライング・ハイ・ワークス

Webディレクターが制作プロジェクトを進める上で重要なのが、スタッフとのコミュニケーションです。

クライアントとの打ち合わせに制作スタッフが同行した場合はクライアントの意向が直接伝わりますが、業務の都合などで同行できないこともあります。その場合は、ディレクターがクライアントの意向を制作スタッフへ伝える必要があります。ただし、クライアントが言ったことをそのまま伝えるだけではディレクターが存在する意味がありません。

クライアントとスタッフの間に入り、お互いの意思の疎通を手助けすることがディレクターの役目です。スタッフとのコミュニケーションにおいては、デザイナーやプログラマーといった相手の立場や職種、さらにはスキルや個性に合わせた適切な伝え方を考えなければなりません。

スタッフに合わせた伝え方を考える

たとえば、「使いやすい問い合わせフォームを制作したい」というクライアントの依頼を例に考えてみましょう。デザイナーとプログラマーでは「使いやすい」の捉え方は違います。そのため、単に両者に「使いやすい問い合わせフォームを作って欲しい」とそのまま伝えるだけでは不十分です。

デザイナーには入力項目やボタンをユーザーに分かりやすいデザインにしてもらうように指示を出します。一方、プログラマーには、プログラムに重点を置いた指示を出します。具体的には、問い合わせ時にどのような入力項目をチェックするか、どのような画面遷移が使いやすいかなどを考えてもらいます。

各スタッフの作業範囲に応じて、クライアントからの要望を咀嚼して伝えることがとても重要です。

メールだけではなく顔を合わせて打ち合わせする

もう1つ、大事なことは、スタッフ全員が情報共有できる場をディレクターが提供することです。実際のサイト制作に入る前には必ず制作スタッフを集めて、打ち合わせの機会を持つようにしましょう。

メールだけでのコミュニケーションは避けましょう。「メールを転送しておけば指示を出したことになる」とつい考えがちですが、受け取り方の違いなどでミスが発生しやすくなります。メールで指示をする場合にも、メール送信後に相手のタイミングを見て必ず直接説明する機会を設けるようにしましょう。

社内でも社外でも制作指示を出すときにはコミュニケーション能力がとても大切です。制作スタッフにこまめ声をかけることで、スタッフも相談もしやすくなり、進捗もスムーズになります。

制作プロジェクトを進めるうえで重要になるのが、スタッフとのコミュニケーション。Webディレクターは、クライアントとスタッフの間に入って、お互いの意思の疎通を手助けする必要がある。その際、デザイナーやプログラマーといった相手の立場や職種、スキルや個性に合わせた伝え方を考えなければならない。スタッフ全員が顔を合わせて、情報共有できる場を提供することも大切だ。

ミスコミュニケーションを防ぐためにディレクターが気をつけること

1. 各スタッフの作業範囲に応じた制作指示を明確に出す

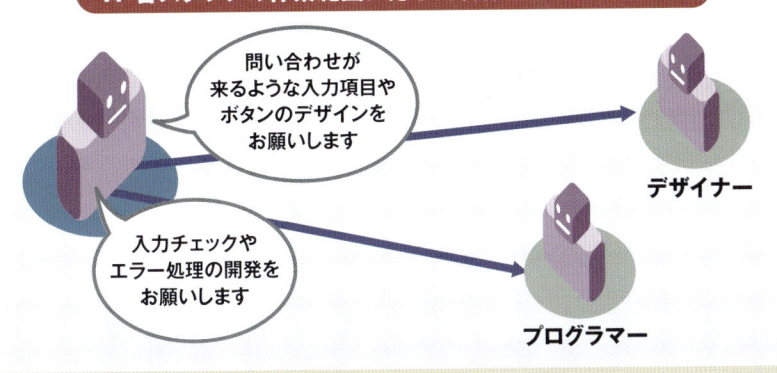

問い合わせが来るような入力項目やボタンのデザインをお願いします

入力チェックやエラー処理の開発をお願いします

デザイナー

プログラマー

制作スタッフの職種やスキル、その他の特性に応じた、適切な指示を出すことが重要になる

2. プロジェクトの開始前には必ず全員で打ち合わせする

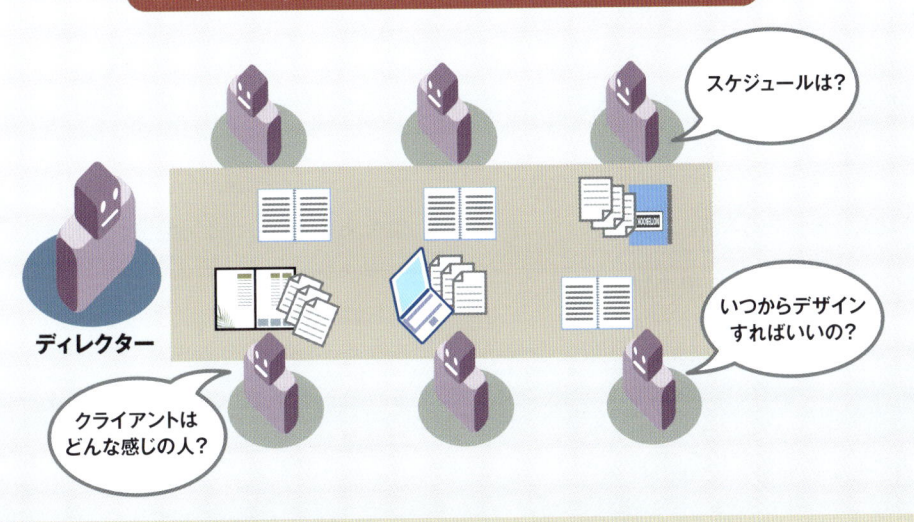

ディレクター

スケジュールは？

いつからデザインすればいいの？

クライアントはどんな感じの人？

プロジェクト開始前に、制作スタッフ全員で打ち合わせをすることで、情報を共有できる。また、それぞれが抱えているさまざまな疑問も一度に解消でき、あとのミスを防ぐ1つの方法となる

3. メールのみのやりとりはNG

メールは常に見ているとは限らない。行き違いも起きやすくなるので、メール送信後に必ず直接説明する機会を設ける

RELATION ▶ 001　005　006　054

007 クライアントの理解とコミュニケーション

リテラシーを見極め、スムーズなやり取りを

Text：フライング・ハイ・ワークス

クライアントとのコミュニケーションがうまく取れず、相手の要望や気持ちを理解しないまま話を進めてしまうと、当然ながらクライアントを満足させられるWebサイトは制作できません。Webディレクターにとってクライアントと上手にコミュニケーションを取ることはとても重要です。

クライアントが求めていることを形にするためには、クライアントの意図を正しく汲み取って制作スタッフに正確に指示することが必要です。そこで、クライアントとスムーズにやり取りできる方法を身につけましょう。

クライアントと上手にコミュニケーションを取るポイントは、以下の2点に集約されます。

Webリテラシーを把握して意思の疎通を

ディレクターはWebサイト制作にかかる前に、クライアントがどのようなWebサイトを求めているのか、どんなことをWebサイトで伝えたいのかといった要望をヒアリングを通じて正しく把握する必要があります。そのためには、クライアントの話を徹底的に聞いて、ディレクターとクライアントの間で十分に意思疎通を図ることが重要です。

また、ヒアリングを通じて、クライアントのWebリテラシー（Webに関する基本知識の有無やWebを使いこなす能力）をチェックすることもぜひやっておきたいことのひとつです。

相手に合わせて説明を工夫する

クライアントの話を聞いて、要望の詳細やWebリテラシーを把握したら、その後はクライアントに合わせて説明の仕方などを工夫するようにしましょう。

クライアントの担当者はWebの専門家ではない場合が多く、Webリテラシーが必ずしも高いとは限りません。専門用語ばかりを使って説明しても、制作側の話の内容を正しく理解してもらうことは難しいでしょう。また、Webへの理解が低いゆえに、実現できない無理な要望を突きつけられる可能性もあります。

Webリテラシーの低いクライアントに理解してもらうには、相手が知っている分かりやすい言葉（相手の業界用語など）を使って説明するようにしてください。そうすることでクライアントの理解も深まり、制作者側と意思疎通がきちんと図れるようになります。

もし、クライアントの要望をうまく汲み取れなかったり、説明しても理解してもらえなかったりする場合は、電話やメールではなく、できるだけ直接会って打ち合わせするように心がけましょう。電話やメールだけではうまく伝わらないことも、PCの画面や資料を見ながら繰り返していねいに説明することで、相手に理解してもらいやすくなります。

Webディレクターにとって、クライアントと上手にコミュニケーションを取ることは非常に重要だ。そのためには、まずクライアントの話をよく聞き、クライアントがどんなWebサイトを求めているのかを正しく把握すること。ヒアリングを通じて、クライアントのWebリテラシーを確認することも必要だ。要望の詳細やWebリテラシーを把握した後は、クライアントに合わせて説明を工夫しよう。

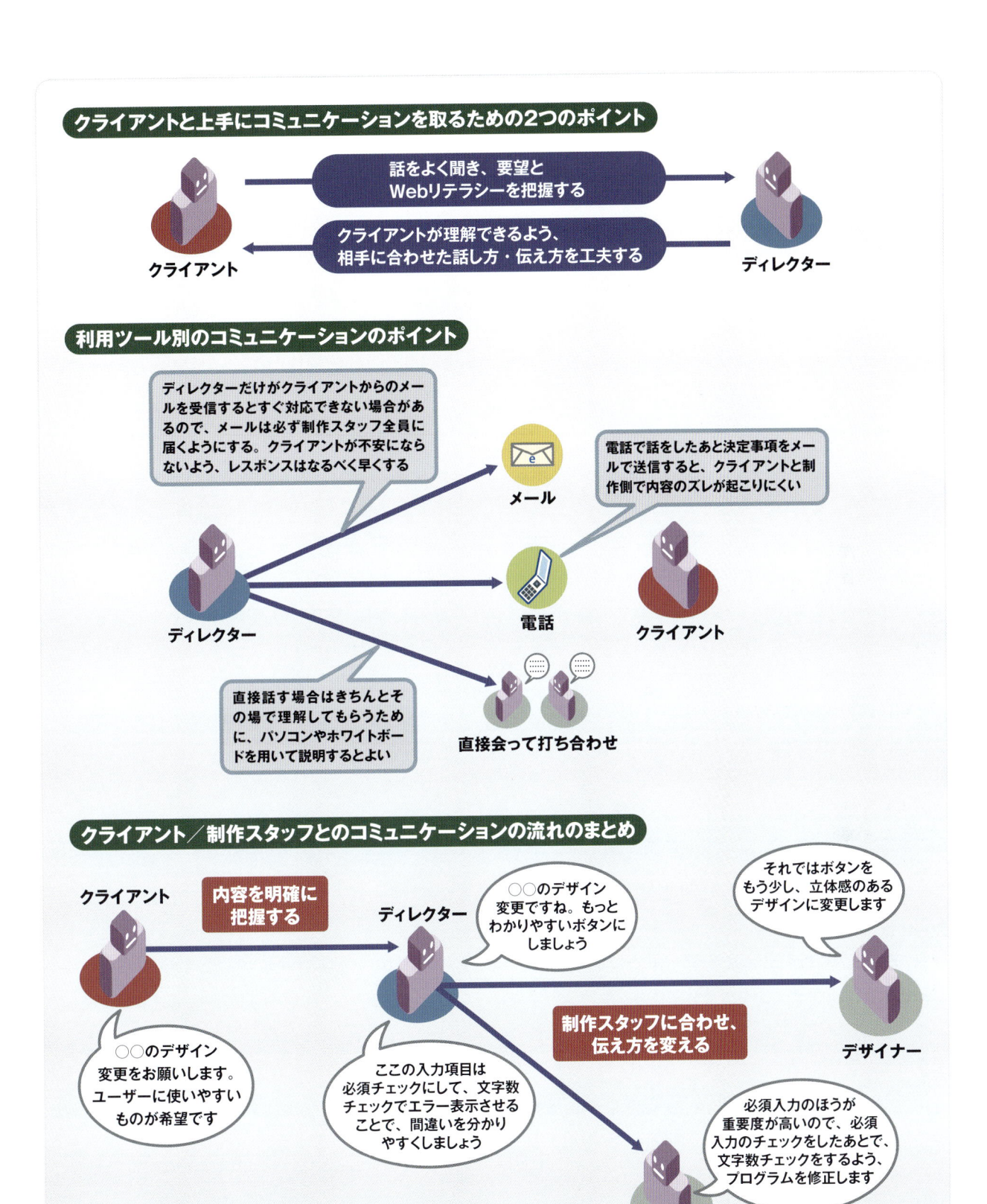

クライアントと上手にコミュニケーションを取るための2つのポイント

クライアント → 話をよく聞き、要望とWebリテラシーを把握する → ディレクター

ディレクター → クライアントが理解できるよう、相手に合わせた話し方・伝え方を工夫する → クライアント

利用ツール別のコミュニケーションのポイント

メール: ディレクターだけがクライアントからのメールを受信するとすぐ対応できない場合があるので、メールは必ず制作スタッフ全員に届くようにする。クライアントが不安にならないよう、レスポンスはなるべく早くする

電話: 電話で話をしたあと決定事項をメールで送信すると、クライアントと制作側で内容のズレが起こりにくい

直接会って打ち合わせ: 直接話す場合はきちんとその場で理解してもらうために、パソコンやホワイトボードを用いて説明するとよい

クライアント／制作スタッフとのコミュニケーションの流れのまとめ

クライアント：○○のデザイン変更をお願いします。ユーザーに使いやすいものが希望です

→ **内容を明確に把握する** → ディレクター

ディレクター → デザイナー：○○のデザイン変更ですね。もっとわかりやすいボタンにしましょう

デザイナー：それではボタンをもう少し、立体感のあるデザインに変更します

ディレクター → プログラマー：ここの入力項目は必須チェックにして、文字数チェックでエラー表示させることで、間違いを分かりやすくしましょう

制作スタッフに合わせ、伝え方を変える

プログラマー：必須入力のほうが重要度が高いので、必須入力のチェックをしたあとで、文字数チェックをするよう、プログラムを修正します

10年後を生き抜く
Webディレクターの心得

Text：中川直樹（JWDA会長）

Webが、人と人、もしくは企業やブランド間のコミュニケーションをフォローするメインストリームとなってきました。

スマートフォン、タブレット端末、キオスク端末、ゲーム機など、Webにつながるデバイスが次々と登場し、これまでデバイスごとに完結していたサービスやデータ、情報が1つにつながり始めました。Web業界においても、1つの流れが集結し、新たなステージへパラダイムシフトしています。

Web制作の領域

「Web制作の領域ってどこまでですか」と問われると、コーポレートサイトやプロモーションサイト、ECサイト、ケータイサイトなどの制作が挙げられます。さらに、メールマガジンなどを使ったメールマーケティング、アクセス解析や市場調査、データマイニングをはじめとしたマーケティング分野も関係し、ブランディング、クロスメディア戦略、ビジネス戦略なども除外できません。

このような広範囲に渡る領域でWeb制作者に求められるのは、手法や技術に対する知識、人を説得するための話術と企画、制作のための技術、そして経験値と勘になると思います。おそらく、みなさんも異論なく納得できるでしょう。

いまや、街中でスマートフォンやタブレット端末を広げれば、無線LANを通じていろいろな情報が飛び込んできます。ICカードリーダーしかり、エアタグを使った「セカイカメラ」しかり。個人が保有するさまざまな情報はPCや他の携帯端末とも連動できますし、GPSなどの位置情報やコンパス情報、加速度センサーなどから得た情報に連動して、最適な情報が手元に届くサービスもあります。

このように、私たちの周りを見渡しただけでも、あらゆる情報やサービスがインターネットを媒介してさまざまな端末に共有されていることに気がつくはずです。そんななか、「私たちWeb制作者の仕事の領域ってどこまでなのだろうか？」と改めて考えると、それはそれは恐ろしくなる反面、武者震いがしてなりません。

いわゆる「ブラウザーの時代」は終わった

これまでのWeb制作といえば、「Webブラウザーの中で上から下へスクロールして閲覧できるコンテンツを制作すること」を指していました。

しかし、今ではデジタルサイネージ、電化製品、スマートフォン、タブレット端末、地上デジタルテレビ、ICカードなど、あらゆるデバイスがインターネットを通してつながり、シームレスになってきています。これらのデバイスでは、Webブラウザーのように、ボタンや枠があって、スクロールして……といった機能が必ずしも統一されていません。ですが、それらすべて

は私たちの仕事領域です。

このような状況下で、Web制作者として、時代の変化のポイントを押さえておく必要があると考えます。重要となるポイントは、次の3つです。

クラウドへのサービス／情報の集約

クラウド・コンピューティングの概念では、最低限の接続環境さえ用意すれば、インターネット上のサービスを通じてさまざまな機能を利用できます。

雲のようにインターネット上に散らばるあらゆるアプリケーションやサービスを活用し、さまざまなデータを集約したり、二次利用したりといったことがポイントとなっていくでしょう。

自由（人間中心）なインターフェイス設計

人間工学や認知工学などに基づいた「人間中心設計（HCD：Human Centered Design）」という考え方が注目されています。人間中心設計とは、「使う人間のためのものづくり」という意味ですが、Webサイトでも、使う側に思考を求めることなく、直感的に操作できるようなインターフェイスデザインを意識していくべきでしょう。

エンターテイメント性を含めたアイデア

技術は常にイノベーションを起こしていきますが、いつの時代でも変わらず重要なのはアイデアです。使い勝手の追求は進化を遂げるうえでとても価値のあることですが、一方でストレスがまったくない使い心地は退屈です。エンターテイメント性も兼ね備えたアイデアで、核となるコンテンツを充実させなければ、どんなに技術が進化しても意味がないのです。

この10年あまりでWeb業界は大きく変化しました。数年前にユビキタスという言葉が流行りましたが、今こそ本当の意味での「ユビキタスコンピューティング」社会が到来しています。

これからのWebに求められる重要な役割

これまで、広告プロモーションの一部に位置づけられることが多かったWeb施策が、マーケティング戦略の中心として考えられるようになってきました。

テレビCMや媒体広告と連動して展開されるだけでなく、自社メディアやソーシャルメディア、店頭、カスタマーサービスなど、さまざまな顧客接点がWebを中心に牽引される形がすでに現実になってきています。今後、Web施策の重要性はさらに高まっていくと同時に、コミュニケーション全体を見据えてWebサイトを作る能力が求められています。

従来とは違うWeb制作の能力として、今後どのような能力が求められるようになっていくのか、紹介しましょう。

Webストラテジスト／マーケッター

企業のWeb戦略を正しく理解したうえで、広いマーケット知識を持ってWebサイトやコンテンツの戦略を考えるのが「Webストラテジスト」や「マーケッター」の役割です。Web戦略は、本来はクライアント企業側が考えていくべきことですが、Web施策について熟知する外部の人材がサポートすることも多いのが現状です。

従来は短期的な視点での結果を求められることが多かったWeb施策が、これからは中長期的な視点でROI（Return On Investment：投資対効果）を見据え、ブランドを形成していくために有効なプランを立案することが必要とされています。

コンテンツマスター／情報キュレーター

Webサイトのコンテンツを企画したり、編集したりするだけでなく、日、週、月、年という広いスパンで

ユーザーとのコミュニケーションの編成を考えていく「コンテンツマスター」の役割が求められています。

　企業からの一方的なメッセージの発信は、ユーザーや市場に受け入れられないケースも少なくありません。あらゆる施策実行に対して、ユーザーの反応や市場の動向を見ながらコンテンツの入れ替えや修正をしたり、新たなコンテンツを投入したり、コンテンツを自在に操ることでより良い結果を導いてくれる「キュレーター」のポジションも重要です。

シナリオライター

　さまざまな入り口からWebサイトへ入ってくるユーザーに対して、それぞれにユーザーシナリオをつくり上げ、巧みにブランドを伝えていく、ストーリーテラー的な役割が「シナリオライター」です。

　Webには、ユーザーが訪れる入り口(サイトに入ってくるきっかけ)がバラバラだという特性があります。オフラインのキャンペーン情報や屋外広告を見てランディングしてくる人もいれば、トップページを飛び越えて検索エンジンから検索キーワードに関連したページへいきなり入ってくる人、テレビやコミュニティサイトの評判から入ってくる人など、入り口は違っても、すべての人へブランドの価値観を与えていくことが重要なのに変わりありません。

　バラバラにやってくるユーザーの心理をいかに動かしていくか、それぞれのシナリオを考え、サイトを見終わって他のページへジャンプするときに最大限の感動や満足を与えられることが、何より重要なのです。

クリエイティブディレクター／演出家

　広告制作の現場においてもっとも中心的役割であり、どのような表現で広告を展開していくか、具体的な表現コンセプトを考えていく仕事が「クリエイティブディレクター」です。クリエイティブディレクターの下で、アートディレクターやCMディレクター、Webプロデューサーが、それぞれのメディア表現を実際の形に具現化していきます。

　これまでクリエイティブディレクターには、CMプランナーやコピーライター、グラフィックのアートディレクターなどの素地を持つ人材が多かったのですが、Webがマーケティング戦略の中心に位置づけられてきているいま、Web制作のプロとして経験を重ねた人材がこの役割を担う必要性を強く感じています。

　また、クロスメディアにおける制作物をアトラクティブに演出する「演出家」のニーズもとても多い状況です。

コミュニティマネージャー

　ソーシャルメディアを、自社サービスや商品のプロモーションだけでなく、商品開発や顧客満足の場として取り入れる企業が増えてきています。重要視されているのが、ソーシャルメディア上で実際に一般消費者に個別対応し、企業の顔となってさまざまな意見や声に応えていく「コミュニティマネージャー」という役割です。すでに海外の企業を中心に、コミュニティマネージャーの役割が確立されています。

　コミュニティマネージャーは、企業の顔となって一般消費者と直接向き合う大切な役割なので、本来は企業側が自社内で人員を配置することがベストです。

　しかし、日本ではまだ、Webを熟知した業界の人材によるサポートを必要とする企業が多いのも事実です。ソーシャルメディアの普及に伴い、コミュニティマネージャーが求められる場面はますます増えていくでしょう。

◆

　最後に、これからの10年、Web業界で生き抜くために意識しておきたい「Web業界の心得10か条」を記します。日頃から意識し、実践することで、一歩先を行くWebディレクターを目指してください。

Web業界の心得10か条

この先、Web業界で生き延びていくために意識しておきたい「Web業界の心得10か条」。
この10項目を頭に叩き込み、実戦を心掛ければ、10年後も安泰だ。

その1 ブラウザーだけの時代は終わった

Webはブラウザー上でスクロールし、その延長線上としてフルスクリーンのFlash表現があり……という既成概念は捨てるべし。我々がつくるのは、PCの画面上にあるのではなく、本来は目に見えないユーザー体験にある。3次元ではなく、4次元的なものであるという理解も重要だ。

その2 クラウドがもたらす可能性を熟考するべし!

個人レベルのアプリケーションやデータをマイコンピュータに格納する時代は、もう終わり。今こそ「ユビキタス」の本当の意味を考えよう。

その3 されどインターフェイスデザイン。ボタン1つにもこだわるべし!

メニューボタン1つにも、企業やブランドらしさを感じさせる工夫を施すこと。何気なく使い回されることも多いが、デザイン1つひとつにクリエイターとしてのプライドを持とう。

その4 インターフェイスとは水道の蛇口のようなもの

Web制作でかかせないのがインターフェイスデザイン。インターフェイスは、現実では水道の蛇口であったり、ドアノブであったりする。ユーザーは水道の蛇口を見れば、おのずと「何も考えることなく」、左にひねって水を出せる。「何も考えることなく」操作できるインターフェイスこそ、デザインでもっとも重要だ。

その5 センスを磨け!「カッコイイ」「ダサイ」を瞬時に嗅ぎ分けるセンサーを身につけよ!

目を養うことによってセンスは鍛えられる。決められた時間内に物を作りあげる能力以上に、良いものを作り上げるセンスは重要だ。担当者の好みに左右されないために、「なぜ、このデザインが良いのか」をロジックで述べられるように理論武装もしっかりしよう。

その6 市場の動向を見ながらタイミングよくコンテンツを投入せよ!

Webサイト運営は、ユーザーとライブ感覚で進めているようなもの。オーディエンス(ユーザー)の動向を見ながらコンテンツを自在に選び出し、投入し、マックスへ盛り上げていけるようなフレキシブルさが成功の鍵になる。

その7 結局、ユーザーへ刷り込ませたいのは「ライフタイムバリュー」だ!

どのサイトでも似たり寄ったりなコンテンツになりがち。重要なのは、企業が持つブランドのユニークネスやブランド価値をユーザーに与えることだ。ユーザーを生涯のファンにさせることを見据えることこそ重要だ。

その8 時代は、よりヒューマンセンターに、そしてエンターテイメントに!

どんどん増えるタブレット端末の操作は、マウスではなくタッチパネル。触ることを意識させないインターフェイス、使っているうちに楽しくなるインターフェイスとコンテンツを提供できる会社が、次の時代のイニシアチブを取る。

その9 Web業界は製造業ではない。常に常識打ち破ろう!

「良いアイデア」と「良いエグゼキューション(実行)」あるのみ! 時代の流れを察知しながら流行を取り入れることも時には大切。目からウロコが落ちるような「はっ!」とするアイデア、常識を軽々と乗り越えるアイデアを出そう。

その10 いつまでも子どものような気持ちを忘れるな!

子どものころのように一心不乱に1つのことに集中するのはとても重要だ。常にピュアな心を持ち、ユーザーインサイトの琴線に触れるようなWebサイト制作を心掛けよう。

Webディレクション　用語集 ❶

●**Webプロデューサー**
Web制作会社などで、企画提案や戦略立案、予算管理など、プロジェクト全体を統括し、事業に対して責任を持つ立場の人。

●**Webディレクター**
Web制作会社などに在籍し、プロジェクトの現場監督を務める職種。主に、進行管理、品質管理、素材管理などを担当するが、制作会社によって実際の業務内容は異なることが多い。プロデューサーやプランナーとともに企画提案や戦略立案に参加することや、Webサイトで使用する原稿のライティング、サイト設計などを担当することもある。

●**インフォーメーション・アーキテクト**
情報アーキテクチャー（IA）の考え方に基づき、Webサイトの情報設計を担当する専門職。サイトマップやワイヤーフレームなどの文書を作成する。

●**Webデザイナー**
Webサイトのデザイン担当職。ユーザビリティを考慮したユーザーインターフェイスを設計し、デザインカンプを作成する。コーダーを兼ねる場合もある。

●**コーダー**
Webデザイナーが制作したデザインカンプをもとに、HTML/CSS、JavaScriptを記述し、Webページを作成する職種。マークアップエンジニアとも呼ばれる。

●**システムエンジニア**
システム開発における要件定義や設計、プログラマーへの指示などを担当する。サーバーやインフラ周りに特化したシステムエンジニアをサーバーエンジニアと呼ぶこともある。

●**プログラマー**
要件定義をもとにプログラミング言語を使ってプログラムを記述し、Webシステムを構築する職種。

●**オリエンテーション**
初回の打ち合わせのこと。クライアントへのヒアリングを実施し、提案のために必要なサイト制作のニーズを聞き出す。オリエンと略されることが多い。

●**プレゼンテーション**
クライアントに対して自社の企画提案内容を説明すること。プレゼンと略されることが多い。

●**企画提案書**
ヒアリングを受けて作成するクライアント向けの提案資料のこと。Webサイトの目的、ターゲットなどのヒアリング時の内容を整理し、それを受けた具体的なサイトの構成やコンテンツなどをまとめる。

●**要件定義書**
制作するWebサイトの仕様をまとめた文書。実装する機能をまとめた「機能要件」、サーバーや使用言語などをまとめた「システム要件」、画面遷移図などからなる。

●**見積書**
Webサイト制作に必要な費用をまとめた文書。企画ディレクション費用、デザイン費用、システム関連費用などの内訳と金額を記載して提出する。Webサイト制作ではページ単価×ページ数で記載することが多い。

●**提案依頼書**
クライアントがWeb制作会社に対して提案を依頼する際に、要件をまとめた書類。RFP（Request For Proposal）と略される。主にコンペで利用される。

●**プロモーションサイト**
特定の商品やサービス、企業を広告宣伝するためのWebサイトのこと。期間限定のいわゆる「特設サイト」として開設されることが多い。

●**企業サイト（コーポレートサイト）**
主に企業の紹介を目的としたWebサイトのこと。会社概要や経営理念、商品紹介、IR情報、採用情報などで構成される。

●**ECサイト**
商品やサービスを売買できるWebサイトのこと。いわゆるネットショップやオークションサイト、企業間取引サイトなどを指す。ECは、Electronic Commerceの略。

第2章

Webサイト制作案件の提案・受注

008	オリエンテーションの実施	032
009	ヒアリングシートによる要望の明確化	034
010	企画提案書の作成	036
011	要件定義書の作成	040
012	費用の算出と見積書の作成	042
013	プレゼンテーションの進め方と心構え	046
014	コンペ形式による案件の受注	048
015	受注から支払いまでの流れ	050
016	受注契約の締結	052

RELATION ▶ 001 007 009 053

008 信頼関係を作るための第一歩
オリエンテーションの実施

Text：水野良昭（オンラインデスクトップ）

オリエンテーションとは、クライアント企業もしくはクライアントから依頼を受けた発注者と制作会社のメンバーが、プロジェクトの開始にあたって実施する、初回の打ち合わせのことです。オリエンテーションではクライアントへのヒアリングを実施し、どのようなWebサイトにしたいか、ニーズを的確にくみ取ります。

オリエンテーションを実施するには

実際のオリエンテーションの流れを紹介しましょう。

まず、オリエンテーションの前には、クライアントや発注担当者にメールなどでアジェンダを通知しておきます。アジェンダとは「予定表」や「行動計画」の意味ですが、ここではオリエンテーションで話し合う議題のことを指し、具体的には開催日時、場所、確認したい内容を箇条書きで記載します。

事前にアジェンダを渡しておけば、参加者は必要な資料などを準備できますし、オリエンテーションに誰を参加させるべきかも判断できます。オリエンテーションの実施にあたっては必ず事前にアジェンダを送付しましょう。クライアントの負担を軽減する意味でも、プロジェクトを主導するリーダーとしての信頼感を得るためにも、アジェンダはWebディレクターが作成します。

オリエンテーション当日は、一般的に、お互いの名刺交換、自社の紹介やWeb制作実績の説明から始めます。議事録や提案書を作成するために、打ち合わせの内容はノートやノートPCでメモとしてきちんと残しておきましょう。

会社の説明が終わったら、アジェンダに沿って今回のWebサイト制作案件のヒアリングに入ります。オリエンテーション後には、打ち合わせの内容を議事録にまとめ、メールで関係者に送ります。

オリエンテーション実施するポイント

オリエンテーションの最大の目的は、これからWebサイト制作のプロジェクトを進めるにあたって、クライアント／制作会社双方のメンバー間の良好な人間関係を構築することにあります。制作するWebサイトに関する細かな仕様や要求は後日、メールや電話でも確認できますから、初回のオリエンテーションではメールや電話では伝わりづらいニュアンスや、クライアントが重要視している点などを相手の口調や表情などから感じ取るようにしましょう。

ヒアリングの前には、クライアントの現行サイトや資料を熟読し、なるべく多くの情報を得ておくことも大切です。クライアント以上に、サイトの内容を理解するぐらいの心構えで臨み、「この人たちならWeb制作のプロフェッショナルとして目的のサイトを作ってもらえる」と、信頼感を感じてもらうように心がけましょう。

オリエンテーションはWeb制作プロジェクトにおける初回打ち合わせのこと。ヒアリングを実施し、クライアントからWebサイトのニーズを聞き出す。重要なのは、打ち合わせの前にアジェンダを作成し、参加者に配布すること。参加者が事前に準備をできるだけでなく、参加者から信頼を得ることにも繋がる。打ち合わせの内容はメモを残すことで、打ち合わせ後の議事録や提案書作りに役立つ。

オリエンテーションの事前準備と当日必要なもの

● 事前にしておくこと

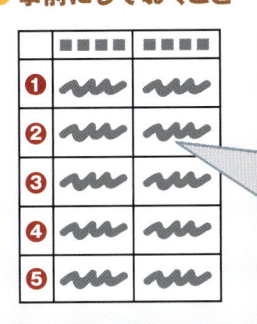

アジェンダの内容例
年月日
- クライアントへの確認事項　箇条書き
  - ワイヤーフレーム修正案確認
  - サイトマップ修正案　確認
  - スケジュール再確認
  - デザイン修正案確認
- こちらからの新規提案内容
- 修正見積内容説明
- 次回の打ち合わせ予定日確認

アジェンダの作成と送付

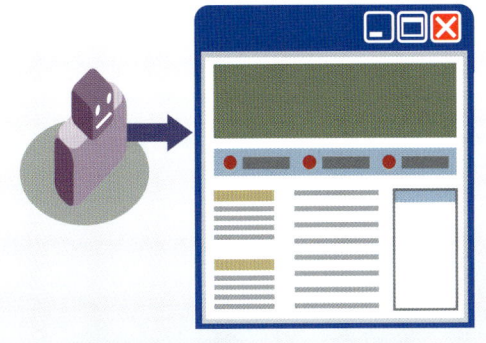

クライアントの現行サイトの事前把握

● 当日持っていくもの

会社案内／制作実績（初回）

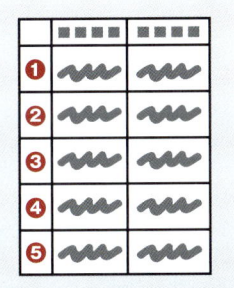

アジェンダ 参加人数分

ノート or ノートPC

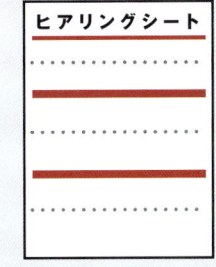

ヒアリングシート

ヒアリングの目的と流れ

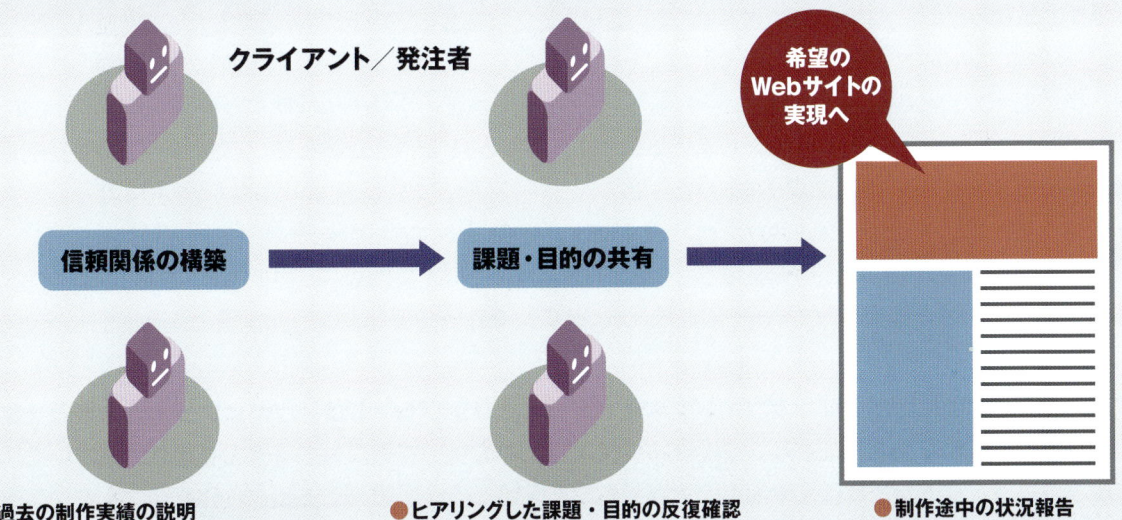

クライアント／発注者

信頼関係の構築 → 課題・目的の共有 → 希望のWebサイトの実現へ

- 過去の制作実績の説明
- クライアントや関連情報に関する理解

- ヒアリングした課題・目的の反復確認
- 参考事例の情報提供

- 制作途中の状況報告
- 仮オープン時の確認

RELATION▶ 008 010 011 012

009 正確な見積もりや提案に欠かせない
ヒアリングシートによる要望の明確化

Text：水野良昭（オンラインデスクトップ）

オリエンテーションにおけるヒアリングでは、あらかじめ質問内容を用意しておくことで、企画提案や見積もりに必要な情報の聞きもらしを防げます。クライアントの要望を漏れなく正確に聞き出すために作成する質問リストが、ヒアリングシートです。

ヒアリングシートは、オリエンテーションの参加者全員に配布するアジェンダとは異なり、制作会社のディレクターがクライアントに確認しながらその場で記入します。作成後は、聞き出した要望を制作スタッフと共有するための内部資料として使用します。

ヒアリングシートの具体的な使い方

ヒアリングでは、クライアントが理解しやすい言葉を使って、用意しておいた質問を1つずつ聞いていきます。制作会社の社内では当たり前に使っている用語が、クライアントの担当者にとっては難しいことがよくありますし、お互いに使っている用語が違う意味を指している場合もあります。WebやITに明るいと思われる担当者であっても、必ずしもWebやIT全般に詳しいとは限らないので、齟齬がないように十分確認しながら進めます。

具体的なヒアリング項目は、新規サイトの立ち上げか、既存サイトのリニューアルかによって違ってきますが、いずれの場合でも以下のような点を確認しておくとよいでしょう。

- Webサイトの目的
- Webサイトのメインターゲット
- サーバー環境
- スケジュール
- 大まかな予算感

リニューアルの場合はさらに、
- 現行のWebサイトで困っていること
- 今回のリニューアルで解決したい課題

も合わせて確認しましょう。

大規模プロジェクトでは発言者も記録

実際のヒアリングでは、1つの質問に対して1つの答えが返ってくるとは限りません。大規模プロジェクトなど、クライアント側の参加者が多い場合は、誰が発言した要望なのかもシートに記入しておくとよいでしょう。提案時にはヒアリングから反映した要望を明らかにし、反映しない要望はその理由を説明する必要があります。

また、互いの人間関係が構築される前にヒアリングシートに沿って機械的に質問ばかりすると、相手に警戒心を感じさせてしまう場合もあるので注意します。Webサイトが抱える現状の問題点や課題をありのまま話してもらうためにも、「医者と患者の関係」のような信頼関係を作っていくことを心がけましょう。

> ヒアリングの前にはヒアリングシートを準備する。ヒアリングシートは、クライアントから要望を聞き出すための質問リスト。ヒアリング実施時に使用し、その場で質問に対する答えを書き込んでいく。大規模プロジェクトなどでは、参加者の誰が発言した要望なのかも記入すること。作成後は、制作スタッフとクライアントの要望を共有するための内部資料として使用する。

ヒアリングシートの例

クライアントの要望を実現するために、シートを使ってサイトの目的や方向性を正確に聞き出す

コンセプト部分	
● サイトの目的・役割 オンライン予約件数をアップさせるため、予約専用サイトを立ち上げたい	
● ターゲット 20〜30代の行動派の女性	

デザイン部分	システム部分
● デザインコンセプト ターゲット向け女性雑誌風	● ドメイン 専用ドメイン（取得済み）
● メインカラー／サブカラー メイン＝グリーン、サブ＝ライトグリーン	● サーバー環境 新規サーバーを用意（共有ホスティング）
● ロゴ 女性雑誌風	● SSL 必要（要証明書取得）
● トーン&マナー メインサイトのデザインに合わせる	● フォーム 既存フォームを流用（項目は再検討）
● フォント ロゴに合わせる	● 会員システムの有無 有（オープンソースシステム利用）
● 写真 イメージ写真として有料素材を購入予定	● メルマガ 有（別ASPと連携）
● Web化したいコンテンツ内容 書き下ろし特集、一部パンフレット流用	● プログラム フォームおよび会員管理システムは既存のプログラムを流用（PHP+MySQLで構築）
● 動画コンテンツ 素材有（YouTube埋め込み）	

プロジェクト管理部分	
● スケジュール感 2012年2月〜3月	● 競合状況 パンフレットを制作した印刷会社にも提案を依頼中
● 他の媒体のスケジュール プレスリリース日を確認	
● 予算感 250万〜300万円	

RELATION▶ 009 011 013 022 023

010 企画提案書の作成
クライアントの要望と完成イメージを盛り込む

Text：水野良昭（オンラインデスクトップ）

Webサイト制作を受注するときに必要になるのが、プロジェクトの概要をまとめた企画提案書です。具体的には、Webサイトの目的、コンテンツ内容、サイトマップ、画面レイアウト（ワイヤーフレーム[※1]やデザインカンプ[※2]）、スケジュール、サーバー環境、見積金額などで構成されます。

通常は企画提案書の内容をもとにクライアントへプレゼンテーションし、内容に賛同が得られれば受注になりますから、ディレクターが受注前に作成する資料としてはもっとも重要なものと言えます。また、クライアントの要望を確認し、Webサイトの完成イメージを理解してもらうためにも欠かせないものです。

企画提案書の作成方法

企画提案書の作成には、マイクロソフトのPowerPointを使用することが多いようです。実際に自分がクライアントの前でプレゼンテーションする状況をイメージしながら、話をする順番に沿ってページを作成していきます。

企画提案書の前半部分は、ヒアリングした課題や目的を整理し、できるだけヒアリング時と同じ言葉を使って分かりやすくまとめます。内容を分かりやすく伝えるには、文章だけでなく、図や画面イメージを入れると効果的です。実際の画面イメージをもとに、コンテンツ内容や機能などの説明をすることで、イメージしやすくなります。

後半部分は、Web制作を開始するにあたっての具体的なスケジュールやサーバー環境、更新方法、見積金額をまとめていきます。

スケジュールに関しては、クライアントの状況も確認しながら、コンテンツ内容や機能の追加を第1フェーズ、第2フェーズなどの段階に分けて提案するケースもよくあります。フェーズ分けにより、クライアントの優先順位を確認してもらえ、Webサイトが継続・成長していくイメージや次の予算感を把握してもらうのにも役に立ちます。

企画提案書の作成のポイント・注意点

企画提案書を作成するときには、少し時間を置いてブラッシュアップさせていくとよいでしょう。プレゼン前に何日かに分けて確認作業をして、関係者に相談しながら少しずつ完成度の高い企画提案書に仕上げていきます。

企画提案書の表紙には、クライアントの正式名称と提案者側の会社名を記載します。企画提案書が独り歩きすることも想定して、実現可能な内容で構成してください。企画提案書の中にクライアント側の内部情報やシステム図など、重要な情報を記載している場合は必ず「社外秘」と記載し、情報が第三者に漏れないよう管理には十分注意を払いましょう。

企画提案書はプロジェクトの概要をまとめたもので、受注前のプレゼンテーションにおいて利用する。前半部分はヒアリングした内容をもとにまとめ、後半部分にはより具体的なスケジュールやサーバー環境、見積金額などを記載する。時間を置いてブラッシュアップさせながら作成するとよい。提案書が独り歩きすることも想定して実現可能な内容だけを記入し、守秘義務にも留意すること。

企画提案書と要件定義書の違い

企画提案書
ヒアリングした内容をもとに、クライアント側で漠然としている要望を引き出すもの

要件定義書
企画提案書で要望が確定した内容をより具体的な画面遷移やシステム要素に落とし込んだもの

企画提案書の構成例

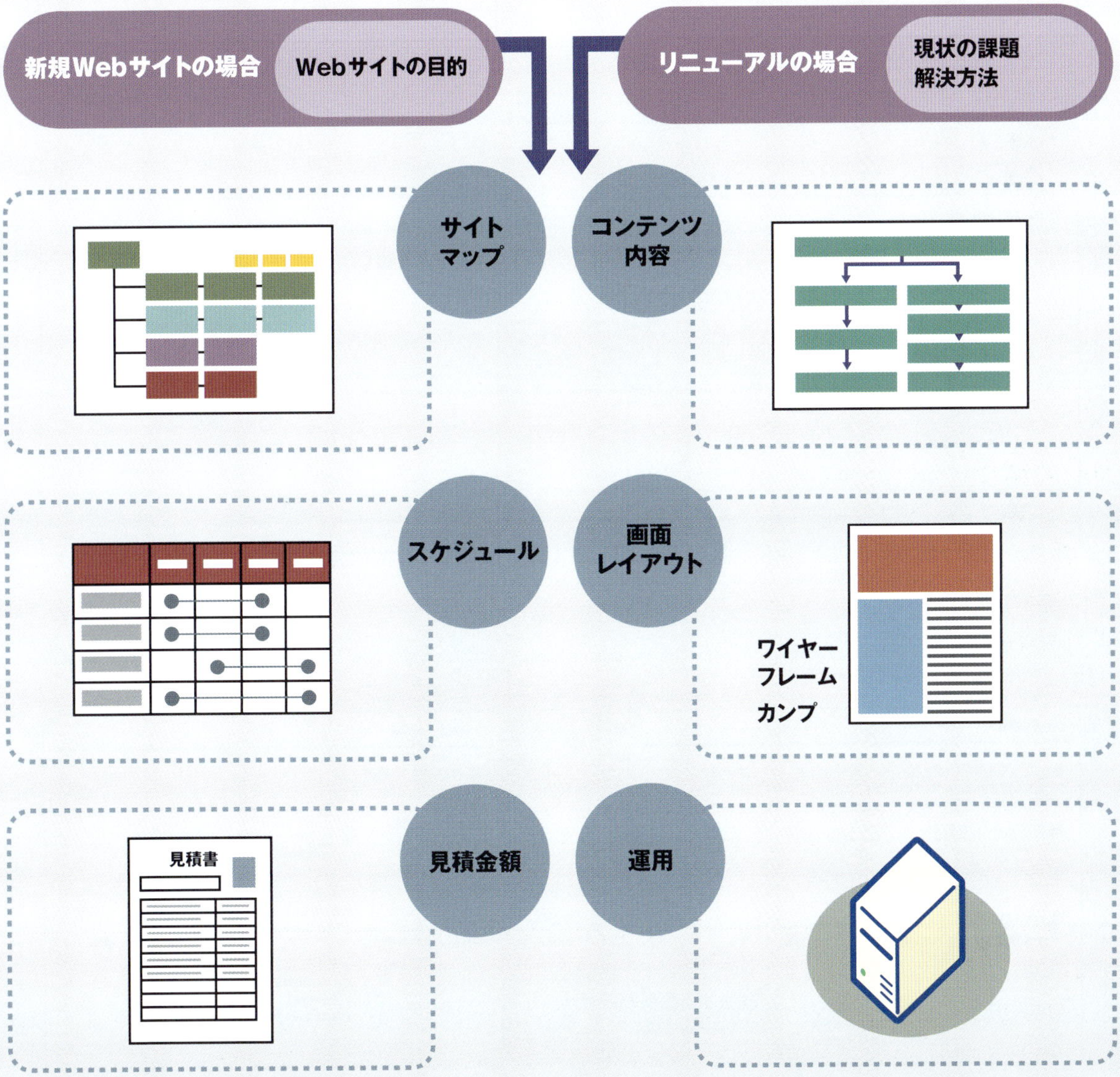

新規Webサイトの場合 — Webサイトの目的
リニューアルの場合 — 現状の課題 解決方法

- サイトマップ
- コンテンツ内容
- スケジュール
- 画面レイアウト / ワイヤーフレームカンプ
- 見積金額
- 運用

※1 ワイヤーフレーム（→122ページ）
※2 デザインカンプ（→130ページ）

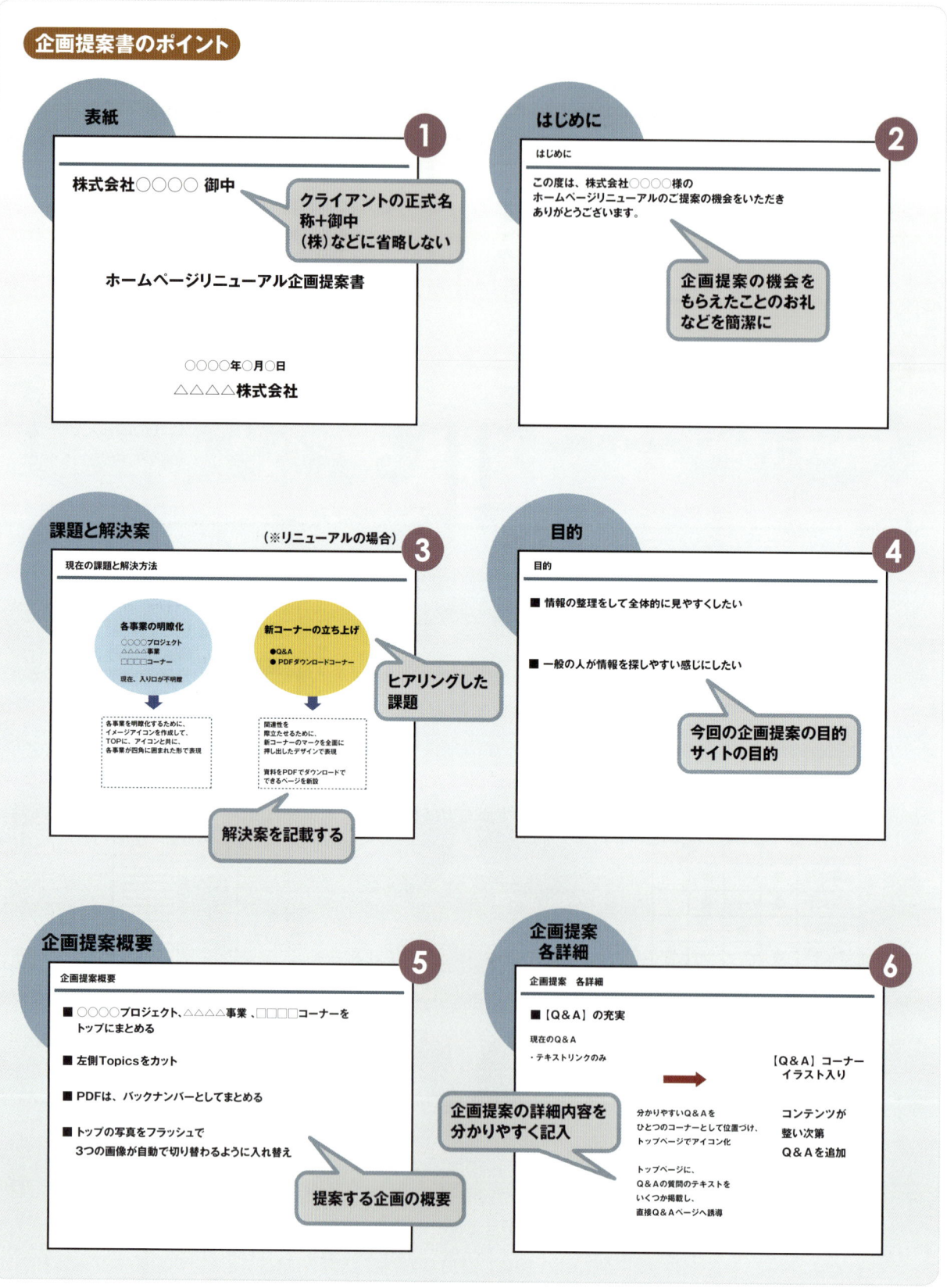

企画提案書のポイント

① 表紙

株式会社○○○○　御中

ホームページリニューアル企画提案書

○○○○年○月○日
△△△△株式会社

> クライアントの正式名称＋御中
> （株）などに省略しない

② はじめに

この度は、株式会社○○○○様の
ホームページリニューアルのご提案の機会をいただき
ありがとうございます。

> 企画提案の機会を
> もらえたことのお礼
> などを簡潔に

③ 課題と解決案 （※リニューアルの場合）

現在の課題と解決方法

各事業の明瞭化
○○○○プロジェクト
△△△△事業
□□□□コーナー
現在、入り口が不明瞭

新コーナーの立ち上げ
● Q&A
● PDFダウンロードコーナー

各事業を明確化するために、
イメージアイコンを作成して、
TOPに、アイコンと共に、
各事業が四角に囲まれた形で表現

関連性を
際立たせるために、
新コーナーのマークを全面に
押し出したデザインで表現
資料をPDFでダウンロード
できるページを新設

> ヒアリングした課題
> 解決案を記載する

④ 目的

目的

■ 情報の整理をして全体的に見やすくしたい

■ 一般の人が情報を探しやすい感じにしたい

> 今回の企画提案の目的
> サイトの目的

⑤ 企画提案概要

企画提案概要

■ ○○○○プロジェクト、△△△△事業、□□□□コーナーを
　トップにまとめる

■ 左側Topicsをカット

■ PDFは、バックナンバーとしてまとめる

■ トップの写真をフラッシュで
　3つの画像が自動で切り替わるように入れ替え

> 提案する企画の概要

⑥ 企画提案 各詳細

企画提案　各詳細

■【Q&A】の充実

現在のQ&A
・テキストリンクのみ

→【Q&A】コーナー
イラスト入り

分かりやすいQ&Aを
ひとつのコーナーとして位置づけ、
トップページでアイコン化

トップページに、
Q&Aの質問のテキストを
いくつか掲載し、
直接Q&Aページへ誘導

コンテンツが
整い次第
Q&Aを追加

> 企画提案の詳細内容を
> 分かりやすく記入

画面レイアウト （ワイヤーフレーム、デザインカンプ） ⑦

Q&Aの充実に関してトップデザイン配置案

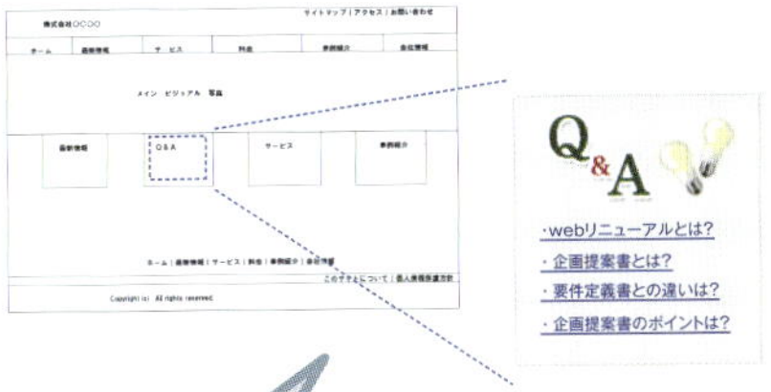

> イメージを理解してもらうための画面レイアウト

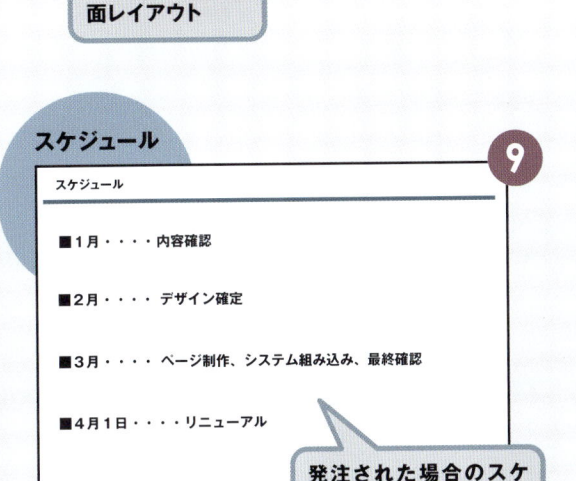

サイトマップ案 ⑧

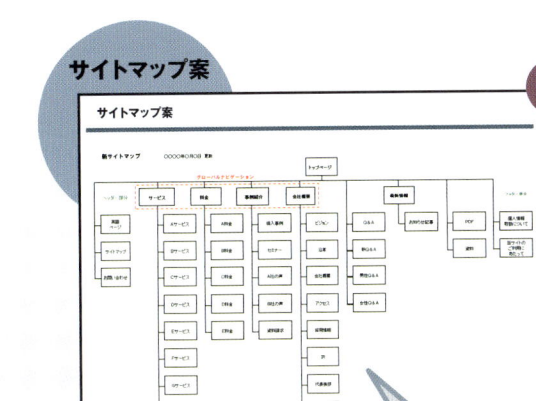

> リニューアルの場合は、現行のサイトマップと新サイトマップ案を対比できるように提案する

スケジュール ⑨

- ■1月・・・・内容確認
- ■2月・・・・デザイン確定
- ■3月・・・・ページ制作、システム組み込み、最終確認
- ■4月1日・・・・リニューアル

> 発注された場合のスケジュール案
> クライアント側の内容決定に影響する部分も記入

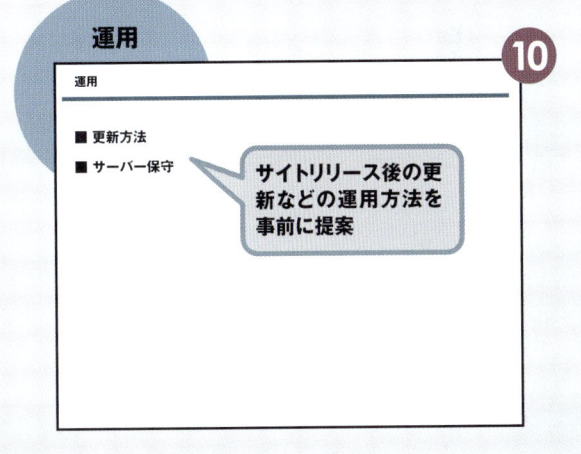

運用 ⑩

- ■更新方法
- ■サーバー保守

> サイトリリース後の更新などの運用方法を事前に提案

概算金額 （※別紙見積の場合もある） ⑪

- ■A案・・・・トップページのレイアウトのみ変更 　50万円
- ■B案・・・・A案に加えて、Q&Aのコテンツ統合 　100万円
  　　　　　　Q&Aカバーページ作成
- ■C案・・・・A案、B案に加えて、 　150万円
  　　　　　　トップの写真を
  　　　　　　3パターンで自動切り替え表示

> 各提案パターンごとの概算金額

011 要件定義書の作成

クライアントの要望を具体的な仕様へ落とし込む

Text：水野良昭（オンラインデスクトップ）

　要件定義書は、制作するWebサイトの仕様をまとめたものです。具体的には、各ページの画面遷移やWebシステムの管理画面イメージ、サーバー情報、プログラム開発内容、データベース、セキュリティなどのシステムに関する内容が含まれています。一般的には、企画提案書をもとにクライアントへのプレゼンテーションが終わり、同意が得られた段階で作成し、より正確な見積書を作成するためにも必要なものです。

　ただし、データベースなどを利用したシステム開発が伴わない、簡単なWebサイトの場合は、企画提案書をブラッシュアップさせて要件定義書の代わりにすることも多いのが実情です。

要件定義書の具体的な作成方法

　要件定義書では、ヒアリングした内容と企画提案書に盛り込んだ内容をさらに具体化するために整理していきます。企画提案書には提案レベルの内容も含まれているので、要件定義書にはプレゼン後、クライアントが下した決定事項だけを盛り込みます。

　Webサイトの要件定義は、一般的なシステム開発とは異なり、画面遷移がほぼすべてです。そこで、クライアントが分かりやすいように簡単なレイアウトでの画面遷移を盛り込みながら、必要な画面、機能をまとめていくことがポイントです。

　たとえば一般的なWebサイトの場合は、注文や予約、資料請求、問い合わせなどを受けるためのメールフォーム、最新情報などをクライアント側で更新するためのWebシステム、ショッピングカートシステム、メールマガジン、会員限定サイトなどを具体的に実現する方法を記入していきます。

要件定義書作成のポイント

　クライアントにとっては簡単に実現できると思っている機能でも、サーバーの仕様によって必要なプログラムやデータベースが動かず、実現が難しいケースはよくあります。1つの新機能を追加するためにサーバーの移行が必要な場合もあるので、要件定義書を作成する前にクライアントが利用中のサーバー環境を確認しておきましょう。

　システム開発が絡む部分は、より正確な見積書を作成する際のランニング費用やソフトウェアなどのライセンス費用にも関係してきます。プログラムを新規開発するのか、既存のWebサービスで実現できるのか、システムを担当するスタッフへ確認を取りながら慎重に作成しましょう。

　きちんとした要件定義書が作成できれば、正確な見積書を作成でき、実際に受注したときには制作スタッフへの説明にも役立ちます。

要件定義書とは、制作するWebサイトの仕様をまとめた書類。企画提案書の中から、決定事項だけを盛り込む。具体的には、簡単なレイアウトでの各画面遷移、サーバー情報、プログラム開発内容などを記載する。要件定義書の作成にあたっては、クライアントが利用中のサーバー環境も確認しておくこと。正確な要件定義書があれば、見積もりの作成やスタッフへの指示に役立つ。

要件定義書の構成要素

機能要件
- 注文、予約、資料請求フォーム
- 最新情報更新システム
- ショッピングカート、決済機能
- メルマガ
- 会員限定サイト

システム要件
- ドメイン
- サーバー環境
- プログラム開発言語
- データベース
- ライセンス

画面遷移（サンプル）

例：Excelファイルの仕事一覧に追加 → 管理画面よりファイルをアップ → プレビュー確認画面

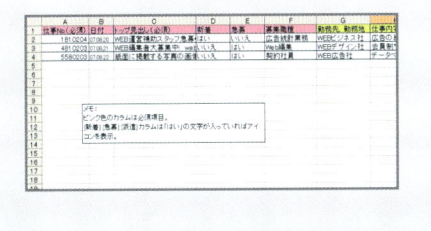

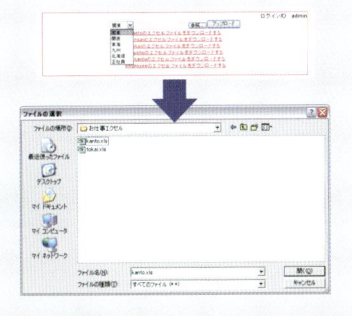

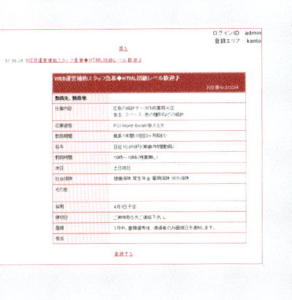

機能要件の例（資料請求フォーム）

どこで必要なのか分かりやすく分類する／誰が利用する機能かも区別／どのような機能を実装予定かを列挙する

項番	カテゴリー	機能要件
1	予約受付フォーム	登録フォーム作成
2	予約受付フォーム	エラー表示機能
3	管理画面（管理者向け）	ユーザー検索機能
4	管理画面（管理者向け）	管理ユーザー認証
5	管理画面（管理者向け）	ユーザー一覧表示
6	管理画面（管理者向け）	ユーザーと会員番号の紐付け機能
7	管理画面（管理者向け）	ユーザーの編集機能（解約、メールアドレス、住所変更など）
8	管理画面（管理者向け）	ユーザー向け各通知メールの編集機能
9	管理画面（管理者向け）	個人情報暗号化メール再送機能
10	管理画面（ユーザー向け）	変更申請フォーム利用のための認証機能
11	管理画面（ユーザー向け）	各種変更申請フォーム
12	管理画面（ユーザー向け）	変更申請内容を管理者へメール通知

RELATION ▶ 010 011 013 015 112

012 費用の算出と見積書の作成
クライアントの理解が得られる説明を

Text：水野良昭（オンラインデスクトップ）

　見積書とは、Webサイトを制作・公開するために必要な、企画ディレクション費用、デザイン費用、システム関連費用、ランニング費用などの費用をまとめた書類です。正式な見積書は仕様が固まった時点で作成しますが、大まかなコスト感の提示を求められた場合は、企画提案書に概算金額を盛り込むこともあります。

　正確な見積書を作成するには、ヒアリング後の企画提案書で方向性をしっかり固め、要件定義書でクライアントの意向とのズレが生じていないか確認します。それでも、制作が進む中で、当初はなかった要望が発生することはよくあります。あくまでも作成時点の仕様に基づく金額であること、追加費用が発生する場合があることを明記し、事前に十分説明しておくことが大切です。

見積もり額の基本的な算出方法

　見積書に記載する見積金額は、一般的にページ単価×ページ数で計算します。全体のページ数は、企画提案時にサイトマップ[※1]を作成することで確認できます。

　会社案内、カタログなどの元原稿がない場合、Web制作会社に文章の作成も期待されることはよくあります。原稿作成の有無をヒアリング時点で確認して、制作サイドで作成する場合はコピーライティング費用や翻訳費用なども計上しましょう。同様に、Webサイトで使用する写真やイラストもクライアント側が用意するとは限らず、手配に費用が発生することもあるので確認します。

　事前にクライアント側の予算を把握できるのであれば、予算内で制作できるパターン、より充実したサイトにするための費用を計上したパターンなど、3パターンほど用意して提出するとよいでしょう。

見積もりではランニング費用も考慮して

　ECサイトなど、Webサイトにシステムの組み込みが必要な場合、システムを新規開発するか、パッケージソフトを導入するか、ASP/SaaS[※2]を利用するかで、費用が大きく変わってきます。ASP/SaaSによってはカスタマイズができず、クライアントの要望をすべて満たせない場合もあるので、見積もりの時点でも慎重に選定します。

　見積書には制作にかかる初期費用だけでなく、サイト運営に必要なランニング費用も記載してクライアントの理解を得るようにしましょう。

　制作を急ぐばかりに初期費用の見積もりしか提出していないと、ランニング費用の負担があいまいになりがちです。サーバーやドメイン、SSLサーバー証明書などのライセス費用だけでなく、サイト更新のスポット対応費用や毎月の更新費用のこともきちんと説明する必要があります。運用の予算を確保できない場合は、クライアント自身でWebサイトを更新できるシステム（CMS[※3]など）を提案時点で盛り込んでおきましょう。

見積書には、Webサイトを制作・公開するために必要な費用を記載する。具体的には、企画ディレクション費用、デザイン費用、システム開発費用など。正確な見積書作成のためには、要件定義書の段階で制作内容にクライアントの意向とズレがないかを確認すること。また、初期費用だけではなくランニング費用も見積書の段階から記載し、クライアントの理解を得る必要がある。

見積書の構成要素

初期費用

1.
   - 企画ディレクション費用
   - デザイン費用
   - コーディング費用
   - コピーライティング費用
   - 写真、イラスト費用

2.
   - システム開発費用
   - ドメイン取得費用
   - SSLサーバー証明書

ランニング費用

3.
   - ドメイン維持管理費用
   - サーバー月額費用
   - システム保守費用
   - サイト更新費用

4.
   - 次年度ライセンス費用

3パターンでの見積例

松竹梅に相当する3パターンの見積もりを提出することで、比較検討が可能になる。クライアントが他社の見積もりを取る作業を省くことにもつながる場合も

Aパターン
- 基本10ページ程度
- 資料請求フォーム
- 写真、イラスト費用
- ドメイン取得費用

最低限でのスタート＝初期概算予算相当で、実現可能なことを記載

Bパターン
- Aパターン費用
- ＋
- 動画作成費用
- ホームページ更新システム費用
- メールマガジン費用

予算が若干オーバーしても、より多くの機能を盛り込むパターン。第2フェーズも意識

Cパターン
- Bパターン費用
- ＋
- 会員システム費用
- クレジット決済システム連携費用
- ブログ組み込み費用

サイトの完成形を示すことにより、将来、次年度の予算化の参考資料としても活用可能

※1　サイトマップ（→118ページ）
※2　ASP：Application Service Providerの略。SaaS：Software as a Serviceの略（→256ページ）
※3　Content Management Systemの略（→266ページ）

見積書の例…初期費用

見　積　書

○○○○年○月○日
No.A100607-02

> 追って修正見積を出すこともあるので発行日を必ず明記して違いが一目で分かるようにする

株式会社○○○○　御中

> 株式会社などを省略しない

お支払い条件：納品月末翌月末現金
見積有効期限：60日間
下記の通りお見積申し上げます。

> 支払条件、有効期限を記載

東京都中央区○○1-1-1
△△△△株式会社
TEL 03(1111)1111

担当　□□　□□

見積金額　（税込）
¥2,691,150

件名　：　Webサイト制作　初期費用

> 一目でわかる件名を記載。URLを入れる場合も

品　名		数量	単位	価格 単価	価格 合計価格
企画	企画提案、プロデュース	1	式	100,000	100,000
編集	各コンテンツのコピーライティング・リライトなど	1	式	100,000	100,000
ディレクション	要件定義、クオリティ管理、各種資料作成	1	式	100,000	100,000
サイトデザイン	デザイントーン＆マナーの策定、ナビゲーション設計	1	式	100,000	100,000
画像素材加工		1	式	100,000	100,000
素材費	5点（弊社指定の写真に限る）	5	点	20,000	100,000
■日本語サイト構築					
【更新システム】					
テンプレート作成	最新情報更新システムテンプレート作成	2	人/日	50,000	100,000
環境設定	最新情報更新システムの組み込み・環境設定	2	人/日	50,000	100,000
デバッグ・インストール	システムのテスト・調整	2	人/日	50,000	100,000
【トップ、分岐ページ】					
トップページデザイン		1	ページ	100,000	100,000
トップページコーディング		1	ページ	50,000	50,000
分岐ページデザイン		9	ページ	30,000	270,000
分岐ページコーディング		9	ページ	30,000	270,000
■英語サイト構築					
【トップ、分岐ページ】					
トップページ作成		1	ページ	100,000	100,000
分岐ページテンプレート作成		1	ページ	50,000	50,000
トップページコーディング		9	ページ	30,000	270,000
分岐ページコーディング		9	ページ	30,000	270,000
英訳費用（概算）	5,000文字程度を想定	5,000	式	25	125,000
■資料請求フォーム					
フォームプログラム開発・組み込み費用		1	式	100,000	100,000
■サーバー関連費用					
サーバー初期費用		1	式	20,000	20,000
jpドメイン費用（1年分含む）※1		1	式	8,000	8,000
■ライセンス費用					
SSLサーバー証明書　※2		1	年分	80,000	80,000
サーバー証明書取得事務手数料、サーバーインストール費用		1	式	50,000	50,000
特別値引					-100,000
合　計					2,563,000
消　費　税					128,150
納品方法　：　ご指定サーバ				合計金額	2,691,150

> デザインとコーディングは分けて表記

> 概算数で表記

> 期間を明記

> 期間を明記

> 見積項目外は別費用であることの説明

見積書に記載のないものは別途見積とさせていただきます。

※1　ドメイン維持費用は1年ごとに発生します。更新時に設定事務手数料として15,000円（税別）が発生。
※2　SSL証明書は1年ごとに発生します。更新時に設定事務手数料として15,000円（税別）が発生。

> 次年度費用も明記

見積書の例…ランニング費用

見　積　書

○○○○年○月○日
No.A100607-02

東京都中央区○○1-1-1
△△△△株式会社

TEL 03(1111)1111

株式会社○○○○　御中

（株式会社などを省略しない）

お支払い条件：納品月末翌月末現金
見積有効期限：30日間
下記の通りお見積申し上げます。

（支払条件・有効期限を記載）

見積金額　（税込）
¥73,920

担当　□□　□□

件名　：　Webサイト　ランニング費用

❸

品　名	数量	単位	単　価	合計価格
■サイト更新費用	1	か月	50,000	50,000
■フォーム システム保守費用	1	か月	10,000	12,000
■サーバー 共有レンタルサーバー月額費用	1	か月	8,400	8,400
合　　計				70,400
消　費　税				3,520
			合　計　金　額	73,920

（項目をできるだけ分かりやすい言葉で分けて表記）

（期間を明記。1カ月単位の場合が多い）

RELATION▶ 008 009 010 012

013 プレゼンテーションの進め方と心構え

基本を押さえて受注を勝ち取ろう

Text：水野良昭（オンラインデスクトップ）

　プレゼンテーションの目的は、提案内容が要望に沿った適切なものであり、かつ、自社が最適な発注先であることをクライアントに理解してもらうことです。ひと通りヒアリングが終了し、企画提案書が完成した段階で、プレゼンの時間を設けてもらいましょう。

　プレゼン当日までに、参加人数分の企画提案書、必要に応じて見積書、ノートPC、インターネット通信環境、想定される質問集と回答案などを用意しておきます。プロジェクターやPC、ネット回線などはクライアントから借りられる場合もありますので、あらかじめ確認しておきましょう。

プレゼンテーション当日の流れ

　プレゼン当日は、簡単なあいさつ、企画提案書の配布、プロジェクターとPCの準備、ネット環境の接続確認、企画提案書内容の説明、質疑応答と進めていきます。

　クライアントの反応を見ながら、状況によっては見積もり金額についても説明します。企画提案の内容が好評で、かつ具体的な費用の提示を求められたら、続けて見積もり内容を説明します。要件や仕様などにあいまいな点があり、見積書をすぐに提出できない場合は、あらかじめ簡単な概算金額を算出しておき、概算であることを断ったうえで説明するとよいでしょう。

　ただし、プレゼンの場で提案内容の追加や変更を求められた場合は必要費用も変わりますから、後日修正した見積書を提出します。

　プレゼン時は資料だけでなく、クライアント側の参加者全員の顔を見ながら、ゆっくりと説明していきます。プレゼン中でもなるべく、相手の質問を受け付けるぐらいの余裕は欲しいものです。即答できない質問の場合は無理にその場で答える必要はありませんので、相手の反応を見ながら進めていきましょう。

反対意見にも冷静に対応しよう

　プレゼンの途中や最後にクライアントから反対意見が出た場合は、受け答えの仕方に気をつけましょう。

　丹念な準備をした内容であればあるほど、反論したい気持ちになるかもしれませんが、ぐっと抑えて感情的にならないようにします。その場の議論で打ち勝ってしまうと相手も感情的になり、いくらよい提案でも受注につながらない場合もあります。

　反対意見が出たら、焦らずゆっくりそのままの言葉で反復するように話します。お互いの認識に齟齬がある場合もありますから、言葉を言い換えて説明し直してみましょう。自分の意見がきちんと伝わり、相手に理解してもらえたことが分かった時点で、反対感情は和らぎます。直接的な反論は避け、メリット部分をさらっと話すようにしてください。

プレゼンテーションの目的は、提案がクライアントの要望に沿った内容であり、最適な発注先であることを理解してもらうことにある。実施日までに、企画提案書や機材などを怠りなく準備し、当日は見積もりについても説明できるように用意しておくとよい。プレゼン中、クライアント側から反対意見が出た場合は決して感情的に反論せず、冷静に対処すること。

プレゼンの準備チェックリスト

- ☐ クライアントにプロジェクターを借りられるか
- ☐ クライアントにインターネット通信環境を借りられるか
- ☐ クライアントにPCを借りられるか
- ☐ プレゼンテーションに参加する人数の確認
- ☐ 企画提案書の参加人数分印刷
- ☐ ワイヤーフレーム、デザイン案の印刷
- ☐ サイトマップ案の印刷
- ☐ 想定質問、回答案

✓ check

当日の流れ

挨拶
提案の機会、プレゼンの時間を作ってもらったことへの感謝も一言述べる

↓

プロジェクター、PCの準備
できるだけ発表者以外が準備して、クライアントを待たせないようにする

↓

企画提案書配布
提案書は全員に、見積書は担当者に渡す

--- プレゼンテーション 開始 ---

企画内容説明
一方的にしゃべらず、ゆっくりとクライアントの理解を確認しながら話す

↓

質疑応答
概算金額、スケジュールなど想定される質問の回答を事前準備しておく

↓

見積内容説明
見積に含まれる範囲、前提条件を十分に説明する

RELATION▶ 009 010 012 013

014 コンペ形式による案件の受注

情報収集で勝てるコンペに参加しよう

Text：水野良昭（オンラインデスクトップ）

コンペとはコンペティション（Competition）の略で、同一の条件のもと、複数の制作会社で企画提案の内容を競う受注方法のことです。クライアントにとっては複数の提案内容の中から最適な提案を選択できるメリットがある一方、参加する制作会社の負担は決して小さくありません。

コンペに参加する場合は、クライアントが作成するRFP（Request For Proposal：提案依頼書）と呼ばれる書類に基づいて、企画提案書や見積書を作成します。RFPがない場合は、クライアントから提案に必要な要件をヒアリングし、要件定義書をまとめます。大規模プロジェクトのコンペではクライアントが合同説明会を開き、RFPの内容を説明する場合もあります。

コンペの方式と参加の方法

コンペは、広く参加を呼び掛けてオープンに実施される場合と、コンペであることが制作会社側に告げられない場合があります。

オープンタイプのコンペでは、クライアントのWebサイトや情報サイトなどに参加方法が公開されている場合もあります。募集サイトを定期的にチェックして、情報公開と同時に資料作成に取りかかれるように、日頃から準備しておきましょう。

Webサイトで詳細が公開されないコンペでは、クライアントから直接もしくは取引先を通じてコンペ開催の情報を入手します。普段から取引先と良好な関係を構築し、情報のアンテナを張っておくことが重要です。

コンペによっては、企画提案書や見積書による一次審査（書類審査）を設けるケースもあります。書類だけで判断されるため、クライアントの要望を的確に捉えた内容であることはもちろんのこと、自社の強みをしっかり盛り込んだ提案書を作り上げる必要があります。

不参加の可能性も含めて慎重な判断を

クライアントとの信頼関係が普段から十分に築けていれば、RFP作成前の段階、場合によってはコンペが実施される1年以上も前から、プロジェクトに関する何らかの相談を受けるケースもあります。大規模なコンペであればあるほど事前の準備も必要で、正確な企画提案書の作成には時間を要します。

一方、事前の情報がまったくない状態のコンペ案件には慎重な判断が必要です。情報を得た経緯や競合先の情報、参加予定の企業数、予算規模など、できるだけ正確な情報の入手に努めてください。入念な準備を経て臨んだコンペで落選した場合、準備に要した時間やコストが無駄になるリスクがあります。確実に"勝てるコンペ"へ照準を絞り、そうでない場合は参加を見送るのも1つの経営判断と言えます。

コンペは、複数の制作会社が同一の条件下で企画・提案内容を競うもの。RFPに基づいて企画提案書や見積書を作成して参加する。一次審査がある場合は、書類だけで判断されることになるため、強みを盛り込んだ的確な企画提案書が求められる。コンペに落選した場合は、準備に要した時間やコストが無駄になるため、事前に十分な情報を得て、慎重に判断したい。

コンペの流れ（一例）

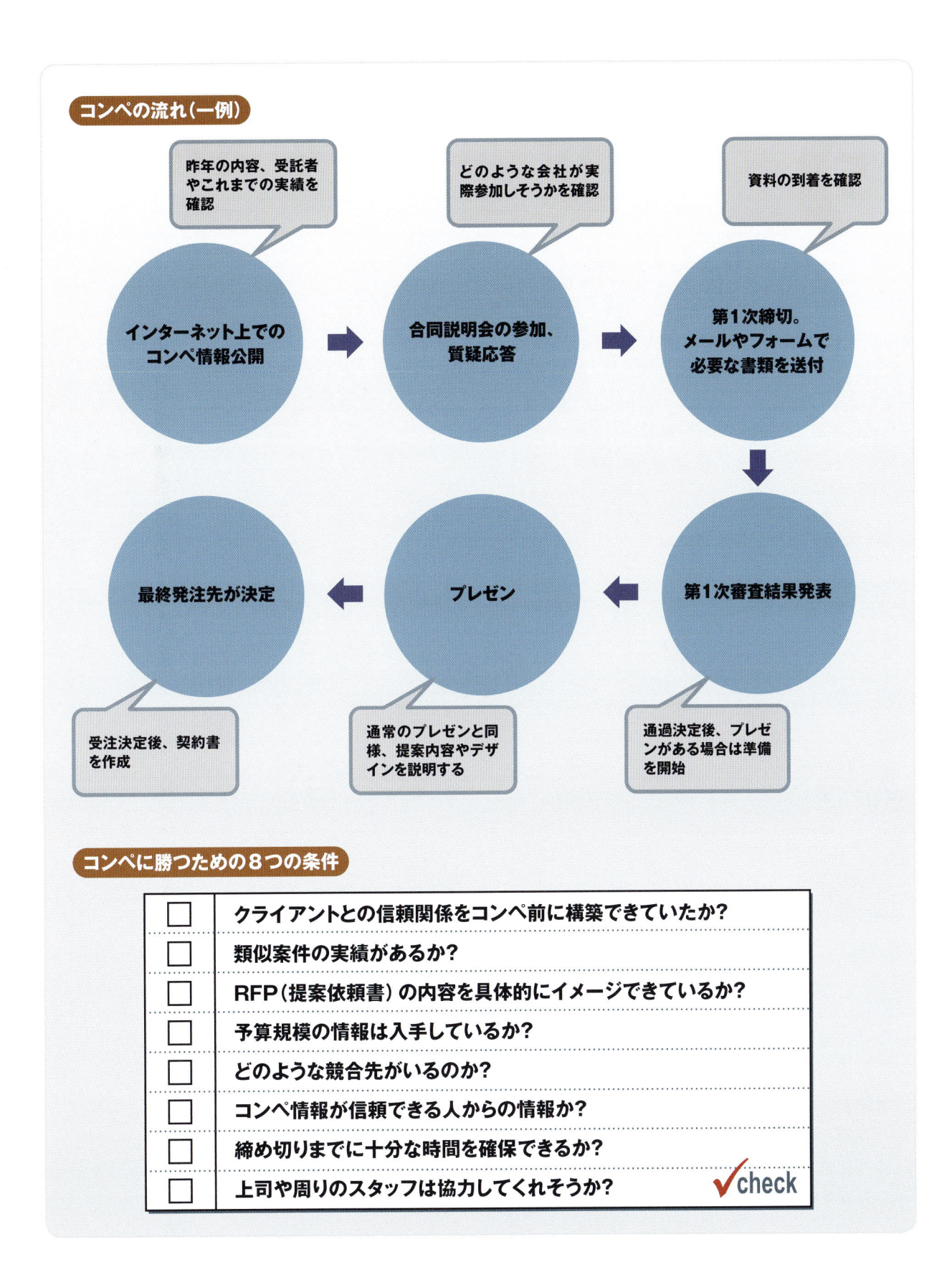

```
インターネット上での        合同説明会の参加、      第1次締切。
コンペ情報公開      →     質疑応答         →    メールやフォームで
                                              必要な書類を送付
```
- インターネット上でのコンペ情報公開：昨年の内容、受託者やこれまでの実績を確認
- 合同説明会の参加、質疑応答：どのような会社が実際参加しそうかを確認
- 第1次締切。メールやフォームで必要な書類を送付：資料の到着を確認

```
最終発注先が決定  ←  プレゼン  ←  第1次審査結果発表
```
- 最終発注先が決定：受注決定後、契約書を作成
- プレゼン：通常のプレゼンと同様、提案内容やデザインを説明する
- 第1次審査結果発表：通過決定後、プレゼンがある場合は準備を開始

コンペに勝つための8つの条件

- ☐ クライアントとの信頼関係をコンペ前に構築できていたか？
- ☐ 類似案件の実績があるか？
- ☐ RFP（提案依頼書）の内容を具体的にイメージできているか？
- ☐ 予算規模の情報は入手しているか？
- ☐ どのような競合先がいるのか？
- ☐ コンペ情報が信頼できる人からの情報か？
- ☐ 締め切りまでに十分な時間を確保できるか？
- ☐ 上司や周りのスタッフは協力してくれそうか？

✓check

RELATION ▶ 004 012 013 060

015 受注から支払いまでの流れ
流れを押さえてプロジェクト完了まで導く

Text：水野良昭（オンラインデスクトップ）

プレゼンが終わり、提出した見積書が承認されると、クライアントから正式な発注があり、案件の受注が確定します。Webサイト制作プロジェクトでは、受注から納品、支払いまでの間にはさまざまな書類のやり取りが発生しますが、そういった書類の流れを押さえ、管理するのもディレクターの仕事の1つです。

証拠を残してトラブルを避ける

Web制作を進める上で、クライアントとのやり取りが発生する主な書類を流れに沿って紹介しましょう。

最初に、受注が確定したら、作業内容や金額、支払条件、日付が入った注文書をクライアントから受け取り、制作会社側で契約書を作成して締結します。契約締結後、制作作業を開始し、サイトのリリース（公開）をもって納品になります。納品時には納品書を提出し、クライアントの検収後、検収書を受け取ります。検収書を受領したら支払い条件を再確認して請求書を提出し、条件に基づき支払いが完了したらクライアントへ連絡を入れて、ひと通りの流れが完了します。

実際には事務作業を簡略化するために、契約書や納品書、検収書を省略し、発注書と請求書のみやり取りする場合や、見積書と請求書だけ発行する場合もあります。

ただし、いずれの場合でも、後々のトラブルを避けるために、受注や納品などのやり取りはメールや書面で残したほうがよいでしょう。やり取りの経過をきちんと残しておけば、クライアントの担当者が途中で変更になった場合の引き継ぎにも役立ちます。

仕様変更やリリース遅れの影響を回避しよう

Web制作の案件では、当初の見積もりに含まれていなかった機能の追加など、制作中に仕様変更を求められる場合があります。追加費用が発生するのであれば見積書を再提出してクライアントの意思を確認しますが、相手にとって想定外の費用であれば一括で支払ってもらえないケースもあります。この場合は、クライアントや上司と協議し、分割納品、分割請求によって売上を立てられないか検討しましょう。

また、クライアント支給の素材が予定通りに揃わない、内部チェックが終わらないなどの理由で、リリース日が当初の予定より遅れるケースも少なくありません。リリースが遅れると納品・検収ができないため、いつまで経っても売上を立てられなくなる恐れがあります。遅延が判明したらなるべく早く上司に相談し、請求のタイミングを調整します。

Webディレクターはサイト制作だけでなく、見積書の再提出交渉や請求タイミングの確認などまできちんとできて一人前と言えます。受注から入金まで責任を持つ、という姿勢で臨みましょう。

見積書が承認されると、正式な発注があり、受注が確定する。発注書をもらい、契約書を交わしたら制作を開始し、Webサイトのリリースをもって納品とする。検収後、請求書を提出して条件に沿って入金が確認できたら、案件は終了だ。すべてのやり取りはメールや書面で必ず証拠を残し、プロジェクトの遅延時などは上司やクライアントに相談してトラブルを防ごう。

受注確定から支払いまでの流れ

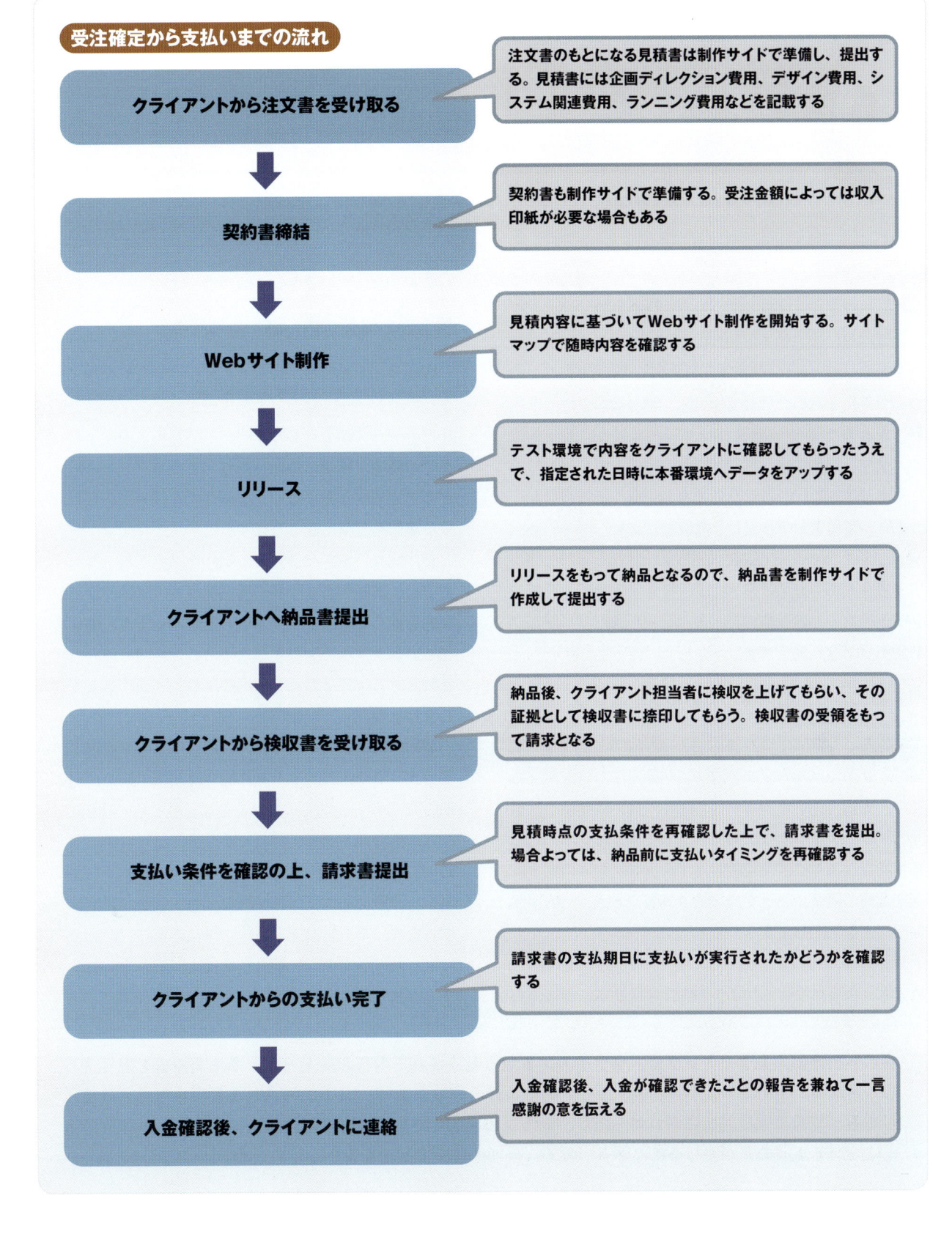

クライアントから注文書を受け取る
└ 注文書のもとになる見積書は制作サイドで準備し、提出する。見積書には企画ディレクション費用、デザイン費用、システム関連費用、ランニング費用などを記載する

↓

契約書締結
└ 契約書も制作サイドで準備する。受注金額によっては収入印紙が必要な場合もある

↓

Webサイト制作
└ 見積内容に基づいてWebサイト制作を開始する。サイトマップで随時内容を確認する

↓

リリース
└ テスト環境で内容をクライアントに確認してもらったうえで、指定された日時に本番環境へデータをアップする

↓

クライアントへ納品書提出
└ リリースをもって納品となるので、納品書を制作サイドで作成して提出する

↓

クライアントから検収書を受け取る
└ 納品後、クライアント担当者に検収を上げてもらい、その証拠として検収書に捺印してもらう。検収書の受領をもって請求となる

↓

支払い条件を確認の上、請求書提出
└ 見積時点の支払条件を再確認した上で、請求書を提出。場合よっては、納品前に支払いタイミングを再確認する

↓

クライアントからの支払い完了
└ 請求書の支払期日に支払いが実行されたかどうかを確認する

↓

入金確認後、クライアントに連絡
└ 入金確認後、入金が確認できたことの報告を兼ねて一言感謝の意を伝える

016 トラブルを防ぐために必ず結びたい 受注契約の締結

Text：水野良昭（オンラインデスクトップ）

受注が確定したら発注内容の詳細をまとめた契約書を作成し、クライアントと制作会社間で締結します。契約書には、サイト制作にあたっての基本的な約束ごとを取りまとめた「業務委託契約書」、発注単位ごとの金額や条件を定めた「個別契約書」、納品後のサポート内容をまとめた「保守契約書」などがありますが、現実的には、業務委託契約書や個別契約書は省略して、受注時の注文書が契約書代わりになる場合も少なくありません。

また、契約書を取り交わした後に、SLA（Service Level Agreement：サービス品質合意書）と呼ばれる書類を作成する場合もあります。SLAには、制作のスケジュールやクライアントとの役割分担、指示系統を含むプロジェクト体制などを記載します。

契約書に盛り込む内容と契約のタイミング

契約書は、冒頭で発注者（支払い責任者）と受注者を明確にしてから、制作開始の方法、納品方法、検収・支払条件、支払後の瑕疵担保責任、保証内容、裁判所の管轄など、Webサイト制作にあたっての条件やビジネス上の基本的な決まりごとを記載します。保守契約書の場合は、保守業務の範囲、トラブルの受付時間や方法、契約期間、金額などを明記します。

契約書は、「言った」「言わない」のトラブルを避けるためにも、なるべくWebサイトの制作を開始する前に交わしましょう。

納品後の修正対応も必ず盛り込もう

Webサイト制作は、クライアントが実施するPRイベントやキャンペーンなど、他のマーケティング活動と同時進行のケースがよくあります。そのため、受注から納期までの時間が極端に短かったり、クライアントの担当者が多忙で契約が進まないまま制作の進行を求められたりする事態も頻繁に起こります。

制作側は、納期を優先して制作を進めざるを得ない状況でも、実制作者と契約の管理担当者を分けるなどして、契約を進めるように工夫する必要があります。納品後の支払いトラブルを回避するためにも、時間のない案件であればあるほどきちんと契約を交わして進めるよう努力しましょう。

契約時に特に気を付けたいのが、納品後の修正についてです。クライアントと制作側では認識の違いが発生しがちで、検収時点で一度OKを出していても、運用段階になって問題点を指摘されることも多々あります。そのためにも最初の契約段階で、契約内容をクライアントに説明し、必要であれば保守契約を交わすことが望ましいと言えます。ただし、保守契約を締結せずに、修正が必要になった段階で個別見積もりを提出して、その都度対応する方法もあります。

サイト制作に入るタイミングで、クライアントから発注された内容の詳細をまとめた契約書を取り交わす。業務委託契約書や個別契約書、保守契約書などの種類があり、SLAと呼ばれる書類を作成する場合もある。契約書は後回しにされがちだが、トラブルを防ぐためにも必ず締結したい。特に、制作後の修正について認識の差が生じることが多いので、最初の段階で契約を交わしておこう。

契約書の例

Webサイト構築委託契約書

Webサイト構築委託契約書
（システム基本契約書）

- 甲：発注者（クライアント）の名前を記入
- 契約書のタイトルを記載
- 乙：受注者（制作会社）の名前を記入

委託者_____（以下「甲」という。）と受託者_____（以下「乙」という。）とは、Webサイト構築における甲向けのwebシステム（以下「本件システム」という。）に係る業務の委託に関して、次のとおり契約（以下「システム基本契約書」という。）を締結する。

（本契約の構造）
第1条 本契約は、システム基本契約書及び以下の個別契約書によって構成される。
　　Webシステム保守契約書

前項の個別契約書は、システム基本契約書と一体となる本件業務に関するそれぞれの別紙重要事項説明書への甲及び乙による記名押印をもって締結する。

- この契約書の範囲と、他にどのような契約書や別紙が存在するかを記載する

（契約内容の確定及び変更等）
第2条 本契約（システム契約並びに選択された本件業務についての別紙重要事項説明書によって構成される契約全体を指す）の内容は、以下のとおり確定し、以下の条件に従って変更することができる。

① 乙及び甲が記名押印した、システム契約並びに別紙重要事項説明書に記載された内容は、ひとつの契約を構成し、そのタイトルの部分に「予約」と記載されていない限り、乙及び甲を法的に拘束する。

② 別紙重要事項説明書には、確定した契約条件のほかにまだ確定していない契約条件が記載されていることがあり、このうち確定していない条件については、そのタイトルの部分に「予約」と記載され、記載された事項についての記載は乙及び甲を法的に拘束しない。

③ 乙が複数の本件業務を担当する場合、甲及び乙は、最初に遂行すべき本件業務に係る部分については、すべての契約内容を確定させる。

④ 乙が複数の本件業務を担当する場合で当初複数の重要事項説明書を作成している場合は、甲及び乙は、最初に遂行すべき本件業務以外の本件業務の重要事項説明書について、それぞれの本件業務の開始時に、内容、個別契約条項等の条項の再確認を行い、その時点までに確定していなかった条項を確定し、また必要に応じて確定されている条項についての変更を行った上で、当該本件業務に関する契約条件を確定する。この場合における契約条件の確定は、新たに重要事項説明書（以下「改訂版重要事項説明書」という。）を作成しこれに甲及び乙が記名押印することによって行う。

⑤ 改訂版重要事項説明書は、これが作成され記名押印されたときから本契約と一体をなすものとして本契約の内容を規定する効力を持つ。

- 契約内容を確定、変更する際の条件を記載する
- 文書管理番号と日付 日付がない契約書は無効なので注意！

◯ **Webサイト構築委託契約書**

Webシステム保守契約書

文書番号：No.A1XXXXXX-01
年　月　日

Webシステム保守契約書

- 甲：発注者（クライアント）の名前を記入　甲
- 乙：受注者（制作会社）の名前を記入　乙

お客様（以下「甲」という）及び弊社（以下「乙」という）は、本書第1項記載の対象製品（以下「本件プログラム」という）のプログラムサポートに関し、本書所定の条件および契約条項所定の条件にて契約を締結します。

1. プログラムサポート対象（「本件プログラム」）

プログラム・システム名（ソフトウェア名）	数量	月額料金（税別）	備考
Webシステム	1	¥50,000-	
合計		¥50,000-	

- Webシステム名を記載する

2. プログラムサポート期間
開始日 XXXX年X月X日　終了日：XXXX年X月XX日

- 期間を記載する

3. プログラムサポート月額料金（合計）
金 50,000 円（月額、税別）

- 注文書によって決まった金額を記載する

4. 設置場所

組織名	甲指定のサーバー環境
所在地	上に同じ

5. 指定システム

機種	PC（OSバージョン：Windows XP以上）
その他	ブラウザ Microsoft InternetExplor7.0以上

6. プログラムサポート内容
(1) 本件プログラムがドキュメンテーションに従って正しく稼働することを確認するための技術支援サービスの提供。
(2) 本件プログラムにて業務を運用する上で発生する問題の調査、解決のための支援及び助言、データ調整。
(3) 本件プログラムに関する電子メール、ファクシミリまたは電話による助言及び支援。
(4) 本プログラムサポートの提供は乙の定める通常営業時間内に限られるものとします。
(5) 出張による支援については別途協議の上対応を決定するものとします。
(6) 更新版の提供
本件プログラムに起因する不具合の修正、機能改善のための改修（規模により費用の有無については都度弊社協議の上決定することとします）
(7) 開発環境の維持管理
本件プログラムの修正及び改善を迅速に対応する事を目的としプログラムソースコードを維持管理します。
(8) ドキュメンテーションの維持管理
必要に応じて下柄マニュアル等ドキュメントの改訂を行い最新を保ちます。

- 実際にどのような範囲で保守作業をするのかを記載する
- 具体的な保守内容を記載する

7. 特記事項
本システム「ジャンル」および「シリーズ」のリスト表示機能（並び順）の追加・削除・変更について、年間数回程度の頻度を前提に対応作業を行う。

- 特記事項として特別な作業や注意点を記載する

◯ **Webシステム保守契約書**

隙のない要件定義書を書く

　クライアントの求めるシステムの仕様を定める要件定義書は、発注側の情報システム部門やWebサイト運営部門が書くのが原則だ。しかし、Web制作会社側がコンサルタント業務まで受託し、要件定義書を書く場合があるのも実態だ。いずれにしても要件定義書はシステムの受託範囲を定める重要文書であり、トラブルの際には発注側、受注側の主張の根拠になるから、十分吟味して隙の無い要件定義書を作成しておくとよい。

　たとえば対応ブラウザーに「Internet Explorer」とだけ書くと、納期間近になって「やっぱりInternet Explorer 6にも対応して欲しい」と言われたとき、反論できない。「管理画面の対応ブラウザーはInternet Explorer 7以上、お客さま側の対応ブラウザーはInternet Explorer 8以上とします」のように、できるだけ詳細に書くのが基本だ。

　「詳細に書くとそのぶん作業しなければならず、曖昧に書いておいた方がよい」という意見もあるだろう。しかし、曖昧な要件定義書は人によっては「○○しないとは書いていない」「常識的には□□全体に対応すると読める」など、受注側の作業を増やす方向に働くことが多い。たとえば「ベーターテスト終了後にセキュリティテストを実施する」と書くとどんなセキュリティテストを実施するのかわからないが、「ベーターテスト終了後にブラックボックス型のWebアプリケーションセキュリティテストを実施する。ツールで出力したレポートをCD-ROMに納めて成果物とする」と書けば、「セキュリティテストツールのレポートのままでは意味が分からない」と言われても、「要件定義書にあるとおりです」と主張できる。「要件定義書にない作業については追加料金をいただきます」といってもよいし、発注側への「貸し」として別の受注につなげてもよいだろう。隙のない要件定義書を書けるのが、一人前のWebディレクターだ。

第3章 Webサイトのプランニング

- 017 目的によって違うWebサイトのタイプ ... 056
- 018 プロモーションサイトの役割と構成 ... 058
- 019 企業サイトの役割と構成 ... 060
- 020 ECサイトの要件定義 ... 062
- [コラム❷] 大規模サイトの要件をどう定めるか ... 064
- 021 Webサイトによるブランディング ... 066
- 022 Webサイトの現状把握 ... 068
- 023 Webサイトの現状分析 ... 070
- 024 ユーザビリティ調査の実施 ... 072
- 025 マーケティング戦略のフレームワーク ... 074
- 026 AIDMAからAISAS、そしてSIPSへ ... 076
- 027 コンタクトポイントの設計とメディアプランニング ... 078
- 028 ペルソナによるターゲットの明確化 ... 080
- [コラム❸] Webプロモーションのこれからの可能性 ... 082
- 029 SWOT分析で課題を探る ... 084
- 030 KPIの設定とゴールの明確化 ... 086
- 031 Webサイトのコンセプトメイキング ... 088
- 032 ブレーンストーミングとバズセッション ... 090
- 033 Webコンテンツの企画 ... 092
- 034 Webサイトで使うドメイン名の選定 ... 094
- 035 グローバルWebサイトの企画 ... 096
- 036 ECサイトの企画 ... 098
- 037 海外向けECサイトの企画 ... 100

RELATION ▶ 009 010 018 019 020

017 目的によって違うWebサイトのタイプ

ゴールを理解して適切な企画・提案を

text:高木 結（インサイドテック）

ひとくちに「Webサイト」といっても、さまざまな種類があります。大きく分けると、商品を広く告知するための「プロモーションサイト」、企業の情報を伝える「企業情報サイト」、インターネットを通じて商品を販売する「ECサイト」があり、ほかにもオンライン上でサービスを提供する「サービスサイト」、ニュースなどのコンテンツを発信する「情報サイト」などが挙げられます。

さまざまなタイプのWebサイトがあるのは、Webサイトには必ず目的があり、発注するクライアントによって目指すゴールが違うからです。たとえば、特定の商品のプロモーションサイトであれば、商品の存在を多くの人に知ってもらうのがサイトの目的であり、最終的に購入してもらうことがゴールになります。

Webディレクターには、Webサイトの目的を的確にとらえ、クライアントが目指すゴールまでの道のりを引いてプロジェクトを進行していく役割が求められます。

まず目的を明確にすることが重要

Webサイトに目的があるとはいえ、現実にはクライアントから「何となく今のWebサイトに満足していないので……」といった曖昧な注文を受けることがあります。作りたいサイトのイメージをクライアントが持っていたとしても、最終的にWebサイトで何を目指すのかがはっきりしないケースも少なくありません。

発注者はそれなりの費用を投じてサイトを作るのですから、ほとんどの場合、何らかの目的を持っているはずです。そこで、Webサイトのプランニングフェーズでは、ヒアリングや打ち合わせを通じてクライアントからWebサイトの目的やゴールを引き出し、意識をすり合わせる必要があります。

単に「プロモーションサイトを作る」のでなく、「誰に（何人に）」「何を」「どれぐらいの予算で」伝えたいのかを具体的に把握し、目的に合った最適なWebサイトを企画できるようにしましょう。

目的を知ることは相手を納得させること

多くのWebディレクターには「提案がまったくの的外れだった」という苦い経験があります。大半は、目的を曖昧にして進んでしまったことが失敗の原因です。たとえば、Webサイトのリニューアルを依頼された場合、リニューアルによって「商品の売上を伸ばしたい」のか、「企業のブランド価値を高めたい」のか、それとも両方なのかによって、企画内容は変わってきます。

ヒアリングによって具体的な目的を引き出せると、ぐっと相手を納得させられる提案ができるようになるでしょう。そもそもゴールが違っては、たとえ良い球だとしても点になりません。相手が目指すゴールに向かってボールを打てるようになりましょう。

WebサイトにはECサイト、企業情報サイト、プロモーションサイトなどの種類がある。Webサイトには必ず目的があり、クライアントによって目指すゴールがある。クライアントによっては、目的がはっきりしていない、具体的な方法が曖昧という場合も少なくないため、WebディレクターにはWebサイトの目的を的確にとらえ、プロジェクトを進行していく役割が求められる。

Webサイトの目的とタイプの分類

Webサイトの多くは下記のような目的とタイプに分類される。ただし、実際の要望はクライアントによって千差万別であり、幅広い視点で的確なWebサイトを提案できるようにしたい。
企業によっては複数の機能を1つのサイトに持たせたい場合もあり、複合的に考えることも必要だ

Webサイトの目的	Webサイトのタイプ	ヒアリングのポイント
商品・サービスなどを多くの人に広めたい	商品／サービス系プロモーションサイト	・アクセス数、コンバージョン数 ・ターゲット ・商品／サービスのメリット、訴求ポイント ・予算
商品の売上を伸ばしたい	ECサイト	・アクセス数、コンバージョン数、売上 ・ターゲット ・運用計画 ・予算
企業のブランド力を高めたい	企業ブランドサイト（プロモーションサイト）	・コーポレートアイデンティティ（企業の考え） ・ビジョン、未来像 ・ターゲット ・商品／サービスの特徴 ・予算
企業の情報を伝えたい	企業情報サイト	・商品／サービスの特徴 ・訴求したい内容 ・ターゲット ・コーポレートアイデンティティ（企業の考え） ・ビジョン、未来像 ・更新頻度 ・予算
新入社員を採用したい	リクルーティングサイト	・コーポレートアイデンティティ（企業の考え） ・採用を希望する人物像 ・予算
オンライン上でサービスや情報を提供したい	サービスサイト（収益モデル）	・アクセス数、コンバージョン数、売上 ・サービス内容、メリット、訴求ポイント ・ターゲット ・運用計画 ・予算
	サービスサイト（非収益モデル） ※企業プロモーションや顧客満足目的など	・ターゲット ・サービス内容、メリット、訴求ポイント ・運用計画 ・予算
官公庁・公共団体から情報を発信したい	官公庁・公共団体サイト	・ターゲット ・サービス内容、メリット、訴求ポイント ・運用計画 ・予算
モバイルユーザーを対象にしたい	モバイル・スマートフォンサイト	※サイトの目的による
企業内限定で利用するサイト	イントラネットサイト	・ターゲット ・企業内課題 ・予算

RELATION▶ 017 021 031 033

018 プロモーションサイトの役割と構成

認知・興味喚起からコンバージョンへ導く

text:高木 結（インサイドテック）

　プロモーションサイトとは、多くの人、もしくは特定のターゲットに対して商品やサービス、企業自体などを宣伝するためのWebサイトです。いわゆる「広告」的な意味合いを持つWebサイトだと言えます。

プロモーションサイトが担う役割

　プロモーションサイトの目的は大きく3つあります。1つ目は「知ってもらう」こと、2つ目は「興味を持ってもらう」こと、3つ目は「コンバージョンさせる」ことです。つまり、「サイトをきっかけに商品の存在を知り、スーパーで商品を購入した」「サイトのおかげで求めていたサービスに出会って契約した」など、消費者を間接的または直接的に購買に結び付ける役割を持ちます。

　3つの目的はどれか1つではなく総合的に考える必要があり、最終的にはROI※が求められます。ディレクターだけでなくクライアントの担当者を巻き込み、場合によっては外部のコンサルタントやクリエイターの力も借りて企画の全体像を組み立てます。

3つの目的を達成するには？

　私たちが日常触れる情報は、TV、車両広告、屋外看板、携帯、Webサイト、Twitter、Facebook、友人や同僚との会話など、インターネットに限らず多種多様な媒体にあり、一方で普段接触する媒体は限られています。Webを通じて商品やサービスを知らせるには、ターゲットが接触する媒体の中に情報を置く必要があります。

　一般的にWebサイトはWeb媒体との親和性が高く、バナー広告や記事タイアップ、TwitterやFacebookによる拡散、PRによる誘導が効果的です。そこで、プロモーションサイトを通じて商品やサービスを「知ってもらう」方法として、まずはこうした他の媒体からWebサイトへの誘導路を設計します。

　プロモーションサイトへ誘導したユーザーに「興味を持ってもらう」には、人を惹きつける要素が重要です。コンテンツの企画においても、デザインや動きにおいても、目的やコンセプトに沿っていかに人を惹きつけられるかを追求していきます。サイト名を覚えやすくキャッチーなものにしたり、感動を与えるビジュアルや動きを盛り込んだりして記憶に残るサイトにできます。また、見るだけでなく遊べたり、学べたり、何かアクションを起こさせるのもよいでしょう。

　プロモーションサイトの最終目的はコンバージョン、つまり商品の売上や契約など、クライアントに利益をもたらすことです。サイトによって商品の認知度を上げて売上に間接的に貢献する場合もあれば、プレゼントキャンペーンなどと連動させて直接の売り上げを伸ばしたり、分かりやすいボタンなどでECサイトや申し込みサイトへ誘導したりする方法があります。

> プロモーションサイトは、消費者を間接的または直接的に購買に結び付ける役割を持つWebサイトだ。マスコミやソーシャルメディアなどの媒体からの誘導路を設けてサイトの存在を知ってもらい、サイトへ誘導したユーザーを惹きつけるコンテンツで商品への興味を高める。最終的には商品の売上や契約などのコンバージョンへ導くように企画の全体像を組み立てる。

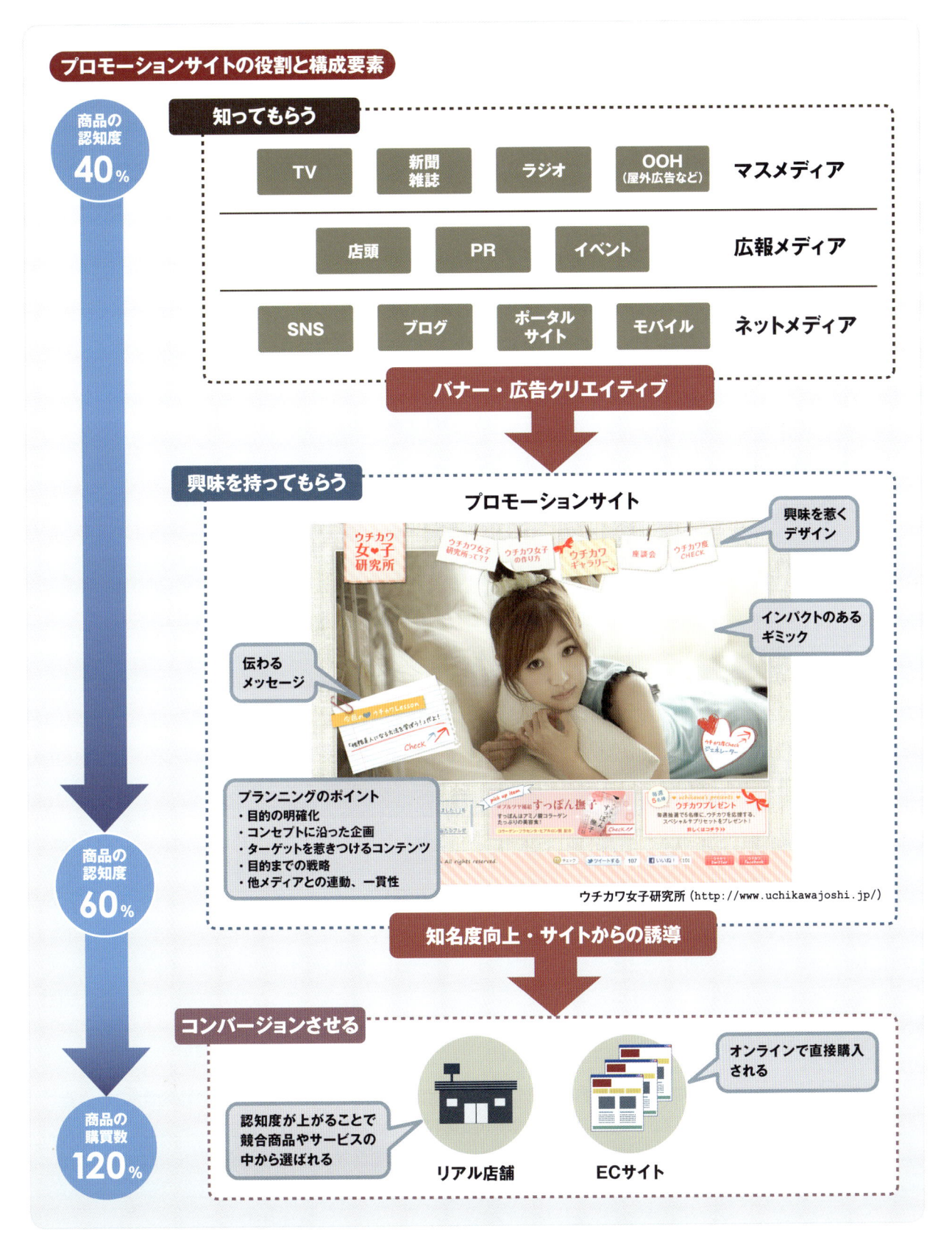

プロモーションサイトの役割と構成要素

商品の認知度 40%

知ってもらう

マスメディア	TV	新聞雑誌	ラジオ	OOH（屋外広告など）
広報メディア	店頭	PR	イベント	
ネットメディア	SNS	ブログ	ポータルサイト	モバイル

↓ バナー・広告クリエイティブ

興味を持ってもらう

プロモーションサイト

- 興味を惹くデザイン
- インパクトのあるギミック
- 伝わるメッセージ

プランニングのポイント
- 目的の明確化
- コンセプトに沿った企画
- ターゲットを惹きつけるコンテンツ
- 目的までの戦略
- 他メディアとの連動、一貫性

ウチカワ女子研究所 (http://www.uchikawajoshi.jp/)

商品の認知度 60%

↓ 知名度向上・サイトからの誘導

コンバージョンさせる

- リアル店舗：認知度が上がることで競合商品やサービスの中から選ばれる
- ECサイト：オンラインで直接購入される

商品の購買数 120%

※ Return On Investmentの略。投資対効果のこと

019 企業サイトの役割と構成
4つの役割を理解して魅力あるWebサイトに

text:高木 結(インサイドテック)

企業サイト(コーポレートサイト)とは、企業の考え方(理念・ビジョン)や、商品・サービスの紹介、IR(Investor Relations：投資家向け)情報などで構成されるWebサイトです。企業の信頼性を高め、新たな顧客や人材の獲得に役立つ、事業活動を円滑に進めるための企業の「顔」というべきサイトです。

企業ビジョンを伝えるWebの役割

一般的に、企業サイトには大きく4つの役割があります。1つ目は「企業の考え方を示す」ことです。企業に根付く想いや考え方を文字で伝えることはもちろん、ビジュアルとして表現することが、企業ブランディングにつながります。デザインを考えるときはこの「企業の考え方、ビジョン」に沿って、世の中に何を伝えたいかということを軸に考えていくと、オリジナリティのある企業サイトになります。「代表あいさつ」などもあると理念がさらに伝わりやすくなるでしょう。

2つ目は「企業情報の紹介」です。具体的には「会社概要」や「歴史・沿革」などの基本的な情報でどのような企業なのかを紹介します。また、企業の主軸である「商品・サービス情報」は営業マンと同じような役割を持つ場合があります。Webサイトを見ただけで内容や魅力が伝わるようなコンテンツを用意することで、サイトからの問い合わせが増えるなどの効果が見込めます。ユーザーが「いいな」と思うタイミングはそれぞれ違うので、問い合わせフォームや電話番号などは常に分かりやすい位置へ配置することが大切です。

IRや採用も企業サイトの役割

3つ目の目的は、「IR」です。企業が株主や投資家に対し、主に「決算公告」や「事業報告書」「投資家向け説明会」などを告知する場です。特に、昨今増えている個人投資家に向けては、分かりやすく整理された情報を用意し、更新を通知するメール配信サービスやRSS[※1]なども活用するとよいでしょう。

4つ目は「採用(リクルート)情報」です。人材の獲得は、企業にとって大変重要なものですから、多くの企業が予算をかけて魅力的なサイトを作っています。採用サイトでは、企業が獲得したい人材像に合わせてコンセプトを決定し、メッセージ性を持たせること、多くの会社の中で印象に残るような工夫が求められます。

企業サイトでは、これらの内容を継続的に発信していくために、初期の段階から更新を考えた仕組みにしておくことが大切です。最近では企業サイトにおいても一方的な情報発信ではなく、消費者との双方向のコミュニケーションが求められています。ソーシャルメディア[※2]などとの連携によって、よりユーザー視点に立った展開が求められています。

企業サイトには大きく4つの役割がある。企業の理念・ビジョンなどの「企業の考え方を示す」こと、会社概要や商品・サービス情報などを広める「企業情報の紹介」、株主や投資家に対する「IR」の公開、新たな人材の獲得のための「採用情報」だ。これらの内容は継続的に発信する仕組みが必要であり、昨今ではソーシャルメディアとの連携も考えた展開が求められる。

企業情報サイトの目的と手法

企業サイトの目的はクライアント企業によってさまざま。重要な目的は何かをしっかり理解して企画を立てよう。
更新の内容や頻度、担当者のリテラシーをあらかじめ確認し、更新システムを導入するなど、運用面への配慮も必要だ

❶ 企業の考え方を示す
- デザインや動きにより会社の理念や考え方、メッセージをビジュアル化して表現
- 「代表挨拶」「企業理念」「ビジョン」「アイデンティティ」などのコンテンツ
- 動画メッセージなどのリッチコンテンツ

❷ 企業情報の紹介
- 「会社概要」「歴史・沿革」「事業案内」「アクセスマップ」などの基本的なインフォメーション
- 商品、サービスなどの紹介コンテンツ。サイト内検索、問い合わせフォームとの連動、FAQの設置
- 「こだわり」「魅力」を訴求するコンテンツ

企業情報サイト

❸ IR (Investor Relations:投資家向け) 情報
- 株主に事業の概況を報告する「決算短信」「有価証券報告書」「年次報告書」「アニュアルレポート」などのコンテンツ
- 「投資家説明会」「株主総会」などのIRイベント情報の告知

❹ 採用 (リクルート) 情報
- 競合企業と比較されたときに記憶に残るイメージ、心に響くメッセージ表現
- 求める人物像、先輩メッセージ、入社後のライフスタイルがイメージできるコンテンツ
- 採用ポータルサイトやツールとの連動

そのほかの手法

予約申込み／ダイレクト販売
- ショッピング機能、予約／申し込み機能、商品検索、管理機能など

ユーザーとのコミュニケーション
- Facebook、Twitter、ブログ、ご意見箱、メールマガジンなど

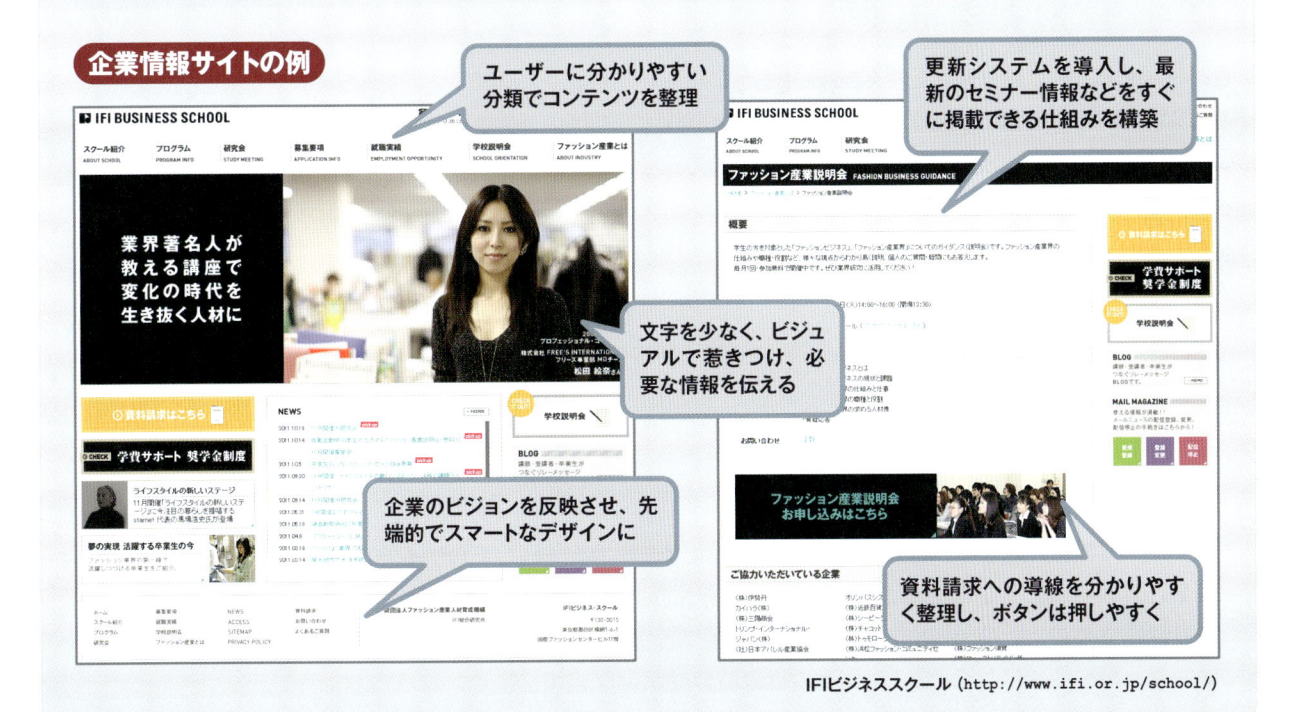

企業情報サイトの例

- ユーザーに分かりやすい分類でコンテンツを整理
- 更新システムを導入し、最新のセミナー情報などをすぐに掲載できる仕組みを構築
- 文字を少なく、ビジュアルで惹きつけ、必要な情報を伝える
- 企業のビジョンを反映させ、先端的でスマートなデザインに
- 資料請求への導線を分かりやすく整理し、ボタンは押しやすく

IFIビジネススクール (http://www.ifi.or.jp/school/)

※1　RDF Site Summary またはReally Simple Syndicationの略（→202ページ）
※2　TwitterやFacebookなど、ユーザー同士のクチコミで形成されるメディアのこと（→286ページ）

020 ECサイトの要件定義
ECサイト固有の要素を理解する

text:パワープランニング

ECサイトとは、商品やサービスをインターネット上で購入できるサイトのことを指します。ECサイトには、企業間の購買取引に使われるBtoB[※1]、オークションサイトのように個人間の売買に使われるCtoC[※2]、「Amazon.co.jp」のように企業と個人間の購買取引に使われるBtoC[※3]があります。この中でもっとも多いのが、BtoCのECサイトです。

ECサイトは、企業サイトやブログなどとは異なり、ECサイト運営自体が「事業」であることが最大の特徴です。サイト構築以外にもモノやサービスを仕入れる必要があり、販売から顧客対応・管理まで、ほとんどの業務でインターネットを活用します。

サイトコンセプトと構築方法の決定

ECサイトの構築に必要な過程と要素を、BtoCを例に説明します。ECサイト運営は事業ですから、最初に明確なビジネスモデルを元に、どのような商材をどう販売するのか、サイトコンセプトを決定します。サイトコンセプトは事業成功の可否を担う重要な要素です。

次に、サイトコンセプトに沿って自社サイトとして構築するか、あるいはショッピングモールに出店するかを決定します。自社サイトを構築する場合、システム開発やサイト制作にコストや時間はかかりますが、思いどおりのサイトを構築できるのが利点です。昨今ではECサイト用のオープンソースソフトを活用することで、コストも抑えられるようになってきています。

一方、ショッピングモールなどに出店する場合は、サイト制作や運営に制約があるものの、短期間でサイトを構築でき、ショッピングモール運営元のプロモーション展開を期待できる利点があります。

ECサイトの要件定義

自社サイトを構築する場合は、予算規模や購入者層などを把握し、必要なページデザインやシステムを確定した後、要件を定義していきます。ECサイト固有の要件には、大きく分けて販売機能と管理機能があります。販売機能とは、商品一覧ページや在庫状況などの商品紹介機能、ショッピングカートや決済方法選択などの商品注文機能、会員登録や注文履歴一覧表示ができるマイページ機能などを指します。管理機能とは、受注・配送管理システム、商品管理・在庫管理、顧客管理などのバックヤードのシステムです。

ショッピングモールへ出店する場合は、モール側のシステムの仕様に合わせて要件を定義します。

どちらも、顧客対応ポリシー、法律に基づく運営者情報やプライバシーポリシーなど、ECサイトならではの記載が必要です。また、携帯電話などに対応させるには、モバイルサイトの要件定義も必要になります。

ECサイトには、企業間、個人間、企業対個人などの形態がある。ECサイトはサイト運営自体が事業であることから、ビジネスモデルに基づいたサイトコンセプトが重要だ。コンセプトによって、サイトを自社構築するのか、ショッピングモールを利用するのかを決め、それぞれの構築に必要な要件を定義していく。要件定義ではECサイト固有の機能やコンテンツに留意する。

ECサイト構築時の検討項目

項目	内容	説明
サイト構築方法	自社構築	コストも時間もかかるが、思い通りのECサイトを構築できる。デザインの自由度も高く、顧客データベースの活用など、需要に応じたECサイトが制作しやすい。EC サイト用のオープンソースを活用すれば、コストをおさえ、制作期間の短縮もできる。
	ショッピングモールへの出店	コストをおさえ、早く簡単にECサイトが構築できる。プロモーションはモール運営会社の展開が期待できるため、広告費をおさえられるが、他の同業出店社との差別化が必要。顧客情報を得られないなど、さまざまな制約もある。
販売手段	インターネットのみの販売	インターネットのみで運営されるサイトは実店舗があるECサイトに比べ、コストをおさえて参入、運営できる反面、商品の選定、サイトデザイン、ユーザビリティなどが重要になる。
	インターネットと実店舗での販売	ネット販売と実店舗の相乗効果を狙える。インターネットでの販売と実店舗での役割や連動性を明確にすることが大切。来店後のネット販売、ネット販売から実店舗への誘導などのプロモーションも考えられる。

ECサイトに必要な要素

項目	内容	説明
販売機能	商品紹介	登録商品をカテゴリーごとに一覧表示する商品一覧ページや、説明文/商品詳細/商品在庫を表示するなど
	商品注文	ショッピングカート、別のお届け先追加・編集機能、配送時間指定、決済方法選択、注文処理など
	マイページ	会員登録、ログイン状況の表示、会員情報編集、注文履歴一覧表示、退会など
	モバイルサイト	モバイル用ページの生成、絵文字互換など
	多言語対応	日本語以外の英語や他の言語への対応
	その他	商品検索、お勧め商品表示、お問い合わせフォーム、キャンペーン応募など
管理機能	基本情報設定	ECショップ店舗の基本情報掲載、支払い方法/手数料設定、配送料条件設定、配送業者/配送料/配送時間設定など
	商品管理	商品検索/一覧、商品登録/編集、商品画像登録、在庫情報登録、商品レビュー管理、商品カテゴリ登録/編集など
	顧客管理	顧客情報編集、顧客情報検索/一覧など
	受注管理	対応状況設定、受注情報編集、受注情報検索/一覧など
	売上集計	商品別集計、期間別集計、会員別集計など
	コンテンツ管理	新規情報管理、キャンペーン管理、お勧め管理など
	その他	サイトのデザイン管理、バックアップ管理など

※1 Business to Businessのこと。B2Bと略されるときもある
※2 Consumer to Consumerのこと。C2Cと略されるときもある
※3 Business to Consumerのこと。B2Cと略されるときもある

大規模サイトの要件をどう定めるか

text:アンティー・ファクトリー

　数千ページに及ぶような大規模サイトは、構造的な特徴によって大きく2つに分けられます。1つは、ECサイトに代表される、大部分のページの機能や目的は同じでも、掲載する数量に応じてページ数が膨大になるタイプ。もう1つは、消費者向けメーカーのサイトに代表される、商品・キャンペーン、会社案内、IR、採用、CSRなど、ページの機能や目的が多様で、コンテンツ自体が多岐にわたるタイプです。

　ここでは、後者のタイプ（多目的系大規模サイトと呼びます）において、複雑になりがちな要件をまとめるポイントを紹介します。

多目的系大規模サイトの課題とポイント

　多目的系大規模サイトの場合、Webサイトの利害関係者はWeb推進室のような直接の担当者だけではありません。商品開発、営業・販売、広告・マーケティング、人事・採用、経営企画、広報など、数十名にもおよぶことがあり、全員の利害を一致させるのはとても大変な作業になります。

　また、大規模になればなるほど制作側はメンバーを揃えて一挙に制作を進めるので、途中からの仕様変更が難しく、調整が困難な場合もあります。そのため、スムーズな制作進行が最大の課題となります。

　進行がうまく行かないときに多いのが、お互いの役割分担や最終的な成果物について、クライアント側のステークホルダーに十分な理解が得られていないケースです。多くのステークホルダーが関わるサイト構築は、会社にとって新しく事業を構築するのと同様の難しさがあります。事前のイメージの共有が不十分だと、着手したあとに問題が発覚する場合がありますが、それから社内調整に取り組んでも時すでに遅しです。

　公開日が決定しているのであれば、制作側はプロフェッショナルとしてクライアントに理解を促し、プロジェクトを先導しなければなりません。

チームの結束がなによりも大切

　公開間際になって「聞いていない」「準備ができていない」などの問題が生じないようにするには、初期段階で互いの認識を共有することが重要です。クライアントと制作の両者で構成されるプロジェクトチームを作り、チーム内で作業のリスト化や役割分担、作業フローを明確にして承認していくことで、チームに一体感が出てきます。同時に危機意識も共有され、結果としてチーム全体の動きが良くなります。チームのテンションを維持することも大切でしょう。

　レギュレーションや取り決めは書面で交わすことが基本です。また、要件を具体化していく過程で難しい局面を迎える場合もあります。その局面に対して、チームが一丸となって取り組むことが、プロジェクトの成功につながります。

多目的系大規模サイトの課題とポイント

```
HOME ─┬─ 商品紹介  ┐
      ├─ キャンペーン │
      ├─ 会社案内    ├ 機能や目的が多様
      ├─ IR         │  コンテンツごとの
      └─ 採用       ┘  ページ数が多いタイプ
```

例 消費者向けメーカーサイト

など

仕様や内容を取り決めようとすると・・・

- ❌ 利害関係者が多く、意思決定に時間がかかる　　→ 内容を詰めていく手順の多さや複雑さ
- ❌ 責任の所在があやふやになりやすい　　→ 社内承認を得ることの難しさ
- ❌ 構築がある程度進むと、途中の仕様変更が難しい　　→ スケジュールに対する危機意識

クライアントサイドと制作サイドの意識のズレが最大の原因

↓

なるべく初期の段階で、クライアントサイドと制作サイドが認識を共有し、チーム一丸で取り組む姿勢を作る

制作主導
制作サイドがプロフェッショナルとしてプロジェクト先導

意思疎通
定例会議の実施、クライアント内常駐メンバーの配備

見える化
作業のリスト化、承認ステップの明確化、スケジュールの具体化

RELATION ▶ 018 019 033 025 031

021 Webサイトによるブランディング
ブランドの価値を正しく訴求する

text：アンティー・ファクトリー

Webサイトの役割のひとつに、ブランディングがあります。企業と消費者とのコミュニケーションにおいて、企業や商品のブランド価値をきちんと伝え、消費者に繰り返し選択・利用してもらい、ファンになってもらうためのさまざまな活動です。

Webの登場により、テレビCMや新聞広告などの4マス媒体のみで企業・商品の認知やイメージアップを図る時代は終わりました。あらゆるステークホルダーは、企業・商品を知るためにWebサイトを利用します。ステークホルダーがWeb上で体験することが、企業や商品のブランディングにおいてとても重要なのです。

サイトパーソナリティーという考え方

ブランディングでは、ブランドを人にたとえる「ブランドパーソナリティー」という手法が頻繁に使われます。この手法は、ブランドを「マインド」「見た目」「行動」に大別して「人物像」として定義します。

Webサイトにおけるブランディングでもブランドパーソナリティーと同様に、Webサイトを人にたとえ「サイトパーソナリティー」を明確にします。サイトパーソナリティーを構成する要素は、Webサイトの構築・運営に必要な要素です。それらの要素を、Webサイトの企画・制作・運営にフィードバックすることで、効果的なブランディングが図れます。

「マインド」「見た目」「行動」の要素

ブランドパーソナリティーにおける「マインド」「見た目」「行動」はサイトパーソナリティーではどのような要素を指すのでしょうか。

「マインド」は、コンテンツ企画・編集スタイルのことです。コンテンツ企画や文章の編集スタイルが、信頼感を醸成するようなものなのか、友人のような距離感なのかなどを定義し、実行していきます。

「見た目」は、インターフェイスデザインやページ機能のことです。Webサイトのナビゲーションの操作性やコンテンツ階層のサイト構造、情報を提供・取得するための機能などを、ブランドのアイデンティティに基づきながら、ユーザーニーズに応える表現で実現します。

「行動」は、運営体制・サービスのことです。Webサイトでの問い合わせやクレームへの対応、SNSにおけるユーザーとの直接対話など、企業・商品ブランドが持つイメージを具現化する運営体制・運用フローを整備し、実践していくことです。

Webサイトの制作にあたっては、クライアントとともにサイトパーソナリティーを明確にすることが、ブレのない制作につながります。そのためにも、企業や商品の持つブランドの価値、これから訴求していくブランドを正しく深く理解することが大切です。

Webサイトの役割のひとつに、企業のブランド価値を消費者へ伝える「ブランディング」がある。Webサイトによるブランディングでは「サイトパーソナリティー」という手法が有効だ。サイトパーソナリティーは「マインド」「見た目」「行動」の3つの要素で構成され、これら3つを明確にしていくことでブレのないサイトを企画・制作できる。

ブランドパーソナリティとサイトパーソナリティ

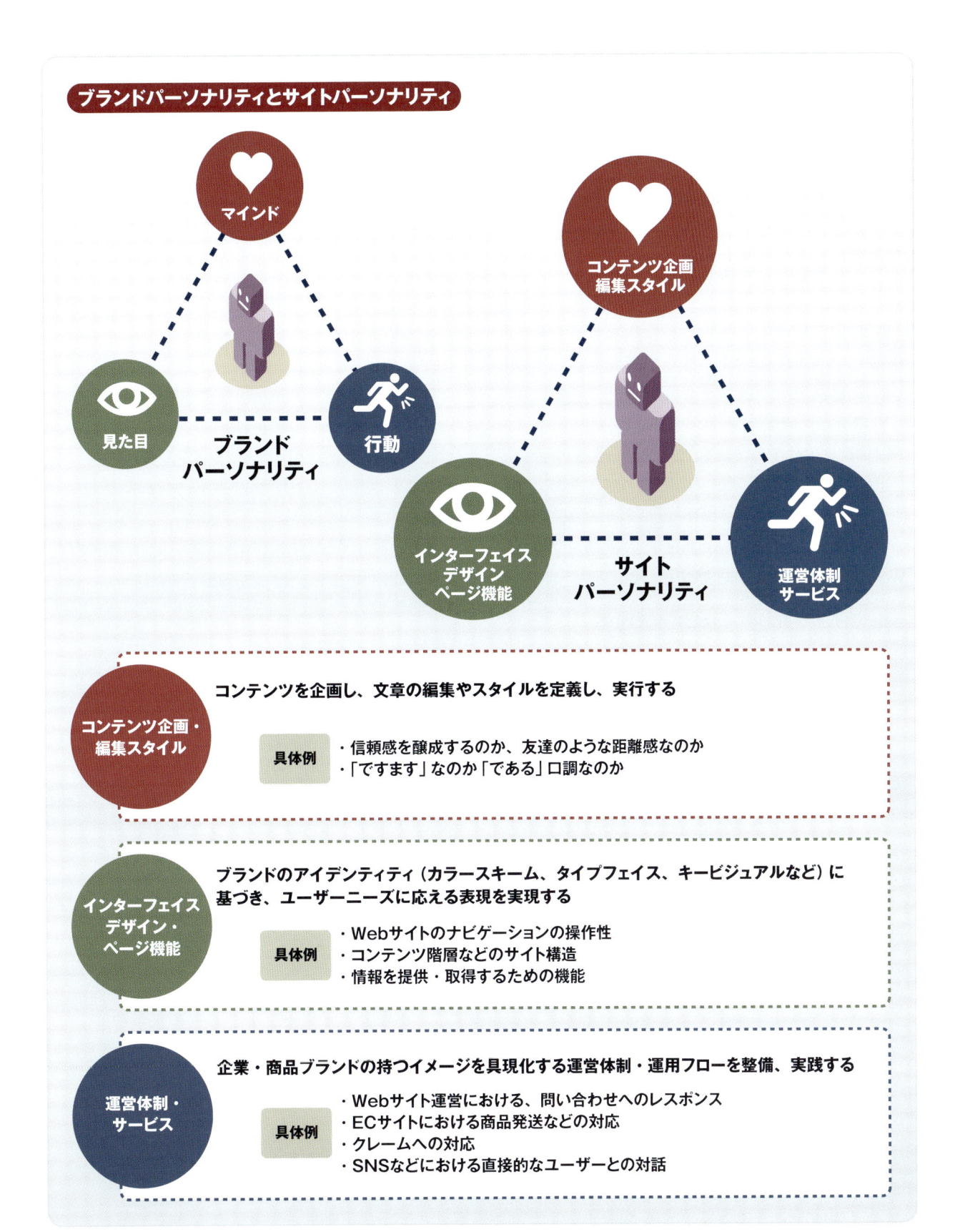

ブランドパーソナリティ
- マインド
- 見た目
- 行動

サイトパーソナリティ
- コンテンツ企画・編集スタイル
- インターフェイスデザイン・ページ機能
- 運営体制・サービス

コンテンツ企画・編集スタイル
コンテンツを企画し、文章の編集やスタイルを定義し、実行する

具体例
- 信頼感を醸成するのか、友達のような距離感なのか
- 「ですます」なのか「である」口調なのか

インターフェイスデザイン・ページ機能
ブランドのアイデンティティ（カラースキーム、タイプフェイス、キービジュアルなど）に基づき、ユーザーニーズに応える表現を実現する

具体例
- Webサイトのナビゲーションの操作性
- コンテンツ階層などのサイト構造
- 情報を提供・取得するための機能

運営体制・サービス
企業・商品ブランドの持つイメージを具現化する運営体制・運用フローを整備、実践する

具体例
- Webサイト運営における、問い合わせへのレスポンス
- ECサイトにおける商品発送などの対応
- クレームへの対応
- SNSなどにおける直接的なユーザーとの対話

RELATION ▶ 009 011 023 025 045 046

022 サイトリニューアルには欠かせない
Webサイトの現状把握

text:アンティー・ファクトリー

　Webサイトのリニューアルや、関連するサブサイトを立ち上げるときに欠かせないのが、現状のWebサイトの把握です。提案書を書くにも実際の制作作業に落とし込むにも、現状のサイトがどのようになっているかを把握しないことには始まりません。

　実際に把握すべき内容は、企画提案のためなのか、作業上必要な情報を得るためになのかによって詳細度が変わってきますが、大きく「Webサイトを取り巻く環境」と「Webサイト内部」の2つに整理できます。

Webサイトを取り巻く環境を把握する

　Webサイトを取り巻く環境には、クライアントの状況、運用状況、関連・競合Webサイトがあります。

　クライアントの状況としては、クライアント企業の概要と担当者、組織体制、所属部署をはっきりさせます。制作を担当している会社が自社以外にもあれば、同様に制作会社の担当者や所属部署なども確認します。

　運用状況で把握することは多岐にわたります。更新頻度や更新の内容、制作時に遵守すべきガイドライン、仕様書の有無、担当者のスキルレベルや使用されているソフト、公開時のワークフローや運用ルールなどが必要です。コンテンツを基幹システムから取り込んでいたり、担当者が入力したExcelファイルをアップしていて更新していたり、更新作業には現場のさまざまな事情が絡んでいるので、できるだけ具体的に把握します。

　関連Webサイトとは、把握の対象となっているWebサイトからリンクしているグループ会社のWebサイトやサービスサイトなどのことです。企業によっては、本家サイトとは別にさまざまなサブサイトを設けていることがあるので、可能な限りこれらのWebサイトについても調査しておきます。

　また、競合Webサイトや競合企業の状況を把握することで、提案書や要件定義に盛り込む内容を決める参考材料になります。

Webサイト内部の把握

　Webサイト内部の把握では、既存コンテンツを確認し、どのように情報が分類されているのか、ページ内の各要素がどのようなフォーマットに基づいて構成されているかといった点を整理します。コンテンツについては、サイトの全体構造を把握するとともに、ページ単位でも構造を確認しておくことが重要です。

　具体的な確認事項として、サイトマップとディレクトリ構造の対応、使用されている(X)HTMLの文書型宣言、アクセシビリティの対応状況があります。また、Webサイトを運用しているサーバーのスペックや、使用できるプログラミング言語、データベースの種類なども確認しましょう。

> 既存Webサイトのリニューアルやサブサイトの制作に欠かせないのが、現状サイトの把握だ。現状把握は、Webサイトを取り巻く環境とWebサイト内部の2つを軸に考えるとよい。Webサイトを取り巻く環境では、サイト全体像、運用状況、関連・競合Webサイトの調査が必要だ。Webサイト内部では、コンテンツ構造やHTMLのバージョン、サーバーの状況などを把握する。

Webサイトの現状把握

サイトリニューアルやサブサイトの制作では「Webサイトを取り巻く環境」「Webサイトの内部」を把握する

Webサイトをとりまく環境

Webサイト内部

運用状況
- 更新頻度
- ガイドライン、仕様書
- 担当者のスキル
- ソフトウェア
- 承認ワークフロー
- 運用ルール

クライアント
- 会社の概要
- 担当者
- 所属組織
- 組織体制
- 市場環境
- 担当制作会社の状況

コンテンツ構造
- サイトマップ
- ディレクトリ構造
- ナビゲーション設計
- ページのフォーマット構造

HTML
- (X)HTMLのバージョン
- アクセシビリティの対応

関連サイト
- グループ会社のWebサイトの存在
- グループ内のサイトガバナンス、ポリシーの有無
- サテライトサイトの存在
- サテライトサイトとの連携/連動の有無

サーバー/システム
- サーバースペック
- ドメイン名の割り当て
- サーバーサイドで使用可能な言語
- CMSなどの導入済みシステム
- 使用可能なDB

競合状況
- 競合企業
- 競合企業とクライアントとのポジショニング
- 競合企業の運営サイト
- 競合サイトの傾向

023 Webサイトの課題や効果を洗い出す
Webサイトの現状分析

text:アンティー・ファクトリー

サイトリニューアル時の企画立案・戦略策定においてWebサイトの把握の次に実施するのが「現状分析」です。現状分析によって、既存サイトの課題点や効果をあげている点を抽出できます。

Webサイトの分析にはさまざまな手法がありますが、重要なのは現状の姿から将来のWebサイトの位置付けや方向性を見出すことです。

「分析」というとネガティブな側面に目が向きがちですが、効果をあげている点についても適切に評価し、新サイトでも活かすようなリニューアル方針を立てることが、よりよい結果につながります。

目的によって違う分析手法

現状分析では、目的によってさまざまな手法が用いられます。

サイト全体の評価に有効なのが、「ベンチマーキング」による評価です。リニューアル対象のサイトと同業種の競合サイトとを比較・評価する手法で、SEO（検索エンジン対策）、ユーザビリティ、コンテンツなどのさまざまな観点から比較し、既存サイトの問題点や優れた点を浮き彫りにします。

一般的な評価が難しいユーザビリティに特化した手法としては、専門家による「ヒューリスティック評価」があり、情報構造・画面設計上の課題を抽出できます。

コンテンツの効果測定や追加ページの検討をするには、「アクセス解析」が適しています。アクセス解析は、Webサイトで取得できるアクセスログを元に、訪れたユーザーの行動を分析します。

このほか、実際のユーザーの動きを知り、問題点を発見する「ユーザーテスト」、ある程度具体的な課題が見えている場合に、特定の設問から解決法を導き出す「アンケート調査」などの手法があります。これらの分析手法によって、ユーザーの視点・利用実態をより客観的に捉えられます。

現状分析では複数の手法を組み合わせて

実際にはこれらの分析は単一ではなく、複数の手法を組み合わせて実施します。経験則に基づく勘だけではなく、アクセス解析などの定量的なデータも不可欠です。定量・定性の両面から検討し、問題や課題を発見することで、最良の改善方針を導き出し、現状のWebサイトで今何が足りないのか、追加検討すべきコンテンツは何か、構造的な欠陥はないかなどを発見していきます。

収集したデータはただ蓄積するだけではなく、解析して課題や効果の検証をして初めて意味のあるものになります。リニューアル時だけの一時的な分析だけではなく、データの継続的な測定・分析によって、次回のリニューアル方針を検討する際の資料にもなります。

リニューアル時の企画や戦略を決定するときには、Webサイトの現状を分析する必要がある。ユーザビリティ分析では「ヒューリスティック評価」、他サイトなどとの比較による分析では「ベンチマーク」、訪れたユーザーの行動を分析では「アクセス解析」などがある。これらの手法の組み合わせで得られるデータの継続的な測定・分析結果は、次回のリニューアル時にも役立つ。

代表的な分析手法

分析手法	内容	評価方法
ベンチマーキング	優良な事例をあげて分析し、自社サイトと比較・評価する方法	競合サイトとの比較
ヒューリスティック評価	ユーザビリティエンジニアやインターフェイスデザイナーが既知の経験則に照らし合わせてさまざまな課題を発見する方法	専門家による検証
アクセス解析	アクセスログを基に、訪れたユーザーの行動を分析する方法	Webサイト内のトラフィック状況
ユーザーテスト	実際の被験者に特定の課題を実行してもらい、その過程を観察しながら問題点を発見する方法	ユーザーによる評価
アンケート調査	特定の設問を用意して答えてもらう方法	

Ad Plannerによる競合分析

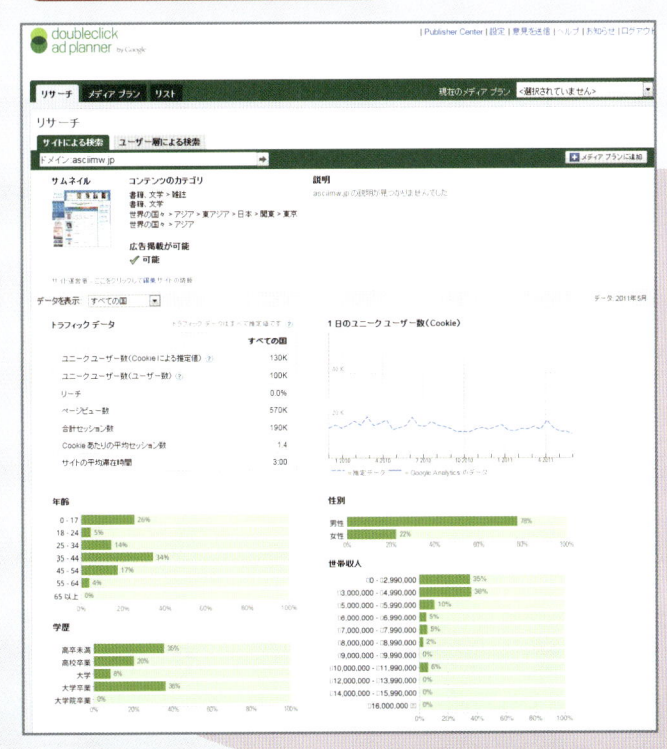

DoubleClick Ad Planner
http://www.google.com/adplanner/

ベンチマーキングに便利なのが、グーグルが提供するオンラインツール「DoubleClick Ad Planner」。
調査対象のサイトのドメイン名を入力すると、ユニークユーザー数やユーザー属性、検索キーワードなどを調査できる。
Ad Plannerで同業種の競合他社のサイトの状況を把握してから、実際のサイトのユーザビリティやコンテンツを確認していくとよいだろう。

RELATION ▶ 023 039 041 042 043

024 使いやすいサイトを企画・設計するために
ユーザビリティ調査の実施

text:アンティー・ファクトリー

サイトリニューアルの企画では、現状サイトのユーザビリティ（使い勝手）における改善を提案する場合があります。コンテンツの魅力はあるものの、ユーザーにコンテンツを分かりやすく紹介できていない、効率的にコンテンツへたどり着けない、といったことが分析により予見できる場合です。

また、新しくサイトを立ち上げる際や、既存サイトに新しいコンテンツや機能を追加しようとする際も、ユーザビリティに配慮した画面制作が求められます。

ユーザビリティ評価は、基本的に「使いにくい」と感じられる点がどこにあるか？　とマイナス点を評価していきます。問題を的確かつ正確に把握するために、さまざまな調査手法が用いられます。

ユーザビリティ調査の手法

ユーザビリティ調査の代表的な手法に「ヒューリスティック評価」と「ユーザーテスト」があります。

「ヒューリスティック評価」は情報設計の専門家やユーザビリティエンジニアが自身の経験や、一般的な法則・作法に照らしてサイトを評価する手法です。一般的にはエキスパートによるレビューが定着しています。たとえば、ボタンの配置や名称の適切さ、サイト構造の分かりやすさなど、ユーザーがサイトを正確に把握し、情報を取得できるかどうかを検証します。

「ユーザーテスト」は、複数の被験者（テストユーザー）に実際にサイトを使ってもらい、その様子を観察しながら、サイトの問題点を発見する方法です。Webサイトの対象となるユーザー層（年齢、性別など）を中心に被験者を選定して実施します。

ユーザーサイトでは、達成すべき課題（商品購入や申し込みなど）を質問者が伝え、被験者が情報の配置や内容、画面の指示を理解し、問題なく課題が達成できるかどうかの過程を観察します。被験者が操作を誤った場合は、テスト後に質問と回答を繰り返して、サイトの問題点を発見します。

2つの手法の組み合わせが理想

ユーザビリティ調査には問題点もあります。

「ヒューリスティック評価」は画面設計の基本的問題を洗い出すことはできますが、サイト固有のサービスに関連する問題点までは見つけられません。

「ユーザーテスト」では、被験者の経験量や習熟度により「問題である」と指摘するレベルが異なる場合があります。また、同一の被験者が複数の課題を実行する中で生まれる学習効果により、問題点を発見できない場合もあります。

サイトの問題をなるべく正確にとらえるには、双方の調査を組み合わせて実施することが理想です。

サイトリニューアル時にはサイトの使い勝手を改善するために、ユーザビリティ調査を実施することがある。ユーザビリティ調査には「ヒューリスティック評価」と「ユーザーテスト」があり、双方を組み合わせるのが効果的だ。ヒューリスティック評価は専門家による評価、ユーザーテストは複数の被験者の操作から問題点を抽出する方法を指す。

ユーザビリティ調査の手法

ヒューリスティック評価

情報設計の専門家やユーザビリティエンジニアが、経験則や一般的な法則に照らして評価する手法

Webサイト

複数の専門家がサイトを評価し、問題をとりまとめる

専門家

評価視点例
- デザインの一貫性
- 文章の分かりやすさ
- ラベルやナビの適切さ
- 所在地の分かりやすさ
- システムの柔軟性
- ショートカットの有無
- エラーメッセージ
など

メリット
- 細部にわたる画面チェックができる
- スピーディ
- 低コスト

デメリット
- サイト固有のサービスや機能について、問題が見つけられない
- コンテンツや機能の魅力度・受容性は計れない

ユーザーテスト

被験者が課題を実行し、傍らで質問・回答を繰り返しながら問題点を発見する手法

質問者　Webサイト　被験者

1. 質問者が回答者（被験者）へ課題を提示する
   （サイトから問い合せをする、○○商品を購入し決済するなど）
2. 被験者に実行してもらい、ページ遷移や画面内のどこをクリックするか、様子を観察する
3. ひと通りの作業が終了したら、画面での指示や意図が伝わっていたか、質問して意見を聞く

メリット
- 客観的な評価なので、全般に信頼をおける
- サービスや機能の受容性も確認できる
- クライアント・関係者・制作者を説得しやすい

デメリット
- 被験者の経験や熟練度により反応が変わる
- 手間と時間がかかる
- 費用がかかる（調査会場、被験者の謝礼、調査画面など）

RELATION ▶ 010 026 029 031 033

025 Web戦略の立案に新たな発想をもたらす
マーケティング戦略のフレームワーク

text:アンティー・ファクトリー

マーケティングとは、「企業および他の組織がグローバルな視野に立ち、顧客との相互理解を得ながら、公正な競争を通じて行なう市場創造のための総合的活動である」と日本マーケティング協会は定義しています。

もう少し噛み砕くと、顧客の欲求に対してモノやサービスを提供することで利益を得る、一連の企業活動そのものと説明できます。マーケティングと聞くと広告・宣伝活動をイメージしますが、実際には商品の企画・開発から営業・販促、顧客対応にいたるまでの広範な活動がマーケティングなのです。

3つのフレームワーク

企業がマーケティング戦略を考えるためには、さまざまな考え方(フレームワーク)が存在します。中でも、一般的に広く知られている基本的なフレームワークが「3C」「STP」「4P」の3つです。

「3C」とは、「市場(Customer)」「自社(Company)」「競合(Competitor)」の頭文字を取ったもので、自社にとって有利な状況がどこにあるかを見つけ出すときに、各々の立場からの視点で整理するために使われる考え方です。市場の成長性や顧客の満足度、他社の強み・弱み、自社の強み・弱みなどを明らかにし、参入すべきはどこかを検討します。

「STP」は、「セグメンテーション(Segmentation)」「ターゲティング(Targeting)」「ポジショニング(Positioning)」の頭文字です。共通のニーズを持つ顧客をグループ化(セグメンテーション)し、各グループのボリュームや将来性と自社の受容性から、自社の有利になりそうなグループを選びます(ターゲティング)。同時に、他社との違いや優位性を具体化します(ポジショニング)。これによって「誰に何を提供するのが得策なのか?」を明らかにします。

「4P」は、「製品(Product)」「価格(Price)」「流通(Place)」「販促(Promotion)」の頭文字で、各々を組み合わせて考えます。消費者のどのようなニーズに基づく製品か、顧客が感じる価値に見合う価格はいくらか、どこで販売するか、コミュニケーションでは何を伝えるかを統合して考え、各々を的確なものにします。

切り口としてのフレームワーク

こうしたマーケティング戦略のフレームワークは、Webサイトの制作にはあまり関係がないと考えるかもしれません。

しかし、フレームワークは、戦略を考える切り口となるものです。さまざまなフレームワークを使って多面的に捉えることで、Web戦略の策定やWebサイトの企画においても新たなヒントを発見できる場合もあります。企画に行き詰ったときこそ、基本に立ち返ってフレームワークを活用して発想してみるとよいでしょう。

マーケティングとは、企画から販売、顧客対応にいたるまでの一連の企業活動のこと。マーケティング戦略を考えるフレームワークとして、「3C」「STP」「4P」がある。3Cは市場、自社、競合、STPはセグメンテーションターゲティング、ポジショニング、4Pは製品、価格、流通、販促の視点で整理する方法である。戦略フレームワークはWeb戦略やサイトの企画立案にも役立つ。

代表的なマーケティング戦略のフレームワーク

3C

- 顧客 Customer
- 競合他社 Competitor
- 自社 Company

自社が参入すべき市場を明らかにする

顧客に現状の不満はないか？
各社の市場シェア、業界リーダーは？

顧客のニーズは何か？
自社はどのような価値を提供できるか？

自社と競合の強み・弱みは何か？
競合優位性を築けるか？

STP

Segmentation
顧客のニーズに基づき、顧客をグルーピング

- グループA
- グループB
- グループC

Targeting
自社に最も有利になりそうなグループを選別

- グループC

誰に何を提供するのが得策か導き出す

Positioning
他社との差別的優位性をもとに自社の位置を規定

- A社
- B社
- C社
- D社
- 参入のチャンス

4P

Product 製品
顧客のニーズに対しどのように価値提供する？

Price 価格
価格は価値に見合っている？

Place 流通・販売
欲しいときに手に入る？

Promotion 販促・広告
どのように伝えれば理解される？

4つのPを統括して組み合わせ、ブランドとして一貫性を持たせる

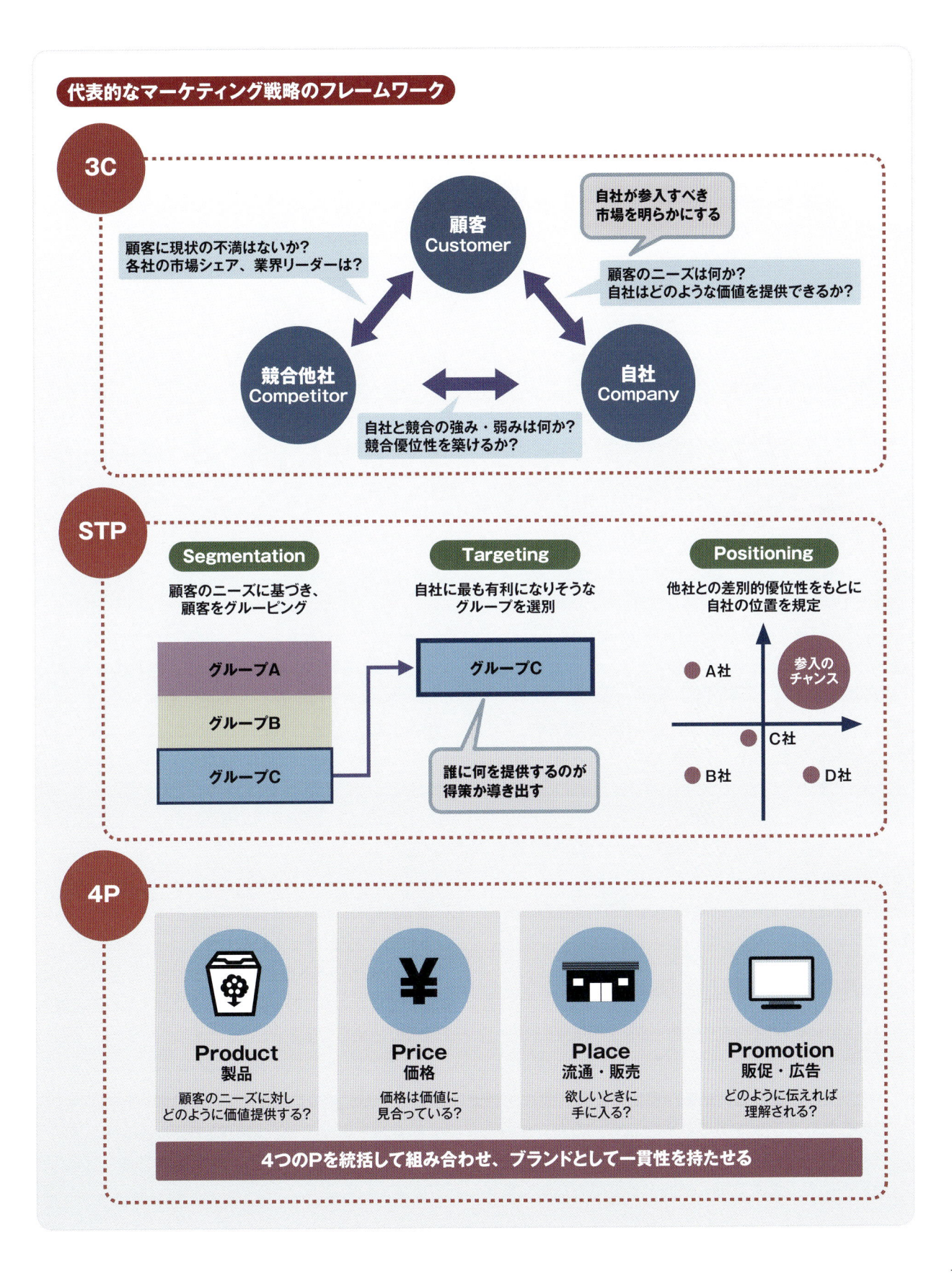

026 AIDMAからAISAS、そしてSIPSへ

消費行動プロセスに沿ったプロモーション企画を

text:アンティー・ファクトリー

AIDMA（アイドマ）、AISAS（アイサス）、SIPS（シップス）は、消費者が商品を購入するときのプロセスをモデル化したマーケティング理論です。

一般的な消費行動を定義した「AIDMA」

「AIDMA」とは、「Attention（認知）」「Interest（関心）」「Desire（欲求）」「Memory（記憶）」「Action（行動）」の頭文字をとったものです。1920年代に米国のサミュエル・ローランド・ホール氏によって提唱されました。

この5つのステップは、さらに大きく「認知段階（Attention）」「感情段階（Interest・Desire・Memory）」「行動段階（Action）」の3段階に分けられます。

消費者は最初に、テレビCM、雑誌・Webサイトなどから商品の存在を初めて知ります。これが認知段階です。次の感情段階では、商品のことを気にして好き嫌いや自分にとって必要かどうかを検討し、最後の行動段階で判断に基づいて商品を購入します。

自動車や住宅、化粧品など、商品を購入するまでの期間が長く、消費者が検討を重ねる商材ほどAIDMAのモデルは有効とされ、プロモーション計画を策定する際の基本的なフレームワークとして、広く定着していました。

ネット時代の「AISAS」と「SIPS」

一方、AIDMAの考え方をインターネットが普及した近年にあてはめたものが「AISAS」です。1995年に大手広告代理店・電通によって提唱され、2005年に同社の商標として登録されました。

AISASでは、AIDMAの「Desire」と「Memory」を「Search（検索）」に置き換え、「Action」の後に「Share（共有）」を追加しています。Searchは、商品の存在を知り興味を持った消費者が、商品名や関連するキーワードを検索エンジンに入力して情報を得ようとする行動を指します。Shareは、商品の購入後、ブログやSNSなどのソーシャルメディアを通じて、消費者同士が商品の感想を発信・共有することを示します。

さらに2010年、電通はソーシャルメディア時代の新しい消費行動モデルとして「SIPS」を発表しました。「Sympathize（共感）」「Identify（確認）」「Participate（参加）」「Share & Spread（共有・拡散）」からなるこのモデルの特徴は、「共感」がすべての入り口となることです。共感された情報・商品が自分の価値観に合うか確認し、購買だけに限らずソーシャルメディア上で友人に教えたりすることで企業の販促活動に参加します。その共有する行動は自動的に自分のつながりに拡散することで、さらなる共感を生み出すことになります。

今後のWebサイトなどを通じたマーケティング活動においては、これらの行動モデルを念頭においた戦略的な施策が求められます。

AIDMAは消費者の行動を、認知→関心→欲求→記憶→行動で、AISASは認知→関心→検索→行動→共有の5つのステップでモデル化したものだ。さらに、ソーシャルメディア時代の行動モデルとして、共感→確認→参加→共有・拡散からなるSIPSも提唱されている。今後のマーケティング活動では、これらの行動モデルを念頭に戦略的な施策を検討したい。

消費行動のプロセスモデル

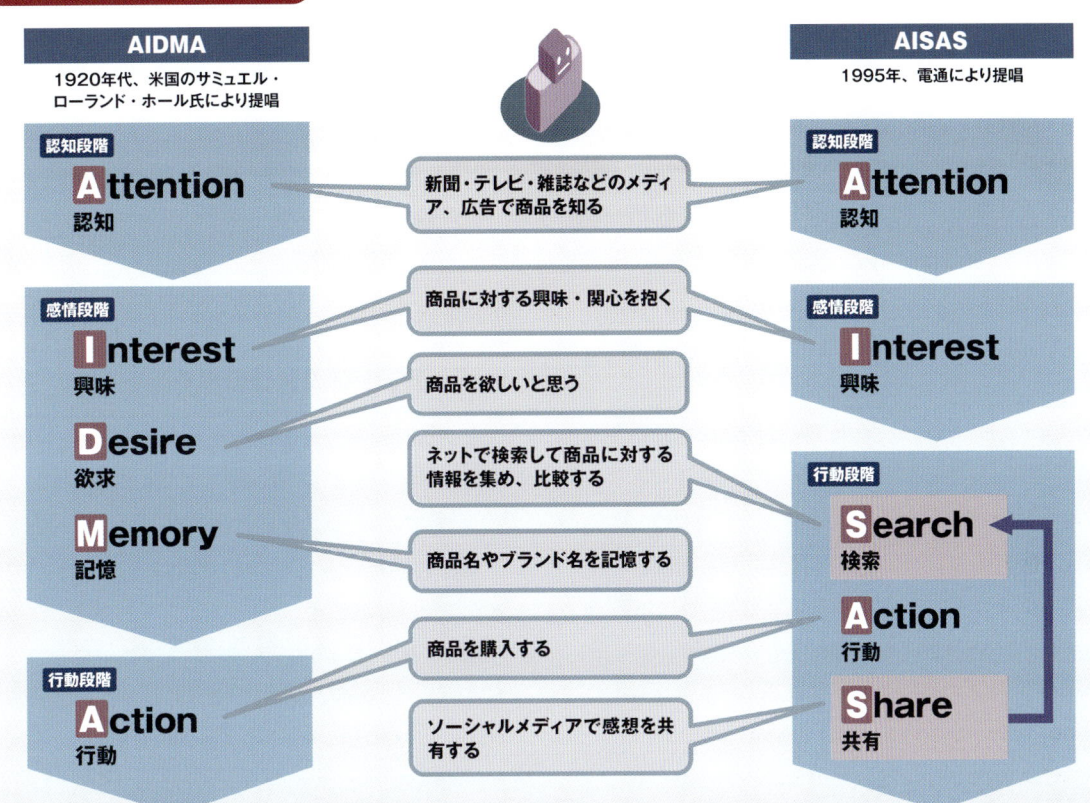

AIDMA
1920年代、米国のサミュエル・ローランド・ホール氏により提唱

認知段階
- **A**ttention 認知 — 新聞・テレビ・雑誌などのメディア、広告で商品を知る

感情段階
- **I**nterest 興味 — 商品に対する興味・関心を抱く
- **D**esire 欲求 — 商品を欲しいと思う
- **M**emory 記憶 — 商品名やブランド名を記憶する

行動段階
- **A**ction 行動 — 商品を購入する

AISAS
1995年、電通により提唱

認知段階
- **A**ttention 認知

感情段階
- **I**nterest 興味

行動段階
- **S**earch 検索 — ネットで検索して商品に対する情報を集め、比較する
- **A**ction 行動
- **S**hare 共有 — ソーシャルメディアで感想を共有する

AISASでは、情報を取得・検討し、購入後、評価し情報を共有する。インターネットの存在を前提とした行動モデルであり、現在の広告・プロモーションにおいてはずせない考え方になっている。

ソーシャルメディア時代の新しい消費行動モデル

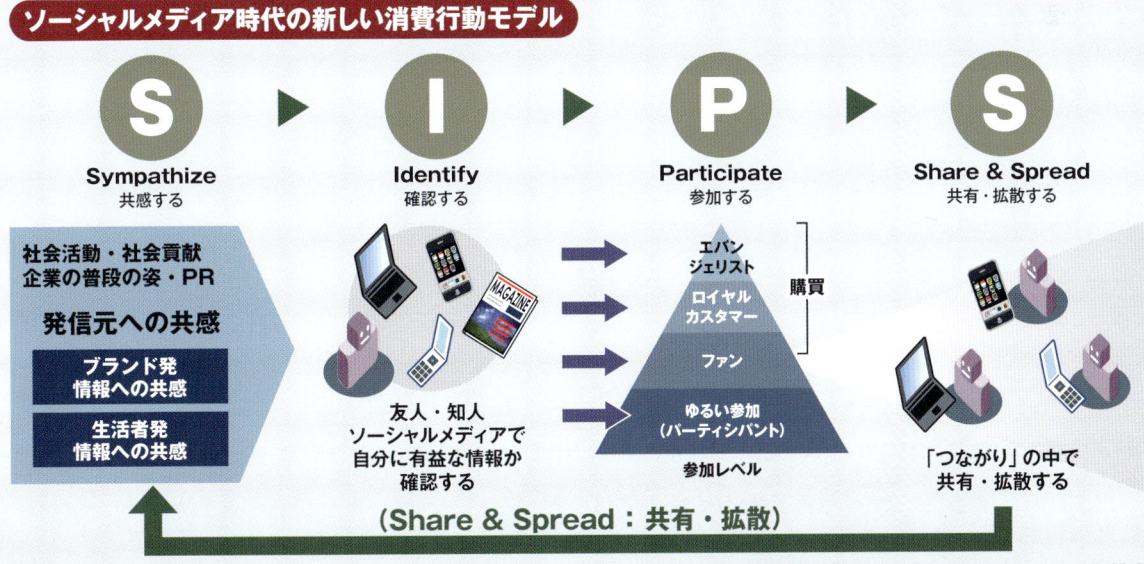

S Sympathize 共感する ▶ **I** Identify 確認する ▶ **P** Participate 参加する ▶ **S** Share & Spread 共有・拡散する

- 社会活動・社会貢献／企業の普段の姿・PR
- 発信元への共感
  - ブランド発情報への共感
  - 生活者発情報への共感
- 友人・知人ソーシャルメディアで自分に有益な情報か確認する
- 参加レベル：エバンジェリスト／ロイヤルカスタマー／ファン／ゆるい参加（パーティシパント） — 購買
- 「つながり」の中で共有・拡散する

(Share & Spread：共有・拡散)

電通【SIPS】(http://www.dentsu.co.jp/sips/) より作成

RELATION▶ 010 018 021 026 028

027 消費者を理解して最適なシナリオを描く
コンタクトポイントの設計とメディアプランニング

Text：アンティー・ファクトリー

　キャンペーン型のプロモーションは、Webだけで完結するとは限りません。ターゲットとなる消費者の行動を分析し、コンタクトポイントを設計したり、メディアプランを作成したりして、キャンペーンの全体像を定める必要があります。

　コンタクトポイント（またはタッチポイントとも言う）とは、消費者と商品／サービスが接触する機会のことで、オンライン／オフラインのメディアや、小売店の店頭、問い合わせ窓口などのあらゆる機会が含まれます。一方、メディアプランとは、どのメディアで、どのようなシナリオで訴求していくかを計画することです。

コンタクトポイントの設計

　コンタクトポイントの設計では、商品やサービスのターゲットとなる消費者の行動を調査します。具体的には、インターネットなどで実施する定量調査の結果を参考にしたり、ターゲットとなる消費者の生活に調査員が密着して生活習慣をモニターしたりして、消費者とのコンタクトポイントを洗い出します。

　次に、それぞれのコンタクトポイントで、消費者の心理がいつ、どのように変化するかを調査します。商品やサービスを「買いたくなる気持ち」がどこで起きているのかを探るわけです。

　こうして得た調査結果を分析し、プロモーションの目的に最適なコンタクトポイントを設計します。

メディアプランニングのポイント

　メディアプランニングでは、いつ、どこで、どのような内容でターゲットに接触し、心理を変化させるのがベストなのかを検討します。その結果、出稿する媒体や、制作するWebサイトごとの具体的なシナリオへと落とし込んでいきます。

　かつてのメディアプランニングでは、ターゲットに応じてテレビ、新聞、雑誌、ラジオ、インターネットといった決まった純広枠を予算に合わせて確保し、出稿するのが一般的でした。

　しかし、現在では、ひとくちにインターネットといっても、情報サイト、検索エンジン、ソーシャルメディアなど細分化していますし、モバイルの普及によって時間帯や場所によっても接触するメディアは異なっています。メディアの多様化と情報量の増加によって、予算配分型の枠組みで考えることは難しくなっているのです。

　そのため、1日の行動の中で接触するメディアを詳細に把握していくことが求められます。場合によっては、広告よりもPR的な情報の出し方が有効な場合もあるでしょう。コンタクトポイント設計やメディアプランニングが、プロモーションの成否を決める重要な役割を担っています。

> キャンペーン型のプロモーションは、コンタクトポイントの設計やメディアプランの作成でキャンペーンの全体像を定める。コンタクトポイントから、消費者の行動を調査し、商品やサービスを「買いたくなる気持ち」がどこで起きているのかを探り、メディアプランニングで、いつ、どこで、どのような内容で消費者に接触し、心理を変化させるのがベストなのかを検討する。

コンタクトポイントの設計とメディアプランの作成

消費者の行動を知る → **コンタクトポイント調査**
ターゲットとなる消費者の行動を定量調査または定性調査で調べ、消費者との接点となるコンタクトポイントを洗い出す

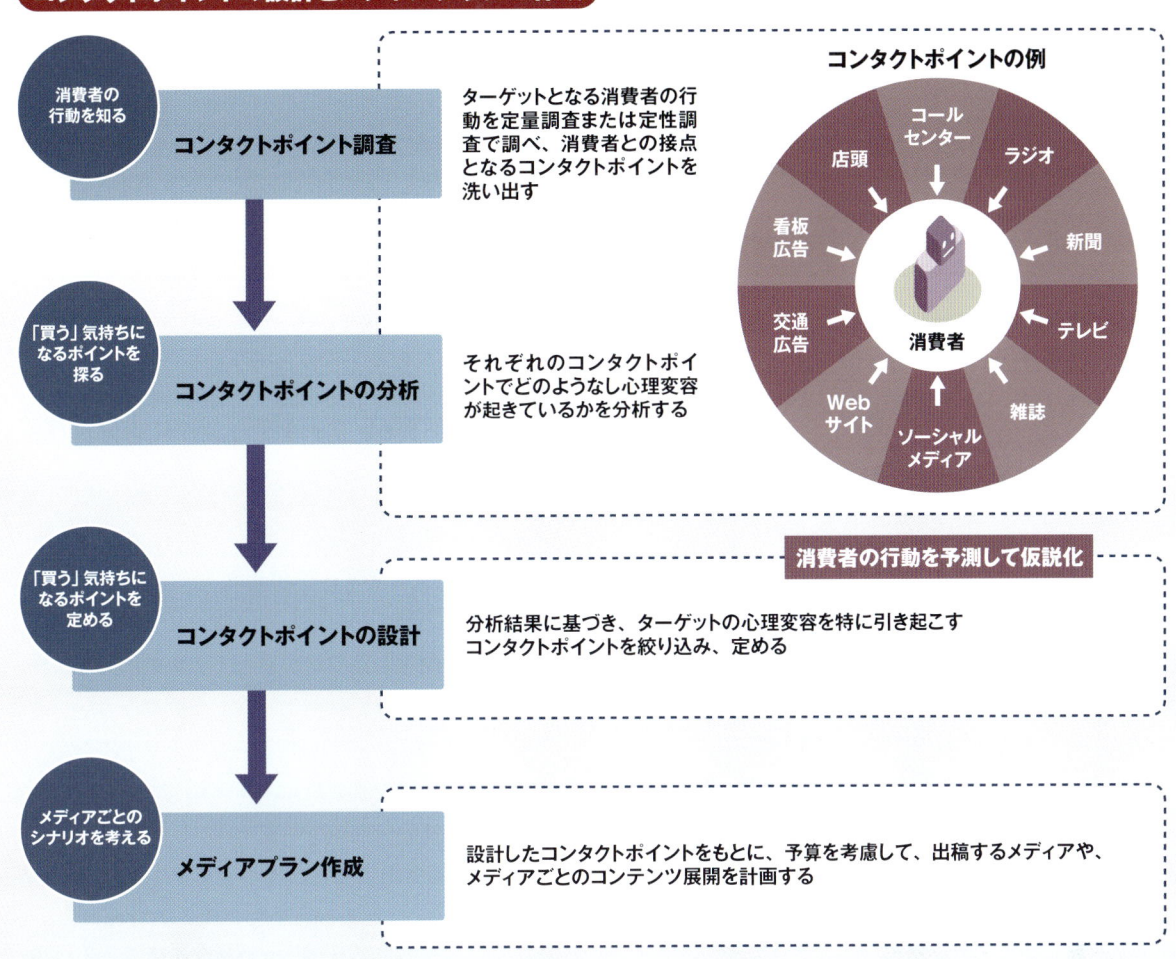

「買う」気持ちになるポイントを探る → **コンタクトポイントの分析**
それぞれのコンタクトポイントでどのような心理変容が起きているかを分析する

コンタクトポイントの例
店頭／コールセンター／ラジオ／新聞／テレビ／雑誌／ソーシャルメディア／Webサイト／交通広告／看板広告 ← 消費者

「買う」気持ちになるポイントを定める → **コンタクトポイントの設計**
分析結果に基づき、ターゲットの心理変容を特に引き起こすコンタクトポイントを絞り込み、定める

消費者の行動を予測して仮説化

メディアごとのシナリオを考える → **メディアプラン作成**
設計したコンタクトポイントをもとに、予算を考慮して、出稿するメディアや、メディアごとのコンテンツ展開を計画する

メディアプランニングの考え方

メディアの多様化、情報量の増大によって、予算配分型のメディアプランからシナリオに基づくメディアプランへシフトしている

予算配分型のメディアプラン
テレビ 60% ／ 新聞 15% ／ 雑誌 15% ／ ラジオ 5% ／ インターネット 5%
広告予算

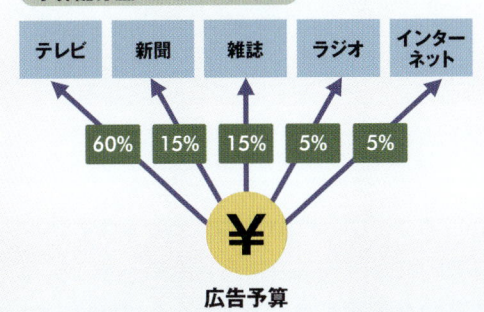

全体の広告予算をメディア別に配分して出稿するメディアを選定

シナリオに基づくメディアプラン
起床：テレビ／新聞
出社：モバイル／電車
：オフィス（インターネット）
休憩：会社周辺カフェ／雑誌
：オフィス（インターネット）
退社：モバイル／電車
就寝：インターネット／テレビ

消費者

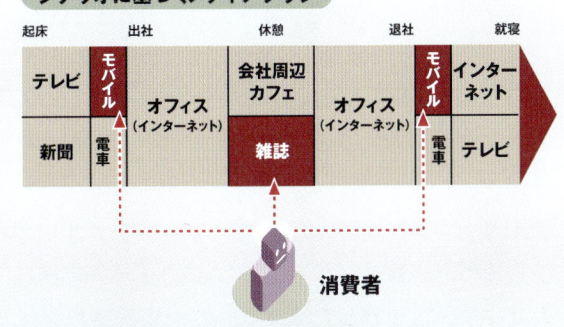

消費者が普段の生活の中で接触するメディアと、心理変容するタイミングから、広告が効果的に接触するシナリオを描く

RELATION ▶ 010 025 031 032 033

028 ペルソナによるターゲットの明確化

具体的なユーザー像をチームで共有する

Text：アンティー・ファクトリー

ペルソナ（persona）はラテン語で、人、人格などのこと。ペルソナマーケティングとは、キャンペーンやWebサイトのターゲットとなるユーザー像を明確に規定し、コンテンツの企画やサイト設計などに活用する手法を指します。「20代女性」のような大まかなターゲットではなく、より具体的なユーザー像をチームで共有することで、より的確な施策を検討できます。

ペルソナ策定の基本フロー

ペルソナマーケティングにおける最初のステップが、ユーザー調査です。アンケートなどの定量調査によってターゲットユーザーをサンプリングし、数名のサンプルに対して実際にグループインタビューを実施します（定性調査）。

アンケートやインタビューでは、名前・年齢・性別・居住地・職業・年収・家族構成・趣味といった基本的なプロファイル情報から、PCやインターネットの利用状況、ライフスタイルに関することまで細かく質問します。こうして得られた情報を抽出・統合して、典型的なユーザー像である「ペルソナ」を作り上げます。

ペルソナはクライアント企業や制作者にとって都合の良い勝手なイメージではなく、さまざまな調査による事実を積み重ねて具現化した架空のユーザー像です。ペルソナは、プライマリー（主要対象ユーザー像）、セカンダリー（二次対象ユーザー像）などいくつか作成することもありますが、多くは2つか3つで十分でしょう。

ペルソナが Web マーケティングに有効な理由

ペルソナマーケティングが有効な理由として、ユーザー心理を把握できることがあります。ターゲットユーザーのライフスタイルや価値観、モノの考え方などのデータを規定しておくことで、ユーザーが何を求め、なぜ特定の行動をとるのかが見えてきます。

次に、コンテンツの精度を向上できることが挙げられます。典型的なユーザー像であるペルソナにあわせてコンテンツを用意できるため、ユーザーニーズにもっともマッチする体験を提供できます。

ペルソナが制作メンバーやクライアント企業の担当者の「よりどころ」となる効果も少なくありません。メンバーそれぞれのイメージや意見ではなく、ペルソナ自身の思考やニーズをもとに判断することで、プロジェクトの進行や議論にブレがなくなり、結果として全体のクオリティが向上します。

ただし、客観的なデータが得られず、想像・仮説だけでペルソナを作り出してしまうと、全体が大きく迷走してしまう危険もあります。ペルソナの策定に十分なステップを正確に踏むことができない場合、別のマーケティング手法を検討する慎重さも必要です。

ペルソナマーケティングとは、ターゲットユーザー像を明確にしてコンテンツの企画やサイト設計に反映すること。数名に対してインタビューを実施し、得られた具体的な事実を積み重ねた結果から、架空のユーザー像を作りだす。ユーザー心理や行動を理解する上で有効な手法だが、誤ったペルソナはプロジェクトを迷走させる場合もある。実施にあたっては慎重な判断が必要だ。

ペルソナの設定例

インタビュー調査などで得られた事実から架空のユーザーモデルを導き出す

名　前	青木智子（あおきともこ）		
性　別	女性	年　齢	30歳
既婚・未婚	未婚		
家族構成	母（50歳）、父（52歳）、弟（23歳）、ペット（猫2匹）、一人暮らし中		
出身地	埼玉県春日部市	現居住地	中目黒
学歴	青山学院女子短期大学卒業		
職業	エステティシャン	年収	320万円
趣味	猫と遊ぶ、寝る、ショッピング		
PC利用歴	5年	接触メディア	テレビ、雑誌、携帯

＞ インタビューなどから抽出した基本的なプロファイル情報

＞ 具体的な人物像を共有するため、ペルソナからイメージされる人物写真を入れる

生活スタイル

- 平日は割と忙しく、あまり友人と遊ぶ時間もない。
- 休日はショッピングに出かけることが多い。よく行く街は代官山、自由が丘。
- エステティシャンとして早く独立したいため、人脈作りに励んでいる。
- 東京に憧れていたため、オシャレタウンで一人暮らし。
- 家族とは携帯でメールのやり取りをする。
- 今は彼氏より仕事。
- 好きなブランドは○○○。
- 最近は友人のすすめもあって、ゴルフに興味がある。

＞ 個人の価値観が表われる普段の行動や生活スタイルについても具体的に記述する

PC/インターネットについて

- インターネットへのアクセスは電車での移動中と自宅のみ。PCは休日だけ利用する。
- iPodを使うためにiMacを購入した。
- PCの利用は主にインターネット（Web、メール）。基本的な操作はできる。
- インターネットは人脈作りのためのツールと割り切って利用している。
- 携帯は手放せないが、iPhoneに興味がある。
- よく見るサイトは@cosmeなどの美容関係。どうしても仕事につながる情報を探してしまう。

＞ 今回はWebマーケティングでの利用を目的としているため、PCやインターネットの利用状況も明確にする

属性

- あまり人をあてにせず、なんでも自分でやらないと気が済まない。
- 本当はあまり世間の流行は気にならない。が、仕事柄追っかけているだけ。
- 自分の夢やライフプランに着実に最短距離を進みたいと思っている。

Webプロモーションのこれからの可能性

Text:アンティー・ファクトリー

　Webブラウザーの枠を超えた仮想体験的なキャンペーンや、ソーシャルメディアを利用して体験を共有していくキャンペーンなど、Webプロモーションの可能性が広がってきています。これまではPC向けのWebサイトと携帯サイトがWebプロモーションの主戦場でしたが、技術の発展とともに、iPhoneやAndroidなどに代表されるスマートフォンのアプリケーションと連動したプロモーションも増えてきました。

　さらにはiPadのようなタブレット端末を使ったインタラクティブなコンテンツの開発など、多種多様なデバイスと技術を駆使したプロモーションが実現できるようになっています。

カメラで人の動きをとらえて反応したり、年齢や性別を識別してコンテンツを変更したり、プロモーションしたい商品やサービスをバーチャルに体験できるキャンペーンも海外では見られます。

　さらに、AR（Augmented Reality：拡張現実）と言われる技術により、スマートフォンの画面を通じて現実の世界に仮想空間を映し出し、街中にいながらWebと同じようなさまざまな情報を表示することもできます。

　このように、技術の発展とともにプロモーションの可能性も大きく広がることで、企業のマーケティング活動におけるWebプロモーションの位置づけがますます重要なものになってきています。

アプリケーションや仮想体験による広がり

　「ソーシャルアプリ」と言われる、SNSをベースに展開されるユーザー同士のつながりや交流関係を機能に取り込んだアプリケーションも増えてきました。SNSプラットフォームを提供しているmixi、GREE、モバゲー、Facebookなど各社が開発環境を公開し、誰でもアプリケーション開発ができるようになったことで、プロモーションの幅が広がっています。

　最近では、Flashや動画などの技術を使ったインスタレーション的なプロモーションも登場してきました。リアルの空間にプロジェクターで映像を投影しながら、

Webプロモーションを成功させるには

　技術は日進月歩で次々と新しいものが出てきます。新しい技術をどう使ってプロモーションを成功させるかは、結局のところ、アイデア次第です。

　WebディレクターとしてWebプロモーションを成功させるには、最新の技術やサービスへの理解はもちろんのことですが、「この商品のターゲットがどんな人たちか」「その人たちを振り向かせるにはどう伝えていくべきか」から考えることが大切です。「それに必要な手法は何なのか？」を突き詰めていけば、流行に流されず、成功するプロモーションを企画できるでしょう。

Webプロモーションの可能性

デバイスの多様化

スマートフォン	タブレット端末	PC	その他
iPhone	iPad	Windows	テレビ
Android	Androidタブレット	Mac	デジタルサイネージ
Windows Phone			

携帯電話	NTTドコモ	au	ソフトバンク

＋

コンテンツプラットフォームの多様化

SNS		動画配信		アプリ
mixi	Facebook	YouTube	USTREAM	専用アプリ
GREE	Twitter	Webサイト		位置情報
mobage		ブログ	特設サイト	foursquare

⬇

プロモーションの目的に沿ったシナリオ作りと利用するデバイス、コンテンツの最適化が重要に

プロモーションプランニングの例

デバイス：iPhone / Android / PC

プラットフォーム：Twitter / Facebook / 専用アプリ / 特設サイト（PC/スマートフォン）

× ユーザーに魅力的なコンテンツ ➡ **クチコミが拡散される**

83

RELATION ▶ 010 021 025 032 033

029 現状分析の結果を議論に生かす
SWOT分析で課題を探る

Text：水野良昭（オンラインデスクトップ）

SWOT分析とは、現状分析の手法の1つで、サービスや商品などの強み（Strengths）、弱み（Weaknesses）、機会（Opportunities）、脅威（Threats）を分析して、特徴や問題点などを洗い出す方法です。新しい企画や戦略を考えるときに利用します。

Webサイトの制作においては、企画段階でWebサイト自体や取り扱っているサービス・商品などを分析します。SWOT分析の結果をWebサイトの戦略立案に利用することで、より効果的なサイトの提案ができます。

「強み」や「弱み」として考えられるものには、価格、容量、インフラ、カスタマーサポート、品質、コスト、知名度・評判、対応言語、ブランド力などがあります。「機会」や「脅威」としては、市場トレンド、競合他社状況、経済状況、政治・法規制などが想定されます。

WebサービスでのSWOT分析の活用方法

ここでは、ある会社が新サービスを開始すると想定として、SWOT分析の活用を考えてみましょう。

仮に、米アマゾン・ドットコムのインフラサービス「Amazon EC2」のプラットフォーム上にブログシステムの「Movable Type」を利用してホームページ更新システムを構築し、サービスとして提供するとします。この場合、強みとしてはEC2のインフラを使うことで、アクセスが増えた場合のスケーラビリティを考慮せずにサービスを立ちあげられる点が挙げられます。逆に弱みとしては、アマゾンが英語対応であることによる言語障壁が挙げられます。機会としては、世間のクラウドサービス化の流れが挙げられるでしょう。脅威としては、国内のレンタルサーバー会社などが類似サービスを投入してくることが想定されます。SWOT分析は、このようなイメージで進めていきます。

SWOT分析の活用ポイント

SWOT分析を実施する目的は、分析することではありません。分析結果を関係するプロジェクトメンバーと共有することで、どのようなWebサイトを企画・制作するのがよいか、議論を深めるのが目的です。クライアントの弱みは共有しづらいかもしれませんが、事前に判明した弱みを共有できればお互いの信頼にもつながります。どのようなWebサイトを構築するかは経営戦略との兼ね合いもありますから、クライアント以上に情報を収集するつもりでSWOT分析を試してみてください。

なお、クライアントは制作会社をWebのプロフェッショナルとして、さまざまなWebサービスや業界の動向に熟知していると考えています。期待に応えるためにも、特に目まぐるしく変化する「機会」や「脅威」については、国内だけでなく海外の動向にも注意や関心を向けておく必要があるでしょう。

SWOT分析とは、サービスや商品の強み・弱み・機会・脅威を分析して、特徴や問題点などを洗い出す手法。Webサイト制作では、サイト自体や扱っている商品などを分析し、新しい企画や戦略を立てるために利用する。分析そのものを目的とせず、プロジェクトメンバーとの議論を深める目的で実施したい。SWOT分析の結果をクライアントと共有することで、お互いの信頼にもつながる。

一般的なSWOT分析

内部環境

- **強み（Strengths）**: 価格、容量、インフラ、カスタマーサービス、品質、コストなど
- **弱み（Weaknesses）**: 知名度・評判、対応言語、ブランド力など

外部環境

- **機会（Opportunities）**: 政治・法令など
- **脅威（Threats）**: 競合他社状況、経済状況など

SWOT分析の例

例 Amazon EC2 のプラットフォーム上に、Movable Type を利用してホームページ更新システムをサービスとして提供することを想定

- **強み（Strengths）**: Amazon EC2 インフラのスケーラビリティ上の優位性
- **弱み（Weaknesses）**: Amazon側が英語対応であることの障壁
- **機会（Opportunities）**: 世の中のクラウドサービス化の流れ
- **脅威（Threats）**: 国内のレンタルサーバー会社等の類似サービス投入

030 KPIの設定とゴールの明確化
事業に役立つWebサイトを企画するために

Text：江尻俊章（環）

KPIとは、重要業績評価指標（Key Performance Indicator）の略で、本来は経営管理で用いられる指標です。Webマーケティングではアクセス解析によってさまざまなデータを取得できますが、一方でデータの種類が多すぎて、何かを判断することは困難です。Webサイトを事業の成果につなげるには、データを組み合わせて適切な指標を立てる必要があります。

Webサイトを企画する段階で、事業の成果に繋がるようなKPIを明確に設定しましょう。

KPIの設定方法

KPIは、Webサイトの種別や規模によって典型的な指標がありますが、それだけで決まるものではありません。KPIの設定では、KGI→KSF→KPIの順にブレイクダウンして考えることが大切です。

KGIとは、重要目標達成指標（Key Goal Indicator）の略で、企業がWebサイトに求める目的・ゴールのことです。ECサイトであれば売上高などを設定します。

KSFは、重要成功要因（Key Success Factor）のことで、KGIの達成に必要な要素や行動を定めます。たとえば資料請求サイトでは、顧客獲得数を増やすために広告で予算内に目標の人数を集客することが挙げられます。

このKGIとKSFを達成するために必要な目標数をKPIとして決めます。ECサイトであれば新規顧客獲得件数や、既存顧客の再訪問数などが挙げられます。アクセス解析のデータから求めるのではなく、事業の目標（KGI）から求めることに注意してください。

KPIを設定する3つのポイント

KPIを設定するときには、3つのポイントがあります。

1つは、見る人の立場によってKPIの粒度を変えることです。組織責任者であれば売上や費用が重要ですが、Webマスターであれば検索キーワードごとの直帰率も見るべきでしょう。立場に合わせて、KPIで見せるべきデータは整理整頓しましょう。

2つ目は、KPIはアクセス解析で得られるWeb上のデータとは限らない、ということです。たとえば、サポートサイトの満足度が高ければコールセンターの受電数が下がるので、受電本数をKPIにしてもよいでしょう。

3つ目は、シンプルな指標を使うことです。KPIが下がったら業績が下がる（あるいは上がる）といった傾向がみられるように、業績と連動する指標を設定するとよいでしょう。

このように、KPIの設定はデータ分析のノウハウと経験が必要です。具体的には事業のヒアリング能力とマーケティングの両面に通じていることが求められます。場合によってはWeb解析に通じたプロのコンサルタントに依頼することも検討しましょう。

KPI（業績評価指標）とは、事業の成果につながる中間的な管理指標のこと。KPIとWebサイトのゴールである**KGI**と、KGIを達成するために必要な要素・行動である**KSF**をブレイクダウンし、Webサイトの企画段階で設定する。KPIの値はアクセス解析などのツールを使って管理するが、あくまでもKGIから設定することが重要であり、必ずしもWeb上のデータである必要はない。

KPIの設定例

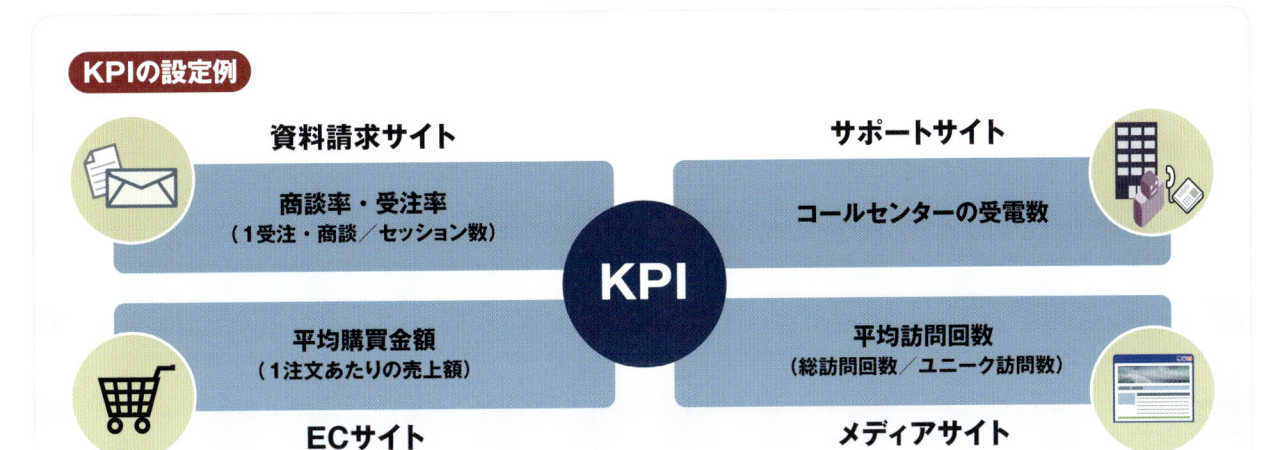

資料請求サイト
商談率・受注率
（1受注・商談／セッション数）

サポートサイト
コールセンターの受電数

KPI

ECサイト
平均購買金額
（1注文あたりの売上額）

メディアサイト
平均訪問回数
（総訪問回数／ユニーク訪問数）

KPIを設定する3つのステップ

1 優先順位を決める
事業に与えるインパクトと速度から優先順位を決定
＝KGI（Key Goal Indicator：重要目標達成指標）

2 新規施策を決める
Web／リアルの施策方針を検討・決定
＝KSF（Key Success Factor：重要成功要因）

3 仮説を立てる
新規施策が成功したらどの値が変化するか仮説を設定
＝KPI候補になる

事業目標からKPIを導き出す例

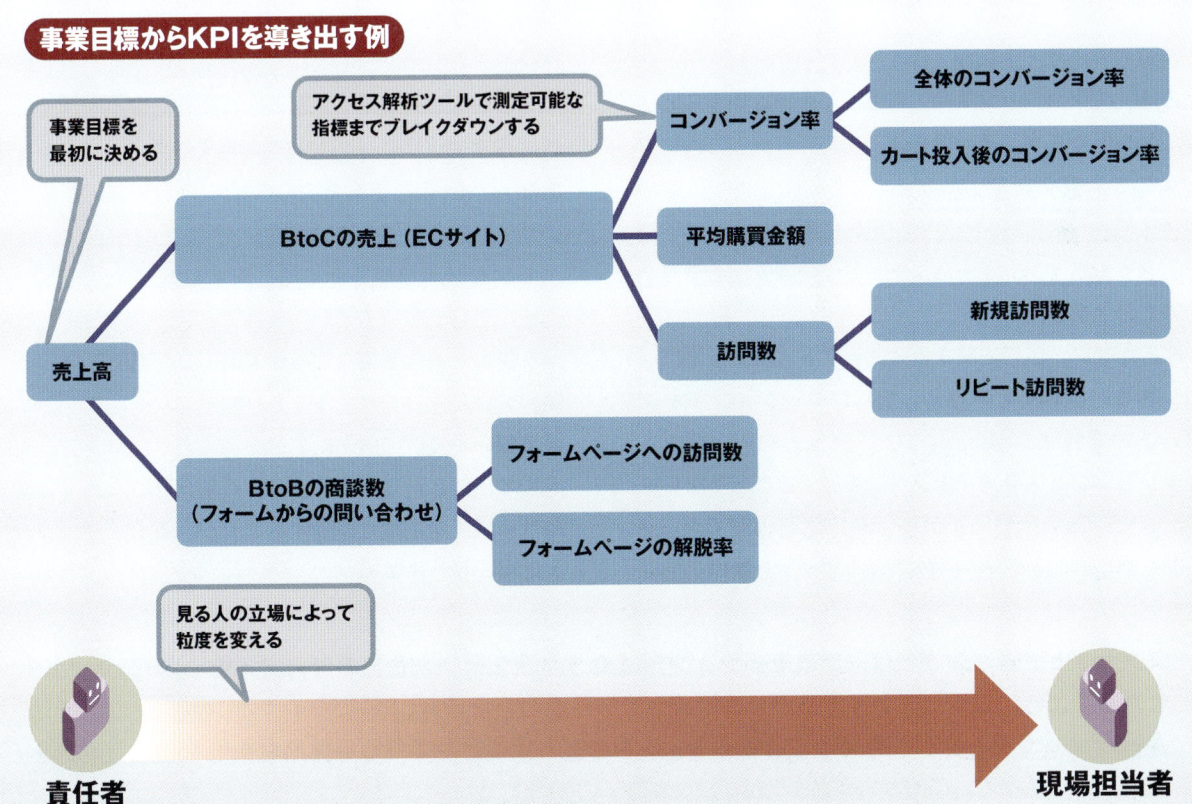

事業目標を最初に決める

売上高
- BtoCの売上（ECサイト）
  - コンバージョン率
    - 全体のコンバージョン率
    - カート投入後のコンバージョン率
  - 平均購買金額
  - 訪問数
    - 新規訪問数
    - リピート訪問数
- BtoBの商談数（フォームからの問い合わせ）
  - フォームページへの訪問数
  - フォームページの解脱率

アクセス解析ツールで測定可能な指標までブレイクダウンする

見る人の立場によって粒度を変える

責任者 → 現場担当者

RELATION ▶ 010 018 021 027 033 062

031 「伝わる」Webサイトを企画するために
Webサイトのコンセプトメイキング

Text：アンティー・ファクトリー

コンセプトメイキングとは、Webサイトの具体的な企画を考える前に、企画の方向性を示す大もとの考え方である「コンセプト」を作ること。広告やプロモーションキャンペーンでは、まずコンセプトを決め、コンセプトに基づいて商品やサービスの訴求ポイントを明確にしたあとで、具体的なコンテンツの内容や構成、クリエイティブ表現などを考えていきます。Webサイトも例外ではなく、企画の段階で明確なコンセプトを決めることが、とても重要になります。

コンセプトメイキングの進め方

　実際のWebサイト制作、特にプロモーションサイトの場合は、広告コンセプトや広告表現がすでに決まっていることもあります。その場合は、決められた広告素材を利用して企画を立て、Webサイトを制作します。このケースでは、広告コンセプトを正確に理解し、サイト内で訴求するポイントを決め、サイトの企画立案や構成を進めていきます。

　広告がない、広告に関するコンセプトも決まっていない、あるいはWebを中心としたプロモーションキャンペーンの場合は、Webディレクターなどのweb制作スタッフもコンセプトメイキングに参加することになります。まず、商品やサービスの特徴であるUSP（Unique Selling Proposition）※を理解し、Webサイトを制作していく上での骨格となるコンセプトをまず考えます。

　コンセプトはサイトを形成して行く上での骨組みとなるので、一言で表現できるキャッチコピー（コンセプトキーワード）にまとめると、関係者の意識を統一できます。コンセプトキーワードにまとめることが難しい場合は、関係者が意思統一できる短い文章にまとめてもよいでしょう。コンセプトが決まったら、具体的な企画や構成、制作を進めていきます。

コンセプトをどう考えるか

　コンセプトメイキングは、具体的な企画やデザイン、制作を進める前のプロセスになるため、抽象的で難しいと感じるかもしれません。しかし、コンセプトを決めなければ企画やデザインの方向性も定まらず、サイトができあがっても「何を伝えたいのか」がユーザーに理解されないサイトになってしまいます。

　コンセプトを作る前には、まずは商品やサービスをしっかり理解することから始めましょう。クライアントから提供された情報をしっかり読み込んだり、ネットで関連情報を探したりすることは当然ですが、商品であれば実際の小売店の店頭にも足を運んだり、競合商品を購入して比較したりすることで、理解は深まります。商品やサービスを正確に理解することが、質の高いコンセプトにつながります。

> コンセプトメイキングとは、プロモーション企画の方向性を示す大もとの考え方である「コンセプト」を作ることだ。コンセプトはあらかじめ決まっていることもあるが、Web中心キャンペーンなどではWebディレクターなどが考えることもある。コンセプトをまとめてから具体的な企画や構成、制作を進めていくことで、ユーザーに理解されるWebサイトが作れる。

コンセプトメイキング

コンセプトは最初に作って終わりではなく、最終的な成果物（Webサイト）へ反映されていることが重要だ。
コンセプトに基づいて制作されているか、ディレクターとして制作過程もしっかりとチェックしよう

コンセプトメイキングのフロー

商品／サービスの理解

プロモーションで訴求したい商品やサービスの概要を知り、特徴を理解する。
商品／サービスを理解する具体的な手法としては、以下のようなものがある
- クライアントからのヒアリング
- 商品カタログ、販促資料
- ネット上での評判、競合の情報
- 小売店店頭での展開イメージ
- 競合商品の分析

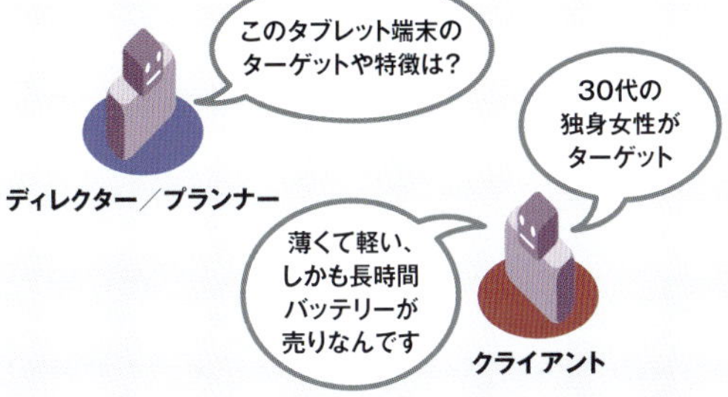

サイトコンセプトの決定

商品／サービスの特徴を踏まえ、トレンドを加味してサイトのコンセプトを検討・決定する。
コンセプトは、プロジェクトメンバーの意識を統一するため、一言で表現できるキャッチコピー（コンセプトキーワード）や短い文章にまとめる

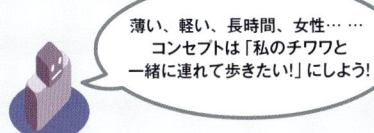

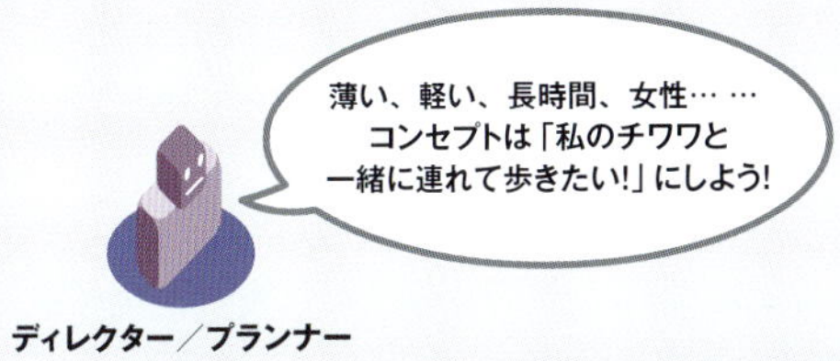

サイトコンセプトに基づくサイトプランニング

コンセプトを制作スタッフやクライアントと共有し、コンセプトをもとに具体的なWebサイトの構成やコンテンツの企画を考える

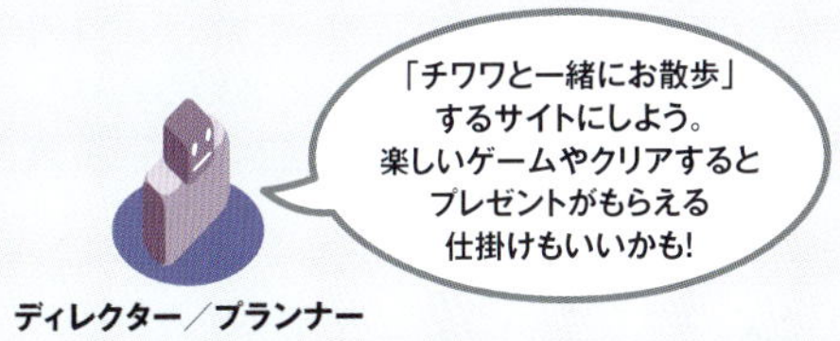

サイト制作

コンセプトをもとにまとめたプランニングに沿ってWebサイトを制作する。
制作中にコンセプトから外れることがないように、ディレクターとしてしっかり確認しながら進めることが重要

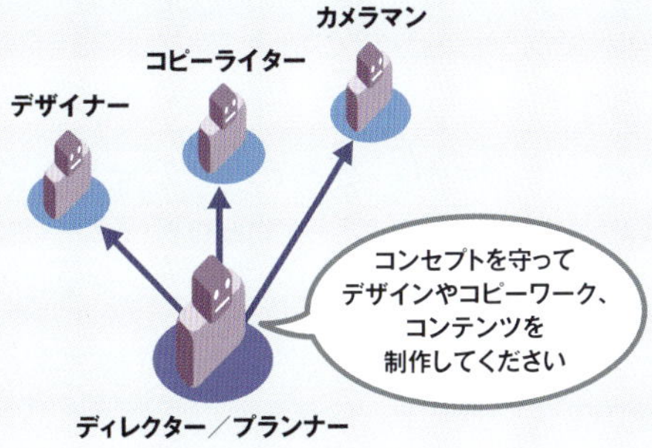

サイト公開

公開前の最終チェックでも、当初定めたコンセプトから外れていないか忘れずに確認する。公開後はアクセス解析やソーシャルメディアの評判、ユーザーアンケートなどでコンセプトが伝わっているかチェックする

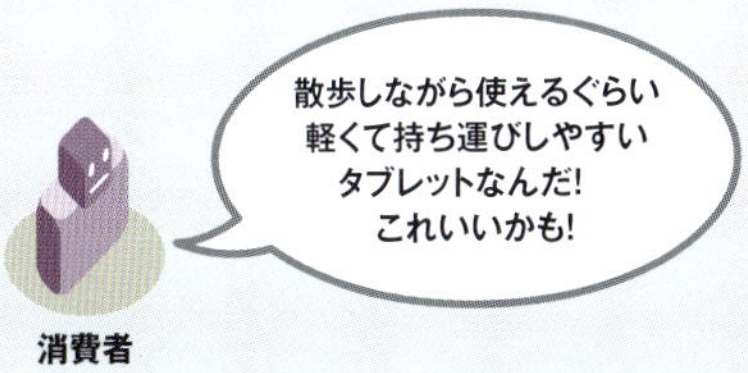

コンセプトメイキングの具体例

ディレクター／プランナー：「このタブレット端末のターゲットや特徴は？」
クライアント：「30代の独身女性がターゲット」「薄くて軽い、しかも長時間バッテリーが売りなんです」

ディレクター／プランナー：「薄い、軽い、長時間、女性……コンセプトは『私のチワワと一緒に連れて歩きたい！』にしよう！」

ディレクター／プランナー：「『チワワと一緒にお散歩』するサイトにしよう。楽しいゲームやクリアするとプレゼントがもらえる仕掛けもいいかも！」

デザイナー／コピーライター／カメラマン
ディレクター／プランナー：「コンセプトを守ってデザインやコピーワーク、コンテンツを制作してください」

消費者：「散歩しながら使えるぐらい軽くて持ち運びしやすいタブレットなんだ！これいいかも！」

※ 他社にはない自社独特の強みのこと。売り込みに効果的な主張であり、他社と明確な差別化ができる要素を指す

032 新しいアイデアを効率よく引き出す
ブレーンストーミングとバズセッション

Text：フライング・ハイ・ワークス

　ブレーンストーミングとは、1つのテーマについて、複数の参加者が自由な意見を活発に発言することで新たなアイデアを生み出す会議方式です。略して「ブレスト」や「BS」などと呼ばれ、「他人の意見の否定や批判の禁止」「質より量を重視する」という2つのルールのもとで実施します。

　ブレストの目的は、たくさんの意見や多種多様なアイデアを出すことにあります。参加者全員が活発に意見を出せるような場の空気を作るためにも、否定や批判の禁止は徹底しましょう。

　ただし、ルールの徹底ばかりに力点が置かれるようであれば、人選から改めて考える必要があるかもしれません。ブレストでは、参加者の発言がある程度出揃ったところで、KJ法※などを使って意見を整理します。意見を整理することでも、新たな発見が期待されます。

　一方、バズセッションも複数の参加者が1つのテーマについて話し合う会議方式ですが、参加者をいくつかのグループに分け、それぞれにリーダーと書記を配置します。グループごとに議論し、最終的にグループで集約した結論を発表します。各グループ内の話し合いには、ブレーンストーミングが採用される場合もあります。

　ブレーンストーミングでは比較的独創的な意見が出ることが期待でき、バズセッションではたくさんの人の平均的な意見を集約できます。

独善的なWebサイトにしないために

　1940年に米国で出版された発想法に関する著書『アイデアのつくり方』（ジェームス・W・ヤング著）に、アイデアは「既存の要素の新しい組合せ以外の何ものでもない」とあります。この「既存の要素」とは、自分の中だけにすべてがあるわけではありません。人それぞれの発想や視点から、新しい意見やアイデアを効率よく引き出す方法が、ブレーンストーミングやバズセッションなのです。

　特にWebサイトは公開後、多くのユーザーの目に留まるものです。こまめなブレーンストーミングやバズセッションを通じて、企画の方向性や内容をブラッシュアップしていくことで、より効果的なWebサイトを制作できるでしょう。

アイデアを引き出すには丁寧な準備が必要

　ブレーンストーミングもバズセッションも、企画のアイデア出しのために実施するものですが、結局は会議の一手法です。

　会議は「段取り八分」とも言われ、会議をよりよいものにするためには、丁寧な準備が欠かせません。ゴールやテーマの設定、アジェンダの準備などをしっかりしておくことで、効率的でよりよいアイデアを引き出す会議を実施できます。

ブレーンストーミングとは、1つのテーマについて複数の人が自由な意見を出して、新たなアイデアを生み出す手法のこと。一方、バズセッションは、数人程度のグループごとに議論をして、結論を発表し合う手法だ。ブレーンストーミングでは比較的独創的な意見を期待でき、バズセッションでは多くの人の平均的な意見を集約できる。いずれも、企画のアイデア出しに役立つ。

アイデア出しのさまざまな方法

1人でアイデアを出す
資料を集め、それを頭の中で十分に咀嚼する

ブレーンストーミング
複数の人で、自由に数多くの意見を出し合う。他人の意見の否定・批判は禁止

バズセッション
数人程度のグループに分かれて、それぞれのグループで意見を出し合い、最後にグループごとに発表する

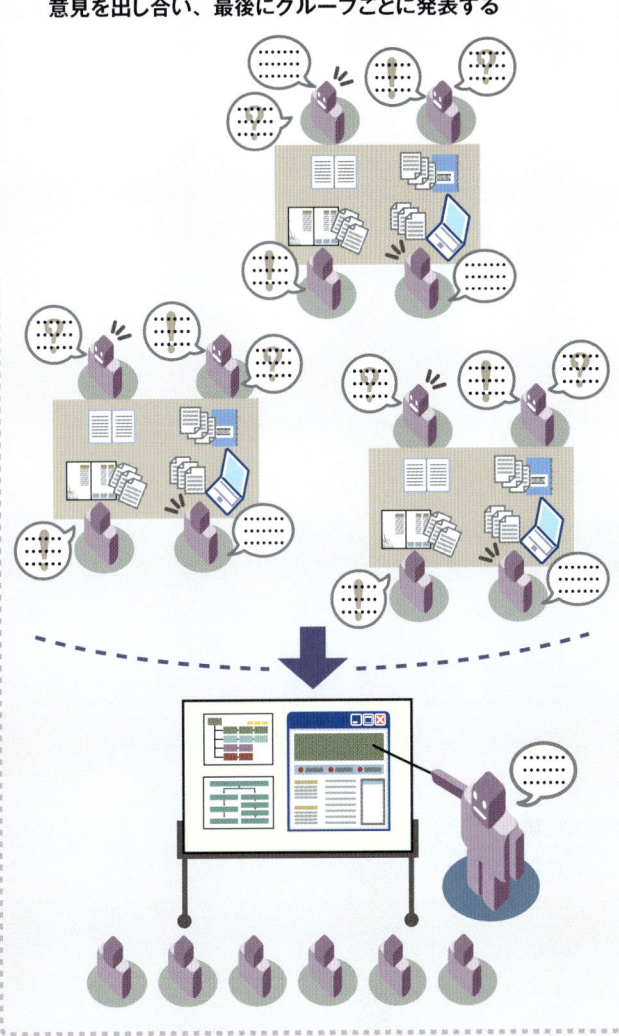

	1人でアイデアを出す	ブレーンストーミング	バズセッション
メリット	着想から実行までが早い	奇抜なアイデアが得られる可能性がある	たくさんの人数から意見を収集できる
デメリット	アイデアのヌケモレ（抜けたり漏れたり）が起きやすくなる	発言の多い人のアイデアに偏ってしまう可能性がある	平凡なアイデアになる可能性がある
用途・傾向	人数が少なく集まって意見交換をしにくいWeb制作会社向き。協業などにより補完することが望ましい	ある程度自由度の高いWebサイトやランディングページの制作に向く。会社の規模としては、中堅Web制作会社向き	大規模コーポレートサイトや流通までを含むECサイトの設計など、組織横断型のWEBサイトに向きやすい

※ データを整理する手法の1つ。ブレストで出たアイデアを1つずつ1枚のカードに記述していき、似た内容のものをグループにまとめて見出しをつける

RELATION ▶ 010 018 019 021

033

ユーザーの欲求からサイトの目的を達成する
Webコンテンツの企画

Text：轡田高志（フライング・ハイ・ワークス）

コンテンツの企画とは、コンセプトに沿ってアイデアをまとめ、Webサイトで展開する具体的な内容に落とし込む作業を指します。コンテンツを企画するときにはクライアントの目的とユーザーの目的を合致させて、コンセプトと掛け合わせることが重要です。

クライアントとユーザーの目的達成が判断基準

　Webサイトの企画にあたって、クライアントは「楽しいコンテンツにしたい」といった"意向"を持っていることが多くあります。しかし、クライアントの目的はコンテンツを作成することではありません。「商品やサービスの認知度が向上する」「問い合わせが増える」「ユーザーに対して適切な情報を提供する」などのビジネス上のゴールを達成することが目的であり、コンテンツはその手段にすぎません。単にクライアントの意向を汲めばいいわけではないのです。

　ある画期的な新製品の発売にあたって、Webサイトを制作する場合を考えてみましょう。クライアントの目的が「広く商品の情報を提供したい」とすると、目的を達成するコンテンツとしては商品の使い方を紹介する読み物や、動画による商品紹介などが考えられます。

　一方で、サイトを訪れるユーザーがどのような目的を持っているかも考えなければいけません。「商品を詳しく比較検討したい」という目的を持ったユーザーに対して単なる商品説明の動画を提供しても、ユーザーの目的は達成できないでしょう。

　つまり、コンテンツの企画では、コンセプトに合うだけでなく、クライアントとユーザーの両方の目的が達成されるかどうかを判断基準とする必要があります。ユーザーの目的を無視してクライアントの目的だけを重視すると、クライアントの自己満足に陥ってしまう危険性があります。せっかくコンテンツを作成しても、ユーザーの興味を引けなければ意味がありません。

　「すごい映像をWebで見せよう！」といったコンセプトだけがあって、目的が後付けになってしまうようなコンテンツも問題外です。

ユーザーの欲求を探るための情報収集

　Webサイトを実際に利用するのはユーザーです。そこで、コンテンツを企画するときには、ユーザーがクライアントやサービスに対してどんなイメージを持っているか、情報を入手しましょう。

　情報を入手する方法としては、ユーザーのブログに対してのキーワード調査や、アンケートの実施、掲示板などの書き込み内容の洗い出しなどが考えられます。情報収集によって隠れた問題点やユーザーの欲求などを見出し、クライアントとユーザーの両方の目的の両方を達成できるコンテンツを制作しましょう。

コンテンツの企画ではコンセプトに沿ってアイデアをまとめ、具体的な内容に落とし込んでいく。コンテンツは、コンセプトに合うだけでなく、クライアントとユーザーの両方の目的が達成されることを判断基準に考えるとよい。コンテンツはビジネス上のゴールを達成するための手段であり、クライアントの意向だけを汲んだり、コンセプトありきで目的が後付けになったりしないようにする。

目的を達成するための正しいコンテンツの企画方法

● 新商品のプロモーションサイトのコンテンツ例

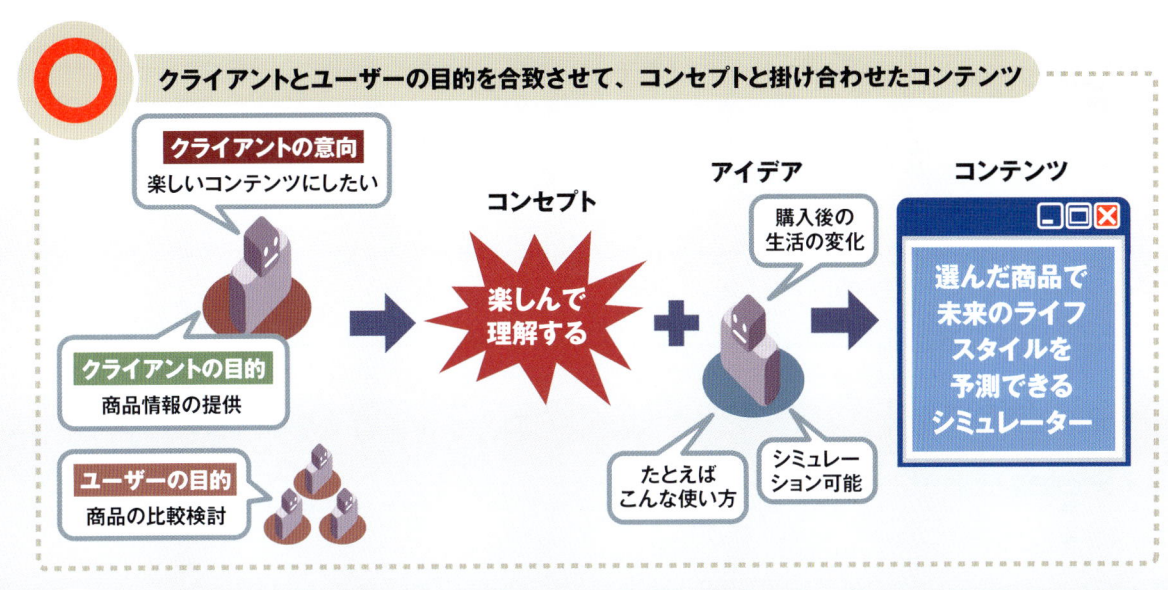

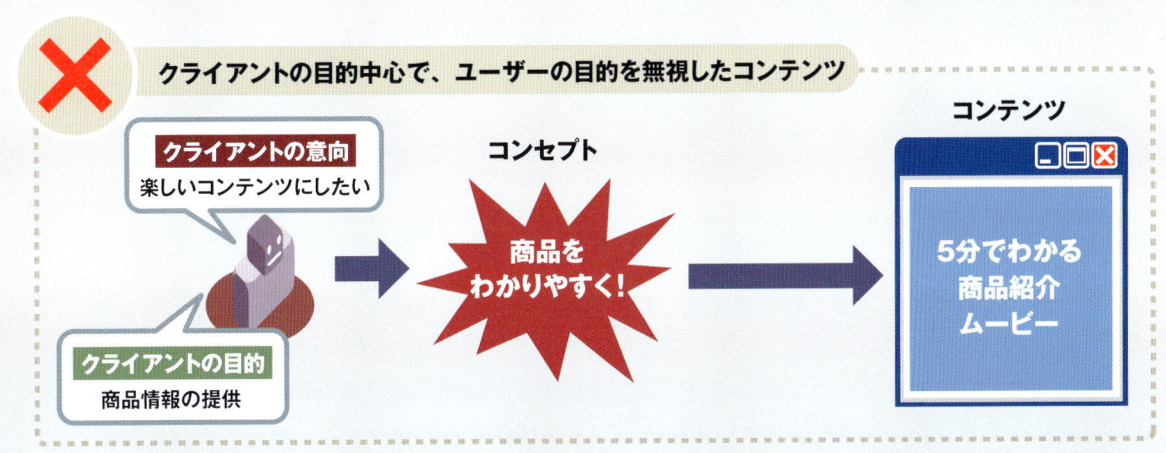

○ クライアントとユーザーの目的を合致させて、コンセプトと掛け合わせたコンテンツ

- クライアントの意向：楽しいコンテンツにしたい
- クライアントの目的：商品情報の提供
- ユーザーの目的：商品の比較検討

→ コンセプト：楽しんで理解する ＋ アイデア：購入後の生活の変化／たとえばこんな使い方／シミュレーション可能 → コンテンツ：選んだ商品で未来のライフスタイルを予測できるシミュレーター

✗ コンセプトありきで、目的を後付けにしたコンテンツ

- クライアントの意向：楽しいコンテンツにしたい

＋ コンセプト：すごい映像を作る！ → コンテンツ：フル3DCGによる商品紹介アニメーション

✗ クライアントの目的中心で、ユーザーの目的を無視したコンテンツ

- クライアントの意向：楽しいコンテンツにしたい
- クライアントの目的：商品情報の提供

→ コンセプト：商品をわかりやすく！ → コンテンツ：5分でわかる商品紹介ムービー

034 Webサイトで使うドメイン名の選定

サイトの企画と合わせて検討しよう

Text：ディーネット

ドメイン（domain：領域名）とは、URLやメールアドレスの一部として、Webサーバーやメールサーバーなどのサーバーを識別するための名前です。新規でWebサイトを公開する場合、ドメインをどうするか、あらかじめ決める必要があります。

ドメインの種類

もっとも一般的なドメイン「www.example.co.jp」のような形式の場合、wwwはホスト名、exampleはサーバーの所有者を示す第3レベルドメイン、coは第2レベルドメイン、jpはトップレベルドメインと呼び、左から右へ向かって示す範囲が広がっていきます。

第3レベルドメインは3文字以上63文字以下の「.（ドット）」で区切られた半角英数字と「-（ハイフン）」の組み合わせです。また、ドメイン全体は255文字以下と定められています。

一番右側にあるトップレベルドメインは「TLD」（Top level Domain）と略されます。TLDのうちjp（日本）／us（アメリカ）／ch（スイス）のように国名を2文字で表すものを「ccTLD」（country code TLD）、com／net／infoなどを「gTLD」（global TLD）と呼びます。

jpドメインは、ICANN（The Internet Corporation for Assigned Names and Numbers：インターネットの管理を米国商務省から委託されている会社）から権限を委任された日本レジストリサービス（JPRS）が運営しています。企業用のco.jpドメイン、政府用のgo.jpドメインなどは、JPRSが認定した「指定事業者」のレジストラを通して申請します。

ただし、ドメインの種類によっては、個人か法人、法人の種別などによって制限があります。また、ドメインは原則として早い者勝ちですから、登録が必要な場合は早めに決定しましょう。

入力しやすい、覚えやすいドメインを選ぶ

企業や商品名など、比較的長い期間使用するドメイン名は、奇をてらわずに、覚えやすく入力しやすい短いものが望ましいとされています。また、「shi」と「si」、「l」と「1」など、誤記や誤入力を招きやすい文字は避けた方が無難です。

一方、プロモーション目的など、比較的短い期間使用するドメインの場合は、「hayashi」を「884」、「to」を「2」にするなど、"遊び"を含めて考えることもあります。

ドメインは一般的に、1年単位で更新します。更新しないドメインは、希望者がいれば他の人に利用権が移るため、失効しないように、担当者を決めてドメインを管理する企業もあります。キャンペーン用のドメインでも、終了後にどのように管理するか、関係部署や取引先と協議しておく必要があります。

ドメインは、URLやメールアドレスの一部として、Webサーバーやメールサーバーなど、インターネットにあるサーバーを世界中で識別できるようにするものだ。長期間使用するドメインは奇をてらわず覚えやすいものにし、プロモーションなどの短期間使用であれば遊びの要素があってもよい。ドメインには利用期間があるため、更新や終了後の扱いについても検討する必要がある。

ドメイン名の構成と種類

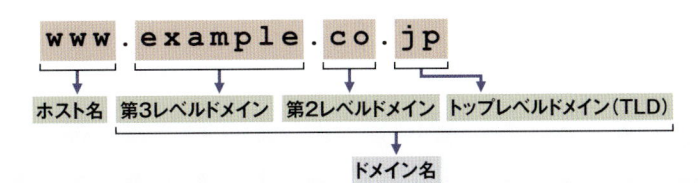

`www.example.co.jp`

- www : ホスト名
- example : 第3レベルドメイン
- co : 第2レベルドメイン
- jp : トップレベルドメイン（TLD）

example.co.jp : ドメイン名

gTLD	ドメイン名の由来	対象
.com	Commercial	本来は用途によって区別されていたが、現在は米軍用の.mil、国際機関用の.intなどを除き、緩やかな使い分けになっている
.net	Network	
.org	Organization	
.info	Information	

ccTLD		ドメイン名の由来	対象
汎用JPドメイン	.jp	Japan ISO 3166-1国名2文字コード	国内に住所をもつ個人・団体・組織（登録数に制限なし）
属性型JPドメイン	.co.jp	Commercial	国内で登記した株式会社、合同会社、相互会社、信用金庫、有限責任事業組合など
	.or.jp	Organization	医療法人、宗教法人、社団法人、農業協同組合などの法人
	.ne.jp	Network	ISPなど、国内のネットワークサービス提供者（1サービスごとに1つ）
	.gr.jp	Group	個人や法人により構成される任意団体
	.ac.jp	Academy	大学、大学校、高等専門学校、大学共同利用機関などの学術研究機関
	.ed.jp	Education	保育所、幼稚園、小学校、中学校、中等教育学校、高等学校など18歳未満を対象とした教育機関
	.go.jp	Government	日本の政府機関や各省庁所管の研究所、特殊法人、独立行政法人
	.ad.jp	Administrator	JPNIC会員となっている組織
	.lg.jp	Local Government	地方公共団体などの行政サービス提供者
地域型JPドメイン	《地域名》.jp		地方公共団体、他の属性型JPドメイン名の登録資格を満たす組織、国内に在住する個人、病院など

ドメイン登録の流れ

STEP 1 ドメインを決める
未登録ドメインかどうかを確認して決定する
・JPRS WHOIS http://whois.jprs.jp/
・ディーネット MultiDomain Search http://www.denet.ad.jp/

STEP 2 指定事業者に申込む
レジストラ（指定事業者）にドメイン名と登録情報を添えて申し込む

STEP 3 ドメインを申請する
JPドメインの場合、レジストラはJPRS（日本レジストリサービス）、海外ドメインの場合、当該レジストリに登録を申請する

1〜2日（属性型JPドメインは1週間程度）

STEP 4 ドメイン登録完了
DNSサーバーが稼働している場合は、レジストラの管理画面などでドメインとIPアドレスを設定する

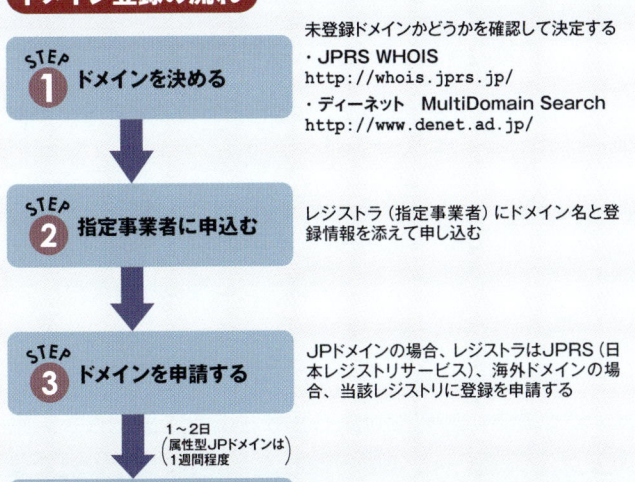

ドメインとURLの関係

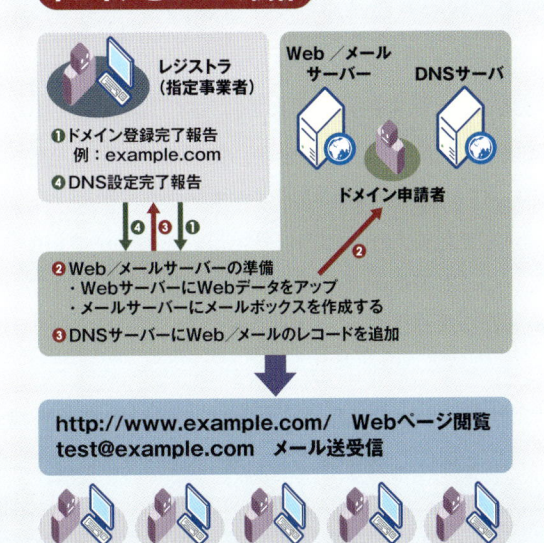

① ドメイン登録完了報告 例：example.com
④ DNS設定完了報告
② Web／メールサーバーの準備
 ・Webサーバーにデータをアップ
 ・メールサーバーにメールボックスを作成する
③ DNSサーバーにWeb／メールのレコードを追加

http://www.example.com/ Webページ閲覧
test@example.com メール送受信

035 グローバルWebサイトの企画

ビジネスのターゲットに沿って考えよう

Text：WIPジャパン 情報事業部・海外向けWEB/ECマーケティンググループ

　グローバルWebサイトとは、米国規格のWebサイトにすることでも、地球上に存在するすべての国に対応することでもありません。ビジネスの対象となる言語、文化に適切に対応したWebサイトこそを、グローバルWebサイトというべきです。

　海外現地の視点を踏まえると、グローバルWebサイトを企画するために大切なポイントは5つあります。

日本人視点で制作するサイトにしない

　グローバルな視点でWebサイトを制作するには、ターゲットとなる現地想定読者に対しての調査が必要です。具体的には、ラフデザイン段階でのA/Bテスト[※1]による趣向性の検証、現地ユーザーの情報収集や検索行動の把握、ネットインフラの状況の確認などが挙げられます。可能であれば、現地での調査が理想的です。

中心となる言語基点サイトを定める

　グローバルサイトは日本語をベースに制作するケースが多いと思いますが、将来、3言語以上のWebサイトを展開する可能性がある場合は、英語サイトを基点にするのもよいでしょう。翻訳者は日本語よりも英語と現地語に対応できる人が圧倒的に多いので、英語サイトを基点にすることで翻訳者の選択肢が広がり、翻訳にかかる費用も安くなります。

グローバルとローカルでコンテンツを切り分け

　言語の異なるWebサイトごとにコンテンツがばらばらでは、企業の放つメッセージに統一性が出ません。一方で、各言語サイトのコンテンツがすべて同じでは、ターゲット市場のニーズを捉えられないでしょう。市場に応じた訴求力の高いコンテンツを制作するには、現地の感覚や現地競合サイトの状況を調査し、内容に反映させる必要があります。

的確な翻訳ディレクションを

　翻訳の質で、Webサイトの価値には大きな差が出ます。翻訳者(会社)には、ターゲット読者/市場について正確に伝えることが大切です。また、英語と米語、スペインと南米のスペイン語のように、同じ言語でもターゲット市場に応じてスタイルを変えることも必要です。

現地のWeb閲覧環境を考慮する

　現地で利用されているOS、ブラウザーでレイアウトが崩れていないか、現地の回線速度でFlashコンテンツが表示されるかといった点を確認します。現地の環境で文字化けを起こしていたら元も子もありません。文字コード[※2]は世界の主要言語に対応しているUnicodeの指定を忘れないようにしましょう。

グローバルWebサイトとは、ビジネス対象国の言語や文化に適切に対応したサイトを指す。日本人視点で制作しないように、現地ユーザーに受け入れられるデザインや検索行動、ネットインフラなどを確認し、現地に合ったサイトを制作したい。一方で、グローバルで統一するコンテンツや、基準となるサイトの言語の選定、翻訳品質の確保など、グローバル共通で検討すべき点もある。

グローバルWebサイト企画のポイント

基点サイトの検討
将来展開なども視野に、日本語もしくは英語を基点として考える

グローバル向け・ローカル向けコンテンツの切り分け
必要に応じて、グローバル向けとローカル向けのコンテンツを切り分ける

翻訳ディレクション
ターゲットとする読者や市場について翻訳者に正確に伝える

現地ウェブ閲覧環境での確認
現地のOS、ブラウザー、回線速度で、表示を確認する

グローバルWebサイト企画のポイント

グローバルWebサイト企画の流れ

サイト企画
サイト要件、目的、ターゲットユーザ、サイトコンセプトの明確化

海外現地調査
コンテンツニーズ把握、競合サイトコンテンツ比較、想定ユーザー検索行動把握

日本語原稿ライティング
世界向けに適切な文章になっているかライティングチェック

多言語翻訳
忌避表現、スペルチェック、現地の表記ルールにもケア

デザイン作成
現地想定ユーザーによるデザイン案好感度チェック、現地競合サイト確認

HTMLコーディング
言語指定、Unicodeの使用による文字化けの回避

現地OS・ブラウザチェック
現地Web閲覧環境でのページチェック

Webサイト公開

※1 A/Bテスト（→324ページ）
※2 文字コード（→210ページ）

036 ECサイトの企画

サイト企画にとどまらない、事業企画が求められる

Text：パワープランニング

ECサイトの企画とは、単にWebサイトを企画することにとどまらず、インターネットを使った事業を企画することです。ターゲットとする顧客層やサイトの特徴から、構築方法、サイト／ページ構成、プロモーション、カスタマーサポート、物流、決済、法律対応まで、多くの事項を決定する必要があります。

ECサイトの企画で重要なのは「コンセプト」

ECサイトの企画でもっとも重要なことは「コンセプト」を明確にすることです。コンセプトを明確にすると、扱う商品やサービスの方向性がはっきりし、サイトの要件やオペレーション（仕入れ、在庫管理）なども計画しやすくなります。

ECサイトのコンセプトは、「誰に」「何を」「どのように提供するか」を考えます。たとえば腕時計のECサイトなら、「20代後半〜40代後半までの男性に対して、さまざまなブランドの商品を豊富に揃えて、徹底的に安く提供する」といったコンセプトを定めます。

企画段階からPDCAを意識して

コンセプトを定めたら、ECサイトの企画に必要な要件をコンセプトに沿って詰めていきます。

サイト構築方法では、独自サイトを構築するのか、楽天市場などのショッピングモールに出店するのか、両方とも進めるのか検討します。独自のECサイトを構築する場合は、パッケージソフトやオープンソース・ソフトを利用するのか、独自のシステムを開発するのかも検討しましょう。

サイト／ページ構成は、新商品ニュースや定番商品をどこに掲載するのか、商品紹介ページをどのように構成するのかなど、商品の見せ方に関することから、利用ガイドや配送状況などの商品以外のページの位置付けまで考えます。顧客がサイト上で商品を購入するまでの具体的なフローをイメージしながら、ユーザビリティを考慮して検討しましょう。併せて、新商品情報の公開タイミングや掲載方法といった更新の方針も検討します。

プロモーションでは、リスティング広告やSEO※の実施計画、メールマガジンやプレスリリースの配信、ブログ、ソーシャルメディアの利用計画を立てます。

このほかにも、入荷・検品・出荷・返品などの物流、決済・入金の方法、法律対応など、決定しなければならないことは多々あります。

多くの事柄を検討・決定する必要があるECサイトでは、他のサイト以上に「仮説→実行→検証→改善」のPDCAサイクルの導入が不可欠です。ECサイトは参入障壁が低く、商品数を揃えやすいため、年々参入が増え続け、競争が激しくなっています。企画段階でもPDCAサイクルを意識した内容にすることが重要です。

ECサイトの企画では、決済や物流、プロモーションなど、さまざまな要素を考える必要があるが、もっとも重要なのは「コンセプト」だ。コンセプトを定めることで、商品の選定やサービスの方向性が明確になり、サイトの要件やオペレーションも計画しやすくなる。ECサイトは決定すべき事項が多く、競合も多いため、PDCAサイクルによる改善を前提とした企画が重要だ。

ECサイト企画における決定事項

項目	内容	説明
コンセプト	コンセプト	ECサイトの運営のコンセプト、ターゲット顧客、商品数、価格などを明確にする
ページ	商品ページ	商品画像の撮影や画像の加工方法、商品情報の文章作成内容の決定
ページ	ニュースページ	新商品のお知らせ内容、セールス情報など、ニュースに掲載する内容の決定
ページ	サイトのご利用ガイドなどの記載	ECサイトの利用ガイドや、商品配送、納期の記載、プライバシーポリシーや会社案内などECサイトに必要な情報の決定
プロモーション	メールマガジン	顧客に対して、メールマガジンを発行する内容、頻度の決定
プロモーション	リスティング広告、SEO	リスティング広告運営やSEO対策のための予算、効果検証方法の決定
プロモーション	広告出稿	出稿先の選定、広告制作業者の選定、効果検証方法などの決定
プロモーション	プレスリリース	新サービス、新商品の紹介などのプレスリリースの方針、内容、頻度などの決定
プロモーション	ブログ、SNSなど	ブログやSNSなどへの方針、内容、頻度、担当者などの決定
カスタマーサポート	カスタマーサポート	ECサイトの利用・閲覧方法、商品案内や在庫状況、配送状況、顧客からの意見・質問の応答、クレーム応対、個人情報保護に関する応対方法などの決定
物流	入荷、検品、出荷、返品など	商品の入荷、検品、梱包、出荷、商品管理、棚卸、返品の応対に加え、商品のラッピングなどの決定
決済など	決済方法・入金管理など	カード、コンビニなど決済手段を選択できるようにした決済方法と顧客からの入金管理方法の決定
法律について	特定商取引に関する法律など	連絡先や特定商取引に関する法律に基づく表示や、個人情報の記載。取り扱い商品によっては、古物商などの資格・免許の取得も必要

※　Search Engine Optimizationの略（→276ページ）

037 海外向けECサイトの企画

地域事情に合わせた「売れる」サイトを作る

Text：WIPジャパン 情報事業部・海外向けWEB/ECマーケティンググループ

　海外向けECサイトとは、日本以外の国へ物品やサービスを販売する目的で構築される、商取引用Webサイトのことです。「海外向けEC」は経済産業省の定義では「越境電子商取引」とも呼ばれます。

　一般的なECサイトが、販売するターゲットを日本国内在住の日本語話者と想定しているのに対して、海外向けECでは海外に在住している日本語及びその他の言語の話者を想定します。そこで、対象国や地域の事情に配慮した企画が必要になります。

翻訳だけでは済まない海外向けEC

　海外向けECサイトは、特に受注や顧客・物流管理の部分において、日本国内向けとはかなり仕様が異なります。そのため、日本語のECサイトの情報を単に他の言語で書き換えるだけではスムーズに機能しません。

　クライアントに日本語の既存店舗(ECサイト)がある場合でも、現在の店舗をたたき台とするのではなく、新たに海外向け店舗を追加するイメージで企画を考えたほうがよいでしょう。

　ただし、ゼロから海外向けECサイトを構築するのはかなりコスト高になります。ASPやモール、オープンソースなどで海外対応が可能なものも増えてきています。比較検討のうえ、目的に合ったソフト・サービスがあればそれらを利用して企画を考えるのがよいでしょう。

地域によって違うEC

　海外向けECサイトを企画する際、考慮するべきポイントは多岐にわたります。

　まず、いかに商品を届けるかという「物流」の問題があります。商品によっては、海外配送が困難なものや、届け出や認可が必要な場合もあります。また、多くの国では日本ほど流通網が整備されていません。

　次に、国際間の商取引では、商品代金とは別に現地関税などが発生します。関税や消費税など「税金」についても押さえておきましょう。複数通貨にまたがる取引の場合、「為替」の変動に備えることも必要です。店舗か顧客のどちらかが、為替変動リスクを負うことになります。また、日本の決済サービスの多くは多言語・多通貨に対応していないため、「決済」も重要なポイントです。

　さらに、日本と同じ売り方ではなく、現地の事情に合った「マーケティング戦略」を考えることも必要です。もちろん、「言葉」の問題も重要で、商品情報や問い合わせ対応などで現地語対応体制・コストを考慮しなくてはなりません。「中国では問い合わせにチャットが好まれる」など、国によっても対応事情は変わります。

　最後に、「現地法」に触れないかどうかも確認してください。ECや小売に関して、日本とは異なるルールが定められている国もあります。

海外向けECサイトとは、海外在住の日本人や現地住民を対象とした商取引サイトのこと。単に日本語のECサイトを翻訳するのではなく、現地に適したサイトを新たに企画することが重要だ。特に、物流、税金、為替、決済、法律などの現地の慣習やルールはしっかり把握し、現地に合ったマーケティング戦略に基づく企画が求められる。

国内向け/海外向けECの要件比較と対策

項目	国内向けEC	海外向けEC	海外向けに求められる対策
❶ 物流	日本国内のみ	日本国外へ配送。商品によっては海外配送が困難なものがある。また、住所の仕様が日本と異なる（郵便番号がない、住所が非常に長いなど）。日本国内ほど物流環境が整っていない国が多い	・海外の住所形式に対応できる顧客管理システム ・信頼できる海外物流サービス ・輸出規制対象商品でないかを確認、必要であれば届出・認可の取得 ・物流（出荷）管理の海外対応
❷ 税金	日本国の税制のみ考慮	仕向け先により関税・消費税・その他の税金が発生。国により制度が異なる	・現地税制の事前調査 ・現地税に配慮したスキーム構築
❸ 通貨、為替	日本円のみ	日本円以外の通貨圏へ販売。通貨をまたぐ取引の場合、売り手/買い手のどちらかに為替変動のリスクが発生する可能性がある	・柔軟な通貨対応 ・通貨換算補助 ・多通貨間で使用可能な決済手段
❹ 決済	カード、銀行振込、代引など	国によって主要な決済方法が異なる。銀行振込や代引きは国際間では対応が難しい。日本の決済サービスのほとんどは海外へ対応していない	・現地消費者が使いやすい決済方法の準備 ・カードの場合、未払いリスク・多言語での決済への対応が必要
❺ マーケティング	日本の文化・情報を共有するターゲット	日本の文化・情報を共有しないターゲットへ販売。リーチできるメディア、前提となる知識が異なる	・現地向けプロモーションサービス ・オンラインマーケティングの活用 ・海外のお客様が利用しやすい快適なサーバ・通信環境
❻ 言語	日本語のみ	英語、中国語など日本語でないケースが多い。サイトのデザイン・顧客対応などでターゲットの言語に配慮する必要がある	・翻訳サービスの利用 ・受容性のネイティブチェック ・多言語に対応したECエンジン ・現地語コールセンターの設置
❼ 法律（現地法）	日本国の法令	日本の法令に従う部分、現地法に従う部分の両方がある	・現地法の事前調査 ・現地法を考慮した規約類の準備 ・法的リスクをクリアした安全なサーバ環境

Webディレクション　用語集❷

- **ブランディング**
  企業や商品のブランド価値を消費者へ伝える活動のこと。ブランドとは他と明確に区別できる名称や記号、デザインや、それらの組み合わせのこと。

- **マーケティング**
  顧客の欲求に対してモノやサービスを提供することで利益を得る、一連の企業活動のこと。商品の企画開発から営業・販促・顧客対応まで広範におよぶ。

- **3C**
  マーケティング戦略フレームワークの1つ。市場(Customer)・自社(Company)・競合(Competitor)から参入すべき分野を分析する手法。

- **STP**
  マーケティング戦略フレームワークの1つ。セグメンテーション(Segmentation)、ターゲティング(Targeting)、ポジショニング(Positioning)を明確にすることで、戦略を立案する手法。

- **4P**
  マーケティング戦略フレームワークの1つ。製品(Product)、価格(Price)、流通(Place)、販促(Promotion)の4つを明確にすることで、ブランドを確立する手法。

- **AIDMA（アイドマ）**
  消費者が商品を初めて知り、購入にいたるまでのプロセスを5段階に分けて整理した行動モデル。Attention（認知）、Interest（関心）、Desire（欲求）、Memory（記憶）、Action（行動）からなる。

- **AISAS**
  AIDMAの考え方をインターネット時代に合わせて再構成したモデル。Attention（認知）、Interest（関心）、Search（検索）、Action（行動）、Share（共有）からなる。

- **コンタクトポイント**
  消費者と商品・サービスが接触する機会のこと。タッチポイントともいう。

- **メディアプランニング**
  新聞、雑誌、テレビ、ラジオ、Webなど、消費者が接触するメディアで訴求するシナリオを計画すること。

- **ペルソナ**
  アンケートやインタビュー調査などで得られた情報を抽出・統合して作成した架空の典型的なユーザー像のこと。

- **SWOT分析**
  現状分析の手法の1つ。サービスや商品の強み(Strengths)、弱み(Weaknesses)、機会(Opportunities)、脅威(Threats)から特徴や問題点を抽出する。

- **KPI**
  重要業績評価指数(Key Performance Indicator)の略。経営上のゴールであるKGIの達成に必要な中間管理指標のこと。

- **KGI**
  経営目標達成指標(Key Goal Indicator)の略。売上高や利益率など、経営上のゴールとなる指標。

- **KSF**
  重要成功要因(Key Success Factor)の略。KGIの達成に必要な施策のこと。

- **コンセプト**
  企画の方向性を示す大もとの考え方のこと。キャッチコピー（コンセプトキーワード）にまとめることが多い。

- **WBS**
  Work Breakdown Structureの略。プロジェクトに関わるタスクを洗い出した一覧表のこと。

- **ガントチャート**
  縦軸に項目、横軸に日時で構成される進行管理表のこと。プロジェクト管理ではよく利用する。

- **リソースヒストグラム**
  WBSの各稼働に対して、必要な人員の数を記載した表またはそれをグラフ化したもの。予算管理に利用する。

- **検収証**
  納品物の品質をクライアントが認めた証に受け取る文書。

第4章
Webサイトの設計とデザインディレクション

- 038 Webページの基本的なレイアウト構成 …… 104
- 039 Webサイトとアクセシビリティ …… 106
- 040 画面解像度・OS・ブラウザーの選定 …… 108
- 041 ユーザビリティとユーザーエクスペリエンス …… 110
- 042 情報アーキテクチャー（IA）の理解 …… 112
- 043 Webサイトのナビゲーション設計 …… 114
- 044 SEOを意識したサイト設計 …… 116
- 045 サイトマップの作成 …… 118
- 046 ディレクトリマップの作成 …… 120
- 047 ワイヤーフレームの作成 …… 122
- 048 Webデザインにおけるタイポグラフィ …… 124
- 049 Webサイトの配色・色彩計画 …… 126
- 050 トーン&マナーによるブランドイメージの構築 …… 128
- 051 デザインカンプの作成 …… 130
- 052 グローバルWebサイトの設計 …… 132

RELATION ▶ 039 041 042 043 047

038 役割に応じたエリアの意味を理解する
Webページの基本的なレイアウト構成

Text：アンティー・ファクトリー

Webページのレイアウトにはさまざまなパターンがありますが、基本的な構成要素はどのサイトでも大きく変わりません。Webサイトを訪れたユーザーが求めている情報にスムーズにたどり着けるように、一般的には「グローバルエリア」「コンテンツエリア」「ローカルエリア」の3つで構成します。

ナビゲーションとして機能する2つの要素

Webページの基本的な構成要素が決まっているように、各要素に配置する内容や働きもほぼ決まっています。

グローバルエリアは、サイト内で共通の要素を配置する領域です。一般的には、ページの最上部／最下部にあるヘッダー／フッターを指します。サイト内のどのページに移動しても共通して変わらないので、トーン＆マナーによってサイトのアイデンティティを表現できる領域でもあります。

グローバルエリアのうち、ヘッダーにはサイトの名称を表すサイトロゴと、サイト内の主要なページへリンクする「グローバルナビゲーション」を配置します。ユーザーの視線を止める位置にあるので、つい多くの要素を盛り込みたくなりますが、ごちゃごちゃとしたヘッダーはユーザーの混乱を招き、利便性を損ねます。各要素の重要度を設定し、配置する要素を厳選しましょう。

フッターは、ヘッダーより重要度の低いサイト内共通のナビゲーションなどを配置します。一般的にはプライバシーポリシーやサイトマップへのリンク、コピーライトなどで構成します。

ローカルエリアは、各ページが属しているカテゴリ内の共通要素を配置する領域です。一般的には、同一階層内へ誘導する「階層型ナビゲーション」、ページの内容と関連の深いページへ誘導する「関連ナビゲーション」、ユーザーニーズが高いページへ誘導する「ダイレクトナビゲーション」などで構成します。それぞれのナビゲーション要素がユーザーのコンテンツ閲覧に大きく影響するため、位置や表現方法に注意します。

固有の内容を配置するコンテンツエリア

コンテンツエリアは、各ページの主題となる固有の内容（コンテンツ）を配置する領域です。企業サイトやメディアサイトであれば記事の本文、ECサイトであれば商品の紹介文や商品写真などで構成します。ECサイトの注文画面のように直線的に誘導する「ステップナビゲーション」、現在地を示す「パンくず」といったナビゲーションを配置する場合もあります。

トップページやカテゴリートップなど、他ページへの誘導を目的としたページのコンテンツエリアは、階層型ナビゲーションや関連ナビゲーション、ダイレクトナビゲーションなどを配置します。

Webページの基本的な構成要素は3つある。サイトのアイデンティティを伝えるヘッダーと、サイトの必須項目を配置するフッターがある「グローバルエリア」、コンテンツを配置する「コンテンツエリア」、「ローカルエリア」だ。グローバルエリアにはサイト全体のナビゲーション、コンテンツエリアにはコンテンツ関連のナビゲーション、ローカルエリアにはカテゴリーの共通ナビゲーションを配置する。

Webページの基本的な構成

「グローバルエリア」「ローカルエリア」「コンテンツエリア」をAmazon.co.jpの例に説明する

ローカルエリア
カテゴリー内で共通するナビゲーションなどを配置する。Amazon.co.jpでは、商品カテゴリーを階層型ナビゲーションで配置している。そのほか、ページコンテンツに関連性の深いリンクをまとめた関連ナビゲーションを配置

グローバルエリア（ヘッダー）
サイトブランドを示すロゴやグローバルナビゲーションを配置する。Amazon.co.jpではECサイトの性質から、商品を検索するサイト内検索フォーム機能や、ショッピングに必要な会員機能などを機能ごとにまとめて配置している

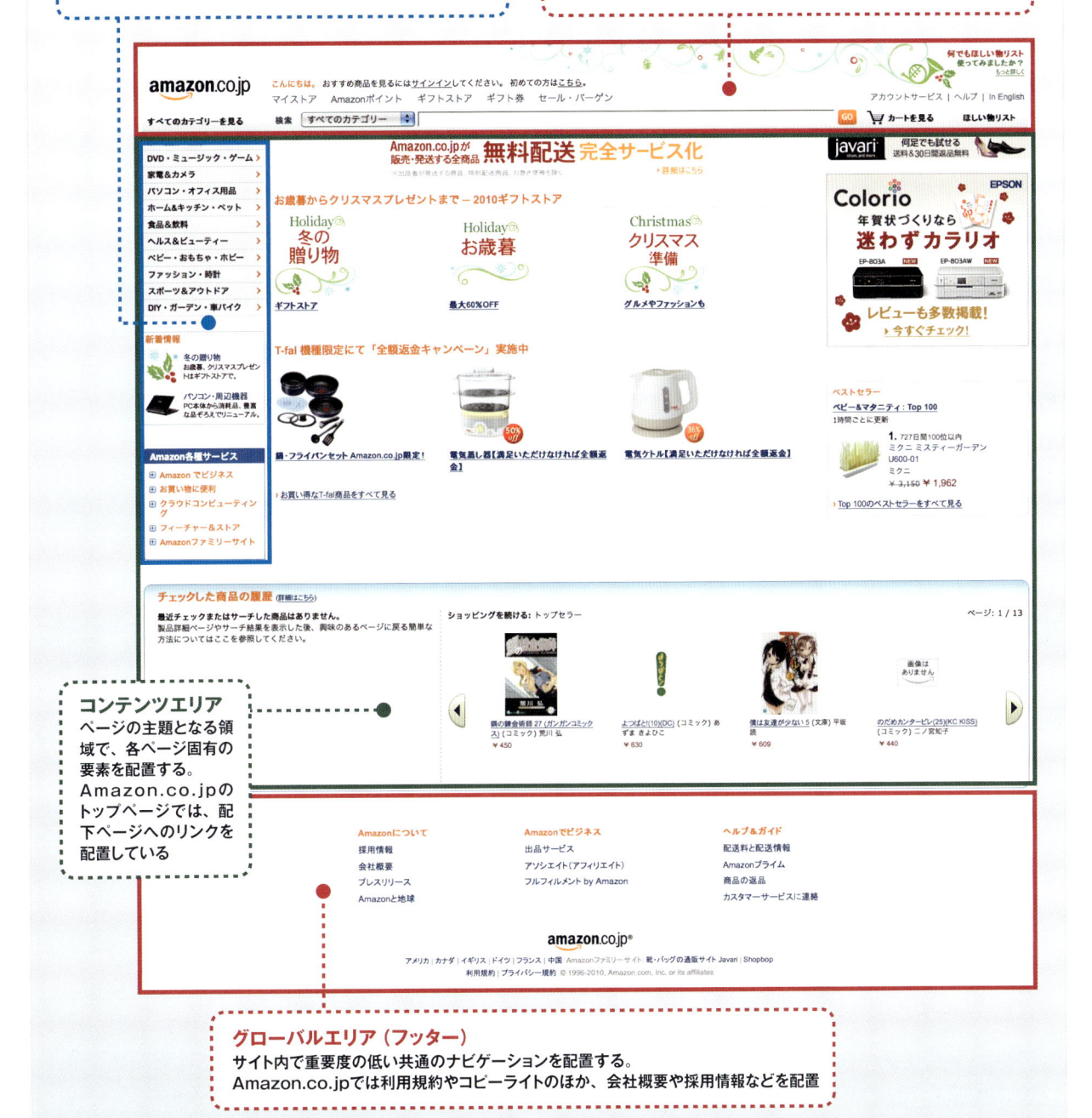

コンテンツエリア
ページの主題となる領域で、各ページ固有の要素を配置する。Amazon.co.jpのトップページでは、配下ページへのリンクを配置している

グローバルエリア（フッター）
サイト内で重要度の低い共通のナビゲーションを配置する。Amazon.co.jpでは利用規約やコピーライトのほか、会社概要や採用情報などを配置

039 Webサイトとアクセシビリティ

誰もが情報にアクセスできるサイト設計を

Text：アンティー・ファクトリー

Webサイトを訪れるユーザーは、必ずしもWeb制作者と同じような能力や環境を持っているとは限りません。PCの操作に習熟し、日常的にインターネットを利用している人もいれば、基本的な操作に不安を持つ人もいますし、高齢者や視覚障がい者のように視力が弱い人や、肢体不自由者など、マウスによる細かい操作が難しい人もいます。

アクセシビリティとは、年齢や障がいの有無、能力、利用環境などに関係なく、すべてのユーザーがWebサイトの情報にアクセスできることを指します。Webサイトの制作にあたっては、アクセシビリティに配慮し、誰もが目的の情報を得られるようにする必要があります。

特に社会的役割が大きい官公庁・公共機関や、企業のWebサイトでは、アクセシビリティへの対応が強く求められています。

アクセシビリティ対応の具体例

アクセシビリティ対応の典型的な例としては、問い合わせフォームが挙げられます。たとえば、入力が必須の項目に対して赤色を使い、「赤は必須項目です」と示すフォームをよく見かけますが、色覚障がいを持つユーザーに情報が伝わらない可能性があります。この場合は、入力が必須の項目には色だけでなく、テキストでも「必須」と明記する、といった対応が考えられます。

ほかにも、視力が弱いユーザーが情報を得られるように、音声ブラウザーやスクリーンリーダーの利用を想定して、動画や画像に対してテキストによる代替情報を提供したり、読み上げ順に配慮してテキストを記述したりする対応が挙げられます。

アクセシビリティのガイドライン

アクセシビリティを向上させるために、いくつかのガイドラインや規格が定められています。国内では日本工業規格が定める「JIS X 8341-3」[※1]、海外ではW3Cの内部組織である「WAI」[※2]による「ウェブコンテンツ・アクセシビリティ・ガイドライン（WCAG）」[※3]があり、広く利用されています。

2008年12月には、世界各国との協調が図られた新しいガイドライン「WCAG 2.0」がW3Cにより勧告され、これを受けて国内でもWCAG 2.0の基本的な概念や内容を踏襲した規格「JIS X 8341-3:2010」が2010年8月に公示されました。

WCAGやJIS X 8341-3および関連文書では、アクセシビリティ対応の考え方から具体例、HTMLでの正しい文書構造でのマークアップなど、Webサイト制作の基本的な部分が多く含まれています。Webサイト制作にあたってはあらかじめこうしたガイドラインを参照し、アクセスビリティに対応するよう心がけましょう。

Webサイトを訪問するユーザーには、経験、年齢、障がいの有無などの違いがある。すべてのユーザーに対して、Webサイトに掲載されている情報を理解・利用してもらうためにアクセシビリティがある。アクセシビリティ向上のため、国内ではJISによるJIS X 8341-3：2010、海外ではWAIによるWCAG2.0で決められたガイドラインや規格があり、ガイドラインに沿った対応が求められる。

WCAG 2.0 ガイドラインの4原則

原則	ガイドライン
❶ 知覚可能	1-1. すべての非テキストコンテンツには、拡大印刷、点字、音声、シンボル、平易な言葉などの代替テキストを提供する
	1-2. 時間の経過に伴って変化するメディアには代替コンテンツを提供する
	1-3. 情報または構造を損なうことなく、さまざまな方法で提供できるようにコンテンツを制作する
	1-4. コンテンツを見やすくしたり聞きやすくしたりする。前景と背景を区別することも含む
❷ 操作可能	2-1. すべての機能をキーボードから利用できるようにする
	2-2. コンテンツを読んだり使用したりするのに十分な時間を提供する
	2-3. 発作を引き起こす恐れのないようにコンテンツを設計する
	2-4. コンテンツを探し出したり、現在位置を確認したり、移動するための手助けとなる手段を提供する
❸ 理解可能	3-1. テキストのコンテンツを読みやすく理解できるようにする
	3-2. Webページの表示や動作を予測できるようにする
	3-3. 利用者の間違いを防ぎ、間違いの修正を支援する
❹ 堅牢性	3-4. 現在および将来の支援技術を含むユーザエージェントとの互換性を最大限確保する

アクセシビリティ対応の具体例

前景色と背景色に十分なコントラストを確保する

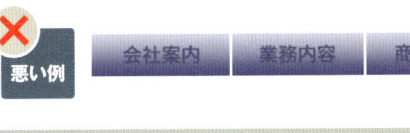

✕ 悪い例：会社案内／業務内容／商品一覧

色覚障がいを持つユーザーや高齢者にはナビゲーションが示す文字が判別しづらい

○ 良い例：会社案内／業務内容／商品一覧

テキストサイズを変更できる機能を提供する

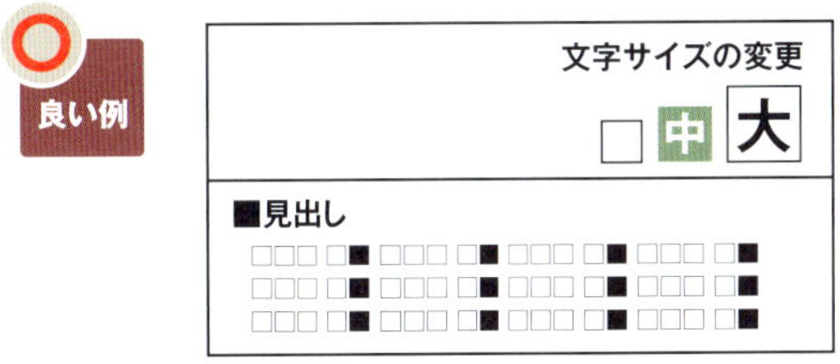

○ 良い例

文字サイズの変更　□中　大
■見出し

視力の弱いユーザーは小さな文字が読みづらく、PCの操作に不慣れなユーザーはブラウザーの文字サイズ調整機能を使えない

同一の機能に対しては一貫したラベルを付ける

✕ 悪い例：サイト内検索 Textbox [検索]／サイト内検索 Textbox [探す]

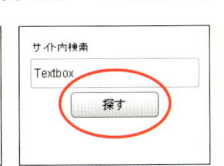

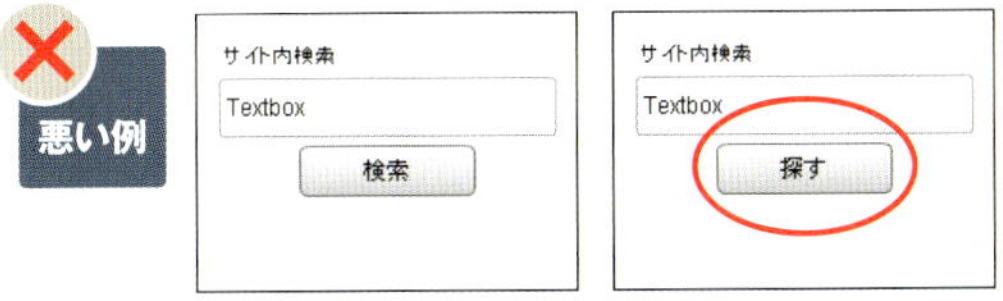

スクリーンリーダーを使っているユーザーや認知能力が低下しているユーザーの混乱を招く

○ 良い例：サイト内検索 Textbox [検索]／サイト内検索 Textbox [検索]

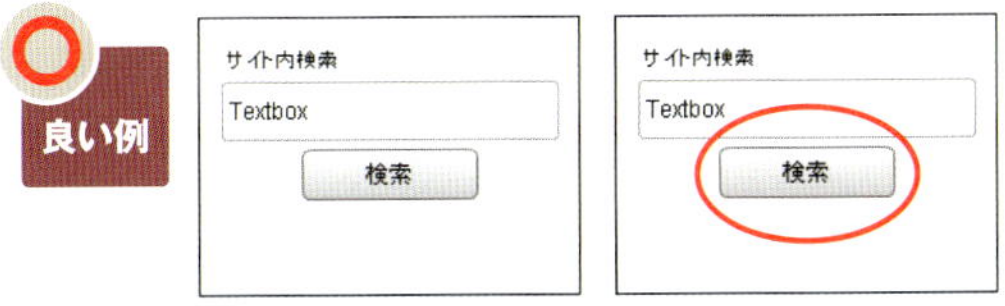

色だけで意味付けせず、テキストでも説明する

✕ 悪い例

お名前　Textbox
※赤字は必須項目です

色覚障がいを持つユーザーや、屋外で液晶ディスプレイを見る場合、どれが必須項目か判断できない

○ 良い例

お名前（必須）　Textbox
※赤字は必須項目です

※1 正式名称は「高齢者・障害者等配慮設計指針―情報通信における機器・ソフトウェア・サービス―第3部:ウェブコンテンツ」。通称「ウェブコンテンツJIS」
※2 Web Accessibility Initiativeの略。http://www.w3.org/WAI/
※3 http://www.w3.org/TR/WCAG20/

RELATION ▶ 011 039 076 084 087

040 画面解像度・OSブラウザーの選定

多様なユーザーの閲覧環境に応えるために

Text：アンティー・ファクトリー

Webサイトの制作にあたっては、画面解像度やブラウザー、OSの種類など、Webサイトを訪れるユーザーの環境（閲覧環境）を考える必要があります。

画面解像度とは、コンピューターのディスプレイの表示能力のことです。単位はピクセル（px）で表され、数値が高いほど画面領域が広くなります。

Webブラウザーとは、Webページを閲覧するためのアプリケーションソフトで、サーバーと通信してHTMLやCSSをダウンロードし、内容を解釈してレンダリング（描画）します。OSは、キーボードやマウスからの入出力機能やディスクやメモリーの管理など、基本的な機能を提供する基本ソフトです。

さまざまな閲覧環境

現在の画面解像度は、XGA（1024×768ピクセル）が主流になっています。インターネットの本格的な利用が始まった1995年ごろはVGA（640×480）が基準でしたが、その後SVGA（800×600）、XGAへと変遷してきました。最近では、SXGA（1280×1024）やフルHD（1920×1080）など、より高い解像度でWebサイトを閲覧するユーザーも増えています。

代表的なWebブラウザーには、マイクロソフトの「Internet Explorer」やモジラの「Firefox」、アップルの「Safari」、グーグルの「Google Chrome」、オペラ・ソフトウェアの「Opera」があります。ほかにも、画面内の情報を読み上げる視覚障がい者向けの音声ブラウザーやスクリーンリーダーがあり、日本IBMの「ホームページ・リーダー」、高知システム開発の「PC-Talker」などが挙げられます。

代表的なOSにはマイクロソフトの「Windows」シリーズやアップルの「Mac OS X」、オープンソースの「Linux」などがあります。

閲覧環境はガイドラインをベースに設定

このように、画面解像度、ブラウザー、OSにはいくつも種類があり、閲覧環境にはさまざまな組み合わせがあります。ユーザーは必ずしも大きな画面や特定のブラウザーを利用しているわけではないのです。

そこで、あらかじめ対象とするユーザーの閲覧環境を想定し、自社の制作ガイドラインで基本的な基準を定めておきます。実際の案件では特定のターゲットだけに訴求するために対象を狭める場合もあるので、ガイドラインを元にクライアントへ確認し、要件を確定します。

一方で、Webサイトには、どのような環境でも最低限必要な情報が得られることが求められます。ターゲットとする閲覧環境とともに、それ以外の範囲をどこまでサポートするか、制作前の段階であらかじめ明確にしておきましょう。

Webサイトの制作では、画面解像度やOS／Webブラウザーなどの閲覧環境を検討する。現在主流の画面解像度はXGAだが、横長のWXGAユーザーも増えてきている。Windows、Mac OS X、Linux上で動くWebブラウザーは多種類あり、障がい者向けのWebブラウザーもある。対応範囲は、社内規定に沿って検討し、仕様書でクライアントに確認する。あらかじめ対応範囲を明確にすることが重要だ。

主な画面解像度

VGA（640×480ピクセル）

SVGA（800×600ピクセル）

XGA（1024×768ピクセル）

SXGA（1280×1024ピクセル）

名前	解像度
QVGA	320×240 px
VGA	640×480 px
WVGA	800×480 px
SVGA	800×600 px
XGA	1024×768 px
WXGA	1280×768 px
SXGA	1280×1024 px
QSXGA	1600×1024 px
UXGA	1600×1200 px
WUXGA	1920×1200 px
QXGA	2048×1536 px
QSXGA	2560×2048 px
QUXGA	3200×2400 px
QUXGA-Wide	3840×2400 px

Webブラウザーの種類

Internet Explorer
Windowsの標準ブラウザー。PC向けのブラウザーではもっとも多く利用されている。

Firefox
アドオンによるカスタマイズが人気のブラウザー。Windows、Mac OS X、Linuxに対応。

Safari
Mac OS Xの標準ブラウザー。Windows版もある。

Opera
モバイル機器でもシェアを持つブラウザー。Windows、Mac OS X、Linuxに対応。

Google Chrome
グーグルが開発するブラウザー。レンダリング（描画）エンジンはSafariと同じ「WebKit」を採用。Windows、Mac OS X、Linuxに対応。

代表的なOSの種類

Windows
米マイクロソフトが開発・販売しているOS。1985年にリリースされ、現在もっとも普及している。実行中のアプリケーションをウィンドウ単位で表示し、いつでも切り替えられるウィンドウシステムを特徴としている。

Mac OS X
米アップルが開発・販売しているMacコンピュータ用のOS。Mac OS 9の後継としてUNIXベースで開発され、2001年に発売された。優れたUIを持ち、熱狂的なファンも多い。

Linux
1991年に当時大学院生だったリーナス・トーバルスによって開発されたUNIX互換のOS。オープンソースのため、有志によって現在でも機能がふんだんに拡張されている。サーバー用OSとしての利用が多い。

041 ユーザビリティとユーザーエクスペリエンス

満足度を高めて1つ上のWebサイトを

Text：アンティー・ファクトリー

誰もが情報にアクセスできる「アクセシビリティ」の考え方を一歩進めて、よりよい使い勝手を追求する「ユーザビリティ」や「ユーザーエクスペリエンス（UX）」という考え方が広がっています。

ユーザビリティは、一般的に「使いやすさ」や「使い勝手」と表され、ユーザーエクスペリエンスは、ユーザーが製品やサービスを使用したときに得られる体験や満足、心理的な変化を指します。

いずれも、ユーザーの満足度を向上させる取り組みであり、Webサイトの設計にうまく取り入れることで、企業サイトのブランドイメージを向上させたり、ECサイトではコンバージョン率（購買率）を高めたりといった効果が期待できます。

ユーザビリティの定義と具体例

国際標準化機構の規格であるISO 9241-11では、ユーザビリティを、ユーザーが目的達成するときの「有効さ」「効率」「満足度」「利用状況」であると定義。Webユーザビリティの権威であるヤコブ・ニールセン博士は、「学習しやすさ」「効率性」「記憶しやすさ」「低エラー発生率」「主観的満足度」の5つの要素があると述べています。

つまり、ユーザーが操作を誤ったり、無駄な労力をかけたりせずに目的へたどり着けているか、不快な思いをせずに利用できているかが、ユーザビリティの条件になります。

ユーザビリティを向上させるには、蓄積されているユーザーインターフェイス（UI）のノウハウをもとに設計し、ユーザビリティテストなどを通じて検証します。UI改善の具体例としては、ナビゲーションは分かりやすく分類する、ボタンは認識しやすい位置に押しやすいサイズで配置する、フォームは最小限の入力項目に絞り、入力しやすく配置する、などが挙げられます。

ユーザーエクスペリエンスの定義

米アダプティブ・パス社の創設者であるジェシー・ジェームス・ギャレット氏の著書「The Elements of User Experience」では、ユーザーエクスペリエンスの基本概念を「戦略」「要件」「構造」「骨格」「表層」の5段階で定義しています。

ユーザーの視点に立ち、最終的にどのような体験で目的を達成させたいかを考えてから、具体的なUIの設計やデザインに落とし込むことで、一貫したユーザーエクスペリエンスを提供できる、という考え方です。

ユーザーエクスペリエンスは包括的な概念ですが、Webサイトを使っていて楽しい、目的の情報が簡単に得られる、時には求めていた以上の情報も得られる、といった気持ちよさやおもしろさなど、プラスの感情をいかに与えられるかが重要です。

アクセシビリティをさらに進めたのがユーザビリティやユーザーエクスペリエンスという考え方だ。ユーザビリティは「使いやすさ」や「使い勝手」、ユーザーエクスペリエンスはユーザーが製品やサービスを使用したときに得られる体験のことを指す。いずれもユーザーの満足度が高める取り組みであり、ブランドイメージやコンバージョン率の向上に役立つ。

ユーザビリティ向上の例

● ラジオボタンのクリック領域
ラジオボタンやチェックボックスは項目名と関連付けてクリックできるようにする

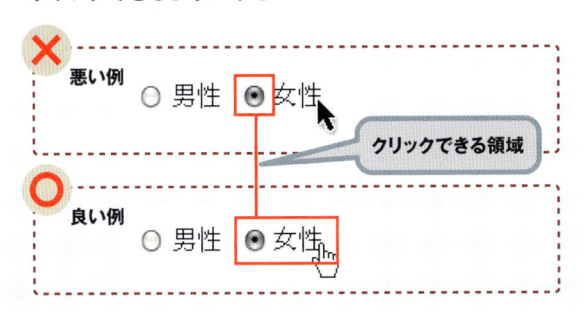

✕ 悪い例　○男性　◉女性　←クリックできる領域

○ 良い例　○男性　◉女性

● 入力データの整形
入力するデータの整形をユーザーに求めない

✕ 悪い例　電話番号　[03-1234-5678]
※ハイフン"-"で区切って下さい。

○ 良い例　電話番号　[03] - [1234] - [5678]
※半角数字：市外局番-市内局番-加入者番号

ユーザビリティの定義

● ISO 9241-11

有効さ（Effectiveness）	ユーザーが指定された目標を達成する上での正確さや完全性
効率（Efficiency）	ユーザーが目標を達成する際に正確さと完全性に費やした資源
満足度（Satisfaction）	製品使用時の不快感のなさ、および肯定的な態度
利用状況（Context of use）	ユーザー・仕事・装置（ハードウェア、ソフトウェアおよび資材）・製品が使用される物理的および社会的環境

国際標準化機構（ISO）が定めたISO 9241-11ではユーザビリティについて、特定の目的を達成するための4つの指標として定義している

● ヤコブ・ニールセンによる5つのユーザビリティ特性

学習しやすさ（Learnability）	ユーザーがすぐに使い始められるよう、簡単に学習できるようにしなければならない
効率性（Efficiency of use）	ユーザーが一度学習すれば、高い生産性を上げられるよう効率的に使用できるようにすべきである
記憶しやすさ（Memorability）	不定期利用のユーザーが、再度使用するときに覚え直す必要がないよう、覚えやすくしなければならない
低エラー発生率（Few and noncatastrophic errors）	エラーの発生率を低くし、発生しても簡単に回復できるようにしなければならない、また致命的なエラーは起こってはならない
主観満足度（Subjective satisfaction）	ユーザーが個人的に満足できるよう、また好きになるように楽しく利用できなければならない

ユーザーにとってそのユーザーインターフェイスがいかに使いやすいか、という視点から5つの特性を挙げている

ユーザーエクスペリエンスの定義

● ジェシー・ジェームス・ギャレットによる基本概念

フェーズ1【戦略】	ユーザーニーズ サイトの目的
フェーズ2【要件】	機能の仕様の決定
フェーズ3【構造】	インタラクション・デザイン
フェーズ4【骨格】	インターフェイス・デザイン インフォメーション・デザイン
フェーズ5【表層】	ビジュアル・デザイン

左記の5項目について、ユーザー視点での効果を検討し、段階的に適用していくことで高いユーザーエクスペリエンスを提供できる

RELATION ▶ 024　028　039　041　043　047

042 情報アーキテクチャー(IA)の理解

伝わりやすく、使いやすいWebサイトのために

Text：アンティー・ファクトリー

情報アーキテクチャー（インフォメーション・アーキテクチャー、IAとも呼ばれる）とは、複雑な情報をユーザーに分かりやすく伝え、使い勝手のよいWebサイトにするための技術や役割のことです。

Webサイトのビジュアルだけでなく、高いユーザビリティやユーザーエクスペリエンスを実現するには、ユーザー視点でのサイト設計や検証が必要です。加えて、予算やスケジュールといったビジネス視点も欠かせません。それら両方の要求を満たすためには、サイト設計のプロである「インフォメーション・アーキテクト」の存在が重要になります。

情報アーキテクチャーは技術や役割を示し、それを実践する担当者や専門家のことをインフォメーション・アーキテクトと呼びます。

実装に必要な全体像を描く

インフォメーション・アーキテクトは情報アーキテクチャーの考え方に基づき、さまざまな成果物を作成します。

たとえば、正確なユーザー像をとらえるための「ペルソナ／ユーザーシナリオ」や、テストを通じてサイトの使い勝手を評価する「ユーザビリティ調査計画」「ユーザビリティ調査分析」、競合サイトを定義・調査する「競合分析調査」などは、サイトの現状やターゲットを明確にするために必要な成果物です。

ほかにも、サイト全体の構造を俯瞰するための「ハイレベルサイトマップ」や、コンテンツの位置付けを分類した「コンテンツマッピング（コンテンツマトリックス）」、ページを構成する要素をまとめた「ワイヤーフレーム／コンテンツ仕様書」など、Webサイトのデザインや実装に必要な全体図を描くのが情報アーキテクチャーの役割です。

もちろん、前にあげた成果物は必ずしもすべてが必要なわけではなく、プロジェクトの規模や予算に合わせて、必要な成果物を検討して制作します。

インフォメーション・アーキテクトの役割

情報アーキテクチャーの業務は、実際の制作案件ではWebディレクターやプロジェクトマネージャーなど、他の制作スタッフが分担しているケースも少なくないでしょう。

しかし、情報アーキテクチャーの扱う範囲は広く、インフォメーション・アーキテクトには調査・分析、デザインマネジメント、プロジェクトマネジメント、コミュニケーションなど、さまざまな能力が要求されます。

大規模サイトや複雑なサイトの構築ではインフォメーション・アーキテクトを制作チームに組み込み、それぞれの役割分担を明確にしましょう。

情報アーキテクチャー（IA）は複雑な情報を分かりやすく伝え、使い勝手のよいWebサイトにする技術を示す。IAを実践する担当者のことをインフォメーション・アーキテクトと呼ぶ。インフォメーション・アーキテクトは、IAに基づき調査・分析を実施し、作成した成果物からWebサイトの全体図を描く。大規模サイトの構築では必須の職種である。

情報アーキテクチャーの構成要素

情報アーキテクチャーの構成要素は、利用者（ユーザー）、文脈（コンテキスト）、内容（コンテンツ）の3つがある。インフォメーション・アーキテクトは「利用者（ユーザー）」にどんな「文脈（コンテキスト）」で何（「内容（コンテンツ）」）を伝えるのかを設計する。

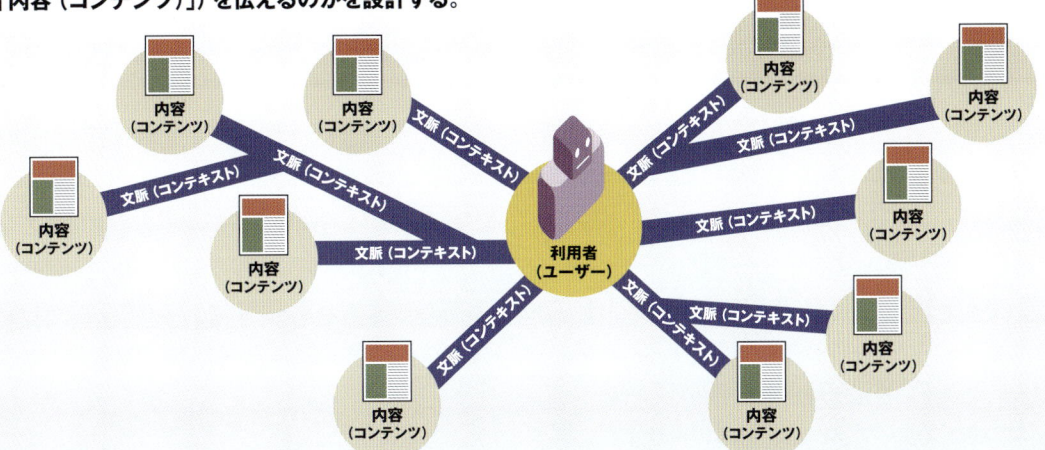

情報アーキテクチャーの成果物

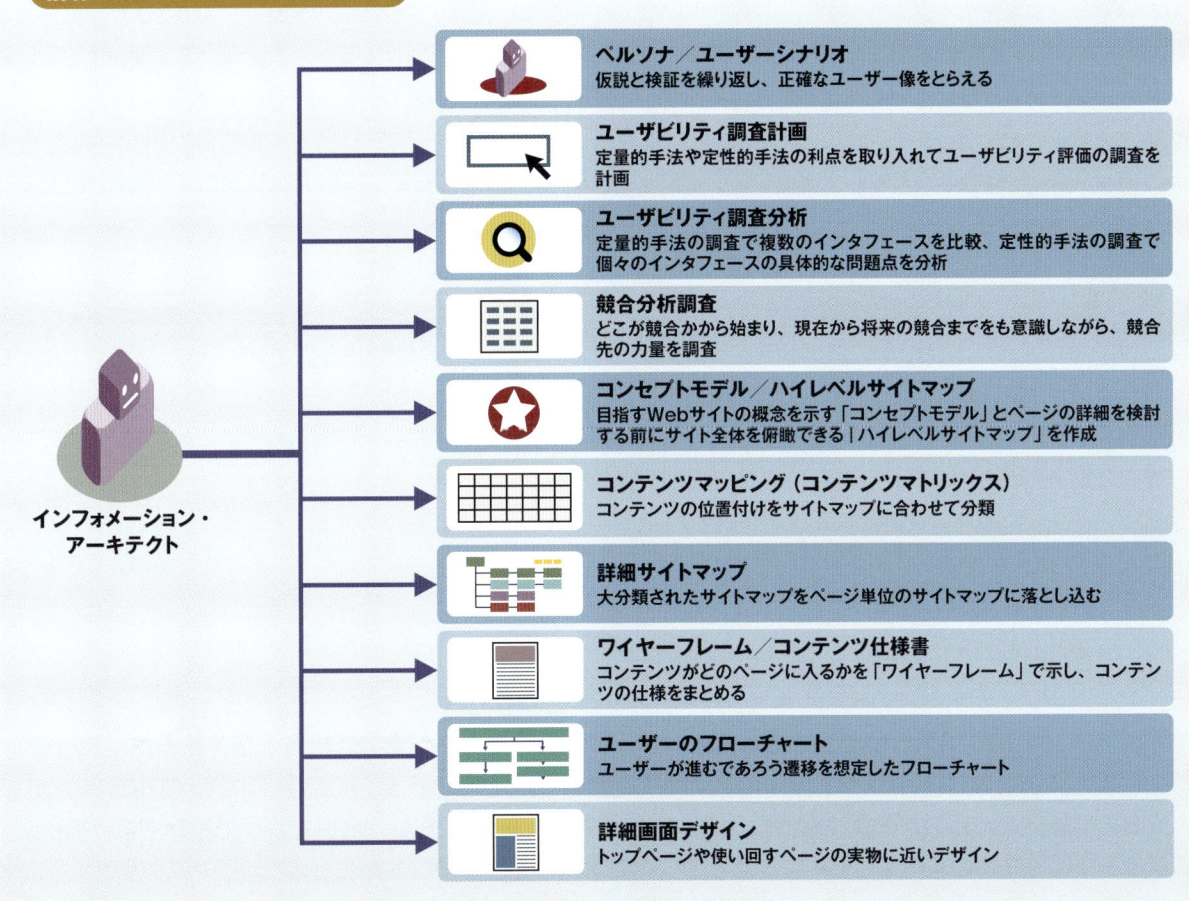

インフォメーション・アーキテクト

- **ペルソナ／ユーザーシナリオ**
  仮説と検証を繰り返し、正確なユーザー像をとらえる

- **ユーザビリティ調査計画**
  定量的手法や定性的手法の利点を取り入れてユーザビリティ評価の調査を計画

- **ユーザビリティ調査分析**
  定量的手法の調査で複数のインタフェースを比較、定性的手法の調査で個々のインタフェースの具体的な問題点を分析

- **競合分析調査**
  どこが競合かから始まり、現在から将来の競合までをも意識しながら、競合先の力量を調査

- **コンセプトモデル／ハイレベルサイトマップ**
  目指すWebサイトの概念を示す「コンセプトモデル」とページの詳細を検討する前にサイト全体を俯瞰できる「ハイレベルサイトマップ」を作成

- **コンテンツマッピング（コンテンツマトリックス）**
  コンテンツの位置付けをサイトマップに合わせて分類

- **詳細サイトマップ**
  大分類されたサイトマップをページ単位のサイトマップに落とし込む

- **ワイヤーフレーム／コンテンツ仕様書**
  コンテンツがどのページに入るかを「ワイヤーフレーム」で示し、コンテンツの仕様をまとめる

- **ユーザーのフローチャート**
  ユーザーが進むであろう遷移を想定したフローチャート

- **詳細画面デザイン**
  トップページや使い回すページの実物に近いデザイン

RELATION ▶ 024 038 039 041 042

043 Webサイトのナビゲーション設計

共通ルールで迷わないWebサイトを設計する

Text：アンティー・ファクトリー

ナビゲーションとは、Webサイト内のコンテンツを移動したり、他のWebサイトへ誘導したりするためのボタンやリンクのことです。Webサイトにアクセスしてきたユーザーが、迷うことなく目的のWebページまでたどり着けるように経路を提供します。

分かりやすいナビゲーションは、そのWebサイトで何が得られるのか、何を見られるのかを示します。ナビゲーションにより、Webサイトで提供している多くのコンテンツのありかをすばやく伝えられます。

ナビゲーションの設計が不適切な場合、ユーザーは目的のページにたどり着けず、Webサイト全体の使い勝手を大きく損ねることになります。特にサイトを初めて訪れたユーザーには悪印象を与えてしまうので、ナビゲーション設計はWebサイト全体の設計においてもっとも重要な項目といえます。

役割からナビゲーションを選ぶ

ナビゲーション設計では、ページ内のどの領域に、どんな種類のナビゲーションを設置するかを、目的に合わせて検討します。

ナビゲーションには、サイト構造に沿った「階層型」や現在地を示す「パンくず」などのいくつかのタイプがあり、基本的にはそれらの中から必要なナビゲーションを組み合わせて設置します。

設置するナビゲーションの種類や場所によって、Webサイト全体におけるコンテンツの優先順位や機能、性質が決まりますので、設計前にそれぞれのナビゲーションの役割を理解しておく必要があります。

ナビゲーション設計は共通ルールで

ナビゲーションはWebサイト全体を通して共通のルールを適用し、デザインや表示位置は基本的には変更しません。ナビゲーションを統一することで、ユーザーがナビゲーションを操作しながらサイト内でのルールを学習してくれることが期待できます。

ただし、ナビゲーションをルールに沿って設計・配置しても、ナビゲーション構造は目に見えるものではありません。定期的なユーザーテストなどで、現状に問題点がないか検証しましょう。

最近では「タグクラウド」や「ブックマークレット」、TwitterのTweetボタンなど、ソーシャルメディアに関連したナビゲーションも増え、AjaxやFlashなどで実装された画面遷移を伴わない表現も多く見られるようになりました。

こうした新しいナビゲーションは、当初はノウハウが蓄積されておらず、ユーザーも操作に不慣れなことがほとんどです。必要性を十分検討し、検証を重ねた上で導入の可否を決定しましょう。

ナビゲーションは、Webサイトを訪れたユーザーに、目的のページまでの経路を示すものだ。不適切なナビゲーションはWebサイト全体の使い勝手を大きく損ねるため、サイト設計において重要な要素である。設計時には、どのようなナビゲーションをどこに配置するか、役割によって検討する。Webサイト全体で共通のルールを適用することで、迷わず操作できるサイトを作れる。

ナビゲーション領域の名称

◯ トヨタ自動車（http://www.toyota.co.jp/）の例

グローバルエリア（ヘッダー／フッター）
「階層型ナビゲーション」や「機能ナビゲーション」「パンくずナビゲーション」など、サイト内で共通のナビゲーションを配置する。ヘッダーには重要度の高いナビゲーションを、フッターには重要度の低いナビゲーションを置く。

ローカルエリア
ページの内容に関連する「関連ナビゲーション」や、カテゴリー内のコンテンツに対象を絞った「階層型ナビゲーション」などを配置する。

基本的なナビゲーションの種類

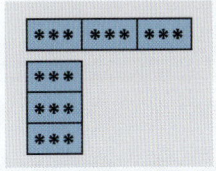

階層型ナビゲーション
サイト構造にしたがったページ遷移のためのナビゲーション

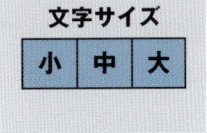

機能ナビゲーション
文字サイズ変更や会員機能など、サイト全体からは独立した機能を提供

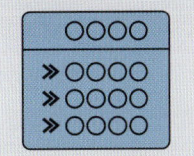

関連ナビゲーション
表示中のページのコンテンツに関連したリンクを提供するナビゲーション

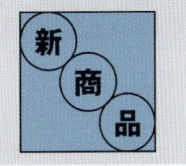

ダイレクトナビゲーション
特定のページへ直接移動できるナビゲーション。サイト構造の分類を反映せず、見せたい箇所に設置

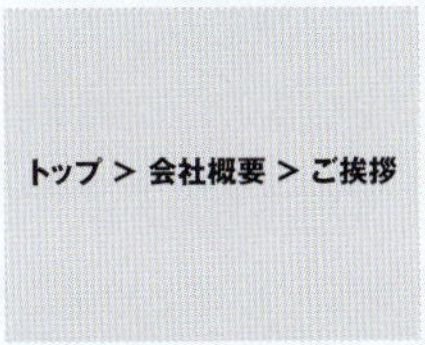

パンくずナビゲーション
現在位置を表示するためのナビゲーション

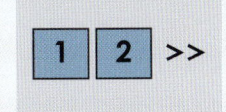

ステップナビゲーション
登録など一連の手続きにおいてページ遷移を分かりやすくしたり、複数ページでの現在位置を表示したりするナビゲーション

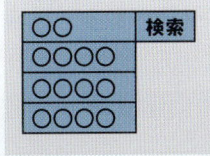

ダイナミックナビゲーション
検索時の候補表示や結果ページなど、動的に変化するナビゲーション

044 SEOを意識したサイト設計

制作後ではなく設計段階から取り組もう

Text：梅田 優（ギブリー）

Webサイトへユーザーを呼び込むには、検索エンジンの存在が欠かせません。新たなサイトの構築では、検索エンジンを意識する必要があります。完成後ではなく、制作前からSEO（検索エンジン最適化）を考慮したサイト設計が大切です。

SEOの内部対策と評価の基準

検索エンジンのロボット（クローラー）は、人間のようにWebページを視覚的に捉えるのではなく、Webページに含まれるテキスト情報を収集して、どのような情報を提供しているページかを評価します。この評価を上げる作業が、SEOの「内部対策」です。

内部対策では、Webサイトを訪れたユーザーに対して、求めている情報をスムーズに提供できているかが評価の基準となります。ユーザーが情報を取得しにくいWebサイトは、検索エンジンからの評価が悪くなります。検索エンジンは、ユーザーが検索したキーワードに関連するさまざまなWebページの中から、ユーザーにとってより「有益な情報を提供している」であろう優秀なページを上位に表示します。

内部対策の基本ポイント

内部対策の基本は、HTMLタグの最適化です。中でも「title」「meta description」「meta keywords」「h1」の4つのタグは、サイトの基本情報を示すタグであり、最適な状態にしなければなりません。

titleタグは、Webページの名称を表すもっとも重要なタグです。検索対象としたいキーワードをタイトルの先頭に配置し、このページがどんな情報を提供しているのかを検索エンジンにアピールします。

meta descriptionには、検索結果ページに表示される説明文を記述します。説明文はユーザーの目に留まるので、検索エンジンだけでなく、ページへの誘導にもつながる重要なタグです。一方、meta keywordsはもともとWebページに関するキーワードを検索エンジンに明示するためのタグですが、以前に比べ重要度は低くなっています。大きな効果は期待できませんが、サイトに関連するキーワードを複数アピールするには有効な手段と考えられています。h1タグはページ内の見出しとなる部分で、titleタグなど他のタグと内容が重複しないように適度にキーワードを配置するとよいでしょう。

タグの最適化以外にも、キーワードの含有率やXMLサイトマップ[※1]の設置、URLの正規化[※2]、SEO対象サイトのコンテンツが他サイトや他ページと重複していないかなど、サイト内部を最適化する方法は多数ありますが、基本はあくまでもユーザーが求める情報を迅速に提供することにあります。ユーザビリティを向上することが成功につながると言えます。

Webサイトの集客で重要なSEOは、サイトの完成後ではなく、制作前から取り組む必要がある。検索エンジンのロボットから見たときのWebサイトの評価を上げる作業を「内部対策」と呼び、HTMLのタグをページの内容に沿った適切な情報に設定する。ただし、検索エンジンが評価するのは「有益な情報を提供しているサイトかどうか」であり、ユーザビリティの向上が効果的だ。

人と検索エンジンで異なるWebサイトの認識

人が見た場合に認識するWebページの情報と、検索エンジンが認識するテキスト情報は異なる。
SEOでは、検索エンジンの見え方を意識する必要がある。

● 人が視覚で認識するイメージ

● 検索エンジンが認識するテキスト情報

```
<title>学生マーケティング事業と
インターネットコンサルティング事業｜
株式会社ギブリー </title>
<meta name="description" content=
"株式会社ギブリーは、学生マーケティング事業と
インターネットコンサルティング事業を
展開しています。" />
<meta name="keywords" content=
"株式会社ギブリー ,学生マーケティング事業,
インターネットコンサルティング事業,
学生プロモーション" />
<h1>学生マーケティング事業と
インターネットコンサルティング事業を
展開しているギブリーのホームページ</h1>
```

内部対策のチェックポイント

チェックポイント	具体的な施策内容
titleタグ	・タイトルテキストの先頭部に対策キーワードを含める ・タイトルタグ内に同一、酷似ワードが重複しないようにする ・タイトルは30字程度しか検索結果に表示されないため、できるだけ全体で30字以内の自然な文章にする
meta descriptionタグ	・対策キーワードを含んだ文章にする ・タイトル同様、検索結果ページに表示されるので、文字数に気をつける ・不自然な表現や過度なキーワード配置は評価を下がるので注意する
meta keywordsタグ	・サイトに関連するキーワードを5キーワード程度含める
h1タグ	・キーワードを先頭部に配置したテキストにする ・h2以下のタグと同一、酷似するキーワードを使わないようにする ・タイトル、ディスクリプションのテキストとも、できるだけ重複・酷似を避けたほうがよい
キーワードの含有率	・具体的に含有率を何パーセントにすればSEOに有効と断言はできないが、サイト内には自然な形で対策キーワードや関連するキーワードを含めるようにする
XMLサイトマップ	・XMLサイトマップ（sitemap.xml）は、Webサイトの中にどんなページが存在しているのかを記述したファイルのこと ・XMLサイトマップを設置することで、検索エンジンにWebサイトの隅々までをアピールでき、インデックスの速度が高くなる
URLの正規化	・「トップページに戻る」リンクは、どのページからも同一のURLに統一する ・「rel="canonical"」タグを使用して、検索エンジンにサイトの正しいURLを認識させる

※1　検索エンジンに対して、サイト内に存在するページを伝えるファイル。http://www.sitemaps.org/ja/
※2　検索エンジンに伝える同一ページのURLを統一すること。wwwの有無やパラメータ付きのURLなど

RELATION ▶ 010 011 042 046 047 052

045 サイトマップの作成
Webサイトの全体像を分かりやすく示す

Text：アンティー・ファクトリー

　サイトマップとは、サイトの全体像を描く見取り図であり、サイト内での情報の分類を定義するものです。サイトマップによってサイトの骨格を設計し、掲載する情報の組織化・構造化を進めていきます。

　サイトマップには単なる設計資料としての役割だけでなく、サイトの企画意図をクライアントや他のプロジェクトメンバーと共有するためのコミュニケーションツールとしての役割もあります。

　サイトマップの作成は、具体的なサイト設計の第一段階です。本来はインフォメーション・アーキテクトの業務ですが、インフォメーション・アーキテクトが存在しない場合はWebディレクターが担当します。

サイトマップの種類と作成方法

　サイトマップには、大きく分けて「ハイレベルサイトマップ」と「詳細サイトマップ」の2種類があります。

　ハイレベルサイトマップとは、サイトの情報構造や概念を図式化し、全体像をプロジェクト関係者で理解・共有するための設計図です。Webサイトに掲載する情報を整理・分類し、サイトの大まかな全体構想を描きます。この段階では掲載するすべての情報を網羅する必要はなく、サイトの大分類項目をまとめて全体を俯瞰できるようにすることが重要です。

　詳細サイトマップとは、ハイレベルサイトマップで描いたサイトの全体像を元に、ページ単位で詳細な構造を定義した設計図です。詳細サイトマップは開発時の設計仕様書としての役割も果たし、プロジェクトメンバーが設計者の意図に添ったサイトを組み立てるために必要な資料となります。

　サイトマップはPowerPointやExcel、Illustratorなどのツールを使い、ツリー図の形式にまとめるのが一般的です。ツリー図にすることで、階層構造やページ間の上下関係が視覚的に把握しやすくなります。ただし、ページ数の多い大規模サイトでは、図ではなくリスト形式が適している場合もあります。

作成にあたって注意すること

　サイトの構造を決定する際は、最初にハイレベルサイトマップについて検討し、方針が定まってから詳細サイトマップを作成するのがよいでしょう。制作段階になってサイト構造に大きな変更が発生すると、スケジュールや予算などに影響します。ハイレベルサイトマップを作る段階でサイト全体の大分類についてはしっかり固めておくことが重要です。

　なお、サイトマップはあくまでサイトの論理構造（コンテンツの構造）を分かりやすく表すための設計図です。サイトの物理構造（ディレクトリの構造）とは必ずしも一致しない場合があります。

サイトマップはサイト内での情報の分類を定義し、企画意図を関係者と共有するものだ。サイトマップには、全体像を表すハイレベルサイトマップと、ハイレベルサイトマップに基づいてページ単位の詳細な構造を定義した詳細サイトマップの2種類がある。ハイレベルサイトマップが定まってから詳細サイトマップを作成しないと、あとから大きな変更が発生する可能性がある。

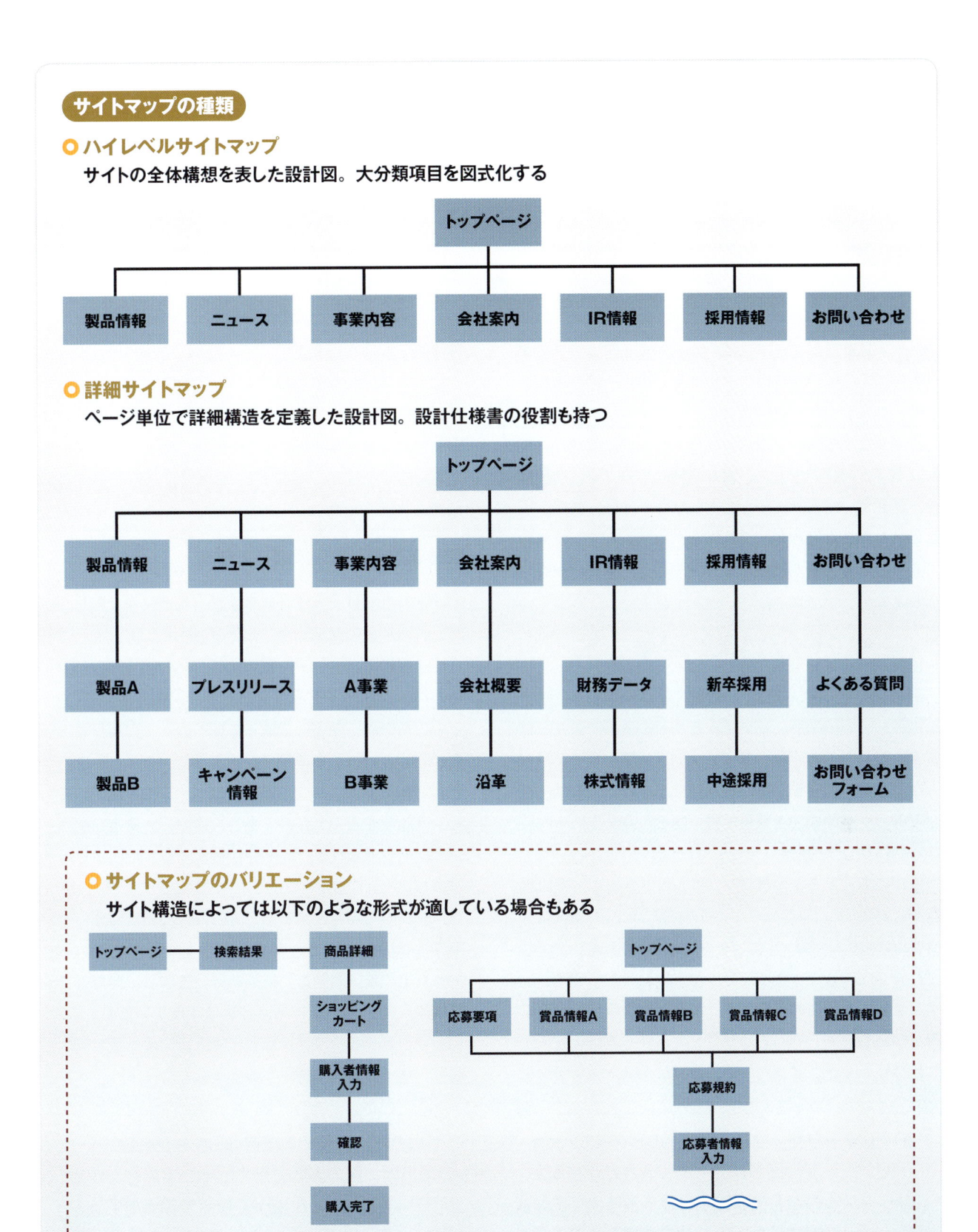

サイトマップの種類

● ハイレベルサイトマップ
サイトの全体構想を表した設計図。大分類項目を図式化する

```
                        トップページ
  ┌────┬────┬────┬────┬────┬────┐
製品情報 ニュース 事業内容 会社案内 IR情報 採用情報 お問い合わせ
```

● 詳細サイトマップ
ページ単位で詳細構造を定義した設計図。設計仕様書の役割も持つ

```
                        トップページ
  ┌────┬────┬────┬────┬────┬────┐
製品情報 ニュース 事業内容 会社案内 IR情報 採用情報 お問い合わせ
  │     │      │     │      │     │      │
 製品A プレスリリース A事業 会社概要 財務データ 新卒採用 よくある質問
  │     │      │     │      │     │      │
 製品B キャンペーン情報 B事業 沿革 株式情報 中途採用 お問い合わせフォーム
```

● サイトマップのバリエーション
サイト構造によっては以下のような形式が適している場合もある

```
トップページ → 検索結果 → 商品詳細
                          │
                       ショッピングカート
                          │
                       購入者情報入力
                          │
                         確認
                          │
                        購入完了
```

```
              トップページ
  ┌────┬────┬────┬────┐
応募要項 賞品情報A 賞品情報B 賞品情報C 賞品情報D
              │
           応募規約
              │
         応募者情報入力
```

RELATION ▶ 011 042 045 047 057 084

046 ディレクトリマップの作成
制作進行に欠かせない、ページ単位の仕様書

Text：アンティー・ファクトリー

ディレクトリマップとは、Webサイトを構成するすべてのページを書き出してまとめた一覧表のことです。ページリストと呼ばれることもあります。

ディレクトリマップでは、サイトマップによって決定したサイトの構造を元に、より詳細なページ単位の仕様を定義していきます。ディレクトリマップは、制作チームのメンバーにとって、実制作を進めていく上での拠りどころとなる重要な資料になりますので、慎重に作成しましょう。

ディレクトリマップで定義する内容

ディレクトリマップは、一般的に、ページ名称、ページID、ページの階層、ファイル名などの項目で構成されます。これらの内容は、サイトマップやワイヤーフレームなどの資料と連動して、各資料で示されているページがどのページなのかを簡単に紐づけられるように作成しなければなりません。

ほかにも、サイトの規模やプロジェクトによって、現行ページのURL（リニューアルの場合）、HTMLのmetaタグやtitleタグの内容、ナビゲーション要素（関連リンクなど）、テンプレートの形式、ワイヤーフレームやデザインテンプレート制作の有無など、さまざまな項目を設ける場合があります。制作するサイトに必要な項目をあらかじめプロジェクトメンバー間で検討し、フォーマットを作成しておきましょう。

また、実際の制作過程ではさまざまな仕様がページ単位で決定されていくため、ディレクトリマップは一度作成したあとも修正することが多くあります。そのため、あとから容易に編集できるファイル形式、記述方法で作成しておくほうがよいでしょう。

制作進行や運用を考慮して作成

ディレクトリマップではさまざまな項目を定義しますが、特に注意したい点を挙げておきます。

ページIDは、ページを識別するための固有の番号です。そのページがサイトの大分類でどこに属しているのか、どのくらい深い階層に位置しているのか、何番目の項目なのか、といった情報が分かるように、「A-1」「B-2-1」などと記載します。制作の過程ではページIDを使用して指示や確認をすることが多くありますので、決定したページIDは途中で変更せず、制作が終了するまで固定しておきましょう。

ページの階層を決定するときには、公開後の運用や将来的な拡張についても考慮しましょう。ディレクトリマップ上では、階層ごとに列を分けるなど、見た目で階層構造を把握しやすい記述方法が望ましいです。また、ディレクトリ名やファイル名の付け方には一定の規則を設け、サイト全体で統一するようにしましょう。

ディレクトリマップは、サイトの各ページについて記述したものだ。定義する項目は、ページ名称、ページID、ページの階層、ファイル名などが基本だ。これらの項目は、他の資料で示されているページがどのページなのかを簡単に紐づけられるように作成する。制作中はページIDを使って指示や確認をするので、ページIDは途中で変更せず固定しておこう。

ディレクトリマップの作成

● サイトマップの例

```
                        トップページ
          ┌──────────┬──────────┬──────────┐
        会社案内      事業内容     IR情報     採用情報
          │            │           │           │
      トップメッセージ  事業内容A   経営方針    新卒採用
          │            │           │           │
        会社概要     事業内容A-詳細 財務データ   応募要項
          │            │           │           │
        経営理念     事業内容B    株式情報    中途採用
```

● ディレクトリマップの例

サイトマップをもとに詳細なページ単位の仕様をまとめる

- **ページID**: 各ページ固有の識別番号。ページが所属するカテゴリや階層の深さが分かるようにする
- **WF**: ワイヤーフレーム作成の進行をチェックする
- **原稿・素材**: 原稿や素材の支給の有無や、受領しているかのチェックをする

ページID	第1階層	第2階層	第3階層	第4階層	ページタイトル	パス/ファイル名	WF	原稿	素材	meta-k	meta-d		備考
0	トップページ				株式会社○○	/index.html	○			a	a	-	
A		会社案内			会社案内｜株式会社○○	/company/index.html	○			b	b	-	
A-1			トップメッセージ		トップメッセージ｜株式会社○○	/company/aaa/index.html	○			b	b	-	
A-2			会社概要		会社概要｜株式会社○○	/company/bbb/index.html	○			b	b	-	
A-3			経営理念		経営理念｜株式会社○○	/company/ccc/index.html	○			b	b	-	
A-4			組織体制		組織体制｜株式会社○○	/company/ddd/index.html	○			b	b	-	
A-5			沿革		沿革｜株式会社○○	/company/eee/index.html	○			b	b	-	
A-6			役員一覧		役員一覧｜株式会社○○	/company/fff/index.html	○			b	b	-	
B		事業内容			事業内容｜株式会社○○	/service/index.html	○			c	c	-	
B-1			事業内容A		事業内容A｜株式会社○○	/service/aaa/index.html	○			c	c	-	
B-1-1				事業内容A-詳細	事業内容A-詳細｜株式会社○○	/service/aaa/xxx/index.html	○	-	-	c	c	-	
B-2			事業内容B		事業内容B｜株式会社○○	/service/bbb/index.html	○			c	c	-	
B-2-1				事業内容B-詳細1	事業内容B-詳細1｜株式会社○○	/service/bbb/xxx/index.html	○			c	c	-	※新設
B-2-2				事業内容B-詳細2	事業内容B-詳細2｜株式会社○○	/service/bbb/yyy/index.html	○			c	c	-	
B-3			事業内容C		事業内容C｜株式会社○○	/service/ccc/index.html	○			c	c	-	
B-3-1				事業内容C-詳細	事業内容C-詳細｜株式会社○○	/service/ccc/xxx/index.html	○	-	-	c	c	-	
B-4			事業内容D		事業内容D｜株式会社○○	/service/ddd/index.html	○			c	c	-	※ページを分割
B-4-1				事業内容D-詳細1	事業内容D-詳細1｜株式会社○○	/service/ddd/xxx/index.html	○			c	c	-	
B-4-2				事業内容D-詳細2	事業内容D-詳細2｜株式会社○○	/service/ddd/yyy/index.html	○			c	c	-	
C		IR情報			IR情報｜株式会社○○	/ir/index.html	○	○		d	d	-	
C-1			経営方針		経営方針｜株式会社○○	/ir/aaa/index.html	○	○		d	d	-	
C-2			財務データ		財務データ｜株式会社○○	/ir/bbb/index.html	×	-	-	d	d	-	
C-3			株式情報		株式情報｜株式会社○○	/ir/ccc/index.html	×	-	-	d	d	-	
C-4			資料室		資料室｜株式会社○○	/ir/ddd/index.html	×	-	-	d	d	-	
D		採用情報			採用情報｜株式会社○○	/recruit/index.html	○			e	e	-	
D-1			新卒採用		新卒採用｜株式会社○○	/recruit/aaa/index.html	○			e	e	-	
D-1-1				応募要項	応募要項｜株式会社○○	/recruit/aaa/xxx/index.html	○			e	e	-	
D-2			中途採用		中途採用｜株式会社○○	/recruit/bbb/index.html	○			e	e	-	
D-2-1				応募要項	応募要項｜株式会社○○	/recruit/bbb/xxx/index.html	○			e	e	-	
D-2-2				募集職種について	募集職種について｜株式会社○○	/recruit/bbb/yyy/index.html	○			e	e	-	※新設

- **ページの階層**: 列ごとに第1階層、第2階層…と分けて視覚的に分かりやすくする
- **ページタイトル・パス/ファイル名**: サイト内で統一の命名規則を設け、それに従って命名する
- **その他の項目**: 進行を確認するためのチェック欄など、必要な項目を用意する

RELATION ▶ 038 042 043 045 046 051

047 ワイヤーフレームの作成

ページの構成をまとめた設計図

Text：アンティー・ファクトリー

ワイヤーフレームとは、その名の通り、ワイヤー（線）によるフレーム（骨組み）のこと。Webサイト制作におけるワイヤーフレームとは、各ページを構成するナビゲーションやコンテンツなどの基本的な要素を線画で示した設計図のことです。一般的にはサイトマップやディレクトリマップによるサイト設計が終わった後に作成し、クライアントへ確認したり、デザイナーへ指示を出したりする資料として利用します。

ワイヤーフレームの内容と作成方法

具体的なワイヤーフレームの要素は案件や用途によって異なりますが、グローバルエリア（ヘッダー／フッター）、ローカルエリア、コンテンツエリアの各領域とそれぞれの領域に配置する要素を記述するのが一般的です。ロゴやグローバルナビゲーション、ローカルナビゲーション、メインコンテンツなどの要素をナビゲーション設計や情報設計をもとに整理し、具体的なレイアウトに落とし込んでいきます。

ワイヤーフレームは、IllustratorやFireworksなどのグラフィックアプリケーション、PowerPointやExcelなどのOfficeアプリケーション、HTML、手描きなど、状況に応じてさまざまなツールを使って作成します。　いずれの場合も、修正が発生したときに効率よく編集できるようにしましょう。

ワイヤーフレームの作成は、インフォメーション・アーキテクトが担当しますが、実際にはWebディレクターが担当することも多くあります。

ワイヤーフレームの役割は情報の確認

ワイヤーフレームの役割は、そのページがどのような要素で構成されるかを検討・確認することであり、視覚的表現や文章表現を確認するものではありません。そのため、それぞれのページにどのような情報が存在するかを示すことに重点を置いて、できるかぎりシンプルに記述するのがよいでしょう。書体や色などの表現は最低限にし、テキストや画像はダミーを使って描きます。

また、ワイヤーフレームはビジュアルデザインを簡略化した資料ではありません。ワイヤーフレームをもとにデザインを検討することは本来の目的から逸れてしまいますから、プロジェクトをスムーズに進めるためにも、ワイヤーフレームはページを構成する情報に関してのみ検討する、というルールをクライアントや他のプロジェクトメンバーに理解してもらう必要があります。

なお、プロジェクトによっては必ずしもすべてのページについてワイヤーフレームを作成する必要はありません。サイト構成上の重要なページや、デザイン開発のテンプレートとして必要なページのみ作成すればよい場合もあります。

ワイヤーフレームは、ページを構成するナビゲーションやコンテンツなどの要素を線画で示した設計図のことだ。ワイヤーフレームの役割は、そのページにどのような情報が表示されるかを確認することで、視覚的表現、文章的表現の確認ではない。ワイヤーフレームを全ページ作成する必要はなく、重要なページやデザインに必要なページのみ作成すればよい場合もある。

ワイヤーフレームの作成例

○ アスキー総合研究所のWebページの例

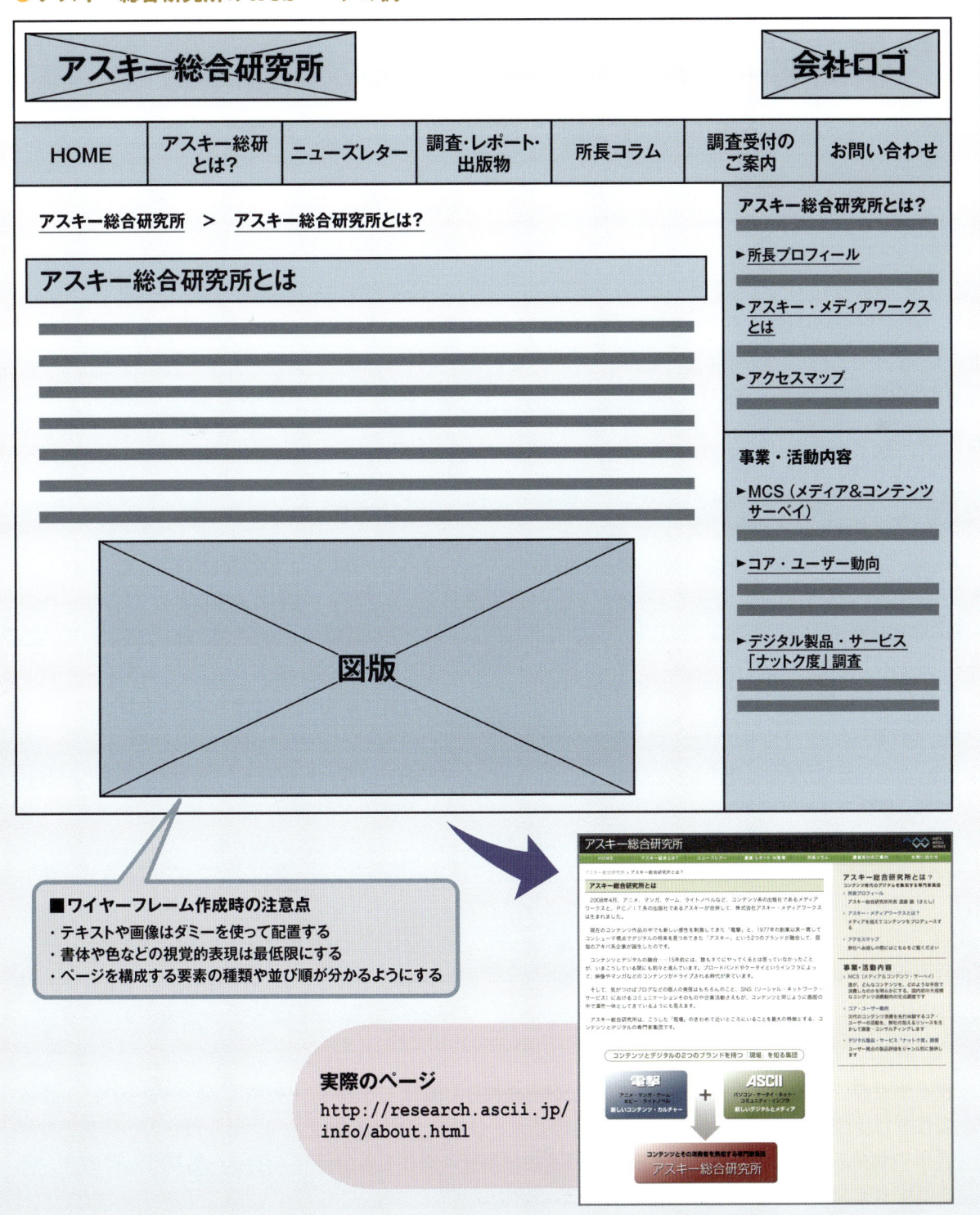

アスキー総合研究所						会社ロゴ
HOME	アスキー総研とは？	ニューズレター	調査・レポート・出版物	所長コラム	調査受付のご案内	お問い合わせ

アスキー総合研究所　＞　アスキー総合研究所とは？

アスキー総合研究所とは

────────────
────────────
────────────
────────────
────────────
────────────

[図版]

アスキー総合研究所とは？
▶ 所長プロフィール
▶ アスキー・メディアワークスとは
▶ アクセスマップ

事業・活動内容
▶ MCS（メディア&コンテンツサーベイ）
▶ コア・ユーザー動向
▶ デジタル製品・サービス「ナットク度」調査

■ **ワイヤーフレーム作成時の注意点**
・テキストや画像はダミーを使って配置する
・書体や色などの視覚的表現は最低限にする
・ページを構成する要素の種類や並び順が分かるようにする

実際のページ
http://research.ascii.jp/info/about.html

RELATION ▶ 041 047 050 051 086

048 Webデザインにおけるタイポグラフィ

読みやすく見やすいWebサイトにするために

Text：IN VOGUE

Webに限らず、デザインで大きな役割を果たすのが「タイポグラフィ」です。タイポグラフィとは、書体の選定や配置といった文字に関するデザイン表現のことで、読みやすさ（可読性）や見やすさ（視認性）を確保し、サイトのコンセプトや製品のイメージなどをユーザーに訴求する役割を担います。

ディレクターは、読みやすさはもちろん、意図した視線誘導ができているかといった点を踏まえてチェックします。タイトルや見出し周りであればユーザーの視線を止めるような書体やサイズの組み合わせ、本文であれば読みやすい書体やサイズ、文字間、行間、ページ幅（文字数）の組み合わせをサイトのコンセプトやターゲットに合わせて判断することが大切です。

タイポグラフィにおける具体的なポイント

ディレクターも知っておきたいタイポグラフィの代表的なルールをいくつか紹介します。

1つは、複数のフォントやサイズを混在させないこと。フォントのデザインにはそれぞれ個性がありますから、やみくもに混ぜて使うと全体的にばらついたイメージになり、統一感を損ねます。なるべく使用するフォントの種類は少なく抑えましょう。サイズも同様で、意味のないサイズ変更はユーザーを混乱させます。「見出しは大きく」「注意書きは小さく」といった具合に、コンテンツの役割に応じてサイズを決めましょう。

2つ目のポイントは、読みやすさを考えた文字組みです。Webサイトは印刷物に比べて解像度が低く、細い明朝体や小さな文字では可読性が著しく下がります。本文はゴシック体の12ポイントを目安に設定し、ターゲットの年齢層に応じて調整します。また、強調文字はキーワードを目立たせる効果がありますが、過度な利用は可読性を損ないます。必要最低限に抑えましょう。

タイポグラフィとレイアウト

タイポグラフィは文字組みだけでなく、Webページ全体のレイアウトと密接に関係します。文字や画像はバラバラだと読む順序が分からず、読みにくいので、視点を一点に固定して読み進められるように配置します。

行の長さもページの印象を大きく左右します。ブラウザーのウィンドウ幅いっぱいに表示されたテキストは非常に読みづらいものです。1行は20～30文字程度に抑え、適度な行間を設定しましょう。段落の区切りを1行空きにするのもこのためです。

昨今では、画像や動画を使ったリッチな表現が当たり前になりましたが、Webコンテンツの主役が文字であることは変わりません。「ユーザビリティ」（使いやすさ）や「ファインダビリティ」（見つけやすさ）に直結するタイポグラフィには、質の高さが求められます。

タイポグラフィとは、書体の選定や配置といった文字に関するデザイン表現のこと。Webサイトの可読性や視認性を確保し、コンセプトや製品のイメージを訴求する役割を担う。ユーザーの視線を止める書体やサイズの組み合わせ、文字組みの基本的なルールなどをWebディレクターも把握しておき、質の高いタイプグラフィを実現できるようにしたい。

タイポグラフィーの基本

● アクセント・強調

✕

タイポグラフィー

アクセントについて

強調について

見出しや本文の文字サイズが同じだと、単調で視線が流れやすい

✕

タイポグラフィー

アクセントについて

強調について

文字の大きさを極端に変えたり、色や下線を多用すると見栄えが悪くなり可読性も下がる

◯

タイポグラフィー

アクセントについて

強調について

色数を押さえウェイトを変化させるだけでも可読性は十分に高まる

● ベースライン

左揃え

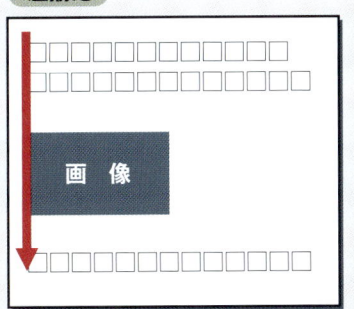

中央揃え

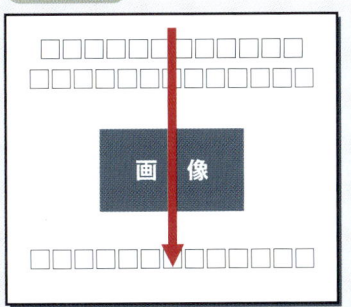

右揃え

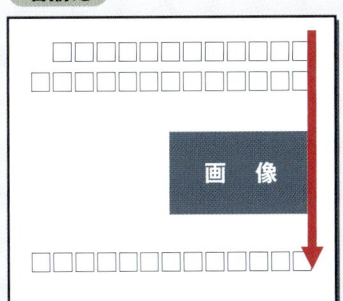

ベースライン（基点）を揃えることにより視線が固定され、読む順序が分かりやすくなる

● フォントの種類

日本語フォント

【明朝体】

あ ア

あいうえおかきくけこさしすせそ
たちつてとなにぬねのはひふへほ
まみむめもやゆよ
アイウエオカキクケコサシスセソ
タチツテトナニヌネノハヒフヘホ
マミムメモヤユヨ

A-OTF リュウミン Pro

【ゴシック体】

あ ア

あいうえおかきくけこさしすせそ
たちつてとなにぬねのはひふへほ
まみむめもやゆよ
アイウエオカキクケコサシスセソ
タチツテトナニヌネノハヒフヘホ
マミムメモヤユヨ

A-OTF ゴシックMB101 Pro

縦線が横線より太く、払いやはねが顕著に表現されているのが明朝体。一方、払いやはねが大幅に抑えられているのがゴシック体だ。明朝体が繊細でやわらかい印象を与えるのに対し、ゴシック体は力強い印象になる。

英字フォント

【セリフ体】

A a

ABCDEFGHIJKLMNOPQRSTUVWXYZ
abcdefghijklmnoqrstuvwxyz
0123456789

Tims New Roman

【サンセリフ体】

A a

ABCDEFGHIJKLMNOPQRSTUVWXYZ
abcdefghijklmnoqrstuvwxyz
0123456789

Arial

セリフ（serif）はストロークの端にある「ひげ」のことで、サン（sans）は「〜無い」の意味。セリフ体は、飾りがあることで線の太さに違いが生まれ、優雅で気品のあるイメージに。一方、飾りの無いサンセリフ体は、クールで力強い印象になる。

RELATION ▶ 008 010 021 048 050 051

049 Webサイトの配色・色彩計画
目的やターゲットに合わせた色使いを

Text：IN VOGUE

Webサイトの印象を大きく左右するのが、「色」です。内容が同じでも、使われている色によって、ユーザーが受けるサイトへの印象はがらりと変わります。

Webサイトの色使いを検討することを、配色・色彩計画と呼びます。色の嗜好や喚起される感情は性別や年齢、環境などによって異なるため、Webサイトの目的やターゲット設定に沿って配色・色彩計画を考えます。

色の3属性とトーン

色には「色の三属性（色相・明度・彩度）」と「トーン（色調）」があり、それらの特性を理解しコントロールすることで、意図した表色結果を導き出します。

「色相」とは赤、黄、青などの色味の違いのことで、類似色同士では自然な調和が得られます。「明度」は光の量で、明暗の度合いを表します。明度を変えるとイメージを明るくしたり、暗くしたりできます。「彩度」は鮮やかさの度合いで、彩度が高いと力強く若々しく、低いとおだやかでシックな雰囲気になります。

「トーン」は明度と彩度を複合した色の調子を表します。すべての色を同じトーン内から選ぶと自然な印象になり、トーン差の無い近接するトーンで類似性を持たせるとすっきりした印象になります。

実作業ではサイトの要件を踏まえながら、特性を生かしたトーン選択、キーカラーの配分、グラデーションの質感や濃淡、白（余白）の配分などを決め、デザインへと落とし込みます。

配色・色彩計画の実践

Webサイトの目的やターゲットで、適切な色使いは異なります。

たとえば、神奈川大学のWebサイト[※1]では、「教育機関としての安心感・信頼感」を表すため色数を極力抑えています。スクールカラーである「青」はナビゲーション部分やポイントとして使用し、「白」もしくは余白を多めにとることで文字の可読性を高め、アカデミックで上質感、清潔感のある雰囲気を演出しています。色数を減らすと全体的なデザイン統一が図りやすく、洗練された印象になります。

学校法人佐藤学園大阪バイオメディカル専門学校[※2]では、「楽しく学ぶ教育」を演出するため、5色の多色使いになっています。カラフルな色使いは、自然と楽しさが生まれ、好奇心を刺激する効果があります。多色の場合は色のバランスがポイントであり、他の色に干渉しない「白」「黒」の配分が重要になります。

このように同じ教育関連のサイトでも、色の使い方次第で印象は異なります。説得力のある提案やスムーズなディレクションのために、Webディレクターも適切な色使いを理解するようにしましょう。

Webサイトの印象は「色」によって大きく変わる。Webサイトの色使いを検討することを配色・色彩計画と呼び、Webサイトの目的やターゲット設定によって検討する。同じような種類や業種のサイトであっても、目的やターゲットによって適切な色遣いは異なるため、説得力のある提案のためにも、ディレクターも配色や色彩に対する理解を深めるようにしたい。

色の三属性とトーン配色

色相

#FF007F #FF0000
#FF00FF #FF7F00
#7F00FF #FFFF00
#0000FF #7FFF00
#007FFF #00FF00
#00FFFF #00FF7F

赤、黄などの色味の違いが「色相」。それを体系づけた「色相環」では、互いに引き立て合う、調和するなど影響を与え合う色を角度で導き出せる。

明度

明暗の度合いを表す「明度」。調整することでデザインイメージを明るく／暗く変えられる。

彩度

色の鮮やかさの尺度が「彩度」。彩度が高いと力強く若々しい印象に、低くなるとおだやかでシックな雰囲気になる。

トーン

明度／彩度

「トーン（色調）」は配色の印象を強く左右する。関連性のない色の組み合わせでもトーンを調整することで調和がとれ、個性的で効果的な配色ができる。

配色・色彩計画の実施例

神奈川大学
http://www.kanagawa-u.ac.jp/

● サイトの目的
認知度、受験生募集力の向上、在校生・保護者への情報発信

● ターゲット
17～18歳の高校生、保護者

● デザインのポイント
「教育機関としての安心感・信頼感」を伝えるため、グリッドに沿ったベーシックなレイアウトを採用。スクールカラーをナビゲーションやポイントとして使用し、余白を効果的に取り入れることで洗練された印象に仕上げた。

学校法人佐藤学園 大阪バイオメディカル専門学校
http://www.obm.ac.jp/

● サイトの目的
資料請求数、オープンキャンパス／説明会の応募数、認知度の向上

● ターゲット
17～18歳の高校生

● デザインのポイント
コーポレートカラーである「緑」をベースに、補色として「オレンジ」系統の色を使用。学科ごとに「青」「紫」「オレンジ」「ピンク」のカラーを使い、4色に合わせるよう全体的に彩度も高めに設計。テキストの色も#666666とややグレーよりの色に設定し、明るいイメージに仕上げた。

※1　http://www.kanagawa-u.ac.jp/
※2　http://www.obm.ac.jp/

RELATION ▶ 021 031 048 049 051

050 トーン&マナーによる ブランドイメージの構築

サイト全体に一貫した世界観を

Text：IN VOGUE

　トーン&マナーとは広告業界の専門用語で、広告から醸し出される「雰囲気」や「世界観」のことを言います。サイト全体のトーン&マナーを統一、継承することでユーザーに訴求したい内容を的確にし、一貫したブランドイメージを構築できます。

トーン&マナーのディレクション方法

　ディレクターは、クライアント企業の業界、業界におけるポジション、強みを把握した上で、ターゲットやコンセプトにマッチするトーン&マナーをクライアントとともに取りまとめます。既存の会社案内などの印刷物を参考にするだけでなく、具体的な製品やサービスなどから、企業理念やCI（Corporate Identity）まで掘り下げたブランドイメージをくみ取ることが大切です。同時に、近いコンセプトを持つ企業や同業種のサイトの傾向を調べることも選定のヒントにつながります。

　トーン&マナーの全体の方向性が定まったら、提案内容をデザイナーに伝えます。提案内容に応じて、デザイナーは配色、タイポグラフィ、タイトルルール、リンクアイコン、テクスチャーなど、具体的なトーン&マナーを細かく決定していきます。実際に決定していくのはデザイナーですが、適切なトーン&マナーを導き出せるように、ディレクターは提案内容をより具体的にデザイナーへ伝えましょう。デザインが上がってきたら、トップページデザイン以降の下層ページでも全体のトーン&マナーが踏襲されているか確認します。

トーン&マナーの実践

　企業サイト本体と特設サイト（採用サイトや特集コンテンツなど）を制作する場合も、本体のトーン&マナーを考慮しつつ、コンセプトやターゲットに応じて制作することで、一貫性のあるブランディングにつながります。

　たとえば、学校法人のサイトの場合、多くはターゲットが在学生や受験生なので、活動的な印象を与えるスクールカラーをベースカラーに選び、情報を正確に伝えるためにコンテンツエリアはテキスト中心で構成します。一方、受験生向けの特設ページでは、受験生に対して学びの様子をイメージさせるため、コンテンツエリアには多彩な色や写真を使って遊びを持たせますが、ヘッダーやフッターには共通パーツを利用しトーン&マナーを押さえることで、ブランドイメージを統一できます。

　製品プロモーションなどの特設サイトでインパクトを出したい場合は、製品に特化したトーン&マナーを導き出す必要があります。たとえば製品イメージに合ったタイポグラフィやモチーフがトーン&マナーを形成するヒントになります。利用シーンや製品の形状・機能から生み出されたトーン&マナーは、製品のブランド醸成に役立ちます。

> トーン&マナーとは、広告から醸し出される雰囲気や世界観のこと。サイト全体でトーン&マナーを統一することで、一貫したブランイメージを構築できる。会社案内などの印刷物、製品やサービス、企業理念などからターゲットやコンセプトに合うトーン&マナーの方向性を決めよう。デザイナーから上がってきたデザインでもトーン&マナーが踏襲されているかチェックすることが大切だ。

トーン&マナーによるブランディング

● コーポレートサイトの場合

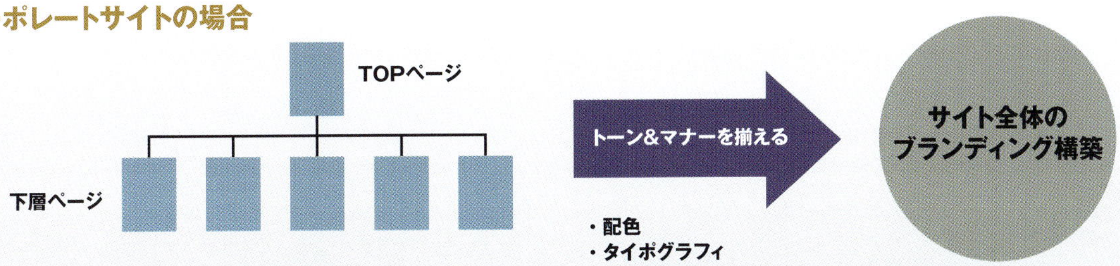

TOPページ

下層ページ

トーン&マナーを揃える → サイト全体のブランディング構築

・配色
・タイポグラフィ
・タイトルルール
・リンクアイコン
・テクスチャー　など

● 特設サイトの場合

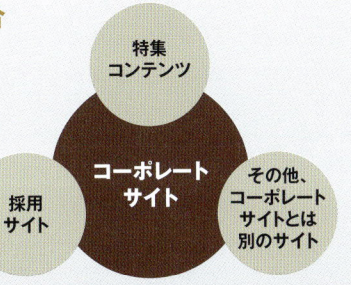

特集コンテンツ／コーポレートサイト／採用サイト／その他、コーポレートサイトとは別のサイト

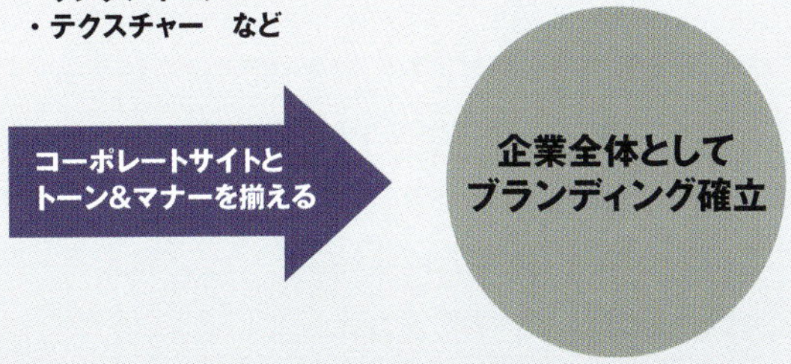

コーポレートサイトとトーン&マナーを揃える → 企業全体としてブランディング確立

トーン&マナーの実践例

神奈川大学　http://www.kanagawa-u.ac.jp/

トップページ
ターゲットユーザーである在学生・受験生へ向け、活動的な印象を与える明るい青をベースカラーに。親近感を訴求。

入試情報ページ
配色や見出し・リンク・バナーのルール、マージンの扱いなどトーン&マナーを踏襲しつつも、楽しいキャンパスライフを伝えるため、多彩な色とフォントを使っている。

ネスカフェ　バリスタ　http://nestle.jp/brand/nba/

トップページ

コンテンツページ

手軽においしくコーヒーが楽しめる、という製品の魅力や「ウチナカ カフェ」というコンセプトワードを踏襲し、温かみのある色合いやクラフト感のあるトーンで楽しいライフスタイルを演出。
ヘッダー・フッターにカフェ風のモチーフをあしらい、画面中央にシズル感を漂わせるコーヒーメニューを配置し、カフェの世界観・選ぶ楽しさ・種類の豊富さを訴求している。

RELATION ▶ 009 010 047 048 049 050

051 クライアントへデザインの意図を伝える
デザインカンプの作成

Text：IN VOGUE

　デザインカンプは、英語のComprehensive Layoutから派生した言葉で、「制作物の仕上がりを提示するための完成見本」のことです。Web業界におけるデザインカンプの定義はさまざまですが、ここではクライアントへ提出する資料「デザイン案」と「デザイン解説書」の2つを合わせたものをデザインカンプとします。

　デザインカンプの目的は、企画・提案内容をどのような形でデザインに落とし込んだか、クライアントへ簡潔に伝えられることです。ディレクターは、デザイン案を元に情報設計やデザイナーの意図を資料に落とし、クライアントに制作側の意図が伝えます。

デザインカンプを作る2つのタイミング

　デザインカンプを提出するタイミングは、「企画・提案」時と「デザイン作成」時の2つがあります。企画・提案時に提出する場合は、コンペティション（コンペ）の場合が多く見られます。企画・提案内容に沿ってデザイン案に落とし込むことで、クライアントへ制作イメージを明確に伝えられますが、サイト構成などを詰められていないため、受注確定後にデザイン修正をする必要があります。

　一方、デザイン作成時では、確定したサイト構成に基づいて制作するため、ユーザーインターフェイス、コンバージョンなどを考慮した上でページデザインを進められます。構成が確定した段階の方が理想的ですが、制作イメージを明確に伝えることが本来の目的のため、コンペ時から提出する場合もあります。

デザイン解説書とガイドライン

　「デザイン解説書」とは、デザイン案の上に引き出し線などを用い、ヘッダー、フッター、ナビゲーションなどの表示要件やコンセプトを記述したものです。デザイン案だけでは分からない制作意図をクライアントに説明でき、デザイナーが要望や提案内容、サイト目的をデザインに盛り込めているかを再認識できます。案件によっては、企画・提案からデザイン提出まで期間があく場合もありますので、提案内容に応じたデザインであるか、制作側とクライアント側が相互に確認することで、制作を円滑に進行できます。

　また、デザイン案とデザイン解説書をもとに、「デザインガイドライン」を制作すると納品後の運用面で便利です。デザインガイドラインは、配色やフォント、見出しルールなど、サイト内におけるデザインの共通ルールをまとめたもので、ルールを策定することで、更新作業時にも一定のトーン＆マナーを保持できます。大規模案件や、長期的に運用が必要なWebサイトで効果を発揮するでしょう。基本的にアートディレクターもしくはデザイナーが作成しますが、進行管理する上ではディレクターも把握しておく必要があります。

> デザインカンプとは、制作物の完成見本のこと。「デザイン案」と「デザイン解説書」からなり、企画内容から落とし込んだデザインをクライアントへ伝える役割を持つ。デザイン解説書は、デザイン案だけでは伝えきれない意図を書き込んだもので、制作を円滑に進めるのに有効だ。同時に、ルールをまとめたデザインガイドラインを作成すると、納品後の運用に役立つ。

デザイン解説書の基本構成

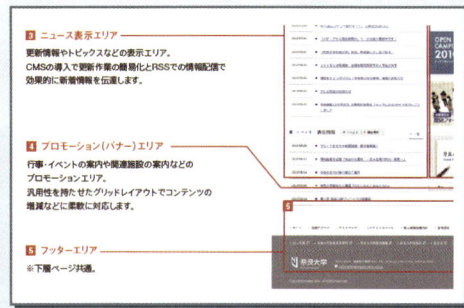

デザイン解説書は、デザインコンセプト、画面構成の解説、各エリアの説明、Flashでメインビジュアルを切り替える場合の展開パターンなどで構成される。デザインカンプ上に引き出し線などを使って記載すると分かりやすい。

デザインガイドラインの例

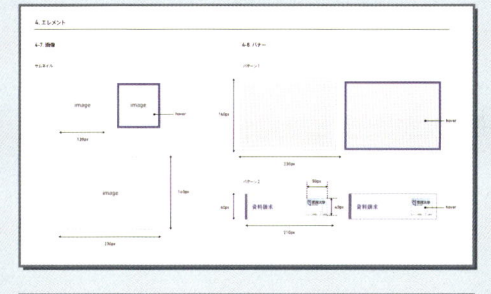

デザインガイドラインは、更新作業をする際に必要になるもの。配色（ベースとなる色、サブカラー、アクセントカラーの選定）、フォントの指定（書体、サイズ、色）、見出しルール、バナーサイズ、アイコンのテイストなど、細かい部分まで記述する。ロゴを作成した場合は、使用方法、ロゴのパターン、余白の取り方、禁止事項などを設定する。

RELATION ▶ 019 033 035 037 043 120

052 グローバルWebサイトの設計
Webガバナンスの視点で全体最適を図る

Text：WIPジャパン 情報事業部・海外向けWEB/ECマーケティンググループ

海外進出企業が世界各国で展開する「グローバルWebサイト」の設計では、国や地域ごとに存在するサイトを全体としていかに管理するかという「Webガバナンス」の視点が求められます。

「各国の現地法人のWebサイト運営に対する状況把握やコントロールが効かない」「言葉の壁から企業ポリシーに反した表現がないか確認できない」といった問題を解決し、グループサイト全体の価値を高めるために留意したい点があります。

Webサイト運営の主導権をどこまで握るか？

複数地域向けのサイト運営にあたっては、日本本社側でどこまで各国サイトの運営を管理するのか、逆にどこから現地法人に任せるのかの判断が必要です。

日本側で管理する場合、ブランドアイデンティティを統一できるのがメリットです。一方、現地法人に任せる場合のメリットは、各国マーケティング事情に即した肌感覚で、デザイン決定やコンテンツ提供ができる点にあります。とりわけコンシューマー向け製品では、現地の感覚に合う訴求ができるかが大切なポイントです。

なお、現地主導でWebサイトが運営されている場合、企業ポリシーに即したコンテンツ提供をしているかなど、現地語による定期的なコンテンツ調査が必要となることもあります。

コンテンツの切り分けをどうするか？

各国サイトに掲載される情報は、グローバルなコンテンツとローカルに特化したコンテンツに大別できます。

たとえば、環境活動へのポリシーといった理念的なメッセージは全世界共通で掲載できる一方、販売店情報などのローカルに特化したコンテンツはきめ細かな更新に対応する必要があります。そこで、日本サイドから提供できるコンテンツと、ローカルで更新していくべきコンテンツの切り分けが必要になります。

グローバルに提供可能なコンテンツは、日本サイドで翻訳テキストを準備して各国に配布すれば、翻訳コストの圧縮や各国間の情報の揺れを回避できます。

各国間の回遊性をいかにして高めるか？

グローバルにヒト・モノ・カネの流動が激しくなっている現在、Webサイト間でも必要に応じて行き来ができ、ユーザーが必要な情報を簡単に探せる工夫をするべきでしょう。共通のグローバルテンプレートのヘッダー部分などに、各国サイトのリストページへのリンクを設置することをはじめ、製品カテゴリ別のリンク誘導、製品名のアルファベット順のリンク誘導など、ユーザーの目的に応じたフローを用意して、グローバルサイト全体の回遊性を高めることが重要です。

グローバルWebサイトの設計では、国や地域ごとのサイトを全体として管理する「Webガバナンス」の視点が必要だ。各国のサイト運営をどこまで日本本社がコントロールするか、現地法人に任せるかを判断し、掲載するコンテンツについても共通化できるものと現地に特化したものを検討する。各国のサイトにはリンクを設置するなど、回遊性を高める仕組みも取り入れたい。

グローバルWebガバナンスのための3つの視点

グローバルWebガバナンスの実現には、デザイン、コンテンツ、言語の3つの面で
Webサイト運用上の戦略を整理することが必要。
これにより、グローバル共通のブランドアイデンティティ構築と
ローカルへの訴求の両方を満たす、効果的な多言語サイト運営ができる。

デザインの切り分け

グローバル統一
グローバルヘッダー・フッターの統一、
デザインルール設定など

ローカル訴求
プロモーション用ビジュアル作成、
マイクロサイト作成など

- NOKIAサイトに見るグローバルヘッダーの統一
- メインビジュアルを国別に変えて、ローカル訴求している

コンテンツの切り分け

グローバル統一
コーポレートメッセージ、CSR ポリシー、
環境ポリシーなど

ローカル訴求
現地販売店情報、現地向け広告情報、
リコール情報など

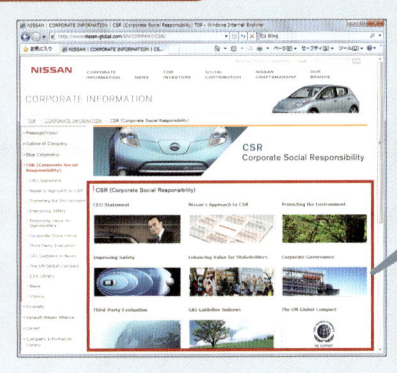

- 日産グローバルサイトにおけるCSRコンテンツ。CEOステイトメントなど、グローバル統一が可能

言語の切り分け

グローバル統一
英語のみ

ローカル訴求
ターゲット地域の公用語で多言語化

- TOYOTAカナダサイトにおいて、英語だけでなく公用語のフランス語でもコンテンツ提供している

Webディレクション　用語集❸

- **ナビゲーション**
  Webサイト内のコンテンツを移動したり、他のWebサイトへ誘導したりするためのボタンやリンクのこと。

- **グローバルエリア**
  Webサイト内で共通する要素を配置する領域。サイトのロゴや主要なナビゲーションを配置する「ヘッダー」、コピーライトなどを記載する「フッター」などを配置する。

- **ローカルエリア**
  各ページが属しているカテゴリー内で共通する要素を配置する領域。同一階層内へ誘導するナビゲーションなどを配置する。

- **アクセシビリティ**
  年齢や障がいの有無、能力、利用環境などに関係なく、すべてのユーザーが情報へアクセスできること。

- **JIS X 8341-3**
  日本工業規格が定めるアクセシビリティのガイドライン。WCAGの概念や内容を踏襲した国内向けの標準ガイドラインとして広く利用されている。

- **WCAG**
  W3Cの内部組織であるWAI（Web Accessibility Initiative）が策定しているアクセシビリティガイドライン。Web Content Accessibility Guidelineの略。

- **ユーザビリティ**
  Webサイトの使いやすさ、使い勝手のこと。操作を誤ったり、無駄な労力をかけたりせずに目的へ到達できる操作性などを指す。

- **ユーザーエクスペリエンス**
  サービスや製品を使ったときに得られる体験、満足のこと。UXと略されることも多い。

- **情報アーキテクチャ（IA）**
  複雑な情報を分かりやすく整理し、使い勝手のよいWebサイトにするための技術や役割のこと。

- **サイトマップ**
  Webサイトの全体像をツリー状にまとめた図のこと。大分類項目をまとめた「ハイレベルサイトマップ」、詳細ページまで記述した「詳細サイトマップ」がある。

- **ディレクトリマップ**
  Webサイトを構成するすべてのページを書き出してまとめた一覧表のこと。ページリストと呼ばれることもある。

- **ワイヤーフレーム**
  Webページを構成するナビゲーションやコンテンツなどの基本的な要素を線画で示した画面設計図のこと。

- **タイプグラフィ**
  書体の選定や配置など、文字に関するデザイン表現のこと。

- **トーン&マナー**
  広告から醸し出される雰囲気や世界観のこと。Webサイトではサイト全体のイメージを一定に保つ役割を持つ。

- **デザインカンプ**
  制作物の仕上がりを提示するための完成見本のこと。クライアントへ提出する「デザイン案」を指すこと多い。

- **制作仕様書**
  Webサイトの細かな技術要件や制作上のルールをまとめた資料のこと。デザインガイドライン、コーディングガイドライン、画面遷移などがある。

- **Webライティング**
  Webに特化した文章技術のこと。アクセシビリティやユーザビリティ、SEOなどを踏まえる必要がある。

- **クリエイティブ・コモンズ**
  著作権のライセンス方法の1つ。利用ルールを著作権者が細かく設定して表示できる。

- **個人情報保護法**
  「個人情報の保護に関する法律」のこと。個人情報の安全な管理、適正な利用、利用目的の提示などが定められている。

- **特定商取引法**
  「特定商取引に関する法律」のこと。訪問販売や通信販売などを対象に、消費者保護を目的としている。ECサイトは通信販売にあたるため、特定商取引法の対象になる。

第5章

プロジェクトマネジメント

- 053 議事録の作成と共有 ……… 136
- 054 プロジェクトの情報共有 ……… 138
- 055 プロジェクトメンバーのアサイン ……… 140
- 056 タスクの洗い出しとWBSの作成 ……… 142
- 057 スケジュールの作成と進捗管理 ……… 144
- 058 プロジェクトの予算管理 ……… 146
- 059 外注企業の利用と管理 ……… 148
- 060 プロジェクトのリスク管理 ……… 150
- 061 プロジェクトの品質管理 ……… 152

053 プロジェクトをスムーズに進めるために
議事録の作成と共有

Text：多並利幸（エレクス）

1つのプロジェクトの開始から納品までには、社内会議やクライアントとの打ち合わせなど多くの会議が開かれます。議事録とは、そうした会議・打ち合わせの内容や合意事項などを取りまとめた報告書です。

会議の内容を記録し、共有することで各参加者の認識を統一でき、認識のズレによるトラブルの発生を避けられます。また、作業の進行状況の確認、会議欠席者のフォロー、後から案件に参加したスタッフ・クライアントへの現状説明などの役割もあり、議事録はプロジェクトをスムーズに進めるために非常に大切です。

作成から運用までの流れ

会議の前に、あらかじめ議事録を作成する担当者（書記）を決めておきます。クライアントとの会議の場合は、受注側が議事録を作成するのが通例です。また、OJT※の一環として経験の少ないスタッフに議事録作成を任せることも少なくありません。

書記は、きちんと内容を把握しながらメモを取る必要があります。決定事項が多い場合など、内容を漏らさずメモを取るだけでも大変なので、会議の進行役は書記とは別に立てるようにします。

会議中に手書きでメモを取る以外に、ノートPCで直接議事録を作成する場合や、ボイスレコーダーで会議を録音する場合もあります。PCで会議中に議事録を作成すると、会議終了後に時間を置かずに議事録を配布できますし、ボイスレコーダーで録音しておけば後から詳細な内容を確認できるので、厳密な記録が必要な場合には非常に有効です。録音する場合は、会議が始まる前に必ず参加者全員に了承を得るようにしましょう。

議事録作成・送付のポイント

議事録は、会議が終わったらなるべく早く作成します。作成の際は、5W2H（When, Whre, Who, What, Why, How, How much）を押さえつつ、必要な内容を客観的かつ簡潔に記載します。また、各事項が決定事項か、懸案事項なのかも明記します。

議事録は時系列に沿って書くのが基本ですが、話題が前後する場合は項目ごとにまとめても構いません。アイデア出しなど、あまり取りまとめずに話し言葉で出た内容をそのまま記載することが望ましい場合もあります。

議事録作成後は、速やかに会議出席者にメールで送付します。一般的には、会議の翌営業日中の送付が目安です。資料がある場合は、議事録と併せて送ります。

送付後は、議事録の内容に間違いがないか、クライアントを含む参加者全員に確認します。全員の同意が取れれば、合意事項として議事録の内容が有効になります。

議事録は、複数で運用できるようにフォーマットや作成後の保管場所などを決めておくとよいでしょう。

> 議事録とは、社内会議やクライアントとの打ち合わせの内容や合意事項などを取りまとめた報告書だ。議事録により参加者の認識を統一でき、認識のズレによるトラブルの発生を避けられる。会議の前にはあらかじめ書記を決めておき、会議中のメモを残しておく。会議が終わったらなるべく早く議事録を作成し、参加者全員に送付する。全員の同意が取れれば、議事録の内容が有効になる。

議事録のフォーマットと記入例

議題：

作成	所属	●●株式会社	氏名	山田太郎	期日	2012/1/11

開催	期日	2012/01/10 13:00～15:00		場所	●●株式会社会議室	
出席者(敬称略)	所属		氏名		議事資料	
	▲▲株式会社	●●部	鈴木一郎		スケジュール.xls	
	▲▲株式会社	●●部	佐藤次郎		要件定義書.xls	
	●●株式会社	○○部	田中良夫		サイトマップ.xls	
	●●株式会社	○○部	山田太郎			

吹き出し：
- 出席者は敬称略で記載し、議事録内に「敬称略」と注釈を入れる
- 名前、職位、序列などの間違いがないように作成時・配布前に確認する
- 会議の際に配布した資料の名称を記載し、改めて議事録に添付する

議事内容		
内容	担当	期日
■要件定義書の確認		
・サーバーの移行後のプランの価格が高いため再度検討する（価格は00万円程度）	田中	2012/01/18まで
→他社の価格感が分かるように、新たに2社程度の参考例を追加する		
・初回テストアップの期日は、役員会議の関係で2月01日までに確認し、修正依頼に10日までに対応	山田	2012/01/25まで
→2月10日までの詳細スケジュールを策定し、2012/01/13に報告する		

吹き出し：
- 内容は簡潔に記載する
- 煩雑な内容は、箇条書きにしたり、因果関係をインデントや矢印などを用いて説明など工夫することで、分かりやすくする
- 各議事に対する担当者、期日、次回アクションなどが分かるよう、フォーマットを工夫して記載する

次回予定	日時	2011/1/24	場所	●●株式会社

備考

※ On-the-Job Trainingの略。実務を通じて業務に必要な技術や能力を身につけさせること

054 プロジェクトの情報共有

相手に合わせた「使い分け」がカギ

Text：多並利幸（エレクス）

プロジェクトの進行では、関係者間で認識にズレが出ないよう、常に情報を共有することが重要です。共有すべき情報には、スケジュールをはじめ、仕様やデザインに関する事柄、予算などが挙げられます。

また、ひとくちに情報共有といっても、クライアント、社内、協力会社など相手によって、共有すべき内容や、タイミングは変わってきます。進行においてクライアントとは、予算や進捗状況、工程の節目でのデザインの確認などを共有します。その際、相手にWeb制作の知識がなくても分かるよう、平易な用語を用いるようにします。一方、制作スタッフ間では、専門用語を使って綿密な情報と工数管理を逐一共有する必要があります。

情報共有の計画

情報共有の質を高めるには、対象に応じて共有する内容やタイミング、方法を的確に使い分けることが重要です。そのためには、事前に情報をどのように共有するか計画を立て、その通りに実行する必要があります。

具体的には、プロジェクトの開始時に、共有すべき事柄の要件を「いつ」「誰が」「何を」「どのように」を満たすように整理して文書化した「コミュニケーション計画書」を作成します。計画した内容はクライアント、スタッフ間で共有し、計画に沿って報告や打ち合わせを実行していきます。

情報共有の方法

情報共有にはさまざま方法があり、その中からその都度、最適な方法を選んで実行します。

たとえば、もっとも一般的な情報共有ツールであるメールは、文字で内容や日時を残せるので随時発生する要件に適しています。また、特定のアドレスにメールを送ることで、登録したメンバー間で一斉に送受信ができるメーリングリストも、情報共有には効果的です。

Wiki[※1]、BTS[※2]、SNS[※3]は、いずれもインターネット上のデータベースを利用しWebサイト経由で情報を共有する仕組みです。情報を系統立てて閲覧できるので、特に詳細な情報共有が必要なディレクターと制作者間のコミュニケーションに有効です。Wikiはトピックごとの情報共有に、BTSはバグ管理にと、それぞれ得意分野が異なるので、利用するメンバーやプロジェクトの内容に合わせて導入するとよいでしょう。

定例会議や定期報告書など従来からあるツールも、情報共有には有効で、特にクライアントに対してはよく用いられます。もちろん、電話も手軽な情報共有ツールです。ただし、「言った」「言わない」のトラブルや要件の伝え漏れなどのリスクも伴うため、電話の内容をメールでも共有するなど、他の方法を合わせて活用する配慮が必要になります。

プロジェクトの進行では、関係者間で認識にズレが出ないよう、常に情報を共有することが重要だ。質の高い情報共有には、対象に応じて共有する内容やタイミング、方法を的確に使い分ける必要があり、プロジェクト開始時に共有内容は方法を計画するとよい。具体的な共有の方法には、メールやメーリングリスト、Wiki、BTS、SNSなどがある。

情報共有ツールの種類

種類	概要	メリット	デメリット
メール	メールソフトなどを利用して、情報をメールで送信する。文字で内容、時間を残せるため、随時発生する要件に適する。	誰でも手軽に利用できる	共有する情報や共有する相手の管理がしづらい
メーリングリスト	特定のメールアドレスにメールを送ることで、登録した複数の送信先アドレスへ送信ができる仕組み。	一度アドレスを登録すれば、あとのやり取りが簡単	メールの量が増える
Wiki	トピックごとにページを設けて、ユーザーがそれぞれ説明を記載・更新ができる仕組み。大、中、小項目でまとめる形式で、系統立って情報を保存、管理する要件に適する。	閲覧性が高い	日ごとに変化する状況を把握しにくく、相互コミュニケーションには向かない
BTS（バグトラッキングシステム）	システム開発の際に用いるバグ管理システムのこと。プロジェクトごとにバグを登録し、バグごとに対応状況を管理できる。進捗状況や時間を管理する項目があるため、プロジェクトの厳密な管理に使用可能。	厳密な進捗管理ができる	相互コミュニケーションに向かない
SNS（ソーシャルネットワーキングサービス）	コミュニティ型の会員制サービスのこと。対話しやすい仕組みがあり、社内やプロジェクト用に活用すると情報共有の活性化を図れる。	利用経験があれば直感的に使え、相互コミュニケーションを取りやすい	文書の管理には向かない
定例会議	その場で意見交換ができるため、プロジェクトの進行に大きく貢献する。クライアントを交えた会議は、以降のプロジェクトに影響を与えることがあるため慎重かつ適切な議事進行が必要になる。	メンバー間の意思疎通が図りやすく、その場での意思決定が可能	メンバーのスケジュール調整が難しい
定期報告書	プロジェクトの進捗状況を定期的に報告するための書類。定型フォーマットを用意して、効率的に均一な品質で作成する。	プロジェクトを俯瞰しやすい	取りまとめに時間がかかる

情報共有計画の例

質の高い情報共有を実現するためには、事前に計画を立て、それに沿って進めていくことが重要。
いつ、誰に、どのような情報共有をすればよいか整理して文書化しておくと進めやすくなる。

プロジェクト名			クライアント名		
担当			制作日		
コミュニケーション名	対象	方法	資料	頻度	責任者
月次報告	CL様部長 CL様担当者	打ち合わせ	進捗報告書	毎月1回 第一月曜日	山田
週次報告	CL様担当者	打ち合わせ	進捗報告書	毎週1回 月曜日	田中
デザイン確認	CL様部長 CL様担当者	打ち合わせ	デザインカンプ	デザイン作成時	田中
仕様確認	CL様部長 CL様担当者	打ち合わせ	要件定義書 仕様書 スケジュール	仕様書作成後	田中
…	…	…	…	…	…
内容確認等	CL様担当者 制作スタッフ	BTS		随時（制作進行時）	佐々木
…	…	…	…	…	…
検収確認	CL様部長 CL様担当者	打ち合わせ	コンテンツ管理表 Webサイト 検収書	納品前	山田、田中
…	…	…	…	…	…
進捗確認	ディレクター 制作スタッフ	打ち合わせ	ガントチャート	毎日朝10：00～	田中

コミュニケーション名には、各工程で実施する内容を記載。スケジュールと合わせて、いつ何を確認するかが一目で分かる。さらに説明が必要な場合は、項目を増やすなどして対処する。

対象は、クライアント、社内、協力会社などに分かれるが、すべてについて記載し、対象ごとに分けて提出するとよい。

責任者名を必ず記載し、間違いなく運用されるようにする。

頻度は、定例のものと、各工程ごとに実施するものに大別される。確認は、確認依頼とフィードバックに分かれる。クライアントが何をすべきか理解しているか気を付け、必要に応じ詳細まで計画する。

※1　ブラウザー上でWebページを更新できるCMSの1種。上図も参照
※2　Bug Tracking System（バグ管理システム）のこと。上図も参照
※3　コミュニティ型の会員制サービスのこと。イントラネットに構築することで社内やプロジェクトにも利用できる。上図も参照

055 プロジェクトメンバーのアサイン

Web制作プロジェクトの成否を握る

Text：多並利幸（エレクス）

Webサイトは、さまざまな技術から成り立っています。そのため、プロジェクトの遂行には各分野のプロフェッショナルをアサインし、プロジェクトチームを結成します。アサインの成否がプロジェクトの成功に大きく影響するため、ディレクターはスタッフを慎重に検討することが重要です。スタッフをアサインした後は、プロジェクト体制図を作成し役割を明確化します。

メンバーアサインのポイント

プロジェクトのスタッフは、プロジェクトの要件やタスクをもとに、各人のスキル、業務経験、稼働状況、コストなどを踏まえたうえでアサインします。

選定にあたってはスタッフに必要十分なスキルがあることが前提ですが、業務経験を積ませるために現状ではスキルが十分でないスタッフをアサインする場合もあります。その場合は、生産性の低さや教育の必要性を加味して、サポートするスタッフの検討も必要になります。

また、アサイン前にはスタッフの稼働状況を把握することも重要です。有能なスタッフの場合、他のプロジェクトですでに稼働しており、アサインできないことがよくあります。この場合、稼働状況によっては途中からのプロジェクトの参加や部分的な参加など、稼働可能な範囲での参加を検討します。

コスト管理も重要な要素の1つです。有能なスタッフはコストが高く、有能なスタッフだけで構成すると予算オーバーとなる場合があります。そこで、適正な利益を出せるように、コストと品質のバランスをよく検討する必要があります。

社内でスタッフを確保できなければ、外注スタッフに依頼する場合もあります。外注する際も内部調達同様、スキルや業務経験、稼働状況を十分把握することが大切です。また、依頼要件に漏れがないか、委託のための契約が結ばれているかなども必ず確認します。

なお、外部への依存が高まると社内にノウハウが蓄積されず、長期的に見ると自社の制作スキルの弱体化を招きます。外部へ依頼する場合は、自社の主業務（コアコンピタンス：強みや競争力）をなるべく外すように留意しましょう。

プロジェクト体制図の作成

プロジェクト体制図は、プロジェクトのリソースの全体像を書き出したものです。具体的には、アサインしたスタッフなどのほか、クライアント側や他企業が参加した場合はその企業の担当者の、役割と所属、氏名などを記載して作成します。

プロジェクト体制図を作成することで、クライアントと制作側のそれぞれの窓口や役割分担などが明確化され、プロジェクトのスムーズな進行に役立ちます。

Webサイトの制作では、メンバーのアサインがプロジェクトの成功に大きく影響する。アサインするスタッフのスキルを見極め、稼働状況やコストを含めて検討することが重要だ。社内リソースが足りない場合は、外注スタッフを利用するが、その場合もスキルや稼働状況を十分に把握して判断したい。アサイン後は、プロジェクト体制図を作成し、各自の役割を明確化する。

プロジェクト体制図の例

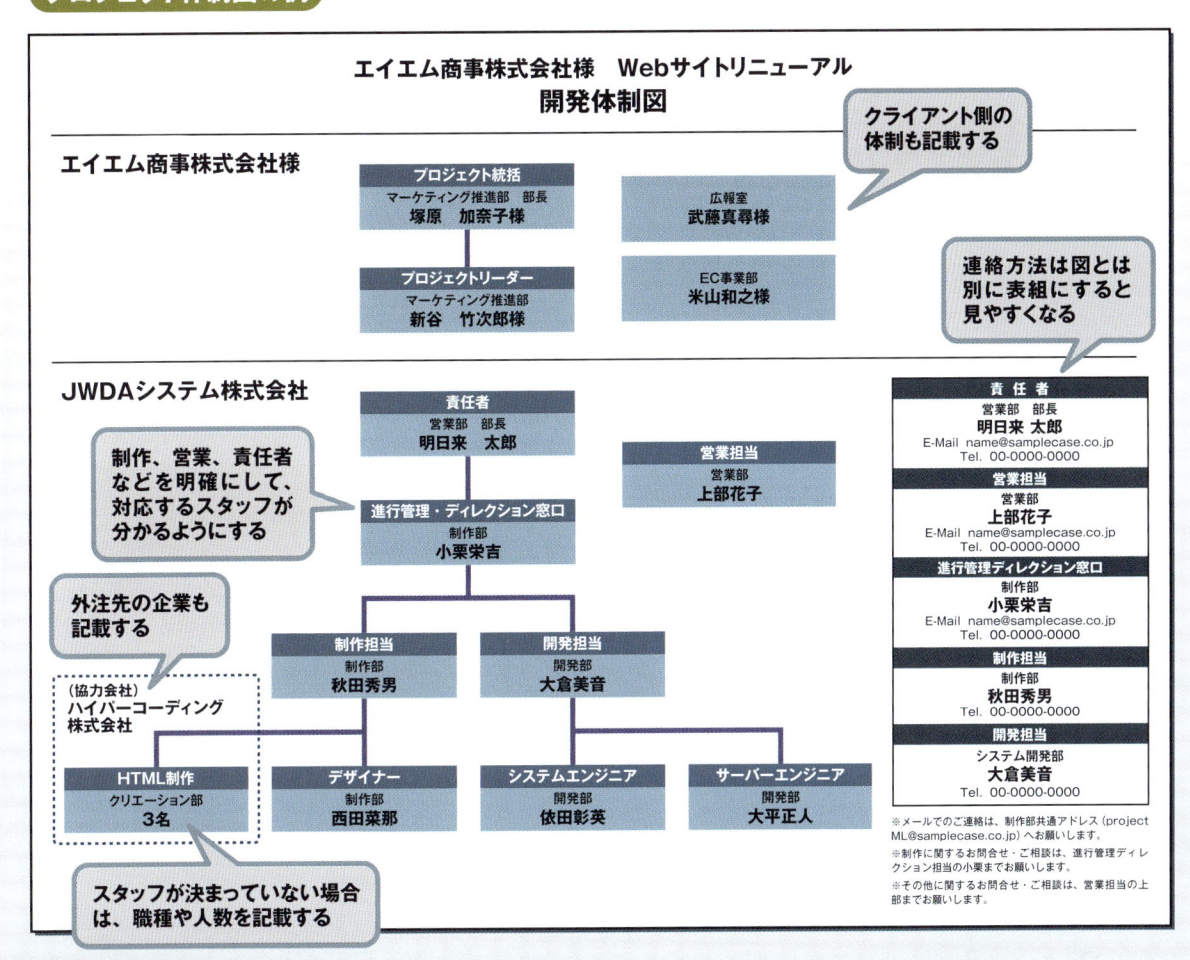

エイエム商事株式会社様　Webサイトリニューアル
開発体制図

エイエム商事株式会社様

- プロジェクト統括
  - マーケティング推進部　部長
  - 塚原　加奈子様
- 広報室
  - 武藤真尋様
- プロジェクトリーダー
  - マーケティング推進部
  - 新谷　竹次郎様
- EC事業部
  - 米山和之様

> クライアント側の体制も記載する

JWDAシステム株式会社

- 責任者
  - 営業部　部長
  - 明日来　太郎
- 営業担当
  - 営業部
  - 上部花子
- 進行管理・ディレクション窓口
  - 制作部
  - 小栗栄吉
- 制作担当
  - 制作部
  - 秋田秀男
- 開発担当
  - 開発部
  - 大倉美音
- （協力会社）ハイパーコーディング株式会社
- HTML制作
  - クリエーション部
  - 3名
- デザイナー
  - 制作部
  - 西田菜那
- システムエンジニア
  - 開発部
  - 依田彰英
- サーバーエンジニア
  - 開発部
  - 大平正人

> 制作、営業、責任者などを明確にして、対応するスタッフが分かるようにする

> 外注先の企業も記載する

> スタッフが決まっていない場合は、職種や人数を記載する

> 連絡方法は図とは別に表組にすると見やすくなる

責任者
営業部　部長
明日来　太郎
E-Mail　name@samplecase.co.jp
Tel.　00-0000-0000

営業担当
営業部
上部花子
E-Mail　name@samplecase.co.jp
Tel.　00-0000-0000

進行管理ディレクション窓口
制作部
小栗栄吉
E-Mail　name@samplecase.co.jp
Tel.　00-0000-0000

制作担当
制作部
秋田秀男
Tel.　00-0000-0000

開発担当
システム開発部
大倉美音
Tel.　00-0000-0000

※メールでのご連絡は、制作部共通アドレス（projectML@samplecase.co.jp）へお願いします。
※制作に関するお問合せ・ご相談は、進行管理ディレクション担当の小栗までお願いします。
※その他に関するお問合せ・ご相談は、営業担当の上部までお願いします。

外注範囲の選定

協力会社に業務の一部を外注する場合は、コアコンピタンス（自社の強み）をなるべく外すようにする

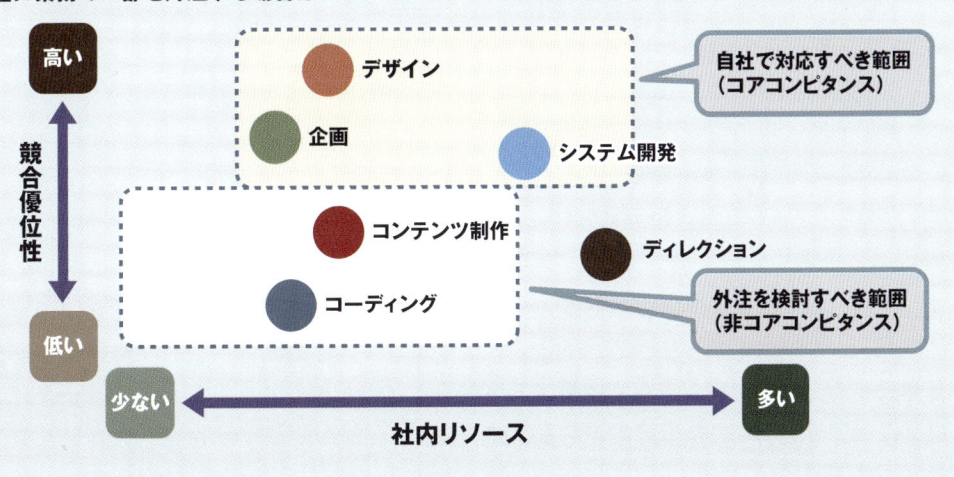

縦軸：競合優位性（高い／低い）
横軸：社内リソース（少ない／多い）

- デザイン
- 企画
- システム開発

→ 自社で対応すべき範囲（コアコンピタンス）

- コンテンツ制作
- コーディング
- ディレクション

→ 外注を検討すべき範囲（非コアコンピタンス）

056 タスクの洗い出しとWBSの作成

予算・スケジュール管理に欠かせない

Text：多並利幸（エレクス）

プロジェクトに関わるタスクを洗い出したリストを、WBS（Work Breakdown Structure）と呼びます。WBSは、見積もりやスケジュール、スタッフのアサインの根拠としてその都度作成・修正します。

WBSは、正確な予算管理と遅延のないスケジュール管理のためには必須の存在です。WBSがプロジェクトの成功を左右することもあるため、Webディレクターには精度の高いWBSを作成する責任があります。

プロジェクト計画書の作成

WBSの前に、プロジェクト計画書を作成しておくと、精度の高いWBSを作成できます。プロジェクト計画書とは、提案や打ち合わせを経て合意したプロジェクトの範囲（スコープ）をまとめた文書のことです。プロジェクト計画書は、スケジュールなどとともにクライアントに確認を取り、認識にズレが生じないようにしましょう。

プロジェクト計画書を作成し、確認が取れたら、WBSのもとになる作業項目を洗い出します。作業項目は、プロジェクトスコープ（作業）と成果物スコープ（作るもの）の観点から抽出していきます。

プロジェクトスコープとは、発生する作業タスクのことで、具体的にはデザインやコーディングなどの作業単位を指します。成果物スコープは、サイトマップ、ワイヤーフレームなど作業タスクにより作成される文書などが該当します。予算やスケジュールなどの目標も、スコープに含めましょう。さらに、成果物にはあたらない事項や前提条件、制約条件などもスコープには含めて、未決定事項を残さないようにします。

タスクを洗い出し、WBSを作成する

WBSを作成するには、プロジェクトを開発工程ごとに分割し、さらに機能ごとに分け、最後に各スタッフが担当する作業の最小単位のタスクに分割します。

タスクの洗い出しは、ディレクターが担当します。ただし、具体的な作業の完全な洗い出しは、WBSがある程度できた段階で、各スタッフにヒアリングすると、制度が高まります。

タスクの洗い出しは、作業内容がすべて網羅されていることが重要です。たとえば、クライアント側の作業など自社以外が担当する部分も盛り込むことで、その後で作成するスケジュールの精度が高まります。逆に、タスクの洗い出しに漏れやダブりがあると、スケジュールや予算に影響が出る場合があります。

WBSは、制作工程を正確に把握して、できるだけ詳細に記載することが基本です。しかし、小規模なプロジェクトの場合や、制作工程／工数へのメンバーの理解度が高い場合は、作成や記述を省略し、効率化を図る場合もあります。

プロジェクトに関わるタスクを洗い出したリストを、WBS（Work Breakdown Structure）と呼ぶ。WBSは、プロジェクト計画書をもとに、プロジェクトスコープと成果物スコープの観点から作業項目を抽出して作成する。作業内容がすべて網羅されていることが重要なため、ディレクターだけで作成せず、スタッフにヒアリングして仕上げていくとよい。

タスクリスト（WBS）作成の流れ

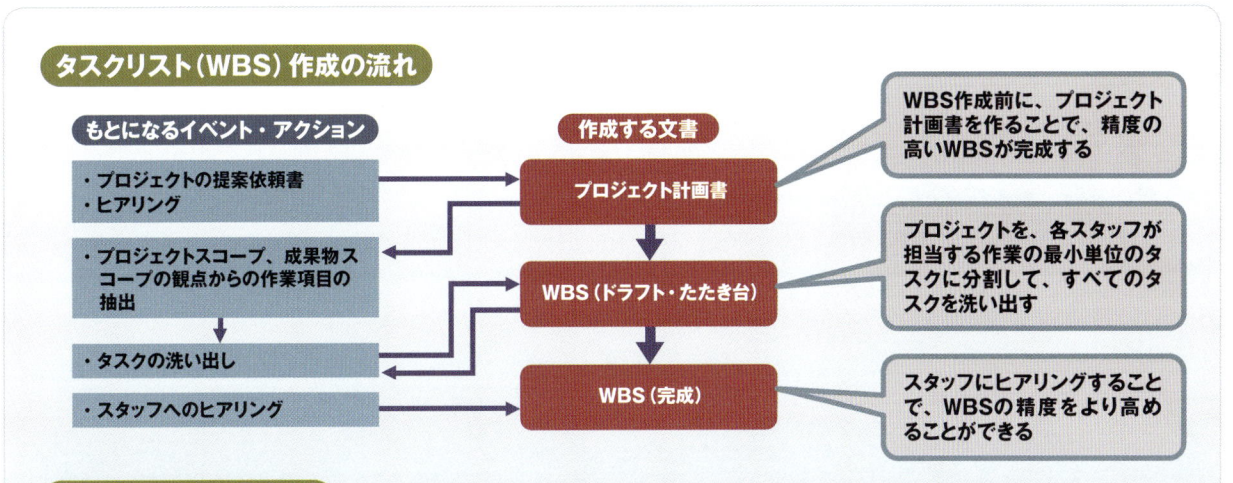

もとになるイベント・アクション
- プロジェクトの提案依頼書
- ヒアリング
- プロジェクトスコープ、成果物スコープの観点からの作業項目の抽出
- タスクの洗い出し
- スタッフへのヒアリング

作成する文書
- プロジェクト計画書 → WBS（ドラフト・たたき台）→ WBS（完成）

- WBS作成前に、プロジェクト計画書を作ることで、精度の高いWBSが完成する
- プロジェクトを、各スタッフが担当する作業の最小単位のタスクに分割して、すべてのタスクを洗い出す
- スタッフにヒアリングすることで、WBSの精度をより高めることができる

プロジェクト計画書の例

プロジェクト計画書は、プロジェクトで実施する作業と作るもの（成果物）の範囲をまとめた文書。
プロジェクト計画書にクライアント、制作側双方が同意することで、認識のズレやタスクの漏れを防ぐ。

プロジェクト計画書				2010/9/1
所属	●●株式会社		氏名	山田太郎
プロジェクト名	●●ブランドサイトリニューアル		クライアント名	●●株式会社
分類	項目	計画内容		
目的	プロジェクトの目的	サイトリニューアル（SEO強化、サイト内導線の最適化）		
達成目標		ターゲットキーワードでの自然検索のアクセス数の向上、売上の向上		
範囲	開発の対象とする範囲	サイト設計、サイト構築		
期間	開始時期〜終了時期	2012/08/10 〜 2012/9/30		
環境	サーバーなど	クライアント様契約の既存サーバーを使用		
保守	契約時期	2012/10/1 〜 2013/09/30		
	作業内容	更新サポート、デザインパーツ作成		
成果物	提出する成果物	要件定義書、プロジェクト計画書、スケジュール、体制図、HTMLソースコード、マニュアル		

タスクリスト（WBS）の例

●●株式会社様 Webサイト構築					担当			予定人日
	工程	内容	成果物	CL	自社	実施		
要件定義	要件定義							5.75
	ヒアリング	...	議事録	山田	田中	自社		...
	計画書作成	...	計画書	山田	田中	自社		...
	要件定義書作成	...	要件定義書	山田	田中	自社		...
	確認	...		山田	田中	自社		...
	基本設計	...						...
	サイト仕様策定	...	サイト仕様書	...	...	...		...
	確認	...		...	...	...		...
	サイトマップ作成	...	サイトマップ	...	...	...		...
	ワイアフレーム	...	ワイアフレーム	...	...	...		...
	確認	...		...	...	...		...
	...	...		...	...	...		...
デザイン作成	デザイン							12
製造	HTMLテンプレート作成							7
	HTMLデータ入れ込み							7
	会社概要　HTMLテンプレート作成							3
	会社概要　HTMLデータ入れ込み							2
	Flash							5
	Joomla							7
結合・総合テスト	テスト実施 1（コンテンツ）ELECS							5
	テスト実施 1（コンテンツ）SAA							5

RELATION ▶ 004 005 011 056 060

057 スケジュールの作成と進捗管理

正確な運用管理でトラブルを防ぐ

Text：多並利幸（エレクス）

　プロジェクトの進捗管理は、プロジェクトの全体を把握し、管理するWebディレクターの重要な仕事の1つです。ディレクターはプロジェクトのスケジュールを作成し、プロジェクトの進捗に合わせて日々更新していきます。作成して終わりではなく、プロジェクトの実態に基づいて管理運用していくことが重要です。

スケジュールの作成

　スケジュールは、タスクリスト（WBS）に準じて開発工程、機能、タスクごとの項目をもとに策定するのが一般的です。スケジュールの記述には、ガントチャートと呼ばれる方法が多く使われます。縦軸に項目、横軸に月日を取り、開始／終了期日、所要時間などを記載したもので、タスクの順序や進捗状況、計画と実績の差が一目で分かる点がメリットです。

　実際にスケジュールを立てるときは、開始日や納品日、クライアントの確認日などを、項目ごとに記載し、スタッフとスケジュールを割り当てていきます。

　スタッフを割り当てる際は、1日の稼働を規定の業務時間内（通常8時間）に収めるように注意しましょう。あらかじめ残業を見込んだスケジュールを作成すると、遅れた場合にリカバリーできなくなります。タスクの量にスケジュールが見合わない場合は、スタッフの人数を増やします。同時進行する複数のタスクに1人のスタッフを当てる場合には、稼働の合計が規定の業務時間を超えないように注意します。もちろん、作成後は、見積りミスなどがないかどうかを、慎重に確認しましょう。

　スケジュールの作成には、マイクロソフトの「Project」など専用のソフトや、バグ管理システム（BTS）のチケット機能を使用します。スケジュールは、管理しやすくするためにも社内で統一したフォーマットを使うのが原則ですが、特に専用フォーマットなどがなく、初めて作成する場合は、日付を入力すると自動的にスケジュールを生成できるExcel用のテンプレートがおすすめです。Web上にはさまざまなテンプレートが配布されています。

スケジュールの管理（進捗管理）

　作成したスケジュールには、各タスクに進捗状態の項目を加えて、作業者の進捗を管理できるようにします。進捗状況は、毎日の打ち合わせや各スタッフからの報告に基づいてパーセンテージで記載します。事前にどこまで完了すると何％かという基準を設けておけば、作業者によるばらつきを避けられます。

　工程に遅れが見つかった場合には、リソースの増員や変更、他のタスクの前倒しなどによるリカバリーを速やかに実行しましょう。スケジュールの活用、共有によって、チーム内の動きが把握できるようになり、進行の精度を上げることにもつながります。

プロジェクトの進捗管理はWebディレクターの重要な仕事の1つだ。開発工程、機能、タスクなどをもとにスケジュール表を作成し、プロジェクトの進捗に合わせて更新していく。遅延が発生した場合は、増員やタスクの前倒しなどのリカバリーを速やかに実行しよう。スケジュールの活用、共有は、チーム内の動きを可視化し、進行の精度を上げることにもつながる。

ガントチャートの作成方法

作成方法	ツールの例	概要	メリット	デメリット
手動でいちから作成	Excel（マイクロソフト）	Excelを使用して、独自に作成する	導入が容易	手動作成のため、メンテナンスや変更が面倒
表計算ソフト＋テンプレート	Excel（マイクロソフト）	Webから入手したExcelのテンプレートに日付を記入すると、カレンダーに自動で線が表示され、ガントチャートが作成される	メンテナンスが容易	表のカスタマイズが難しい
専用ソフトで作成	Project（マイクロソフト）	必要な情報を記載すると、ガントチャートが作成される	メンテナンスが容易	表のカスタマイズが難しい、専用ソフトの購入が必要
BTS（バグトラッキングシステム）の機能で生成	Mantis（オープンソース）	ガントチャート生成機能を備えたBTSを使う	自動で生成されるため、メンテナンスが容易	表のカスタマイズが難しい、BTSの導入が必要

ガントチャートの例

- タスクはなるべく細分化して記載する。効率を優先し、作業者間で共有できている場合は省略することもある。
- 予定と実績を記載する。前のスケジュールが延びた場合、それ以降を再考して修正。更新されたスケジュールは、関係者で改めて共有する。
- 今後の検討課題とするために、スケジュール遅延の理由を記載する欄を追加。フォーマットは、工夫することでより使いやすくなる。
- 進捗率は、記載の基準を予め決めておくと、作業者によるズレがない。（例）0%：未着手　10%：着手　50%：半分進捗　100%：作業完了
- 「今日」にあたる部分は、常に線などでマークしておくと分かりやすくなる。

Webサイト構築／スケジュール

項目	担当	当初 自	当初 至	リスケ 至	リスケ：理由	進捗率	2月
HTMLテンプレート作成	山田	2/5	2/14				
コーディング	山田	2/5	2/10	2/12	Flash製造先行により	100%	
試験、修正	田中	2/10	2/12	2/16		100%	
Flash製造（TOP）	山田	2/8	2/12				
Flash製造	山田	2/8	2/12	2/12	CMSつなぎ込み部、Ajax	100%	
試験、修正	山田	2/12	2/12	2/16	製造に時間がかかった	100%	
CMS構築	大下	2/11	2/17				
環境構築	大下	2/11	2/11	2/11		100%	
サイトマップページの作成	大下	2/11	2/17	2/17		100%	
ページ上部のMapアイコン調整	大下	2/11	2/17	2/17		100%	
IE6での表示崩れ	大下	2/11	2/17	2/23	IE6、7表示崩れ対応	30%	
リンク	斉藤	2/11	2/17	2/17		100%	
詳細ページ表示崩れ対応	大下	2/11	2/17	2/17		100%	
HTMLデータ入れ込み	斉藤	2/17	2/26				
会社概要原稿入れ込み	斉藤	2/17	2/19	2/22		50%	
プライバシーポリシー	田中	2/17	2/19	2/22		50%	
詳細ページJavaScript対応	斉藤	2/17	2/19	2/22		10%	
表示確認、修正	飯田	2/23	2/26	2/26		0%	

058 プロジェクトの予算管理

「赤字プロジェクト」にならないために

Text：多並利幸（エレクス）

RELATION ▶ 005 011 012 056 060

　せっかく案件を受注しても赤字になっては意味がありません。適切な稼働で案件を遂行し、十分な利益を得るために必要不可欠なのが予算管理です。

　予算管理は、プロジェクトが進行する前の実行予算の作成と、実際にプロジェクトが進行してからの実績管理の2つに分かれます。実行予算は主にプロデューサーが、実績管理はディレクターが担当するのが一般的です。

プロジェクトの遂行に必要な実行予算の策定

　実行予算の計画を立てるには、受注時に作成した提案用の見積もりとは別に、実際の工数に即した内部見積もりが必要になります。受注時にクライアントに提出する見積もりは、分かりやすさを優先して、品目ベースつまりページ単価、機能単価で計算することが多く、正確な利益を算出するためには不十分だからです。

　実際の利益は、スタッフが何時間稼働するかを計算した、工数ベースの内部見積もりを作成することで正確に算出できます。スタッフの稼働は、リソースヒストグラム（WBSの各稼働に必要な人員の数を記載した表）から算出します。

　また、内部見積もりの作成時には、受注金額から利益と経費（間接費など）を引いて、人員の工数を割り当てる必要があります。たとえば、受注額の25％が粗利という規定や指標が社内にあれば、受注額から25％引いた金額に、1日5万円の人を○○日、1日3万円の人を○○日というように割り当てていきます。

　粗利の指標がない場合は適切な利益確保のために、原価の算定から実施します。具体的には、製造原価と粗利（営業経費と管理経費と営業利益）など、価格を構成するさまざまな費用を確認して、原価を算定します。

　個々のプロジェクトのための費用ではない間接原価（管理部門の社員やオフィスの維持費用など）や販売管理費は、会社の経営に必要な費用として、プロジェクトごと、部署ごとで案分の仕方を決めて加算します。原価の策定は、会社経営にかかるさまざまな費用が関わるため、経理担当などに算定してもらうとよいでしょう。

稼働状況の把握で正確な実績管理を

　予算の実績管理で重要なのは、各制作工程が完了したとき、あるいは定期的に実際の稼働を集計し、実行予算内で収まっているかを確認することです。もし稼働オーバーなどで見直しが必要な場合には、以降の実行予算を速やかに見直します。

　多忙な業務の中で予算管理の導入・維持は大変かもしれません。しかし、適切な利益の確保は、適切な予算管理によって初めて実現できるものです。さらに、正しい予算管理を続けていくことで、コスト意識が生まれ、利益を出す体質が作られていきます。

プロジェクトの赤字化を防ぎ、十分な利益を得るために必要なのが予算管理だ。予算管理は、プロジェクト進行前の実行予算と、プロジェクト進行後の実績管理の2つに分かれる。実行予算の計画では、工数ベースの正確な見積もりが必要になる。実績管理では、各制作工程が完了したとき、あるいは定期的に実際の稼働を集計し、実行予算と差異がないかを確認することが重要だ。

リソースヒストグラム

リソースヒストグラムは、WBSの各工程に対して必要な人員の数を記載した表のこと。
作業者の稼働状況を確認でき、負荷がかかり過ぎている場合などに速やかに調整ができる。
当初は稼働の予定を記載し、予算内に収まるように、合計を参照しながら、調整、計画する。
進行中は、実績に基づき随時稼働を修正し、以降の予定を予算内に収めるように再度調整する。

● 工程ベースで作成した場合

> 毎日の稼働を入力する

> 工程ごとに費用を算出し見積りとの比較などの評価や、稼働の調整に活用する

工程	7/14	7/15	7/16	7/17	7/18	7/19	7/20	7/21	7/22	7/23	7/24	合計	合計費用
要件定義	0.5	1										1.5	75,000
ワイアフレーム		0.5	1									1.5	60,000
デザイン				1.5	1.5	1.5	1					5.5	180,000
コーディング								1	1	1	1	4	140,000
合計	0.5	1.5	1	1.5	1.5	1.5	1	1	1	1	1	12.5	455,000

> 工程は、計算しやすいよう、WBSのものとは別に作成する

● リソースベースで作成した場合

名前	人日単価	7/14	7/15	7/16	7/17	7/18	7/19	7/20	7/21	7/22	7/23	7/24	合計	合計費用
ディレクター	50,000	0.5	1										1.5	75,000
デザイナーA	40,000		0.5	1	0.5	0.5	0.5						3	120,000
デザイナーB	30,000				1	1	1	1					4	120,000
コーダーA	40,000								0.5	0.5	0.5	0.5	2	80,000
コーダーB	30,000								0.5	0.5	0.5	0.5	2	60,000
合計		0.5	1.5	1	1.5	1.5	1.5	1	1	1	1	1	12.5	455,000

> 利益を見込んだ各人員の人日単価を出しておくと、費用を算出しやすい

原価の構造

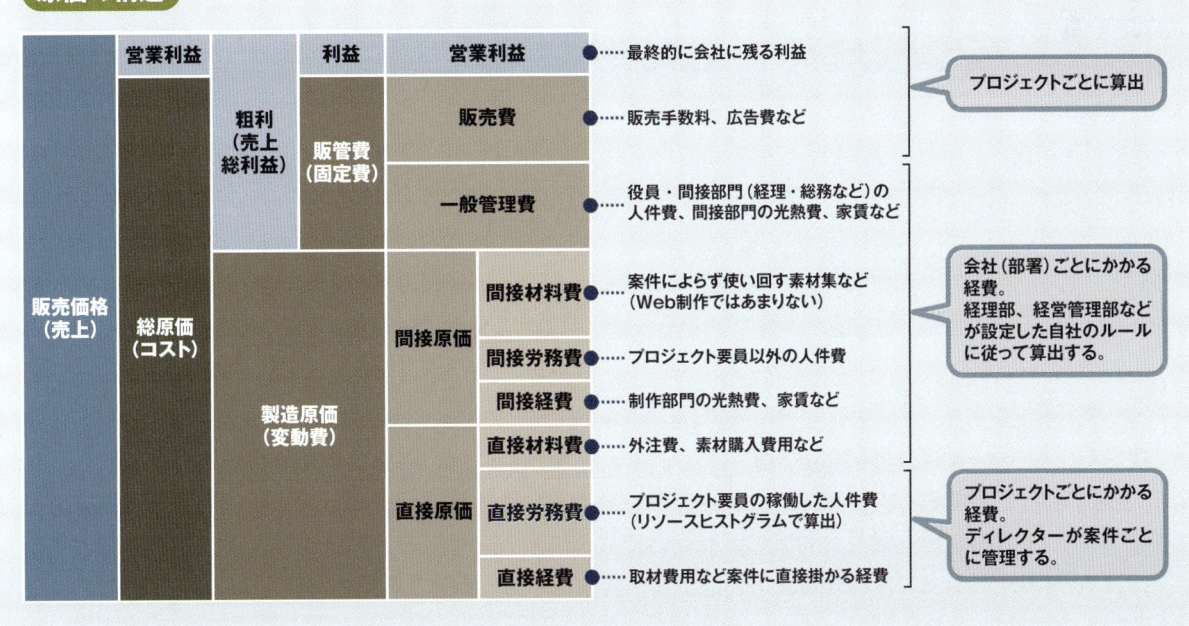

販売価格（売上）	営業利益			営業利益	……最終的に会社に残る利益
	総原価（コスト）	粗利（売上総利益）	利益		
			販管費（固定費）	販売費	……販売手数料、広告費など
				一般管理費	……役員・間接部門（経理・総務など）の人件費、間接部門の光熱費、家賃など
		製造原価（変動費）	間接原価	間接材料費	……案件によらず使い回す素材集など（Web制作ではあまりない）
				間接労務費	……プロジェクト要員以外の人件費
				間接経費	……制作部門の光熱費、家賃など
			直接原価	直接材料費	……外注費、素材購入費用など
				直接労務費	……プロジェクト要員の稼働した人件費（リソースヒストグラムで算出）
				直接経費	……取材費用など案件に直接掛かる経費

> プロジェクトごとに算出

> 会社（部署）ごとにかかる経費。経理部、経営管理部などが設定した自社のルールに従って算出する。

> プロジェクトごとにかかる経費。ディレクターが案件ごとに管理する。

059 外注企業の利用と管理

適切な利用で質の高いプロジェクトに

Text：多並利幸（エレクス）

プロジェクトに必要な要員が社内で不足しているときは、業務の一部を外部に委託（外注）する場合があります。Web制作業界では外注はよく利用されますが、業界標準となる厳密な作業フローや工業規格のような品質基準がないため、外注先が自社と同じ作業フローや品質で制作するとは限りません。

外注する場合は、自社と外注先との双方の認識のズレなどによってトラブルが起きたり、品質が低下したりしないように、外注先のスキルやスケジュール、コストなどを発注元が総合的に管理することが必要です。

依頼先の選定と外注の流れ

プロジェクトの外注は、依頼先の選定から始まります。選定の際は、対応可能なスキルがあるか確認するため、成果物の実績、関わった工程の詳細を十分に把握することが重要です。

依頼先を選定したら、提案依頼書（RPF）などで概要を伝え、対応の可否を確認した上で見積もりを依頼します。業務の範囲だけでなく工程や、必要十分な体制が取れるかどうかも確認して、依頼先を決定します。

取引開始の前には、基本契約書、機密保持契約書を締結します。また、各プロジェクトの発注に際しては個別契約書を結びますが、発注書や注文書で代用することもあります。基本契約書では著作権の帰属、締め日・支払い日、個別契約書では委託範囲と締め日・支払い日に注意して契約を締結します。締め日・支払い日は通常は基本契約書に盛り込まれていますが、プロジェクトごとに異なる場合があるので必ず確認しましょう。

情報共有の徹底とチェックで品質を保つ

実際のプロジェクトの進行中には、打ち合わせや連絡・情報の伝達など注意点が多々ありますが、議事録や課題管理表などを用いて、意思の疎通が十分に図れるように気を付けます。

課題管理表は、電話やメールでやり取りしている個々の修正点や問題点などの依頼と対応を、表計算ソフトなどで作成した表にまとめたものです。メールで連絡する際に、修正点や問題点を都度追記、更新のうえ、添付します。課題管理表を運用すると、電話やメールでの個々の用件をスタッフ全員で共有でき、一覧性もあるため、対応の漏れを防げます。

外注の進捗管理には、社内と同様にガントチャートなどを使います。進行中は、成果物の品質確保に注意します。たとえば大量のコーディング作業がある場合は、先に1ページだけ提出させて品質を確認するなど、工夫しましょう。外注先の成果物は、最終的には自社の成果物としてクライアントに提出するものですので、提出前には社内でも品質を必ず確認します。

プロジェクトの一部を、外部に委託するのが外注だ。発注前には、必要スキルの有無などを確認し外注先を選定し、各種契約書を作成する。発注後は、議事録やスタッフ全員で情報を共有できる課題管理表などを使って意思疎通を図り、対応の漏れを防ぐようにする。外注先の成果物は、最終的に自社の成果物としてクライアントに提出するため、提出前に社内でも必ず品質を確認する。

外注管理のポイント

時期	内容	確認するポイント	確認する対象	注意点
発注前	外注の選定	必要なスキルの有無	成果物と価格の実績	実際の成果物で具体的なスキルを確認する
発注前	外注の選定	必要なスキルの有無	これまで関わった工程	コアなスキルがどこにあるかを把握する
発注前	案件の概要の確認	対応の可否	提案依頼書(RFP)	案件の内容を正確に伝える
発注前	案件の概要の確認	対応の可否	納品に伴うテスト要件	RFPでは分からない稼働について伝える
発注前	案件の概要の確認	対応の可否	必要十分な体制	制作時期に人員が確保できるかを確認する
発注前	契約の確認	個々の条件	基本契約書	著作権の帰属と締め支払いが重要になる
発注前	契約の確認	個々の条件	機密保持契約書	機密保持に関する認識を確かめ、順守を求める
発注前	契約の確認	個々の条件	個別契約書(または発注書など)	納期、締め支払いなどを確認(案件ごとに異なる場合あり)
発注後	情報伝達	十分な意思疎通が可能か	議事録	打ち合わせ内容に認識の違いがないかを確認
発注後	情報伝達	十分な意思疎通が可能か	課題管理表	問題点、確認事項などを共有し、一括管理する
発注後	進捗管理	進捗状況	ガントチャート	進行状況について共有する
発注後	進捗管理	進捗状況	途中段階での成果物	進行状況に認識の違いがないか、間違いはないか
発注後	成果物の確認	要件を満たしていて、間違いがないか	成果物	品質確認には十分な時間をかけ、瑕疵のないようにする

課題管理表の例

課題管理表は、発注元・外注先の双方が、制作作業において確認したい点や問題点、対応を一覧にまとめた文書のこと。発注元のディレクターと外注先のディレクターが随時更新しながら共有する。確認や修正の漏れを防ぎ、制作メンバー全体で情報を共有できる。

A社Webサイト　課題管理表

番号	確認日	重要度	分類	機能名/テーブル名	確認内容	回答日	回答	完了予定日	提起者	回答者	完了日	対応度
008	00/00/00	大	質問	SSLについて	既存のSSLの契約情報についてお知らせください。	00/00/00	別途メールにてお送りします。	00/00/00	山田	田中	00/00/00	100%
009	00/00/00	中	質問	トップページFlashについて	Flashにも検索窓がありますが、どのような対応を考えてよろしいでしょうか。	00/00/00	別途メールにてお送りします。	00/00/00	山田	田中	00/00/00	100%
010	00/00/00	大	質問	会社案内の原稿準備期間について	会社案内の原稿については、現時点から2週間の期間を取ってよろしいでしょうか。	00/00/00	00/00までの1週間で回答します。	00/00/00	山田	田中	00/00/00	100%
011	00/00/00	大	質問	サーバ契約書の締結	基本契約書の締結の時期につきまして、スケジュール記載の期日にて仮定しております。時期的に適切でしょうか。	00/00/00	当社締めの関係で00月からの契約にしたく、それまでの1カ月は、別途契約にて契約書の作成をお願いします。	00/00/00	山田	田中	00/00/00	100%
012	00/00/00	中	質問	メールの設置について	移行先サーバーのメールアカウントの設定については、御社側での実施前提でよろしいでしょうか。	00/00/00	アカウントの設定については、社内にて実施します。実施にあたり簡単なマニュアルをご用意ください。	00/00/00	山田	田中	00/00/00	100%
013	00/00/00	中	質問	メールの設置について	メールアカウントの設定の簡単なマニュアルをご用意ください。	00/00/00	次回打ち合わせ(00/00)に提出、ご説明いたします。	00/00/00	田中	山田		80%
027	00/00/00	小	要望	お問い合わせフォーム	入力枠の下に「入力は100文字までとなります」とコメントを追加。				田中			%
028	00/00/00	小	不具合	お問い合わせ確認画面	赤文字の表示がずれています。					山田		
029	00/00/00	小	不具合	お問い合わせフォーム	ありえない日付(4月31日など)を入力できなくしたい。					山田	田中	0%

提起者が左半分を記載 ↔ 回答者が右半分を記載

- 表の状態を色分けすると分かりやすく、効率的な運用が可能
- 提起の際に回答者を指定し、確実に回答が得られるようにする
- 完了日・対応度を入力させることで、確実な対応を促す

凡例:
- 回答が必要なもの
- 今回新しく記入した個所
- 完了したもの

RELATION ▶ 004 009 054 056 061

060 事前の計画と対策の徹底で防ぐ
プロジェクトのリスク管理

Text：多並利幸（エレクス）

Web制作におけるリスクには、トラブルとなり得るさまざまな事象があります。Webサイトでは、一般的に表示崩れや記載間違いなどが挙げられますが、それ以外にも、リソース不足やスケジュールの遅れ、サーバー設定のトラブル、クライアントの確認の遅れなど、さまざまなリスクが数多く存在します。

プロジェクトにおけるリスクは、事前に予測し、予防策を検討したり、用意した対応策を迅速に実行したりすることで、トラブルを起こさない、あるいは被害を最小限に防げるようになります。

リスクの洗い出しと計画の策定

リスク管理とは、予想されるリスクを事前に洗い出し、リスクに対する予防策や対策を計画、実施していくことを指します。具体的な手順としては、プロジェクトの開始時にディレクターが中心となって、マインドマップやブレーンストーミングなどでリスクを洗い出します。ディレクターだけでは時間もかかり漏れも生じるため、できるだけ制作スタッフ全員で検討するようにします。

洗い出したリスクは、リスク管理表を作成して、重要度（優先度）を付けて整理します。その上で、各項目の対策を考えて、管理表に記入していきます。

リスク対策の基本は、「回避」「軽減」「転嫁」の3つです。回避はリスクを無くす方法で、たとえばスケジュールの遅れに対して日程の延長などがあります。軽減は、表示確認の徹底などによる品質の向上でリスクを軽くする方法です。転嫁は、保険などでリスク発生時の影響や責任をほかに移す方法ですが、あまり一般的ではありません。実際は、回避、軽減を中心に考えるとよいでしょう。

ディレクターは、制作進行中、作成したリスク管理表を確認して、予測したリスクが発生していないかを随時チェックします。発生した場合は、計画のとおりに対応しましょう。事前にリスクを予測し対応計画を立てておくことで、スピーディーに対応できます。

一般的なリスク対策も徹底を

普段は意識せずとも、もともと一般的に作業フローの中に組み込まれているリスク対策も数多くあります。たとえば、ヒアリングシートやページの確認に用いるチェックシートなどは、確認漏れのリスクを防止するものです。ほかにも、コミュニケーション計画書や課題管理表、WBS、ガントチャートなども、適切に運用することでリスク管理に役立ちます。

プロジェクトの進行や管理に関わるチェックシートやガントチャートなどの書類は、経験を積んだディレクターであれば、ある程度省略できるものです。しかし、リスク管理の観点からは、省略せず適切に利用することが望ましいと言えます。

> リスク管理とは、予想されるリスクを事前に洗い出し、重要度を付けて整理したリスク管理表を作成して、対策を検討しておくことだ。リスク対策は、「回避」「軽減」の2つを中心に考えるとよい。リスクを予測し、対応計画を立てることで、リスク発生時にもスピーディーに対応できる。チェックシートなど、一般的に作業フローの中に組み込まれているリスク対策も、適切に利用するのが望ましい。

主なリスクと対策

分類	リスクの例	対策例
要件定義	作業範囲の認識の違いによる追加工程の発生	契約書や発注書で作業範囲を明確化する
要件定義	仕様の認識の違いによるスケジュールの遅延	仕様書や要件定義書などのドキュメントの作成を徹底する
スケジュール	制作進行中の追加工程の発生	WBSでタスクを漏れなく洗い出す
スケジュール	制作進行中のスケジュールの遅延	余裕を持ったスケジュールを設定する
見積もり	追加コストの発生によるプロジェクトの赤字化	見積もり項目に漏れや誤りがないか検証を徹底する
見積もり	仕様変更に伴う追加コストの発生	見積もりの有効範囲、仕様変更による再見積もりの可能性をあらかじめ見積書に盛り込む。バッファを持たせた見積書を作成する
品質管理	品質に対する認識の違いによる追加工程の発生	契約書へ品質基準を盛り込む。品質基準を事前に合意する
品質管理	ブラウザーごとの表示違いによる納品後の追加工程の発生	要件定義段階で仕様を詰める。テストスペックを明確化し、結果を報告書として提出する
要員	要員不足・スキル不足によるスケジュールの遅延	要員の稼働状況、スキルを把握し管理する
クライアント	クライアント側の都合によるスケジュールの遅延	クライアント側の体制やスキルを把握し、スケジュールに織り込む
外注企業	外注先作業の遅れによるスケジュールの遅延	制作体制は十分か、工程の認識は同じか確認する
外注企業	成果物の品質が低いことによる手戻りの発生	制作者のスキル、管理・確認体制を確認する
コミュニケーション	ミスコミュニケーションによるスケジュール遅延、品質の低下	コミュニケーション計画を策定し、情報共有ツールを利用する

リスク管理表の例

リスク管理表は、プロジェクトの予想されるリスクを洗い出して、発生頻度や重要度を付けて整理、記入した表のこと。また、それぞれのリスクについて考えた対策も記入し、評価の高い順に対策を実施していく。

- リスク・問題点は、なるべく具体的に挙げる
- 発生頻度、重要度は3～5段階が運用しやすい。評価は、2つの項目をかけて算出
- 対策には、発生前の予防策と、発生後の対応策およびそのための事前準備などがある

分類	リスク要因	リスク・問題点	発生頻度	重要度	評価	対策
自社	要員の確保	コーディング時期に受注が重なっているため、要員が不足する可能性がある	3	3	9	リソース計画を各案件ごとに厳密に策定し、不足の場合は協力会社に依頼する
顧客	クライアントのスケジュール確認	デザイン確認のタイミングでお盆に入るため、クライアント担当者が休みでないか確認が必要	2	3	6	クライアント担当者の休暇予定を確認し、スケジュールを調整
顧客	サーバーの仕様について	対応するPHPのバージョンが実装予定のCMSの要件と合っているかが不明	3	3	9	早めにバージョンを確認する。不明な場合は実際にインストールを実施する
自社	協力会社の作業範囲	協力会社と作業範囲の認識に違いはないか、テスト項目について明示的に確認できているか	2	3	6	契約内容、作業工程を事前に確認する
顧客	クライアントの確認体制	納品直前にクライアント社長の確認を取る予定だが、担当者から大きな修正が発生する可能性があると示唆	3	3	9	事前に社長に確認してもらうように担当者に依頼し、事前確認用の資料を用意しておく

- 分類は、担当ごとのほか、プロセスごとや、種類ごとなど、使いやすいように工夫する
- 評価の数値の高い順に対策を実施する

RELATION ▶ 011 058 059 060 094 111

061 プロジェクトの品質管理
質を保つ仕組みで信頼を勝ち取る

Text：多並利幸（エレクス）

　品質管理とは、納品物を含む成果物などがプロジェクトに求められるさまざまな要件を満たしているかを管理することです。品質管理の対象には、内容の正確性、Webブラウザーでの再現性など一般的な品質のほか、納品スケジュールや価格といった、成果物でないものも含まれます。

　求められる品質は、各プロジェクトの特性により異なります。たとえば、ECサイトなら快適に操作ができることが求められますし、プロモーションサイトではエンターテインメント性が優先されるでしょう。

　品質管理に当たっては、まず要件定義や仕様書をもとに満たすべき要件を押さえておくことが重要です。

品質を保つ2つの方法

　品質管理には、工程ごとのチェックと最終テストという2つの方法があります。

　工程ごとのチェックでは、要件定義が終わったとき、デザインカンプが完成したときなど、工程が1つ終わるごとに制作会社でチェックし、クライアント側にも確認してもらいます。

　具体的なチェックの方法としては、各工程の要件定義や仕様書などに従ってチェックシートを用意し、それに沿って要件を満たしているかを調べていきます。その際、文字校正や表示確認用のチェックシートなど、定型フォーマットを用意しておくと、チェック作業の効率化を図れます。

　最終テストは、クライアントへの納品前に実施します。テスト仕様書を作り、制作会社とクライアント、代理店などで最終テストを実施します（制作側のテスト結果を提出し、クライアントや代理店のテストは省く場合もあります）。

　この最終テストを検収と言い、クライアントが納品物の品質を認めたという証しに受け取るのが、検収書です。

クライアントの同意・確認を徹底

　品質管理でもっとも重要なポイントは、最終テストだけではなく、プロジェクトの工程ごとに、クライアントに確認を依頼し、同意を得ることです。

　たとえば、要件定義で対象とするWebブラウザーについての確認が不十分だと、HTMLのコーディングが終わった後に、実はクライアントの環境ではInternet Explorer 6が使われていて表示崩れが起こってしまった、といった問題に発展することがあります。この場合、HTMLを修正するためにスケジュールが延びたり、コストが跳ね上がったりする可能性もあります。

　プロジェクトを無駄なく確実に進行するためにも、クライアントとは進行プロセスやテスト内容について、きちんと共有しておくことが必要です。

品質管理とは、成果物などプロジェクトに求められるさまざまな要件を満たしているかを管理することだ。要件定義や仕様書をもとに満たすべき要件を押さえておくことが重要になる。品質管理の実際の運用は、工程ごとのチェックと最終テストという2つの段階がある。最終テストだけでなく、プロジェクトの工程ごとに、クライアントの確認を取り、同意を得ることが重要だ。

チェックシートの例① ブラウザー表示結果報告書

納品時、ブラウザーの表示結果をリスト化して提出することで、クライアント側のテストを省略することもある

> 通常のWebサイトの場合、一覧で各ページごとに表示、リンク、構文をチェック。ほかに確認が必要な項目があれば、適宜チェック項目に追加する

> チェック内容の補足を記載

○○WEBサイトチェックリスト

No	タイトル	URL	表示					リンク	HTMLチェック	担当	確認日	備考
			IE6	IE7	IE8	Fx6.0	Safari5.1					
01	トップページ	/index.html	○	○	○	○	○	○	○	田中	00/00/00	
02	ごあいさつ	/profile/indexhtml	×	○	○	○	○	○	○	田中	00/00/00	●●部表示崩れ
03	会社概要	/profile/profile.html	○	○	○	○	○	○	○	田中	00/00/00	
04	事業所一覧	/profile/branch.html	○	○	○	○	○	×	○	田中	00/00/00	●●支店ページリンク違い

> IEは各バージョンで確認する。古いバージョンをどこまで網羅するかは、クライアントとの合意により決定する。Firefox、Safariは最新版でのチェックが一般的

> HTML、CSSなどの記述が適切かどうかを、確認事項を決めてチェックし記載する。HTMLチェッカーを使用した結果を記載する場合もある

チェックシートの例② HTML/CSSコーディングのチェックリスト

制作工程で完成したHTML/CSSが基準を満たしているかどうかを確認することで、品質を保持できる

チェックリスト
URL…http://****.com　担当…●●　チェック日…00/00/00

> 厳密にテストをする場合は、ページごとにチェックシートを作成する

No	カテゴリ	チェック項目	結果	備考
00	HTML	文字コードはUTF-8となっている		
00	HTML	改行コードはLF（Unix）になっている		
00	HTML	全ての空要素を終了タグで閉じている　例： 		
00	HTML	外部へのリンクには、target="_blank"を記述している		
00	HTML	全ての画像にalt属性をつけている		
00	HTML	XHTML1.0で定義される非推奨要素・属性・タグを使用していない		
00	HTML	tableデザインレイアウトを行っていない		
00	HTML	文書構造上、必要がない画像を配置していない		
00	HTML	テキストのスペルミスチェックを行った		
00	CSS	全てのスタイル指定は外部ファイルに記述している		
00	CSS	スタイルシートのセレクタに、body,p,img,などの要素名を直接指定している		
00	CSS	CSSをオフにした状態の時、文書構造として成立している		
00	全般	フォントサイズの変更を行った場合にレイアウトが崩れない（IE6：最小～最大まで）		

> チェック項目は、プロジェクト要件などから決定する。自社のガイドラインなどをもとに基本フォーマットを作成し、案件ごとに編集して使用すると効率的に運用できる

検収書の例

検収書は、間違いなく納品されたことの確認として、クライアントが制作側に対して発行する書類。クライアント側に書式がなければ、制作側が検収書を手配しクライアントの社印を押してもらった上で受け取る場合もある。

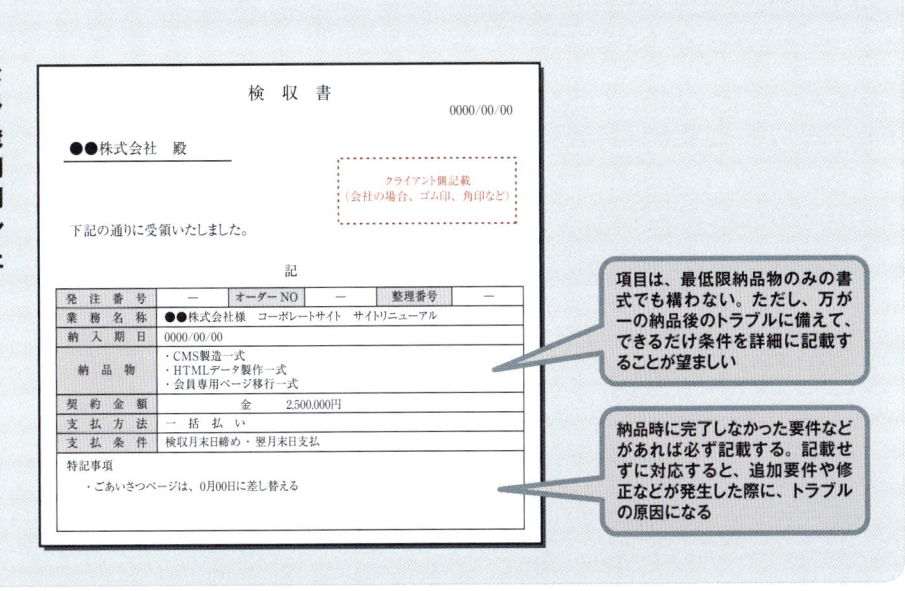

検　収　書　　　0000/00/00

●●株式会社　殿

クライアント側記載
（会社の場合、ゴム印、角印など）

下記の通りに受領いたしました。

記

発注番号	ー	オーダーNO	ー	整理番号	ー
業務名称	●●株式会社様　コーポレートサイト　サイトリニューアル				
納入期日	0000/00/00				
納品物	・CMS製造一式 ・HTMLデータ製作一式 ・会員専用ページ移行一式				
契約金額	金　2,500,000円				
支払方法	一括払い				
支払条件	検収月末日締め・翌月末日支払				

特記事項
・ごあいさつページは、0月00日に差し替える

> 項目は、最低限納品物のみの書式でも構わない。ただし、万が一の納品後のトラブルに備えて、できるだけ条件を詳細に記載することが望ましい

> 納品時に完了しなかった要件などがあれば必ず記載する。記載せずに対応すると、追加要件や修正などが発生した際に、トラブルの原因になる

バグ管理システムを使う

　日本のソフトウェア業界では表計算ソフトのExcelで「障害管理シート」を作成し、社内LANやメールで関係者と共有するプロジェクト管理が主流だ。一方、海外のWeb開発ではBTS（Bug Tracking System：バグ管理システム）と呼ばれる専用システムでバグの発見から担当者の割り当て、修正の確認までを管理することが多く、国内でもWeb制作会社を中心に使われるようになっている。

　障害管理シートでもBTSでも、扱う項目はほぼ同じだ。登録日、バグの状態（オープン、クローズ）、重要度、バグの概要、再現手順、期待する動作、担当者などを管理することで、発見したバグに確実に対処することがBTSの目的である。

　BTSを使うメリットは、バグの重要度や担当者、進捗などを集中管理できることだ。Excelシートでは関係者が誤って削除してしまったり、登録されるバグが多すぎると一覧して何が起きているのか把握しにくくなったりする。

　一方、BTSを使えば現在進行中の作業や担当者別の割り当て作業をフィルタリングして把握できる。また、バグの管理に限らず、開発業務全体を細かな作業に分割し、それぞれの担当者を割り当ててガントチャートを作成するなど、スケジュール管理目的で用いる場合もある。Subversion（190ページ）と連携してソースコードを管理したり、設計図書や開発記録をBTSに登録して、関連文書を集中管理する目的でも使われる。

　代表的なBTSには、ネットスケープ社が社内用に開発し、その後オープンソース化した「Bugzilla」（http://www.bugzilla.org/）、Ruby on Railsで開発されたプロジェクト管理ツールの「Redmine」（http://www.redmine.org/）、Pythonで開発されたプロジェクト管理ツールの「Trac」（http://trac.edgewall.org/）などがある。

第6章
Webコンテンツの制作ディレクション

- **062** Webコンテンツ制作の発注 …… 156
- **063** コンテンツ素材の管理 …… 160
- **064** 画像フォーマットの種類と使い分け …… 162
- **065** Webに特化した文章術「Webライティング」 …… 164
- **066** 納期や工数、コストを減らす校正作業 …… 166
- **067** Webサイトにかかわるさまざまな法律 …… 168
- **068** 個人情報保護法とプライバシーポリシー …… 170
- **069** Webサイトで使う素材の著作権 …… 172
- **070** ECサイトに必須の特定商取引法の理解 …… 174
- **071** Webサイトで扱う動画ファイルの選択 …… 176
- **072** 動画コンテンツ配信プラットフォームの選び方 …… 178
- **073** WebサイトにおけるPDFの利用 …… 180

RELATION ▶ 003 006 033 059 063

062 Webコンテンツ制作の発注
スケジュール・品質・コストをコントロールしよう

Text：クロスコ

　Webサイトは、写真やイラスト、テキストなどさまざまなコンテンツによって構成されています。コンテンツ素材は、クライアントから支給されることもありますが、制作会社が手配する場合もあります。

　制作会社が素材を手配する場合、Webディレクターは、写真ならカメラマンに、テキストならコピーライターに、といった具合に、それぞれ専門のスタッフに依頼します。専門スキルを持つスタッフは、Webだけではなくテレビや雑誌など多様なメディアの仕事をしており、得意・不得意なジャンルや報酬のレベルはさまざまです。予算と内容に応じて適切なスタッフに依頼できるよう、日頃からなるべく幅広い人脈を築いておきましょう。

依頼内容と納期を明確に

　コンテンツ制作をスムーズに進めるには、ディレクターによるスケジュール、品質、コストの管理が欠かせません。

　Webディレクターは、プランナーとともに全体のプランに沿ってコンテンツの内容を決定し、必要な素材をリストアップしてそれぞれの専門スタッフに制作を依頼します。案件によっては、企画段階の打ち合わせから専門スタッフにも参加してもらい、アイデアや意見を出してもらう場合もあります。

　コンテンツの発注時は、依頼内容と納期を明確にし、各スタッフにできるだけ具体的に伝えます。写真やイラストであれば使用サイズやカット数、テキストであれば文字数や文言表記のルールを提示し、加工方法を考慮してファイル形式や納品形態も取り決めておきましょう。

　なお、画像や動画ファイルの詳細な仕様は、カメラマンとデザイナーなど、制作スタッフ同士で直接やりとりした方がよい場合もあります。

後工程を意識したスケジュール管理を

　コンテンツ制作のスケジュール管理では、後工程を意識して計画を立てることが重要です。特に、プログラムとの連携が必要なWebサイトのように、工程が複雑なケースでは、素材の遅れが全体の進行に大きな影響を与えることもあり、十分な余裕を持ってスケジュールを組み立てる必要があります。

　また、テキストやイラストは納品後、クライアントのチェックによって修正を要求される場合もあります。修正にかかる時間もあらかじめ見込んで納期を設定すると、全体の進行の遅れを防げます。

　コストの管理も、ディレクターにとって重要な仕事です。発注時には点数あたりの金額と仕様を定め、受発注契約を交わします。当初の発注内容から変更があった場合は即座に交渉し、作業後に金額に関するトラブルが起きないようにしましょう。

Webサイトで使用する写真、イラスト、テキストなどのコンテンツ素材を制作会社が手配する場合は、ライターやカメラマンなどの専門スタッフに依頼する。Webディレクターはプランナーとともにコンテンツを決定し、必要な素材をリストアップして発注する。発注時は、内容を具体的に伝えること、後工程を意識してスケジュールを立てること、金額を提示して契約することが重要だ。

Webサイト制作は専門スキルの共同作業

Webサイトを構成するたくさんの要素は、それぞれ専門スキルを持ったスタッフの作業により作成される。サイト構成やコンテンツの内容によって必要なスタッフは変わってくるため、まず、すべての作業を洗い出し、それから最適なスタッフを選定して作業を依頼・発注する。

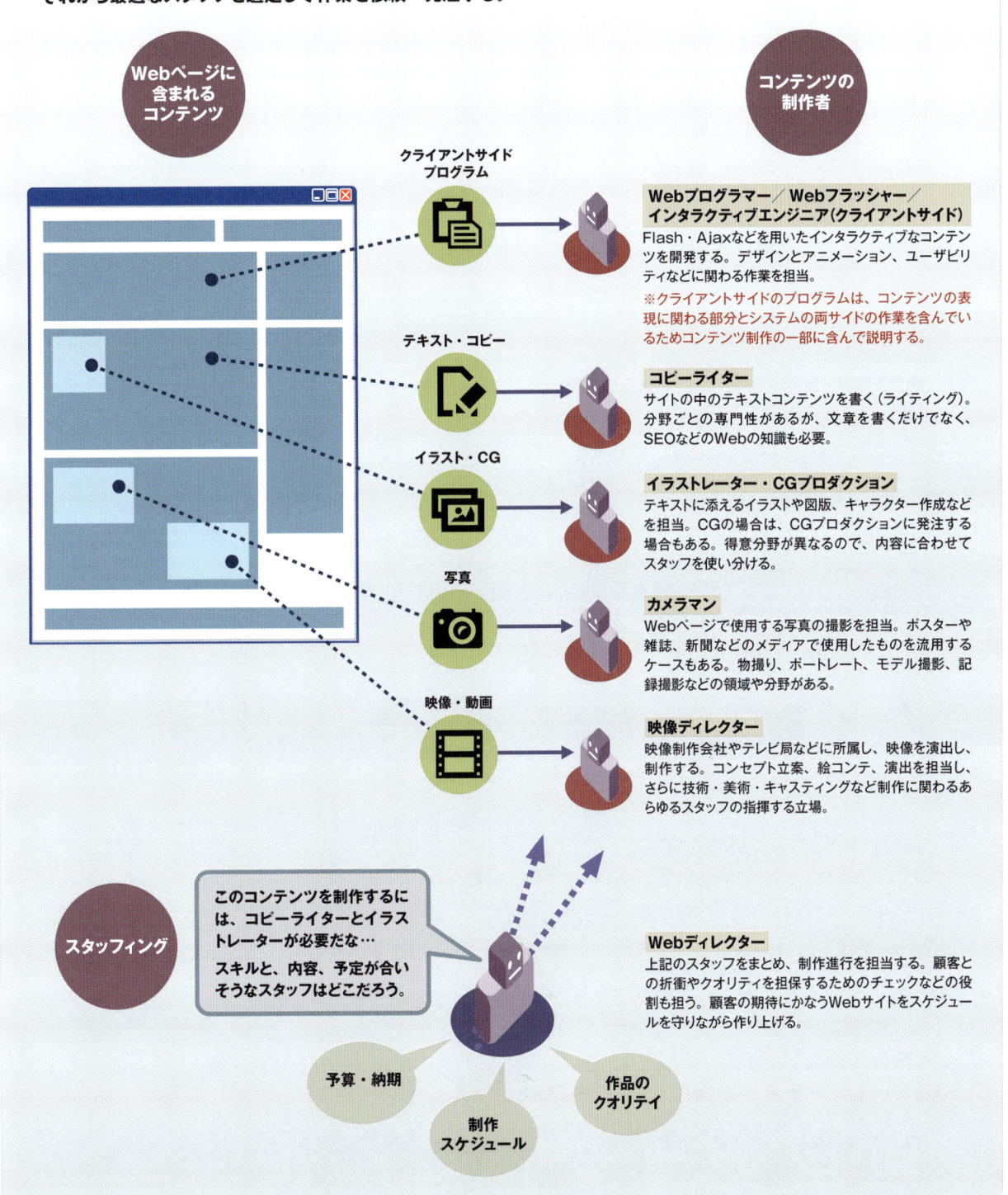

Webページに含まれるコンテンツ

コンテンツの制作者

クライアントサイドプログラム

Webプログラマー／Webフラッシャー／インタラクティブエンジニア(クライアントサイド)
Flash・Ajaxなどを用いたインタラクティブなコンテンツを開発する。デザインとアニメーション、ユーザビリティなどに関わる作業を担当。
※クライアントサイドのプログラムは、コンテンツの表現に関わる部分とシステムの両サイドの作業を含んでいるためコンテンツ制作の一部に含んで説明する。

テキスト・コピー

コピーライター
サイトの中のテキストコンテンツを書く(ライティング)。分野ごとの専門性があるが、文章を書くだけでなく、SEOなどのWebの知識も必要。

イラスト・CG

イラストレーター・CGプロダクション
テキストに添えるイラストや図版、キャラクター作成などを担当。CGの場合は、CGプロダクションに発注する場合もある。得意分野が異なるので、内容に合わせてスタッフを使い分ける。

写真

カメラマン
Webページで使用する写真の撮影を担当。ポスターや雑誌、新聞などのメディアで使用したものを流用するケースもある。物撮り、ポートレート、モデル撮影、記録撮影などの領域や分野がある。

映像・動画

映像ディレクター
映像制作会社やテレビ局などに所属し、映像を演出し、制作する。コンセプト立案、絵コンテ、演出を担当し、さらに技術・美術・キャスティングなど制作に関わるあらゆるスタッフの指揮する立場。

スタッフィング

このコンテンツを制作するには、コピーライターとイラストレーターが必要だな…
スキルと、内容、予定が合いそうなスタッフはどこだろう。

Webディレクター
上記のスタッフをまとめ、制作進行を担当する。顧客との折衝やクオリティを担保するためのチェックなどの役割も担う。顧客の期待にかなうWebサイトをスケジュールを守りながら作り上げる。

予算・納期

制作スケジュール

作品のクオリティ

コンテンツ制作のフロー

コンテンツの制作は、サイト構築の作業と密接に連携し、全体の作業フローの中で進行する必要がある。それぞれの予定がかみ合わないと、スケジュールが遅延したり、無駄な作業が発生したりするため、Webディレクターは常に全体の進行に留意する必要がある。

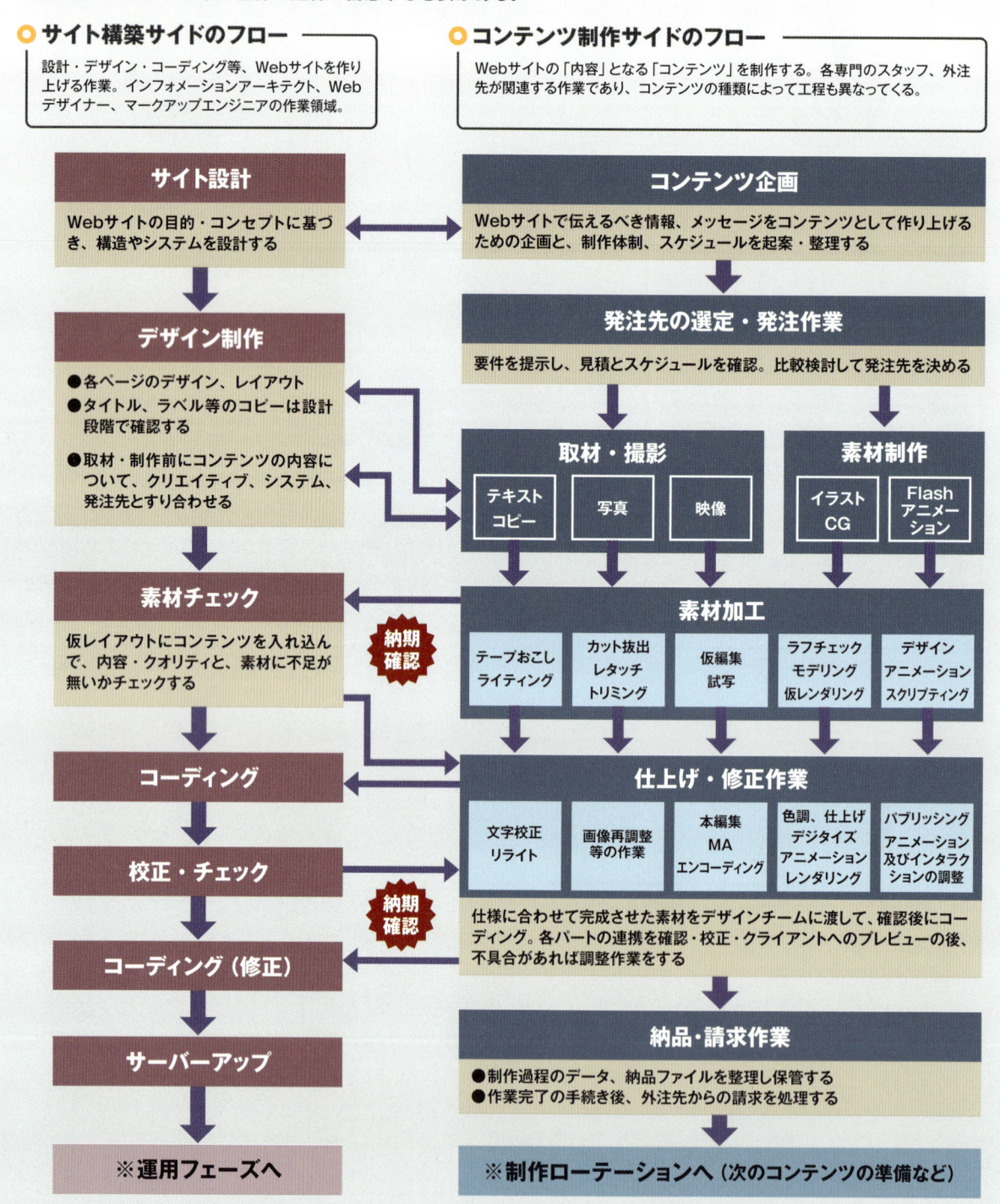

● サイト構築サイドのフロー
設計・デザイン・コーディング等、Webサイトを作り上げる作業。インフォメーションアーキテクト、Webデザイナー、マークアップエンジニアの作業領域。

● コンテンツ制作サイドのフロー
Webサイトの「内容」となる「コンテンツ」を制作する。各専門のスタッフ、外注先が関連する作業であり、コンテンツの種類によって工程も異なってくる。

サイト設計
Webサイトの目的・コンセプトに基づき、構造やシステムを設計する

コンテンツ企画
Webサイトで伝えるべき情報、メッセージをコンテンツとして作り上げるための企画と、制作体制、スケジュールを起案・整理する

発注先の選定・発注作業
要件を提示し、見積とスケジュールを確認。比較検討して発注先を決める

デザイン制作
- 各ページのデザイン、レイアウト
- タイトル、ラベル等のコピーは設計段階で確認する
- 取材・制作前にコンテンツの内容について、クリエイティブ、システム、発注先とすり合わせる

取材・撮影
- テキストコピー
- 写真
- 映像

素材制作
- イラストCG
- Flashアニメーション

素材チェック
仮レイアウトにコンテンツを入れ込んで、内容・クオリティと、素材に不足が無いかチェックする

【納期確認】

素材加工
- テープおこし ライティング
- カット抜出 レタッチ トリミング
- 仮編集 試写
- ラフチェック モデリング 仮レンダリング
- デザイン アニメーション スクリプティング

コーディング

仕上げ・修正作業
- 文字校正 リライト
- 画像再調整等の作業
- 本編集 MA エンコーディング
- 色調、仕上げ デジタイズ アニメーション レンダリング
- パブリッシング アニメーション及びインタラクションの調整

校正・チェック

【納期確認】

仕様に合わせて完成させた素材をデザインチームに渡して、確認後にコーディング。各パートの連携を確認・校正・クライアントへのプレビューの後、不具合があれば調整作業をする

コーディング（修正）

納品・請求作業
- 制作過程のデータ、納品ファイルを整理し保管する
- 作業完了の手続き後、外注先からの請求を処理する

サーバーアップ

※運用フェーズへ

※制作ローテーションへ（次のコンテンツの準備など）

コンテンツの種類ごとの制作時における留意点

Webプログラム（クライアントサイド）

インタラクティブな表現や、デザインとUIが一体化したナビゲーション、動画を組み込んだコンテンツ、動的に生成されるコンテンツなど、訴求内容を印象付け機能的なサイトとするために用いる。また、タブレットPCやスマートフォンなどのタッチインタフェースの開発にも用いられる。
FlashやAjax、SilverlightなどのRIA（リッチ・インターネット・アプリケーション）を用いて開発する。

発注時の留意点
- どのRIAプラットフォームを使うかを、サイト設計チームと検討して選択する。
- プラットフォームによって開発に必要なスキルが異なるため、システムに合わせたスタッフィングが重要。コンテンツの内容によってプログラムの開発規模が変わることも考慮する。

コピー・テキスト

コピーライティングの目的は、サイトの価値を作ることにある。コンテンツとしてのテキストは、Webサイトの情報の多くを占めるため、ライティングの技術を持ったスタッフがテキストを作成する。また、コンテンツの内容訴求のほかに、アクセシビリティやSEO、ユーザビリティ対策も含む。

発注時の留意点
- 専門分野によってライティング作業を分ける。たとえば、記事が専門のライターが本文を書き、サイトデザインに関連する作業は得意なライターが担当する。
- 作業の前に、文字分量、文章の構造などをスケルトンをもとに打ち合わせること。このとき、SEO対策として考えるキーワード、関連キーワードなどをあらかじめライターに提示する。

イラスト・CG

イメージや概念を直感的に伝えたい場合などに用いる。ユーザーの利用シーンなどを提示し共感を得るためのイラストや、商品の動作や機構を解説するCG・アニメーション（図版）、サービスフロー等のプレゼンテーション資料のデザインテイストを合わせる作業も含まれる。

発注時の留意点
- 利用シーンなどを描くイメージイラストの場合は、ラフスケッチの段階でクライアントに確認を取ること。点数が多い場合はトーンを先に決め、イメージがばらつかないようにする。
- CGの場合、作り上げてから修正できない場合があるため、ステップを踏んでの確認が必要になる。ラフデザインやモデリングの早い段階や、静止画状態でのレンダリング、アニメーションで確認を取ってから、実際のレンダリング作業に入る。

写真

広告的表現の他、商品やサービスの内容説明、またはオリジナルのコンテンツなど、ストックフォトで代替がきかない写真は、オリジナルで撮影する。基本的にはプロカメラマンに撮影を依頼するが、ブログ形式のレポートや、EC用の商品カットなど、コンテンツの内容によっては、スタッフが撮影する場合もある。

発注時の留意点
- 撮影にはロケやスタジオ、機材、モデルなど、準備に手間がかかるため、予算とスケジュールを確定してから取り掛かる。
- 広告プロダクションなどを通して写真を手配する場合は、Web用に必要なカットをあらかじめクライアントを通じて依頼しておく。立会いをする場合もある。
- カメラマンによっては著作権・クレジット表記を求める場合があるため、写真の使用範囲を確認する。

動画

①商品やサービスのプレゼンテーション
②ブランディングのためのスペシャルコンテンツ（エンタメ系）
③動画共有サイトやソーシャルメディアを使って視聴を広めるバズ（ソーシャル）プロモーション映像

などの目的で利用される。制作には、映像のノウハウとWebの知識が必要になる。

発注時の留意点
- Webサイトでの動画視聴を考慮した構成になるよう、映像制作スタッフとWebデザインスタッフで内容を検討する。
- 動画の制作は、撮影から編集まで多くのプロセスが必要なため、絵コンテや仮編集時のチェックなど、制作段階ごとにクライアントの確認を取る。
- サイトで採用する動画プラットフォームに合わせて仕様を決め、映像制作サイドに伝える。動画データのフォーマット、画角（縦横サイズ）、コーデック、ビットレートを指定する。

RELATION ▶ 060 062 067 069

063 コンテンツ素材の管理

安全な受け渡し・返却で事故を防ぐ

Text：クロスコ

Webサイト制作では、クライアントや広告代理店から受領した素材を使用することがあります。どんなに簡単な素材でもクライアントの所有物であり、中には機密情報にあたるものもあります。

たとえば、発表前の新製品の写真やスペック、広告表現やタレント写真など、いずれも管理方法を誤ると情報漏えいや権利侵害につながり、クライアントに損害を与えれば損害賠償を請求される恐れもあります。素材を扱うときは、受け渡し・返却（消去）の証明を残すこと、受け渡しと素材の管理に万全を期す、という2点に気をつけなくてはなりません。

Webディレクターは、クライアントと制作現場との窓口となるため、素材の受け渡しに関わることがよくあります。素材の管理は、ディレクターの仕事の1つと言ってよいでしょう。

素材の種類と受け渡しの方法

使用する素材には、写真であれば、ポジフィルム、紙焼き、出力データ、テキストやロゴであれば、版下用に印刷された清刷りや版下、コピーなどがあります。実物のパッケージや既存の印刷資料、商品の実物などがクライアントから提供されることもあります。

多くのクリエイティブがコンピューターで作られる現在では、デジタルデータとして受け渡しされることが増えましたが、どのような素材であっても、受け渡しおよび返却の証拠を残すことは必要です。

アナログメディアまたはCD、DVDなどで物理的な素材を受け取った場合は、返却用の書類を用意しておき、返却時に受領証を得る方法があります。素材が返却不要の場合は、そのことを書類で確認します。書面でのやり取りができない場合は、メールなどで必ず返却や消去を通知して、記録を残しておくようにします。

デジタルデータの受け渡し時の注意

デジタルデータは、容量が小さいファイルであればメール添付で、容量の大きな画像や版下データでもオンラインストレージサービスを利用して簡単に送れます。しかし、メールやストレージサービスの利用には、データの漏えいとウイルス感染のリスクがあります。

インターネットを通じてデータを受け渡しする場合は、アクセス制限などのセキュリティ対策がなされている専用サーバーを用意するか、ウイルスチェックのあるメールシステムを使いましょう。もちろん、アカウントやファイルのパスワード管理は必須です。もし、こうした方法がクライアントのセキュリティポリシーに合わない場合は、手渡しなどの方法を使いましょう。

特に重要なデータは、外注先ともNDA（機密保持契約）を締結してきちんと管理する必要があります。

Webサイト制作の工程でクライアントや広告代理店から素材を受領するときには、受け渡し・返却の証明を残すこと、受け渡しと素材の管理に取り扱いに万全を期すことが大切だ。具体的には、ポジフィルムや印刷資料、CDなどの物理的な素材の場合は返却用の書類や受領証、メールなどで記録を残す。デジタルデータの場合は、セキュリティ対策が十分な環境を用意する必要がある。

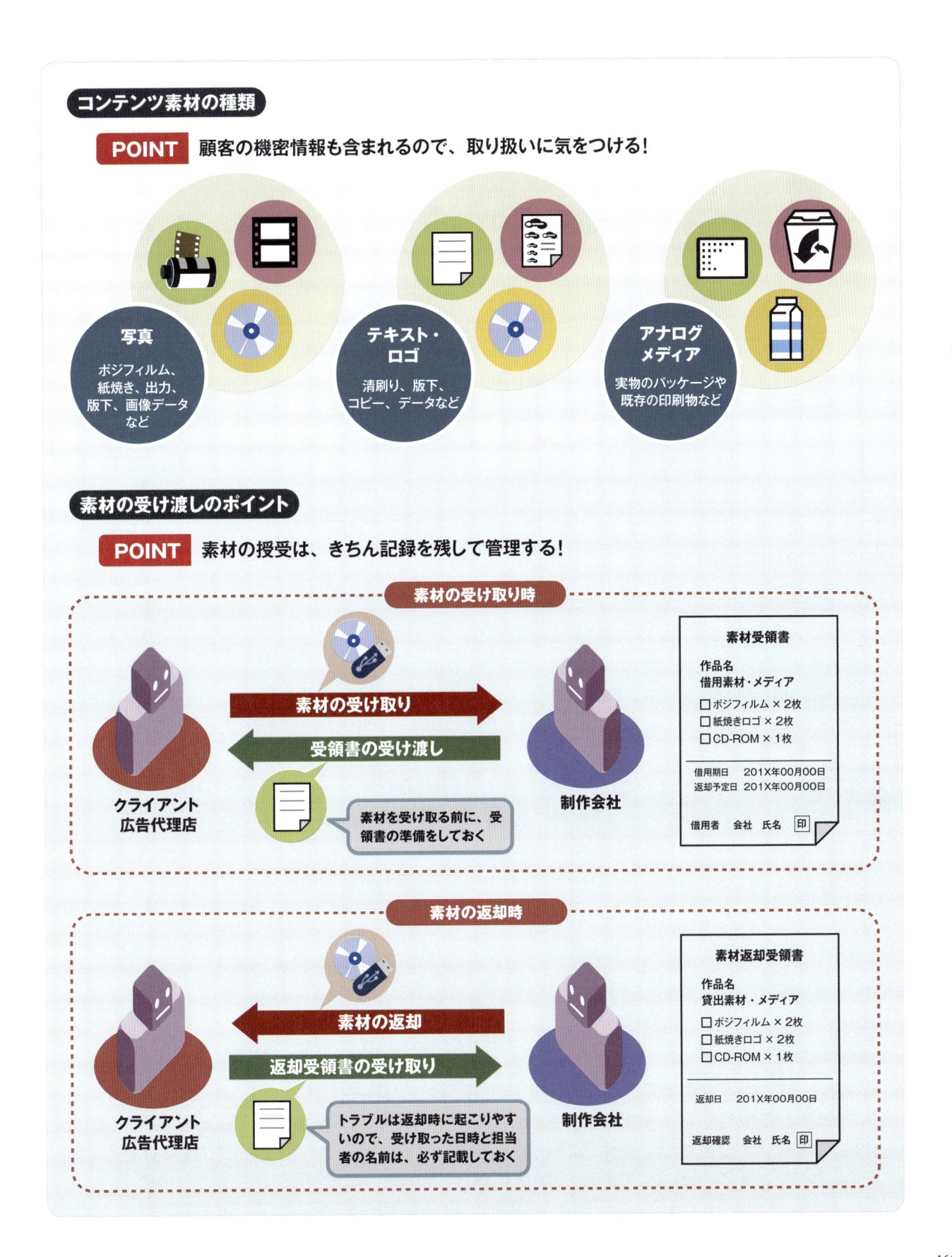

コンテンツ素材の種類

POINT 顧客の機密情報も含まれるので、取り扱いに気をつける！

写真
ポジフィルム、紙焼き、出力、版下、画像データなど

テキスト・ロゴ
清刷り、版下、コピー、データなど

アナログメディア
実物のパッケージや既存の印刷物など

素材の受け渡しのポイント

POINT 素材の授受は、きちん記録を残して管理する！

素材の受け取り時

クライアント 広告代理店 → 素材の受け取り → 制作会社
クライアント 広告代理店 ← 受領書の受け渡し ← 制作会社

素材を受け取る前に、受領書の準備をしておく

素材受領書
作品名
借用素材・メディア
☐ ポジフィルム × 2枚
☐ 紙焼きロゴ × 2枚
☐ CD-ROM × 1枚

借用期日　201X年00月00日
返却予定日　201X年00月00日

借用者　会社　氏名　印

素材の返却時

クライアント 広告代理店 ← 素材の返却 ← 制作会社
クライアント 広告代理店 → 返却受領書の受け取り → 制作会社

トラブルは返却時に起こりやすいので、受け取った日時と担当者の名前は、必ず記載しておく

素材返却受領書
作品名
貸出素材・メディア
☐ ポジフィルム × 2枚
☐ 紙焼きロゴ × 2枚
☐ CD-ROM × 1枚

返却日　201X年00月00日

返却確認　会社　氏名　印

064 画像フォーマットの種類と使い分け

特性を理解して用途に合った選択を

Text：クロスコ

WebサイトでWebサイトでWebサイトでは、主に、JPEG／GIF／PNGの3種類の画像フォーマットが使われています。いずれも主要なWebブラウザーで表示でき、画質を保ちつつファイルサイズを小さく抑えられる圧縮フォーマットであることから、広く普及しています。

3つの画像形式にはそれぞれ特徴があり、用途によって使い分けがされています。

JPEG 形式の特徴と扱い方

JPEG形式はフルカラーに対応していて、色数を減らさずにファイル容量を圧縮できるので、写真を扱うのに適しています。ただし、JPEGの圧縮方式は非可逆(一度圧縮すると元には戻らない)で、圧縮率を高めるとブロックノイズと呼ばれるノイズが目立ってしまいます。容量と画質のバランスを見ながら圧縮率を決定しましょう。

なお、印刷物の版下データなどから作成したJPEG画像では、Webブラウザーでは表示できないCMYKモードに設定されていることがあります。その場合は、Photoshopなどの画像編集ソフトでRGBモードに変換する必要があります。

GIF 形式の特徴と扱い方

GIF形式は、表示する色数を256色以下に減色して圧縮する方式で、データ容量を小さくできます。256色までの任意の色を割り当てられるので、同一色が連続する画像では圧縮率が高くなり、ボタンやナビゲーションなどのページのデザインパーツやイラストなどの表示に適しています。

1つのファイルに複数の画像を持ち、パラパラマンガのように表示する「GIFアニメーション」という仕様もあります。GIFアニメーションは、バナー広告の入稿フォーマットによく使われています。

PNG 形式の特徴と扱い方

PNG形式は、Web専用の画像フォーマットとして開発されたもので、現在ではほとんどのブラウザーがサポートしています。8bit (PNG-8)と24bit (PNG-24)を選択でき、8bitの場合はGIFと同様に256色でのグラフィックス表示に適した保存ができます。24bitでは、フルカラーで保存できるほか、透過色を持たせられます。ただし、PNGは可逆圧縮のため、JPEGよりデータ容量が膨らむ傾向にあります。

原則的な使い分けは以上ですが、実際のサイト制作やコーディングの際には、全体の構成を考慮しつつ、どのフォーマットをどこに使うか、ルールを決める必要があります。制作を指示するときに迷わないよう、Webディレクターはそれぞれのフォーマットの特性や違いをよく理解しておくことが重要です。

Webサイトでよく使われる画像フォーマットが、JPEG／GIF／PNGの3つだ。JPEGはフルカラーに対応しているので写真に、GIFは256色に減色するのでボタンなどに適している。PNGはWeb専用に開発されたフォーマットで、8bit／24bitが選べる。それぞれデータの容量や圧縮方法などが異なるため、どのフォーマットをどこで使うか、特性を理解して選択することが重要だ。

Webで使える画像フォーマット

画像フォーマットは、それぞれの特徴を理解し、ページのデザイン設計時にどの要素をどのフォーマットで作成するのか、ルールを決めておくことが重要。

画像フォーマット	特徴・用途・注意点	画像比較	
JPEG形式 .jpg	**写真** 写真のような自然階調を持ちフルカラーに対応。色数を減らさずに圧縮できる。Photoshopをはじめとする多くの画像編集アプリケーションから書き出せる。 **用途** フルカラーの写真データなどの表示に適している。 **注意点** 圧縮方式が、非可逆圧縮（一度圧縮したら元に戻らない）のため、データ容量と画質を考慮し、圧縮比を試してから編集する必要がある。	JPEG低圧縮 サイズ1422KB JPEG低圧縮（部分拡大） 低圧縮（高画質）の場合、再現率は高いがファイルサイズが大きくなる	JPEG高圧縮 サイズ44KB JPEG高圧縮（部分拡大） 高圧縮（低画質）の場合、拡大するとブロックノイズが目立つ
GIF形式 .gif	**写真** 最大256色までの色数で保存する形式。データ容量を小さく抑えることができる。 **用途** ボタンやナビゲーションなどのデザインパーツやイラストに適している。背景色を透過できる。 **注意点** 減色するために、階調を元に戻せないのが欠点。そのため、減色前のデータは別途保管しておく必要がある。	GIF256カラー サイズ948KB GIF256カラー（部分拡大） インデックスカラーに減色しているため、グラデーションの再現がうまくできていない	GIF256カラー サイズ34KB GIF256カラー（部分拡大） 色数の少ないデータの場合は、圧縮しても劣化が目立たない
PNG形式 .png	**写真** 8bit（PNG-8）と24bit（PNG-24）の2種類があり、フルカラーに対応し色数を減らさずに圧縮でき、透過も可能など、JPEGとGIFのいいところを持ち合わせている。 **用途** ボタンやナビゲーションなどのデザインパーツやイラストに適している。アルファチャンネルで段階的な透過表示ができる。 **注意点** 可逆圧縮（一度圧縮しても元に戻せる）のため、JPEGよりもデータ容量が大きい。	PNG低圧縮（PNG24） サイズ7677KB PNG低圧縮（PNG24.部分拡大） 低圧縮（高画質）の場合、再現率は高いが、JPEGよりもファイルサイズが大きくなる	PNG高圧縮（PNG8） サイズ75KB PNG高圧縮（PNG8.部分拡大） 色数の少ないデータの圧縮は、劣化が目立たない。GIFの代替となる

065 Webに特化した文章術「Webライティング」
コンテンツ内容を表すだけではない

Text：クロスコ

　テキストがコンテンツの中心になるWebサイトでは、Webに特化した文章を書く技術が求められます。こうした技術を、Webライティングと呼びます。

　テキストはライターが用意する場合もありますが、Webディレクターが書くこともあります。また、ライターが執筆した原稿に問題があれば、ディレクターが編集したり、修正を指示したりする場合もあります。

　用意されたテキストには、コンテンツの内容訴求はもとより、ユーザビリティやアクセシビリティ、Web標準への対応、SEO[※1]といった役割があります。そのため、ライターに作業を任せる場合も、ディレクターが内容や構成・文字数などを的確に指示することが必要です。Webライティングの基本は「誰にでも分かりやすい文章にする」ことで、それが多くの課題の対策にもなります。

文章の構造を考えるとわかりやすさが見えてくる

　Webライティングでは、まず最初に構成を決めるとよいでしょう。通常、文章は大中小の見出しと段落で構成されています。このように文章を整理すると、階層的な論理構造になり、Web標準に対応するだけでなく、検索エンジンのクローラーにも抽出されやすくなります。

　次に、そのページで伝えなくてはならないことを書き出して、見出しと段落に割り振っていきます。見出しの順番は、マクロな視点から、各要素へ分解して並べる方法が一般的です。また、各段落で扱う話題は、1段落につき1つとすると、論理的な文章が作りやすくなります。

　構成と内容が決まったら、それぞれの見出し及び段落ごとの文章を書いていきます。見出しやリード文では、最も伝えたいことや結論を文頭で伝えるようにします。見出しが簡潔で分かりやすく視覚に入ってくることで、そのページを読んでみようという気持ちにさせることができるからです。

言葉を整理してさらにわかりやすくする

　ひと通り文章を書いた後は、用語と表記を統一します。具体的には、漢字と仮名の使い分け、送り仮名の振り方、カタカナ表記、音引き線、英文字表記などを、エディタなどを用いてチェックします。

　その際、SEO面から見るとキーワードが統一されていて、多数出現するほうがよいのですが、同じ用語ばかり用いると文章が冗長になり、訴求力が落ちてしまいます（出現頻度にもスパム判定される制限があります）。

　そこで、キーワードの関連用語を多く使用すると共に、それらをキーワードの近くに配置するように文章を作ります（これを「キーワード近接度」と言います）。

　このようなプロセスを経ると、文章構造が分かりやすくなるだけでなく、表現方法も広がり、結果としてより読みやすい文章が作成できます。

Webライティングは、Webに特化した文章を書く技術で、基本は「誰にでもわかりやすい文章にする」ことだ。Webテキストにはユーザビリティやアクセシビリティ、SEO対策などの役割もある。Webライティングでは、最初に構成を決め、階層的な論理構造を作ることで、Web標準に対応し、検索エンジンのクローラーに抽出されやすくする。その後、用語と表記を統一しキーワード近接度をあげる。

Webサイト内のテキスト

Webサイト内には、コンテンツとしてのテキストのほかに、サイト内をナビゲーションする各種のテキストが含まれる。これらを情報構造として適切に構成することで、サイトのユーザビリティを向上させ、SEO対策※1として効果を得ることができる。

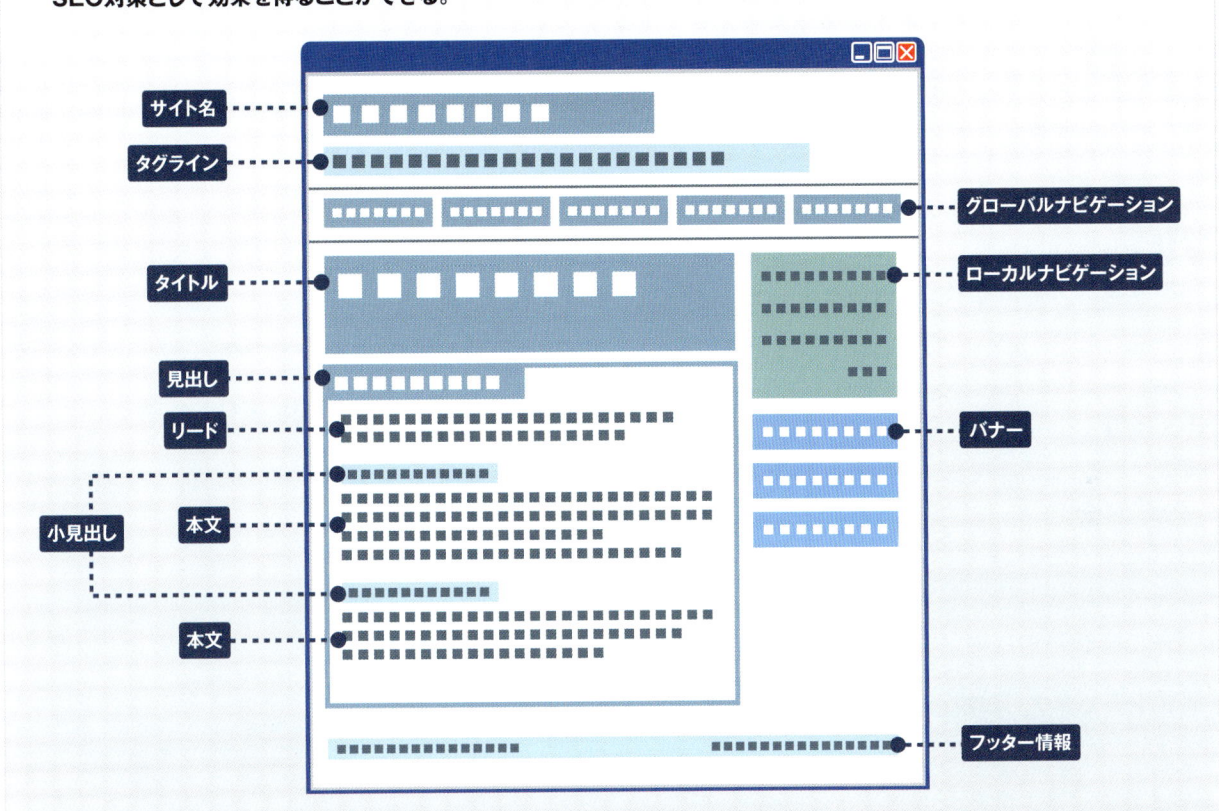

- サイト名
- タグライン
- グローバルナビゲーション
- タイトル
- ローカルナビゲーション
- 見出し
- リード
- バナー
- 小見出し
- 本文
- 本文
- フッター情報

Webライティング最適化の例

Webサイトの作成・更新には、複数の人間が関わることが多いため、最初にテキストをまとめる際に、サイト共通のキーワード・用語リストを作っておくと後々便利。

次世代の携帯電話方式といわれるLTEは、通信速度や帯域を有効に使う技術により、モバイルで光ファイバー並みの通信が可能だ。データ通信が速くなると、扱えるデータ量が大きくなるので、ウェブページの表示やデータのダウンロードにかかる時間も短くなる。そのため、動画のような重いコンテンツや、アプリケーションがもっと増えてくるだろう。

> 単純に情報をまとめただけのテキストでは、内容が伝わりにくいのと同時に、SEO対策が不十分

次世代の携帯電話方式LTEの特徴とは？
高速モバイル通信で広がる大容量アプリケーション

　LTEは、高速な通信速度に加えて、大容量の通信ができ、ネットワークの遅延が小さいという特徴を備えています。
　モバイルネットワークが光ファイバー常時接続のように利用でき、ウェブページの表示やデータのダウンロードにかかる時間も短縮するため、動画コンテンツのような大容量のアプリケーションの利用が広がると予想されます。

> ●「LTE」をキーワードとして設定し、近接ワードとして「次世代」「高速」と「大容量」を配置
> ●見出し文とリード文を加えることで、このテキストが何を伝えようとしているのかがより明確になる

※1　Search Engine Optimizationの略（→276ページ）

RELATION ▶ 061 **065** 076 077 087 111

066 納期や工数、コストを減らす校正作業

ダブルチェック、実機チェックが基本

Text：クロスコ

Webサイトは他の媒体に比べ、修正が比較的容易にできるのがメリットです。しかし逆に、「簡単に直せるから」と、何度も「直し」が発生することがあります。それを防ぐためにあるのが、「校正」作業です。

テキストなどに間違いが発生する主な原因には、元の原稿が間違っている、テキストの「流し込み」の際にミスをした、あるいは作業時や修正を指示する際のミス、さらにはテストサーバー／本番サーバーアップ時の「先祖返り」などが考えられます。

人間が作業する以上、ミスは必ず発生しますが、校正のプロセスを加えれば大幅に減らせます。

「ダブルチェック」が校正の基本

Webサイト制作に限らず校正作業で重要なのは、ダブルチェック、つまり繰り返し確認することです。

ダブルチェックには2つの意味があり、1つは「2人の人間がチェックする」ことです。作業者本人は内容に見慣れてしまっているため、校正時には別の人に見てもらうと間違いを発見できます。

また、もう1つの「ダブルチェック」は、「データと出力の両方でチェックする」ことを指します。テキストデータは、エディターなどのスペルチェッカーで確認します。その際には、SEO対策と合わせて用語統一も確認します。コーディングが済んだ画面は、紙に出力してチェックしましょう。ディスプレイでは気がつかなかった間違いを発見できる可能性があります。ケータイの場合は、エミュレーターだけでなく、必ず実機の画面でレイアウトが崩れていないかを確認することが重要です。

サーバーアップ時の「先祖返り」を防ぐには

Webサイトは、本番サーバーに上がっているデータを「最終バージョン」として管理する必要があります。

もし、本番サーバーで修正作業をしているにも関わらずテストサーバーで別の作業をして、次回更新時にテストサーバーのデータをアップした場合には、本番サーバーの修正対応が反映されず、一部のバージョンが古くなってしまいます。これを「先祖返り」と言います。

先祖返りを防ぐには、先に運用ルールを決めておき、データの修正履歴を残してバージョンを管理したり、サーバーへのアップ権限を持つ人が再度チェックしたりして、ミスが発生しないようにします。

ケータイサイトの場合は、制限された文字数でデザインされているため、文字数の変化がレイアウトを崩す原因になります。校正によって修正が発生した場合には、必ずレイアウトへの影響を確認しましょう。

校正は地味な作業ですが、納期や工数、コストに直接影響します。確実な校正で後々の「直し」を最低限に抑えることは、ディレクターの重要な役目です。

Webサイト制作ではミスが発生するが、「校正」で大幅に減らせる。重要なのは、「2人の人間がチェックする」「データと出力の両方でチェックする」というダブルチェックだ。古いデータを使ってしまう「先祖返り」を防ぐには、ルールを強化する。ケータイサイトの場合は、実機チェックを必須とする。直しは納期やコストに直接影響する。直しを減らすことは、ディレクターの重要な役目だ。

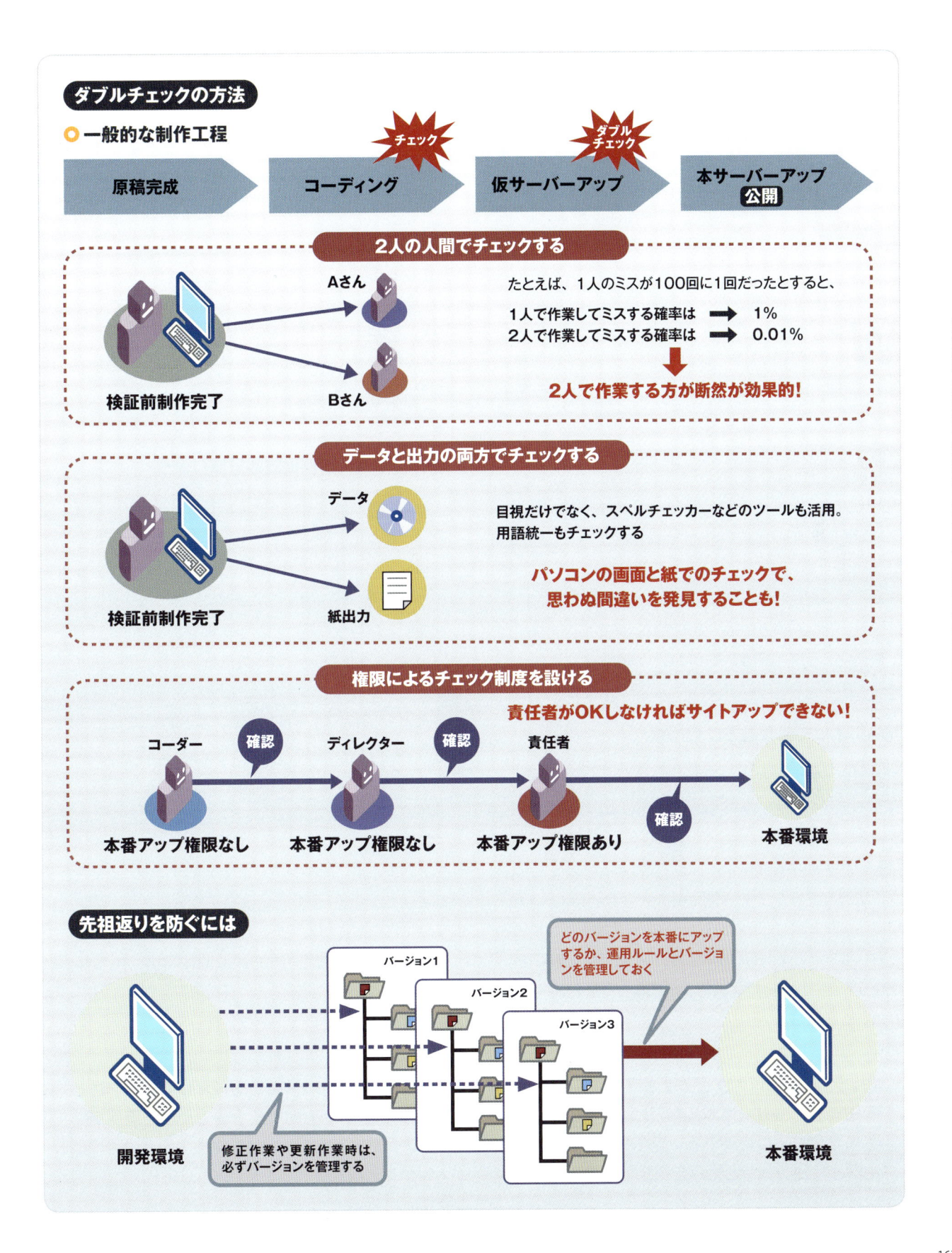

ダブルチェックの方法

◯ 一般的な制作工程

原稿完成 → コーディング【チェック】 → 仮サーバーアップ【ダブルチェック】 → 本サーバーアップ 公開

2人の人間でチェックする

検証前制作完了 → Aさん / Bさん

たとえば、1人のミスが100回に1回だったとすると、
- 1人で作業してミスする確率は ➡ 1%
- 2人で作業してミスする確率は ➡ 0.01%

2人で作業する方が断然効果的!

データと出力の両方でチェックする

検証前制作完了 → データ / 紙出力

目視だけでなく、スペルチェッカーなどのツールも活用。用語統一もチェックする

パソコンの画面と紙でのチェックで、思わぬ間違いを発見することも!

権限によるチェック制度を設ける

責任者がOKしなければサイトアップできない!

コーダー【確認】→ ディレクター【確認】→ 責任者 →【確認】→ 本番環境
本番アップ権限なし / 本番アップ権限なし / 本番アップ権限あり

先祖返りを防ぐには

開発環境 → バージョン1 / バージョン2 / バージョン3 → 本番環境

どのバージョンを本番にアップするか、運用ルールとバージョンを管理しておく

修正作業や更新作業時は、必ずバージョンを管理する

167

067 トラブルを未然に防ぐ Webサイトにかかわるさまざまな法律

Text：ディーネット

Web上にどのようなコンテンツを公開し、どのようなサイトを運営する場合でも、モラルや社会通念上のルールに従う必要があります。これはインターネットに限らず、ビジネスをする上での大前提です。加えて、Webサイトの場合は、サイトの内容や目的に関連した法律を把握しておく必要があります。

たとえば、ある商品を輸入販売するWebサイトを立ち上げる場合、販売しようとしていた商品がそもそも国内で認可されていなければせっかく作ったWebサイトが無駄になる恐れがあります。こうした輸入取引においては関税法をはじめとした法律知識が必須です。

後々のトラブルを防ぐためにも、Webディレクターは法律に関する最低限の知識を持つ必要があります。

商品によって異なるECの法律

Webサイトを制作するにあたって最初に考えるのは、コンテンツが刑法や各都道府県の条例、公序良俗に反していないかです。

ECサイトや情報発信サイトは、取扱商品によって関連する法律も変わります。「景品表示法」「食品衛生法」「家庭用品品質表示法」「JAS法」などの知識に加えて、中古品を取り扱うのであれば「古物営業法」、薬品や化粧品を取り扱うのなら「薬事法」、旅行代理店なら「旅行業法」などの知識も必要でしょう。

ECサイトでは「特定商取引法」に基づいた表示をしなければなりません。表示内容は販売業者名や責任者、所在地や料金、返品に関する条項などで、曖昧な表現ではなく明確にしておく必要があります。

著作権や個人情報保護も意識しよう

情報サイトなどでは、映像や写真・音楽などのコンテンツを発信する場合もあります。これらのコンテンツを利用する場合は、「著作権法」の知識が必要です。コンテンツの場合、著作隣接権・原盤権・商標権・肖像権など、関連する権利も多岐にわたります。

会員登録制によって個人情報を得たり、メールマガジンを配信したりする場合は、「個人情報保護法」「電気通信事業者法」「特定電子メール送信適正化法」などについて、所管官庁や業界団体のWebサイトなどで確認します。個人情報の流出を防ぐ手立てを講じること、利用者の承諾の無いメルマガは配信しないことが最低限のルールです。

以上のように、ひとくちにWebサイト運営といっても、さまざまな法律が絡んできます。Webディレクターがすべてに精通している必要はありませんが、疑問点は事前に専門家に相談する、クライアントに関連法律についてあらかじめ説明・確認する、制作現場でも法律への理解と遵守を徹底する、といった習慣を作ることで、適切なWebサイト制作・運営を目指しましょう。

Webサイトにはさまざまな法律が関係する。コンテンツが刑法や都道府県の条例に反していないことを確認し、取り扱う商品などによっては関連する法律に従う。適切なWebサイト運営には、疑問点は事前に専門家に相談する、遵守すべき法律はあらかじめクライアントと認識を共有する、作業現場には必要な法律の理解と遵守を徹底することが重要だ。

Webサイトに関連する主な法律

対象コンテンツ	法律	概要	適用例
全般	民法	不法行為に基づく損害賠償請求の根拠になる	公序良俗違反
全般	刑法	司法当局による摘発の根拠になる	名誉棄損など
全般	景品表示法	不当な表示や過大な景品類の提供を制限または禁止し、公正な競争を確保することにより、消費者が適正に商品・サービスを選択できる環境を守るための法律	誇大広告の禁止、広告掲載表記など
販売全般	家庭用品品質表示法	一般消費者が製品の品質を正しく認識し、その購入に際し不測の損失を被ることのないように、事業者は家庭用品の品質に関して適正に表示し、一般消費者の利益を保護することを目的とした法律	家庭用品販売における品質表示など
販売全般	特定商取引法	主に無店舗販売に際して、販売者側に一定の規制を課し、消費者側の保護を目的とした法律	通信販売における規制、特定商取引法に従った表記の掲載など
薬品、コスメなどの販売	薬事法	医薬品、医薬部外品、化粧品及び医療機器の品質や有効性・安全性の確保と医療品及び医療機器の研究開発の促進を図ることにより、保健衛生の向上を目的とする法律	免許商品取扱いにおける許認可など
中古品取り扱い	古物営業法	盗品などの売買の防止、速やかな発見などを図るため、古物営業について必要な規制をし、窃盗その他の犯罪の防止と被害の迅速な回復を目的として制定された法律	古物商許認可番号の表示など
旅行代理店	旅行業法	旅行業者登録制を実施し、旅行業務取引の公正維持と、旅行の安全確保、旅行者の利便の増進を目的としている。旅行契約の分類、旅行業者の民事責任、旅行者の保護、主催旅行のトラブル防止、不健全旅行の関与の禁止などを定めた法律	代理店業などの許認可番号の表示、約款記載など
食品取り扱い	JAS法	飲食料品等が一定の品質や特別な生産方法で作られていることを保証する「JAS規格制度（任意の制度）」と、原材料、原産地など品質に関する一定の表示を義務付ける「品質表示基準制度」からなる法律	農林物資の規格や品質表記など
食品取り扱い	食品衛生法	飲食によって生ずる危害の発生を防止するため食品と添加物と器具容器の規格・表示・検査などの原則を定める法律	食品販売における添加物の表記など
会員登録、メールマガジン配信など	個人情報保護法	個人情報に関して本人の権利や利益を保護するため、個人情報を取り扱う事業者などに一定の義務を課す法律	個人情報の取得や管理などに関するWeb上への明記など
会員登録、メールマガジン配信など	電気通信事業法	電気通信の健全な発達と国民の利便の確保を図るため、電気通信事業に関する詳細な規定を定めた法律	「通信の秘密」に則した個人情報の開示など
メールマガジン配信など	特定電子メール送信適正化法	受信者の許可なしに送信されるメールについて、送信者の表示義務や、禁止事項などを義務付けた法律	メールマガジンやDMの配信など
著作物取り扱い	著作権法	著作物などに関する著作者等の権利を保護するための法律	音楽や映像、写真の掲載など

法律遵守体制の確立

Webディレクターを中心に、法律を順守する制作・運用体制を整えよう

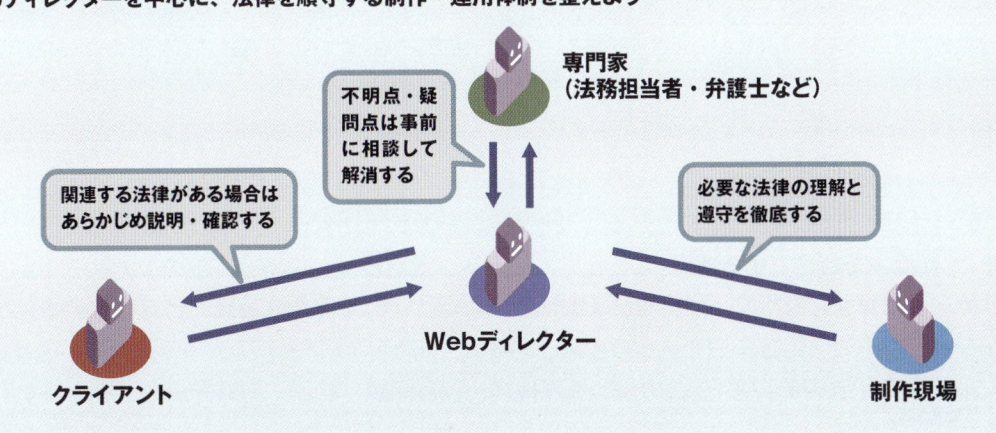

専門家（法務担当者・弁護士など）

不明点・疑問点は事前に相談して解消する

関連する法律がある場合はあらかじめ説明・確認する

必要な法律の理解と遵守を徹底する

クライアント　Webディレクター　制作現場

RELATION ▶ 019 020 067 121

068 個人情報保護法とプライバシーポリシー

クライアントのトラブルも未然に防ぐ

Text：ディーネット

　個人情報保護法とは、個人情報の取り扱いについて取り決めた法律です。企業と個人間でどのように個人情報を取り扱うかを取り決めた契約とも言えます。

　個人情報とは「個人を特定できる情報」を指します。具体的には、個人名、電話番号、住所、クレジットカード番号、顔写真などで、会社名や個人名が分からない電子メールアドレスなどは個人情報に該当しません。

なぜプライバシーポリシーが必要か？

　個人情報法保護法がなかった時代には、Webサイトで集められた個人情報の取り扱いが不明確で、大量の個人情報が第三者に盗まれたり、売買されたりしていました。また、デジタルデータ化によって大量の個人情報を簡単にコピーしたり、配布したりできるようにもなりました。このような背景のもと、プライバシーの保護が次第に重要視されるようになり、2005年に施行されたのが「個人情報の保護に関する法律」（個人情報保護法）です。

　個人情報保護法ができた現在では、企業が個人から個人情報を得るには、個人との間に個人情報取得に関する明確な方針（ポリシー）を定め、それに沿って情報を取り扱わなくてはならなくなっています。

　個人情報を取得する場合は、取得した情報をどのように管理し、使用するかを明記した「プライバシーポリシー」を策定します。プライバシーポリシーは文書化し、取得相手（ユーザー）に確実に提示する必要があります。一見すると手間がかかるように感じるかもしれませんが、適切なルールに従って個人情報を取り扱うことで、企業側を保護する役割もあります。個人、企業のどちらにとっても有用な法律ですから、安易に考えずに適切に作成することが大切です。

Webサイトでの個人情報について

　Webサイトでは、資料請求や購買者の個人情報を取得する機会が多くあります。プライバシーポリシーで個人情報の用途を明白にして、個人情報をしっかり扱っていることをアピールすることが重要です。また、プライバシーポリシーはトップページから1クリック程度で到達するところに掲示するのが妥当です。

　具体的なプライバシーポリシーは、サービスや商品が近似している競合企業のプライバシーポリシーを参考に作成するとよいでしょう。

　「どの個人情報（取得項目）」を「どのように取得する（取得方法・技術）」のか、取得した情報を「何に使う（使用目的）」のかを明記するとともに、「どのように保護する（保護方法）」のか、「第三者と共有するのか（共有内容）」「第三者に渡す内容（配布内容）」「保持している期間（保存期間）」「個人が削除を求めるときの方法（訂正・削除方法）」について、もれなく記載しましょう。

個人情報とは「個人を特定できる情報」のことで、個人名、電話番号、住所、一部のメールアドレス、クレジットカード番号などを指す。個人情報を取得するには、それをどのようにどう使うのかを決めたプライバシーポリシーの策定とユーザーへの提示が必要だ。プライバシーポリシーの作成は、他社のものを参考に、取得項目、使用目的、保護方法、共有内容、保存期間、訂正・削除方法などを網羅する。

プライバシーポリシーの例

株式会社○○○
代表取締役　○○○○

個人情報保護方針

当社は、情報サービス事業者の一員として、高度情報化社会の健全な発展に貢献すべき役割を担うとともに、事業活動に伴い入手した個人情報の保護については、従来から細心の注意を払い、個人情報の重要性を十分認識し、社会と顧客の信頼に応えてまいりました。

当社は、今後も個人情報を適切に管理することを社会的責務と考え、個人情報保護に関する方針を以下の通り定め、役員、社員及び関係スタッフ全員に周知徹底を図り、個人情報の保護に努めてまいります。

1. 個人情報の収集を行う場合は、取り扱い責任者を定めて収集目的を明確にし、その目的の範囲内で適法かつ公正な方法により収集することとし、目的外の利用はいたしません。

2. 収集した個人情報の利用・提供にあたっては、適正な管理のもと細心の注意を払います。なお、情報提供者の同意があった場合を除き、第三者への開示はいたしません。

3. 個人情報に対する不正アクセス・改ざん・破壊・漏えい・滅失・き損・紛失等に対する万全の予防措置を講ずる社内体制を確立し、個人情報の安全性、正確性の確保を図り、万一の問題発生時には、速やかな是正対策を実施いたします。

4. 個人情報に関する法令、および社会的に認知されているガイドライン、その他の規範を遵守いたします。

5. 個人情報保護のためのマネジメント・システム・プログラム（JISQ15001：2006及び情報サービス産業個人情報保護ガイドライン第4版 準拠）を策定し、全社に浸透、遵守させるとともに、必要な教育、啓蒙、監査を行います。

6. 個人情報保護のマネジメント・システム・プログラムを、経営環境に照らし合わせ適宜見直しを行い、継続的に改善し、適切な管理の維持に努めます。

7. 個人情報に関する苦情及び相談への対応に努めます。

◆ 当社以外のウェブサイトへのリンクについて
当社は、当社のウェブページにリンクされている他（事業者または個人）のウェブサイトにおけるお客様の個人情報等の保護について責任を負うものではありません。

◆ クッキーについて
このウェブサイトには、お客様が再度このウェブサイトにアクセスされた時に一層便利に利用していただけるよう、「クッキー」と呼ばれる技術を使用しているページがあります。

「クッキー」とは、ウェブサーバがお客様のコンピュータを識別する業界標準の技術です。「クッキー」はお客様のコンピュータを識別することはできますが、お客様が個人情報を入力しない限りお客様自身を識別することはできません。なお、お使いのブラウザによっては、その設定を変更してクッキーの機能を無効にすることはできますが、その結果ウェブページ上のサービスの全部または一部がご利用になれなくなることがあります。

◆「個人情報の保護に関する法律」に基づき下記事項を表記致します
　◇個人情報を取り扱う業務について
　　・（業務を書き連ねる）
　　・業務請負、業務受託及びこれに付随する業務
　◇個人情報の利用目的
　　・各種サービス申し込みの受付及びこれに付随する業務を行う為
　　・契約及びお取引業務実施の為
　　・以下の適切な業務遂行に必要な範囲で第三者に提供する為
　　　代理店業務での元請会社への引渡しするとき
　　・継続的な取引管理の為
　　・解約処理の管理の為
　　・ダイレクトメール発送等サービスに関する各種ご案内の為

＜個人情報に関するお問い合わせ窓口＞
個人情報の取扱いについてのお問い合わせ及び契約者ご本人による開示請求・苦情・ご意見・ご質問等がございましたら、下記窓口までお問い合わせ下さい。

　TEL：　　　　　　／E-MAIL：　　　　　　　担当：○○○
　電話受付時間：平日（月曜日～金曜日）9：00～18：00
　※但し、祝祭日及び年末年始、当社が定めた休日を除く

制定日：平成○年○月○日
改訂日：平成○年○月○日

プライバシーポリシー（個人情報保護方針）は、トップページから1クリックで表示できるところに置くのが望ましい

目的外利用の禁止について明記する

個人情報の苦情などへの対応、開示についての態度を示す

技術的なポイントについて、なるべく分かりやすく説明する

個人情報を利用する目的、利用する範囲をはっきりさせる

個人情報についての相談窓口をきちんと記載する

制定日と改訂日を明記する

069 Webサイトで使う素材の著作権

「著作権のない素材はない」というスタンスが必要

Text：クロスコ

Webサイトの制作時に使用するあらゆる素材には、著作権があると考えるべきです。

写真やイラストなどの素材は、著作権をクリアして販売しているストックフォトやライブラリーといわれるサービス、またはCD-ROMなどでパッケージ販売されている素材集を使うのが基本です。

コストをかけずに必要な素材を調達するためにネット上のフリー素材を用いることもありますが、商業利用が制限されていたり、権利処理がされていない場合もあり、使用はリスクと考えたほうがよいでしょう。

著作権の種類と許諾範囲

著作権をクリアして販売されている素材でも、許可の範囲には種類があるため、選ぶ際には注意します。

素材集などのパッケージに多い「ロイヤリティフリー」の場合、一度購入した素材は追加料金を支払わずに複数の用途に何度でも使用できます。しかし、ストックフォトやライブラリー系の素材には、「ライツマネージド」という、使用する成果物ごとに使用料金を払い使用許諾を得る、使い回しのできないタイプがあります。利用状況は管理されているので、その素材が他のWebサイトや広告表現で使われているか、事前にチェックできます。

また、写真の著作権以外にモデルや人物・建物など写っている対象物にも個別の権利があり、それが使用のネックになる場合があります。たとえば建物の写真などは、所有者の許可（プロパティリリース）の手続きが必要になることもあります。

なお、同じ素材でも、国内・国外も含めて複数の会社が代理販売している場合があり、会社によって価格と著作権クリアの範囲が異なる場合があります。

クリエイティブ・コモンズとパブリックドメイン

新しい著作権ルールの普及を目指して、著作者がライセンス設定できるようにしたものが「クリエイティブ・コモンズ（以下CC）」です。利用者は、CCの規定を遵守すれば比較的自由に使用できます。しかし、一般企業がクライアントの場合には、「その素材がそこにしか存在しない」などの特殊な場合を除くと、CC素材はあまり使われていません。Flickr※などの写真共有サイトには、CC情報の記載された写真が掲載されていることがありますが、使う際の条件や注意点は同じです。

CCと同じく一般に無償使用できる素材には、パブリックドメイン（PD）があり、たとえば、作者の死後、著作権切れになった作品や国や公共の機関が撮影した写真や映像などの「公共の財」などを指します。ただし、管理機関のクレジット表示が必要になったり、使用目的が制限される場合があり、また一般的に写っている人物の権利については別途交渉が必要になることもあります。

Webサイト制作では、著作権がクリアされた写真やイラストなどの素材を使うのが基本だ。ネット上のフリー素材の使用はリスクと考えたほうがよい。著作権クリアでも、「ロイヤリティフリー」と「ライツマネージド」の違いやプロパティリリースに留意する。企業サイトの場合、「クリエイティブ・コモンズ」の素材はあまり使わない。パブリックドメインでも使用条件に注意するべきだ。

ストックフォト・ライブラリーの例

getty images
http://welcome-to-gettyimages.jp/
ゲッティ イメージズ ジャパン

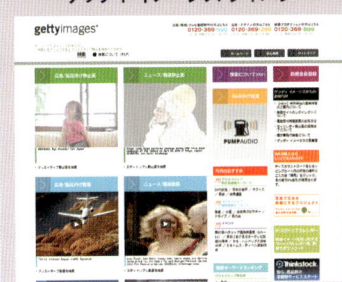

海外ライブラリーの日本法人のサービスの例
- 国外の素材の他、日本人が被写体の素材も保有。
- 動画や報道写真、音楽のライブラリーも利用可能。

amana images
http://amanaimages.com/
アマナイメージズ

国内ライブラリーサービスの例
- 海外ライブラリーの素材も利用できる。
- 権利が管理された写真家の作品なども利用できる。

素材辞典
http://www.sozaijiten.com/
データクラフト

パッケージ販売の例
- ジャンルごとにメディア化して販売。
- 使わないデータも込みで購入しなくてはならないが、ライツがクリアーされていて、何度でも使用できることがメリット。

クリエイティブ・コモンズ（CC）

○ クリエイティブ・コモンズ・ライセンスの種類

項目	アイコン	内容
表示（Attribution）	🛈	その作品の利用に関しての著作者の表示を求めるか
非営利（Noncommercial）	🚫$	非営利目的に限ってその作品の利用を認めるか
改変禁止（No Derivative Works）	＝	その作品の利用をそのままの形でのみ認めるか
継承（Share Alike）	↻	その作品につけられたライセンスを継承することを求めるか

○ クリエイティブ・コモンズ・ライセンスの組み合わせと選択方法

実際には上記の組み合わせによって使われ、「商用利用を許可するか」と「改変を許するか」によって、以下から選択し使用する（※改変禁止と継承は同時に採用できない。またすべてを採用しないことはできない）

		作品の商用利用を許可するか？	
		許可する	許可しない
作品の改変を許可するか？	許可する	表示（CC BY）	表示—非営利（CC BY-NC）
	許可するが、ライセンス条件は継承	表示—継承（CC BY-SA）	表示—非営利—継承（CC BY-NC-SA）
	許可しない	表示—改変禁止（CC BY-ND）	表示—非営利—改変禁止（CC BY-NC-ND）

※ http://www.flickr.com

RELATION ▶ 020 036 067 124

070 ECサイトに必須の特定商取引法の理解
公正な取引の消費者保護が目的

Text：ディーネット

特定商取引法（正式には「特定商取引に関する法律」）とは、訪問販売や通信販売などを対象に、公正な取引と消費者の保護を目的とした法律です。事業者が守るべきルールと、クーリング・オフなどの消費者を守るルールを定め、適正かつ円滑な商品などの流通、サービスの提供をうながすものです。

特定商取引法では、訪問販売、通信販売、電話勧誘販売、連鎖販売取引、特定継続的役務提供、業務誘引取引販売の6つの取引形態を対象としています。

ECサイトにおける特定商取引法

BtoC型のECサイトやオークションサイトは通信販売にあたり、特定商取引法の対象になります。具体的には、Webサイトやダイレクトメールによって申し込みを受ける取引では、特定商取引法の通信販売の規定にしたがう必要があります。

規定の1つは「通信販売についての広告」です。売買に問題があった場合の連絡先や担当者、商品金額が内税なのか外税なのか、送料は含まれるのか、引き渡し時期、返品の可否と条件、資格が必要な商品を扱う場合はその資格、代表（責任）者名などを広告（Webサイトを含む）に表示することを定めています。

規定の2つ目は「誇大広告等の禁止」です。広告上の虚偽・誇大広告による消費者トラブルを未然に防止するものです。

規定の最後は「通信販売における承諾等の通知」です。前払い式の通信販売の場合、商品が届くまで消費者は不安な立場に置かれます。それを考慮して、前払い式通信販売では、代金の全部または一部を受領した際に「一定事項の通知義務」を定めています。ただし、代金の全部または一部を受領した後、遅滞なく商品などを送付した場合には必要ありません。

特定商取引法は消費者のための法律

特定商取引法の重要なポイントは、消費者保護のための法律だということです。民法と違って事業者と個人との取引について行政が強制力を持って介入するために定められています。法律に違反した場合、違反の程度によって罰が決まっており、重いもので2年以下の懲役又は300万円以下の罰金が科せられます。

このような問題を引き起こさないために、まず「特定商取引法」に従った表示項目を作成すること、許認可番号や資格番号の表記が必要な取り扱い商品が無いかを事前に確認しておくことが重要です。

また、金銭の表示や返品取り扱い項目の重要性をクライアントに説明し、明確にしてもらう必要があります。特殊な取り扱い商品や条件であれば、専門家に相談をして疑問点をはっきりさせておきましょう。

特定商取引法は、公正な取引と消費者保護のための法律で、事業者と個人との取引に行政が強制的に介入できる。ECサイトは通信販売に属し、「通信販売についての広告」「誇大広告等の禁止」「通信販売における承諾等の通知」といった規定に沿わなくてはいけない。罰則も定められているため、重要性をクライアントによく理解をしてもらい、疑問点は専門家に尋ねて解決しておく必要がある。

特定商取引法の対象となる6つの取引類型

訪問販売	自宅への訪問販売、キャッチセールス（路上などで呼び止め営業所などに連れ込み販売）、アポイントメントセールス（電話などで販売目的を告げずに事務所などに連れ込み販売）など
通信販売	新聞、雑誌、インターネット（オークションサイトも含む）などで広告し、郵便、電話などの通信手段により申し込みを受け付ける販売（「電話勧誘販売」に該当するものを除く）
電話勧誘販売	電話で勧誘し、申し込みを受け付ける販売
連鎖販売取引	販売員として勧誘し、その販売員に次の販売員を勧誘させて、組織を連鎖的に拡大して商品・サービス販売をする取引
特定継続的役務提供	長期・継続的なサービスを高額で販売する取引（エステティックサロン、語学教室、家庭教師、学習塾、結婚相手紹介サービス、パソコン教室が対象）
業務提供誘引販売取引	「収入がある仕事を提供する」と勧誘し、仕事に必要なものとして商品を販売する取引

特定商取引法に基づく表記（記載例）

事業者の氏名（名称）・住所	○×オンラインショップ株式会社 〒123-4567　東京都○×区○×町1-2-3
運営統括責任者	○×太郎
商品代金以外の必要料金の説明	送料・代引き手数料・振込み手数料は、お客様のご負担となります。
申込有効期限	原則、受注確認（受注確認のための自動発信メール発信）後、7日間とします。
不良品	商品が不良の場合、配達途中事故などで破損が生じた場合、およびご注文頂いたものと異なるものが届けられた場合、返品・交換いたします。
販売数量	一度の購入は5個までとさせていただきます。
引渡し時期	銀行振り込みの場合は、ご入金確認後3営業日以内に発送します。クレジットカード払い又は代引きの場合は、ご注文確認後3営業日以内に発送させていただきます。在庫がない場合は2営業日以内にご連絡差し上げます。
お支払方法	お支払いは、銀行振り込み、クレジットカード払いまたは代引きがご利用できます。
お支払期限	銀行振り込みの場合、ご注文確認後1週間以内にご入金の確認ができない場合キャンセル扱いとさせていただきます。
返品期限	商品がお手元に届きましたら破損がないか、ご注文の商品と相違ないかを直ちにご確認ください。注文後のキャンセルは承っておりません。ご了承下さい。ただし、当店の不備による返品・交換があれば返品・交換いたします。
返品送料	返品に際する送料は当社が負担いたします。
資格・免許	古物商許可証　東京都公安委員会　第12345678910号
屋号またはサービス名	○×オンラインショップ
電話番号	03-1234-5678
公開メールアドレス	shop@hogehoge.com

- 法人名（個人名）を表示。本店の所在地（店舗がない場合は、住所）を表示
- 販売に関しての責任者名を表示。法人は代表者名、個人は個人名を表示
- 商品代金以外にかかる料金（送料、消費税、手数料など）をすべて表示
- 申し込みの際、いつまでの申し込みが有効なのかを表示
- 不良品の場合の交換や、返金の条件を表示
- 商品の販売数量の制限など、特別な販売条件があるときは、その内容を表示
- 後払いの場合は注文日より何日以内、前払いの場合は入金日より何日以内で発送できるかを表示。地域、条件により期間が異なる場合は、最長で何日以内かも表示
- 代引き、銀行振込、郵便振込、クレジットカードなど、ECサイトで扱う支払方法を表示
- 後払いは納品より何日以内、前払いの場合は注文日より何日以内かを表示
- 納品日より何日以内だったら返品可能かを表示。返品不可商品も扱う場合は、「開封後返品不可」など条件を表示
- 返品の際、購入者側と販売者側のどちらが送料を負担するか表示
- 取扱商品に販売資格（免許）を必要とする場合は、その資格を表示。免許が必要ない商品のみ扱う場合は不要
- ネットショップの名称を表示
- ネットショップの連絡先電話番号を表示
- ネットショップの連絡先メールアドレスを表示

RELATION ▶ 033 072 090

071 目的・内容に応じて選ぶ
Webサイトで扱う動画ファイルの選択

Text：クロスコ

Webサイトで動画を扱うことがめずらしくなくなりました。動画は一度に多くの情報を伝えることができ、また直感的なイメージ訴求が得意なことが特徴的なコンテンツです。

動画コンテンツ含んだWebサイトを構築する場合、目的とコンテンツ内容に合わせた動画フォーマットを選択することが大切です。

動画フォーマットとコーデック

主な動画フォーマットには、Windows Video（.wmv）、Flash Video（.flv）、MPEG-4（.mp4）などがあります。動画は、Webなどの視聴環境で扱える形式に圧縮するためにコーデックを用いて動画ファイルへの書き出し作業（エンコード）をする必要があります。また、同じ動画フォーマットでもコーデックが異なると再生できない場合があるため、エンコードするプログラムとターゲットとする動画プレーヤーの双方のバージョンを確認しておくことも必要です。

動画をブラウザーで表示する場合、現在ではFlashかWindows Mediaのプラグインに対応した動画プレーヤーをWebページに組み込むのが一般的です。その他の形式も一部では使われていますが、トレンドによって使われなくなるものもあります。今後については、プラグインを必要とせず、HTMLタグで直接動画を埋め込んでコントロールできる「HTML5」対応の動画フォーマット、MPEG-4 AVC/H.264（.mp4）なども普及してくると予測されます。

動画フォーマットの選択方法

動画を使用するには、Webサイトの目的とターゲットによってプレーヤーとフォーマットを使い分けます。たとえば、FlashのプラグインはOSを問わず普及率は高いのですが、ストリーミング配信では企業の社内セキュリティで配信できない場合があったり、Windows MediaはMacユーザーが視聴できなかったりということがあります。そこで、BtoBにはWindows Mediaを選び、BtoCにはFlashを選ぶといった選択方法があります。

動画データを作成するツールや環境にはさまざまありますが、基本の考え方は「ファイルは軽く、高画質にエンコードする」ということです。エンコードは、ページ内での動画の画像サイズ、アスペクト、ビットレート、ファイルサイズをきちんと調整しましょう。

動画データのフォーマットは、なるべく元データからプレーヤーで使用するフォーマットに変換し、画質を確保します。コーデックによって圧縮率が変わるため、目標のファイルサイズに合わせて選択、使用するプレーヤーでサポートされていることを確認し、再生試験をしながら作成していきましょう。

Webサイトで扱う主な動画フォーマットに、Windows Video、Flash Video、MPEG-4がある。動画をブラウザーで表示する場合、各フォーマットのプラグインに対応した動画プレーヤーが必要だ。各フォーマット、プラグインには向き不向きがあり、Webサイトの目的とターゲットで選ぶ必要がある。フォーマットが決まったら、コーデックと圧縮率を調整しながら、高画質な動画を作成しよう。

動画コンテンツの利用例

1 動画によるプレゼンテーション

キヤノンの『カメラのデザインができるまで』は、コンパクトデジタルカメラ「IXY 30S」を一例に、カメラ製造プロセスに関わるすべてのデザイナーにフォーカスし、デザイン担当者の声やこだわりを伝えている。動画では、スケッチから始まり、一つのカメラが完成するまでのデザイナーの思いやプロセスをリアルに伝えることで、理解を促進させることに成功している。

2 サイト誘引のスペシャルコンテンツ

メルセデス・ベンツは、フルモデルチェンジした「新型SLK」のプロモーションとして、"謎の美女"と臨場感あふれるドライブデートが楽しめる「SPEED DATE」を展開。ストーリーを選んで進んでいくユーザー参加型の動画で、各ストーリーの中で車の特徴をうまく伝え、理解促進に役立てている。最後には、選択したストーリーがまとめられた動画が完成し、ソーシャルメディアに共有させることで、サイト誘引のためのリーチの最大化を狙っている。

3 動画共有サイトを用いたバズプロモーション

米プロクター&ギャンブル（P&G）社が販売する「Old Spice」ブランドのバズプロモーション。Twitterなどを活用し、ほぼリアルタイムで公開されるビデオ・シリーズで、腰にタオルを巻いたイザヤ・ムスタファ氏が、特定の視聴者の質問に答えた。1本で1000万回を超える視聴を記録した動画もあり、このキャンペーンにより売上げは前年の2倍以上に増えた。

動画データの形式

目的	ファイル形式	ファイル形式の概要
動画編集作業	AVI形式（拡張子：.avi）	Audio Video Interleavingの略。マイクロソフトの開発による音声付き動画を再生するためのWindows標準フォーマット。汎用性が高く、Windowsで動画の取り込みや編集、ほかの動画ファイルへ変換する場合の主流の形式となっている。
動画編集作業	QuickTime形式（拡張子：.mov）	アップルが開発したマルチメディアプラットフォーム「Quick Time」で扱われる動画のフォーマット。Windowsではあまり使われることはない。Macでは標準の動画形式として使われ、動画の編集や再生をする場合には主流となっている。
Webサイト公開	Windows Media形式（拡張子：.wmv）	AVI（Audio Video Interleaving）の後継として2000年に登場したWindows標準の高画質、高圧縮のビデオフォーマット。Windows Media Playerで再生される。ストリーミング配信を前提に開発されており、DRM（デジタル著作権管理）というコピーガード機能が付けられるため、著作物を配信する動画サイトではこの形式が主流となっている。
Webサイト公開	Flash Video形式（拡張子：.flv）	アドビ システムズが開発した、主にFlash Player 6以降を利用してインターネット上で動画を配信するために利用されるコンテナ型のファイルフォーマット。「YouTube」などの動画投稿サイトで採用され、誰でも手軽に動画配信ができるため爆発的に広まった。Flash Media Serverとの組み合わせで、インタラクティブな動画コンテンツを作れる。
Webサイト公開	MPEG-4 AVC/H.264形式（拡張子：.mp4）	圧縮効率の良い動画形式で、モバイルからハイビジョンまで幅広いビットレートに対応する。HTML5のVideoタグに対応しており、タブレット端末やスマートフォンなどでも利用される。MPEG-4にはたくさんの形式があるが、Webなどで用いられる.mp4といわれる形式は、MPEG-4 AVC/H.264であることが多い。

072 動画コンテンツ配信プラットフォームの選び方

条件次第では動画共有サイトの利用も

Text：クロスコ

動画コンテンツを提供する場合、コンテンツに最適な配信プラットフォームの検討が必要ですが、その提案・手配はWebディレクターの仕事です。

動画をサーバーから配信する方法には、「ダウンロード（プログレッシブダウンロード）配信」と「ストリーミング配信」の2種類があります。ダウンロード配信はWebサーバーから配信ができますが、ストリーミング配信の場合はストリーミングサーバーが必要です。

また、ストリーミング配信は、サーバーにリクエストがあったときに配信するオンデマンド配信方式と、リアルタイムで映像中継を配信するライブストリーミング方式の2つに分かれます。

配信プラットフォームを選択するポイント

CM程度の短い動画であれば、HTMLと同じようにWebサーバーにアップするだけで、ダウンロード形式で簡単に配信できます。一方、ファイルサイズが大きい場合には、ダウンロード形式は待ち時間が長くなりサーバー負荷も増えるため、長い動画を扱うときにはストリーミング形式が安全です。

ストリーミングサーバーは自前で構築する方法もありますが、安定した動画配信が必要な企業サイトではCDN（負荷分散型サーバー）や帯域保障のある配信サービス（ASP）を使用するのが一般的です。リッチメディアコンテンツの提供に必要な「Flash Media Interactive」[※]も、ASPなら設定が簡単です。

動画配信サービスは、使い勝手を向上させたパッケージが提供されるようになってきています。動画エンコードの最適化を含めた公開手順の簡略化にもなるので、目的に合った機能を持つ製品を選ぶとよいでしょう。

動画共有サイトなどのフリーのプラットフォーム

動画コンテンツの提供方法では、直接その企業に関係のない一般の視聴者に見られることをクライアントが了承すれば、YouTubeなどフリーの動画共有サイトも利用できます。動画を共有サイトにアップして、そのURLをサイトに張り込めば簡単に公開できる上、サーバーの費用はかかりません。アクセスが集中して視聴できないユーザーが出るなどしても問題がなければ、活用してコストダウンを図れます。

動画を生配信できるライブストリーミングも、TwitterなどのソーシャルメディアとUSTREAMやニコニコ生放送のような無料のプラットフォームが利用できるようになり、企業のPRやセミナーなどで使われる機会が増えてきました。

Webサイトでの動画提供は、今後は単に配信するだけではない、ユーザーとのコミュニケーションメディアとしてより活用されるようになると考えられます。

動画コンテンツの配信方法を提案・手配するのはWebディレクターの仕事だ。配信方法には、Webサーバーを使う「ダウンロード配信」とストリーミングサーバーが必要な「ストリーミング配信」がある。配信プラットフォームを選択するポイントは、ファイルサイズの大小が基準のひとつになる。クライアントが了承すれば、YouTubeなどフリーの動画共有サイトも利用もできる。

動画の配信方法

① オンデマンド配信

あらかじめ動画ファイルを作成し、サーバーにアップロードしておく。ユーザーが見たいときに見たいものを指定すると、サーバーにアクセスして、その動画コンテンツのみを引き出して自由に再生できる。ユーザーの要求に応じて、時間に関係なく再生できるので、ライブラリーデータなどを配信したい場合に適している。

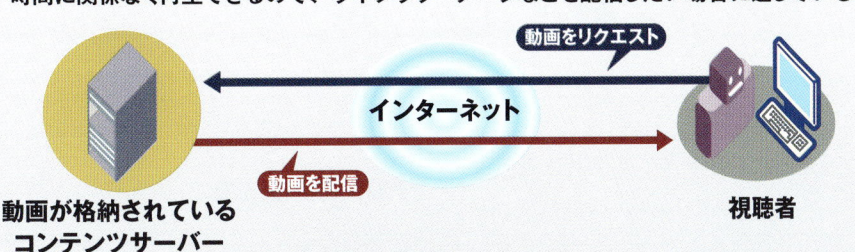

大規模配信の場合

安定した動画配信が必要な企業のサイトではCDN（負荷分散型サーバー）や帯域保証のある配信サービス（ASP）を使用することが望ましい。

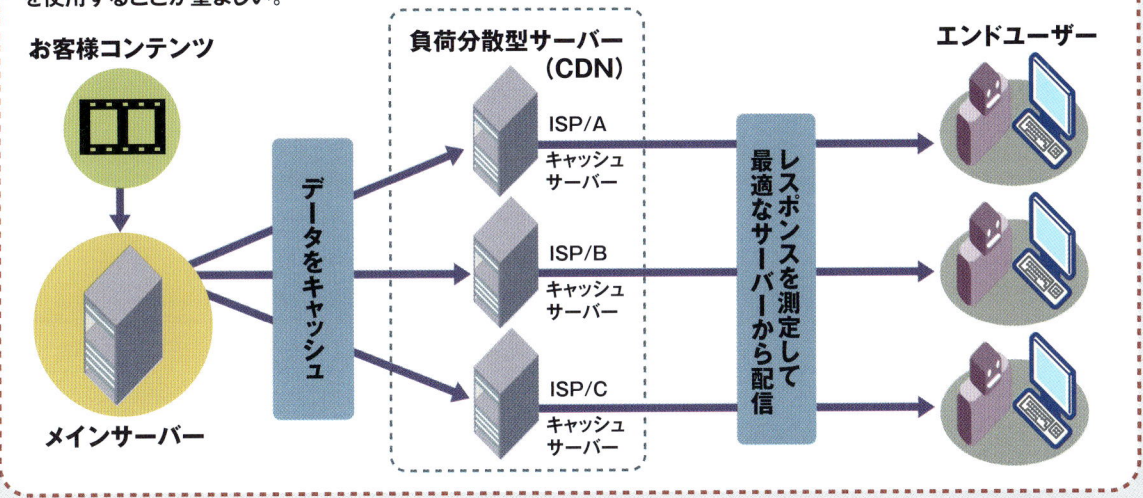

② ライブストリーミング

オンデマンド配信のように作成しておいた動画ファイルを配信するのではなく、撮った映像をストリーミング配信用のデータに順次変換をしてリアルタイムに配信する（＝ライブ配信）。テレビの生中継番組のようなもので、直接イベント会場などに行かなくてもインターネット回線を利用して会場の模様をパソコンで視聴できる。

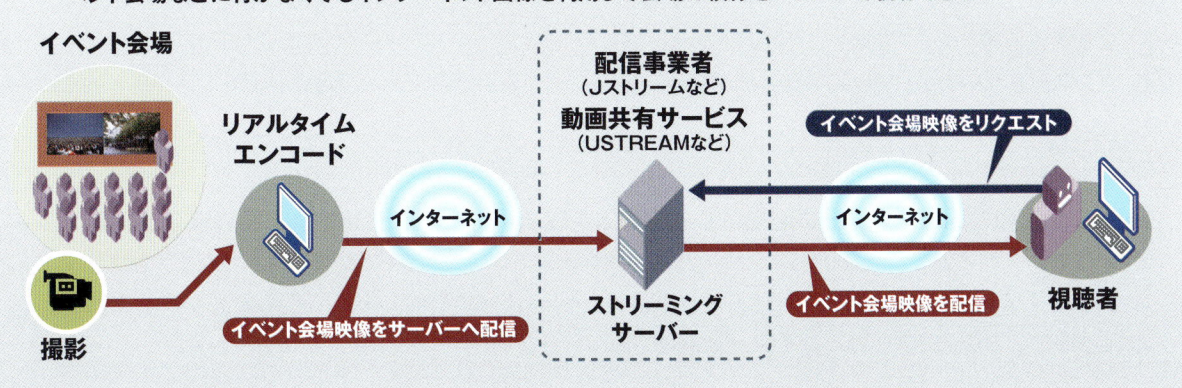

※　アドビ システムズの動画配信サーバーソフト。暗号化配信、通信回線の速度に応じたビットレートの切り替えなどの機能を持つ

RELATION ▶ 019 033 044 112

073 Webサイトにおける PDFの利用

デジタルドキュメント配布のスタンダード

Text：クロスコ

PDF（Portable Document Format）とは、アドビ システムズが開発した、デジタルドキュメントを異なる環境のコンピューターで元のレイアウト通りに表示・印刷できるフォーマットのことです。Web上にPDFドキュメントを公開して、ユーザーがダウンロードできるようにしてあるWebサイトは少なくありません。

PDFを閲覧するには、Adobe Readerなどの表示ソフトやプラグインをユーザーが自分の端末などにインストールしておくことが必要です。そこで、PDFを掲載したページには、Adobe Readerのダウンロードバナーやリンクを設置しておくとよいでしょう。

WebサイトでのPDFの使われ方

PDFは、製品カタログやマニュアルをWebで提供する場合によく用いられます。紙媒体が優先して作成されていることが多いため、まったく同じ情報をわざわざコーディングするのに比べて工数やコストを減らせるだけでなく、管理しやすいというメリットがあります。最近では、タブレット端末向けの電子カタログを作成する方法としても、PDFが用いられています。

また、企業が公開するニュースリリースやIR情報をネットに掲載する際にも、PDFが多く用いられます。これは、PDFの大きな特徴の1つに、「ドキュメントの改変ができない」ということがあるからです。

PDFの作成方法

PDFファイルは、ワープロソフトやプレゼンソフト、DTPソフトなどで作成したデータを、「Adobe Acrobat」などの専用ソフトで変換して作成します。PDF作成ソフトは、プリンタードライバとして振る舞うため、ほとんどのアプリケーションからPDFを作成できます。

PDFは、OSが異なっても表示できるのがメリットですが、フォントによっては互換性がなくレイアウトが崩れてしまうことがあります。レイアウトの崩れを防ぐには、フォントデータをPDFの中に埋め込む設定をしておきます。また、Webで公開する場合には、ファイル容量が重くならないように画像の解像度などを設定することも重要です。さらに、Web表示用に最適化の作業をしておけば、Webサーバーからページ単位でダウンロードができ、表示時間が短縮されると共に、任意のページを直接開けるようになります。

PDFのSEO対策

Web上のPDFファイルも検索エンジンの検索対象となります。ファイルのタイトルやPDFファイル内に検索対象としたキーワードを埋め込んだり、PDFファイル内でのキーワードの出現頻度を高くするといったSEOを施しておくことは有効です。

> PDFは、どのコンピューターでも元のレイアウトを維持して表示の印刷できるデジタルドキュメントフォーマットのこと。閲覧や作成には専用ソフトが必要になる。PDFは紙媒体のカタログやマニュアル、ニュースリリース、IR情報に使われることが多い。Web上のPDFファイルも検索エンジンの検索対象となるので、SEO対策をしておくことは必要だ。

WebサイトとPDF

Webサイトでは、製品カタログやレポート、ニュースリリースなどのドキュメントを掲載する場合に、PDFを使用することが多い。

ドキュメントの種類	Webサイトでの用いられ方・留意点
1 製品カタログ・パンフレット ・製品カタログ ・パンフレット ・チラシ	製品のカタログやパンフレットは、もともと紙に印刷されることが多い。そこで、Webページには概要のみを掲載し、製品の詳細情報はカタログ用のデータをPDF形式で提供するといった使い分けができる。タブレットPC向けの「電子カタログ」としても用いられる。
2 マニュアル・レポート ・取り扱い説明書 ・インストールマニュアル ・調査レポート ・論文　など	ページ数の多いマニュアル類は、すべてをWebページにコーディングするには手間がかかり、ユーザビリティも悪くなるため、PDFを用いて提供する。Web最適化することで、任意のページを開くなど、情報の検索性を付与できる。
3 IR情報・ニュースリリース ・決算報告書 ・短信 ・ニュースリリース	PDFの「改変されない」という特徴を活かし、企業のオフィシャルな情報をWebに掲載する際に用いる。

PDF作成・利用フロー

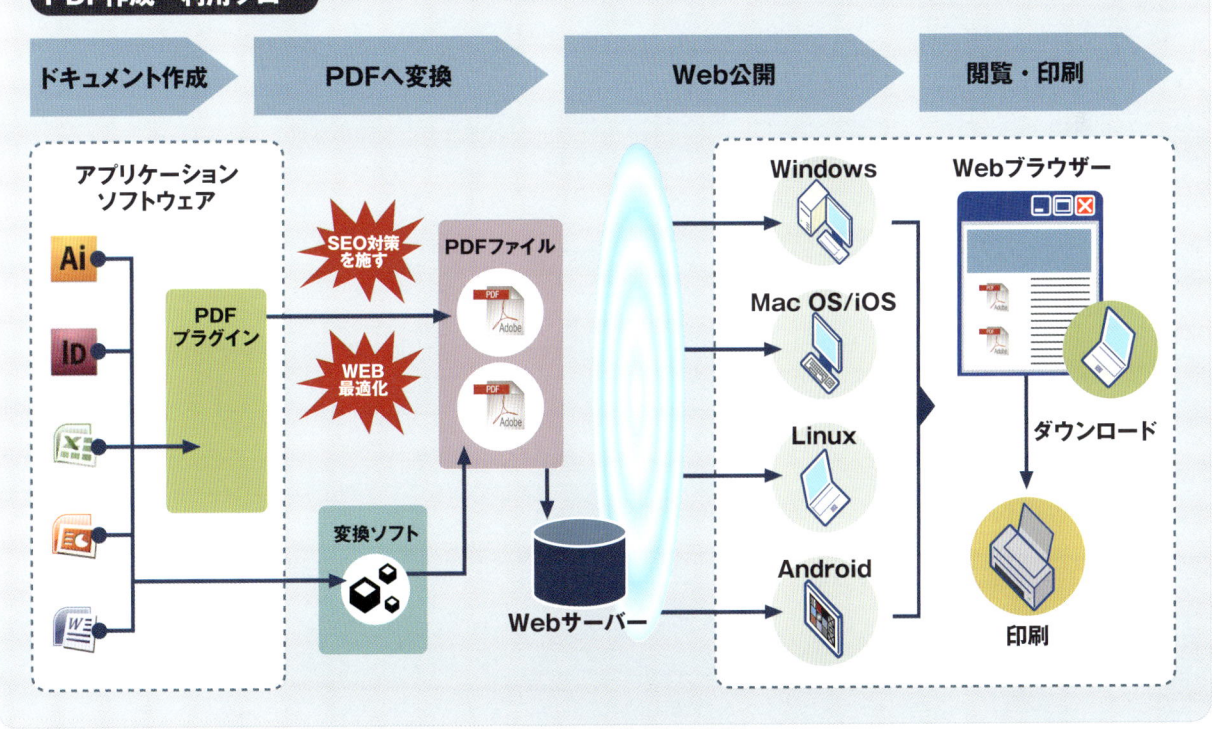

ドキュメント作成 → PDFへ変換 → Web公開 → 閲覧・印刷

アプリケーションソフトウェア（Ai／Id／Excel／PowerPoint／Word）→ PDFプラグイン／変換ソフト（SEO対策を施す／WEB最適化）→ PDFファイル → Webサーバー → Windows／Mac OS/iOS／Linux／Android → Webブラウザー → ダウンロード → 印刷

Webディレクション 用語集❹

●**Webブラウザー**
Webページを閲覧するためのアプリケーションソフト。マイクロソフトの「Internet Explorer」、モジラの「Firefox」、アップルの「Safari」、オペラ ソフトウェアの「Opera」、グーグルの「Chrome」などがある。

●**HTML**
Webページを記述するための言語。タグによって段落、見出しなどの文書の構造を定義する。Hyper Text Markup Languageの略。XMLをベースにより厳格な仕様を持つHTMLとしてXHTMLがある。

●**HTML5**
狭義には、HTMLの5回目の大幅な改訂版。意味を定義するタグ、動画や音声を再生するタグなどが追加されている。標準化団体であるW3C (World Wide Web Consortium) とブラウザーベンダーなどが設立したWHATWG (Web Hypertext Application Technology Working Group) が共同で仕様策定を進めている。広義には、JavaScriptで利用できるAPI (Application Program Interface) やCSS3を含むこともある。

●**CSS**
Webページのレイアウトやスタイルを装飾するための言語。HTMLで記述した文書の見栄えを整える役割を持つ。Cascading Style Sheetの略。最新版のCSS3の仕様策定が進められている。

●**JavaScript**
Webブラウザー上で実行できるプログラミング言語。動的なユーザーインターフェイスの構築によく使われる。

●**RSS**
Webページの見出しや要約などの情報を記述・配信するための文書フォーマット。RSS 1.0 (Resource description framework Site Summary 1.0) と、RSS 2.0 (Really Simple Syndication 2.0) の2種類がある。

●**マイクロフォーマット**
HTMLに書かれている情報の意味を、検索エンジンのクローラーなどに伝えるためのフォーマット。HTMLタグに規定のルールに沿った属性を付与することで、機械が解釈しやすくする。類似のフォーマットにマイクロデータがある。

●**Web標準**
W3Cなどの国際標準化団体が定める技術仕様の総称。具体的には、HTML、XML、CSS、JavaScript (ECMAScript) などを指す。

●**RIA (リア)**
高度な表現力と優れた操作性を持つWebアプリケーションのこと。FlashやJavaScriptなどのクライアント技術を使って構築する。Rich Internet Applicationの略。

●**Ajax (エイジャックス)**
Asynchronous JavaScript + XMLの略。JavaScriptを使ってサーバーとデータをやり取りし、ページを遷移せずに表示を更新する技術。

●**Flash**
アドビ システムズが開発しているRIA技術。ブラウザープラグインの「Flash Player」と、オーサリングソフトの「Flash Professional」からなる。アニメーションを使ったリッチコンテンツや動画の再生などに使われる。

●**Silverlight**
マイクロソフトのRIA技術。Flashの対抗技術として2007年に登場した。マイクロソフト製品との連携に優れ、業務システムのUIなどに活用されている。

●**Adobe AIR**
アドビ システムズのRIA技術。HTMLやFlashなどのWebの技術を使ってマルチプラットフォーム対応のデスクトップアプリケーションを開発できる。

第7章

Webサイトの制作ディレクション

074	Webデザインツールの種類と使い分け	184
075	Webサーバーの選定	186
076	テスト環境の構築	188
077	バージョン管理ツールの導入と使い方	190
078	HTMLの種類とマークアップの基本	192
079	CSSによるWebページのデザイン	194
080	Webサイトの価値を高めるJavaScript	196
081	「Web標準」の考え方	198
[コラム❹]	仕様策定が進む「HTML5」と「CSS3」	200
082	RSSフィードの作成と活用	202
083	検索結果の表示を変えるマイクロフォーマット	204
084	Webサイトの質を保つ制作仕様書の作成	206
085	CMSテンプレートによるWebサイトの制作	208
086	文字コードとフォントの基礎知識	210
087	ブラウザーテストとテストツール	212
088	RIA技術の活用	214
089	Ajaxの仕組みとライブラリーの利用	216
090	Flashコンテンツの制作	220
091	独自空間を演出するフルFlashサイト	224
[コラム❺]	3つの事例からフルFlashサイトの可能性を探る	226
092	SilverlightとAdobe AIR	228

074 Webデザインツールの種類と使い分け
高品質で効率的なデザインのために

Text：IN VOGUE

Webサイトの制作では、ページ全体やバナーのデザインから、ページ内のイラスト、写真の加工まで、さまざまなデザインソフトが使われます。中でも制作現場でよく使われているのが、アドビ システムズの「Photoshop」、「Illustrator」、「Fireworks」です。

ソフトの種類やバージョンによっては互換性が無く、データが開けない場合もあります。そこで、Webディレクターは各ツールの特徴を理解し、データの納品形態や制作スタッフのスキル（どのツールをどれぐらい使えるか）、あるいは外注先との連携などを踏まえて、制作に使用するツールを選定します。

各ツールの特徴を理解する

Photoshopは、グラフィックデザインツールの代名詞といえるソフトです。その名のとおり、もともとはフォトレタッチソフトとして写真の補正や加工などに使われていましたが、現在ではコラージュや文字組みなどを含む、デザインツールとして広く利用されています。特殊なフィルターによる加工やきめ細やかな調整ができるので、クオリティの高いビジュアル作りに適しており、特に写真を使ったデザインでは欠かせません。

Illustratorは、イラスト、ロゴ、図面、広告、パッケージなど、あらゆる分野でのデザインに使われるデザインツールです。Illustratorではベジェ曲線を使ってライン（線）を描き、ラインによってボックスや円などのオブジェクト（パス）を作ります。オブジェクトは変形・合体・分解・中抜きなどさまざまな編集ができます。線の組み合わせなので、拡大・縮小しても画質が劣化せず、色や線の種類などの変更も容易です。

Fireworksは、Webに特化したデザインツールで、出力画像の詳細な設定やブラウザーでの読み込み時間の表示など、Web制作に便利な機能が揃っているのが特徴です。写真補正の精密さなどはPhotoshopに劣るものの、サイト内で共通に使用している部分（ヘッダー／フッターなど）を各ページにまとめて反映できるなど、効率的にサイトを制作できる機能が充実しています。

用途や表現で上手に使い分けよう

各ツールの得意分野を端的にまとめると、Photoshopは写真の加工やグラフィカルな表現に向き、Illustratorはロゴやイラスト、背景パターンなどの制作に便利です。Fireworksは画像の出力やページ管理機能など、Webサイト全体のデザインに便利な機能が多くあります。

各ツールには共通する機能もあり、どのツールでも同様の結果が得られる場合もありますが、細かな品質や制作にかかる手間に違いが出ます。それぞれの特徴を把握し、用途や表現したいデザインに応じて上手に使い分けることで、高品質で効率的なデザインができます。

Web制作現場でよく使われているデザインツールは、アドビ システムズの「Photoshop」「Illustrator」「Fireworks」だ。Photoshopは写真の加工やグラフィカルな表現に、Illustratorはロゴやイラスト、背景パターンなどの制作に、Fireworksはページ管理機能など、Webサイト全体のデザインに便利だ。高品質で効率的なデザインをするために、各ツールを上手に使い分ける必要がある。

Web制作で使われる主なデザインツール

● Photoshop（アドビ システムズ）
写真など、ビットマップ画像の調整・編集・加工ができるデザインツール。
特殊フィルターなどの加工機能が充実しており、グラフィカルなデザインによく使われる。
印刷物のデータを流用する場合に、CMYK形式からRGB形式への変換にも利用する。

画像補正・加工

● Illustrator（アドビ システムズ）
ベジェ曲線を使ってベクター画像を作成できるデザインツール。
拡大・縮小をしても画質が劣化しないうえ、色や形の変更などの編集が簡単にできる。
ロゴやイラストなど、Webだけでなく印刷物などでも使用する画像はベクターデータで制作するとよい。

ベクターデータで描かれた本のイラスト

拡大しても劣化しない

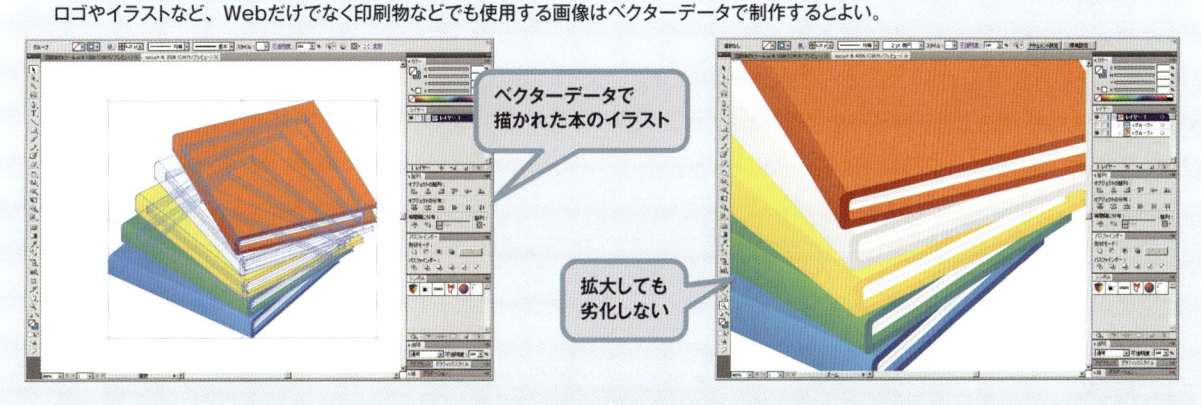

● Fireworks（アドビ システムズ）
Web制作に特化したデザインツール。1つのファイルで複数のページを管理し、マスターレイヤーと呼ばれるレイヤーでサイト内の共通パーツを管理できる。
効率よく制作できる機能が豊富なので、数多くのページを制作する場合に便利だ。

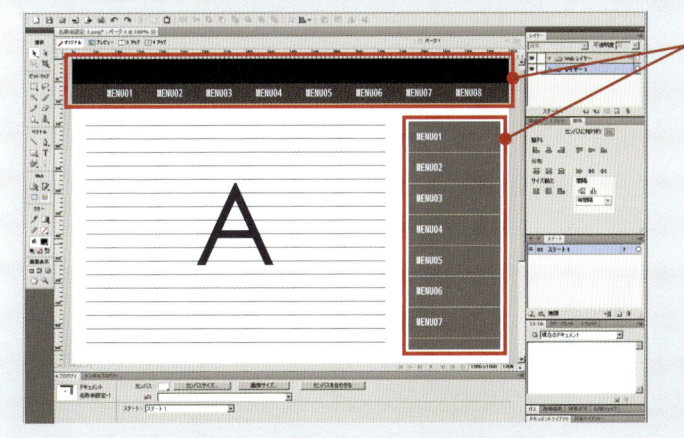

マスターレイヤーに配置されたオブジェクト。主にナビゲーションやヘッダーなど全ページで共通する要素を配置する。Aのページのマスターレイヤーを変更すると、BCDEすべてのページに修正内容が反映される

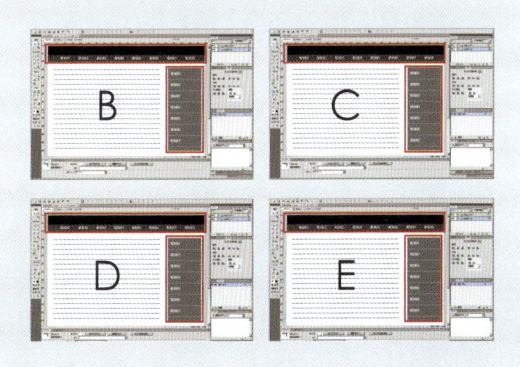

RELATION ▶ 022 076 096 097

075 公開環境を整えよう
Webサーバーの選定

Text：ディーネット

Webサイトを公開するにはWebサーバーを設置して24時間365日安定的に稼働させる必要があります。Webサーバーは、自社もしくは通信事業者（ISPやレンタルサーバー事業者など）の設備を利用します。

レンタルサーバーは共有・専用・VPSで選ぶ

自社でWebサーバーを保有する場合、データセンターにハウジング（場所借り）したり、社屋を改造してサーバールームを設けたりします。コンテンツに合わせた機器を搬入し、社内の人員でサーバーを運用します。

通信事業者の設備を借りる場合（一般的にレンタルサーバーと呼ばれます）は、大きく分けると専用サーバー、共用サーバー、VPSサーバー（仮想専用サーバー）の3種類があります。

専用サーバーは1台のサーバーを1社（1ユーザー）のみで使います。自社専用の仕様にカスタマイズできますが、専用のため料金が高く、1台でも年間に数十万円から数百万円かかります。

共用サーバーは数社から数百社で1台のサーバーを使います。料金が非常に安く、年間数万円程度で利用できますが、PHPなどのバージョンやCGIの使用制限、他社が原因の障害（CGIの暴走などのよるサービスダウン）も考慮しなければなりません。

専用／共用の中間的な位置付けになるのがVPSです。1台の機器を仮想化ソフトで複数のサーバーとして割り当て、管理者のアカウントが発行されます。仕様は比較的自由にカスタマイズできますが、CPUやメモリーなどのリソースは共用のため、ある程度の限界はあります。料金は前者2つの中間的なもので、現在もっとも注目度が高いサービスです。

サーバー選択はコストとコンテンツで

実際の案件によってはクライアントがサーバーを用意している場合もあるでしょう。自社設備か通信事業者かは、技術者と運用ノウハウの有無で決まります。自社設備では細かく要件を設定できますが、技術者の雇用や資産の管理が必要です。レンタルサーバーを利用することで、こうしたコストは抑えられます。

通信事業者のレンタルサーバーを利用する場合は、事業者の実績や評判のチェックが欠かせません。細かく対応してくれる会社なのか、ただ単に価格が安い会社なのかなど、日頃から広く情報を収集しておくことがポイントとなります。

レンタルサーバーの種類は、静的なコンテンツでアクセスが少ないときは共用サーバー、動的なコンテンツもあり、管理者権限が必要な場合はVPSを利用します。アクセスが非常に多く、データベースなどを過激に動作させる必要がある場合は、専用サーバーを選択します。

> Webサイトを公開するのは、安定的に稼働するWebサーバーが必要になる。Webサーバーは自社で設置するのか事業者から借りるのかの選択がある。事業者から借りる場合は、専用サーバー、共用サーバー、VPSと3種類がある。静的コンテンツが多い場合は共用サーバー、管理者権限を持って稼働させたい場合はVPS、アクセスが多数に及ぶ場合は専用サーバーを選択する。

レンタルサーバーサービスの種類

サービス名	内容	用途	コスト	管理者権限	特徴・注意点
共用	1台のサーバー機器を多くのユーザー（企業）で利用しコストを安くするサービス	静的なコンテンツ	低	なし	同じ機器上の他のユーザー（他社）の影響を受ける
VPS	1台のサーバー機器上に仮想化ソフトを利用して複数のサーバーOSを載せ、ユーザー（企業）ごとに仮想的に独立させて利用するサービス	負荷の低い動的なコンテンツ	中	あり	共有サービスほどではないが、同じ機器上の他のユーザーの影響を受ける
専用	1台のサーバー機器を1ユーザー（1社）で占有するサービス。複数台構成も可能	高負荷のコンテンツ、もしくは高セキュリティが必要な場合	高	あり	拡張性とカスタマイズに優れている

○ 各サービスのイメージ

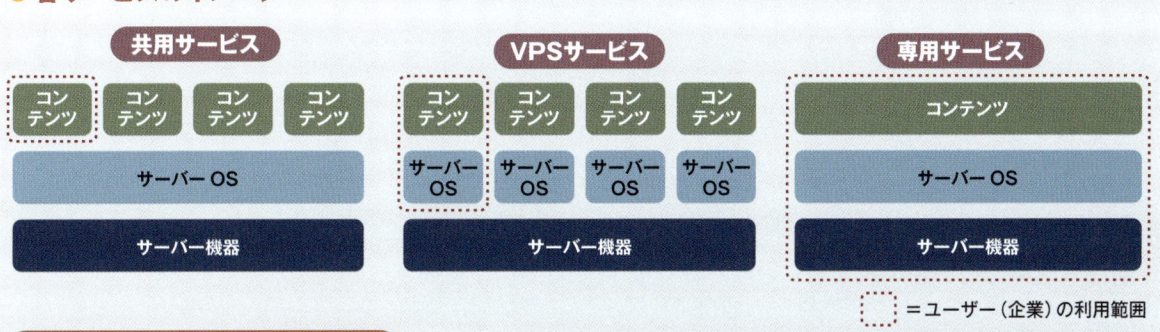

共用サービス / **VPSサービス** / **専用サービス**

（コンテンツ／サーバーOS／サーバー機器の構成図）

┈┈ ＝ユーザー（企業）の利用範囲

サーバー選定のチェックポイント

自社（またはクライアント）で準備	
データセンター（社内サーバールーム）	免震構造、電源・回線の冗長化などの基本ファシリティ、電気設備の法定点検時期の確認
	入館（入室）方法などの確認
	必要によっては駆け付ける距離（アクセス時間）も重要事項として考慮する

通信事業者（ISPやレンタルサーバー業者）	
専有サーバー	CPUコア数や速度、メモリー容量やメモリー拡張性、HDD（RAID構成）、機器の保守体制（4時間以内駆付け、翌日営業日対応などのグレード）
	データバックアップとリストア方法
	回線速度や料金、転送容量制限
	エンジニアの対応状況（休日・夜間どこまで可能かなど案件により確認）
VPS（仮想専有サーバー）	CPU専有状況やメモリ割当量、拡張性
	OSの初期化が自動化されているか
	ファイアウォールや監視などの有無
共有サーバー	Webの使用可能容量
	メール容量、1メールの受信可能容量、作成メールアドレス数（メールを使う場合）
	PHPのバージョン、搭載DBの種類、CGIプログラムなどの使用の可否
	各種設定のオプション（料金含む）

076 テスト環境の構築

制作前に必要な環境を整えよう

Text：ディーネット

　テスト環境とは、リリース前のWebサイトの動作を確認するためのサーバーやクライアントマシン（PC／携帯電話）のことです。

　テスト環境では、HTML/CSSの表示結果やPHPなどのプログラムの動作を確認したり、クライアント（顧客）にコンテンツの内容を確認してもらったりします。一方、Webサイトをインターネットに公開するWebサーバーなどは「本番環境」と呼ばれ、テスト環境で動作確認がとれたものだけを本番環境にリリースします。

本番環境と同一の環境を用意する

　テスト環境はWebディレクターが必要な環境を検討し、エンジニアへ指示して構築します。必要なときにすぐに利用できるように、プロジェクト開始後の早い段階で手配しておきましょう。

　必要なサーバーはテスト環境の用途によって異なり、制作会社内での動作確認用途のみであれば社内のサーバーを、クライアントに確認してもらう場合は社外からアクセスできるサーバー（レンタルサーバーなど）を用意します。

　テスト環境は本番環境での正常な動作を確認する目的で利用するものですから、本番環境とまったく同じ環境を構築する必要があります。OSやWebサーバーソフトは本番環境と同じバージョンをインストールし、PHPなどのプログラムやデータベースなどのサーバーサイド技術を利用する場合は、これらの仕様も本番環境に合わせておきます。

　一方、テスト環境では、動作を確認していないプログラムやコンテンツを配置するため、プログラムの不具合などによってWebサーバーが停止する可能性があります。そのため、テスト環境は本番環境とは必ず切り離して、別のサーバーに構築します。

　テスト環境は本番環境と異なり、テスト実施者のみがアクセスできれば良いものです。ただし、不特定多数の人がテスト環境にアクセスしなければならない場合は、IPアドレスやベーシック認証※などでアクセス制限をかけて安全性を確保します。

テストクライアントは要件に合わせて

　テスト環境は、サーバーだけでなく動作確認をするクライアントマシン（PC／携帯電話）も用意します。要件定義書や制作仕様書に合わせて、複数の種類、バージョンのOSやブラウザーが動くPCを用意しましょう。

　モバイルサイトの場合も同様に、あらかじめ定めた仕様に基づいて、複数の通信キャリア／メーカーの携帯電話端末を用意します。制作中はPC上で動作確認できるエミュレーターソフトも利用できますが、最終的には実機による動作確認が必須です。

テスト環境とは、公開用のWebサーバー（本番環境と呼ぶ）と同等の機能を持つサーバーと、クライアントマシン（PC／携帯電話）を指す。リリース前にプログラムの動作やコンテンツの表示を確認するために利用するので、テストサーバーは本番環境とまったく同じ仕様で構築する必要がある。テストクライアントは、要件定義や仕様書をもとに複数のOS／ブラウザーが動くPCを用意する。

テスト環境と本番環境

公開する環境（本番）とまったく同じ状態の別の環境を用意する

テスト環境

実際には要件定義や制作仕様書に沿って用意する

テストクライアント

- Windows
  - Internet Explorer
  - Firefox
  - Google Chrome
  - Opera
- Mac OS
  - Safari
  - Firefox
- NTTドコモ
  - メーカーA
  - メーカーB
  - メーカーC
- au（KDDI）
  - メーカーA
  - メーカーB
  - メーカーC
- ソフトバンク
  - メーカーA
  - メーカーB
  - メーカーC

テストサーバー

test.jwda.jp

OS	CentOS5.5
Apache	2.2.3
MySQL	5.0.77
PHP	5.1.6

本番環境と同様の動作を確認できるように、OSなどのバージョンは同一にする

本番サーバー

OS	CentOS5.5
Apache	2.2.3
MySQL	5.0.77
PHP	5.1.6

www.jwda.jp

テスト中の不具合が影響しないようにテスト環境と本番環境は切り離す

動作確認が取れたもののみ本番環境へリリース

テストサーバーの役割

本番と同じ状態の環境にコンテンツやプログラムを置き、制作メンバー、クライアント（顧客）ともに確認する

- デザイナー／コーダー ← HTML/CSSの表示テスト → テストサーバー
- プログラマー ← デバッグ／プログラムの動作確認 → テストサーバー
- テストサーバー ← コンテンツの確認 → クライアント（顧客）
- ・コンテンツ（HTML/CSS、画像など）
- ・プログラム（PHPなど）

※ Webサイト閲覧時に使用するプロトコルであるHTTPが備えるもっとも基本的なユーザー認証方式。基本認証ともいう（→254ページ）

RELATION ▶ 061 063 076 093 123

077 バージョン管理ツールの導入と使い方

ルールを明確にして最新リソースを反映する

Text：ディーネット

バージョン管理とは、制作中のWebサイトのあらゆるリソース（画像やHTMLファイルなど）の更新履歴を管理することです。「Subversion」や「CVS」などのバージョン管理システムを利用すると、制作リソースを効率的に管理できます。

バージョン管理によって、チームで作業する際に修正内容を誤って上書きしたり、最新版のファイルの所在が分からなくなったりすることを防げます。制作途中で以前のバージョンに戻すのも簡単になります。

Subversionの利用

バージョン管理の利用方法について、Subversion※を例に説明しましょう。Subversionではリソースを一元管理するサーバーにSubversionをインストールし、リポジトリを作成します。リポジトリとは、バージョン管理するリソースの格納場所です。制作メンバーのPCには、Subversionを利用するための専用ソフトをインストールします。

サイト制作者は、リポジトリからPCへリソースを取り込み（チェックアウト）ます。取り込んだリソースの修正が完了したら、リポジトリへ反映（コミット）します。コミットするとリビジョン番号が付けられ、リビジョン番号ごとに、差分の表示やリソースの復元ができます。本番環境へのリリースなど、節目のタイミングでリソースのバックアップを取得（タグ付け）します。

すぐにリリースしない修正にはブランチを利用します。ブランチの作成によって、リリース版とは独立したバージョン管理ができます。ブランチで修正した内容をリリース版へ取り込むには、ブランチをマージします。ブランチの修正と並行してリリース版が修正されている場合は、動作を確認し、問題がなければコミット・タグをつけてから本番環境へリリースします。

リソース競合の解消が利用のポイント

Subversionなどのバージョン管理システムを利用するときには2つ注意点があります。

1つは、リソースの競合です。自分がチェックアウトしコミットする間に、他の制作者が同一リソースをチェックアウトしコミットすると、リソースの競合が発生し、Webサイトが正常に表示されなくなる可能性があります。コミット前には必ず更新して、リポジトリの最新状態をPCへ取り込み、動作確認をしてからコミットすることをルール化しましょう。

もう1つは、コミットやタグ付のときのメッセージです。自分だけでなく他のメンバーが理解できるように、「2012年3月16日リリース版」など、修正内容が一目で分かるメッセージを登録することで、過去の変更が管理しやすくなります。

バージョン管理を導入すると、修正を誤って上書きしたり、最新版が分からなくなったりする事態を防げる。バージョン管理システムを利用すると、効率的なバージョン管理が可能だ。リソース修正中に、他の人が同一リソースを修正してリリースしてしまうと、リソースの競合が発生するため、最新リソースに修正を反映するなどのルールが必要になる。

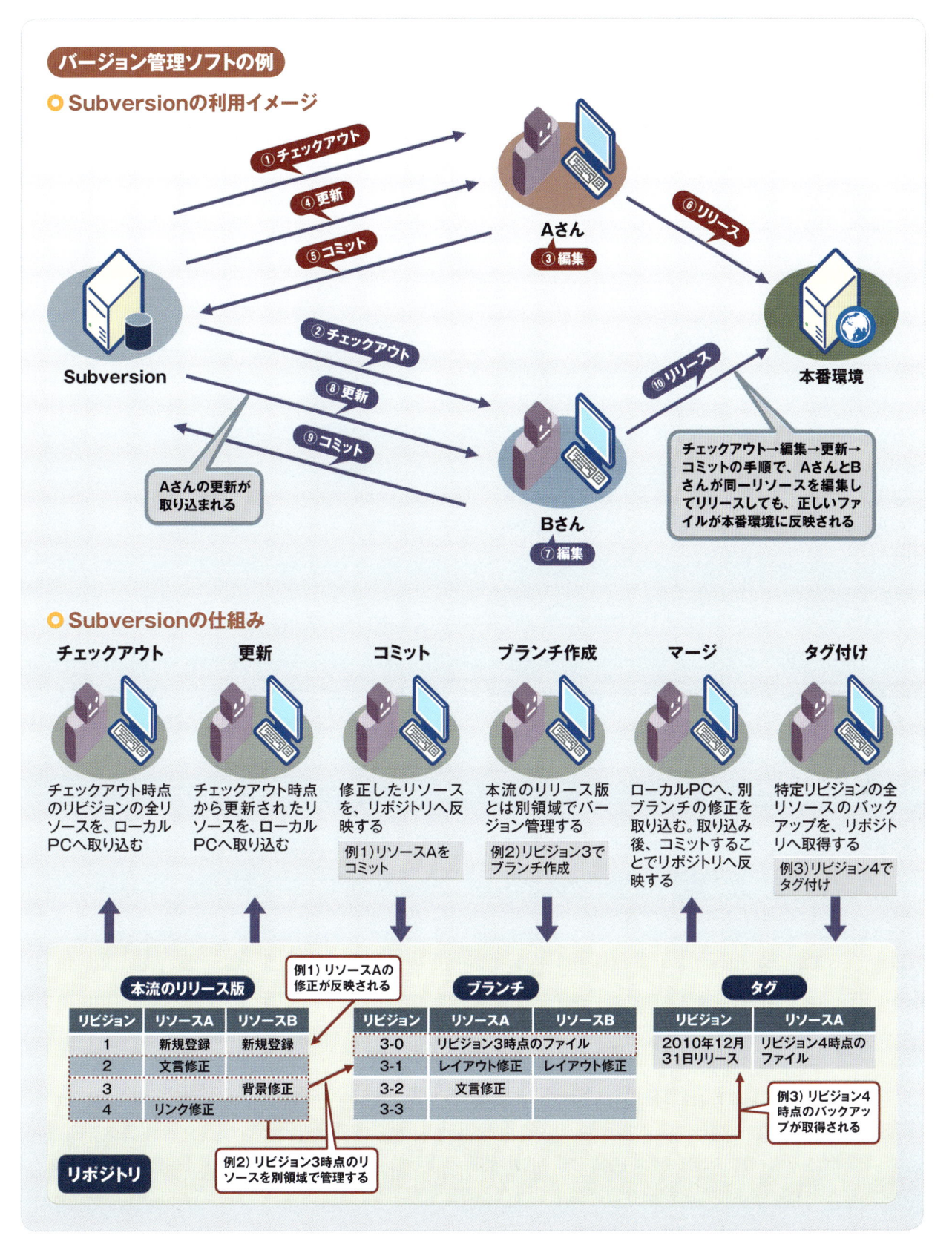

バージョン管理ソフトの例

◯ Subversionの利用イメージ

- ① チェックアウト
- ④ 更新
- ⑤ コミット
- ③ 編集（Aさん）
- ⑥ リリース
- ② チェックアウト
- ⑧ 更新
- ⑨ コミット
- ⑦ 編集（Bさん）
- ⑩ リリース
- 本番環境

Aさんの更新が取り込まれる

チェックアウト→編集→更新→コミットの手順で、AさんとBさんが同一リソースを編集してリリースしても、正しいファイルが本番環境に反映される

◯ Subversionの仕組み

チェックアウト
チェックアウト時点のリビジョンの全リソースを、ローカルPCへ取り込む

更新
チェックアウト時点から更新されたリソースを、ローカルPCへ取り込む

コミット
修正したリソースを、リポジトリへ反映する
例1）リソースAをコミット

ブランチ作成
本流のリリース版とは別領域でバージョン管理する
例2）リビジョン3でブランチ作成

マージ
ローカルPCへ、別ブランチの修正を取り込む。取り込み後、コミットすることでリポジトリへ反映する

タグ付け
特定リビジョンの全リソースのバックアップを、リポジトリへ取得する
例3）リビジョン4でタグ付け

本流のリリース版

リビジョン	リソースA	リソースB
1	新規登録	新規登録
2	文言修正	
3		背景修正
4	リンク修正	

例1）リソースAの修正が反映される

ブランチ

リビジョン	リソースA	リソースB
3-0	リビジョン3時点のファイル	
3-1	レイアウト修正	レイアウト修正
3-2	文言修正	
3-3		

例2）リビジョン3時点のリソースを別領域で管理する

タグ

リビジョン	リソースA
2010年12月31日リリース	リビジョン4時点のファイル

例3）リビジョン4時点のバックアップが取得される

リポジトリ

※ http://subversion.apache.org/

RELATION ▶ 022　047　051　079　081　084　087

078 HTMLの種類とマークアップの基本
Webページの要素を構造化して記述する

Text：IN VOGUE

HTML（HyperText Markup Language）とは、Webページを記述するための言語のことです。HTMLでは、タグと呼ばれる独特の方法でそれぞれの要素（テキストや画像）の意味（構造）を指定します。たとえば、段落なら<p>内容</p>、見出しなら<h1>大見出し</h1>のように、<タグ名>〜</タグ名>で囲んで記述します。

Webブラウザーはサーバーから読み込んだHTMLファイルから、タグの意味を解釈してWebページを表示（描画）しています。また、検索エンジンもHTMLの内容を読み込んで検索結果に反映しています。ブラウザーや検索エンジンがWebページの内容を正しく解釈できるように、HTMLは文法ルールに従って正確に記述する必要があります。

HTMLにはどんな種類があるか

HTMLの仕様はこれまでに何度かバージョンアップしていますが、長らくの間、W3C[※1]から1999年に勧告[※2]された「HTML 4.01」が利用されてきました。現在では、HTML 4.01をXML（Xtensible Markup Language）のルールに則って再定義した「XHTML 1.0」がよく使われており、今後は「HTML5」が主流になると見られています。

HTML/XHTMLは、バージョンとDTD（文書型定義）によって使用できるタグが定義されています。DTDには「Transitional」「Strict」「Frameset」の3種類ありますが、多くの場合はTransitionalが使用されています。

マークアップの進め方

テキストにタグ付けすることを「マークアップ」といい、Webサイトの制作ではデザインカンプやワイヤーフレームを元に、コーダーやマークアップエンジニアがHTMLをマークアップしていきます。

HTMLのマークアップに入る前には、使用するHTMLのバージョンやDTD、文字コードなど、マークアップの方針を確定する必要があります。ブラウザーによって対応するHTMLなどに違いがあるので、対象とするブラウザーの種類やバージョンを要件定義などで事前に確認しておきましょう。確定した方針はコーディングガイドラインなどの制作仕様書としてまとめ、プロジェクトメンバーで共有します。

マークアップが終わり、HTMLが完成したら、要件を満たしているか、問題はないか確認します。制作ツールなどには「HTML書き出し」機能がありますが、文法に誤りがあることも少なくありません。

HTMLはWebサイトの根幹となる非常に重要なものです。HTMLの品質の善し悪しがWebサイトの品質を決めるといっても過言ではありません。ブラウザーの違いによる表示の崩れや文法エラーなどが無いか、テストツールなどを使って必ず検証しましょう。

HTMLは、タグと呼ばれる独特の方法でWebページを記述するための言語だ。テキストにタグ付けすることをマークアップという。Webブラウザーはサーバーから読み込んだHTMLファイルのタグの意味を解釈してWebページを表示する。HTMLの品質の善し悪しがWebサイトの品質を決めるため、ブラウザーの違いによる表示の崩れや文法エラーなどの検証は必須だ。

HTMLの例

HTMLは、タグと呼ばれる独特の記述方法によって、Webページの内容と構造を定義する

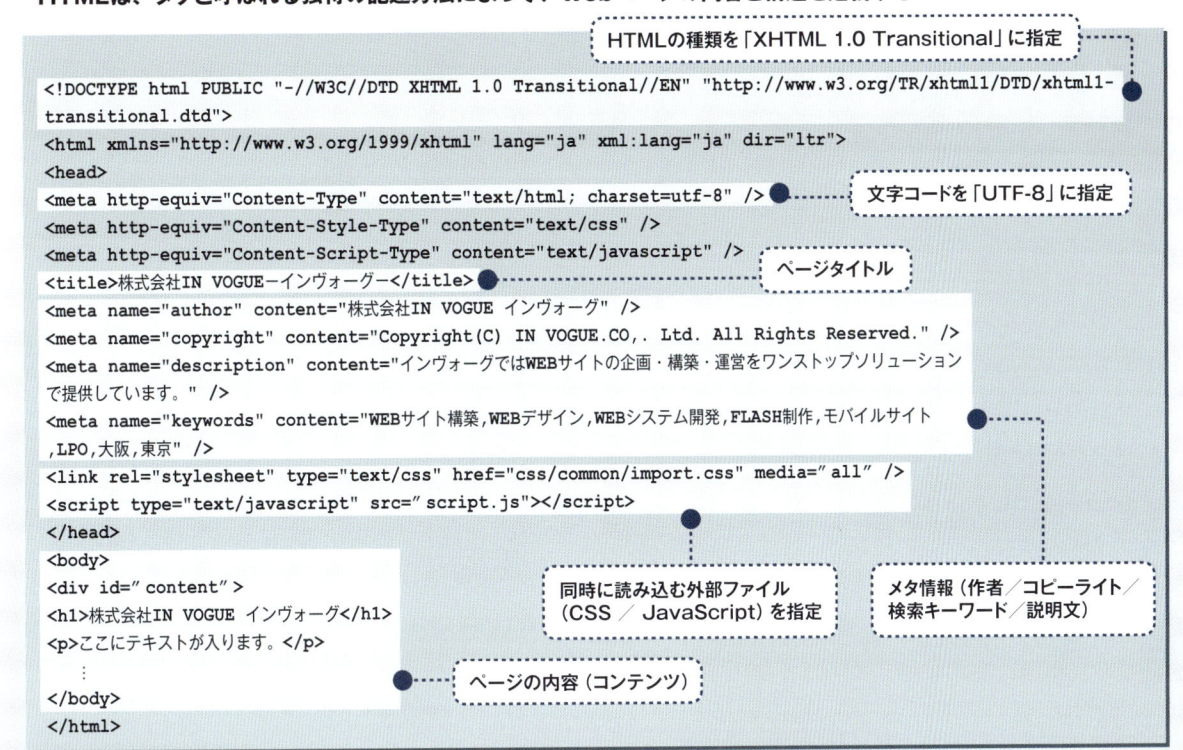

```
<!DOCTYPE html PUBLIC "-//W3C//DTD XHTML 1.0 Transitional//EN" "http://www.w3.org/TR/xhtml1/DTD/xhtml1-transitional.dtd">
<html xmlns="http://www.w3.org/1999/xhtml" lang="ja" xml:lang="ja" dir="ltr">
<head>
<meta http-equiv="Content-Type" content="text/html; charset=utf-8" />
<meta http-equiv="Content-Style-Type" content="text/css" />
<meta http-equiv="Content-Script-Type" content="text/javascript" />
<title>株式会社IN VOGUE－インヴォーグ－</title>
<meta name="author" content="株式会社IN VOGUE インヴォーグ" />
<meta name="copyright" content="Copyright(C) IN VOGUE.CO,. Ltd. All Rights Reserved." />
<meta name="description" content="インヴォーグではWEBサイトの企画・構築・運営をワンストップソリューションで提供しています。" />
<meta name="keywords" content="WEBサイト構築,WEBデザイン,WEBシステム開発,FLASH制作,モバイルサイト,LPO,大阪,東京" />
<link rel="stylesheet" type="text/css" href="css/common/import.css" media="all" />
<script type="text/javascript" src="script.js"></script>
</head>
<body>
<div id="content">
<h1>株式会社IN VOGUE インヴォーグ</h1>
<p>ここにテキストが入ります。</p>
    :
</body>
</html>
```

- HTMLの種類を「XHTML 1.0 Transitional」に指定
- 文字コードを「UTF-8」に指定
- ページタイトル
- メタ情報(作者／コピーライト／検索キーワード／説明文)
- 同時に読み込む外部ファイル(CSS／JavaScript)を指定
- ページの内容(コンテンツ)

HTMLの種類

● バージョン

HTML 4.0／HTML 4.01	HTML 4.0は1997年に、HTML 4.01は1999年に勧告された。CSS(Cascading Style Sheets)が定義され、テキストのサイズや色、レイアウトなどの装飾はHTMLではなくCSSで記述する。Strict／Transitional／Framesetの3つのDTDがある
XHTML 1.0	HTML 4.01をXMLベースで再定義したもので、2000年に勧告された。HTMLに比べて記述方法に厳しいルールがある。HTML 4.01と同様に、Strict／Transitional／Framesetの3種類のDTDがある
XHTML 1.1	2001年に勧告。構成要素が分割(モジュール化)され、DTDはStrictに限定される
HTML5	HTML 4の大幅な改訂版として、仕様策定が進められている。ビデオや音楽などを再生できる新しいタグや、より文書の構造を明確に記述できるタグなどが導入された。XMLの文法でも記述でき、その場合はXHTML5と呼ばれる。2014年に勧告予定

● DTD

Strict(厳格型)	もっとも仕様に厳格なルールが定められている。装飾に関するタグなどは定義されていないため使用できない
Transitional(移行型)	HTML 4以前からの移行を前提に、装飾に関するタグなども一部許容されている。もっとも広く使われている
Frameset(フレーム型)	フレームを利用する場合の型。ただし、フレームの使用はアクセシビリティやSEOの観点から望ましくない

※1 The World Wide Web Consortiumの略。Web関連技術の標準化を推進する団体で、HTMLやCSSなどの仕様を策定している
※2 すべての議論、意見の受付を終了し、完全に確定した仕様のこと。以後は変更されることはない状態を指す

RELATION ▶ 040　051　078　081　084　087

079 CSSによるWebページのデザイン
HTMLとの役割分担を理解しよう

Text：IN VOGUE

CSS（Cascading Style Sheets）とは、Webページのレイアウトやスタイル（見栄え・装飾）を指定するための言語です。Web制作では、HTMLやXHTMLなど記述したページのコンテンツと構造に対して、CSSでスタイルを設定して、Webページを完成させます。

CSSとHTMLとの役割の違い

HTMLやXHTMLでも、フォントのサイズや色を設定したり、レイアウトを調整したりできます。CSSが普及する以前は、Webページのコンテンツもスタイルの設定もHTMLで記述するのが一般的でした。現在ではHTMLはコンテンツと構造を書き、スタイルはCSSで設定する、という役割が明確に分担されています。

CSSは、「セレクター」でスタイルを設定するタグ名などを指定し、「プロパティ」「値」で適用するスタイルを記述します。たとえば、セレクターに「p」、プロパティと値に「color:red」と書くと、文字の色が赤くなります。

CSSを利用すると、コンテンツとスタイルの記述を分離できるので、HTMLの構造がシンプルになり、作業も効率化できます。「本文用」「見出し用」といったスタイルを定義しておけば、複数の場所に一括して適用でき、CSSの内容を変更するだけでデザインを差し替えたりもできます。サイト全体のデザインを容易に統一し、一定に保てるのもCSSのメリットです。

CSSの種類と主流

CSSのバージョンは複数存在し、「CSS1（Cascading Style Sheets, level 1）」「CSS2（Cascading Style Sheets, level 2）」「CSS2.1（CSS2 revision 1）」の3つがW3Cから勧告されています。現在、もっともよく使われているのが、CSS2の仕様上の不備や問題点などを修正したCSS2.1で、ほとんどのWebブラウザーの現行バージョンでサポートされています。

一方、次世代CSSとして策定作業が進められているのが、「CSS3（Cascading Style Sheets, level 3）」です。CSS3では、テキストやボックスにさまざまなエフェクトを適用したり、簡単なアニメーションを設定したりでき、より幅広いデザインを手軽に効率よく表現できるようになっています。

ターゲットブラウザーの確認を

CSSへの対応状況は、Webブラウザーによって違いがあり、CSSのサポートが不十分な古いブラウザー（Internet Explorer 5.5～6など）では、大幅なレイアウト崩れが起こる可能性があります。古いブラウザーにも対応するにはCSSを調整する作業工数が発生するため、制作時には必ず、ターゲットとするブラウザーを確認しておきましょう。

CSSとは、Webページのレイアウトやスタイルを指定するための言語だ。HTMLなどでは構造を記述し、CSSで装飾を設定する。CSSによって、コンテンツと装飾の分離ができるので、HTMLの構造がシンプルになり、作業も効率化する。CSSへの対応状況は、Webブラウザーによって違いがあるため、ターゲットとするブラウザーを確認しておかなければならない。

CSSの書き方

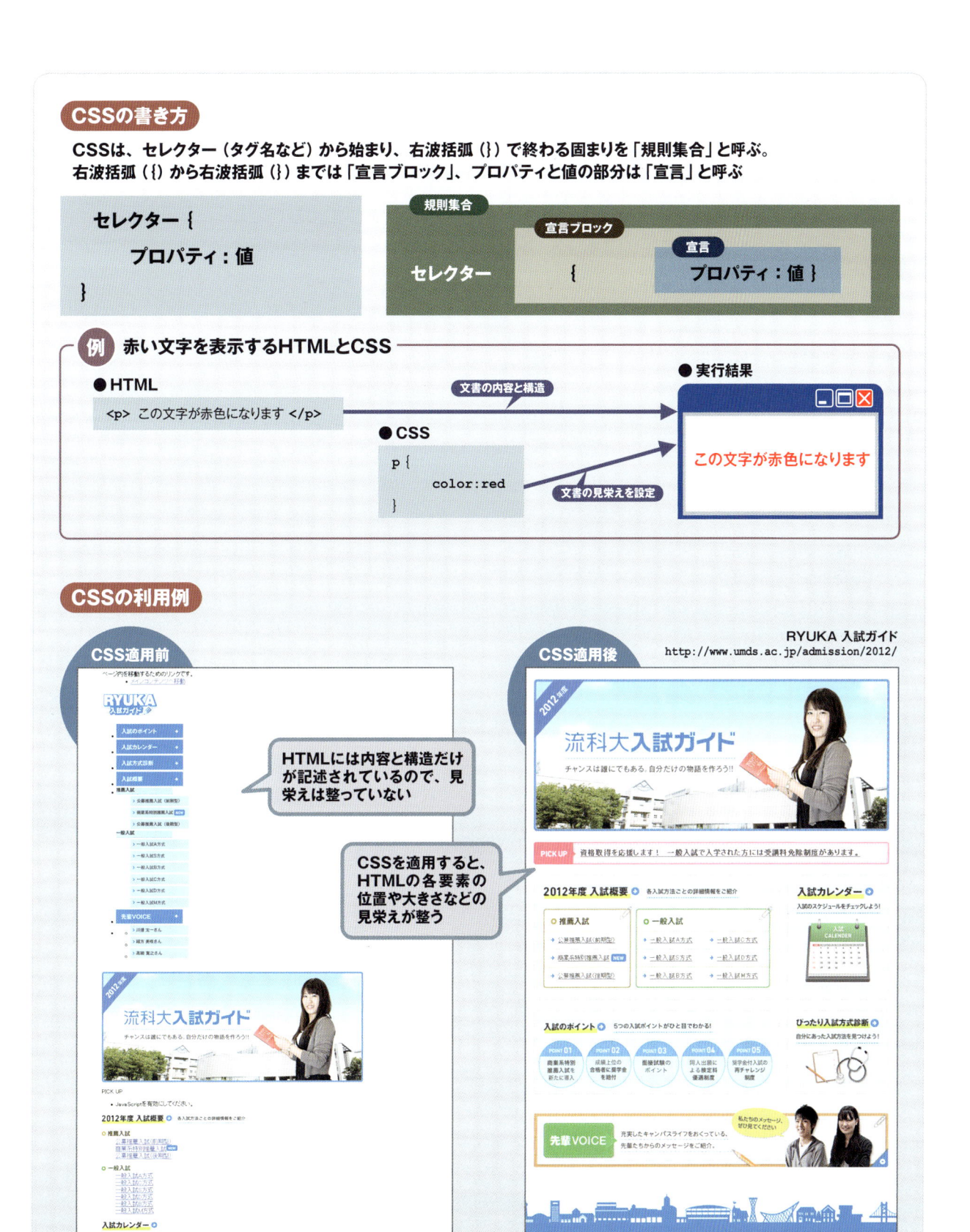

CSSは、セレクター（タグ名など）から始まり、右波括弧（}）で終わる固まりを「規則集合」と呼ぶ。
右波括弧（{）から右波括弧（}）までは「宣言ブロック」、プロパティと値の部分は「宣言」と呼ぶ

```
セレクター {
    プロパティ：値
}
```

規則集合: セレクター { プロパティ：値 }（宣言ブロック内に宣言）

例 赤い文字を表示するHTMLとCSS

● HTML
```
<p> この文字が赤色になります </p>
```
文書の内容と構造

● CSS
```
p {
    color:red
}
```
文書の見栄えを設定

● 実行結果

この文字が赤色になります

CSSの利用例

CSS適用前

HTMLには内容と構造だけが記述されているので、見栄えは整っていない

CSS適用後

RYUKA 入試ガイド
http://www.umds.ac.jp/admission/2012/

CSSを適用すると、HTMLの各要素の位置や大きさなどの見栄えが整う

RELATION ▶ 041　081　084　088　089　097　098

080 Webサイトの価値を高めるJavaScript

HTML/CSSと並んで欠かせない存在に

Text：IN VOGUE

JavaScriptは、主にWebブラウザー上で実行されるプログラミング言語の1つです。PHPやPerlなどがサーバー上で動くプログラム[※1]であるのに対して、JavaScriptはHTMLとともにクライアントサイド（ブラウザー上）で実行されます。

JavaScriptはもともと、ブラウザーベンダーである米ネットスケープ・コミュニケーションズによって開発され、その後、Internet Explorerなどに搭載されました。現在ではECMA[※2]によって国際標準化され、多くのWebブラウザーで利用できます。

なお、名前が似ていますが、米オラクルのプログラミング言語「Java」とは関係ありません。

JavaScriptの役割と利用範囲

Webサイト制作におけるJavaScriptのもっともポピュラーな用途としては、リッチなユーザーインターフェイス（UI）を実現し、Webサイトの使い勝手を高めることにあります。

Webサイトでは、HTMLでコンテンツと構造を、CSSで見栄えやレイアウトを定義しています。JavaScriptを使うと、HTMLやCSSの内容を、ユーザーの操作などに応じて書き換えられます。たとえば、ニュースサイトなどで見かける「タブ」や、Googleカレンダーのドラッグ＆ドロップ操作による日程の変更などは、JavaScriptでページを書き換えることで実現されています。

WebサイトでリッチなUIを実現する方法としてはFlashもありますが、HTMLやCSSと同じようにテキストで記述できるJavaScriptは、Flashよりも手軽に利用できます。また、Flashが動作しないiPhoneやiPadでも利用できることから、スマートフォンやタブレット向けのWebサイトでもよく採用されています。最近では、JavaScriptを利用していないWebサイトはほとんど存在しない、といってもよいでしょう。

JavaScriptの利用で注意したいこと

JavaScriptの利用にあたっては、大きく2つ注意したい点があります。

1つは、ユーザーがWebブラウザーのJavaScriptをオフに設定している場合は動作しない、ということです。このため、JavaScriptが動かない場合でも、Webサイトの基本的な機能や情報は利用できるように配慮する必要があります。

また、ブラウザーによってプログラムの解釈に多少の違いがあるため、複数のブラウザーでの動作チェックが欠かせません。HTMLやCSSのように、見た目だけでは正しく動いているか分かりませんから、要件定義に従って、ターゲットブラウザーで実際に操作して確認するようにしましょう。

> JavaScriptは、サーバー上ではなくWebブラウザー上で実行されるプログラミング言語の1つ。HTMLやCSSの内容をユーザーの操作などに応じて書き換えることで、リッチなユーザーインターフェイスを実現するのがJavaScriptの主な用途だ。利用にあたっては、WebブラウザーのJavaScriptオフ設定への対策や複数のブラウザーでの動作チェックが必須だ。

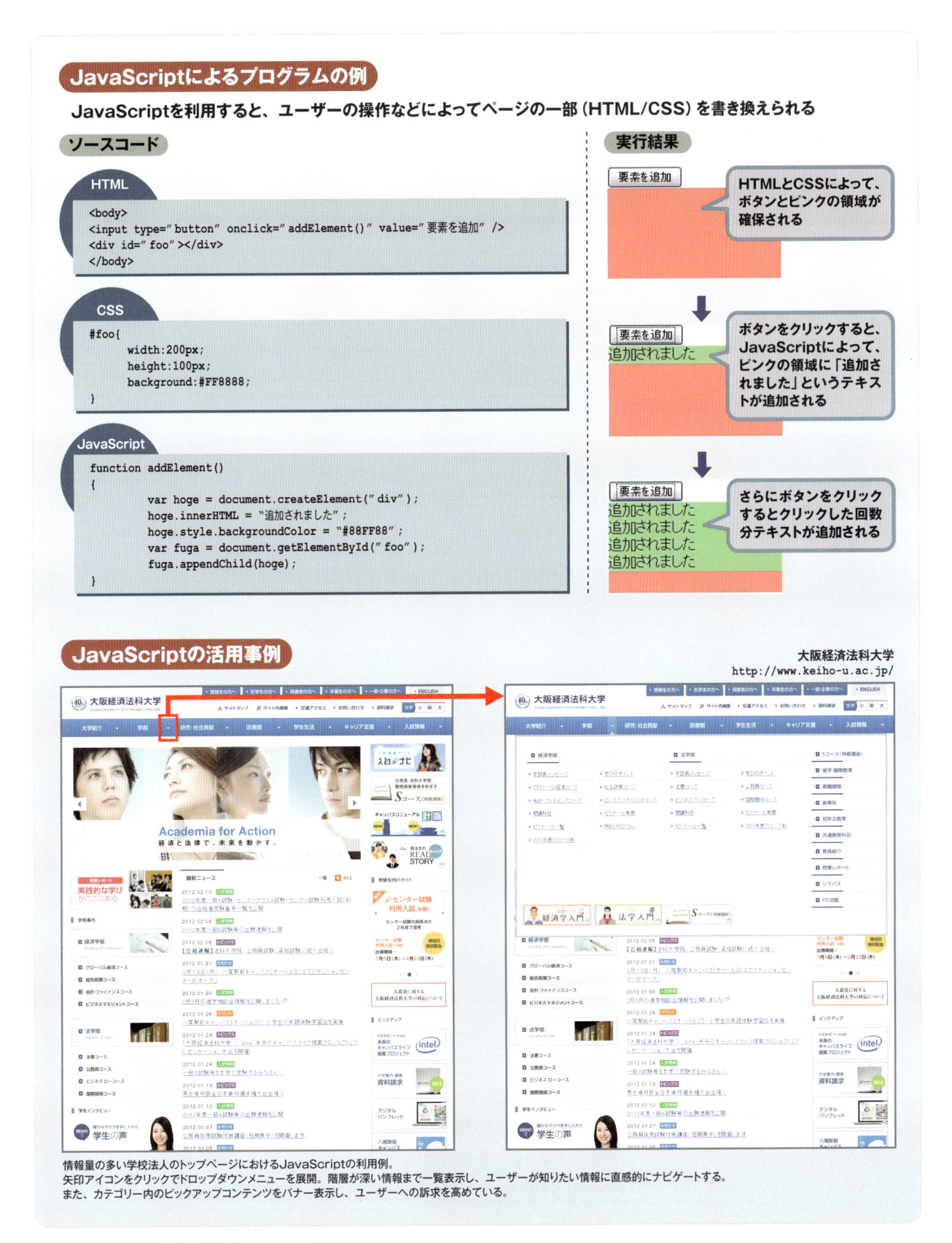

JavaScriptによるプログラムの例

JavaScriptを利用すると、ユーザーの操作などによってページの一部（HTML/CSS）を書き換えられる

ソースコード

HTML
```
<body>
<input type="button" onclick="addElement()" value="要素を追加" />
<div id="foo"></div>
</body>
```

CSS
```
#foo{
    width:200px;
    height:100px;
    background:#FF8888;
}
```

JavaScript
```
function addElement()
{
    var hoge = document.createElement("div");
    hoge.innerHTML = "追加されました";
    hoge.style.backgroundColor = "#88FF88";
    var fuga = document.getElementById("foo");
    fuga.appendChild(hoge);
}
```

実行結果

- 要素を追加 → HTMLとCSSによって、ボタンとピンクの領域が確保される
- 要素を追加（追加されました）→ ボタンをクリックすると、JavaScriptによって、ピンクの領域に「追加されました」というテキストが追加される
- 要素を追加（追加されました × 4）→ さらにボタンをクリックするとクリックした回数分テキストが追加される

JavaScriptの活用事例

大阪経済法科大学
http://www.keiho-u.ac.jp/

情報量の多い学校法人のトップページにおけるJavaScriptの利用例。
矢印アイコンをクリックでドロップダウンメニューを展開。階層が深い情報まで一覧表示し、ユーザーが知りたい情報に直感的にナビゲートする。
また、カテゴリー内のピックアップコンテンツをバナー表示し、ユーザーへの訴求を高めている。

※1　サーバーサイドプログラム（→242ページ）
※2　European Computer Manufacturer Associationの略。ヨーロッパ電子計算機工業会

RELATION ▶ 039 040 078 079 080 084

081 「Web標準」の考え方
アクセシビリティに配慮したWebサイトを

Text：IN VOGUE

Web標準（Web Standards）とは、W3CやECMA、ISOなどの標準化団体が定める技術仕様の総称のことです。具体的には、HTML、XML、XHTML、CSS、JavaScript（ECMAScript）など、Webサイトの制作で標準的に利用されている技術を指します。

Web標準にいたる背景

「Web標準」いう言葉があえて使われるようになったのは、2000年代後半のことです。それ以前も、HTMLなどの仕様はW3Cによって標準化されていましたが、実際にはW3Cの仕様を無視したWebサイトが氾濫していました。

背景には、1990年代後半に起こった「ブラウザー戦争」が挙げられます。当時は、マイクロソフトの「Internet Explorer（IE）」と米ネットスケープ・コミュニケーションズの「Netscape」の2大ブラウザーがユーザーの獲得を巡って熾烈な競争を繰り広げていました。それぞれが一方のブラウザーと差別化し、ユーザーを囲い込むために、HTMLの仕様を独自に拡張していったのです。

そのため、当時のWeb制作者は、Web標準ではなくブラウザーの仕様に沿ったサイト制作を余儀なくされ、特定のブラウザーでしか表示できない、視覚障がい者が利用する音声ブラウザーで読み上げられない、といった問題が生じていました。

ブラウザー戦争はいったんIEが勝利したものの、その後、制作者団体による地道な啓蒙活動や、FirefoxやOperaなどのモダンブラウザーの登場などによって、業界全体でWeb標準の動きが加速しました。現在では、IEを含むすべてのブラウザーがWeb標準を強く意識して開発されており、制作現場においてもWeb標準に基づくサイト制作が常識になっています。

Web標準に対応するには

Web標準の目的は、誰もがWebに平等にアクセスできるようにすること、つまりアクセシビリティに配慮したサイトを作ることにあります。

そのためには、コーダーやWebデザイナーといった制作スタッフが、Web標準の意義を理解し、仕様書を読み解くことはもちろんですが、同時に、Web標準を踏まえた社内ガイドラインを整備することをが大切です。

ガイドラインでは、ターゲットブラウザーや制作時に準拠する仕様、HTMLやCSSの記述ルールなどを定めておきます。統一されたガイドラインを用意しておけば、Webサイトの品質を一定に保つことができ、外注業者とのやり取りもスムーズになります。

ただし、Webの技術は進歩が早く、「Web標準」の中身は常に変わります。標準化団体の動向に注視しながら、ガイドラインは定期的に更新しましょう。

Web標準とは、W3CやECMA、ISOなどの標準化団体が定める技術仕様の総称のこと。具体的には、HTML、XML、XHTML、CSS、JavaScriptなど、Webサイトの制作で標準的に利用されている技術を指す。目的は、アクセシビリティに配慮したサイトを作ることだ。Web標準を踏まえた社内ガイドラインを整備し、標準化団体の動向に注視し、技術の進歩に合わせて定期的な更新が必要になる。

Web標準の主な構成

Web標準の明確な定義はないが、HTMLやCSSなど、
標準化団体によって仕様が標準化され、一般的に広く利用されている技術全般を指す。

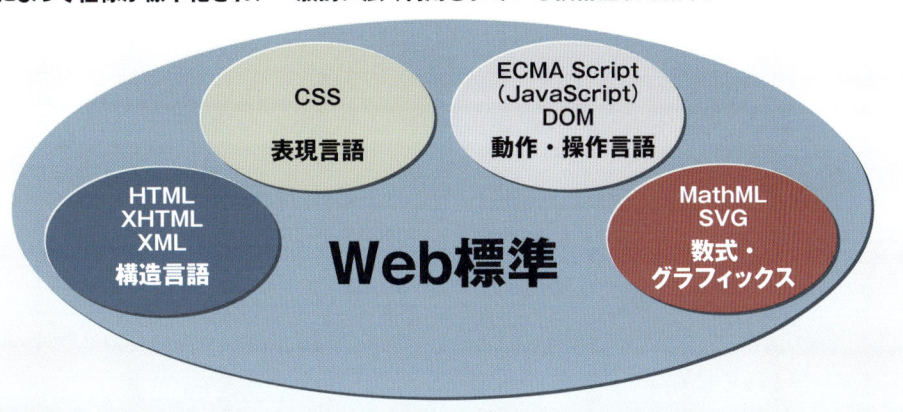

Web標準

- **HTML / XHTML / XML** — 構造言語
- **CSS** — 表現言語
- **ECMA Script（JavaScript）DOM** — 動作・操作言語
- **MathML / SVG** — 数式・グラフィックス

品質を保つ制作ガイドラインの整備

Web標準を踏まえた社内でのガイドラインを作成しておくことで、
品質を一定に保ち、外注先とのやり取りもスムーズになる。
ただし、「Web標準」の規格は変化していくものなので、ガイドラインは随時メンテナンスをしていく必要がある。

社内ガイドラインの例（一部抜粋）

適宜内容を更新したり、常に最新の内容を参照したりできるように、CMSなどを使ってWebページとして制作しておくとよい

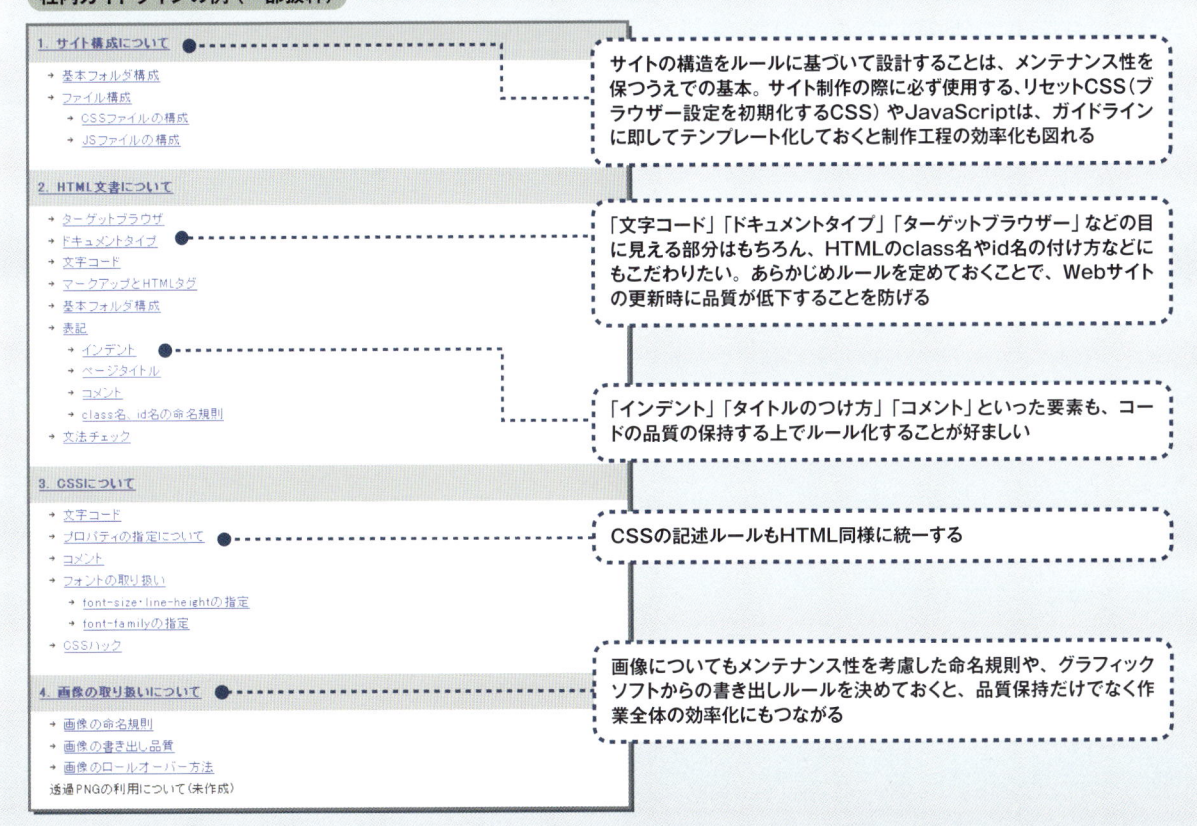

1. サイト構成について
- 基本フォルダ構成
- ファイル構成
  - CSSファイルの構成
  - JSファイルの構成

> サイトの構造をルールに基づいて設計することは、メンテナンス性を保つうえでの基本。サイト制作の際に必ず使用する、リセットCSS（ブラウザー設定を初期化するCSS）やJavaScriptは、ガイドラインに即してテンプレート化しておくと制作工程の効率化も図れる

2. HTML文書について
- ターゲットブラウザ
- ドキュメントタイプ
- 文字コード
- マークアップとHTMLタグ
- 基本フォルダ構成
- 表記
  - インデント
  - ページタイトル
  - コメント
  - class名、id名の命名規則
- 文法チェック

> 「文字コード」「ドキュメントタイプ」「ターゲットブラウザー」などの目に見える部分はもちろん、HTMLのclass名やid名の付け方などにもこだわりたい。あらかじめルールを定めておくことで、Webサイトの更新時に品質が低下することを防げる

> 「インデント」「タイトルのつけ方」「コメント」といった要素も、コードの品質の保持する上でルール化することが好ましい

3. CSSについて
- 文字コード
- プロパティの指定について
- コメント
- フォントの取り扱い
  - font-size・line-heightの指定
  - font-familyの指定
- CSSハック

> CSSの記述ルールもHTML同様に統一する

4. 画像の取り扱いについて
- 画像の命名規則
- 画像の書き出し品質
- 画像のロールオーバー方法
- 透過PNGの利用について（未作成）

> 画像についてもメンテナンス性を考慮した命名規則や、グラフィックソフトからの書き出しルールを決めておくと、品質保持だけでなく作業全体の効率化にもつながる

仕様策定が進む「HTML5」と「CSS3」

text：IN VOGUE

　従来の「Webサイト」でなく、Googleドキュメントなどに代表される「Webアプリケーション」のプラットフォームとしてWebを活用する動きが加速しています。こうした背景から生まれたのが、次世代のWeb標準として注目される「HTML5」と「CSS3」です。

HTML5とは

　HTML5はHTMLの5回目に当たる大幅な改定です。ブラウザーベンダーが中心になって結成されたWHATWGと、W3Cが共同で仕様を策定しており、2014年の勧告へ向けた作業が大詰めを迎えています。
　従来のHTMLは、タグによる「文書の定義」のための仕様でしたが、HTML5ではWebアプリケーションの開発を助ける機能が多く盛り込まれました。具体的には、Flashなどのプラグインを使わずに動画や音楽を再生する機能や、JavaScriptで動的に図を描く機能、ドラッグ＆ドロップ操作への対応などがあります。
　また、HTMLタグの定義も見直され、従来よりも検索エンジンのロボット（クローラー）などの機械が解釈しやすい仕様になっています。

CSS3とは

　HTML5と密接に関わっているのが、「CSS3 (Cascading Style Sheets, level 3)」です。CSS3は、W3Cが策定を進めているCSSの新しい規格で、CSS 2.1に比べて表現力が大幅に向上しています。
　ボックスの角を丸くしたり、ドロップシャドウを適用したりといった、CSS 2.1では手間がかかっていた表現が、わずかな記述で実現でき、Webページを効率的にデザインできます。

最新技術の利用はスマートフォンから

　HTML5とCSS3はいずれもまだ仕様が策定中であり、すべてのブラウザーで対応しているわけではありません。マイクロソフト、グーグル、モジラ、オペラなどの主要なブラウザーベンダーは、いずれも実装を急いでいますが、古いバージョンのブラウザーがすぐになくなるわけではありません。
　そのため、現時点でHTML5やCSSがもっとも利用しやすいのはスマートフォン向けのWebサイトだといえます。すでにiPhoneやAndroidには、HTML5やCSS3への対応が進んでいる最新のブラウザーを搭載しています。特にFlash Playerが動作しないiPhoneでは、HTML5やCSS3を使ったリッチコンテンツの表現が必須です。
　Webディレクターは、これらの技術動向を踏まえた上で、クライアントの要望に応えていく必要があります。常に最新の技術動向を把握しておきましょう。

HTML5の特徴

HTML5ではタグだけでなく、Webアプリケーション向けの機能が大幅に強化されている

セマンティック要素
意味を定義する新しい要素（タグ）の追加によって、検索エンジンなどの機械が読みやすいHTMLが書ける

HTML5フォーム
「日付入力用」「メールアドレス用」など、用途に応じたフォーム部品によって、使いやすいフォームが作れる

ドラッグ＆ドロップAPI
ブラウザー上でのドラッグ＆ドロップ操作をJavaScriptを使って検知できる

マルチメディア要素
Flashなどのプラグインを使わずに、HTMLタグの記述だけで動画や音声を再生できる

Canvas
HTMLで定義した領域に、JavaScriptを使って動的にビットマップ画像を描画できる

関連API※
ローカルディスクにデータを保存できる「Web Storage」、位置情報を取得できる「Geolocation API」など

※厳密にはW3Cが定義するHTML5の範囲に含まれないが、広義のHTML5として一般的に呼ばれている仕様

CSS3を使った視覚表現

CSS2以前では画像を用意する必要があった、「角丸」「ドロップシャドウ」「グラデーション」などが、CSSだけで簡単に表現できる

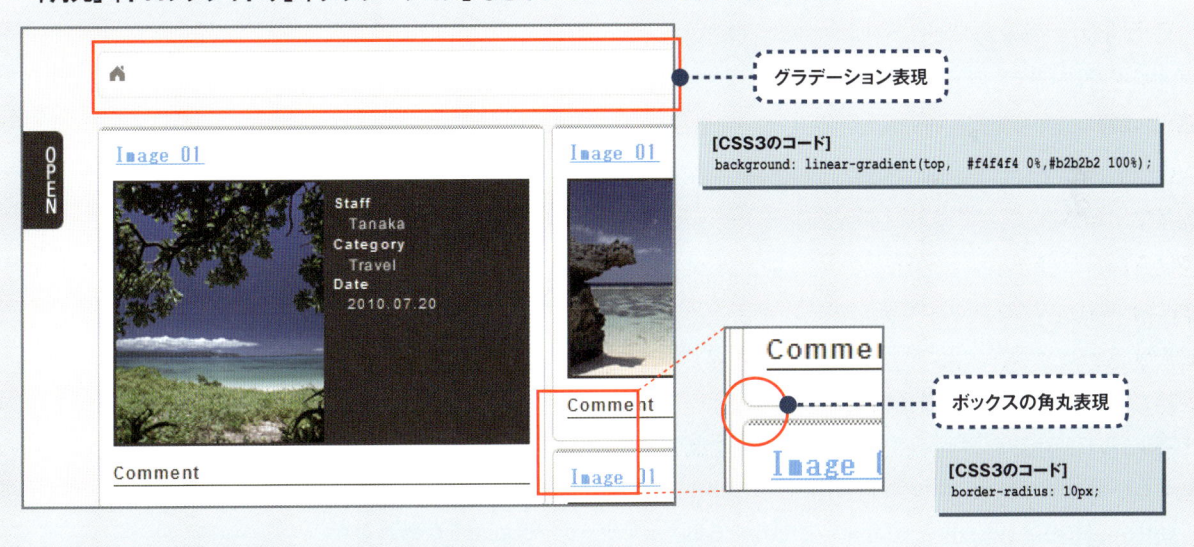

- グラデーション表現
  [CSS3のコード]
  `background: linear-gradient(top, #f4f4f4 0%,#b2b2b2 100%);`

- ボックスの角丸表現
  [CSS3のコード]
  `border-radius: 10px;`

- テキストのドロップシャドウ
  [CSS3のコード]
  `text-shadow : 0px 0px 10px #666;`

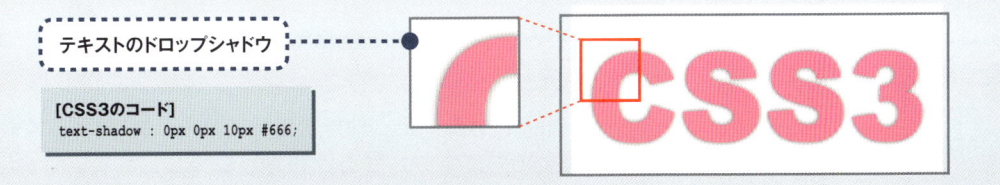

RELATION ▶ 078 081 085 108 118

082 RSSフィードの作成と活用
最新情報をすばやく伝える

Text：アンティー・ファクトリー

RSSとは、Webページの見出しや要約などの情報を記述・配信するための文書フォーマットの総称です。ブログの更新情報やニュースサイトの見出しの通知、企業サイトのプレスリリースや新製品情報の配信、音声データを配信するポッドキャスティングなど、さまざまな情報を通知する用途で使われています。

ユーザーは好みのRSSを「RSSリーダー」と呼ばれる閲覧ソフトに登録しておくと、Webサイトへ直接アクセスすることなく、情報を効率的に収集できるようになります。一方、サイト運営者には、最新情報をすばやくユーザーに伝えられるというメリットがあります。

フォーマットの種類

RSSには、「RSS 1.0」と「RSS 2.0」という互換性のない2つのフォーマットがあります。

RSS 1.0はRDF（Resource Description Framework）Site Summary 1.0の略称で、国内のWebサイトの多くはRSS 1.0を採用しています。RSS 2.0はReally Simple Syndication2.0の略で、RSS1.0に比べてより簡潔に記述できるようになっています。

RSSにはこのようなバージョンの対立があること、またRSS 1.0で使用されているRDFの構文が煩雑であることから、最近ではRSSに代わる配信用フォーマットとして「Atom（Atom Syndication Format）」と呼ばれる新しい規格も利用されるようになっています。

RSSリーダーには、ヘッドラインをティッカー表示する「ティッカー型」やシステムトレイに常駐して更新時に教えてくれる「常駐型」などがあります。Webブラウザーによっては、リーダーの機能を兼ね備えているものもあります。

Webサイトへの導入

RSSはHTMLによく似たXML（Extensible Markup Language）ベースの文書ですので、タグを記述することで作成できます。しかし、一般的にはCMSなどを利用して、サイトの更新に伴ってRSSファイルが自動的に生成される仕組みを構築しておきます。この仕組みにより、サイト運営者はユーザーへ更新情報をすばやく通知できるRSSのメリットを最大限に活かせます。サイトにRSSを導入したら、RSSアイコンなどでRSSの用意があることをユーザーに示し、RSSリーダーへの登録を促すとよいでしょう。

RSSは、ユーザーに情報を通知する以外にも使い方があります。代表的なのは、複数のWebサイトを運営している場合に、外部サイトからの情報を読み込んで表示する使い方です。サイト内にRSSを読み込む領域を設けておくことで、複数サイトの最新情報などを自動的に表示できるようになります。

RSSとは、Webページの見出しや要約などを記述・配信するための文書フォーマットの総称。ユーザーはRSSをRSSリーダーに登録しておくと、Webサイトへ直接アクセスせずに情報が得られる。RSSには、「RSS 1.0」と「RSS 2.0」という互換性のない2つのフォーマットがある。RSSは、一般的にはCMSなどを利用して、サイトの更新に伴って自動的に生成される仕組みを構築しておく。

RSSによる更新情報の通知

○ RSSファイルの例

```
<?xml version="1.0" encoding="UTF-8"?>
<?xml-stylesheet href="../../../../../css/rss/feedRss2.xsl" media="screen" type="text/xsl"?>

<rss version="2.0">
  <channel>
    <language>ja</language>
    <title>ASCII.jp - Web Professional (ウェブ・プロフェッショナル) | 賑わうWebマーケティング、儲かるネットショップの最新情報が満載！</title>
    <link>http://ascii.jp/cate/161/</link>
    <description/>
    <copyright>Copyright (C) 2011 ASCII MEDIA WORKS. All rights reserved.</copyright>
    <generator>CMSjp ver.1.0</generator>
    <pubDate>Fri, 27 May 2011 10:28:00 +0900</pubDate>
    <lastBuildDate>Fri, 27 May 2011 10:28:00 +0900</lastBuildDate>
    <ttl>60</ttl>
    <docs>http://blogs.law.harvard.edu/tech/rss</docs>
    <atom:link xmlns:atom="http://www.w3.org/2005/Atom" rel="self" href="http://rss.rssad.jp/rss/ascii/web/rss.xml" type="application/rss+xml"/>
    <item>
      <title>NimbleKitをインストールしてJSでiPhoneアプリ開発</title>
      <category>Webプログラミング</category>

      <lastBuildDate>Thu, 26 May 2011 13:25:45 +0900</lastBuildDate>
      <link>http://rss.rssad.jp/rss/artclk/Ug7xkgnxfoIq/7c7b2bb7a32c7380afca88b72d82e3db?ul=mVI3jKBK6QT.JkU.c4zxl0a8oybdR1awfOtLBTiRgc81H64O3714.YxUv338dW1bHPtC8t8Gm_DjDCjxpIpTr__RR8Gu</link>
```

○ RSSリーダーによる表示例

RSSの利用方法

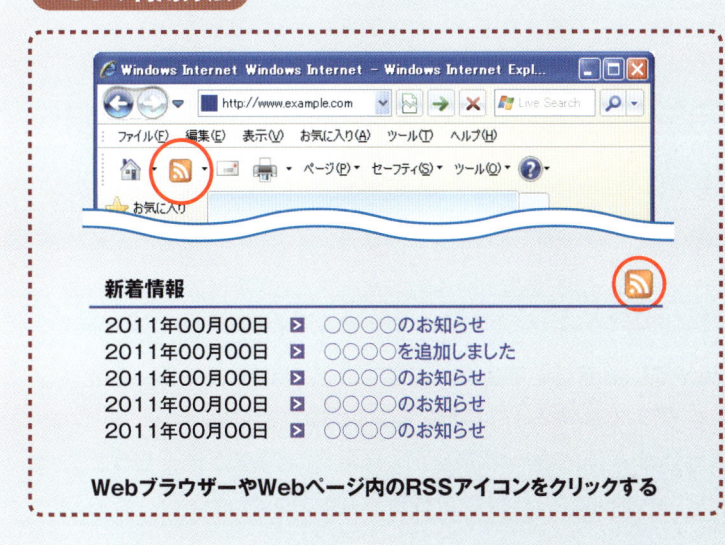

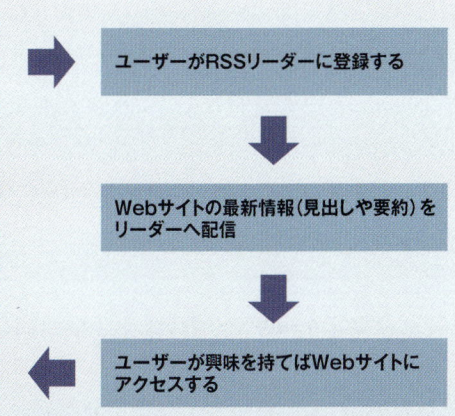

新着情報
- 2011年00月00日　○○○○のお知らせ
- 2011年00月00日　○○○○を追加しました
- 2011年00月00日　○○○○のお知らせ
- 2011年00月00日　○○○○のお知らせ
- 2011年00月00日　○○○○のお知らせ

WebブラウザーやWebページ内のRSSアイコンをクリックする

→ ユーザーがRSSリーダーに登録する

→ Webサイトの最新情報（見出しや要約）をリーダーへ配信

→ ユーザーが興味を持てばWebサイトにアクセスする

083 検索結果の表示を変える マイクロフォーマット

HTMLの情報を検索エンジンに伝える

Text：アンティー・ファクトリー

マイクロフォーマット（microformat）とは、HTMLに書かれている情報の意味を、検索エンジンのクローラーなどに伝えるためのフォーマットのことです。通常のHTMLタグでは「見出し」や「本文」といった大まかな構造を示すことはできても、それぞれのテキストがどのような意味を持っているかまでは表現できません。

マイクロフォーマットでは、HTMLタグに「class」「rel」「rev」などの属性を付与してより詳細な意味を表します。これらの属性は通常、制作者が任意の値を指定しているものですが、マイクロフォーマットではルールに沿った値を指定することで、機械が解釈しやすい形式で情報の意味を表現できます。

マイクロフォーマットの具体例

マイクロフォーマットの仕様は、任意団体の「microformats.org」がまとめており、用途ごとにさまざまなフォーマットが用意されています。

たとえば、「hRecipe」は料理のレシピ情報のためのフォーマットで、料理名や調理時間、カロリー、写真などの情報を表現できます。ほかにも、イベント情報を表す「hCalendar」、連絡先情報を表す「hCard」、書評などのレビュー情報を表す「hReview」、履歴書情報を表す「hResume」などの多くのフォーマットがあり、頻繁に追加、更新されています。

最新の動向

マイクロフォーマットのもっとも分かりやすい利用例は、Google検索における「リッチスニペット」でしょう。リッチスニペットとは、Web検索の検索結果を拡張し、レシピ情報や商品情報、レビュー情報などを検索結果に表示するものです。たとえば、「トマト パスタ」のように料理名で検索すると、マイクロフォーマットを導入しているサイトでは、タイトル、説明文、URLに加えて「調理時間：20分」「カロリー：550Kcal」などの情報が表示されます。Webサイトに実際に移動しなくても必要な情報をすばやく得られるのがメリットです。

マイクロソフトのInternet Explorerに搭載されている「WebSlice」機能も、マイクロフォーマットのhAtomを簡略化した「hslice」を使って実装されています。WebSliceは、Webページの一部分をブラウザーに登録しておき、「お気に入りバー」から更新情報を確認できる機能で、価格比較サイトの「価格.com」や「Yahoo!オークション」などで導入されています。

このように、マイクロフォーマットの利用例は広がりつつありますが、最近では、マイクロフォーマットとよく似たコンセプトの「マイクロデータ」（Microdata）という仕様も登場しており、2012年2月現在、W3Cで標準化が進められています。今後の動向を注視しましょう。

マイクロフォーマットとは、HTMLに書かれている情報の意味を、検索エンジンのクローラーなどに伝えるためのフォーマットのこと。テキストの意味を表現できないHTMLタグの代わりに、「class」「rel」「rev」などの属性にマイクロフォーマットのルールに沿った値を指定してより詳細な意味を表す。たとえば、Googleのリッチスニペットでは、レシピ情報や商品情報などを検索結果に表示している。

マイクロフォーマットの利用例

● Google検索における「リッチスニペット」の例

「hRecipe」によるタグ付けにより、料理のレシピ情報を整理して、検索結果に表示する

おもなマイクロフォーマットの一覧

hCard	```<div class="vcard">```
	    ```<div class="fn">名前</div>```
	    ```<div class="org">所属</div>```
	    ```<div class="tel">電話番号</div>```
	    ```<a class="url" href="http://example.com/">http://example.com/</a>```
	```</div>```
		携帯電話やPDAなどで使われている「vCard」と「iCalendar」を置き換えたもの。「hCard」は主に人物や会社の名前や住所、「hCalendar」は主にイベントの開催日時や場所を指定できる。これらの情報は、アドレス帳やスケジュール管理などの別アプリケーションでの登録などに利用される

hCalendar	```<div class="vevent">```
	    ```<div class="summary">イベント名</div>```
	    ```<div class="dtstart" title="2011-00-00">開催日時</div>```
	    ```<div class="dtend" title="2011-00-00">終了日時</div>```
	    ```<div class="location">場所</div>```
	```</div>```	

hRecipe	```<div class="hrecipe">```
	    ```<div class="fn">料理名</div>```
	    ```<div class="ingredient">材料</div>```
	    ```<div class="duration">```
	        ```<span class="value-title" title="PT15M">調理時間</span>```
	    ```</div>```
	```</div>```
		料理のレシピ情報を表し、検索結果への表示などに利用される

※「hCard」「hCalender」「hRecipe」で使用しているclass属性には、例で挙げた以外にもさまざまなものが定義されている

084 Web制作を迷わず進めるために
Webサイトの質を保つ制作仕様書の作成

Text：アンティー・ファクトリー

制作仕様書とは、Webサイトの制作における細かな技術要件やガイドラインを記載した資料のことです。Webディレクターが、デザイナーやコーダーなどのプロジェクトメンバーと協力し、クライアントに必要な情報をヒアリングしながら実制作が始まる前に作成します。

一般的なWeb制作のプロジェクトでは、1人の制作者のみで仕事が完結することはほとんどありません。そのため制作担当のスタッフごとで制作方法の細かな部分が異なってしまうことがあります。

また、Webディレクターが制作物を検品する際にも、判断基準となるガイドラインが必要です。制作仕様書として文書化することで、スタッフは迷いなく制作を進めることができ、成果物の品質を一定以上に保てます。

制作仕様書の基本的な構成

制作仕様書は、デザインガイドライン、コーディングガイドライン、画面遷移、その他利用する技術に応じた細かな仕様や設計書などで構成されます。

デザインガイドラインは、ビジュアル面に関する仕様書です。単純にビジュアルの詳細だけでなく、実装に必要な単位（RGBの値やピクセル、パーセント値など）も記載します。

コーディングガイドラインは、複数スタッフによるコーディング時の細部の違いをなくす役目があります。コーディングのときに守るべきルールや使う名称の一覧、実現したい機能などを記述しておきます。

仕様書はExcel、Word、PowerPoint、Illustratorなどのツールで作成します。作成者以外のメンバーも編集できる形式で作成するのが基本です。

仕様書はあくまでも指針

ページ数の多い大規模サイトや、新技術を採用するサイトを制作する場合、仕様策定の漏れや遅れが作業に大きく影響してしまいます。そのため、制作仕様書の作成にも十分な時間を確保し、あとで作業のやり直しなどが起きないように、漏れのない正確な仕様書を準備しておきます。

一方で、仕様があまりにも詳細過ぎると、例外的な状況に対処できなくなります。技術要件などの厳密な仕様は別にして、仕様書はあくまで指針と考えて柔軟な対応が求められます。

また仕様書の確定後も、制作の途中で仕様変更が発生する場合があります。その場合は迅速に制作仕様書を更新し、プロジェクトメンバー全員に通達します。

仕様書は正しく運用することで初めて意味のある文書になります。更新時にはバージョン管理を徹底し、変更内容が分かるようにするとともに、過去の仕様書も後から参照できるように残しておきましょう。

制作仕様書とは、Webサイト制作での細かな技術要件やガイドラインを記載した資料のこと。デザインガイドライン、コーディングガイドライン、画面遷移、その他利用する技術に応じた細かな仕様や設計書などで構成される。クライアントに必要な情報をヒアリングしながら実制作が始まる前に作成する。制作仕様書によってスタッフは滞りなく制作を進め、成果物の品質を一定以上に保てる。

制作仕様書の構成例

実際に必要な文書は案件によって異なり、サイト規模や使用する技術、制作体制などによって判断する

文書名	内容
VI／CI規定	VI（ビジュアル・アイデンティティ）、CI（コーポレート・アイデンティティ）の扱い方、禁止事項などをまとめたもの。すでにVIやCIを制定している企業の場合、クライアントから支給される
デザインガイドライン	デザインやレイアウトに関する方針から、使用するフォント、各要素の最小サイズ、使用する単位などをまとめたもの
サイトマップ	Webサイトの論理構造を一覧にしたもの
ディレクトリ／ファイルの命名規則	ディレクトリ名やファイル名の命名規則をまとめたもの
コンテンツ仕様書	Webサイトに盛り込むコンテンツや画面遷移をまとめたもの。ワイヤーフレームで構成する場合もある
テキスト表現／表記の規定	用字用語の使い分けや禁止表現など、Webサイトに掲載するテキストの表記ルールをまとめたもの
コーディングガイドライン	ターゲットOSやブラウザー、使用するHTMLやCSSのバージョンなど、コーディングにあたっての指針をまとめたもの
使用技術の仕様／規定	HTMLやCSS以外で使用する技術の仕様やルールをまとめたもの。FlashやJavaScriptなどのクライアントサイド技術、PHPやMySQLなどのサーバーサイド技術が含まれる
納品の形式／規定	成果物の最終的な納品形態やフローなどをまとめたもの

制作仕様書の例

○○社コーポレートサイト　コーディングガイドライン

2011.12.1版

基本事項

【ターゲットOS】
現在主流となっているOSの動向を踏まえ、以下のとおりとする。

■Windows
・Windows XP
・Windows Vista
・Windows 7

■Mac OS
・Mac OS X 10.5以上

【ターゲットブラウザー】
現在主流となっているブラウザーの動向を踏まえ、以下のとおりとする。

■Windows
・Internet Explorer 7以上
・Firefox 3.0以上

■Mac OS
・Safari 3.0以上
・Firefox 3.0以上

【ドキュメントタイプ】
現行サイトに準じ、以下のとおりとする。

HTML 4.01 Transitional

■ドキュメント宣言
`<!DOCTYPE HTML PUBLIC "-//W3C//DTD HTML 4.01 Transitional//EN" "http://www.w3.org/TR/html4/loose.dtd">`

【CSSのバージョン】
現行サイトに準じ、以下のとおりとする。

CSS 2.1

【文字コード】
現行サイトに準じ、以下のとおりとする。

UTF-8

RELATION ▶ 019 078 108 122 123 146

085 CMSテンプレートによるWebサイトの制作
効率的な運用のための下準備

Text：アンティー・ファクトリー

企業サイトなど、一定の規模を持つWebサイトでは、更新や管理のしやすさなどから「CMS (Content Management System)」の導入が増えています。

CMSとはコンテンツの管理を目的としたソフトウェアのことです。CMSを導入することで、デザインや開発などの専門的な業務は制作会社が、日常的な更新業務は企業側が担う、といった業務の切り分けができます。結果、更新時の作業効率が上がり、運用コストを低く抑えられます。

ブログサービスをCMSの代わりに利用するWebサイトもあります。ブログサービスは時系列でのコンテンツ管理に特化した、簡易的なCMSとも言えます。

CMSの仕組みとテンプレートの制作

CMSの管理画面に登録したテキストや画像などのコンテンツは、データベースに保管されます。CMSはデータベースから必要に応じてコンテンツを取り出し、HTMLを動的もしくは静的なファイルとしてサーバー上に生成・配置します。

このとき必要になるのが、「テンプレート（ひな形）」です。CMSはテンプレートを元にコンテンツをデータベースから抜き出し、HTMLに差し込むことでページを生成しています。そのため、CMSを利用したWebサイトの構築ではテンプレートの制作が必須です。テンプレートさえ作ってしまえば、Webサイト全体のデザイン変更にすばやく対応できますし、PCサイト用と携帯サイト用のテンプレートを用意すれば、両方のサイトを一度に構築することもできます。

テンプレートファイルは、内容が共通している固定部分（ヘッダーやフッター、ナビゲーションなど）と、ページによって内容が変わる可変部分とに分けて制作します。可変部分ではどのような条件で、どの情報を埋め込んで表示するかを検討します。

具体的な記述方法や構成のルールはCMSによって異なりますが、多くのCMSはテンプレート内の可変部分では独自の記述方法（独自のタグや専用の命令文）を採用しています。制作者はその記述ルールに則してテンプレートファイルを制作することになります。

テンプレート制作の注意点

メリットの多いCMSですが、どんな要件にも対応できるわけではありません。CMSの仕様は厳密に決まっており、たとえば既存のWebサイトに導入する場合、導入しようとするCMSの仕様やテンプレートの制限によってそのまま使えない場合もあります。

また、同じCMSでもバージョンによる違いで、テンプレート内の記述方法や機能が違う場合もあります。CMSでの制作の際には事前に十分な確認が必要です。

CMSとはコンテンツを管理するソフトウェアだ。CMSにより、デザインや開発などは制作会社、日常的な更新業務は企業側、といった業務の切り分けができる。CMSはテンプレートを主体に運営され、コンテンツをデータベースから抜き出し、テンプレートに沿ってHTMLを生成している。テンプレートの仕様はCMSによって異なるため、事前の確認が必要だ。

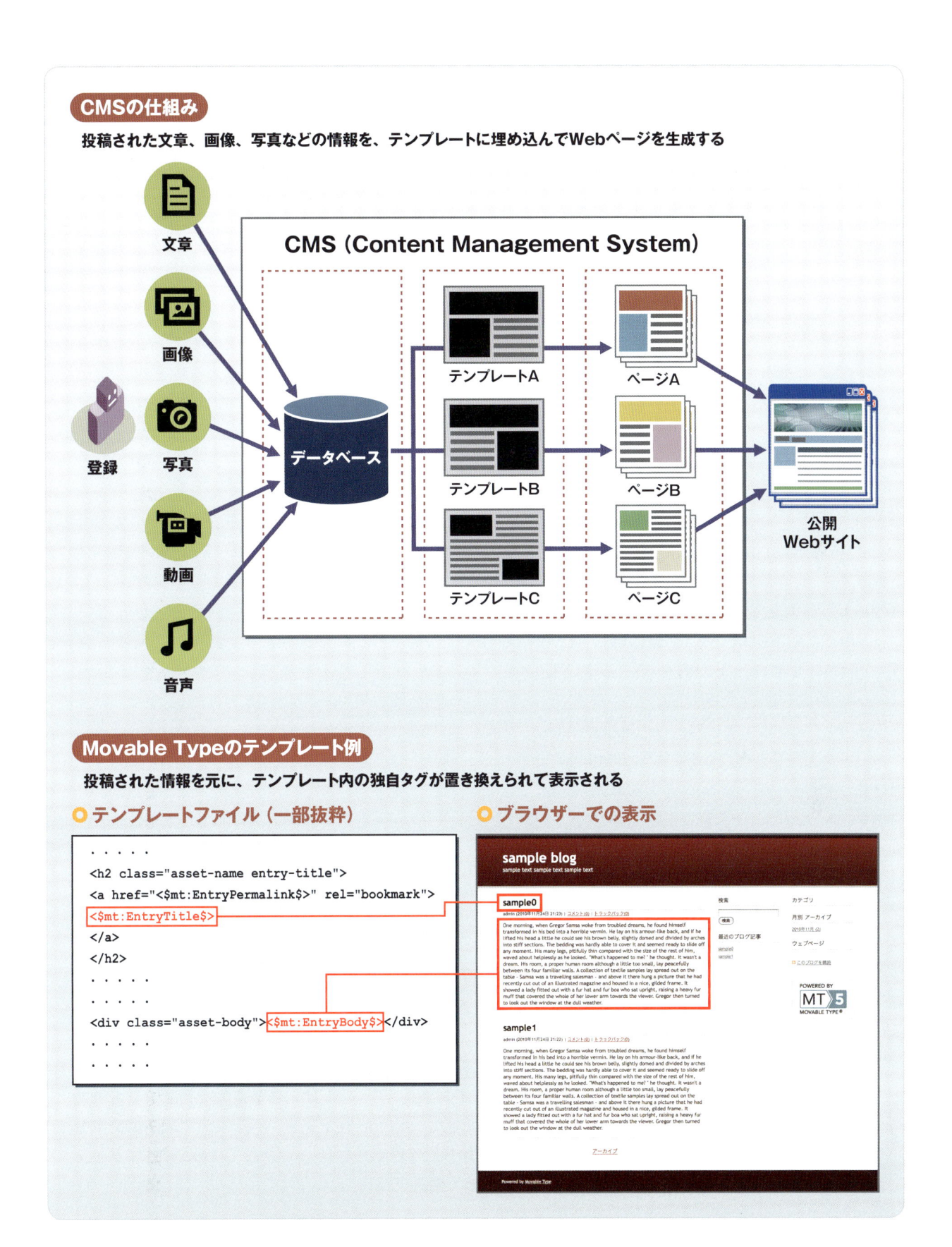

CMSの仕組み

投稿された文章、画像、写真などの情報を、テンプレートに埋め込んでWebページを生成する

- 登録
  - 文章
  - 画像
  - 写真
  - 動画
  - 音声

→ データベース → CMS (Content Management System)
- テンプレートA → ページA
- テンプレートB → ページB
- テンプレートC → ページC

→ 公開Webサイト

Movable Typeのテンプレート例

投稿された情報を元に、テンプレート内の独自タグが置き換えられて表示される

● テンプレートファイル（一部抜粋）

```
・・・・・
<h2 class="asset-name entry-title">
<a href="<$mt:EntryPermalink$>" rel="bookmark">
<$mt:EntryTitle$>
</a>
</h2>
・・・・・
・・・・・
<div class="asset-body"><$mt:EntryBody$></div>
・・・・・
・・・・・
```

● ブラウザーでの表示

sample blog
sample text sample text sample text

sample0

sample1

086 文字コードとフォントの基礎知識

コンテンツの主役を正しく表現するために

Text：アンティー・ファクトリー

Webサイトでは画像や動画などのさまざまなコンテンツを扱いますが、多くの場合、主役となるのはテキスト情報です。Webページの制作では、テキストを正しく表示するために、文字コードとフォントを適切に選択する必要があります。

文字コードとは？

文字コードとは、コンピューターが文字を表すのに使う数値です。世界各国で言語ごとにさまざまな文字コードがあり、日本語では「Shift_JIS」「EUC」といった文字コードが多く使用されています。最近では、世界中の文字を1つの文字コードで利用できるようにした「Unicode」も広く普及してきました。

Webページを作成するときは、HTMLファイル内に文字コードの指定を記述します。Webブラウザーは文字コードの指定を元に、表示に使う文字コードを決定しています。もし、HTMLで指定した文字コードと、実際に使用している文字コードとが異なってしまうと、文字化けして表示されてしまいます。また、HTMLに文字コードを指定していない場合も、文字化けが発生する原因になることがあります。

既存のWebサイトを引き継いでリニューアルしたり、コンテンツを追加したりする場合、既存のHTMLで使用されている文字コードを確認して一致させる必要があります。また、CMSなどのシステムを組み込んだWebサイトを制作する場合は、プログラムの都合で文字コードが制約されることもよくあります。HTMLの作成に入る前に、利用できる文字コードを必ず確認しておきましょう。

フォントの種類とWeb制作

フォントとは、ある書体でデザインされた字形の集合です。コンピューターは文字コードから文字を特定し、指定されたフォントデータを使って画面に実際の文字を表示します。

Webページは、CSSによって表示するフォントを指定でき、指定しない場合はWebブラウザーがデフォルトに設定しているフォントで表示されます。

フォントを指定することで、よりデザイン性の高い表現ができたり、可読性に優れたフォントでWebページを表示できます。ただし、指定したフォントがコンピューターに入っていない場合、そのフォントでは表示されません。CSSでは一般的なOSに最初からインストールされているフォントを指定し、デザイン上の意図で特殊なフォントを使用したい場合は、画像化するなどの方法で対応しましょう。

インストールされているフォントはOSの種類によって異なるので、HTMLを作成するときは閲覧者によって見え方が違うことを考慮しなければなりません。

文字コードとは、コンピューターが文字を表すのに使う数値。フォントは、ある書体でデザインされた字形の集合。コンピューターは文字コードで文字を特定し、指定されたフォントを使って画面に文字を表示する。指定したフォントがない場合、そのフォントでは表示されない。CSSではOS標準のフォントを指定し、特殊なフォントは画像化するなどの方法で対応する。

文字コードの指定

● HTMLとブラウザーでの文字コード指定

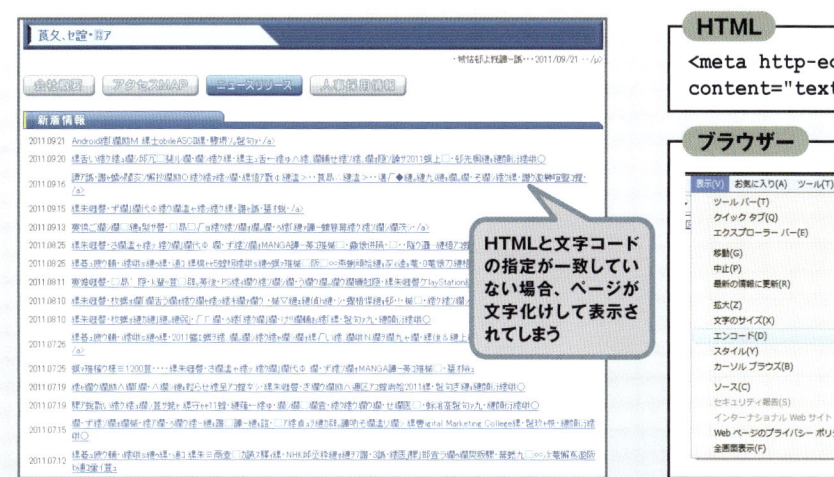

HTMLと文字コードの指定が一致していない場合、ページが文字化けして表示されてしまう

HTML
```
<meta http-equiv="content-type"
content="text/html; charset=UTF-8">
```

ブラウザー

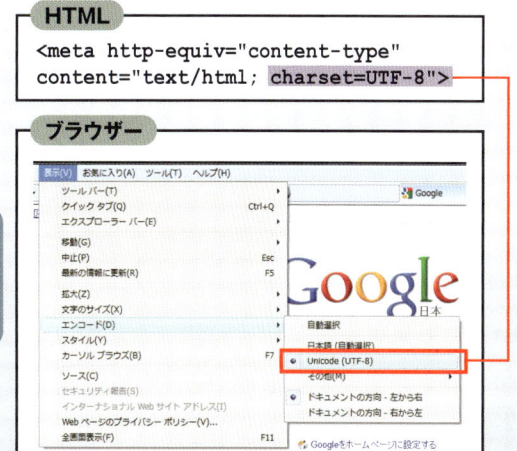

● Webサイト制作で使われる文字コード

UTF-8	日本語を含む世界中の文字を単一のセットとして扱う「Unicode」の文字コードの1つ。1文字を1～6バイトの可変長の数値に変換して扱う。LinuxやMac OS Xなどで使用され、最近ではHTMLを作成するときの主流になっている
Shift_JIS	ASCIIコードと漢字など2バイト文字を共存させるためにJISコードをベースに制定された。MS-DOS時代に広く普及し、多くのOSで標準的に使われた。HTMLでもよく使用されていたが、最近ではUTF-8への移行が進んでいる
EUC	Extended UNIX Codeの略。UNIX上で日本語を扱う場合に多く利用されるが、日本語だけでなく多言語に対応できる。プログラム上扱いやすいことから普及し、HTMLで日本語を記述するときにもよく使われているが、UTF-8への移行が進みつつある

フォントの種類と見え方の違い

アウトラインフォント
文字の輪郭を滑らかな曲線のデータとして持っているフォントのことです。
使用する大きさに関わらず、常にきれいな文字出力ができるという利点があります。True TypeフォントやOpen Typeフォント、ATMフォントなどのように、今使われているフォントのほとんどはアウトラインフォントと言ってよいでしょう。このアウトラインに対して、電光掲示板のように、点の集まりで文字を描くフォントのことをビットマップフォントと言います。

MS Pゴシック
Windows（XPまで）の標準フォント。もっとも多くのユーザーが目にするフォントであり、Webサイト制作ではこのフォントでの見え方を基準にデザインすることが多い

アウトラインフォント
文字の輪郭を滑らかな曲線のデータとして持っているフォントのことです。
使用する大きさに関わらず、常にきれいな文字出力ができるという利点があります。True TypeフォントやOpen Typeフォント、ATMフォントなどのように、今使われているフォントのほとんどはアウトラインフォントと言ってよいでしょう。このアウトラインに対して、電光掲示板のように、点の集まりで文字を描くフォントのことをビットマップフォントと言います。

メイリオ
Windows（Vista以降）の標準フォント。同じWindowsであっても、MS Pゴシックとは文字の詰まり方や行間が異なるので、MS Pゴシックを基準に制作したサイトでは、メイリオでレイアウト崩れが発生しないか確認する必要がある

アウトラインフォント
文字の輪郭を滑らかな曲線のデータとして持っているフォントのことです。
使用する大きさに関わらず、常にきれいな文字出力ができるという利点があります。True TypeフォントやOpen Typeフォント、ATMフォントなどのように、今使われているフォントのほとんどはアウトラインフォントと言ってよいでしょう。このアウトラインに対して、電光掲示板のように、点の集まりで文字を描くフォントのことをビットマップフォントと言います。

ヒラギノ角ゴ Pro W3
Mac OS Xの標準フォント。Macユーザーをターゲットにする場合は、このフォントでの表示を想定する。MS Pゴシックを基準に制作したサイトでは、レイアウト崩れが発生しないか確認する必要がある

RELATION ▶ 040 061 078 084 111 136

087 間違いのないリリースのために
ブラウザーテストとテストツール

Text：杉本淳子（フライング・ハイ・ワークス）

　Webサイトの制作では、なるべくどのようなユーザー環境であっても同じように見えることが要求されます。PCサイトであればOSやブラウザー、モバイルサイトであればキャリアや端末が違っていても、制作者の意図どおりに表示され、JavaScriptやFlashなどのプログラムが正常に実行されるかをチェックするのが「ブラウザーテスト」です。

ブラウザーの種類とブラウザーテストの方法

　Webページを表示するブラウザーは、Internet Explorer（IE）、Firefox、Opera、Google ChromeなどWindowsだけでも数多く存在します。さらに、リリースされた歴史が古ければ古いほど、特有のバグがあったり、最新のHTMLやCSSの仕様に対応していなかったり、といったバージョンによる違いもあります。Web標準の仕様に則って制作したページであっても、ブラウザーが抱えるバグや表示能力の違いによって表示崩れを起こすことは少なくありません。

　しかし、現実にすべてのブラウザーで同一の表示を実現するのは難しく、調整には時間もコストもかかります。そこで、制作するWebサイトのターゲットユーザーから利用の多いOSやブラウザー環境を整理して、サポートするブラウザーの方針を決めましょう。方針が決まったらブラウザーテストツールを使って、テストと修正を繰り返します。

主なブラウザーテストツール

　代表的なブラウザーテストツールとしては、「IETester」「Html Validator」「Adobe Device Central」があります。

　IETesterは、IE5.5〜9までの表示を同時に確認できるWindows向けのソフトです。国内でのIEのシェアは大変高く、Firefox、Opera、Google Chromeとは大きな差が開いています。IE6などの古いIEを使用しているユーザーも多く存在しますが、通常は1つのWindows OS上に複数のIEを共存させることはできないので、検証環境を用意するのは困難です。IETesterを使うと複数のIEのバージョンをチェックできるので大変便利です。

　Html Validatorは、HTMLが正しくコーディングされているか、表示されているページを検証するFirefoxのアドオンツールです。ページのソースを表示するとエラーと警告をリストアップし、ミスのあるソースコードをマーカーしてくれます。

　Adobe Device Centralは、携帯電話での表示を確認するためのWindows/Mac向けソフトです。キャリアや機種を絞って表示を確認できるので、モバイルサイトを作成するときに重宝します。新しい端末の情報はアドビのWebサイトからダウンロードできます。

OSやブラウザー、端末などが違っても、レイアウトが崩れず、JavaScriptなどが正常に実行されるかをチェックするのがブラウザーテストだ。制作するWebサイトのターゲットユーザーの環境を整理し、サポートするブラウザーの方針を決める。方針が決まったら、「IETester」「Html Validator」「Adobe Device Central」などのツールを使って、テストと修正を繰り返し本番リリースに備える。

主要なブラウザーテストツール

ツール名 IETester

入手先 http://www.my-debugbar.com/wiki/IETester/HomePage

特徴 タブを切り替えるだけで、IE5.5～9の表示内容をまとめて確認できる。フリーウェア。

ツール名 HTML Validator

入手先 https://addons.mozilla.jp/firefox/details/249

特徴 Firefox用のアドオンツール。表示されたページについて、正しいコーディングが実装されているかを検証し、エラーと警告の数をステータスバーに表示する。詳細はページのソース画面（手前の画面）で確認できる。

ツール名 Adobe Device Central CSS5

入手先 https://www.adobe.com/cfusion/entitlement/index.cfm?form=pwd&loc=ja&e=devicecentral※

特徴 携帯電話での表示を確認するためのアプリケーション。モバイルサイトを作成する際に、キャリアや機種から表示を確認できる。アドビシステムズ社の「Adobe Illustrator CS5」や「Adobe Photoshop CS5」などいくつかのアプリケーションに付属しており、単体では販売されていない。

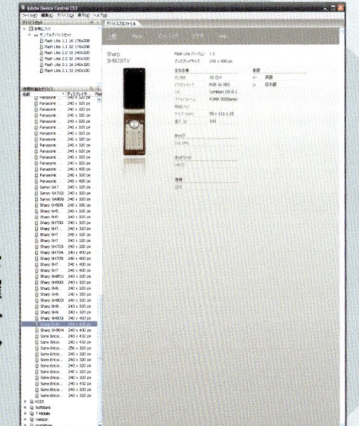

※新規に追加された端末情報の対応データがダウンロード可能。ダウンロードには、Adobeアカウント（無料）の作成が必要

RELATION ▶ 039 041 089 090 091 092

088 表現力と操作性にこだわる
RIA技術の活用

Text：IN VOGUE

RIA(Rich Internet Application)とは、FlashやJavaScriptなどのクライアントサイド技術を使った、高度な表現力と優れた操作性を持つWebアプリケーションのこと。常時接続の普及、インターネット接続回線の高速化、PCやWebブラウザーの高性能化などを背景に、RIAの活用が進んでいます。

RIAのメリット

一般的なWebアプリでは、Webブラウザーからのリクエストに対してサーバーがHTMLを返し、ブラウザーがHTMLを解釈して表示しています。そのため、何らかの処理が発生するたびにサーバーとのやり取りが発生し、ページの一部の情報を書き換えるだけでもページ全体を再表示させる必要がありました。

RIAでは、必要な情報だけをサーバーとやり取りすることで反応速度を早め、ユーザーのストレスを軽減できます。また、HTMLだけでは実現できない華やかな装飾や動きによって、快適かつ直感的に操作できるUI（ユーザーインターフェイス）を提供できます。

代表的なRIA技術の比較

RIA技術は、「プラグイン型」「プラグインフリー型」「デスクトップ実行型」の3つに大別できます。

プラグイン型の代表的なRIA技術が、アドビ システムズの「Flash」とマイクロソフトの「Silverlight」です。プラグイン型RIA技術は、WebページにRIAコンテンツを埋め込み、ブラウザーにインストールした専用のプラグインを使って再生します。豊かな表現力と、開発環境の充実が強みですが、コンテンツの容量によっては読み込みに時間がかかり、ユーザー側にプラグインがインストールされていない場合は利用できません。

プラグインフリー型の代表例は、Ajax（Asynchronous JavaScript + XML）です。JavaScriptとXMLを使ってサーバーとやり取りし、JavaScriptで画面の一部を動的に書き換えることで、ページ遷移なしに情報を更新できます。既存の技術の組み合わせなので利用しやすく、プラグインの有無に左右されずに利用できるのがメリットです。しかし、ブラウザーによって挙動が異なることがあり、開発コストが多くかかる場合があります。

デスクトップ実行型の代表的存在が、アドビ システムズの「Adobe AIR」です。AIRは、Flashなどで作ったWebアプリとランタイム（実行環境）をパッケージ化する技術で、Webの技術を使ってマルチOS対応のデスクトップアプリを開発できます。

どの技術も一長一短があるので、ディレクターはコンテンツの設計時点で各技術の特徴を把握し、開発期間、技術者のスキルなどを考慮して案件に見合った最適な技術を選定しましょう。

> RIAは、クライアントサイド技術を使ったリッチなWebアプリケーションのこと。サーバーとのやり取りを減らし反応速度を早め、ユーザーのストレスを軽減している。また、HTMLだけでは実現できない、快適で直感的なUIを提供している。RIA技術は、FlashやSilverlightなどの「プラグイン型」、Ajaxなどの「プラグインフリー型」、Adobe AIRなどの「デスクトップ実行型」の3つに大別される。

RIAの例

高度な表現力と優れた操作性によって、従来のHTMLによるWebページに比べて、よりよいユーザーエクスペリエンスを提供できる

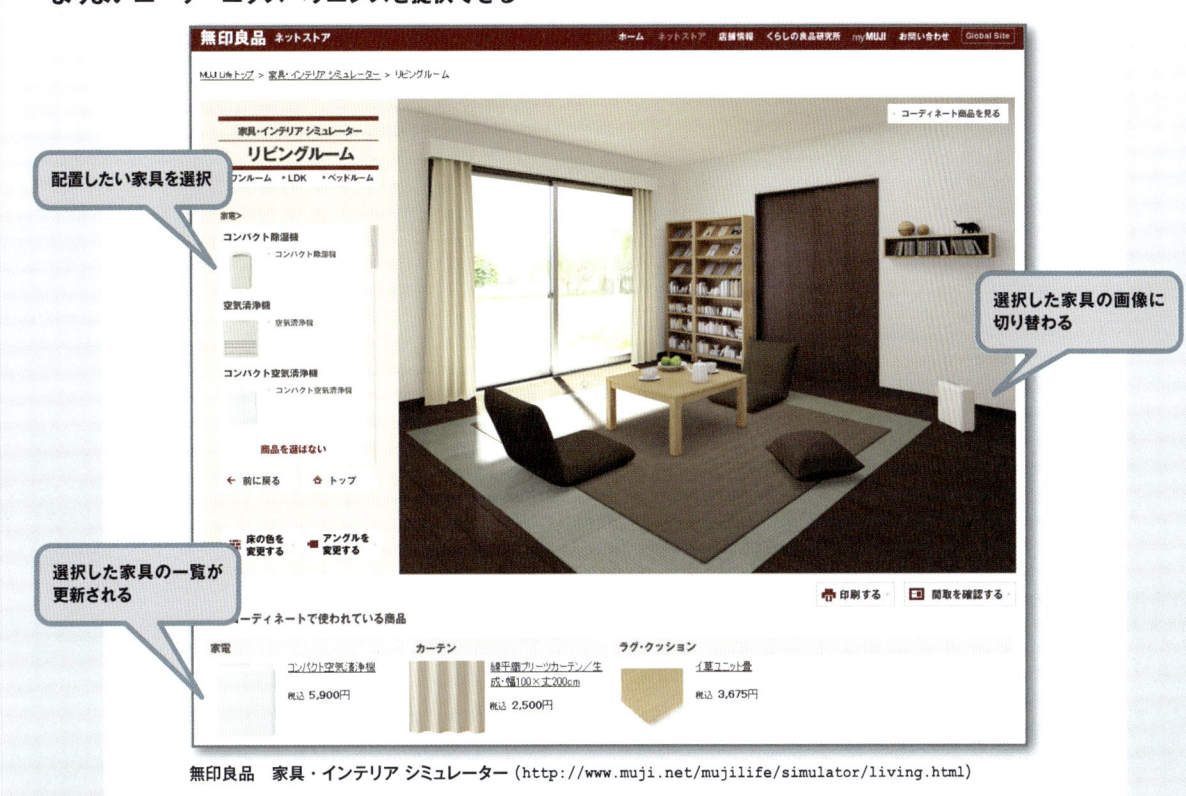

- 配置したい家具を選択
- 選択した家具の画像に切り替わる
- 選択した家具の一覧が更新される

無印良品　家具・インテリア シミュレーター（http://www.muji.net/mujilife/simulator/living.html）

主なRIA技術の比較

メリット	技術	デメリット
・クライアント環境（PC／OS／ブラウザー）に左右されず、プラグインを通じてどのユーザーにも同じ体験を提供できる ・アニメーションを作成するためのオーサリングツールや開発ツールが充実しており、効率的に開発できる	プラグイン型 （Flash/Silverlightなど）	・プラグインがインストールされていない場合や、プラグインが使えない環境（iPhone/iPadなど）では利用できない ・各技術を習熟している開発者、デザイナーが必要
・プラグインが不要なので、ほぼすべてのブラウザー／ユーザーの環境で利用できる ・既存の技術の組み合わせなので、開発者人口やドキュメントが豊富にそろっている	プラグインフリー型 （Ajaxなど）	・ブラウザーによって異なるJavaScriptの挙動などに対応するコストが必要な場合がある ・オーサリングツールや開発ツールが少ないため、開発に手間がかかる場合がある
・オフライン時の利用やローカルファイルへのアクセスなど、Webブラウザーだけでは実現できないアプリケーションを開発できる ・Webの技術やノウハウを使って、デスクトップアプリケーションを開発できる	デスクトップ実行型 （Adobe AIRなど）	・アプリケーションの配布や、ユーザーにインストールしてもらう手間が必要

RELATION ▶ 080 088 090 091 092

089 Ajaxの仕組みとライブラリーの利用

快適なWebアプリケーションを実現する

Text：IN VOGUE

Ajax（Asynchronous JavaScript + XML）とは、JavaScriptを使ってサーバーとデータをやりとりし、ページを遷移せずに一部を書き換えて表示を更新する技術を指します。

Ajaxの仕組み

従来の一般的なWebアプリケーションでは、ページ遷移が必要でした。たとえば、入力フォームの場合、送信ボタンがクリックされると、ブラウザーはWebサーバーへデータを送信し、サーバーから結果が返却されるのを待ちます。Webサーバーは、ブラウザーの要求に対して結果となるHTMLを返却し、ブラウザーは受け取ったHTMLを表示する、といった流れです。

一方、Ajaxでは、Webサーバーとのやりとりを、JavaScriptを使ってバックグラウンドで処理するため、ブラウザーはサーバーからの応答を待つことなく、その間も別の操作を受け付けることができます。

また、結果データを受け取ったJavaScriptは、画面上の必要な箇所だけを書き換えて表示するため、画面全体がリロードされる煩わしさがなくなります。

Ajaxの代表的な利用例といえば、Googleマップが有名ですが、一般的なWebサイトでも利用するメリットはあります。たとえばECサイトであれば、商品一覧ページで大量の商品情報をページ遷移せずに入れ替えたり、郵便番号を入力するだけで該当する住所を自動的に補完したり、といった機能を実装できます。

JavaScriptライブラリーの利用

Ajaxの実現に欠かせないJavaScriptは、ブラウザーによって微妙に実装に違いがあり、あるブラウザーで問題なく動作したプログラムでも、他のブラウザーではうまく動かない場合があります。ブラウザー間の差分を吸収し、よく使われる機能を簡単なコードで呼び出せるようにしたのが、JavaScriptライブラリーです。JavaScriptライブラリーを使うと、本来のJavaScriptの処理を書くよりも効率的に開発できます。

JavaScriptライブラリーにはさまざまな種類がありますが、多くはオープンソースとして配布されており、現在では「jQuery」が広く使われています。

Ajaxを使うポイント・注意点

Ajaxは、表示中のWebページと同じサーバーとしか通信できないなどの制約があり、Webシステムの要件定義や仕様書の作成が重要になります。また、データの受け渡し方法やAjaxの利用を想定した画面デザインなど、コーダーとプログラマー、デザイナー間での協業が必要です。各職種間で細かなやり取りができるよう連携体制を整えておきましょう。

> AjaxはブラウザーとJavaScriptライブラリーを使ってWebサーバーとのやりとりをバックグラウンドで処理する。結果は必要な箇所だけを書き換えられるため、全体がリロードされる煩わしさがない。Ajaxの利用を想定したデータの受け渡し方法、画面デザインなど、コーダーとプログラマー、デザイナー間での協業が必要となるので、細かなやり取りができる体制が必要だ。

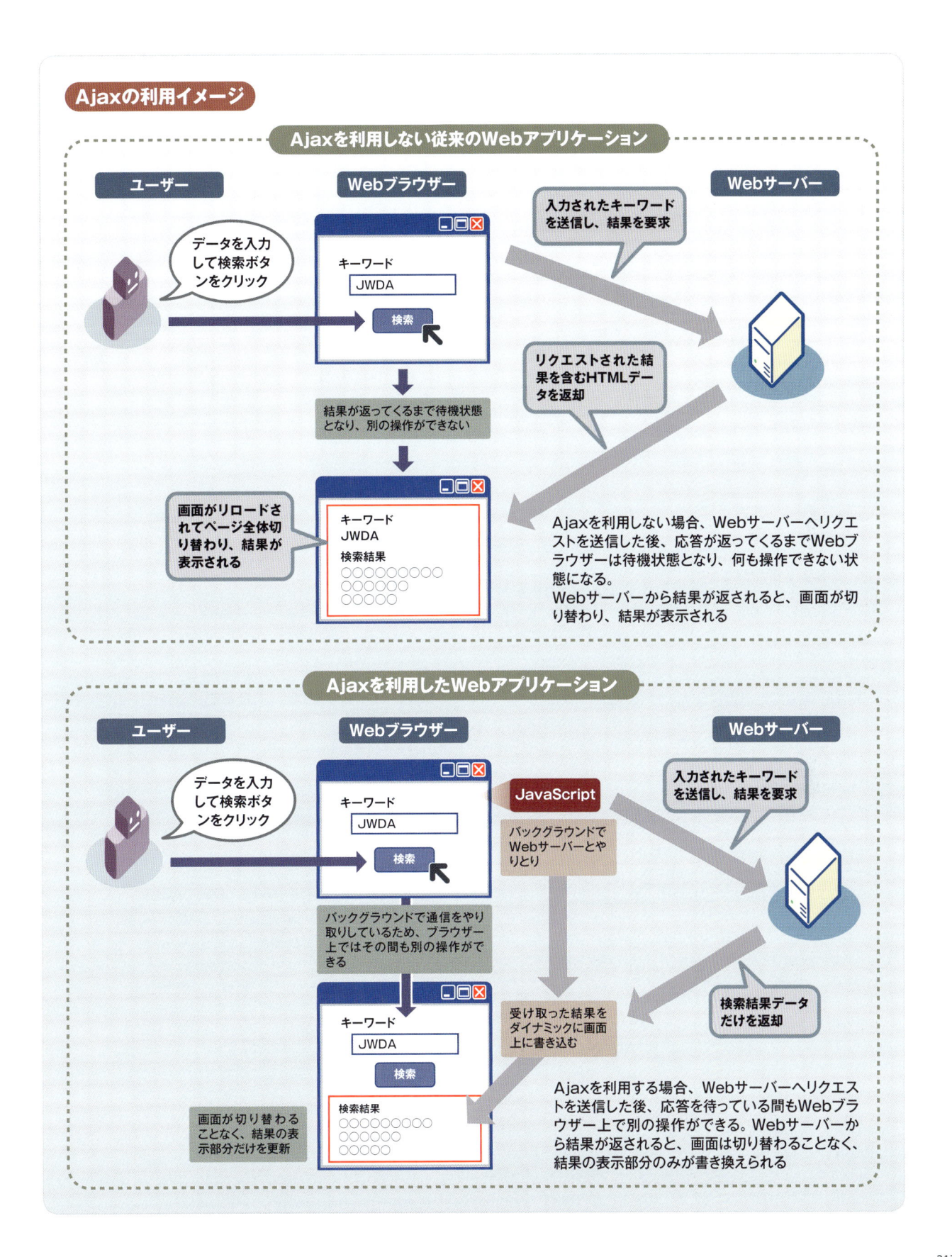

Ajaxの利用イメージ

Ajaxを利用しない従来のWebアプリケーション

- ユーザー：データを入力して検索ボタンをクリック
- Webブラウザー：キーワード「JWDA」を入力し検索
- 入力されたキーワードを送信し、結果を要求
- 結果が返ってくるまで待機状態となり、別の操作ができない
- リクエストされた結果を含むHTMLデータを返却
- 画面がリロードされてページ全体切り替わり、結果が表示される

Ajaxを利用しない場合、Webサーバーへリクエストを送信した後、応答が返ってくるまでWebブラウザーは待機状態となり、何も操作できない状態になる。
Webサーバーから結果が返されると、画面が切り替わり、結果が表示される

Ajaxを利用したWebアプリケーション

- ユーザー：データを入力して検索ボタンをクリック
- Webブラウザー：キーワード「JWDA」を入力し検索
- JavaScript：バックグラウンドでWebサーバーとやりとり
- 入力されたキーワードを送信し、結果を要求
- バックグラウンドで通信をやり取りしているため、ブラウザー上ではその間も別の操作ができる
- 検索結果データだけを返却
- 受け取った結果をダイナミックに画面上に書き込む
- 画面が切り替わることなく、結果の表示部分だけを更新

Ajaxを利用する場合、Webサーバーへリクエストを送信した後、応答を待っている間もWebブラウザー上で別の操作ができる。Webサーバーから結果が返されると、画面は切り替わることなく、結果の表示部分のみが書き換えられる

Ajaxの活用例

Googleマップ
http://maps.google.co.jp/

Ajaxの活用例として当初注目されたのが「Googleマップ」だ。それまでの地図サイトは、地図の表示範囲を切り替えるごとにページ全体を読み込んでいたため、使い勝手が悪かった。Googleマップでは、マウスのドラッグ操作に応じて変更された地図データだけを読み込み、ページを部分的に書き替えることで、使い勝手を大幅に向上させた

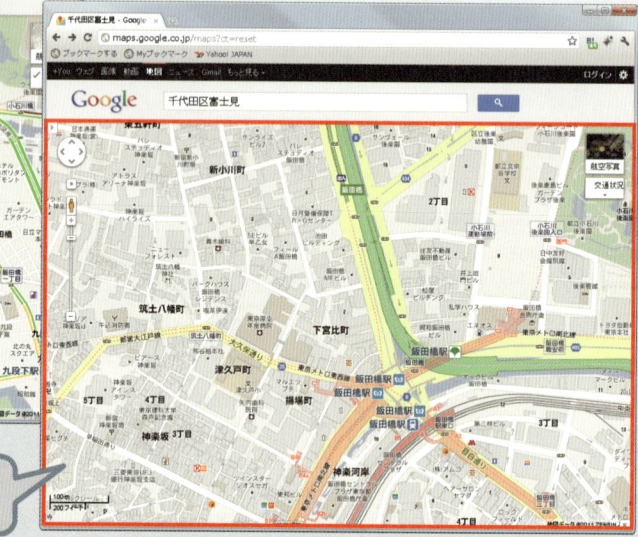

地図上でマウスをドラッグすると、地図の表示範囲が切り替わる

Ajaxで書き換える範囲

Yahoo!不動産
http://rent.realestate.yahoo.co.jp/

Yahoo! JAPAN内にある不動産情報サイト。物件の検索結果画面では、左サイドカラムにある絞り込み条件によって、検索結果が動的に切り替わる。ページ全体ではなく、検索結果部分だけを書き換えているため、待ち時間が少なく、さまざまな条件で検索結果を比較できる

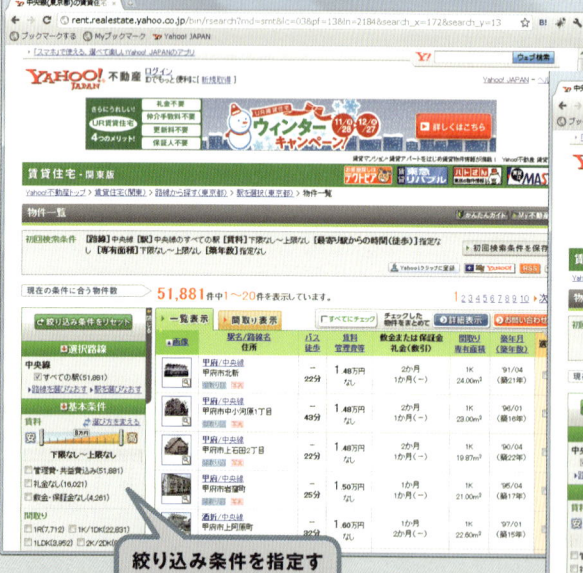

絞り込み条件を指定すると、検索結果部分だけが動的に変化する

Ajaxで書き換える範囲

主なJavaScriptライブラリー

ライブラリー名	特徴	Ajaxサポート	ライセンス
jQuery	・操作対象とする要素（タグ）の指定方法がCSSライクな記述方法で親しみやすく、JavaScriptの初心者から上級者まで幅広く利用されている ・ファイルサイズが軽量で、動作も比較的軽い。拡張性が高く、さまざまな機能を持ったプラグインが豊富に存在する	○	MITおよびGPL
Prototype	・JavaScriptライブラリーの先駆け的存在。機能の豊富さと高い拡張性から、比較的規模が大きく複雑な処理が必要な場合に使われることが多い ・script.aculo.usというエフェクトライブラリーと組み合わせて利用することで、インタラクティブなサイト構築もできる	○	MIT
YUI (Yahoo! User Interface Library)	・米ヤフーが提供しているライブラリー。その名の通り、スライダーやドラッグ&ドロップといったユーザーインターフェイスに関する部品や機能を豊富に備えている	○	BSD
mootools	・モジュール単位で機能が分けられており、必要とするモジュールだけを選択して組み合わせて利用できる。ファイルサイズも軽量かつ、機能も豊富で、プラグインも豊富にある	○	MIT

jQueryの利用方法

○ jQueryを利用するための準備
jQueryのWebサイト(http://jquery.com)からライブラリー本体をダウンロードし、HTMLコード内に読み込ませる

○ jQueryの利用例
「画像表示」ボタンをクリックすると、隠されていた画像がフェードインしながら表示される処理を例に、jQueryの記述方法について解説する

① 「画像表示」ボタンがクリックされたときに何らかの処理を実行する「イベント」を設定する。クリックされたときに処理を実行するには、clickイベントを利用する

```
<script type="text/javascript">
$(function() {
    $("#○○").click(function() {

        クリックされたときの処理内容をここに記載

    });
});
</script>
```

「$("#○○")」の○○の箇所には、「画像表示」ボタンのID属性値を指定する。
jQueryは操作対象とする要素をCSSと同じような書式で指定できるので、要素を簡単に選択できる

② clickイベント内に、画像をフェードインさせる処理を記載する（画像はあらかじめHTMLで配置されており、スタイルシートで非表示の設定がされているものとする）

```
<script type="text/javascript">
$(function() {
    $("#○○").click(function() {

        $("#??").fadeIn(500);

    });
});
</script>
```

「$("#△△")」の△△の箇所には、表示させる画像のID属性値を指定する。
フェードインは、画像の要素を指定したあとに、fadeIn()という記述をするだけでいい。
fadeIn()内の数字(500)は、表示が完了するまでの時間（単位はミリ秒）を表す。この値を変えることで、フェードインの速度を調整できる

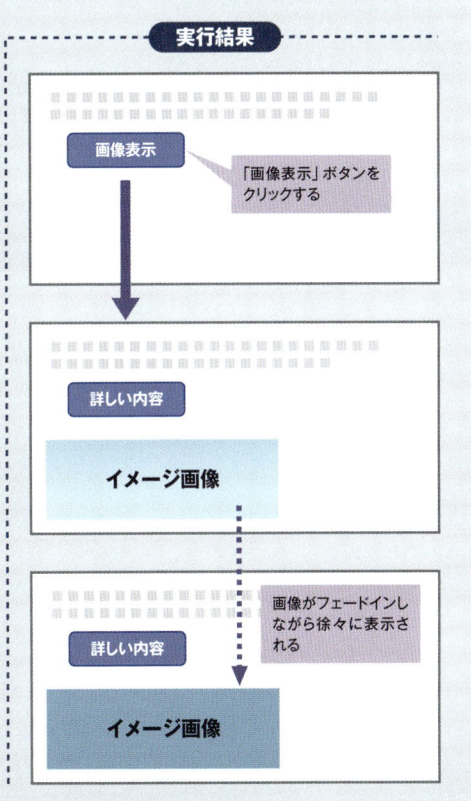

実行結果

画像表示 ←「画像表示」ボタンをクリックする

↓

詳しい内容
イメージ画像

↓

詳しい内容
イメージ画像

画像がフェードインしながら徐々に表示される

RELATION ▶ 018 041 088 091 092 135

090 Flashコンテンツの制作
Webの表現力を広げるRIA技術

Text：IN VOGUE

Flashとは、アドビ システムズが開発しているRIA技術のこと。ブラウザープラグインの「Flash Player」、オーサリングソフトの「Flash Professional」からなり、画像や音声、動画、アニメーションなどを組み合わせたリッチコンテンツを制作・再生できます。

Flashはさまざまなウェブサイトで広く使われています。たとえば、キャンペーンサイトではインパクトを与えるために、ブランドサイトではブランドの世界観や雰囲気を伝えるために利用されています。ほかにも、Flashはメディアアートやインスタレーションなどの分野でも利用されています。

Flashのメリット・デメリット

WebサイトでFlashを使うメリットは、HTMLだけでは難しいリッチな表現やインタラクティブなコンテンツを容易に制作できることにあります。Flash Playerさえインストールされていれば、OSやブラウザーに関係なく同じように再生できるのも大きな利点です。

一方、デメリットとしては、Flashコンテンツ内のテキストを検索エンジンがクロールしづらいこと、iPhone/iPadなどのFlash Playerが存在しない環境では再生できないことが挙げられます。また、画像や音声・動画を多用するとファイル容量が増大し、サーバーの転送量やダウンロード時間、クライアントマシンのメモリやCPUなどへの負荷も高くなります。

Flashコンテンツの作り方

Flashコンテンツの制作方法には、大きく分けて、マウス操作による「タイムライン」と、「ActionScript」というスクリプトを記述する方法があります。タイムラインは主にアニメーションに、ActionScriptはゲームなどのインタラクティブなコンテンツに使用します。

Flash Playerにはいくつかのバージョンがあり、バージョンによって利用できる機能やActionScriptの記述方法が異なります。携帯電話向けは、「Flash Lite」と呼ばれる専用のFlash Playerもあるので、ターゲットに応じたFlashのバージョン選定が必要です。

実際にFlashをWebサイトで利用するには、Flash ProfessionalでSWF形式のファイルを書き出し、HTMLから呼び出します。SWF内のテキストや画像は、XMLファイルなどを使って外部からも変更できます。また、PHPなどを経由してデータベースのユーザー情報などと連携する、といった使い方もできます。

Flashを利用することでWebサイトの表現の幅が大きく広がる一方で、サーバーやデバイスの負荷増大などのデメリットもあります。ターゲットユーザーやサイトの目的を熟知した上で、表現手法や実装方法を決めることが大切です。

HTMLだけでは難しい音声や動画再生のコンテンツを容易に制作・再生できるFlashとは、アドビ システムズが開発しているRIA技術のこと。音声や動画などを多用すると、サーバーやクライアントマシンへの負荷が高くなるというデメリットもある。Flashコンテンツは、主にアニメーションに使うタイムラインによる制作方法と、ゲームなどに使うActionScriptで記述する方法がある。

Flashの機能と表現フィールド

Flashを利用することで、HTMLやCSSだけのWebページではできない、さまざまな機能や表現を実現できる

豊かな表現
トゥイーンを用いたアニメーションや、3Dや物理演算を用いたダイナミックな表現など、幅広い表現ができる

高度な機能
外部データとの連携や、画像や音声を動的に生成するなど、高度なインタラクティブコンテンツを制作できる

モバイル対応
マルチタッチや加速度センサーなど、スマートフォンに対応したコンテンツも制作できる

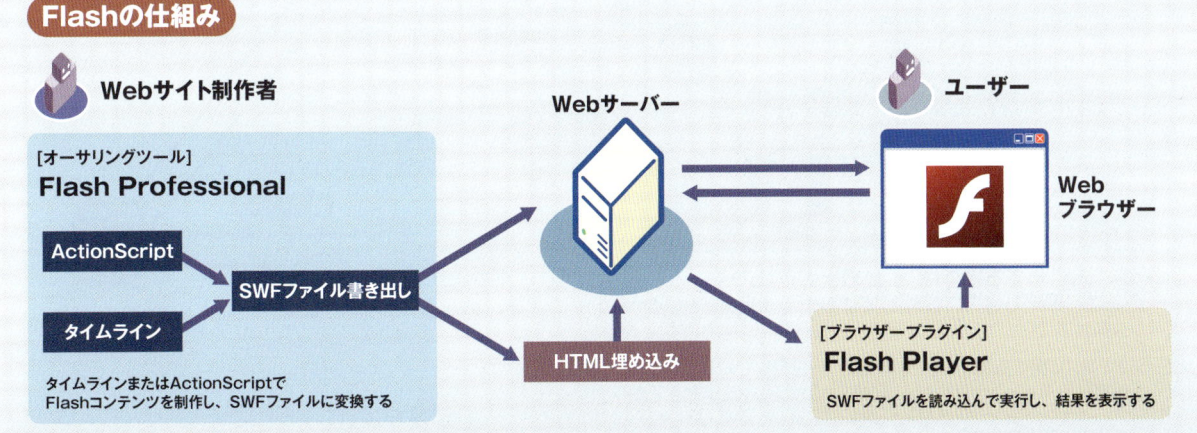

リッチコンテンツ
動画やWebカメラなどを利用することで、テキストと画像だけでは実現できないリッチなコンテンツをユーザーに提供できる

外部データ読み込み
フルスクリーン表示
画像の動的生成
ファイルのアップ／ダウンロード
高度なテキストレイアウト
音声の動的生成

3D表現
物理演算
Pixel Bender
パーティクル表現
After Effects
トゥイーンアニメーション
ビットマップフィルタ
レイヤーエフェクト

マイク
音声の再生
動画のストリーミング再生
AR（拡張現実）
Webカメラ
H.264映像の再生
動画の再生

マルチタッチ
スクリーンオリエンテーション
ソケット通信
Flash Lite
モバイル入力
加速度センサー
ジェスチャー

Flashの仕組み

Webサイト制作者

[オーサリングツール]
Flash Professional
- ActionScript
- タイムライン
→ SWFファイル書き出し

タイムラインまたはActionScriptでFlashコンテンツを制作し、SWFファイルに変換する

Webサーバー
HTML埋め込み

ユーザー
Webブラウザー

[ブラウザープラグイン]
Flash Player
SWFファイルを読み込んで実行し、結果を表示する

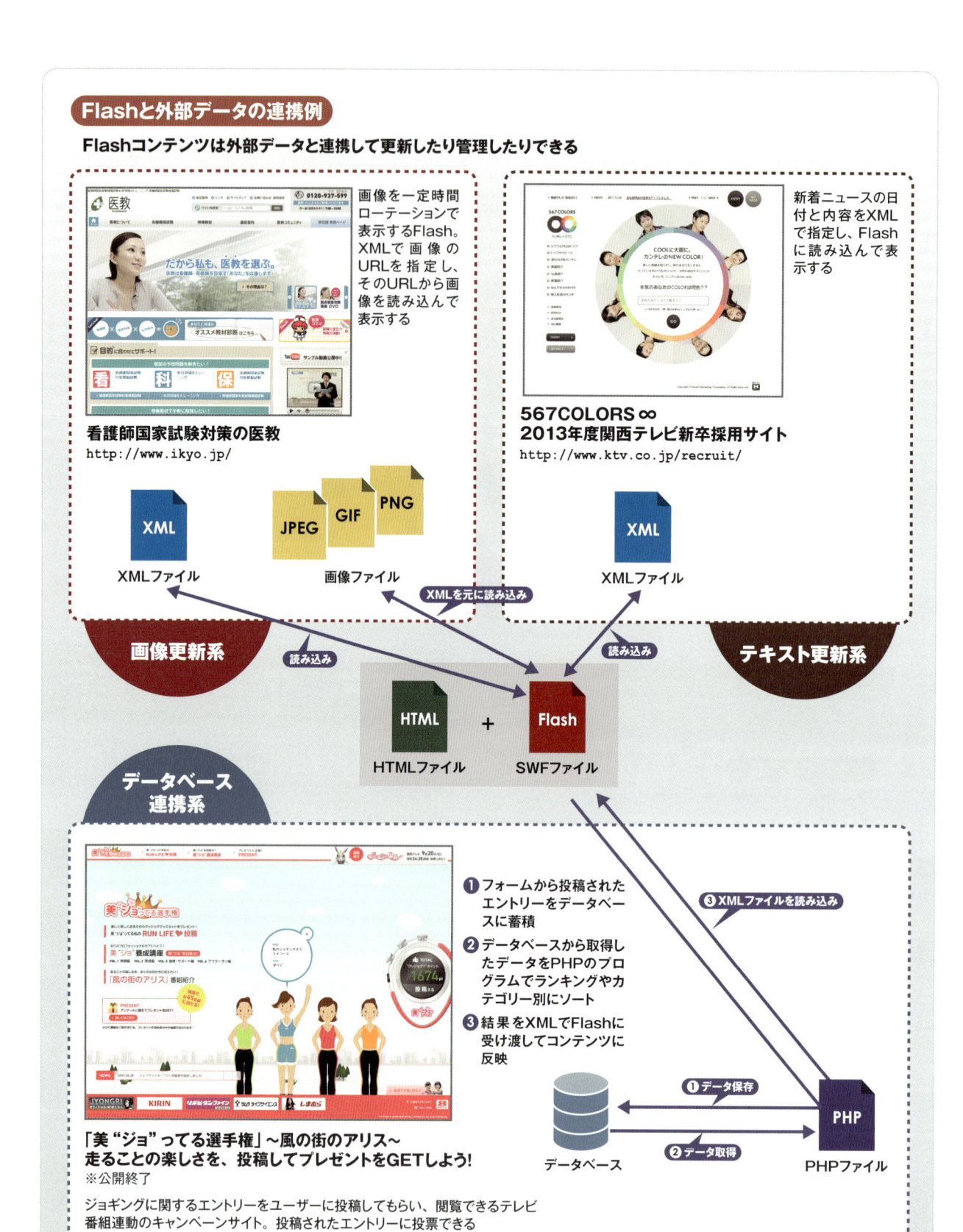

Flashと外部データの連携例

Flashコンテンツは外部データと連携して更新したり管理したりできる

画像を一定時間ローテーションで表示するFlash。XMLで画像のURLを指定し、そのURLから画像を読み込んで表示する

看護師国家試験対策の医教
http://www.ikyo.jp/

新着ニュースの日付と内容をXMLで指定し、Flashに読み込んで表示する

567COLORS ∞
2013年度関西テレビ新卒採用サイト
http://www.ktv.co.jp/recruit/

XMLファイル　画像ファイル　XMLファイル

画像更新系　読み込み　XMLを元に読み込み　読み込み　**テキスト更新系**

HTMLファイル ＋ SWFファイル

データベース連携系

「美"ジョ"ってる選手権」～風の街のアリス～
走ることの楽しさを、投稿してプレゼントをGETしよう！
※公開終了

ジョギングに関するエントリーをユーザーに投稿してもらい、閲覧できるテレビ番組連動のキャンペーンサイト。投稿されたエントリーに投票できる

❶ フォームから投稿されたエントリーをデータベースに蓄積
❷ データベースから取得したデータをPHPのプログラムでランキングやカテゴリー別にソート
❸ 結果をXMLでFlashに受け渡してコンテンツに反映

❸ XMLファイルを読み込み
❶ データ保存
❷ データ取得

データベース　PHPファイル

Flashコンテンツの制作画面

Flashコンテンツは、「Flash Professional」などのオーサリングツールを使い、タイムラインまたはActionScriptで作成する

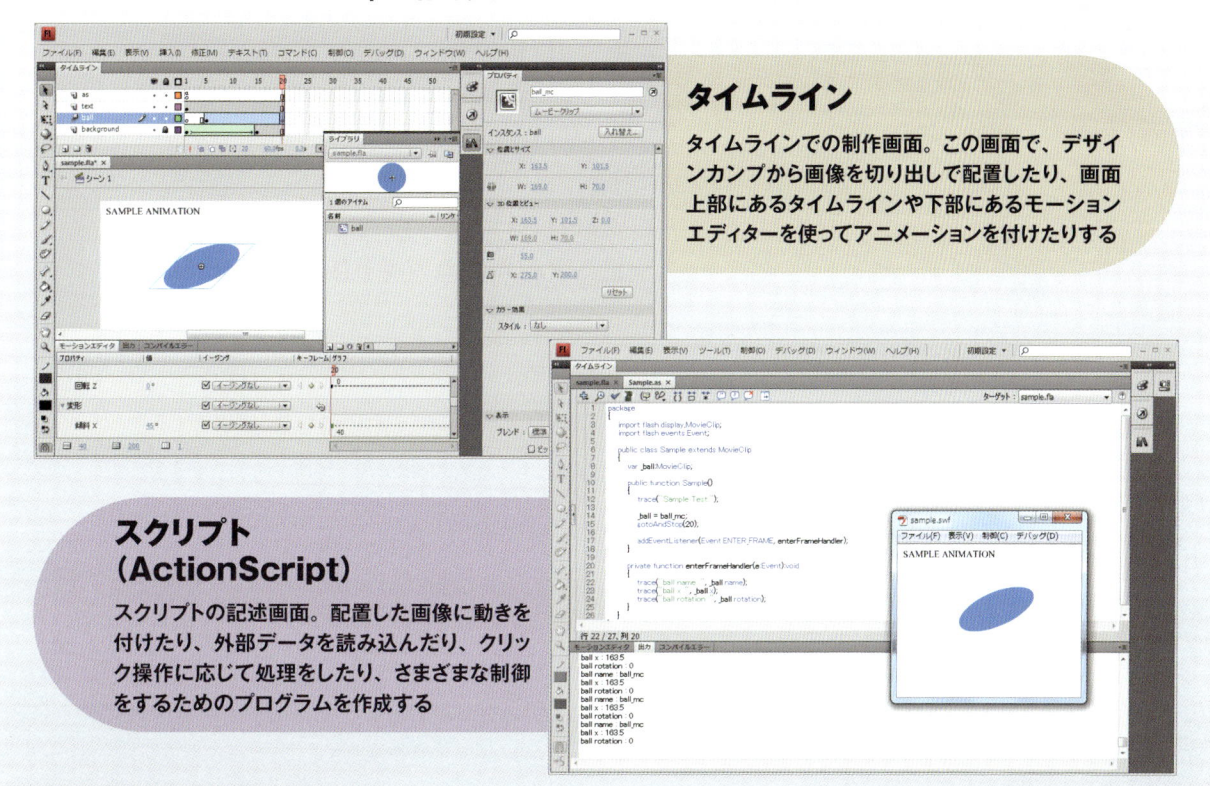

タイムライン

タイムラインでの制作画面。この画面で、デザインカンプから画像を切り出して配置したり、画面上部にあるタイムラインや下部にあるモーションエディターを使ってアニメーションを付けたりする

スクリプト（ActionScript）

スクリプトの記述画面。配置した画像に動きを付けたり、外部データを読み込んだり、クリック操作に応じて処理をしたり、さまざまな制御をするためのプログラムを作成する

主要 Flash Player 一覧表

ブラウザープラグイン	オーサリングソフト	スクリプト言語	概要
Macromedia Flash Player 8	Macromedia Flash 8	ActionScript 2	画像のピクセル単位での操作や、ぼかし・ドロップシャドウなどのフィルタ機能などをサポート
Adobe Flash Player 9	Adobe Flash CS3	ActionScript 3	使用できるActionScriptがバージョンアップし、多数の機能の追加や、処理速度が大幅に向上
Adobe Flash Player 10.0	Adobe Flash CS4	ActionScript 3	3Dエフェクトにネイティブ対応。新しいテキストエンジンの採用により、縦書きや複雑な文字組、レイアウトの構築が可能に
Adobe Flash Player 10.1	Adobe Flash CS5	ActionScript 3	モバイル向けに最適化され、マルチタッチやジェスチャー、加速度センサーなどをサポート
モバイルデバイス			
Adobe Flash Lite 1.1	Adobe Flash MX 2004	Flash 4 ActionScript	Flash 4（一部Flash 5）相当の機能を実装。容量制限は100KB
Adobe Flash Lite 2.0～2.1	Adobe Flash 8	ActionScript 2	Flash 7相当の機能を実装。容量制限はauが100KB、ソフトバンクが150KB。ドコモは端末未発売
Adobe Flash Lite 3.0～3.1	Adobe Flash CS3	ActionScript 2	Flash 8相当の機能を実装。FLV（H.264）再生などをサポート
Adobe Flash Lite 4.0	Adobe Flash CS5	ActionScript 3	Flash 10相当の機能を実装。加速度センサーなどをサポート

RELATION ▶ 018 033 041 088 090 092

091 ユーザーの興味を強く喚起する
独自空間を演出するフルFlashサイト

Text：小林孝至（ブルージラフ）

フルFlashサイトとは、Webサイトの全面をFlashコンテンツで構成したサイトのことです。ナビゲーションボタンから背景にいたるまで、すべてを自由に表現できるので、作り手が希望する独自の空間を演出できます。特に、映画の作品紹介サイトや新商品のキャンペーンサイトのように、ユーザーの興味を強く喚起したいサイトでは高い効果が得られます。

フルFlashサイトの特徴

フルFlashサイトの魅力の1つは、アニメーション表現にあります。アニメーションの動きの格好よさや楽しさで、ユーザーの好奇心を刺激し、コンテンツに集中させることができます。

また、アニメーションで注意を引きつけることで、制作側が見て欲しいページにユーザーを誘導できます。情報に動きを付けることで、どんな意味があるのか、サイト内での位置付けも表現できます。

一方、Flashにはプラットフォームとしての側面もあります。たとえば、サーバー上の動画や画像を取り込んだり、Twitterやブログなどの外部サービスと連携したりできます。

Flashを使ったデータ連携サイトでは、サイトの世界観を壊すことなく外部のデータだけを取り込み、うまく活用できるのがメリットです。

フルFlashサイト作成時の注意事項

フルFlashサイトの作成時には、いくつか注意すべき点があります。アニメーション表現でユーザーを引き付けられる反面、コンテンツの作り方によってはかえって気が散ってしまう場合もあります。「無駄な動きは一切付けない」くらいの思い切りが大切です。

ユーザーにストレスを感じさせないデータの読み込み方も工夫しましょう。あるページの閲覧中に、次にユーザーが閲覧するであろうページを読み込む（先読みする）方法が一般的ですが、それでも読み込みに時間が発生する場合もあるでしょう。読み込み中は何らかの動き（ローディングアイコンなど）で、ステータスを示すとユーザーの不安を軽減できます。

メンテナンス性を考えた設計も重要です。よく更新されるテキスト情報は外部ファイル化したり、後で差し替える可能性のあるパーツやキャラクターのデザインなどはシンボル化したりして、部分的に修正するとすべてに反映される仕組みを作っておきましょう。

Flashサイトは制約がない分、ユーザーインターフェイスが分かりづらくなりがちです。制作前にデザイナーとよく打ち合わせて、ボタンやナビゲーションは一目で分かるようにする、といった気配りを忘れないようにしましょう。

> フルFlashサイトとは、すべてをFlashコンテンツで構成したサイトのこと。独自の空間を演出できるので、映画の作品紹介や新商品のキャンペーンのように、ユーザーの興味を喚起させたいサイトでの効果は高い。ユーザーの気を散らせない、UIを分かりやすくする、データ読み込みでストレスを感じさせないなどの工夫が必要だ。また、メンテナンス性も考えた設計も重要だ。

フルFlashサイトの特徴と注意点

フルFlashサイトの特徴

全面がFlashでできていて、空間内を自由に演出できるため、独自の空間を作りやすい。

アニメーションを有効活用できる
- 興味喚起
- 目線の誘導

プラットフォームとしていろいろなサービスを包括する
- Twitterやブログ
- 映像

フルFlashサイト作成時の注意点

無駄な動きをつけない
無駄な動きは見ている人の注意力を散漫させる。場合によっては画面の切り替わりや文字の表示までの時間が遅くなることもあり、サイトに対する苛立ちからブランド力の低下につながる恐れもある。

データの読み込み方の設計
光ファイバーの普及で転送速度は速くなっているが、動画やアニメーションなど重いデータのやり取りは無線LANや3G回線では特に負担。ダウンロード時間を短縮するために、データを先読みするなどの工夫が必要。

更新を考えたサイト設計
設計段階でよく更新する箇所を見極めることで、よく更新するテキストや画像は外部ファイルを利用できる。外部ファイル化するとFlashのアプリケーションを触らなくても更新でき、作業費を安く抑えられる。

使いやすいインターフェイス
デザインの自由度が高い分、懲りすぎて分かりづらいサイトになりがち。技術や表現にこだわりすぎて、逆に使い方が分かりにくくならないよう、デザイナーとの打ち合わせが重要になる。

フルFlashサイトの実例

アニメーションを使用したサイト

Tignes Winter Madness
http://www.tignes-winter-madness.com/

- 大きい矢印
- 点滅と矢印で操作を指示
- 目立って分かりやすいボタン
- ボタンがスライドして現れる

外部サービスを利用したサイト

2011 Buick Regal - Moment of Truth
http://www.momentoftruth.com/

- Twitterが組み込まれている
- YouTubeが組み込まれている

3つの事例から
フルFlashサイトの可能性を探る

text：小林孝至（ブルージラフ）

「JWDA WEBデザインアワード」はWeb制作者のための賞で、日本WEBデザイナーズ協会が毎年開催しています。2010年度の受賞作品の中から、3つのフルFlashサイトを紹介します。賞の評価ポイントである「成果」を上げたサイトなのはもちろん、従来の枠組みにとらわれない新しい可能性を感じさせるものです。

個人のプロモーション『村越tv』

ある芸人の紹介サイトです。自らを商品と考えた場合に、インターネットでどのようにプロモーションして価値を出していけばいいのか、そして、個人的なファンをどれだけ多く獲得できるのか、という課題に対して、答えを上手に表現できています。

コンテンツやサービス（TwitterやUstreamなど）を、これでもかと詰め込んでいますが、Flashをプラットフォームにすることでうまく融合させています。

商品のプロモーション『日本酒ナイン』

若き蔵人9人による日本酒関連のサイトです。このサイトは、IA（Information Architecture）・成果・話題性の3つのポイントで高く評価されました。IAの点では、画面上の人をクリックするとその人が語りかけるように情報を提供します。同じ機能を持つボタンも目立つように設置して、ユーザーにとって使いやすく分かりやすく設計されています。また、若年層への情報提供に加え、扱っている商品の増売につながった点も評価されました。

さらに、話題性を持たせる仕掛けも注目されました。具体的には、作り手と使い手が出会えるストーリーを展開し、製造者の人柄がサイトから伝わってくることや、ツーリズム気分が味わえるコンテンツで、ユーザー間で話題となる内容が挙げられます。

イベントのプロモーション『2009ビールデンウィーク』

複数のビール会社による、ビールのよさを啓蒙するイベントのためのサイトです。

インターフェイスがとにかく楽しくて、さらに設計面でも工夫がされています。グローバルナビがちょっと遅れて追従して動くという見せ方が、ほのぼのとしたサイトのイメージにマッチした動きであると評価されました。

線画を使ってデザインされたインターフェイスは非常にユニークで、サイトの処理も軽いため、ストレスを感じずに楽しむことができます。アニメーションの動きにも面白みがあり、Flashの良さを生かしたサイトとなっています。

またこの作品は、Webを使って全国規模で展開した新感覚のプロモーションとしても高く評価されました。

フルFlashで制作されたサイト例　　（2010年度「JWDA WEBデザインアワード」受賞作品より）

● 村越 tv
http://www.murakoshi.tv/

別プログラムであるTwitterや映像も、コンテンツの中に違和感なく溶け込んでいる

● 日本酒ナイン
http://gozenshu9.com/

「人」を感じると、話を聞きたくなるのが自然の感覚だろう。映像とインタラクティブがうまく機能している

● 2009 ビールデンウィーク
http://pre1.forts.jp/prj/beerden-week/

わくわく感が伝わる入口ページ。画面サイズやプラグインの説明がある

動きのあるざわざわ感の中に、活気と楽しさをうまく演出している

092 SilverlightとAdobe AIR

それぞれの特性を理解しよう

Text：橋本幸哉（ブルージラフ）

「Silverlight」は、マイクロソフトが開発したRIAプラットフォームです。Flashのようにブラウザープラグインとして提供され、HTMLやCSSだけでは表現できないリッチなUIを作成できます。プラグインはWindowsだけでなくMac OSやLinux版もあり、普及率は60％を超えています。

「Adobe AIR」は、Flashをベースに開発されたRIAプラットフォームで、AIR上で開発したアプリはブラウザーではなくマルチプラットフォームのデスクトップアプリケーションとして動作します。オフライン状態でも動作し、Webアプリケーションへも容易に移行できるのも特徴です（一部、AIRでしか実装できない機能もあります）。

Silverlight／AIR の具体的な利用例

Silverlightは、WindowsやOfficeなどのマイクロソフト製品との連動に優れており、帳票処理が必要な業務アプリケーション案件に向いています。Silverlight 3からはデスクトップアプリのようにローカルで実行できる「ブラウザー外実行モード」も用意され、Webブラウザーの制限から外れてローカルファイルへもアクセスできます。ブラウザープラグインとしては、ストリーミング動画再生に強く、動画配信サイト案件で効果を発揮します。

Adobe AIRはローカルデータベースを内蔵しており、Webの技術をベースにしながらもスタンドアロンのアプリケーションを作成できます。また、P2P（Peer to Peer）やソケット通信を利用でき、マイクやカメラといったローカルデバイスにもアクセスできます。たとえばWebカメラを使ったリアルタイムなコミュニケーションアプリも開発できます。

Silverlight／AIR の開発のポイント

SilverlightやAIRアプリを開発するメリットとしては、アニメーションなど表現力の高いインターフェースを構築できることや、プラットフォームに依存しない動作保証が得られる点が挙げられます。反面、ファイルサイズが大きくなりがちで、複雑な描画や計算処理でCPUを占領することがあるので、低スペックなマシンでは満足な動作を得られない場合があります。

Silverlightは、Windowsアプリケーションの開発フレームワークである「.NET Framework」との共通点が多いので、従来のWindowsアプリの開発者が取り組みやすい面があります。一方のAIRは、Flashの延長線上にある技術なので、開発者の絶対人数が多いという特徴があります。

問題点は、バージョンアップによって言語体系や記述方式が変わることや参考資料が少ないことが挙げられます。また両者とも新しい技術なので、想定外の不具合が起きる可能性があります。アプリケーションの制作・検証には十分な時間が必要です。

SilverlightとAdobe AIRは、どちらもマルチプラットフォームのRIA技術だ。Silverlightはマイクロソフト製品との連携に優れ、業務アプリケーションに向く。AIRはFlashなどのWebの技術をベースにスタンドアローンのアプリを作れる。問題点は、バージョンアップによって言語体系や記述方式が変わることや参考資料が少ないことだ。新しい技術なので、制作・検証には十分な時間が必要だ。

Silverlight/AIRの活用例

○ Silverlight

日本デジタルオフィス
Silverlightアプリケーション「DO!Catシリーズ」
http://www.do-cat.com/

「DO!Catシリーズ」は、膨大な情報資産を有効に管理・活用するためのアプリケーションで、多くの企業で導入されている。その中の「DO!BOOK」は、PDFを登録するだけでWeb上に電子カタログを自動生成が可能。カタログのようにデータを閲覧できるほか、文字検索、ペン機能、付箋、切り取りなどさまざまな機能が備わっている。

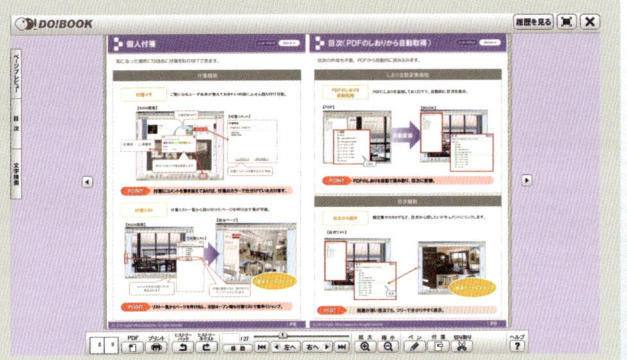

○ AIR

エーアイ・タコス
AIRアプリケーション「RIA-Note」
http://service.aitacos.com/ria-note/docs/

「RIA-Note」は、日記やスケジュールなど、日々の行動をノートに記載し、管理していくカレンダーベースのノート管理ツール。他に、アルバム機能や、Googleマップを利用した地図ビュー機能も利用できる。優れたインターフェースと、高い操作性を備えたデスクトップアプリケーションとなっている。

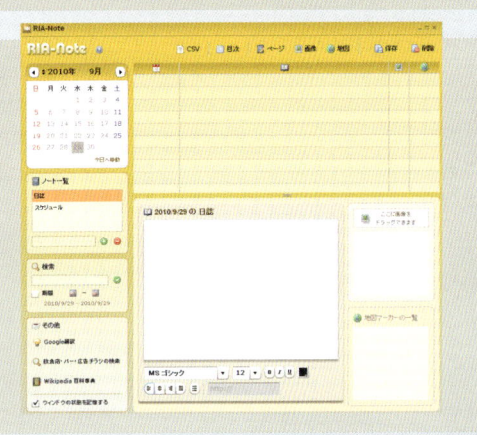

SilverlightとAIRの比較表

項目	Silverlight	AIR
2012年1月現在のバージョン	5.0	3.1
開発メーカー	マイクロソフト	アドビシステムズ
マークアップ言語	XAML	MXML
プログラム言語	VB.NET，C#など多数	Actionscript3.0
SDK	Silverlight SDK	AIR SDK，Flex SDK
Web	Silverlightプラグイン形式で作成	FlexとしてFlashプラグイン形式で作成
開発ツール	Visual Studio，Expression Blend	FlexBuilder，FlashBuilder
アニメーションタイムライン	Storyboardとして作成	Flashタイムライン廃止
特徴	マイクロソフト製品と連動が簡単にできる Deep Zoomよる拡大/縮小 DRM技術を使用した動画配信に強い .NET開発者からの参入が多い	Flashで作成したコンポーネントを使用可能 フリーのライブラリ（SWC形式）が多数あり 高度なUIコンポーネントが標準であり スキンを使用して簡単にデザイン変更が可能 Flash開発者からの参入が多い

Webディレクション　用語集❺

● ドメイン
URLやメールアドレスの一部として、Webサーバーやメールサーバーを識別するために使われる名前のこと。

● Webサーバー
Webブラウザーで表示するHTMLファイルや画像データなどを送信するサーバーのこと。WWWサーバーやHTTPサーバーとも呼ばれる。ApacheやIISなどのサーバーソフトが有名。

● レンタルサーバー
通信事業者などのデータセンターに設置されたWebサーバーの機能を利用できるサービス。サーバーの構築や保守の手間がなく、手軽に利用できる。1台のサーバーを占有する「専用サーバー」、複数のユーザー（企業）で共有する「共用サーバー」、両者の中間の「VPS」がある。ホスティングサービスとも呼ばれる。

● ハウジングサービス
通信事業者などのデータセンター設備を借り受け、自社のサーバーを設置できるサービス。安定した通信回線や電源設備を利用できるのが利点だが、サーバーの構築や運用は自社で担う点がレンタルサーバーと異なる。

● テスト環境
公開前のWebサイトやWebシステムの表示・動作を確認するためのサーバーおよびクライアントマシンのこと。公開サーバーを「本番環境」と呼び、テスト環境では本番環境と同一の環境を用意する。

● クラウド・コンピューティング
大手IT企業が所有するデータセンターやサーバー設備を、インターネット経由で利用できるサービス全体のこと。広義にはWebアプリケーションやWebサイトを公開するためのインフラサービスから、SaaS/ASPで提供されるWebアプリケーションまでを指す。

● CMS
Content Management Systemの略。画像やテキストなどのコンテンツをデータベースに登録して一元的に管理するシステム。Web管理画面などからコンテンツを登録すると、あらかじめ定義されているテンプレートに従ってWebページが出力される。

● サーバーサイド技術
サーバー上で利用できるプログラムやデータベースなどのこと。Webブラウザーからの要求に基づいてデータを加工したり、保存したりする役割を担う。

● データベース
大量の情報を簡単に検索、加工できるように整理して蓄積する仕組みのこと。主流は「リレーショナルデータベース」で、行と列からなるテーブルを組み合わせて管理する。リレーショナルデータベースを管理するソフトをRDBMS (Relational Database Management System)といい、「MySQL」「Oracle Database」などがある。

● SSL
Secure Socket Layerの略。サーバーとブラウザー間の通信を暗号化するプロトコルで、SSL証明書によって通信先のサーバーの信頼性も確認できる。個人情報を扱うフォームなどで利用される。

● ASP/SaaS
ASPはApplication Service Provider、SaaSはSoftware as a Serviceの略。サービス提供事業者が用意するサーバーに接続して利用するWebアプリケーションのこと。

● Web API
Webアプリケーションを構成する個々の機能を部分的に開放し、外部のWebサイトやWebアプリケーションから呼び出して利用できるインターフェイスのこと。Web APIを組み合わせて新しいWebアプリケーションを作ることをマッシュアップという。

● オープンソース
ソフトウェア開発者の著作権を守りながら、ソースコードを無償で公開・改変・配布できるライセンスのこと。オープンソースを採用したソフトウェアのことをオープンソース・ソフトと呼ぶ。

第8章

Webシステムの開発ディレクション

- 093 システム化の企画と提案 ... 232
- 094 システムドキュメントの作成 ... 234
- 095 システムフローの作成 ... 238
- 096 ネットワーク機器構成の検討・構築 ... 240
- 097 サーバーサイド技術の役割と利用 ... 242
- 098 Webシステムにおけるプログラミング言語の選定 ... 244
- 099 データベースのしくみと役割 ... 246
- [コラム⑥] クラウド・コンピューティングによるインフラの構築 ... 248
- 100 セキュリティ対策とリスク対応 ... 250
- 101 巧妙化、複雑化するサーバー攻撃 ... 252
- 102 ユーザー認証とSSLの導入 ... 254
- 103 ASP／SaaSの活用 ... 256
- 104 Web APIの利用とマッシュアップ ... 258
- 105 オープンソースの活用 ... 260
- 106 決済システムの選定 ... 262
- 107 決済代行会社の選択基準 ... 264
- 108 ブログ／CMSの選定 ... 266
- 109 企業コミュニティサイトの構築 ... 268
- 110 ECプラットフォームの選定 ... 270
- 111 リリース準備とWebサイトの公開 ... 272

RELATION ▶ 008 009 010 011 094

093 業務を効率化し、ミスを未然に防ぐ
システム化の企画と提案

Text：水野良昭（オンラインデスクトップ）

　システム化とは、手作業をコンピューターを使って自動化することです。コンピューターが得意とする作業をシステム化することで、業務を効率化し、ミスを未然に防げます。

　システムのうち、Webブラウザー上で利用するものを特に「Webシステム」と呼びます。具体的には、CMS（Content Management System）を用いてWebサイトの「お知らせ」ページを自動更新したり、予約システムを使って宿泊施設のサイトで空室の確認から予約受付までを自動化したりといったことがあります。

　Webディレクターがシステムの企画に携わる場合には2つのパターンがあります。1つは、クライアントからシステムを作って業務を自動化したいとのオーダーがある場合です。もう1つはWebサイト制作を受注・制作する中でサイトと連動した部分的なシステムを必要に応じて提案する場合です。

　また、自社だけでは完結できないWebシステムの場合は、Webディレクターが適切なシステム会社を選定して、システム部分だけは切り分ける形でクライアントに提案をするケースもあります。

システムの企画の概要と一般的な流れ

　システム企画の提案は、クライアントからの要望が明確な場合には、制作前に現状の課題が何なのか、もしくはWebで実現したいことは何かをクライアントにヒアリングするところから始まります。クライアントの要望が明確でない場合は、Web制作やサイトの運用を進める中でシステム化した方がよい部分を提案します。よりよい企画を提案するためには、同業他社の事例も参考にしながら、クライアントにとってどの部分をシステム化するのが適切なのかを検討することが重要です。

　次に、提案予定の企画がシステム化できるかをSEやプログラマーに確認した後で、「現状の課題」「実現したいこと」「その解決方法」「画面イメージ」「開発スケジュール」などをまとめて、システム企画として提案します。クライアントが希望している内容とズレがないことを確認したら、見積書を提出します。

自動化を考える上での判断ポイント

　システム化に適しているかどうかを検討する際には、次の3点を判断ポイントとしてください。まずは、「お知らせの見出しをトップに表示させる」など、業務フローがルーチン化されているかどうか。次に、「宿泊施設のオンライン予約時の金額を週末だけ変更可能にする」など、例外処理が想定できる範囲かどうか。そして3つ目は、「個人情報を取り扱う場合にSSLやパスワード認証をかける」など、Web上でシステム化するにあたって、2重、3重のセキュリティを確保できるかどうかです。

システム化は、作業を自動化して、業務を効率化し、ミスを未然に防ぐことにある。Webディレクターがシステム化に携わるのは、クライアントからのオーダーがある場合と部分的なシステム化を提案する場合だ。システム化には、業務フローがルーチン化されているかどうか、例外処理が想定できる範囲かどうか、システム化でセキュリティを確保できるかどうかを見極める必要がある。

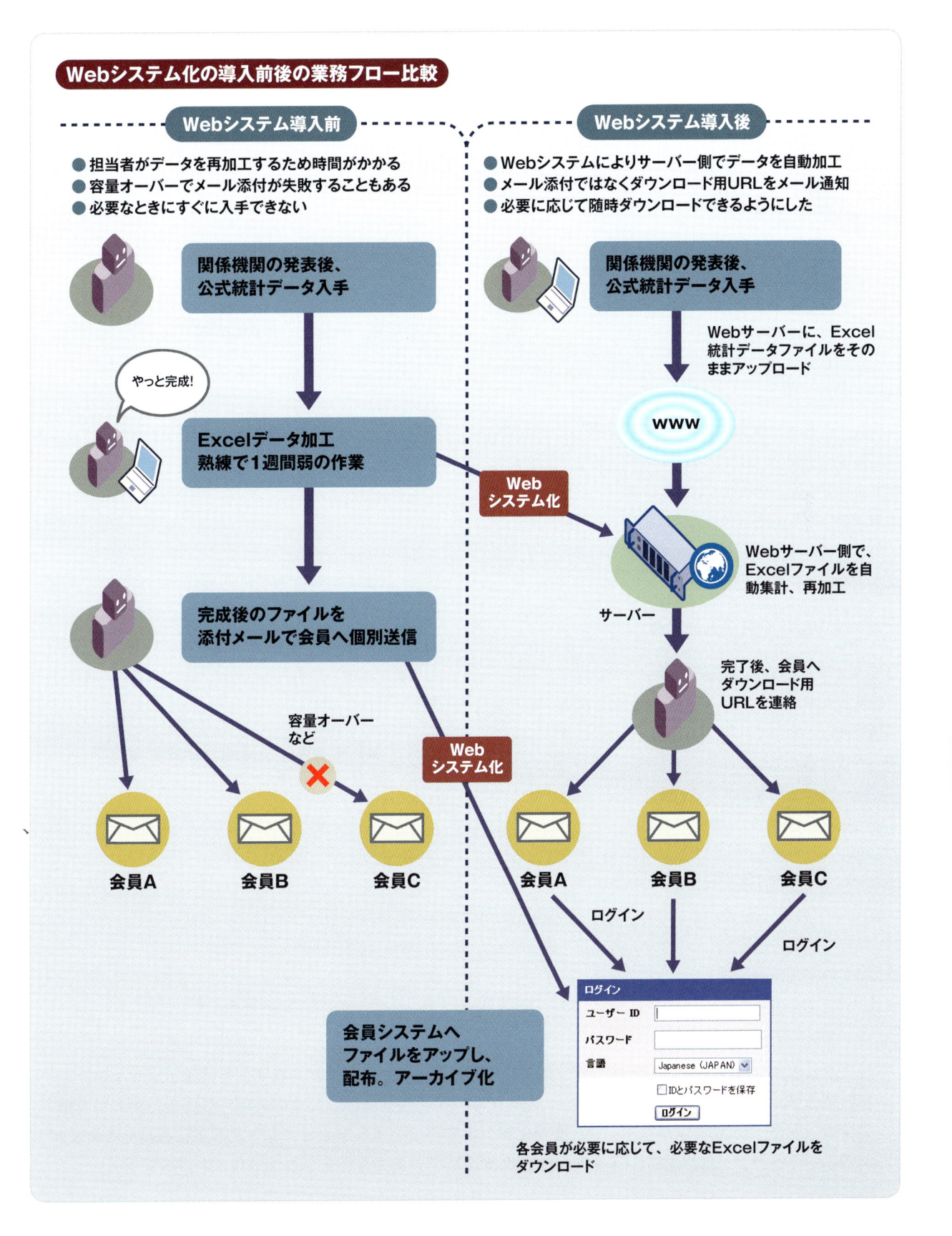

Webシステム化の導入前後の業務フロー比較

Webシステム導入前
- 担当者がデータを再加工するため時間がかかる
- 容量オーバーでメール添付が失敗することもある
- 必要なときにすぐに入手できない

関係機関の発表後、公式統計データ入手

やっと完成!

Excelデータ加工
熟練で1週間弱の作業

完成後のファイルを添付メールで会員へ個別送信

容量オーバーなど

会員A　会員B　会員C

会員システムへファイルをアップし、配布。アーカイブ化

Webシステム導入後
- Webシステムによりサーバー側でデータを自動加工
- メール添付ではなくダウンロード用URLをメール通知
- 必要に応じて随時ダウンロードできるようにした

関係機関の発表後、公式統計データ入手

Webサーバーに、Excel統計データファイルをそのままアップロード

www

サーバー

Webサーバー側で、Excelファイルを自動集計、再加工

完了後、会員へダウンロード用URLを連絡

会員A　会員B　会員C

ログイン

ログイン
ユーザーID [　　]
パスワード [　　]
言語　Japanese (JAPAN)
□IDとパスワードを保存
[ログイン]

各会員が必要に応じて、必要なExcelファイルをダウンロード

Webシステム化

RELATION ▶ 009 010 011 047 095

認識の一致でトラブルを防ぐ

094 システムドキュメントの作成

Text：水野良昭(オンラインデスクトップ)

システムドキュメントとは、Webシステムを構築、運用するためのWebサーバー、データベースなどの情報が書かれた資料のことです。具体的には、仕様書やシステム設計書、運用計画書などを指します。

システムドキュメントの目的は、クライアント側と制作側双方の認識を一致させることです。また、仕様書や設計書であれば開発チームの情報共有のためや納品後の運用・改修のための引き継ぎ資料としても使用します。

ここでは、単独で利用する大規模なWebシステムと、簡易的なWebシステムの2つのケースを説明します。

大規模な Web システムの場合

個人情報を含む会員管理や、課金・クレジット決済などを含む大規模なWebシステムの場合は、Webシステムの構築前と、一次納品時、運用前にそれぞれ異なる書類を求められる場合があります。

Webシステムの構築前には、システム仕様書だけでなく画面遷移、処理フローなどが書かれたシステム設計書が必要になります。また一次納品時には、想定されるテスト項目が書かれたテストスペックやそのテスト結果報告書が求められる可能性があります。さらに、運用前には、トラブル時の連絡方法などが書かれたシステム運用計画書や、管理画面の操作手順などが書かれたマニュアルなどが必要になります。

簡易的な Web システムの場合

たとえば、クライアント側でお知らせ部分を更新するような簡易的なWebシステムがあるとします。こうした簡易Webシステムの場合は、企画提案書をブラッシュアップして、システム仕様書やシステム設計書の代わりにすることが多くあります。この場合、画面イメージや画面遷移が仕様書、設計書の役割を果たします。

簡易Webシステムの構築後、本格的な運用が始まった時点で、運用に関してのマニュアルを作成、提出します。マニュアルには、対応OS、対応ブラウザーなどの動作環境やシステム構成図、ログイン情報、ログイン方法などの手順を記載します。画面のスクリーンショットがあるとより分かりやすく、成果物としても残ります。

システムドキュメントは誰が作成するのか

Webディレクターは、クライアントがどのようなドキュメントを必要としているかを、事前に確認しておく必要があります。実際のドキュメント作成は技術的な部分が大半を占めるため、Webディレクターではなく、SE、テクニカルディレクター、システムディレクター、プログラマーなどが中心となって作成します。ただし、画面遷移の説明に必要な画面イメージなどは、Webディレクターからデザイナーに依頼する場合もあります。

> システムドキュメントとは、仕様書やシステム設計書、運用計画書などを指す。目的は、クライアント側と制作側双方の認識を一致させること、開発チームの情報共有、納品後の運用・改修のための引き継ぎ資料などだ。Webディレクターは、クライアントが必要とするドキュメントを事前に確認しておく。実際のドキュメントは技術的な記述が多いため、SE、テクニカルディレクターなどが作成する。

大規模なWebシステム構築時のドキュメント

ECや会員管理システムなどの大規模なWebシステムを構築するときには、さまざまな要件や仕様をまとめたドキュメントの作成が必須だ。

フェーズ	ドキュメント名	内容	具体的な構成要素
システム構築前	システム仕様書	要件定義に基づいて構築するシステムの仕様をまとめたもの	・目的　・システム要件 ・スケジュール　・システム概要 ・機能要件　・運用管理上の要件 ・運用実施体制　・移行要件
システム構築前	システム設計書	仕様書に基づいて構築するシステムの具体的な処理の流れや画面遷移をまとめたもの	・機能要件　・画面遷移図 ・画面イメージ　・処理フロー
一次納品時	テストスペック	システムテストを実施するための仕様をまとめたもの	・検証環境 ・テストを実施する項目
一次納品時	テスト結果報告書	テストスペックに基づき実施した結果をまとめたもの	・実施日時 ・テストの実施結果 ・不具合の内容
運用開始前	システム運用計画書	運用の方針や障害発生時の連絡方法、責任分担を明確にしたもの	・障害発生時の連絡フロー ・具体的な連絡方法 ・想定されるトラブルと対応方法
運用開始前	操作マニュアル	構築したシステムの操作方法を説明したもの	・システムの概要 ・動作環境 ・管理画面へのログイン方法 ・具体的な操作方法（画面キャプチャーを交える）

簡易的なWebシステム構築時のドキュメント

問い合わせフォームやWebページの更新システムなど、Webサイトの一部に組み込む簡易的なシステムの場合は、既存のドキュメントにシステムに関する記述を盛り込む

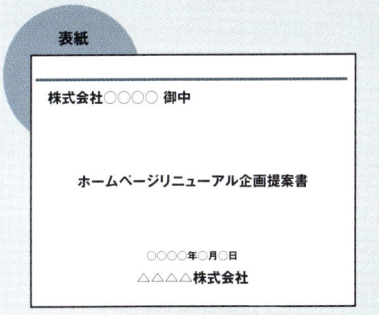

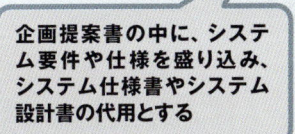

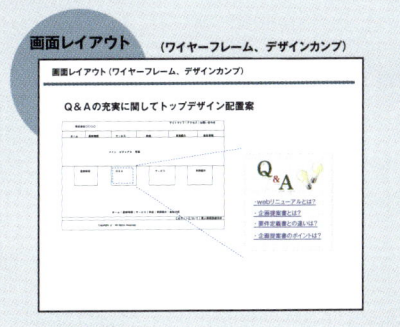

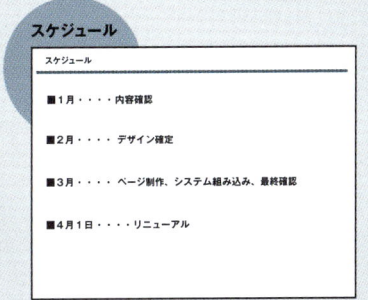

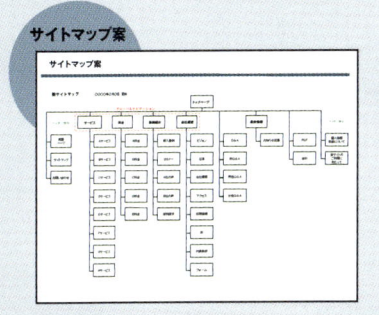

> 企画提案書の中に、システム要件や仕様を盛り込み、システム仕様書やシステム設計書の代用とする

システム仕様書の例

ドキュメントの目的は、クライアントと制作者の双方の認識を一致させ、齟齬が起きないようにすること。プロジェクトに関わったメンバーはもちろん、それ以外の人が見ても理解できるように、なるべく分かりやすく、具体的に記述することが重要だ。

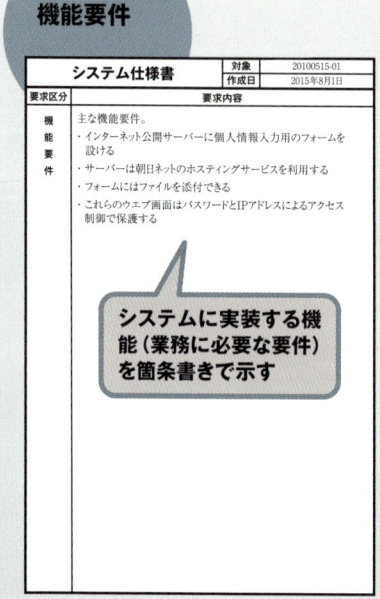

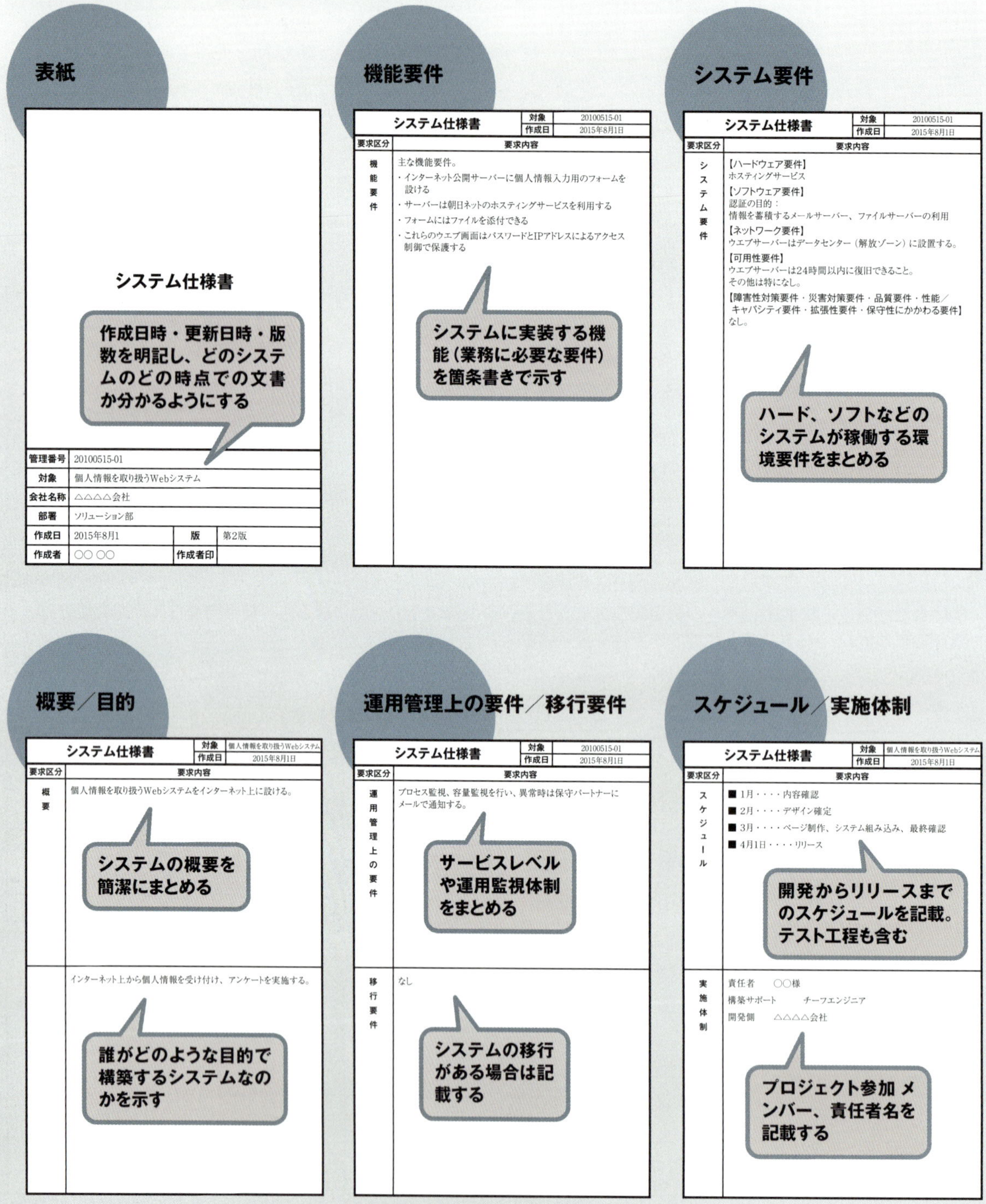

表紙

作成日時・更新日時・版数を明記し、どのシステムのどの時点での文書か分かるようにする

管理番号	20100515-01		
対象	個人情報を取り扱うWebシステム		
会社名称	△△△△会社		
部署	ソリューション部		
作成日	2015年8月1	版	第2版
作成者	○○ ○○	作成者印	

機能要件

システムに実装する機能（業務に必要な要件）を箇条書きで示す

主な機能要件。
- インターネット公開サーバーに個人情報入力用のフォームを設ける
- サーバーは朝日ネットのホスティングサービスを利用する
- フォームにはファイルを添付できる
- これらのウェブ画面はパスワードとIPアドレスによるアクセス制御で保護する

システム要件

ハード、ソフトなどのシステムが稼働する環境要件をまとめる

【ハードウェア要件】
ホスティングサービス
【ソフトウェア要件】
認証の目的：
情報を蓄積するメールサーバー、ファイルサーバーの利用
【ネットワーク要件】
ウェブサーバーはデータセンター（解放ゾーン）に設置する。
【可用性要件】
ウェブサーバーは24時間以内に復旧できること。その他は特になし。
【障害性対策要件・災害対策要件・品質要件・性能／キャパシティ要件・拡張性要件・保守性にかかわる要件】
なし。

概要／目的

システムの概要を簡潔にまとめる

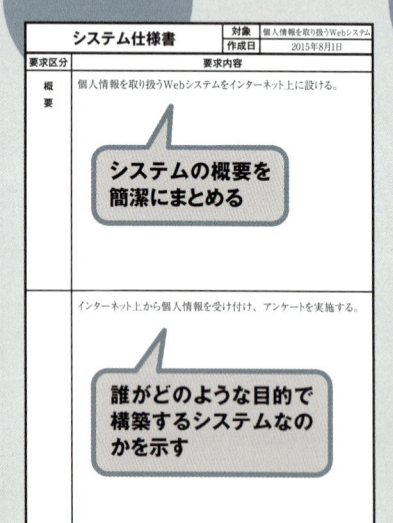

概要：個人情報を取り扱うWebシステムをインターネット上に設ける。

誰がどのような目的で構築するシステムなのかを示す

インターネット上から個人情報を受け付け、アンケートを実施する。

運用管理上の要件／移行要件

サービスレベルや運用監視体制をまとめる

運用管理上の要件：プロセス監視、容量監視を行い、異常時は保守パートナーにメールで通知する。

システムの移行がある場合は記載する

移行要件：なし

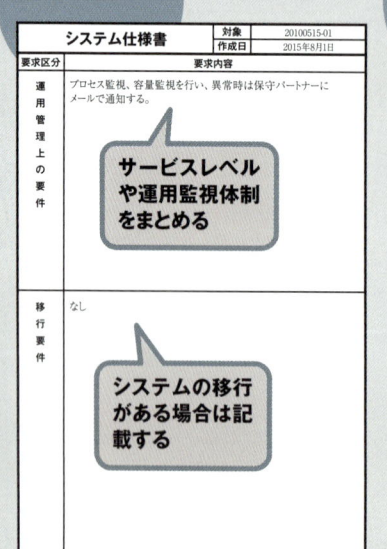

スケジュール／実施体制

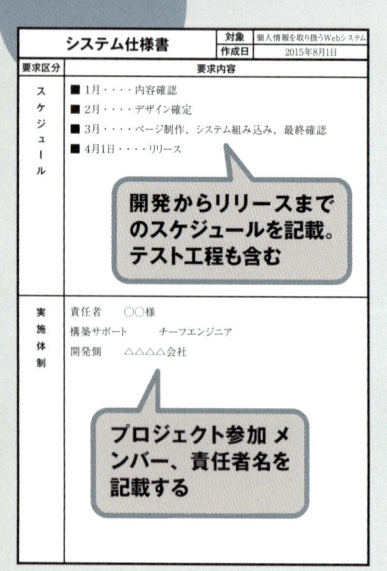

開発からリリースまでのスケジュールを記載。テスト工程も含む

スケジュール：
- 1月・・・・内容確認
- 2月・・・・デザイン確定
- 3月・・・・ページ制作、システム組み込み、最終確認
- 4月1日・・・・リリース

プロジェクト参加メンバー、責任者名を記載する

実施体制：
- 責任者　　　　○○様
- 構築サポート　チーフエンジニア
- 開発側　　　　△△△△会社

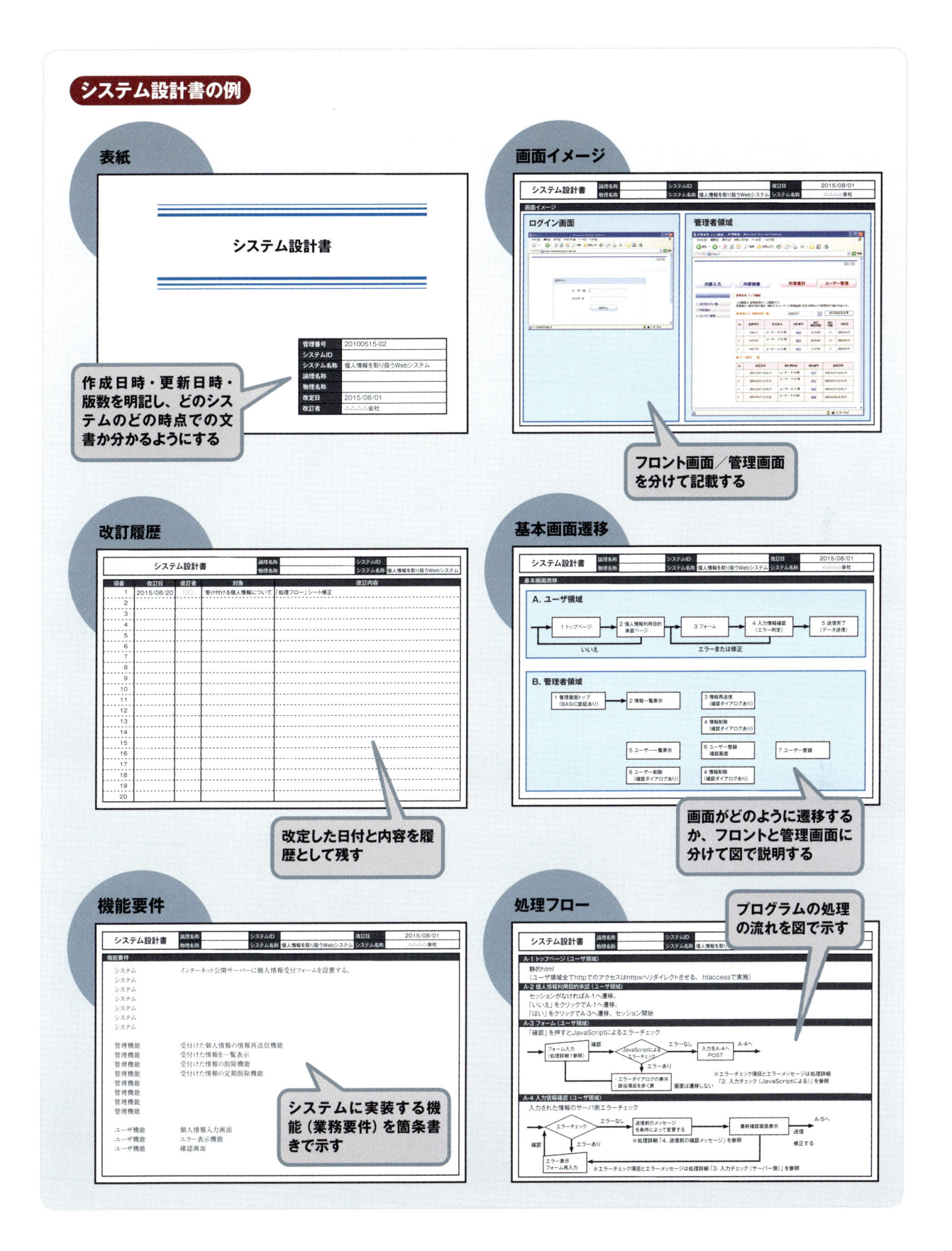

システム設計書の例

表紙

作成日時・更新日時・版数を明記し、どのシステムのどの時点での文書か分かるようにする

画面イメージ

フロント画面／管理画面を分けて記載する

改訂履歴

改定した日付と内容を履歴として残す

基本画面遷移

画面がどのように遷移するか、フロントと管理画面に分けて図で説明する

機能要件

システムに実装する機能（業務要件）を箇条書きで示す

処理フロー

プログラムの処理の流れを図で示す

RELATION ▶ 008 009 010 011 093 094

処理の流れから問題点を探る
095 システムフローの作成

Text：水野良昭（オンラインデスクトップ）

Webサイトの「システムフロー」とは、サイト閲覧者がWebブラウザーから入力した情報や決まった時間に定期的に実施される操作を、Webサーバー側でどのように処理するかの流れを図式化したものです。「フローチャート」と呼ぶこともあります。

システムフローの作成目的と意義

システムフローは、クライアントとプロジェクトを進めるにあたって、Webシステムの処理方法を説明したり確認したりする目的で作成します。システムフロー図を独立して作成することもありますが、システム設計書の一部として使用する場合や、マニュアルの中に記載することもあります。

システムフローを使って、システムで自動処理するさまざまなパターンをクライアントに事前確認してもらうことにより、制作側は開発途中でのクライアントへの確認時間を減らすことができ、システムの開発を効率的に進められます。また、Webシステムの開発を始める前にクライアントにシステムフローを見てもらうことで、作成側では予見できないようなイレギュラー処理があることをクライアントから指摘してもらえる可能性もあります。つまり、システムフロー図を作成することには、後に問題となりそうな部分を事前に把握するという意味もあるのです。

システムフローの見方

システムフローは、具体的には「□」「◇」と矢印、簡単な説明文などで構成されます。フロー図に出てくる「□」は、Webサーバー上のプログラムの処理内容を説明した部分です。また「◇」は、プログラムで条件によって実施する処理が異なる場合の分岐となる部分を示します。

Webサーバー側では、入力された情報や状況に応じた処理をプログラムで判断して処理を自動化するため、いろいろなパターンを想定して、次の処理へ進める場合と再入力を求める画面を表示するなどの条件を考えておく必要があります。

Webディレクターにとってのシステムフロー

システムフローは、WebディレクターではなくSEやプログラマーが作成するのが原則です。ただし、Webディレクターの視点から作成されたシステムフローを見て、クライアントから出そうな質問や問題となりそうな点を事前に想定しておくことは必要です。

また、Webデザイナーやコピーライターなどの制作サイドの関係スタッフに、作成するWebシステムにはどのような画面があって、それぞれの画面を作成するためにどういった要素が必要になるのかを説明する際にもシステムフローを活用することがあります。

「システムフロー」は、サイト閲覧者の入力情報や定期的に実施される操作を、Webサーバーがどのように処理するかの流れを図式化したもの。システムフロー図を独立して作成することもあるが、システム設計書の一部として使用する場合や、マニュアルの中に記載することもある。通常はSEやプログラマーが作成するが、ディレクターもフローから問題点などを把握できるようにしたい。

システムフローの具体例

毎月クレジットカードで決まった料金をWebサーバー側で自動請求する仕組みのサンプルフロー

ポイント1 毎月1日の午前9時に、Webサーバー側で請求先ごとにクレジット会社に対して請求処理が自動実行されるようにシステム化する

ポイント2 クレジットカード決済が無効だった場合は、請求先に対して自動でカード確認のメールをWebサーバーから自動送信。2回目にクレジットカード決済が無効だった場合は、解除メールを送信し、次回以降の自動請求は解除する

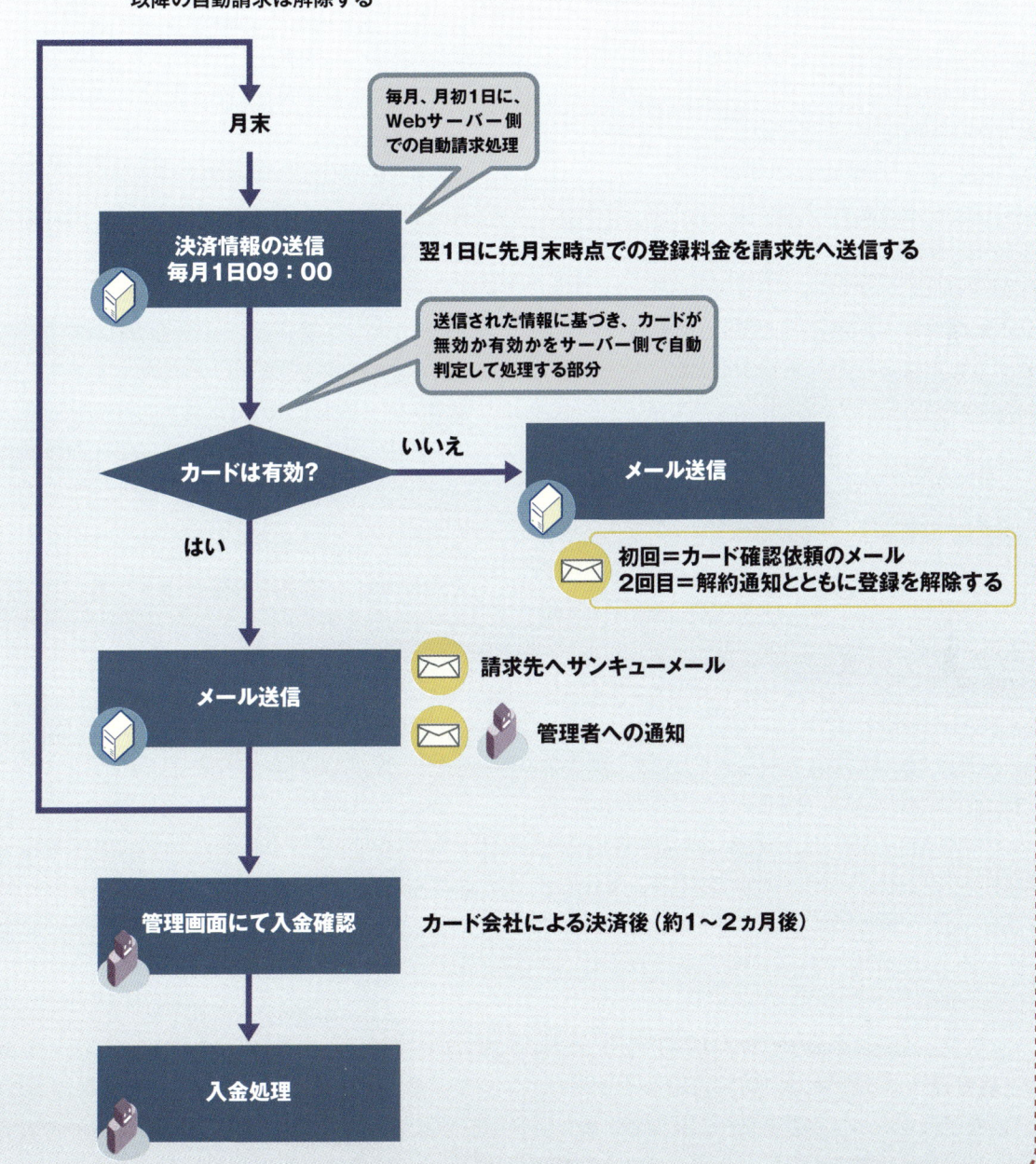

```
月末
 │
 ▼
┌─────────────────┐  ← 毎月、月初1日に、Webサーバー側での自動請求処理
│ 決済情報の送信    │
│ 毎月1日09:00     │   翌1日に先月末時点での登録料金を請求先へ送信する
└─────────────────┘
 │
 │  ← 送信された情報に基づき、カードが無効か有効かをサーバー側で自動判定して処理する部分
 ▼
 ◇ カードは有効? ──いいえ──▶ ┌─────────┐
 │                              │ メール送信 │
 はい                           └─────────┘
 │                               初回=カード確認依頼のメール
 │                               2回目=解約通知とともに登録を解除する
 ▼
┌─────────────────┐   📧 請求先へサンキューメール
│ メール送信        │
└─────────────────┘   📧 管理者への通知
 │
 ▼
┌─────────────────┐
│ 管理画面にて入金確認 │  カード会社による決済後(約1~2ヵ月後)
└─────────────────┘
 │
 ▼
┌─────────────────┐
│ 入金処理          │
└─────────────────┘
```

096 ネットワーク機器構成の検討・構築

Webシステムをスムーズに運用するために

Text：ディーネット

大量のアクセスが見込まれるWebサイトや、止まることが許されないWebシステムの構築では、レンタルサーバーを利用するだけでは不十分です。サーバーを含むネットワーク機器全体を「構成」として捉え、必要な機器を選定する必要があります。

実際の機器の選定はエンジニアの仕事ですが、Webディレクターはアクセス量やデータ量の予測、障害時の復旧対応方針など、エンジニアに対して検討材料を提供します。事前に情報を共有しておくと、サイト公開後の運用を含めてスムーズに対応できるようになります。

構成要素と検討ポイント

ネットワーク機器は、サーバー、ネットワーク（回線）、ファイアウォール、ロードバランサーなどで構成されます。ディレクターが最低限知っておきたいポイントを紹介しましょう。

サーバーはCPU、ハードディスク、メモリーなどのスペックを中心に検討しますが、CPUの増強や、ハードディスク／メモリーが追加できるかも確認します。案件によっては負荷軽減や冗長化を目的として、複数台のサーバーを利用することも検討します。

ネットワーク（回線）は物理的な機材ではありませんが、送受信するデータ量を見積もり、データ量を滞りなく送信できる通信速度（帯域）や毎秒の接続数が保証されていることを確認します。データセンター事業者によっては通信速度ごとに段階的な提供プランを用意しています。

ファイアウォールは不正アクセス防止のために導入を考えます。専用機器のほかに、データセンター事業者によってはファイアウォールサービスとして、アクセス制限を提供している場合があります。これらも含めて検討して活用します。

ロードバランサーはサーバーを複数台で運用する場合に導入して、複数のサーバーの接続性を安定させるものです。ロードバランサーは、各サーバーの応答状況（レスポンス）によりアクセスを割り振ったり、負荷増大や故障などで応答しないサーバーがあった際、そのサーバーをアクセスから除くようにしたりします。

大規模サイト構築時の確認ポイント

大規模サイトや負荷の高いWebシステムを構築するときのポイントは2つあります。

1つは安定性です。前述のロードバランサーを導入することで、複数のサーバーに対してアクセスを効率的に分散させることができます。

もう1つは、アクセス量やデータ量が当初見込みより大きくなってしまった場合の拡張性です。サーバーの追加、メモリーやハードディスクの増量が短時間でできるかどうかが重要になります。

ネットワーク機器の選定はサーバー、ネットワーク、ファイアウォール、ロードバランサーなどを含めた「構成」として検討する。Webディレクターとエンジニアが、構築するWebサイトの負荷予測をして、機器を選択すると運用がスムーズになる。また、大規模サイトの構築では、ロードバランサーの導入でサーバーを安定的に動かし、予想以上の負荷がかかった場合の拡張性も考慮しておく。

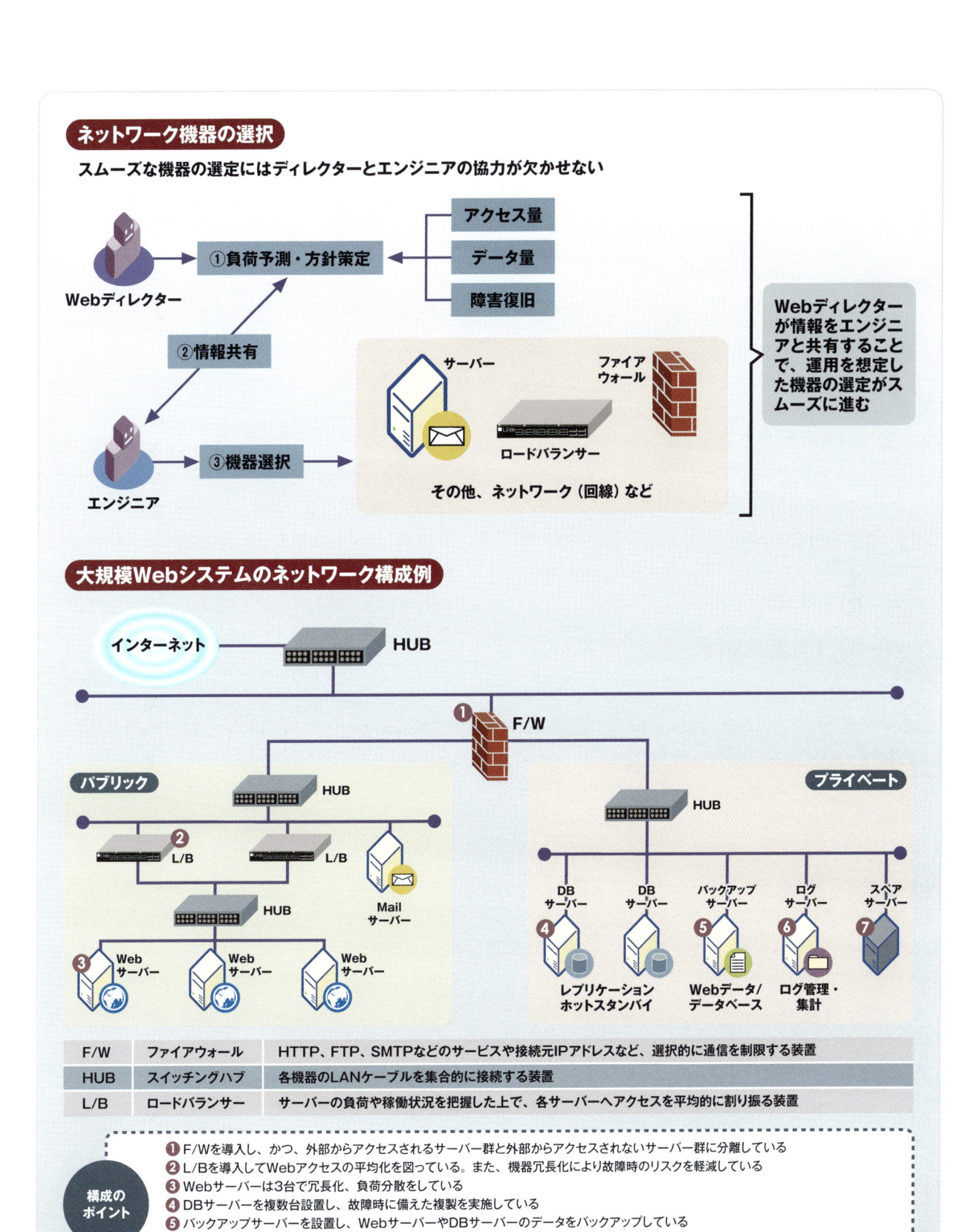

ネットワーク機器の選択

スムーズな機器の選定にはディレクターとエンジニアの協力が欠かせない

Webディレクター → ①負荷予測・方針策定 ← アクセス量 / データ量 / 障害復旧

②情報共有

エンジニア → ③機器選択 → サーバー、ファイアウォール、ロードバランサー、その他、ネットワーク（回線）など

Webディレクターが情報をエンジニアと共有することで、運用を想定した機器の選定がスムーズに進む

大規模Webシステムのネットワーク構成例

インターネット — HUB

❶ F/W

パブリック
HUB — ❷ L/B — L/B — HUB — Mailサーバー
❸ Webサーバー ×3

プライベート
HUB — DBサーバー／DBサーバー／バックアップサーバー／ログサーバー／スペアサーバー
❹ レプリケーション ホットスタンバイ
❺ Webデータ／データベース
❻ ログ管理・集計
❼

F/W	ファイアウォール	HTTP、FTP、SMTPなどのサービスや接続元IPアドレスなど、選択的に通信を制限する装置
HUB	スイッチングハブ	各機器のLANケーブルを集合的に接続する装置
L/B	ロードバランサー	サーバーの負荷や稼働状況を把握した上で、各サーバーへアクセスを平均的に割り振る装置

構成のポイント
❶ F/Wを導入し、かつ、外部からアクセスされるサーバー群と外部からアクセスされないサーバー群に分離している
❷ L/Bを導入してWebアクセスの平均化を図っている。また、機器冗長化により故障時のリスクを軽減している
❸ Webサーバーは3台で冗長化、負荷分散をしている
❹ DBサーバーを複数台設置し、故障時に備えた複製を実施している
❺ バックアップサーバーを設置し、WebサーバーやDBサーバーのデータをバックアップしている
❻ ログサーバーを設置し、Webアクセスログやメールログ、その他各種ログを保管し解析に用いている
❼ スペアサーバーを設置し、機器故障時の代替用としている

RELATION ▶ 080 090 098 099

097 サーバーサイド技術の役割と利用

クライアントサイドごとの分担を理解する

Text：水野良昭（オンラインデスクトップ）

Webシステムは、サーバーサイドとクライアントサイドの役割分担によって成り立っています。

Webにおけるクライアントサイドとは、Webブラウザーのことで、サーバーに対してリクエスト（要求）を送信したり、サーバーから受け取ったHTMLを表示したりします。対するサーバーサイドは、クライアントサイドからの要求に基づいてデータを加工したり、保存したりする役割を担っています。

サーバーサイド技術の具体例

単純にHTMLを表示するだけのWebサイト（静的HTML）であれば、サーバーサイドはクライアントサイドの要求に基づいてHTMLやCSSなどを送信するだけですが、Webシステムではほとんどの場合、何らかのサーバーサイド技術を利用して作られています。

サーバーサイド技術とは、サーバー上で動くPHPやPerlなどのプログラムや、データベースのことです。たとえば、宿泊予約サイトでは、ユーザーが入力した日付情報をサーバーに送信すると、サーバーサイド技術であるデータベースから空室情報を検索して結果を返したり、ユーザーが入力した情報をデータベースに格納して予約情報として保存したりしています。

サーバーサイド技術は、検索エンジン、CMS、ブログ、掲示板、ショッピングカート、SNSなど、さまざまなWebシステムやWebサービスで使われています。

サーバーサイド技術を選択するポイント

ここまでの説明を聞くと、「プログラムはサーバーサイドで動かすもの」と思うかもしれませんが、ページの表示内容を部分的に書き換えるような簡単な処理であれば、JavaScriptやFlashなどのクライアントサイドのプログラムだけで実現できます。

サーバーサイド技術を使うのは、入力されたデータをデータベースなどに保存して加工したり、保存したデータを取り出してメールで自動送信したり、といった、クライアントサイドだけでは実現できない処理がある場合です。

どのようなサーバーサイド技術を使えるかは、サーバー環境に大きく依存します。安価な共有レンタルサーバーでは、データベースが使えないことや、使用できるプログラミング言語が少ないこともあります。

実際の案件では、クライアント（顧客）から、「既存のサーバー環境を使用して欲しい」と指示されるケースはよくありますが、リリース直前になってから動作しないことが判明してもすでに手遅れです。スケジュール通りにシステムを納品・公開するためにも、リリースを予定しているサーバー環境で、必要なサーバーサイド技術が利用できるか、事前に確認しておきましょう。

> Webにおけるサーバーサイドは、クライアントサイドからの要求に基づいてデータの加工や保存の役割を担っている。クライアントサイドだけでは実現できない処理がある場合、PHPやPerlなどのプログラムや、データベースなどのサーバーサイド技術を使う。使用できるサーバーサイド技術は、サーバー環境に大きく依存するので、事前に確認しておく必要がある。

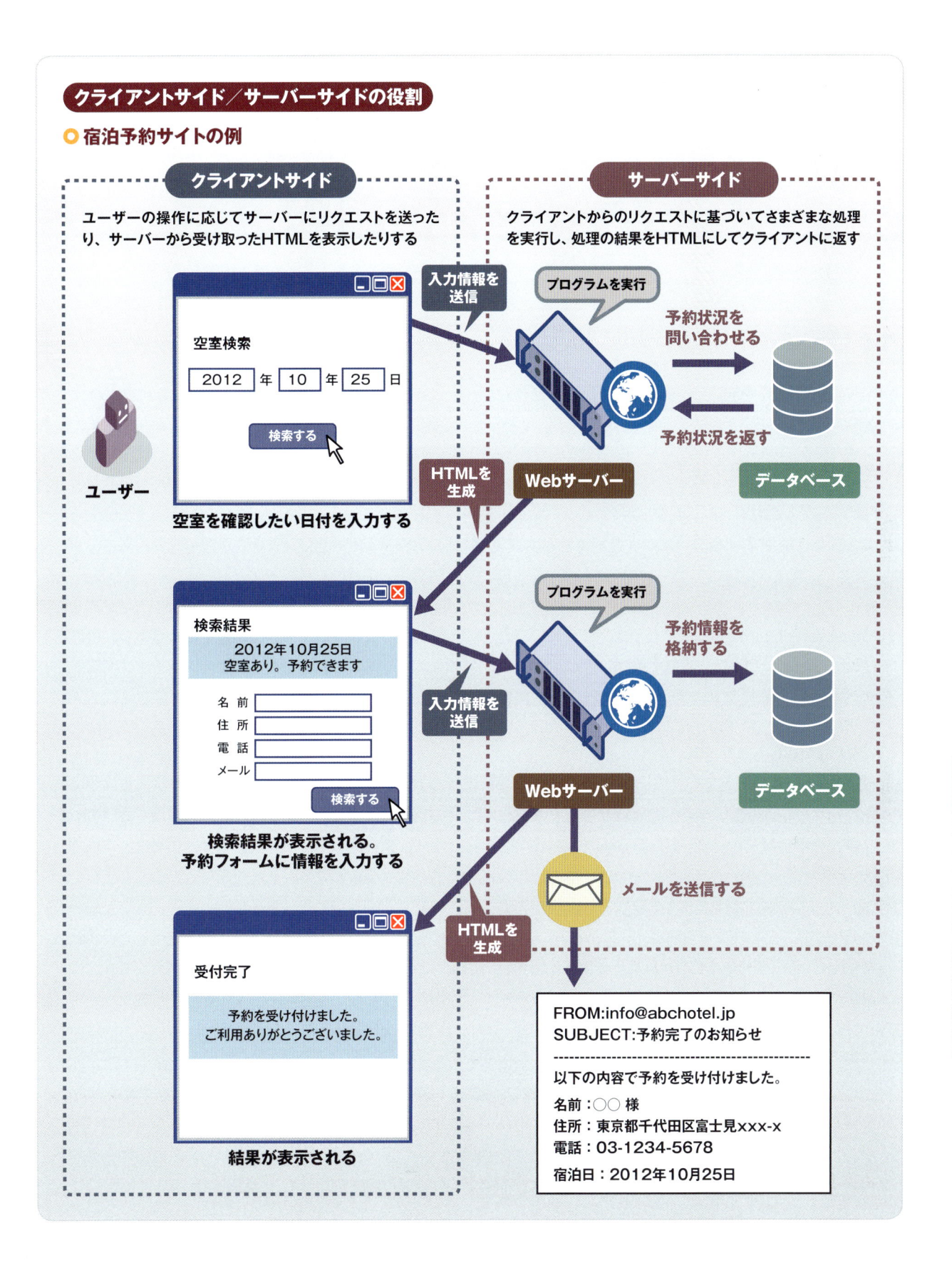

クライアントサイド／サーバーサイドの役割
〇 宿泊予約サイトの例

クライアントサイド
ユーザーの操作に応じてサーバーにリクエストを送ったり、サーバーから受け取ったHTMLを表示したりする

サーバーサイド
クライアントからのリクエストに基づいてさまざまな処理を実行し、処理の結果をHTMLにしてクライアントに返す

空室検索
2012 年 10 年 25 日
検索する

ユーザー

空室を確認したい日付を入力する

入力情報を送信 → プログラムを実行 → 予約状況を問い合わせる／予約状況を返す（Webサーバー ⇔ データベース）

HTMLを生成

検索結果
2012年10月25日
空室あり。予約できます
名　前
住　所
電　話
メール
検索する

検索結果が表示される。予約フォームに情報を入力する

入力情報を送信 → プログラムを実行 → 予約情報を格納する（Webサーバー → データベース）

メールを送信する

HTMLを生成

受付完了
予約を受け付けました。
ご利用ありがとうございました。

結果が表示される

```
FROM:info@abchotel.jp
SUBJECT:予約完了のお知らせ
-----------------------------------
以下の内容で予約を受け付けました。
名前：○○ 様
住所：東京都千代田区富士見xxx-x
電話：03-1234-5678
宿泊日：2012年10月25日
```

RELATION▶ 076 080 089 090 097

サーバー仕様とスキルから適切に選ぶ

098 Webシステムにおける プログラミング言語の選定

Text：水野良昭（オンラインデスクトップ）

コンピューターは、プログラムに従ってさまざまな処理をします。プログラムとはコンピューターにさせたい命令（処理）を記述した文書であり、プログラムの記述に使用するのがプログラミング言語です。

Webでよく使われるプログラミング言語

プログラミング言語には、用途やOS（プラットフォーム）によってさまざまな種類があり、選択できますが、Webシステムの開発においてサーバーサイド技術として特によく使われているのが、PHP（正式名：PHP:Hypertext Preprocessor）です。

PHPは、Webサイトの一部で利用する問い合わせフォームのような簡易なプログラムから、ECサイト構築ソフトの「EC-CUBE」やブログ作成ソフトの「WordPress」、さらにはFacebookのような大規模なWebサービスまで、幅広く利用されています。

PHPと並んで、Perlも人気のあるプログラミング言語です。Perlはブログ作成ソフトの「Movable Type」などで利用されており、PHPに比べて古くからWeb開発に利用されてきた歴史があるため、ライブラリー（部品）が充実しています。

このほか、サーバーサイドのプログラミング言語としてRuby、ブラウザー側（クライアントサイド）で動作する言語としてJavaScriptなどがあります。

言語の選定はプログラマーと相談して

WebサイトやWebシステムの開発で利用するプログラミング言語は、クライアント（顧客）から特に指定がなければ、自社や外注先のプログラマーのスキルや経験から選定します。プログラマーの経験が少ない言語を選択すると、スケジュールどおりに開発が進まない、運用時のトラブルに対応できない、などリスクがあるので、受注案件では避けるべきです。

また、WebサイトやWebシステムは作って納品したら終わりではなく、将来的に規模を拡大したり、機能を追加したりする可能性もあります。「メンテナンス可能かどうか」という視点でも検討しましょう。

一方、プログラミング言語は、サーバー環境に大きく左右されます。サーバー環境が指定されている場合は、選択できるプログラミング言語もおのずと決まってきますから、要件定義の段階でサーバーの仕様を確認しておきます。自社のリソースで対応できない場合は、信頼できる外注先に依頼することも検討しましょう。

サーバー環境によっては言語のバージョンも規定され、変更できない場合があります。開発環境（テスト環境）と本番用のサーバー環境でバージョンが異なるとプログラムが動作しない場合もありますから、本番環境と同じ開発環境を用意することが大切です。

コンピューターは、命令をプログラミング言語で記述した文書、プログラムで処理をする。Webシステムの開発でよく使われているのがPHP、Perl、Ruby、JavaScriptなどだ。プログラミング言語は、サーバー環境に大きく左右されるため、サーバー環境をよく調べ、特に指定がなければ、自社や外注先のプログラマーのスキルや経験と規模の拡大や機能の追加の可能性も加味して選定する。

PHPのプログラムの例

○「EC-CUBE」のソースコード
プログラミング言語のルールに従ってコンピュータに実行させたい処理内容を記述している

```php
<?php
/*
 * This file is part of EC-CUBE
 *
 * Copyright(c) 2000-2011 LOCKON CO.,LTD. All Rights Reserved.
 *
 * http://www.lockon.co.jp/
 *
 * This program is free software; you can redistribute it and/or
 * modify it under the terms of the GNU General Public License
 * as published by the Free Software Foundation; either version 2
 * of the License, or (at your option) any later version.
 *
 * This program is distributed in the hope that it will be useful,
 * but WITHOUT ANY WARRANTY; without even the implied warranty of
 * MERCHANTABILITY or FITNESS FOR A PARTICULAR PURPOSE.  See the
 * GNU General Public License for more details.
 *
 * You should have received a copy of the GNU General Public License
 * along with this program; if not, write to the Free Software
 * Foundation, Inc., 59 Temple Place - Suite 330, Boston, MA  02111-1307, USA.
 */
if (!defined("DATA_REALDIR")) {
    define("DATA_REALDIR", HTML_REALDIR . HTML2DATA_DIR);
}
// PHP4互換用関数読み込み (PHP_Compat)
require_once DATA_REALDIR . 'require_compat.php';

// アプリケーション初期化処理
require_once DATA_REALDIR . 'app_initial.php';

// 各種クラス読み込み
require_once DATA_REALDIR . 'require_classes.php';

// インストール中で無い場合、
if (!SC_Utils_Ex::sfIsInstallFunction()) {
    // インストールチェック
    SC_Utils_Ex::sfInitInstall();

    // セッションハンドラ開始
    require_once CLASS_EX_REALDIR . 'helper_extends/SC_Helper_Session_Ex.php';
    $objSession = new SC_Helper_Session_Ex();

    // セッション初期化・開始
    require_once CLASS_REALDIR . 'session/SC_SessionFactory.php';
    $sessionFactory = SC_SessionFactory::getInstance();
    $sessionFactory->initSession();

    /*
     * 管理画面の場合は認証行う
     * 認証処理忘れ防止のため，LC_Page_Admin::init() 等ではなく，ここでチェックする．
     */
    $objSession->adminAuthorization();

    // プラグインを読み込む
    //require_once DATA_REALDIR . 'require_plugin.php';
}
?>
```

協力：株式会社ロックオン

プログラミング言語の種類と特徴

サーバーサイド／クライアントサイド	プログラミング言語	特徴	フレームワーク	採用されているサービス
サーバーサイド	PHP	Webに特化したスクリプト言語で、多くのWebアプリケーションで利用されている。HTMLと一体的に記述できるので、プログラミング初心者でも比較的扱いやすい。特別な開発環境を必要とせず、多くのレンタルサーバーで動作する	CakePHP、symfony	Facebook、EC-Cube、WordPressなど
サーバーサイド	Perl	1990年代から2000年代前半にかけて、もっともポピュラーだったプログラミング言語。「CPAN」と呼ばれる巨大なライブラリーサイトからさまざまライブラリー（部品）を入手でき、効率的に開発できる。多くのレンタルサーバーで利用できる	Catalyst	mixi、livedoor、Movable Typeなど
サーバーサイド	Ruby	まつもとゆきひろ氏が開発した国産のオブジェクト指向言語で、海外でも人気がある。可読性を重視したシンプルな構文が特徴	Ruby on Rails	楽天市場、クックパッドなど
クライアントサイド	JavaScript	HTML内にプログラムを埋め込めるスクリプト言語。ほとんどのブラウザーにエンジンが搭載されていて、ブラウザーだけで動作する。ページの一部分を書き変えて動的なUIを作ったり、サーバーにデータを送信する前の下処理に使われることが多い	jQuery	ほとんどのWebサイト

RELATION ▶ 075 093 094 097 108

099 大量の情報を効率よく扱う
データベースのしくみと役割

Text：水野良昭（オンラインデスクトップ）

　データベースとは、大量の情報を簡単に検索、加工できるように整理して蓄積する仕組みのことです。多くのWebシステムでは、データをサーバー上にあるデータベースに保管し、ユーザーの要求などに応じてデータの一部を取り出して表示しています。

　たとえば、宿泊予約サイトが、ユーザーが指定した日付から空室状況を検索したり、検索結果を料金別に並び変えたりできるのは、客室の予約情報がデータベースに登録されているからです。データベースを利用していなければ、客室や日付ごとに空室情報をそれぞれ書き換えなければなりませんし、結果を並び変えて表示するような見せ方もできません。

　Webサイトを更新するためのCMSも、テキストや画像などをデータベースに保管してページを動的に生成、表示する仕組みによって成り立っています。

データベースの主流はリレーショナルデータベース

　データベースで現在主流となっているのが、リレーショナルデータベースです。リレーショナルデータベースは、行と列からなる表の形（テーブル）で構成される形式で、複数のテーブル同士を関連付けて管理することから、リレーショナル（関係性）データベースと呼ばれています。リレーショナルデータベースでは、SQL（Structured Query Language）という独自の言語を使ってデータを登録したり、取り出したりします。

　リレーショナルデータベースを管理するためのソフトはRDBMS（Relational Database Management System）と呼ばれ、Webシステムではオープンソースの「MySQL」と「PostgreSQL」がよく使われます。MySQLやPostgresSQLは、比較的安価なレンタルサーバーでも標準で利用できることが多く、広く普及しています。

　一方、大規模サイトや信頼性が求められる業務システムでは、マイクロソフトの「SQL Server」シリーズや、オラクルの「Oracle Database」シリーズなどの商用RDBMSがよく使われます。

データベースの利用でもコストを考慮して

　データベースは、大量のデータを扱うWebシステムでは欠かせない仕組みです。また、一般的Webサイトでも、データベースを利用することでページ制作コストを抑え、タイムリーな更新ができるようになります。

　一方でデータベースの利用には、開発や運用のコストが発生します。単に「Webページの一部を変更したい」だけであれば、テキストデータを読み込むシステムで済む場合もありますし、更新頻度が低ければHTMLを修正するほうが早いでしょう。Webディレクターは、クライアントの要望をエンジニアと共有して、データベースの利用を検討しましょう。

データベースとは、大量の情報を簡単に検索、加工できるように整理して蓄積する仕組みのこと。大量のデータを扱うWebシステムでは欠かせない存在だ。主流はリレーショナルデータベースで、オープンソースのMySQLとPostgreSQLがよく使われている。データベースの利用はデータ量の多さや使用目的によってコストが異なるので、エンジニアと慎重に検討する。

リレーショナルデータベースの仕組み

データベースを利用する流れ

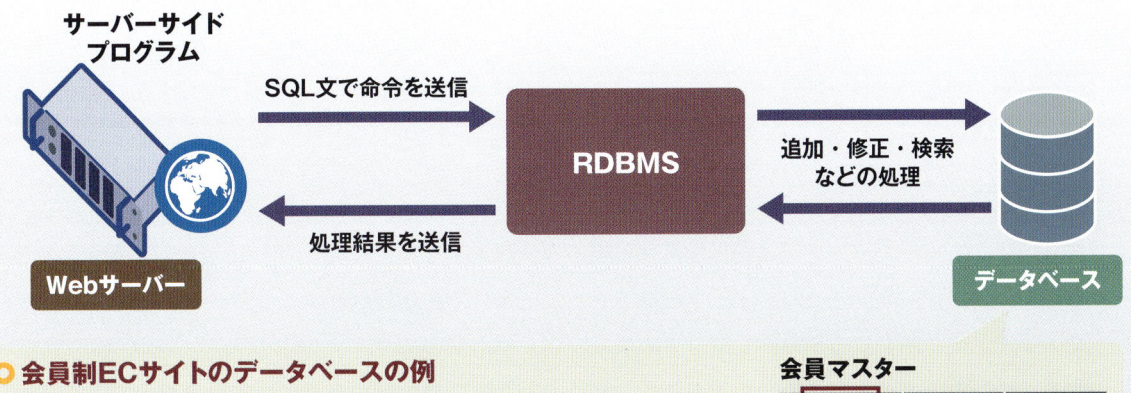

サーバーサイドプログラム（Webサーバー） → SQL文で命令を送信 → RDBMS → 追加・修正・検索などの処理 → データベース
データベース → RDBMS → 処理結果を送信 → Webサーバー

会員制ECサイトのデータベースの例

受注テーブル

受注日	会員ID	商品ID
2011/01/01	1001	1002
2011/01/03	1004	1004
2011/01/03	1003	1001
2011/01/06	1002	1003

①受注時には会員IDと商品IDだけを登録する

会員マスター

会員ID	名前	住所
1001	山田	渋谷区
1002	佐藤	杉並区
1003	加藤	西東京市
1004	小林	千葉市

商品マスター

商品ID	商品名	価格
1001	りんご	300円
1002	みかん	200円
1003	バナナ	150円
1004	メロン	800円

②会員情報や商品情報はマスターとして別に登録しておく

③関連づけられた（リレーションが張られた）テーブルのデータを結合すると、詳細な情報が得られる

受注日	名前	住所	商品名	価格
2011/01/01	山田	渋谷区	みかん	200円
2011/01/03	小林	千葉市	メロン	800円
2011/01/03	加藤	西東京市	りんご	300円
2011/01/06	佐藤	杉並区	バナナ	150円

主なRDBMSの種類

RDBMS	メーカー名	ライセンス	特徴
MySQL	オラクル	オープンソース	世界でもっとも普及しているオープンソースのデータベース。Linux、UNIX系システム、Windowsなど多くのプラットフォーム上で動き、多くのレンタルサーバーが標準機能で提供している
PostgreSQL	－	オープンソース	国内で根強い人気を持つオープンソースのデータベース。主にLinuxなどで使用される。メーカーのサポートはないが、コミュニティサイトなどで多くの情報が入手できる
SQL Server	マイクロソフト	商用	Windows Serverや.NETなど、マイクロソフトのプラットフォームとの親和性が高い商用データベース。主に企業内の業務システムで採用されている
Oracle DataBase	オラクル	商用	商用データベースの代表的存在。高額だが、機能やパフォーマンス、信頼性に優れており、大規模な業務システムなどで採用されることが多い

クラウド・コンピューティングによるインフラの構築

Text：ディーネット

クラウド・コンピューティングにはさまざまな解釈がありますが、アマゾンやグーグル、マイクロソフトといった大手IT企業が所有するデータセンターやサーバー設備を、インターネット経由で利用できるサービス全体のことを指します。

たとえば米アマゾン・ドットコムの「Amazon EC2」の場合、同社のデータセンターのサーバーを、OSを含む仮想サーバーとして利用できます。一般的なレンタルサーバーと異なるのは、使いたいときに使いたい分だけサーバーを増やしたり減らしたりでき、使った分だけ時間単位で課金されることです。

「Google App Engine」（以下GAE）は、グーグルのデータセンターのインフラを利用して、自作のプログラムを実行できるサービスです。GAEではデータベースやプログラミング言語が決まっているので、既存のプログラムをそのまま動かせない場合がありますが、サーバーの設定や管理が自動化されており、サーバーOSを意識する必要がありません。運用担当者を用意する必要がない分、運用コストを抑えられます。

■ 柔軟なリソース調整がクラウドのメリット

クラウドサービスのメリットは、サーバーの負荷に応じてサーバーマシンの台数や、メモリーなどのリソースを自由に増減できることにあります。

一般的なレンタルサーバーは、依頼してから実際に稼働するまでに時間がかかったり、課金契約が1カ月単位である場合がよくあります。そのため、「今夜はアクセスが多そうだからサーバーを増やしたい」といった対応はとれません。クラウド環境では、リアルタイムでサーバーやリソースを調整でき、時間単位での課金なるのでコストを抑えられる場合があります。

■ 遅延や運用負荷増加のデメリットも

一方でクラウドサービスにはデメリットもあります。海外のクラウドサービスの場合、データセンターも海外にあるので、ネットワークの遅延が発生します。アマゾンの場合は、国内のキャッシュサーバーを利用するオプション「CloudFront」によってある程度の速度向上が見込めますが、必ずしも速度向上が保証されるものではありません。

GAEの場合は、アクセス元からみてもっとも速く応答できるサーバーが自動的に選択されるようになっています。しかし、利用者自身が特定のサーバーを利用する、という選択はできません。

システムの運用も、場合によってはデメリットになります。アマゾンの場合、これまでレンタルサーバー会社やインフラ運用会社に任せていた業務が、制作会社やクライアント（顧客）企業の業務になります。負担が大きい場合はクラウドの運用・保守をアウトソースできる企業の利用を検討する必要があります。

クラウドサーバーと従来のレンタルサーバーの違い

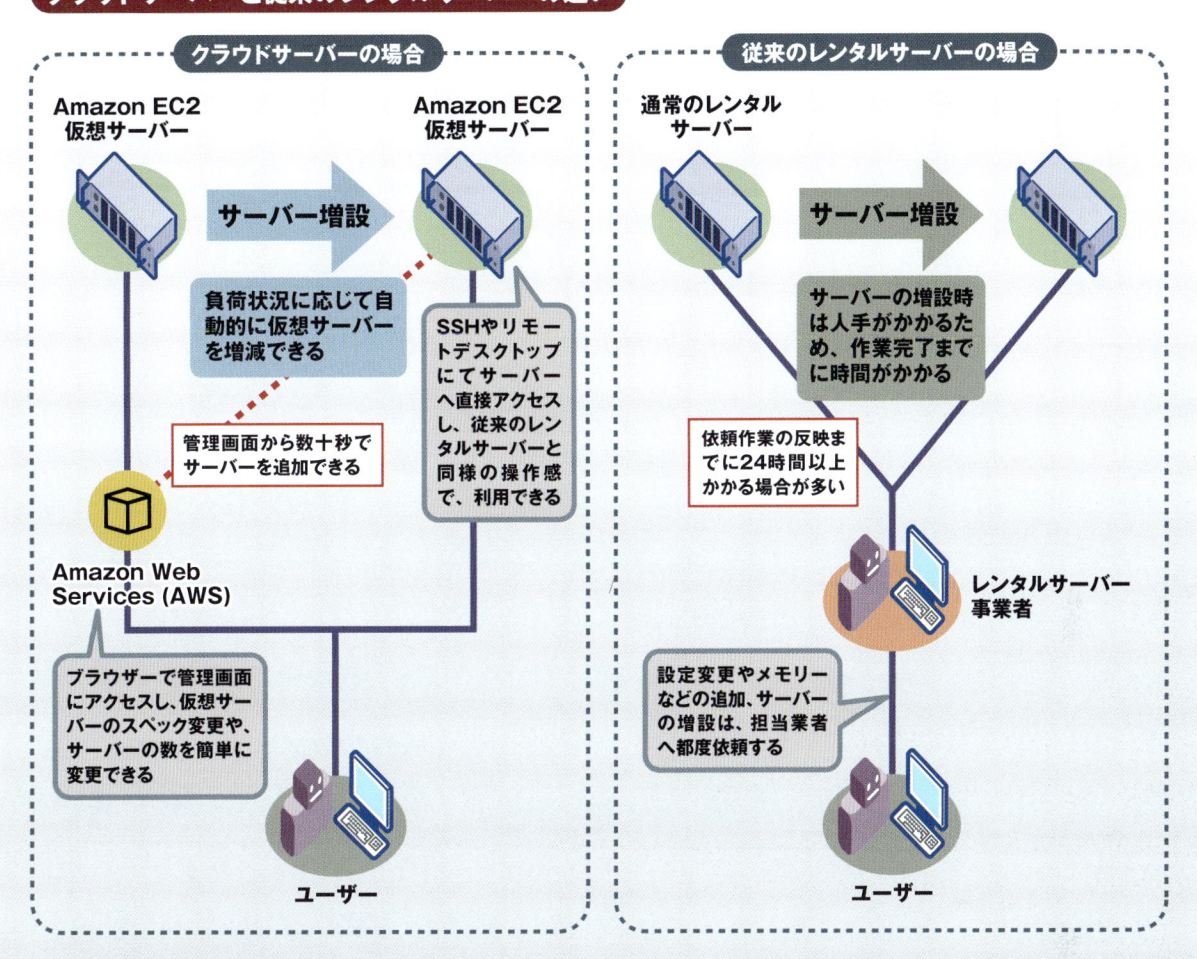

クラウドサーバーの場合

Amazon EC2 仮想サーバー → サーバー増設 → Amazon EC2 仮想サーバー

- 負荷状況に応じて自動的に仮想サーバーを増減できる
- SSHやリモートデスクトップにてサーバーへ直接アクセスし、従来のレンタルサーバーと同様の操作感で、利用できる
- 管理画面から数十秒でサーバーを追加できる

Amazon Web Services (AWS)

- ブラウザーで管理画面にアクセスし、仮想サーバーのスペック変更や、サーバーの数を簡単に変更できる

ユーザー

従来のレンタルサーバーの場合

通常のレンタルサーバー → サーバー増設 →

- サーバーの増設時は人手がかかるため、作業完了までに時間がかかる
- 依頼作業の反映までに24時間以上かかる場合が多い

レンタルサーバー事業者

- 設定変更やメモリーなどの追加、サーバーの増設は、担当業者へ都度依頼する

ユーザー

主要サービスの特徴

サービス名称	提供業者	特徴
Amazon EC2/S3	米アマゾン・ドットコム	EC2アマゾンのサーバー上で独自のシステムを構築できるサービス。S3はアマゾンのストレージに自社のデータを置けるサービス。サーバーの自動増減などのスケーラビリティに富み、サーバーの構築が数十秒で完了する。初期費用が不要で、利用分だけ支払う従量課金体系。
Google App Engine	米グーグル	グーグルのデータセンター設備を利用し、ユーザー自作のプログラムを実行できるサービス。Amazon EC2が仮想サーバーとしてOSから利用できるのに対し、GAEはユーザー自作のプログラムの実行環境としてインフラを提供している点が違う。小規模なら無料で利用できる。
Windows Azure	米マイクロソフト	マイクロソフトがWindows Serverをベースに提供するクラウドサービス。.NETやVisual Studioなど、マイクロソフト製品／技術との相性がよい。Amazon EC2に比べると自由度が低いが、管理や設定は自動化されている

※他にもセールスフォース・ドットコムの「Force.com」など、国内外に、数多くのクラウドサービスが存在する

RELATION ▶ 060 067 068 096 101

100 セキュリティ対策とリスク対応

セキュリティ対策の提案は制作会社の義務

Text：ディーネット

情報漏えい事件・事故が発生すると、企業（組織）の信用が失墜するだけではなく、多額の賠償問題に発展することもあります。ひいては企業の根幹を揺るがし、事業継続すら危うくするケースもあります。

そのため、Webサイトの制作にあたっては、ファイアウォールの設置、各種暗号化などによるセキュリティ対策を考える必要があります。クライアント（顧客）に対するセキュリティ対策の提案は、制作会社の義務と言ってもよいでしょう。

セキュリティ対策における3つのタイミング

セキュリティ対策の基本は、「事前準備」「運用」「事後対策」の3つのタイミングで考えます。

事前対策の1つはセキュリティシステムの導入です。VPN※サービス、ファイアウォール、暗号化通信、ウイルスチェックシステムなどのセキュリティシステムの導入を、費用対効果を考えて検討します。

Webサイトの運用中はPマーク（JIS Q 15001個人情報保護マネジメントシステム）やISMS（ISO情報セキュリティマネジメントシステム）などの基準を参考にしてセキュリティ対策へ継続的に取り組みます。各種基準を取得することで、自社のセキュリティシステムを効果的に改善できるだけではなく、社会的な評価を得られます。これらセキュリティと各種基準の取得については専門の事業者に相談するのも有効でしょう。

事後処理は、セキュリティ事故が発生した際、どのように対応するかということです。社内の連絡体制や対応方法を事前に検討し文書化するなどの十分な対策を練っておいたり、損害保険へ加入したり、といった対策を検討します。

リスク対応の4方法

セキュリティ対策のためには、セキュリティ事故によるリスクを評価し、明確にする必要があります。具体的には、守るべき情報の範囲を特定し、どの程度、どうやって守るべきなのか、守れないときにはどうするのかを事前に検討します。

リスク対応の方法には、「低減」「保有」「回避」「移転」の4つがあります。低減は、事前に適切な管理策を採用することでリスクを低く抑えること。保有は受容できるリスクレベルを決めておき、レベル内のリスクであれば受け入れることです。回避は、ファイアウォールの設置などによりリスク要因そのものを排除して、リスクを避けること。移転は、システム部分を専門業者へ外注したり、保険へ加入したりすることによってリスク要因を分散させることです。

これらの4つの対策を、セキュリティ対策の3つのタイミングに合わせて検討します。

情報漏えいは、会社（組織）の存続にも関わる大きな問題になる。セキュリティ対策の提案は、制作会社の義務ともえ、対応は必須だ。セキュリティ対策には、「事前準備」「運用」「事後対策」の3つのタイミングがある。3つのタイミングに合わせて何を実行するかを、リスク対応の4手法である「低減」「保有」「回避」「移転」の中から選択して検討する。

セキュリティ対策の3つのタイミングとリスク対応4手法

↓**低** リスク発生時の対応コスト **高**↑

↑**高** セキュリティ対策の導入のしやすさ **低**↓

セキュリティ対策3タイミング

← 事前準備 → ← 運用 → ← 事後対策 →

事前に適切な管理策を採用することでリスクの低減を図る

保有は受容できるリスクレベルを決めておき、そのレベル内のリスクであれば受ける

リスク対応4手法

- 低減
- 保有
- 回避
- 移転

クライアントのリスク
- 社外（法律、他社、市場）
- 社内（コスト、利益）

セキュリティシステム
- **VPN**
  サーバへの接続を安全な方法で実施
- **ファイアウォール**
  不要なポートを制御
- **暗号化**
  SSLやSFTP等の利用
- **ウイルスチェック**
  サーバへのソフトの導入など

マネジメントシステム
- **Pマーク/ISMS**
  マネジメントシステムを導入し社内の個人情報を適正に扱う
- **バックアップ装置導入**
- **保守/メンテナンスなどを継続的に実施**
- **更新作業も継続的に同様に実施**

アウトソーシング
- **システム外注**
- **データセンター外注**
- **カードEC決済代行**
  システムを外注することでリスクを専門家に移転できる

ファイナンシング
- **賠償請求示談**
- **個人情報漏えい保険**
  賠償が発生した際に保険をかけておくことで損害を移転できる

※ Virtual Private Networkの略。インターネットなどの公衆回線を仮想的に専用回線のように利用する技術

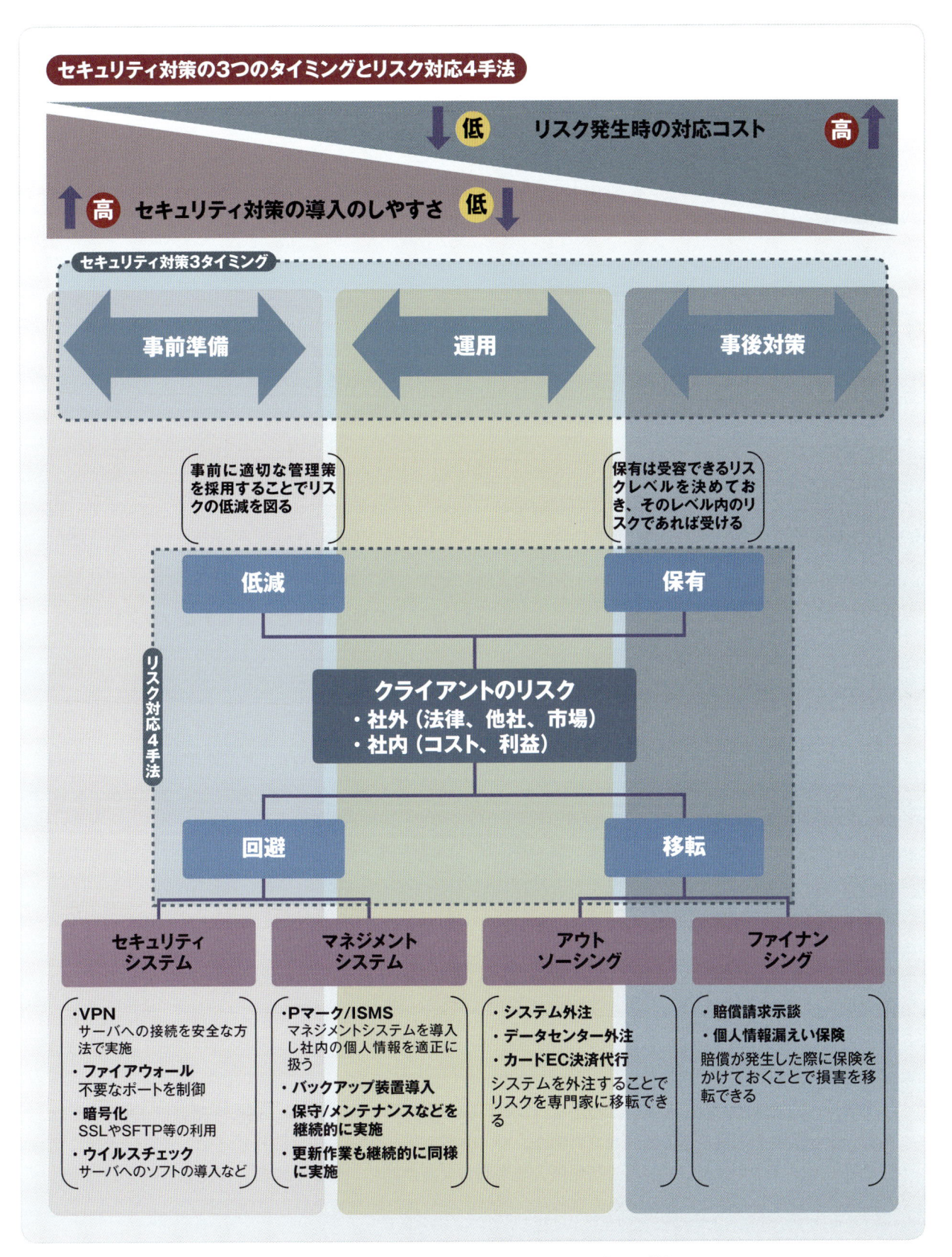

RELATION ▶ 060 067 068 096 100

101 巧妙化、複雑化するサーバー攻撃

専門家と協議して慎重な対応を

Text：ディーネット

サーバーを狙った攻撃は多岐にわたります。典型的な攻撃手法としては、サーバーへの不正侵入、DoS攻撃（Denial of Service attack）、サイト改ざん、データ抜き取りなどがあります。

不正侵入やDoS攻撃を防ぐには

サーバー攻撃の1つである不正侵入は、遠隔操作によってサーバーをダウンさせたり、サイトの内容を改ざんしたりすることです。具体的には、OSやアプリケーションのセキュリティホール（ぜい弱性）を利用してウイルスやスパイウェアを送り込み、サーバーに第三者が不正にログインします。不正侵入を許してしまうと、最悪の場合、管理者権限を奪取され、システム全体を乗っ取られてしまいます。

不正侵入の防止策は、ファイアウォールでアクセス制限をしたり、不要なサービス（機能）を停止したりすることです。FTPなどのログインパスワードも単純なものは避け、定期的に変更するようにします。また、サーバーのOSやアプリケーションはこまめにアップデートし、セキュリティホールを防ぎます。ただし、アップデートで仕様が変更される場合があるので、事前にテスト環境で問題がないことを確認しましょう。

最近では、侵入検知システム（IDS：Intrusion Detection System）や侵入防止システム（IPS：Intrusion Prevention System）と呼ばれる、ネットワーク上のパケットを収集・解析して、不正侵入をリアルタイムに検知・防止するシステムもあります。

DoS攻撃は、目標のネットワークやサーバーにパケットを連続して送り続け、サーバーの負荷を増大させ、サービスを停止状態に陥れる攻撃です。DoS攻撃を防ぐ簡単な方法は同時アクセス数を制限することですが、単純にアクセスが増加した場合でも制限されてしまうため、数字の見極めが必要です。

サイトの改ざんは定期的なチェックで検知

Webサイトの改ざんやコンテンツデータの破壊は、不正侵入後に発生します。もっとも基本的な防止策は、サーバーへの不正侵入を徹底して防ぐことです。

万が一、改ざんやデータの破壊が起きても、速やかに検知できるように定期的なチェックや改ざんチェック監視ツールなどを活用します。また、不正な書き換えが発生した際、すぐに復旧できるように、日頃からこまめにバックアップを取っておくことも大切です。

ここであげたのはあくまでも一例であり、サーバーを狙った攻撃の手口は年々巧妙化、複雑化しています。実際の対策は運用エンジニアやホスティング会社、専門のセキュリティ対策業者などと協議し、慎重に検討する必要があります。

サーバーへの攻撃と対策は、多岐にわたる。サーバーに過負荷をかけサービス停止に陥れるDoS攻撃は、同時アクセス数を制限するのが簡単な対策だ。サイト改ざん、データ抜き取りなどは、不正侵入後に発生するので、ツールなどを利用して不正侵入を予防し、定期的にチェックする。不正書き換えの修復は、バックアップが決め手になる。実際の対策は、専門家も交えた関係者全員で協議する。

サーバーを狙った典型的な攻撃手法

攻撃種類	内容	対策例
DoS攻撃	ネットワークやサーバーにパケットを連続して送り続けることで、負荷を増大させ、サービス停止状態に陥れる	同時アクセス数を制限したり、偽造パケットを拒否
盗聴	不正な手段で通信内容を読み取る	通信経路をSSLなどで暗号化
なりすまし	メールアカウントやFTPアカウントのパスワードを入手し、本人になりすまし、データ破壊などのサーバー操作をする	短いパスワードや分かりやすいパスワードを使わず、定期的に変更する
総当たり侵入	パスワードとして使いそうな単語を、辞書を参照するように、総当たりでパスワードを解析する	分かりやすい単語のパスワードは使わず、解析に時間がかかりそうな長い単語数のパスワードを使う
改ざん	Webコンテンツや各種データを書き換える	不正侵入自体を予防し、定期的にデータの整合性をチェックする
踏み台	侵入に成功したサーバーを足がかりに、他のサーバーや機器を攻撃する	パスワード管理を厳密にし、OSやアプリケーションのセキュリティアップデートを実行する

不正侵入と対策 方法の例

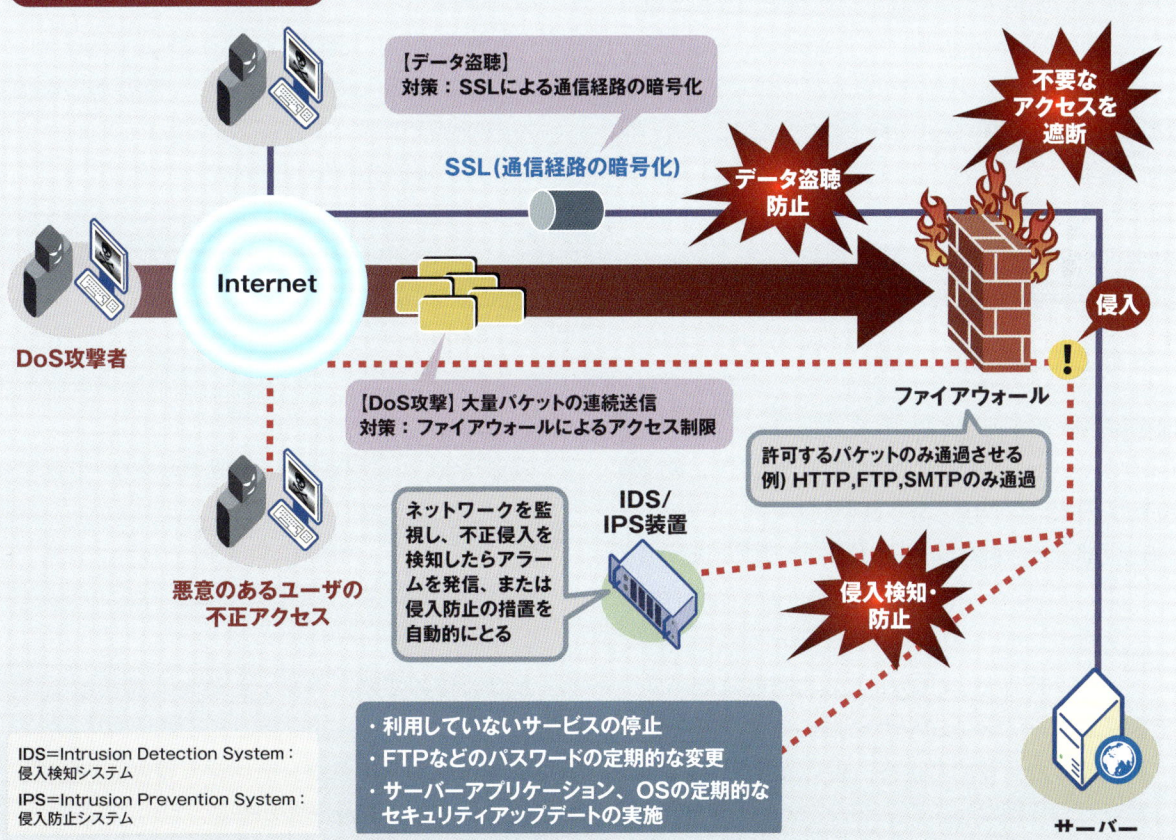

【データ盗聴】
対策：SSLによる通信経路の暗号化

SSL(通信経路の暗号化)

データ盗聴防止

不要なアクセスを遮断

Internet

DoS攻撃者

【DoS攻撃】大量パケットの連続送信
対策：ファイアウォールによるアクセス制限

悪意のあるユーザの不正アクセス

ネットワークを監視し、不正侵入を検知したらアラームを発信、または侵入防止の措置を自動的にとる

IDS/IPS装置

ファイアウォール

侵入

許可するパケットのみ通過させる
例) HTTP,FTP,SMTPのみ通過

侵入検知・防止

・利用していないサービスの停止
・FTPなどのパスワードの定期的な変更
・サーバーアプリケーション、OSの定期的なセキュリティアップデートの実施

サーバー

IDS=Intrusion Detection System：侵入検知システム
IPS=Intrusion Prevention System：侵入防止システム

RELATION ▶ 020 034 067 068 109 110

情報漏えいを防ぎ、信頼を高める

102 ユーザー認証とSSLの導入

Text：水野良昭（オンラインデスクトップ）

ユーザー認証とは、Webサイトにアクセスしようとしているユーザーが事前に登録済みのユーザーか、利用資格があるかを確認する行為を指しています。SNSなどの会員制サイトでIDとパスワードを使って本人かどうかを確認するアプリケーション認証、Webサイトを更新するときに利用するFTP接続の認証、リリース前のサイトのテストに使うベーシック認証などがあります。

SSL（Secure Socket Layer）はサーバーとユーザー（ブラウザー）間の通信を暗号化する機能（プロトコル）で、SSLサーバー証明書によって通信先のサーバー（サイト運営者）が信頼できる存在か確認できるようにします。SSLを利用しているサイトはURLが「https://」から始まり、SSLを利用することでユーザーが個人情報を入力してよいか判断する材料の1つになります。また最近では、通常のSSLサーバー証明書よりも認証を強化した「EV（Extended Validation）SSL」も登場しており、オンラインバンキングなどの一部のサイトで使われています。

SSLはどんな時に使うのか

SSLは、個人情報の漏えいを防ぐ目的から、会員制サイトなどのユーザー認証を必要とするページや、資料請求ページ、注文・予約フォームなど、個人情報やクレジットカード情報の入力を伴う場合に利用します。クライアントの担当者は、必ずしも個人情報の保護やSSLの必要性を認識しているとは限りませんから、企画提案などの段階から、SSLの役割と必要な費用を制作者側から説明しておく必要があります。

SSL証明書の取得・更新方法

代表的なサービスとして、ベリサインの「SSLサーバ証明書」を例にSSLサーバー証明書の取得方法と更新方法を説明します。

SSLサーバー証明書を取得するには、SSLサーバー証明書の代理店からクーポンを購入し、ベリサインのWebサイトでクーポンに記載されている情報、ドメイン、クライアント責任者の情報などを入力して証明書の取得を申請します。その後、ベリサインはクライアント（サイト運営会社）の責任者に電話で申請内容を確認します。SSLサーバー証明書はSSL証明書発行会社である第三者の認証機関がWebサイトの運営会社の存在を証明するので、実際に運営会社が存在するか、対象サイトでのSSL使用なのかを確認する必要があります。ベリサインの認証が完了すると、サーバーにSSLサーバー証明書をインストールするための情報がメールで送られてきます。

SSLサーバー証明書には有効期限があり、更新時も申請時と同じ流れで手続きします。更新にあたっては費用が発生するので、期限前にはクライアントに連絡を取り、期限が切れないよう注意してください。

> ユーザー認証は、アクセスしようとしているユーザーが登録済みで利用資格があるかの確認を指す。SSLはサーバーとユーザー間の通信を暗号化する機能で、SSLサーバー証明書によってサーバーが信頼できるかを確認できる。個人情報やクレジットカード情報の入力を伴うコンテンツの場合は、企画提案などの段階から、SSLの役割と必要な費用を制作者側から説明しておく必要がある。

Webサイトでの主な認証の種類

FTPでの認証
FTPソフトでFTPユーザー名やパスワードを入力する。パスワードは暗号化されずにやりとりされるが、SSLサーバー証明書を使えば通信を暗号化できる

アプリケーション上での認証
HTTPで認証しなくても、アプリケーションで認証する方法もある。SSLサーバー証明書を使えば、通信を暗号化できる

HTTPのベーシック認証
HTTPのベーシック認証はパスワードを暗号化せずにやりとりするが、SSLサーバー証明書を使えば、通信を暗号化できる

主要なSSLサーバー証明書サービス

提供会社	サービス名	特徴・用途
日本ベリサイン	SSLサーバ証明書	知名度が高く、ユーザーに安心感がある。ほとんどの携帯電話で対応可能
グローバルサイン	企業認証SSL	審査が早く、比較的安価に利用できる
ジオトラスト	クイックSSL	個人でも取得可能。自動認証で安価に取得できる
日本ベリサイン	EV SSL	アドレスバーが緑色に変化する。厳格な発行基準で高価
レンタルサーバー会社 プロバイダー	共有SSL	企業存在証明はないが、個人情報の暗号化通信としては利用可能。基本サービス料金に含まれていることが多い
日本ベリサイン	個人用電子証明書	電子メール暗号化などに利用。サーバー側とクライアント側とペアで使用する

RELATION ▶ 010 012 093 108 109 110

103 サービスの充実とコスト削減に役立つ
ASP／SaaSの活用

Text：水野良昭（オンラインデスクトップ）

ASP（Application Service Provider）／SaaS（Software as a Service）は、どちらもWeb上でアプリケーションソフトを提供するサービスを意味します。ASPもSaaSも、インターネット上のサーバーにソフトウェアのプログラムが置かれていて、インターネット回線を利用してWebブラウザー経由で利用できる仕組みです。

ASP／SaaSの用途とアプリケーションの種類

具体的なASP／SaaSのサービスの例は、「Gmail」や「Yahoo!メール」のようなWebメールサービス、ウイルスチェックサービス、メルマガ配信サービスなどがあります。また、複数のユーザーで情報を共有できるASP／SaaSのサービスとして、ブログやSNS、グループウェア、CRM（顧客管理システム）などが挙げられます。

このほかに、資料請求や注文、予約などの汎用的に使える仕組みを、Webサイトの一部に組み込んでレンタル利用できるサービスもあります。ブラウザー上からWebサイトの作成や更新ができるシステム（CMS：Content Managemet System）をASP／SaaSとして提供するサービスもあります。これらのASP／SaaSの中には、本サイトのデザインと統一感を持たせられるサービスもあり、ユーザーに対してASP／SaaSであることをほとんど意識させずに利用できる場合もあります。

有名なASP／SaaSとしては、米セールスフォース・ドットコムの「Salesforce CRM」という顧客管理システムがあります。Salesforce CRMを利用すると、過去の商談履歴も含めて営業情報をグローバルに共有できるようになります。また、営業担当の管理者が売上情報を自動的にグラフ化して閲覧できる機能などもあります。

ASP／SaaS利用の注意点とメリット・デメリット

ASP／SaaSをクライアントへ提案する部分は、ASP／SaaSを提供する会社のヘルプ機能やドキュメントの充実、サポート体制、サーバー運用管理体制、情報セキュリティ対策などを必ず確認します。また、ASP／SaaSの利用は、他社のサービスに依存することになるので、何らかの原因でサーバーが停止する可能性があることをクライアントに説明しておく必要があります。

ASP／SaaSは、すでに複数の企業が利用している汎用的なサービスをそのまますぐに、比較的安価に利用できる点が大きなメリットです。設計、構築に時間がかかり、多大な投資が必要な独自開発に比べて、ASP／SaaSであればすぐに利用を開始でき、使ってみて気に入らなければ月単位や年単位で解約できます。

デメリットとしては、業務に即した形にカスタマイズできなかったり、カスタマイズ費用が非常に高価だったりする点です。また一般的に、既存システムとの接続・連携は難しいとされています。

ASP／SaaSは、どちらもWeb上でアプリケーションソフトを提供するサービスのこと。サービス例としては、Webメール、ウイルスチェック、メルマガ配信、ブログやSNS、CRM、CMS、などがある。ASP／SaaSのメリットは、実績のある汎用的なサービスを、比較的安価にすぐに利用できる点だ。デメリットは、カスタマイズができなかったり、既存システムとの連携が難しいことだ。

ASPの仕組み

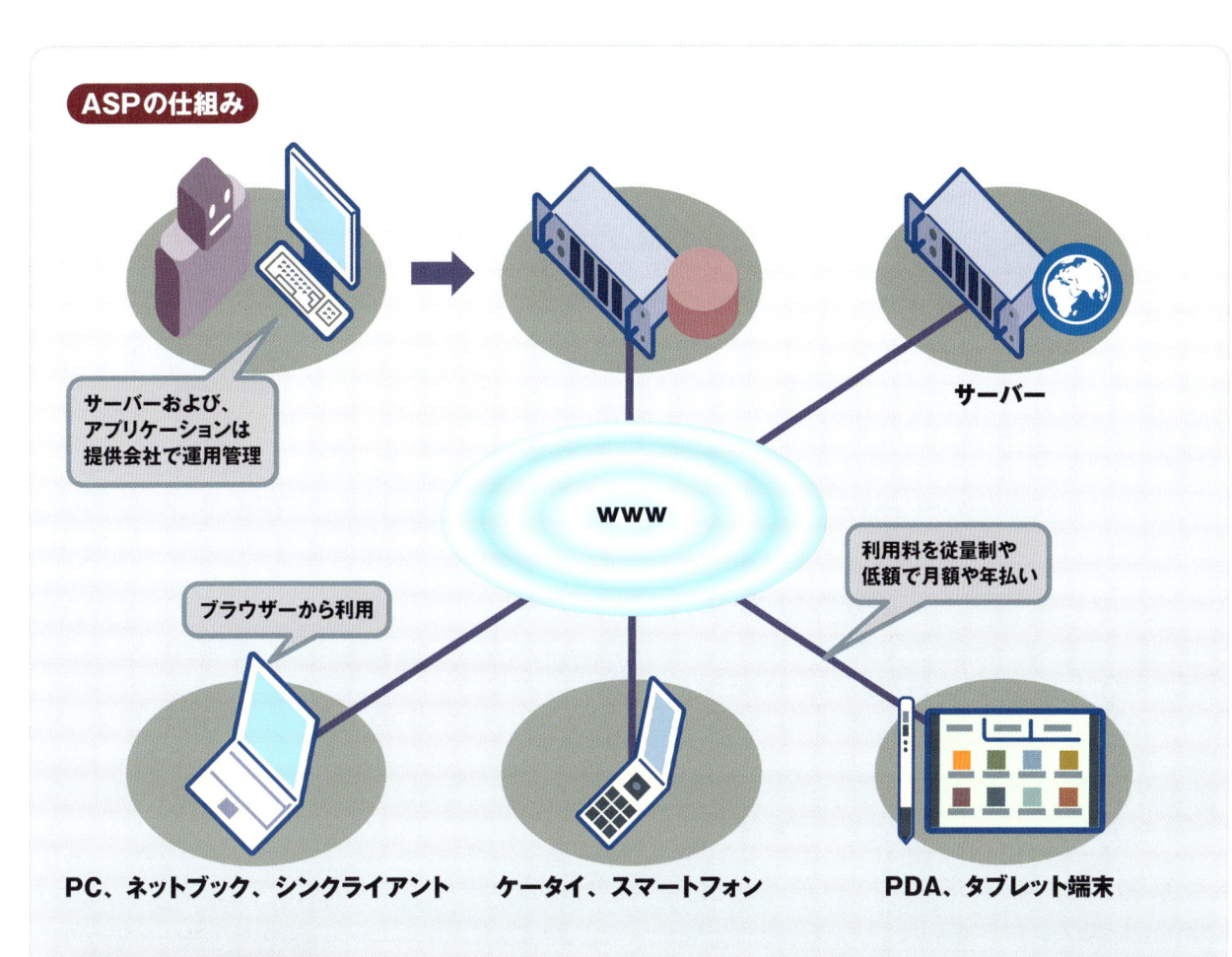

- サーバーおよび、アプリケーションは提供会社で運用管理
- サーバー
- ブラウザーから利用
- 利用料を従量制や低額で月額や年払い
- PC、ネットブック、シンクライアント
- ケータイ、スマートフォン
- PDA、タブレット端末

主要なASPサービス

提供会社／サービス名	種類	特徴・用途
セールスフォース・ドットコム／Salesforce CRM	顧客管理システム	顧客情報の記録や見込み客の発掘、見積り作成などの多彩な機能。広く一般に使われていて信頼性が高い
グーグル／Google Apps、Gmail、Googleドキュメントなど	Webメール、オフィス系ソフト	大量のメールのオンライン検索が可能。オフィス系ソフトでは複数同時編集が可能
ヤフー／Yahoo!メール	Webメール	1700万人以上が利用。有料オプションでウイルスチェックサービスも提供
オープンテーブル／OpenTable	レストラン予約サービス	お店でのタッチパネルでフロア管理画面よりテーブル配席との連携が可能
Eストアー／ショップサーブなど	ECサイト向けショッピングカート	PC、ケータイ、クレジットカード対応。デザイナーに依頼すればデザイン変更も可能

RELATION ▶ 080 089 093 097

104 外部アプリケーションの一部を便利に使う
Web APIの利用とマッシュアップ

Text：IN VOGUE

Web APIとは、Webアプリケーションを構成する個々の機能を部分的に開放し、外部の他のWebサイトやWebアプリケーションから呼び出して利用できるインターフェースのことを指します。

たとえば、指定したエリアの天気情報を取得できるAPIや、レストランやカフェの情報を取得できるAPIなどがあります。これら複数のAPIを組み合わせて新しいWebアプリケーションを作ることを「マッシュアップ」と呼びます。

代表的なAPIの種類とマッシュアップ事例

Web APIは、グーグルやヤフーなどのネット企業を中心に、さまざまな企業が提供しています。代表的なWeb APIには、地図をWebサイト内に埋め込んだり、情報を地図上にプロットしたりできる「Google Maps API」や、Amazonの商品情報やレビューなどを取得できる「Amazon Webサービス」があり、中でもGoogle Maps APIは多くのサイトで一般的に利用されています。自前で用意するのが難しかったり、開発コストがかさんだりする機能を、Webサイトやアプリケーションに手軽に組み込めるのが、Web APIを利用するメリットです。

Web APIをうまく組み合わせることで、さらに高機能で便利なWebアプリケーションの開発もできます。たとえば、ホテルなどの宿泊情報を提供するAPIと飲食店情報を提供するAPIをマッシュアップして、旅行先や出張先における最適な宿やお店を一度に検索できるサービス「旅侍[※1]」や、家電やパソコンなど、ほしいアイテムの最安値や口コミ情報などを自動収集するサービス「Onedaree[※2]」などがあります。

Web APIを利用するには

Web APIは、JavaScriptの非同期通信機能（Ajax）や、PHP／Perlなどのプログラムから指定されたURLへリクエストを送ることで、結果データを取得できます。取得できる結果データの形式はWeb APIによって決まっており、XMLやJSONなどが一般的です。

Web APIは手軽に利用できて便利なものですが、業務での利用にあたっては注意したい点もあります。1つは、API提供元のサービスが何らかの理由によって機能停止してしまった場合、APIを利用したサイトも動作しなくなる点です。特に受託案件の場合は、この点を事前にクライアントに理解してもらう必要があります。

また、Web APIの多くは無料で提供されていますが、商用利用では料金が発生するAPIや、利用を許可していないAPI、「1日に1000回まで」といった利用回数を制限しているAPIもあります。Web APIを利用する際には、事前に利用規約を確認し、制限事項や費用の有無を把握したうえで利用を検討しましょう。

> Web APIとは、Webアプリケーションなどから呼び出して利用できるインターフェースのこと。複数のAPIを組み合わせてWebアプリケーションを作ることを「マッシュアップ」と呼ぶ。代表的なWeb APIに、「Google Maps API」などがある。Web APIは指定されたURLへリクエストを送って、データを取得する。Web APIの利用は、制限事項や費用の有無も含めて検討したほうがよい。

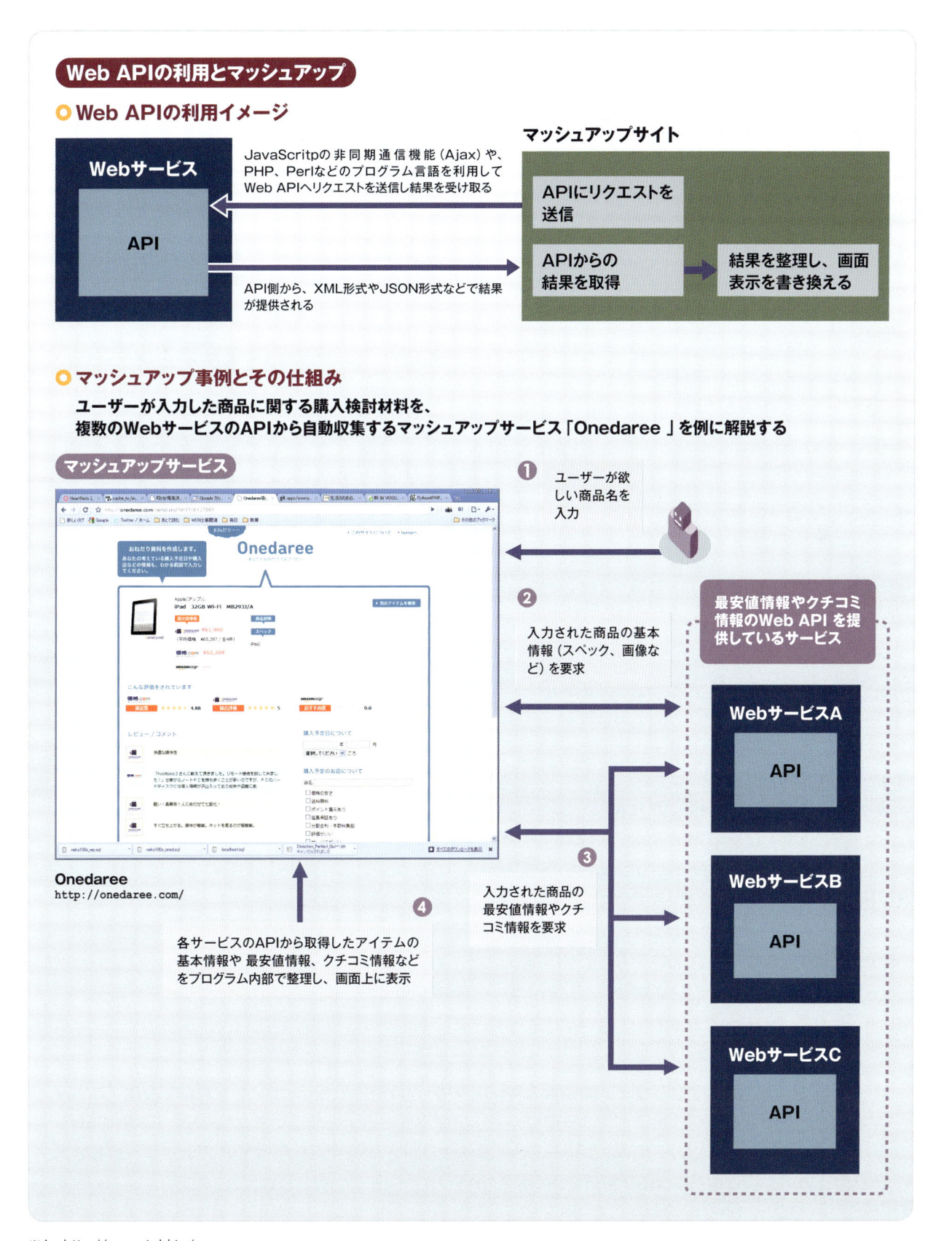

Web APIの利用とマッシュアップ

● Web APIの利用イメージ

Webサービス ← JavaScritpの非同期通信機能(Ajax)や、PHP、Perlなどのプログラム言語を利用してWeb APIへリクエストを送信し結果を受け取る

API側から、XML形式やJSON形式などで結果が提供される

マッシュアップサイト
- APIにリクエストを送信
- APIからの結果を取得 → 結果を整理し、画面表示を書き換える

● マッシュアップ事例とその仕組み

ユーザーが入力した商品に関する購入検討材料を、複数のWebサービスのAPIから自動収集するマッシュアップサービス「Onedaree」を例に解説する

マッシュアップサービス

Onedaree
http://onedaree.com/

① ユーザーが欲しい商品名を入力

② 入力された商品の基本情報(スペック、画像など)を要求

③ 入力された商品の最安値情報やクチコミ情報を要求

④ 各サービスのAPIから取得したアイテムの基本情報や最安値情報、クチコミ情報などをプログラム内部で整理し、画面上に表示

最安値情報やクチコミ情報のWeb APIを提供しているサービス
- WebサービスA (API)
- WebサービスB (API)
- WebサービスC (API)

※1　http://www.tabi.tv/
※2　http://onedaree.com/

RELATION ▶ 075 099 108 109 110

105 オープンソースの活用
メリット、デメリットを理解して賢く使いたい

Text：梅村圭司（ロイヤルゲート）

　オープンソースとは、ソフトウェア開発者の著作権を守りながら、ソースコードを無償で公開・改変・配布できるライセンス（使用許諾）のこと。オープンソースを採用したソフトウェアのことを一般に「オープンソース・ソフト」と呼び、さまざまなソフトがインターネット上で公開・配布されています。

ツールとしてのオープンソース

　オープンソース・ソフトは、サーバーやネットワークなどのインフラ周りのソフトから、ブログ／CMS、ECシステムなどのアプリケーションソフトまで、WebサイトやWebシステムの構築に欠かせないものになっています。たとえば、Webサーバーソフトの「Apache」や、リレーショナル・データベースの「MySQL」、CMSの「WordPress」は、世界中の有名サイトで活用されている代表的なオープンソース・ソフトです。

　Web制作会社にとってオープンソース・ソフトは、限られた予算の中で求められる要件や納期を実現するためのツールとして活用できます。オープンソース・ソフトをもとに必要な機能を追加したり、改修したりすることで、開発コストと開発期間を削減でき、クライアントへの提案を競合他社に比べて有利に進められます。

　クライアントのニーズにマッチしたオープンソース・ソフトの種類や特性を理解し、的確なオープンソース・ソフトを選定・提案しましょう。

オープンソースを利用するデメリット

　オープンソース・ソフトの利用は、メリットだけではありません。利用にあたっては、いくつか注意する点があります。

　1つはライセンス形態です。オープンソースには、正確には「GPL（GNU General Public License）」「MIT」「BSD」など複数のライセンス形態があり、ライセンスによって利用条件が異なっています。たとえば、GPLライセンスでは、プログラムを修正した場合、修正したソースコードを公開する必要があります。ライセンス形態の確認を怠ると、クライアントへの納品後にトラブルへつながる原因にもなりかねません。

　また、オープンソースのほとんどが、無償で利用できることと引き換えに、「無保証」である点も考慮する必要があります。オープンソース・ソフトに何らかのバグが含まれていた場合や、環境によって動作しないなどのトラブルが発生した場合、オープンソース・ソフトの利用者である制作会社がサポートしなければなりません。

　オープンソース・ソフトを利用する場合には、あらかじめサポート方針を明確にし、オープンソース・ソフトを利用するデメリットやリスクと合わせてクライアントへ説明することが求められます。

オープンソースとは、ソフトウェア開発者の著作権を守りながら、ソースコードを無償で公開・改変・配布できるライセンスのこと。インフラ周りから、アプリケーションソフトまでWebサイトやWebシステムの構築に欠かせない。オープンソースは、開発コストと開発期間を削減できるメリットがあるが、無保証なので、バグなどには、利用者である制作会社がサポートしなければならない。

オープンソース・ソフトの例

オープンソース・ソフトの利用範囲は多岐にわたり、商業ソフトと比べてもそん色のない機能を持つものも多い

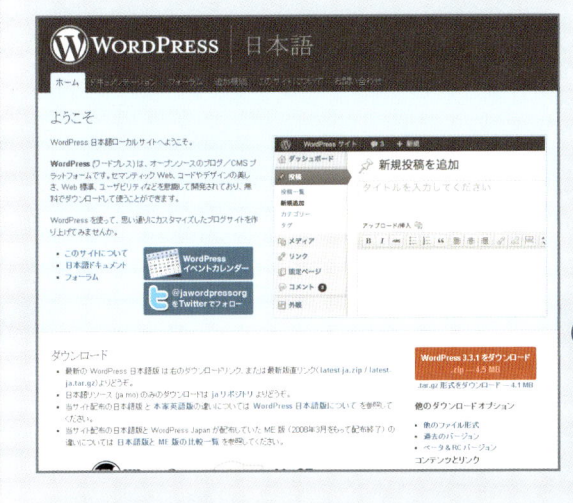

SNS／コミュニティ構築

OpenPNE
http://www.openpne.jp/

SNS構築ソフト。国内最大の利用者を抱えるSNS「mixi」に近いUIを持ち、多くのユーザーが使いなれたSNSを構築できる

ECプラットフォーム

EC-CUBE
http://www.ec-cube.net/

日本でもっとも普及しているECプラットフォーム。国産のため日本語の情報が多く、有名サイトでも採用されている

ブログ／CMS

WordPress
http://ja.wordpress.org/

ブログ系のCMS。世界でもっとも普及しているCMSでもある。プラグインやテンプレートが充実しており、機能拡張がしやすい

オープンソースの主なライセンス形態

オープンソース・ソフトの利用条件はライセンス形態によって異なる

ライセンス名	特徴
GPL（GNU General Public License）	オープンソースでもっとも有名なライセンス形態。著作権の表示、無保証を条件に、自由に複製・改変・配布できるが、GPLを利用したプログラムもGPLで公開しなければならない
BSD (Berkeley Software Distribution) License	GPLよりもゆるやかなライセンス形態。著作権表示と無保証を条件に、自由に複製・改変・配布できる
MIT License	BSDライセンスとほぼ同条件のライセンス形態

106 決済システムの選定
Webサイトの性質にあった的確な提案を

Text：梅村圭司（ロイヤルゲート）

ECサイトの構築では、オンライン決済の手段を選定し、決済システムを導入する必要があります。オンライン決済にはクレジットカード、コンビニエンスストア払い、ペイジー、電子マネーなどの多様な手段があり、的確な決済手段を提案するのも、Webディレクターの重要な仕事です。

中でも、ほとんどのECサイトが導入するクレジットカード決済については、幅広い知識が要求されます。

クレジットカード決済の選定

クレジットカード決済を導入するには、主要5大ブランド「VISA」「MasterCard」「JCB」「AMEX」「Diners」などのカード会社との加盟店契約が必要です。カード会社との直接契約では、個別に決済システムと連携したり、契約を交わしたりする手間があるため、カード決済代行会社を利用して包括契約を結ぶのが一般的です。

決済代行会社と契約することで、各カードブランドのシステムと接続するモジュールの提供や管理画面による売上の消し込み、サポートが受けられ、サイト構築や運用がスムーズになります。

オンライン決済選定の注意点

カード決済には、「対面決済」と「非対面決済」があります。対面決済では、店舗などで従業員が信用照会端末（CAT端末）を使用して信用情報を照会して決済します。これに対し、Webなどで顧客自身にカード番号や有効期限を入力してもらうことで取引が成立する決済を非対面決済といいます。

ECサイトでは、非対面決済を利用します。対面決済と非対面決済では、契約にあたって必要な審査の基準や費用、決済手数料などが異なるので、すでにリアル店舗などで対面決済を導入している場合でも、契約内容について十分な説明と理解が必要です。また、非対面決済では継続的役務※は認められないことが多く、決済が難しい商材もあります。事前にカード会社や代行会社の審査対象をしっかり確認しておきましょう。

その他のオンライン決済

オンライン決済には、ほかにもコンビニ決済やペイジー決済、電子マネーなどがあります。コンビニ決済やペイジー決済では、オンラインで支払番号を発行してペーパーレスで決済できるサービスや、電子マネーではモバイルアプリで決済できるサービスなど、最近ではさまざまな決済方法があります。

たとえば、クレジットカードを保有できない若年層向けのECサイトではコンビニ決済や電子マネーを導入するなど、ECサイトのターゲットに合った的確な決済手段やサービスを検討・提案しましょう。

ECサイトは、オンライン決済の手段を選定し、システムを導入する。オンライン決済にはクレジットカード、コンビニエンスストア払い、ペイジー、電子マネーなどがある。特に主流のクレジットカード決済については、対面決済、非対面決済の違いや導入方法を理解し、クライアントへ十分説明することが重要だ。若年層向けサイトでは、コンビニ決済の導入など、ターゲットに合った決済手段を導入する。

決済代行会社の利用

● 決済代行会社を利用した決済の流れ

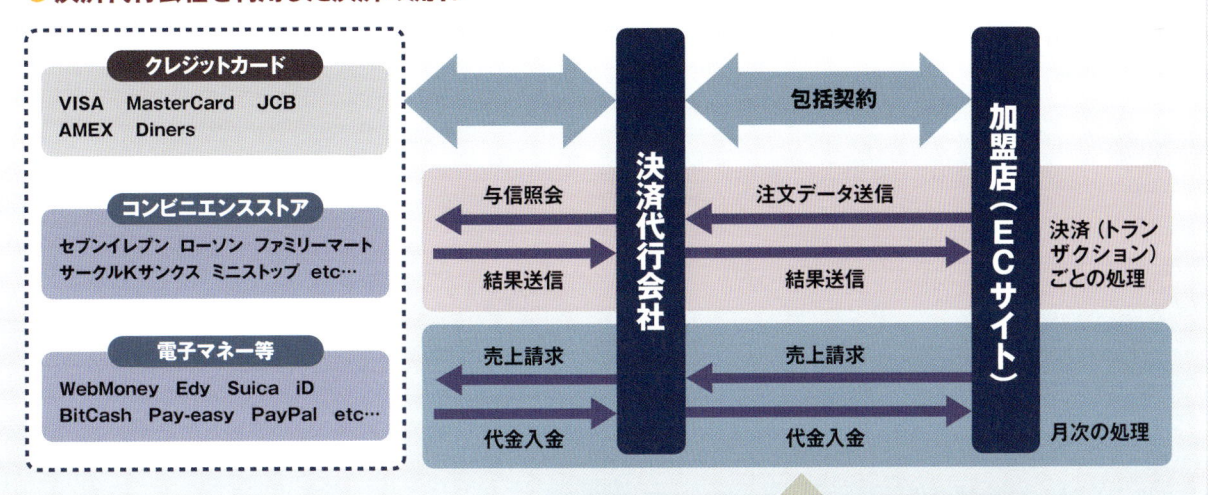

クレジットカード
VISA　MasterCard　JCB
AMEX　Diners

コンビニエンスストア
セブンイレブン　ローソン　ファミリーマート
サークルKサンクス　ミニストップ　etc…

電子マネー等
WebMoney　Edy　Suica　iD
BitCash　Pay-easy　PayPal　etc…

決済代行会社 ←包括契約→ 加盟店（ECサイト）

- 与信照会 / 注文データ送信
- 結果送信 / 結果送信
  → 決済（トランザクション）ごとの処理
- 売上請求 / 売上請求
- 代金入金 / 代金入金
  → 月次の処理

包括契約のメリット
- 1つの契約でいろいろな決済が利用できる
- 入金の消し込みなどが簡単
- 個別にシステムを構築する必要がない

● 主な決済代行会社

会社名	サービス名	URL	対応する決済手段
GMOペイメントゲートウェイ	PGマルチペイメントサービス	http://www.gmo-pg.com/	クレジットカード、コンビニ、Pay-easy、電子マネー、代引き、PayPal、口座振替
ソフトバンク・ペイメント・サービス	オンライン決済ASP	http://www.sbpayment.jp/	クレジットカード、コンビニ、Pay-easy、電子マネー、プリペイド決済、PayPal、ウォレット、Alipay、キャリア決済
SBIベリトランス	VeriTrans 3G	http://www.veritrans.co.jp/	クレジットカード、コンビニ、Pay-easy、電子マネー、ギフレン、PayPal
イプシロン	イプシロン決済サービス	http://www.epsilon.jp/	クレジットカード、コンビニ、ネットバンク、電子マネー、代引き、ウォレット

クレジットカードの決済方式

対面決済
お客様からカードを預かり、店舗側で決済する

お客様 → カード → CAT端末 → 加盟店

対象　飲食店・小売店などの店舗、デリバリーサービス、イベント会場など

非対面決済
お客様自身でPCやモバイルを使って決済をする

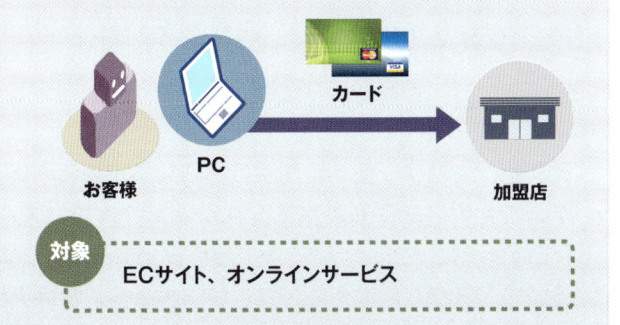

お客様 → PC → カード → 加盟店

対象　ECサイト、オンラインサービス

※　エステティックサロン、語学教室、学習塾、家庭教師派遣業、パソコン教室、結婚相手紹介サービスなど、特定商取引法で指定されている業種

107 決済代行会社の選択基準

安全・安心な決済システムを導入するために

Text：梅村圭司（ロイヤルゲート）

決済代行会社の選定では、初期費用や月額利用料、決済手数料、トランザクション料[※1]など、多くの場合、費用面を中心に検討します。しかし、クライアントの要求に応えるには費用だけではなく、さまざまな面から検討する必要があります。

決済代行会社との接続方式

ECサイトに決済を組み込むには、ショッピングカートと決済代行会社のシステムを接続します。決済代行会社が提供するシステムには、大きく分けて「リンク方式」と「モジュール方式」があります。

リンク方式は、商品や金額が決定したあと、決済代行会社のWebサーバーにある決済画面へ遷移してカード番号などを入力する方式です。決済に成功すると、自社サイトに戻って購入手続きが完了します。

モジュールタイプは、決済代行会社が提供するモジュールプログラムを自社サーバーに設置し、ショッピングカートから直接呼び出します。モジュールを組み込むための開発工数がかかりますが、決済代行会社へ遷移せずに手続きが完結するため、安心感を与えられます。

決済代行会社の選定では、代行会社が持つシステムが要件を満たせるかよく確認しましょう。また、あらかじめ各決済代行会社に対応したショッピングカートを利用すると作り込みが不要になり、コストを下げられます。

セキュリティ対策も考慮

機密性の高いクレジットカード情報を扱う以上、セキュリティ対策も代行会社を選ぶ重要なポイントです。クレジットカード業界のセキュリティ基準として、「PCI-DSS」[※2]があります。PCI-DSSに準拠したセキュリティ対策を実施している決済代行会社を選びましょう。

また、クレジットカード番号を加盟店（ECサイト）側で保管するのは情報漏えいのリスクが高く、おすすめできません。カード番号を加盟店に渡さず管理する代行会社を利用するべきです。ECサイトの会員IDと決済代行会社で保有するカード番号を紐づけて呼び出す仕組みを利用すれば、一度購入したことのある会員のカード番号の入力を省略できます。

継続決済と洗替の利用

最近では、会員制のWebサービスなど、月額利用料や年会費を回収するサービスも多く、クライアントから継続課金の相談を受けることもあります。決済代行会社が「継続決済」や「洗替」[※3]に対応していれば、カード情報を一度登録してもらうだけで未回収を防ぎつつ、決済できる仕組みを構築できます。

決済代行会社の選定では、クライアントのニーズをしっかり把握したうえで提案することが重要です。

決済代行会社は、初期費用や月額利用料、決済手数料、トランザクション料など、費用面を中心に検討する。そのほかにも、接続方式がリンク方式かモジュール方式か、利用しているアプリケーションがPCI-DSSに準拠しているか、継続決済や洗替に対応しているかも、選択基準に加える。また、情報漏えいのリスクが高いため、クレジットカード番号をECサイト側では保管はしない。

決済システムの選定

● リンク方式

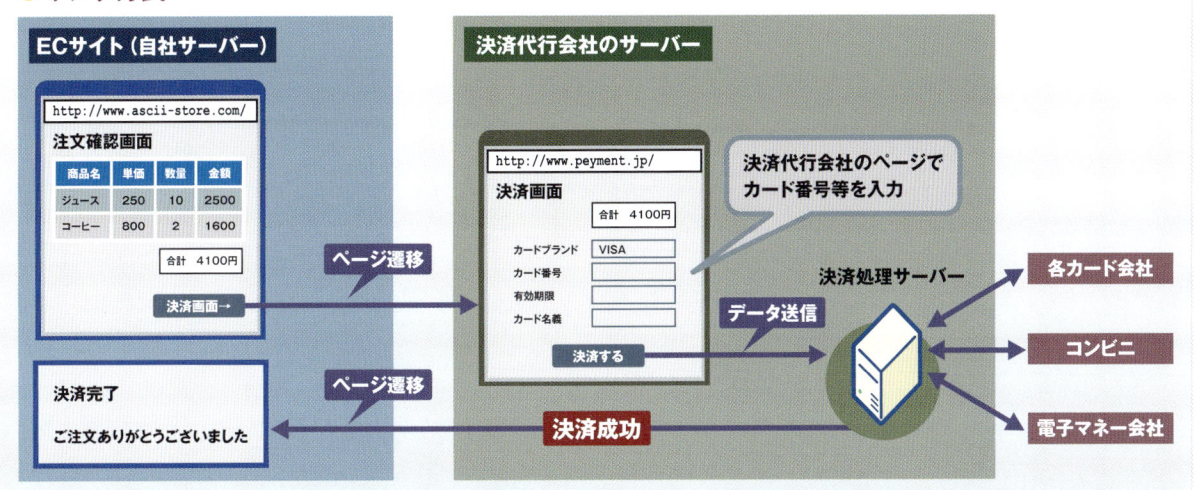

ECサイト（自社サーバー）

http://www.ascii-store.com/
注文確認画面

商品名	単価	数量	金額
ジュース	250	10	2500
コーヒー	800	2	1600
		合計	4100円

決済画面→

→ ページ遷移 →

決済代行会社のサーバー

http://www.peyment.jp/
決済画面

合計 4100円
カードブランド　VISA
カード番号
有効期限
カード名義
決済する

> 決済代行会社のページでカード番号等を入力

データ送信 → 決済処理サーバー → 各カード会社／コンビニ／電子マネー会社

決済成功 ← ページ遷移

決済完了
ご注文ありがとうございました

● モジュール方式

ECサイト（自社サーバー）

http://www.ascii-store.com/
注文確認画面

商品名	単価	数量	金額
ジュース	250	10	2500
コーヒー	800	2	1600
		合計	4100円

決済画面→

ページ遷移 →

http://www.ascii-store.com/
決済画面

合計 4100円
カードブランド　VISA
カード番号
有効期限
カード名義
決済する

> 自社サイト内でカード番号等を入力

データ送信 → 決済処理サーバー接続モジュール

決済代行会社のサーバー

決済処理サーバー → 各カード会社／コンビニ／電子マネー会社

決済成功

決済完了
ご注文ありがとうございました

ページ遷移

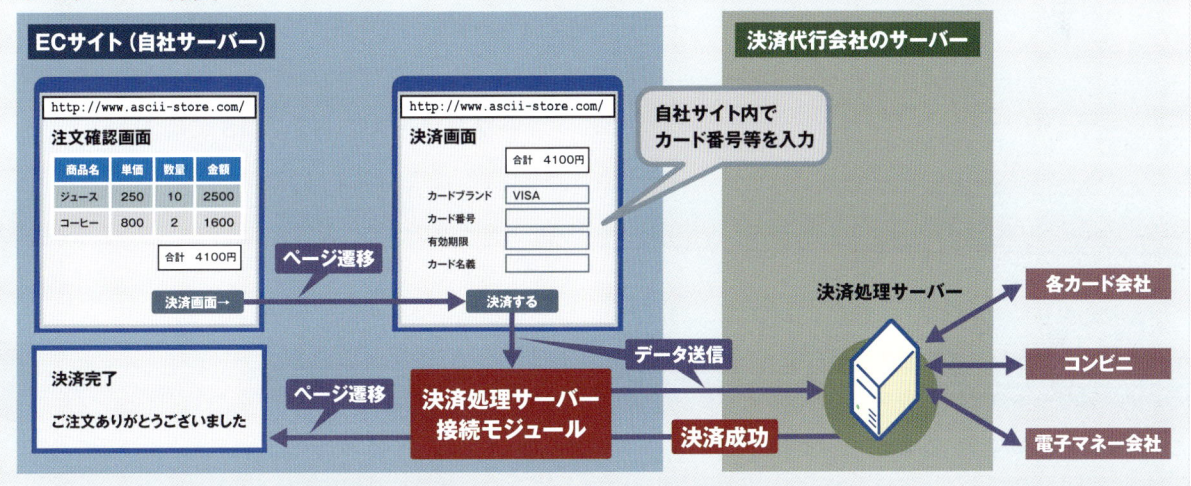

PCI-DSSが定めるセキュリティ基準

クレジットカード業界のセキュリティ基準である「PCI-DSS」の要件を満たしているかどうかも決済代行会社を選定するポイントだ。

I　安全なネットワークの構築・維持
要件1：カード会員データを保護するためにファイアウォールを導入し、最適な設定を維持すること
要件2：システムパスワードと他のセキュリティ・パラメータにベンダー提供のデフォルトを使用しないこと

II　カード会員データの保護
要件3：保存されたカード会員データを安全に保護すること
要件4：公衆ネットワーク上でカード会員データを送信する場合、暗号化すること

III　脆弱性を管理するプログラムの整備
要件5：アンチウィルス・ソフトウェアを利用し、定期的に更新すること
要件6：安全性の高いシステムとアプリケーションを開発し、保守すること

IV　強固なアクセス制御手法の導入
要件7：カード会員データへのアクセスを業務上の必要範囲内に制限すること
要件8：コンピュータにアクセスする利用者毎に個別のIDを割り当てること
要件9：カード会員データへの物理的アクセスを制限すること

V　定期的なネットワークの監視およびテスト
要件10：ネットワーク資源およびカード会員データに対するすべてのアクセスを追跡し、監視すること
要件11：セキュリティ・システムおよび管理手順を定期的にテストすること

VI　情報セキュリティ・ポリシーの整備
要件12：情報セキュリティに関するポリシーを整備すること

※詳細はPCI SSCのWebサイト（https://ja.pcisecuritystandards.org/minisite/en/）を参照

※1　信用情報をカード会社に照会するため際に発生する手数料
※2　Payment Card Industry Data Security Standardの略。大手カード会社による独立機関PCI SSC（Security Standards Council）が制定
※3　登録されているクレジットカードの有効期限が変更になるときに、新しい有効期限の情報を取得すること

108 ブログ／CMSの選定

案件によっては無料サービスの利用も

Text：梅村圭司（ロイヤルゲート）

CMSとは、Content Management Systemの略で、画像やテキストなどのWebコンテンツをデータベースで一元的に管理するシステムのこと。多くのCMSは、管理者向けにWeb管理画面などの入力手段を提供し、登録されたコンテンツを、あらかじめ定義されているテンプレートに従ってWebページへ出力する機能を持ちます。個人向けの日記型サイトとして普及した「ブログ」も、広義にはCMSの1つと言ってよいでしょう。

CMSやブログには、無料または有料のASPサービスを利用する、パッケージソフトやオープンソース・ソフトを利用する、独自システムを開発する方法があり、予算やサイトの規模、構築期間によって選定します。

無料ブログと有料ブログの選定

ブログの場合、大手ポータルサイトが提供する無料のASPサービスが普及しており、企業でもよく利用されています。メリット・デメリットをクライアントにきちんと説明し、理解してもらうことが重要です。

無料ブログを使用するメリットは、「コストや時間がかからない」「ポータルを通じた集客がしやすい」「デザインが豊富で簡単に変えられる」などがあります。一方でデメリットには、「広告が掲載される」「規約などによる制限がある」「サービス終了によってブログが消滅する可能性がある」といった点が挙げられます。

有料サービスやパッケージ／オープンソースソフト、自社開発などではこうした制約がない代わりに、構築にコストや時間がかかるデメリットがあります。

無料ブログを利用する場合は、「独自ドメインが必要か」「広告やデザインがブランディングを邪魔しないか」「サーバーなどのインフラコストを負担できるか」を検討しましょう。最近では、Twitterなどのソーシャルメディアとの連携のしやすさや、使い勝手の良さなどから、無料サービスを利用する提案も増えています。

オープンソースによるCMSの導入

CMSでは、「WordPress」「XOOPS」「Drupal」「Joomla!」など、オープンソースで評価の高いソフトが多数あります。パッケージソフトでは「Movable Type」が有名で、多くの企業サイトで利用されています。

オープンソースの場合は、「ライセンス形式」「使用言語」「開発の継続状況」「サポートの有無」などを中心に確認します。CMSは導入後、一定期間利用するものですから、特に開発の継続状況は注意しましょう。

CMS間の競争が進んだ結果、最近では「何でもできる」多機能なソフトが増えていますが、裏を返せば機能が多く、クライアントにとって使い勝手が悪い場合もあります。本当に必要な機能は何なのか、使いやすさを考えながら選定することが重要です。

CMSは、画像やテキストなどのWebコンテンツをデータベースで一元的に管理するシステムのこと。広義にはCMSの1つであるブログやCMSには、無料または有料のASPサービス、パッケージソフトやオープンソース、独自開発の3つの方法がある。いずれも、多機能なソフトが増えているが、予算やサイトの規模、構築期間、必要な機能は突き詰めて選定することが重要だ。

CMS／ブログの選定

CMS／ブログはメリット・デメリットをしっかり理解し、適切な方法を提案しよう

● サーバーインストール型／ASP型ブログの比較

項目	サーバーインストール型	ASP型
概要	オープンソースやパッケージソフト、もしくは独自開発のソフトをサーバーにインストールして運用	ASP提供事業者が提供する無料または有料のサービスを利用してサイトを構築し、クライアントに提供
サーバー	自社	ASP提供事業者
ドメイン	独自ドメインが主流	ディレクトリやサブドメインの割り当てが主流
デザイン自由度	高い	低い
システムカスタマイズ度	高い	できないものが多い
ディスク容量	自由	制限あり
広告	ない	ある場合が多い
商用利用	自由	制限あり

● 無料ブログサービスの機能比較

サービス名	HTML	CSS	独自ドメイン	携帯	動画	絵文字	テンプレート	容量
アメーバブログ	△	△	×	○	○	○	約400	1GB
livedoorブログ	○	○	△	○	○	○	500以上	2.1GB
Yahoo!ブログ	×	×	×	△	○	○	約50	2GB
FC2ブログ	○	○	×	○	○	○	約150	1GB
ココログ	△	○	△	○	○	○	300以上	2GB
エキサイトブログ	△	○	×	○	○	×	約100	1GB
gooブログ	×	○	×	○	○	○	約700	3GB
Blogger	○	○	○	△	○	×	約50	1GB

● 用途別の主なCMS一覧

用途	ブログ	企業サイト	ニュースサイト	会員限定	ポータルサイト
オープンソースソフト	WordPress Geeklog Nucleus	WordPress MODx SOY CMS Concrete5	MODx XOOPS Drupal	XOOPS OpenPNE	Joomla! XOOPS MODx
パッケージソフト	Movable Type	WebRelease 2 Movable Type NOREN RCMS	Movable Type	RCMS	

RELATION ▶ 018 075 096 117 119

109 企業コミュニティサイトの構築
2つのタイプの特徴を理解する

Text：梅村圭司（ロイヤルゲート）

キャンペーンなどでは企業が独自に運営するコミュニティサイトを構築するケースもあります。コミュニティサイトには、大きく分けて、クローズドな「SNS（Social Networking Service）型」、オープンな「コミュニティポータル型」があり、クライアントの要望に適したシステムの選定や開発が必要です。

SNS型とコミュニティポータル型の違いは、SNSが、会員情報を登録し、会員としてログインした状態でしか情報を閲覧できないのに対して、コミュニティポータル型は、会員登録やログインをしていない状態でも情報を閲覧できる点にあります。

SNS型に適した条件

SNS型のコミュニティサイトは、会員同士のコミュニケーション、日記やメッセージのやり取りなどができます。クローズドなコミュニティですので、広く情報を発信するよりも、たとえばファンクラブのように特定の属性のユーザーを囲い込んで、会員同士の関係を深めるのに適しています。

SNS型のコミュニティサイトは、独自にも開発できますが、安価なASPサービスやオープンソースソフトを利用して構築することが多いです。国内では、mixiによく似たインターフェイスを持つオープンソースソフトの「OpenPNE」が、多くの企業で採用されています。

コミュニティポータル型に適した条件

コミュニティポータル型のサイトでは、会員以外でも閲覧できる掲示板（フォーラム）が中心です。広く情報を公開したい場合、会員間での親密なやり取りが必要ない場合に適しています。

SNS型同様、ASPサービスやオープンソースソフトをカスタマイズして運用することが多いです。

コミュニティサイト、SNS構築に重要なこと

コミュニティサイトの構築では、システムの選定と同時に、サーバーの選定が重要です。コミュニティサイトはアクセス数が読みづらく、適切なサーバー構成を見積もるのが困難です。過剰な構成はコストがかかる一方で、スペック不足はサーバーダウンを招きます。

そこで有効なのが、アクティブ率をベースに考える方法です。たとえば、会員数が1万人のSNSの場合、1万人全員が同時に利用することはあり得ません。アクティブなユーザーが30%の3000人の場合、それに見合ったサーバーを用意すればいいのです。

最近では、クラウドサービスを利用して構成を柔軟に変える方法もあります。クライアントの要望に見合った最適な提案を検討するとともに、スペック不足のリスクについても説明することが重要です。

コミュニティサイトにはSNS型とコミュニティーポータル型がある。SNS型はクローズドなので、特定の属性のユーザー同士や企業が関係を深めるのに適している。コミュニティポータル型は、情報を公開し、会員間の親密なやり取りが必要ない場合に適している。コミュニティサイトは適切なサーバー構成を見積もるのが難しいため、アクティブ率をベースに考えたり、クラウドサービスで柔軟に対応する。

コミュニティサイトの種類

● SNS (Social Networking Service) 型
会員制のクローズドなコミュニティ。会員登録したユーザーだけが利用でき、ユーザー同士が書き込んだり、メッセージをやり取りしたりできる。

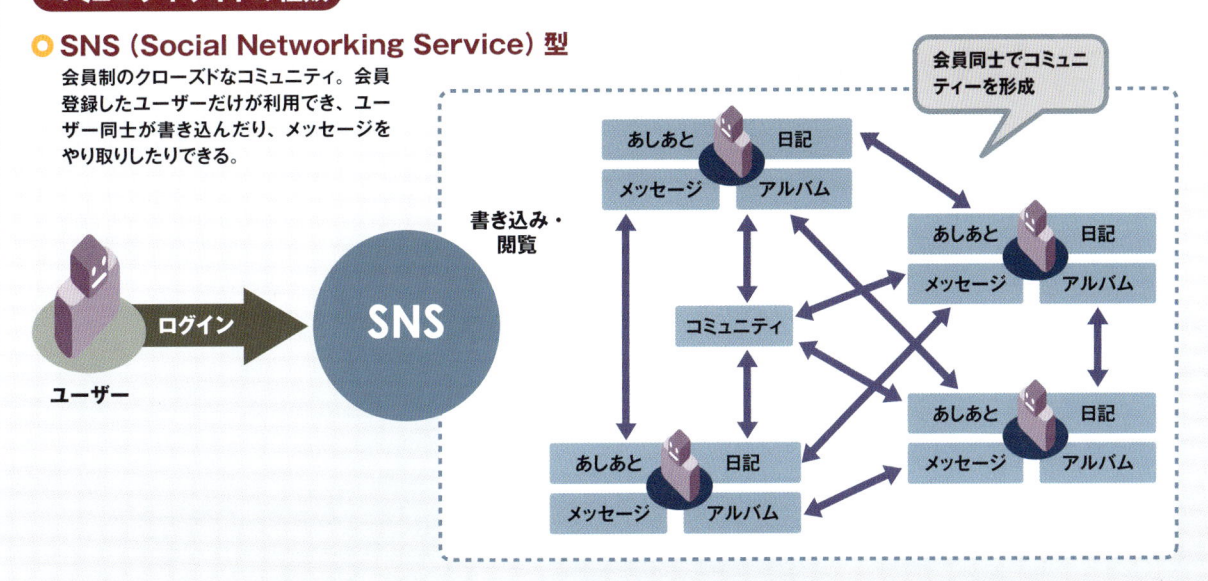

会員同士でコミュニティーを形成

● コミュニティポータル型
不特定多数に情報が公開されるコミュニティ。会員登録してログインすると、フォーラムへの書き込みができる。

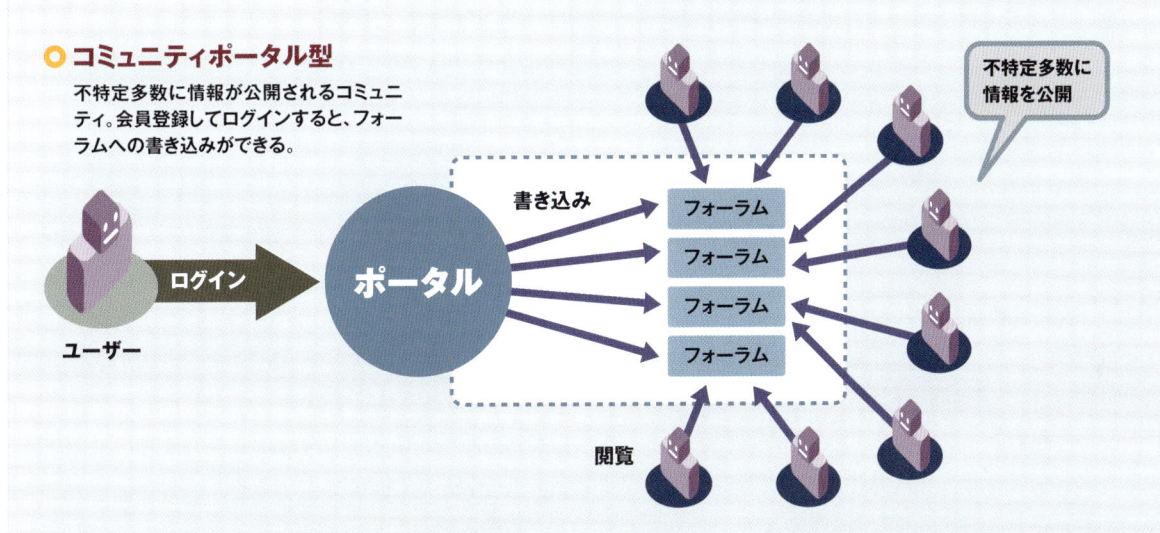

不特定多数に情報を公開

代表的なコミュニティサイト構築ソフト

サービス名	URL	種類	特徴	ライセンス
XOOPS Cube	http://xoopscube.jp/	コミュニティポータル型	長い歴史と豊富な実績を持つ、国産オープンソース・ソフト。モジュールによってさまざまな機能を追加できるのが特徴	修正BSDライセンス
Buddy Press	http://ja.buddypress.org/home/	コミュニティポータル型	WordPressにコミュニティ機能を追加するプラグイン。ユーザーごとにブログを開設できる機能などがある	GPL
Open PNE	http://www.openpne.jp/	SNS型	mixiに似たUIを採用しているため使いやすい。企業コミュニティをはじめ国内の多くのサイトで採用されており、情報が豊富	Apacheライセンス

RELATION ▶ 020 036 103 124

110 ECプラットフォームの選定

ECの運用に欠かせないエンジン

Text：梅村圭司（ロイヤルゲート）

ECサイトでは、商品情報の管理やサイトの更新、ショッピングカート、在庫管理や顧客管理など、さまざまな機能が必要です。ECサイトに必要な機能をまとめたシステムを「ECプラットフォーム」と呼び、大きく、「モール型」「自社構築型」「ASP型」に分類できます。

ECプラットフォームの種類

モール型のECプラットフォームには、楽天市場、Yahoo!ショッピング、Amazon.co.jpなどがあります。すでにユーザーが集まっているモールへ出店するため、ECサイトへ集客しやすい点がメリットです。反面、出店手数料や販売手数料の負担が重く、機能やデザインの制約から独自性を打ち出しづらいデメリットがあります。

自社構築型は、パッケージソフトやオープンソースソフトを利用したり、独自にシステムを開発したりする方法です。自社構築型のメリットは、自由度が高いこと、売上げに対する手数料などが発生しないことが挙げられます。ただし、独自開発では費用がかさみ、オープンソースソフトではサイト規模によって導入しづらい場合もあります。

ASP型には、独自ドメイン型やサブドメイン型があります。初期費用のほかに月額費用が必要ですが、サーバーやシステムの保守が含まれるため、構築後の運用の負担が少ないのがメリットです。

なお、独自ドメイン型でも、ショッピングカートだけは共有ドメインや共有SSLを利用しているサービスもあります。カート部分まで独自ドメインにする場合、追加費用をコストに加味して選定する必要があります。

ECプラットフォーム選定に必要な条件

3つのプラットフォームの切り分けとして、サイト独自の機能や高度なカスタマイズが必要な場合は、モール型やASP型では実現できないので、自社構築を選択します。クライアントの予算規模が小さい場合や、機能の一部を運用でカバーできる場合は、ASPやオープンソースソフトを利用した自社構築を選択します。

具体的なECプラットフォームの選定では、必要な機能の有無はもちろん、想定する商品点数や受注件数、顧客数などのスペックも考慮します。商品点数や受注件数、顧客数によって動作が遅くなったり、エラーが発生して正しく動作しなかったりするケースもあります。

また、機能面でも、送料をサイト全体で1つしか設定できない製品と、商品ごとに設定できる製品がありますし、のしやラッピングなどのギフト対応など、細かな機能の違いもあります。クライアント側の条件をよく確認しないと、導入後に問題になりかねません。

複雑なシステムが絡むECサイトの構築では、要件に沿った適切なプラットフォームの選択が要求されます。

ECサイトに必要な機能をまとめたシステムをECプラットフォームと呼び、楽天市場などに代表されるモール型、独自に開発する自社構築型、構築後の運用負担が少ないASP型に分類できる。ECプラットフォームは、必要な機能の有無、想定する商品点数や受注件数、顧客数などのスペックも考慮して選択する。送料設定方法やギフト対応などの細かな機能なども含め、要件に沿った選択が必要だ。

ECプラットフォームの機能

ECプラットフォームはECサイトの運営を支えるさまざま機能を持つ
（以下は代表的な機能であり、実際の機能は製品により異なる）

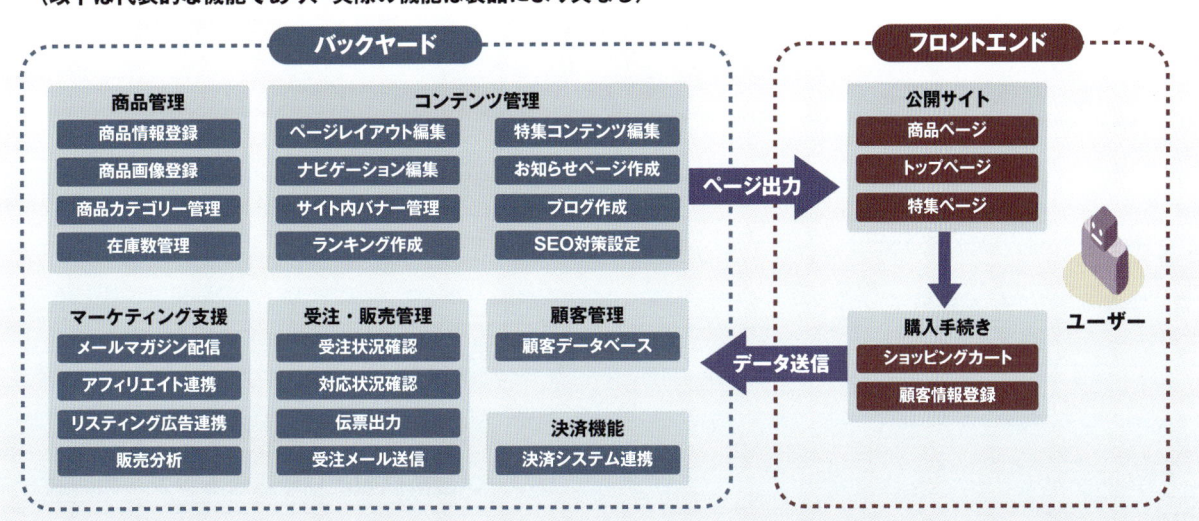

バックヤード

商品管理
- 商品情報登録
- 商品画像登録
- 商品カテゴリー管理
- 在庫数管理

コンテンツ管理
- ページレイアウト編集
- ナビゲーション編集
- サイト内バナー管理
- ランキング作成
- 特集コンテンツ編集
- お知らせページ作成
- ブログ作成
- SEO対策設定

マーケティング支援
- メールマガジン配信
- アフィリエイト連携
- リスティング広告連携
- 販売分析

受注・販売管理
- 受注状況確認
- 対応状況確認
- 伝票出力
- 受注メール送信

顧客管理
- 顧客データベース

決済機能
- 決済システム連携

フロントエンド

公開サイト
- 商品ページ
- トップページ
- 特集ページ

→ ページ出力

購入手続き
- ショッピングカート
- 顧客情報登録

← データ送信

ユーザー

ECプラットフォームの種類

● ECプラットフォームの分類と特徴

	モール出店	ASP	独自開発	オープンソース
開発コスト 初期費用	初期費用のみ	初期費用のみ	開発費用（大）	無料
月額利用料	有り	有り	無し	無し
デザインカスタマイズ	可（制限あり）	テンプレートの変更	自由	自由※
システムカスタマイズ	不可	不可	自由	自由※
サーバー保守	不要	不要	必要	必要
システム保守	不要	不要	必要	必要
サーバー準備	不要	不要	必要	必要
そのほかにかかる費用	特になし	ドメインなど	SSLや固定IP、ドメインなど	SSLや固定IP、ドメインなど

※オープンソース・ソフトはライセンス形式に準拠する必要がある

● オープンソースのECプラットフォーム

オープンソース名	URL	特徴
EC-CUBE	http://www.ec-cube.net/	国内でもっとも普及しているECシステム。国産ならではの使い勝手に評価が高い。決済サービスや物流サービスとの連携機能も豊富で導入しやすい
osCommerce	http://www.os-commerce.jp/	海外発のシステムで長い歴史を持つ。国際的なコミュニティがあり、過去の資産が豊富
Zen Cart	http://zen-cart.jp/	osCommerceの派生プロジェクト。海外製だが日本語化されており事例も多い
Live Commerce！	http://www.live-commerce.com/	国産プラットフォームの注目株。高速な表示パフォーマンスに特徴。スマートフォン、多言語サイトにも対応
magent	http://www.magentocommerce.com/	多言語対応、多機能なプラットフォーム。海外有名企業での採用実績が豊富

RELATION ▶ 011 061 076 087 094 102

111 リリース準備とWebサイトの公開

トラブルを未然に防ぎ、スケジュールを守る

Text：水野良昭（オンラインデスクトップ）

　Webサイトのリリース準備とは、サイトの公開前に文章や画像などの表現に問題がないか、システムトラブルが発生しないかなどを確認することです。リリース準備は、通常、すべてのデータが揃ってサイトが完成した状態で実施します。

　Webサイトは印刷物と違い、リリース後の修正も可能です。しかし、いったんリリースしたら即時に全世界に同時公開されてしまいます。クライアントには、制作スケジュールにリリース準備の期間を確保してもらい、リリース前には一緒に確認をしてもらうことが重要です。

機能や要件の確認方法

　リリース準備の段階では、事前確認用に別環境のテストサーバーを用意する場合があります。たとえば本番環境が「www.jwda.jp」の場合、別環境は「test.jwda.jp」などです。リリース前でも検索などでサイトの内容が事前確認用のURLから漏れてしまうことがあるので、必要に応じて認証をかけるようにしてください。

　リリース前にはテストサーバーにファイルをアップして、システム周りならシステム設計書やシステムフロー、Webサイトの機能などは要件定義書などをもとに確認をしていきます。たとえばメールフォームの場合、必須項目に入力がされていなかったら再入力を促す正しいエラーメッセージが表示されるか、といったことをテストしていきます。どのような項目をテストするのかの一覧表をテストスペックと呼び、その結果はテスト結果報告書としてクライアントに提出する場合もあります。

　テストが完了したら最後にクライアントの確認を取り、問題がなければ本番リリースという流れです。

リリース直前に起こりがちなトラブルの回避方法

　Webサイト制作では、リリース直前になってクライアントから大きな変更依頼が入ることがよくあります。クライアントが簡単だと思う修正でも、特にシステムの変更が絡んでいる場合などには、変更作業が膨大になり、リリース日に影響が出かねないケースもあります。

　クライアントからリリース直前に修正の依頼が入った場合には、修正作業を進めると同時に、別のスタッフが修正した画面イメージをクライアントに事前確認するという方法を取るのが、トラブルを避けるための有効な手段の1つです。

　クライアントへは完全な状態になってから確認してもらいたいと考えがちですが、完成後にさらに修正依頼が入ればリリースが間に合わないトラブルになりかねません。そこで、スケジュール面で余裕がない場合、またリリース直前になっても原稿や企画が固まらないことが予想される場合などには、リリース日を2回に分ける「2段階リリース」を提案するとよいでしょう。

> Webサイトのリリース前には、文章や画像などの表現やシステムに問題がないかをテストサーバーで確認する。確認項目の一覧表を用意し、システム設計書や要件定義書などをもとに確認する。リリース直前の修正は、修正作業を進めながら、修正個所を事前確認してトラブルを避ける。スケジュールに余裕がない場合はリリース日を2回に分ける「2段階リリース」を提案する。

リリース準備の流れ

テスト準備
あらかじめ用意したテストサーバーにファイルをアップロードする

テストサーバーの例
`http://test.jwda.jp/`
・少なくともベーシック認証を設定し、検索エンジンなどからテストサーバーの内容が漏れないようにする

テスト
テストサーバー上でテストを実施し、不具合を解消する

Webシステムの場合
・システム仕様書、システム設計書、システムフロー図などのドキュメントに基づきテストスペックを設定する
・テストスペックに基づきテストを実施する
・テスト結果報告書を作成する

Webサイトの場合
・要件定義書をもとに必要な機能が実装されているか確認する
・ページやコンテンツに問題がないか確認する

主な確認項目
☐ 自動表示すべき内容が表示されているか
☐ 折り返しなどの処理は適切か
☐ 誤字・脱字はないか
☐ 薬事法などの法律に抵触していないか
☐ 画像の誤りはないか
☐ リンク切れがないか
☐ ターゲットブラウザーで表示崩れがないか

クライアントチェック
クライアントの確認を取り、修正点があれば対応する
・修正内容によってはスケジュールを調整する
・リリース日程優先のため対応できない場合は2段階リリースを提案する

本番リリース
公開サーバーにファイルをアップロードし、Webシステム／Webサイトを公開する

テスト仕様書の例

● Webフォームシステムのテストスペック／テスト結果報告書の例

一般公開画面　テストスペック／テスト結果報告書　　2012/8/1

検証ブラウザー　Internet Explorer 7／Chrome 10／Firefox 4.01

検証環境を明記する

ドキュメントに沿い、想定されるユーザーの入力方法を考えて検証内容を設定する

テストの実行結果を記述する

No.	テスト日	区分	検証内容	テスト結果 不具合あり・なし	不具合内容
1	2015/8/1	入力	入力なしで「入力内容確認」ボタンを押す	なし	なし
2	2015/8/1	入力	必須のみ入力で「入力内容確認」ボタンを押す	なし	なし
3	2015/8/1	入力	必須項目を1つ未入力で再度確認画面へ移動	なし	なし
4	2015/8/1	入力	テキストボックスへ、文字化けしやすい文字入力	なし	なし
5	2015/8/1	入力	電話番号「-」なしで入力	なし	なし
6	2015/8/1	入力	内容入力テスト　5000文字以上入力	なし	なし
7	2015/8/1	入力	備考入力　1000文字以上入力	なし	なし
8	2015/8/1	入力	電話番号欄に、100文字以上の半角数字の入力	なし	なし

Webサイトのバックアップ

どんなWebサイトでも、ハードウェアの障害、操作ミスなどで停止しても、直近の正常稼働状態まで復旧できることは最低限期待されていると思ってよいだろう。

もっとも簡単なバックアップは、Webアプリケーションを構成するプログラム一式を定期的に複製する方法だ。Webサイトのサーバー類を設置しているネットワーク内にバックアップサーバーを用意し、プログラムやデータベースの内容を毎日、毎週などの単位でコピーし、一定期間保存しておけば、サーバーが故障したり、データが破損したりしても、バックアップデータで元に戻せる。

Webサイトの目的によっては、たとえ地震などの大規模災害があっても稼働し続けることが期待される場合がある。このとき、バックアップデータが同じネットワークにあると、最悪復旧できない。この種のWebサイトの場合は、地理的に離れた場所にバックアップデータを保存したり、データセンターを二重化したりしておくなどして、一方のデータセンターが被災しても、Webサイトとしては稼働し続けるようにしておく。

データセンターの二重化が大げさな場合は、バックアップ先をクラウドストレージにしておくのもよいだろう。たとえば米Amazon Web ServicesのAmazon S3なら、海外のデータセンターを選択して保存できるので、米国やヨーロッパのデータセンターをバックアップ先にすることで、データが喪失する可能性はほぼゼロにできる。

また、米Amazon Web ServicesのAWS Storage Gatewayなら、仮想マシンイメージ（スナップショット）をまるごとAmazon S3に転送し、いざというとき、クラウド型のレンタルサーバーサービスであるAmazon EC2で復旧できる。平常時は低コストで監視体制の行き届いた自社サーバーで、非常時はAmazonで、という使い分けができるわけだ。

第9章

Webプロモーションの実施

- (112) 検索エンジンとSEO ……… 276
- (113) SEOを成功に導く外部対策 ……… 278
- (114) インターネット広告の利用 ……… 280
- (115) SEMの基本 リスティング広告 ……… 282
- (116) アフィリエイトのしくみ ……… 284
- (117) ソーシャルメディア・マーケティング ……… 286
- (118) ネットを活用した広報活動 ……… 288
- (119) クロスメディアによるプロモーション ……… 290
- (120) 国ごとで大きく異なる海外SEO/SEM事情 ……… 292
- (121) メールマガジンによるメールマーケティング ……… 294

112 検索エンジンとSEO
ユーザーを呼び込む重要施策

Text：梅田 優（ギブリー）

SEO（Search Engine Optimization：検索エンジン最適化）とは、Yahoo! JAPANやGoogleなどの検索エンジンで特定のキーワードを検索したときに、自社のWebサイトが検索結果の上位に表示されるようにする施策のことです。

せっかくWebサイトを制作しても、サイトの存在を知ってもらわないことには多くのアクセスは見込めません。そこで、多くのユーザーが利用する検索エンジンからサイトへ呼び込むことが重要となってきます。

検索エンジンの結果ページには、検索エンジンが独自の基準（アルゴリズム）で順位を決定して表示する通常の検索結果（オーガニック検索結果）と、キーワードに連動した広告（リスティング広告）があります。このうち、前者のオーガニック検索結果において上位表示を目指すことがSEOです。リスティング広告も有用ではありますが、表示するためには出稿費用が必要です。自社サイトの存在を広く知ってもらい、アクセス数を増やすには、SEOへの取り組みが欠かせません。

SEOの基本はGoogle対策

検索エンジンにはいくつかの種類がありますが、よく知られているのは、世界でもっともシェアの高い「Google」、国内トップの「Yahoo! JAPAN」、マイクロソフトの「Bing」でしょう。国内の検索エンジンのシェアはGoogleとYahoo! JAPANに二極化しており、この両検索エンジンで上位を目指すことが、長らく日本におけるSEOとされてきました。

ところが、2010年12月から、Yahoo! JAPANは検索エンジンで使用する技術をGoogleの技術に変更しました。従来は、検索エンジンごとに異なるアルゴリズムに対応するため、各検索エンジンに好まれる対策を実施する必要がありましたが、現在では特にGoogleを意識した施策が重要になっています。

SEOの2つの手法

検索エンジンの検索結果ページで上位表示するためには、検索エンジンから見たWebサイトの評価を上げることが必要です。サイトの評価基準は、内部要因と外部要因の2つに分かれます。

内部要因とは、対象となるWebページ内におけるキーワードの含有率やサイト内のリンク循環状況など、サイト自体の評価を指します。一方、外部要因とは、対象となるWebサイトが他の外部サイトからどのようにリンクされているかといった、外部サイトから受けている評価を指します。

SEOは、即効性がある対策ではありません。サイト設計時から制作者と協力し、地道に検証・改善を重ねることが、SEOを成功させる近道となります。

検索エンジンの検索結果で上位表示されるための施策をSEO（検索エンジン最適化）と言う。国内では利用シェアが高いGoogleと、Googleの技術を利用しているYahoo! JAPANを対象とすることが多い。上位表示されるためには、内部要因と外部要因からなるサイトの評価を上げる必要がある。SEOは、即効性がある対策ではなく、サイト設計時から制作者と協力し、地道に検証・改善を重ねることが重要だ。

特定のWebサイトを知るきっかけ

アンケート結果から、あるWebサイトにユーザーを誘導するきっかけとして、もっとも効果的なのは検索エンジンと言える。

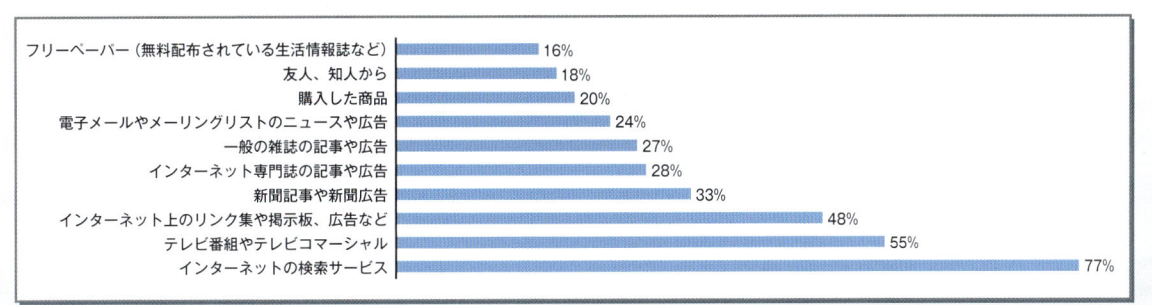

- フリーペーパー（無料配布されている生活情報誌など）: 16%
- 友人、知人から: 18%
- 購入した商品: 20%
- 電子メールやメーリングリストのニュースや広告: 24%
- 一般の雑誌の記事や広告: 27%
- インターネット専門誌の記事や広告: 28%
- 新聞記事や新聞広告: 33%
- インターネット上のリンク集や掲示板、広告など: 48%
- テレビ番組やテレビコマーシャル: 55%
- インターネットの検索サービス: 77%

出所：ヤフー「第27回インターネット利用者アンケート」（2011年10月）

国内の主要検索サービスのシェア

日本で利用されている検索エンジンは、Yahoo! JAPANとGoogleとに二極化している。

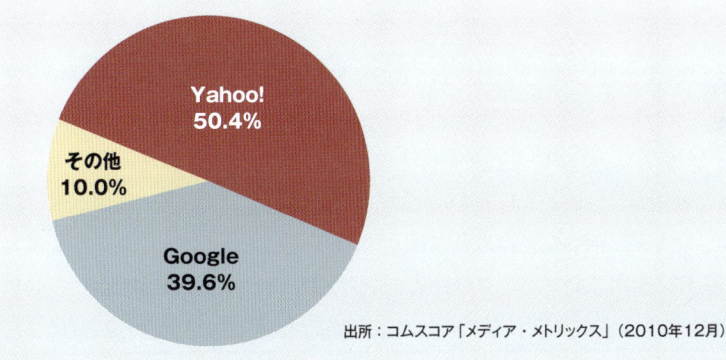

- Yahoo! 50.4%
- Google 39.6%
- その他 10.0%

出所：コムスコア「メディア・メトリックス」（2010年12月）

SEOの効果が反映される場所

検索結果のページは、キーワードに連動している有料広告と、SEOの対象となる無料表示の2つに分かれている。

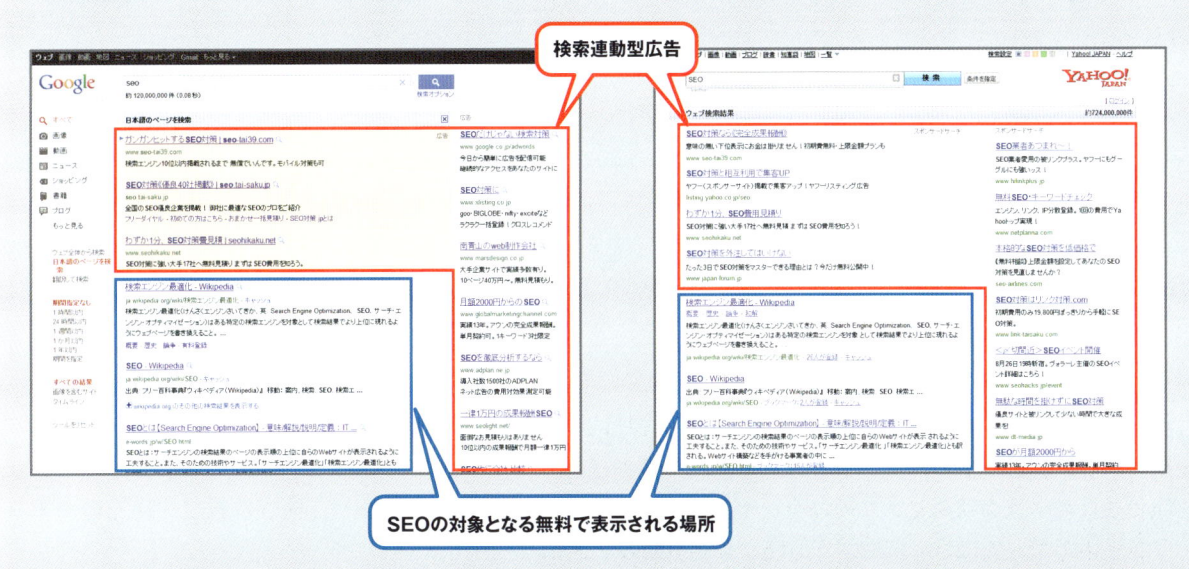

検索連動型広告

SEOの対象となる無料で表示される場所

RELATION ▶ 022 044 112

113 SEOを成功に導く外部対策
優良な被リンクで上位を目指す

Text：梅田 優（ギプリー）

SEOには、内部対策と外部対策の2種類があります。そのうち、外部対策は「被リンク対策」とも呼ばれ、具体的には外部のWebサイトからSEOの対象となるWebサイトにリンクを張ってもらう作業のことを指します。なお、「被リンク」とは、他サイトからリンクを受けている状態のことです。

外部対策を成功させるためのポイント

各検索エンジンでは、Webサイトを評価するにあたって、「良質なWebサイトから多くのリンクを受けているWebサイトは、人気のある（もしくは重要な）サイトである」といった基準を定めています。そのため、狙ったキーワードで検索結果の上位に表示するためには、外部のさまざまなWebサイトからリンクをされていることが必須です。

ただし、単に数多くのWebサイトからリンクされていれば人気があるサイトと認識されて、SEOが成功するというわけではありません。SEOの対象となるサイトをリンクしている、「リンク元サイト」自体の評価も重要になってきます。

良質なリンク元サイトの条件

リンク元サイトの評価基準はさまざまで、各検索エンジンごとに異なりますが、基本的には以下のようなサイトが高く評価されると言えます。

まず、「情報が更新されているサイト」です。サイトが何カ月も更新されていないサイトは、検索エンジンからの評価が低くなります。次に「年齢を重ねているサイト」が挙げられます。検索エンジンは、できたばかりのサイトより、歴史を持つサイトからの評価を好みます。その理由は、長く運営されているサイトは、情報がより蓄積されている優良なサイトだと判断されるためです。

また、同一ドメイン下にある複数のページからリンクを受けるよりも、IPやドメインが分散されているサイトからリンクを受けるほうが評価が高くなります。さらに、SEOの対象となるサイトとリンク元サイトの関連性が高い場合も評価につながります。

最後に、「リンク元サイト自体が良質なリンクを多く受けているサイト」が挙げられます。評価の高いサイトからのリンクは特に有効です。検索エンジンが認めたサイトからリンクを受けているサイトは、検索エンジンから評価されやすいサイトであると言ってよいでしょう。

外部対策では、時間をかけてサイトのコンテンツを充実させ、優良な被リンクを少しずつ増やしていくのが王道です。しかし、優良な被リンクを増やすことは簡単ではありません。そのため、不良な被リンクを大量生産するよりも、場合によってはSEOの専門業者に依頼することも選択肢の1つと言えるでしょう。

SEOの1つ被リンク対策は、外部のWebサイトからリンクされていることだ。ただし、リンク元サイト自体にも評価基準があり、「情報が更新されているサイト」「年齢を重ねているサイト」「リンク元サイト自体が良質なリンクを多く受けているサイト」などだ。外部対策は、時間をかけて優良な被リンクを増やすのが王道だが、専門業者に依頼することも選択肢の1つだ。

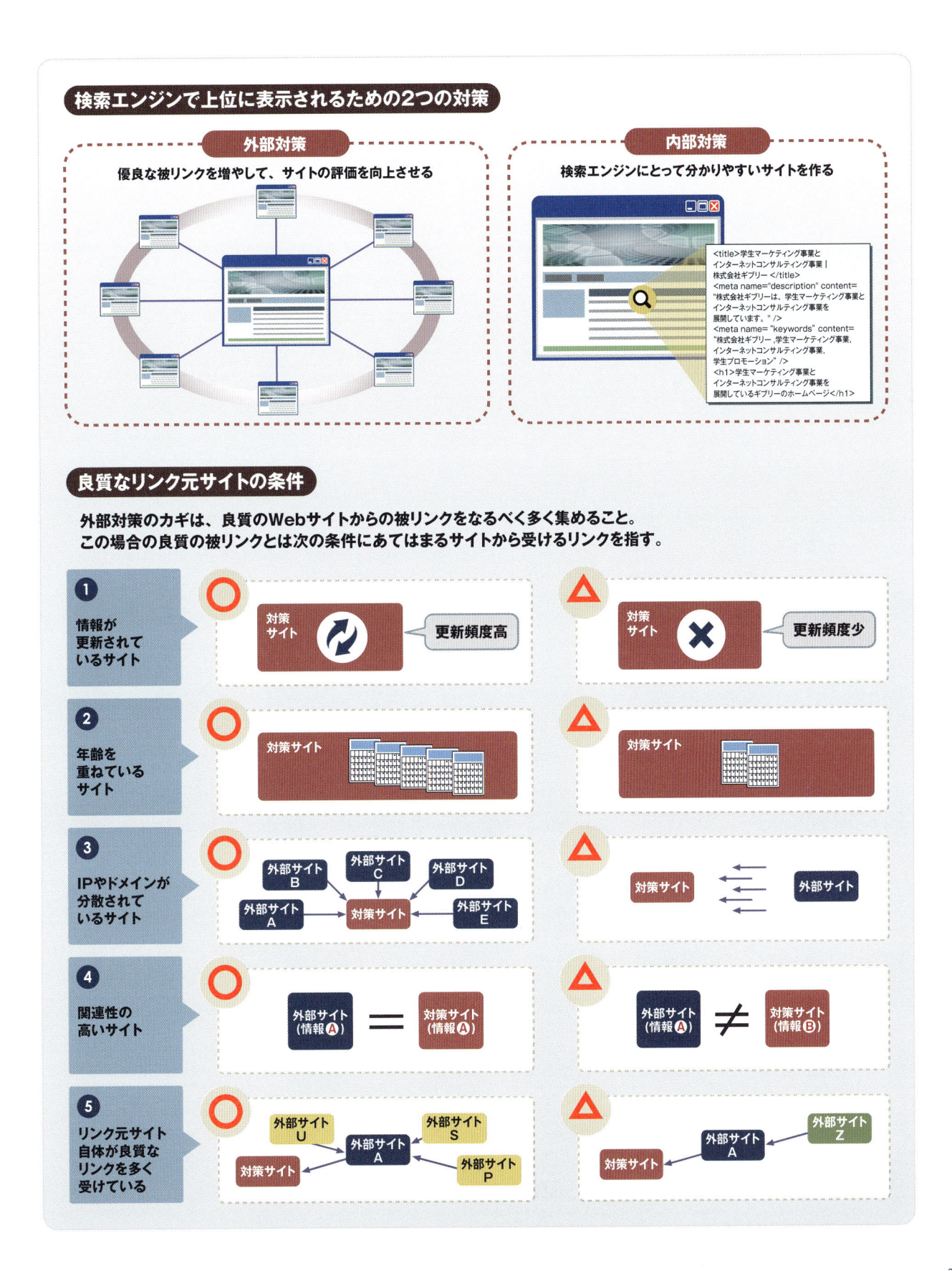

検索エンジンで上位に表示されるための2つの対策

外部対策
優良な被リンクを増やして、サイトの評価を向上させる

内部対策
検索エンジンにとって分かりやすいサイトを作る

```
<title>学生マーケティング事業と
インターネットコンサルティング事業｜
株式会社ギブリー </title>
<meta name="description" content=
"株式会社ギブリーは、学生マーケティング事業と
インターネットコンサルティング事業を
展開しています。" />
<meta name="keywords" content=
"株式会社ギブリー ,学生マーケティング事業,
インターネットコンサルティング事業,
学生プロモーション" />
<h1>学生マーケティング事業と
インターネットコンサルティング事業を
展開しているギブリーのホームページ</h1>
```

良質なリンク元サイトの条件

外部対策のカギは、良質のWebサイトからの被リンクをなるべく多く集めること。
この場合の良質の被リンクとは次の条件にあてはまるサイトから受けるリンクを指す。

① 情報が更新されているサイト
○ 対策サイト ― 更新頻度高
△ 対策サイト ― 更新頻度少

② 年齢を重ねているサイト
○ 対策サイト（複数カレンダー）
△ 対策サイト（少数カレンダー）

③ IPやドメインが分散されているサイト
○ 外部サイトB、外部サイトC、外部サイトD、外部サイトA、外部サイトE → 対策サイト
△ 外部サイト → 対策サイト

④ 関連性の高いサイト
○ 外部サイト（情報A） ＝ 対策サイト（情報A）
△ 外部サイト（情報A） ≠ 対策サイト（情報B）

⑤ リンク元サイト自体が良質なリンクを多く受けている
○ 外部サイトU、外部サイトS、外部サイトP → 外部サイトA → 対策サイト
△ 外部サイトZ → 外部サイトA → 対策サイト

114 インターネット広告の利用
多様で正確なターゲティングができる

Text：パワープランニング

RELATION ▶ 018 027 115 121

インターネット広告とは、Webサイトや電子メールに広告スペースを提供し、収益を得るサービスのことです。昨今のインターネット普及により、メディアとして価値が高まったことや、他のメディアにはない様々な広告手法が開発・展開されることなどで、インターネット広告市場は成長し続けています。インターネット広告費は、2009年、新聞広告費を上回り、テレビ広告費についで2位になりました。

インターネット広告の大きな特徴は、多様で正確なターゲティング性です。たとえばあるWebサイトの利用者に会員登録をさせた場合、同時にアンケートを用いて、年齢、性別、行動履歴、地域、趣味嗜好などの情報収集ができます。これらの情報を基にユーザーに対して、精度の高いターゲティングが実施できます。

このように利用者のニーズにマッチした広告配信ができるのは、従来のマスメディアではできないインターネットの最大の特徴です。

インターネット広告の種類

インターネット広告の種類を、広告フォーマット、課金方法、ターゲティング方法、配信方法の4つに分けて説明します。

広告フォーマットは、テキスト広告、バナー広告、電子メール広告、検索キーワード連動型広告などが代表例です。

課金方法は、成果報酬型（売上型成功報酬）とクリック課金型に分かれます。成果報酬型は、ある指定した一定期間の掲載を保証する期間保証型、指定した表示回数を掲載する表示保証型（インプレッション保証型）、クリック数を保証したクリック報酬型（クリックスルー保証型）、アフィリエイト広告などです。クリック課金型は、広告主が指定した検索語によって表示された結果がクリックされることで課金するリスティング広告が代表です。

ターゲティング方法は、パソコンや携帯電話などのデバイス別広告、地域別広告などがあります。

配信方法は、ユーザーがWebサイトなどにアクセスするプル型と、メールなどでユーザーに情報を送るプッシュ型に分類されます。

インターネット広告の出稿方法

インターネット広告の出稿は、広告を取り扱っている広告代理店を経由する方法と、広告主が配信先の媒体と直接やり取りして出稿する方法があります。

広告代理店を経由して出稿するメリットは、ターゲットや戦略、予算に合わせて各メディアの選定や出稿計画を提案してもらえることです。一方、媒体に直接出稿する場合は、代理店を経由することで発生する中間コストをおさえ、その分を出稿費用にまわせる利点があります。

インターネット広告はWebサイトや電子メールに掲載される広告のこと。行動履歴や登録情報から正確にターゲティングできる点が、テレビや新聞などのマスメディア広告と大きく異なる。テキスト広告やバナー広告などのさまざまなフォーマットがあり、課金方法にも成果報酬型とクリック課金型などの種類がある。インターネット広告の出稿は、広告代理店を経由するか、媒体に直接出稿する方法がある。

インターネット広告表示・配信方法

種類		説明
Web広告		
定型広告	テキスト広告	リンクを貼った文字情報で表現する広告。バナー広告と比べるとシンプルで通信データ量が少ないといった利点がある
	バナー広告	定められたサイズ内でリンク付きの画像を表示し、クリックすることで広告主のWebサイトへ誘導する広告
	バッジ広告	主にスポンサー名やロゴなどシンプルなデザインで表現される小さめの広告。胸などに付けるバッジのように、小さくどこにでも付けられるイメージ
	スカイスクレーパー広告	Webページの画面右側に表示されることが多い縦長の広告。大きく縦長のスペースで表示することから高層ビル（摩天楼）のイメージ
	レクタングル広告	サイズが比較的大きめで正方形に近い形状の広告。バッジ広告とスカイスクレーパー広告の中間サイズの300×250ピクセルが一般的
定型外広告	フローティング広告	Webページ上を広告が浮かんでいるように、他のコンテンツの上に重ねて表示されるタイプの広告
	エキスパンド広告	オンマウス時にバナーが拡大表示されるような仕掛けのある広告。表示領域が拡大することから、一般的にアピールが高いといわれている
	ポップアップ広告	Webページへアクセスすると、広告表示ウィンドウが自動的に開く
	フルスクリーン広告	Webサイトを移動するときに、Flashなどで作成された全画面を使った広告を自動的に挿入・表示する広告
	スポンサーシップ広告	サイト内の特定コンテンツを提供する「スポンサード型」、広告自体を編集記事風に提供する「編集タイアップ型」などを総称した広告
ストリーミング広告		
ストリーミング広告		動画ファイルをダウンロードしてから表示するのではなく、動画を再生する広告
メール広告		
メールマガジン広告		メールを使って、関連のあるメールマガジンに自社のサービスや商品を掲載する広告
DM型広告	オプトインメール広告	事前に希望する情報カテゴリーのメールを受け取ると許諾した利用者へ配信するDM型のメール広告
	ターゲティングメール広告	広告したい商品やサービスの内容に応じて、配信対象者の年齢や性別、興味など複数の属性を絞り込んで配信するDM型のメール広告
ペイドリスティング広告		
検索キーワード連動型広告		サーチエンジンであるキーワードを検索したときに、そのキーワードに対応して表示される広告
コンテンツ連動型広告		Webサイトのページの内容を解析して、解析内容に応じて表示する広告

インターネット広告の例

バナー広告

ストリーミング広告

115 魅力的な広告で効果を高める
SEMの基本 リスティング広告

Text：パワープランニング

SEM (Search Engine Marketing)とは、検索エンジンを広告媒体として使ったマーケティングです。広義のSEMは、Yahoo! JAPANやGoogleなどで展開されている「リスティング広告（PPC広告）」、Yahoo! JAPANなどのカテゴリへWebサイトを登録する「ディレクトリ登録」、検索結果を検索エンジンの上位に表示させる「SEO (Search Engine Optimization)」で構成されますが、一般的には狭義のSEMとして、リスティング広告だけを指す場合も多くあります。ここではそのリスティング広告を掘り下げて説明します。

リスティング広告とは

ユーザーの興味・関心のあるキーワードが、広告主が設定したキーワードと一致した場合に広告を表示する手法がリスティング広告です。ユーザーが入力した検索キーワードに応じて検索結果ページに広告を表示する「検索連動型」と、コンテンツの内容に応じてニュースサイトなどに掲載される「コンテンツ連動型」がありますが、ここではもっとも一般的な検索連動広告について説明します。

検索連動型広告は利用者が入力したキーワードに応じて検索結果ページに表示され、広告がクリックされると課金されます。表示されただけでは課金されません。

広告主は、広告を表示したい検索キーワードを選定し、表示する広告の内容（見出し、紹介文、URL）を設定します。キーワードのクリック単価の上限も設定できるので、予算に合わせて出稿できます。

実際にどのようなタイミングで、どこに表示されるかは、設定したクリック単価（金額）と広告の品質によって機械的に決まります。広告の品質とは、広告が過去にクリックされた率やキーワードと広告の関係性などです。広告効果を高め、よりよい位置に広告を出すためには、検索キーワードの選定はもちろん、表示する広告の内容についても十分に練る必要があります。

リスティング広告の運用方法

リスティング広告は、広告代理店や運用専門会社などに出稿・運用を依頼したり、直接出稿したりできます。

リスティング広告を運用会社に依頼する利点は、専門知識やノウハウがなくても出稿できることです。ただしリスティング広告そのものの料金と、運用会社へ運用手数料（約20％）を支払うのが一般的です。

直接出稿する場合は、リスティングにおけるキーワード選定・登録、出稿料金の割り当てなど、出稿者自身がすべて運用することになります。

管理・運用にかかる費用や時間、リスティング広告に関する知識の有無などが、広告代理店などに出稿や運用を依頼するかどうかの判断ポイントとなります。

SEMは検索サイトを広告媒体として使うマーケティングのことで、特にリスティング広告（検索連動型広告）を指すことが多い。検索連動型広告は、ユーザーが検索時に入力したキーワードと広告主が設定したキーワードが一致したときに表示され、広告がクリックされるたびに課金される。出稿にあたっては自社で直接出稿するほか、運用会社へ依頼する方法もある。

リスティング広告の表示位置と管理画面

Yahoo! JAPAN リスティング広告の検索結果画面

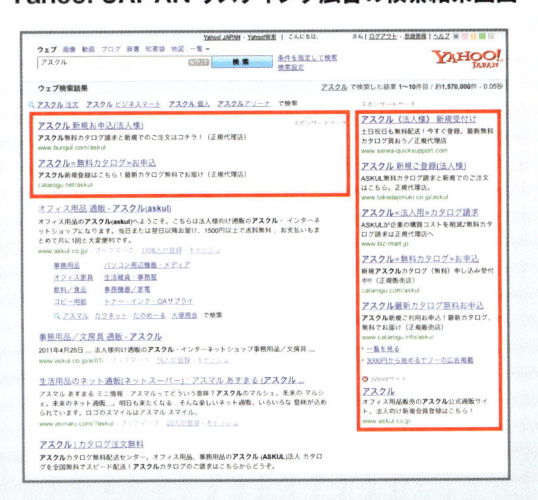

検索結果ページの上部・右側に検索キーワードに連動したリスティング広告が表示される

Yahoo! JAPAN リスティング広告の広告管理画面

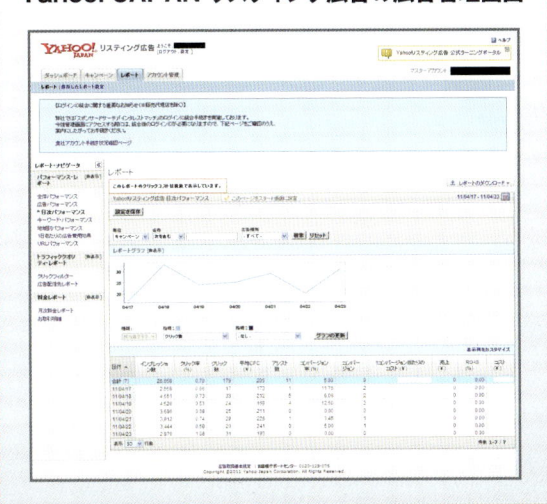

キーワードの登録から出稿単価（予算）、広告文言といったさまざまな設定から運用・管理ができる

リスティング広告の用語

用語	説明
キーワード	広告宣伝する商品やサービスに紐付ける語句。ここで紐付けたキーワードを検索エンジンでユーザーが入力すれば、設定した広告が検索結果画面に表示される
インプレッション数	広告がWebサイト上に表示（露出）された回数。広告効果を計る指標の1つ。リスティング広告では、検索結果画面に表示されただけなら課金対象にならない
クリック数	検索結果画面に表示された広告がクリックされた回数。クリックされた回数と設定した広告単価に応じて課金が発生する
コンバージョン	リスティング広告を出稿したサイト運営者側が設定する成果のこと。ショッピングサイトの場合なら商品購入、情報提供を目的としたサイトやコミュニティサイトなどであれば会員登録などといったアクション（行為）が代表例
CTR	クリックスルーレート（Click Through Rate）の略。クリック数をインプレッション数で割った数値。たとえば月間で1万回広告が検索結果画面に表示され、その広告が100回クリックされたなら100÷1万となり、CTRは0.01（1%）となる
CPC	コストパークリック（Cost Per Click）の略。投じたコストをクリック数で割った広告1クリックあたりの料金。たとえば「腕時計」というキーワードに設定した広告に月間50万円を費やし、その広告が100回クリックされたなら50万÷1,000となり、CPCは500円となる
CPA	コストパーアクション（Cost Per Action）の略。投じたコストをコンバージョン数で割った数値。たとえば「腕時計」というキーワードに月間50万円を費やし、そのキーワードで設定した広告から商品購入したお客様が80件あったなら、50万÷80となり、CPAは6250円となる

RELATION ▶ 020 036 114 117

116 アフィリエイトのしくみ
費用対効果の高い広告システム

Text：大内 徹（ギブリー）

　アフィリエイトとは、商品やサービスを販売しているECサイト（広告主）とWebサイトやメルマガを運営している個人や企業が、広告掲載を通して業務提携することを意味します。Web上の代表的なマーケティング手法の1つで、HTMLの知識があれば手軽に始められることから急速に普及しました。

アフィリエイトの特徴と実施前の準備

　一般的に広告主は、アフィリエイト・サービス・プロバイダー（ASP）を仲介先として、広告掲載を依頼します。アフィリエイト広告を掲載する運営者（アフィリエイター）は、ASPが提供する広告情報から運営するサイトのテーマに合った広告（バナーやテキストリンク）を選定し、自社のサイトに掲載します。そして、アフィリエイト広告から商品購入や会員登録などの成果が上がった場合に報酬が支払われるというのが、アフィリエイトの大まかな流れとなります。

　アフィリエイト広告はバナー広告とは異なり、掲載自体ではなく実際の成果に応じて広告費用が発生します。そのため広告主にとっては、比較的費用対効果の高い広告システムと言えます。また、アフィリエイトでは広告主が広告単価を設定できるのも大きな特徴です。

　アフィリエイトを実施するには、まず広告用のバナーやテキストなど素材を準備します。不特定のサイトに掲載されることを想定し、バナーは異なるサイズで複数準備しておきましょう。また、課金の種類の検討も必要です。課金の種類はASPによって異なりますが、代表的な報酬形態には「成果報酬型」と「クリック報酬型」があります。前者は、バナー広告からのアクセスで成果が上がった場合に課金が発生するタイプで、アフィリエイトではもっとも一般的です。一方、クリック報酬型はバナー広告がクリックされたタイミングで課金が発生します。

アフィリエイト実施のポイント

　アフィリエイトを実施する際に重要になってくるのが、ASPの選定です。ASPによって得意・不得意が分かれる商材や媒体があるからです。そこで、ASPを選定する際には、販売したい商材について競合他社の商材を扱った実績があるか、またリーチしたい媒体を扱っているかなどを十分確認することが必要不可欠です。

　また、そもそも商材によってはアフィリエイトに向かないものもあります。特定の趣味や業種などで扱う専門的な商材やニッチな商材は、アフィリエイトでは成果を上げにくい可能性があることも覚えておきましょう。

　なお、運用中（出稿中）は、なるべく多くのアフィリエイターに取り上げてもらえるよう、成約率や掲載サイト数などのレポートを参考に報酬単価を調整していくことも大切なポイントです。

> アフィリエイトは、ECサイトとWebサイトなどの運営者が広告掲載を通して業務提携すること。アフィリエイト広告を掲載するには、アフィリエイト・サービス・プロバイダーが提供する情報からサイトに合った広告を選定し掲載する。成果が上がった場合に報酬が支払われる。アフィリエイト広告は掲載ではなく成果に対して広告費を払うため、広告主にとっては費用対効果の高い広告システムだ。

アフィリエイトの仕組み・流れ

広告主からの依頼に応じてASPが広告情報を提供し、アフィリエイターが運営サイトに広告を掲載。ユーザーがアクションを起こして、初めて広告料が発生する仕組みになっている。

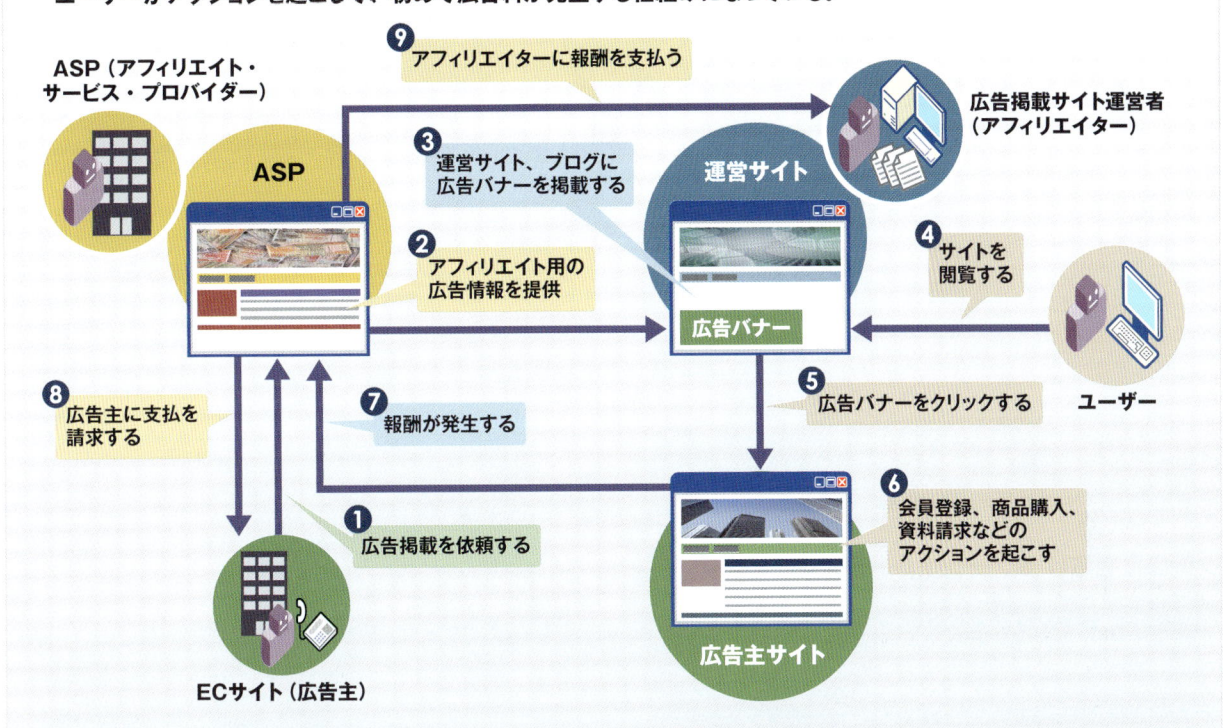

ASP（アフィリエイト・サービス・プロバイダー）

❶ 広告掲載を依頼する
❷ アフィリエイト用の広告情報を提供
❸ 運営サイト、ブログに広告バナーを掲載する
❹ サイトを閲覧する
❺ 広告バナーをクリックする
❻ 会員登録、商品購入、資料請求などのアクションを起こす
❼ 報酬が発生する
❽ 広告主に支払を請求する
❾ アフィリエイターに報酬を支払う

- 広告掲載サイト運営者（アフィリエイター）
- 運営サイト → 広告バナー
- ユーザー
- 広告主サイト
- ECサイト（広告主）

主要なASPサービスの例

サービス名／URL	運営企業	概要
アクセストレード http://www.accesstrade.net/	インタースペース	2001年にサービスを開始。現在の登録アフィリエイターは約29万件（2011年6月末時点）。モバイル向けサービスも展開。
アフィリエイトB http://www.affiliate-b.com/	フォーイット	2006年に開始した比較的新しいASP。2010年4月より、フルスピードから会社分割したフォーイットが事業を承継。モバイル向けサービスも展開。
Amazonアソシエイト https://affiliate.amazon.co.jp/	アマゾンジャパン	ネット通販大手「Amazon.co.jp」に掲載されている1000万点以上の商品が対象。PC、モバイルの両方に対応。
A8.net http://www.a8.net/	ファンコミュニケーションズ	クライアント企業は1万社超、提携パートナーサイトが110万サイトを超える大手ASP。携帯電話、スマートフォン向けサービスも展開。
楽天アフィリエイト http://affiliate.rakuten.co.jp/	楽天	ネット通販モール最大手「楽天市場」の商品やサービス5000万点以上を対象としたアフィリエイトサービス。報酬は楽天ポイントで支払われる。
リンクシェア http://www.linkshare.ne.jp/	リンクシェア・ジャパン	流通総額4000億円超（2010年5月時点）の大手ASP。カタログ通販や百貨店など、有名企業の出稿が多い。PC、モバイル両方に対応。楽天グループ。

117 ソーシャルメディア・マーケティング

ネットを利用した新しいマーケティング手法

Text：江尻俊章（環）

RELATION ▶ 018 019 027 072 109

　ソーシャルメディア・マーケティング（SMM）とは、ソーシャルメディアを活用したマーケティング活動のこと。具体的には、FacebookやGoogle+、mixiなどのSNS、アメブロなどのブログポータル、Twitterなどで、ユーザー間のクチコミを喚起して商品やキャンペーンの情報を広めたり、ユーザーとのやり取りを通じて顧客満足度を向上させたりする活動を指します。

クチコミを広げるソーシャルメディア

　従来のWebマーケティングでは、ポータルサイトのバナー広告やリスティング広告、SEOなどの手段を使い、メディアを通じて自社サイトへユーザーを誘導する施策が中心でした。

　ところが、2010年ごろから、FacebookやTwitterなどのソーシャルメディアが普及し、ソーシャルメディアを通じて情報に接するユーザーが増加。自社サイトへ誘導しなくても、Facebookページや公式Twitterアカウントなどの手段で、企業とユーザーとが直接、コミュニケーションをとれるようになりました。

　たとえば、Facebookページでは、ロイヤリティの高いユーザーを「ファン」として集められます。企業がファンに対して情報を発信すると、ファンを起点にして情報を広めてもらったり、逆にファンのフィードバックを得て商品開発や業務改善に生かしたりできます。

ソーシャルメディアを効果的に利用する

　SMMで期待した効果を得るには、企業発の一方的な情報発信ではなく、ユーザー同士の自然なクチコミを促す必要があります。思わず他人に教えたくなるような、魅力的なコンテンツを用意することが大切です。

　発信した情報をいかに多くのユーザーの目に触れさせるかも重要なポイントです。そのためには、TwitterやFacebookなどの複数のソーシャルメディアを同時に運用し、ユーザーとの接点を増やすとよいでしょう。最近では、複数のソーシャルメディアへ同時に情報を発信できるツールもあります。運用コストを抑えながら情報を確実に波及させる方法を検討しましょう。

　ソーシャルメディアは単独で存在しているのではなく、他のメディアでのマーケティング活動が大きく影響します。たとえば、リアルのイベント開催をきっかけにしてクチコミが広がる、といったケースもあります。そこで、効果検証ではソーシャルメディア以外の施策や情報発信の状況を時系列で記録・管理して、ソーシャルメディアでの各種計測値（たとえばFacebookの「いいね！」の数など）との関係を把握することが重要です。

　SMMでも他のマーケティング施策と同様、仮説・実施・検証・改善を繰り返し重ねていくことで、効果を最大化できます。

ソーシャルメディア・マーケティングは、SNS、ブログポータルなどで、ユーザー間のクチコミを喚起してマーケティング活動を繰り広げることだ。他メディアでのマーケティング活動の影響の大きいソーシャルメディアの効果検証は、ソーシャルメディア以外の施策や情報発信の状況を時系列で記録・管理して、ソーシャルメディアでの各種計測値との関係を把握することが重要だ。

ソーシャルメディア・マーケティングの仕組み

● 従来の情報発信手法

自社サイトへの誘導

サイトを訪問したユーザーのみに情報発信が限定される

メールマガジンの発行

情報発信が既存のユーザーや申込済みのユーザーに限定される

バナー広告・タイアップ企画の実施

自社サイトへのユーザーの誘導が期間限定となる。さらに広告コストが負担となる

ポイント
- 自社サイトからの情報発信は、ユーザー数が限定される
- バナーやタイアップ企画は、情報発信のコスト負担があるため、継続が難しい場合がある

● ソーシャルメディア・マーケティングの手法

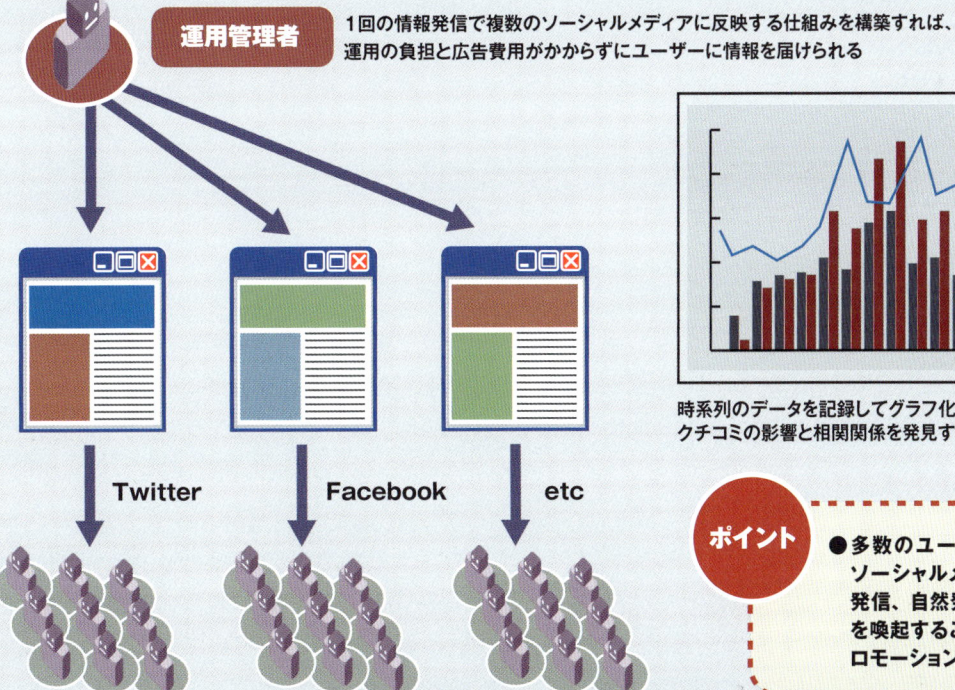

運用管理者

1回の情報発信で複数のソーシャルメディアに反映する仕組みを構築すれば、運用の負担と広告費用がかからずにユーザーに情報を届けられる

Twitter　Facebook　etc

時系列のデータを記録してグラフ化することで、クチコミの影響と相関関係を発見する手がかりとする

ポイント
- 多数のユーザーが利用するソーシャルメディアで情報を発信、自然発生的なクチコミを喚起することで効果的なプロモーションが可能になる

RELATION ▶ 019 027 108 112 114

118 ネットを活用した広報活動
メディア特性に合わせた戦略を

Text：神原弥奈子（ニューズ・ツー・ユー／バンセ）

インターネット以前の広報活動といえば、新製品などの発表のタイミングに合わせてプレスリリースをマスメディアの記者に届け、その後、記事が掲載されたかどうかを確認することが中心でした。

しかし、企業がWebサイトを保有するのが当たり前になった現在では、自社のWebサイトを活用することでマスメディアを通さずに情報を直接発信できます。マスメディアの時代とは異なる、ネットのメディア特性に合わせた広報戦略が必要なのです。

自社メディアとしての企業Webサイト

企業の公式サイトは、企業にとって「自社メディア」とみなすことができます。メディアとしてWebサイトを考えたときにもっとも重要になるのが、コンテンツです。中でも企業サイトでは、更新頻度の高い「ニュースリリース」がキラーコンテンツになります。

ニュースリリースとは、企業の公式発表を、分かりやすい形でまとめた文書のことです。プレスリリースのようにマスメディアの記者だけが読むものではなく、誰が読んでも理解できるように、平易な言葉を使って簡潔にまとめることが重要です。ニュースリリースを、新製品の発表やキャンペーンの実施時など、タイムリーに発表（自社サイトに掲載）することが、ネットを使った広報活動の基本となります。

ファクト（事実）を正確に情報発信できるニュースリリースに対して、周辺情報を伝えられるのが、公式ブログです。公式ブログは、企業の想いを伝える役割を担ってくれます。

たとえば、同じ新商品の紹介でも、経営者による「社長ブログ」、広報担当者によるブログ、商品担当者によるブログなど、複数のブログを運営して紹介すれば、ニュースリリースの内容を違った視点、切り口に変えて発信できます。

情報の起点としてのニュースリリース

企業の公式情報としてのニュースリリースは、自社サイトに掲載するだけでなく、「News2u.net」などのニュースリリースポータルを通じて、自社サイトの外へも配信できます。ニュースリリースポータルは、大手ポータルサイトやニュースサイトと提携しており、これらのサイトを通じて、TwitterやFacebookなどのソーシャルメディアへも情報を広げられます。

ニュースリリースは、企業が直接発表している重要な一次情報です。企業の情報が顧客に届くための情報流通は、今後ますます多様化してきます。拡大するソーシャルメディアの中で、正しい情報を顧客に届け、またそれについて知ってもらい、語ってもらうための情報源として、ニュースリリースを積極的に活用しましょう。

自社のWebサイトから情報を直接発信できるようになった現在、ネットのメディア特性に合わせた広報戦略が必要だ。企業サイトで重要なコンテンツがニュースリリースだ。ニュースリリースは、企業の公式発表を正確に情報発信できる。ニュースリリースを活用することで、ブログやTwitter、Facebookなどのソーシャルメディアでファクト（事実）をベースにした会話ができる。

企業サイトを中心に据えた広報活動

自社メディアのコンテンツをサイト外に発信することでステークホルダーへ情報を届ける

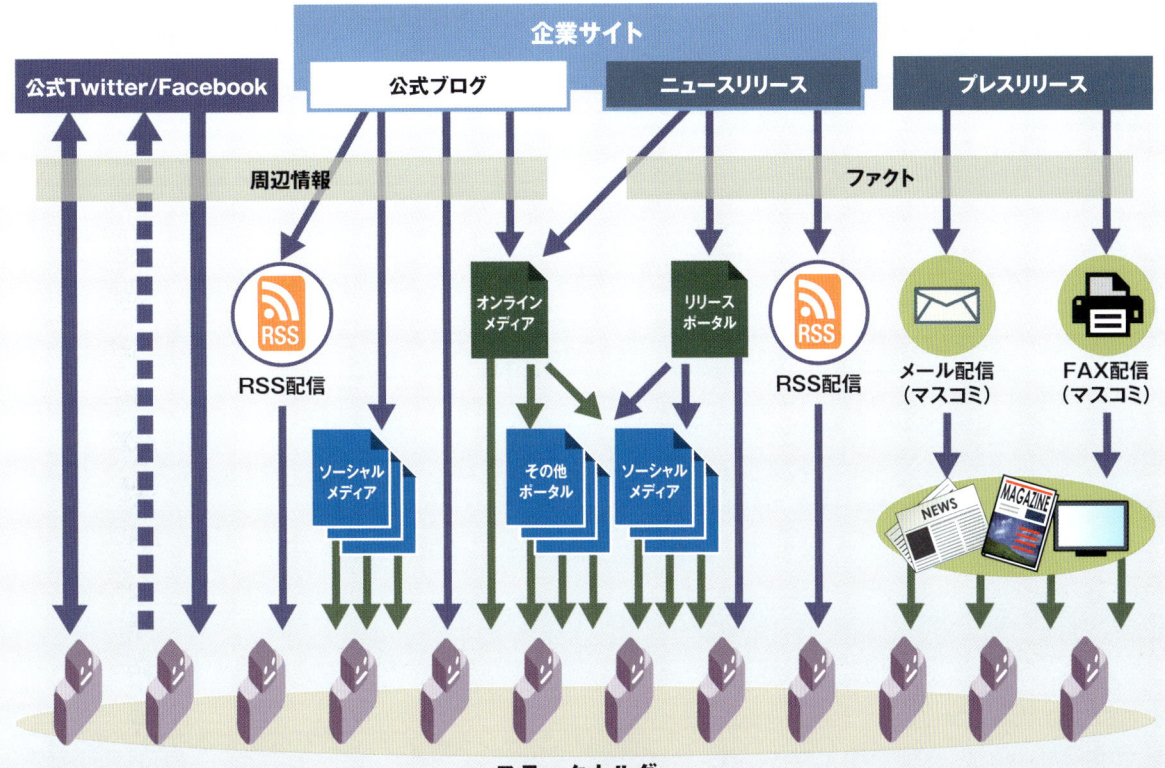

ニュースリリースの例

公式情報を分かりやすくまとめ、タイムリーに自社サイトへ掲載する

RELATION ▶ 018 027 028 031 033 117

119 クロスメディアによるプロモーション

興味をひくコンテンツとインセンティブでユーザーを動かす

Text：クロスコ

クロスメディアとは、テレビや雑誌、Webサイトなど複数のメディアを組み合わせて情報を表現すること、またそうした表現方法によってターゲットユーザーの行動（態度変容）を促すプロモーション手法を指します。たとえば、テレビCMで興味を喚起し、Webサイトやモバイルサイトにアクセスさせ、さらにクーポンで店頭へ誘導するといったケースが挙げられるでしょう。

クロスメディアでは、ターゲットを誘導するシナリオの中に、Webやモバイルのデジタルメディアを含むことが多いのが特徴です。一方、Web側でもインタラクティブなコンテンツやソーシャルメディアの利用など、新しい手法を試みるようになってきており、企画段階から広告代理店とWeb制作会社が共同で取り組む場合が増えています。そのためWebディレクターは、クロスメディアについてよく把握しておく必要があるのです。

クロスメディアのシナリオ設計

メディア間を誘導するシナリオは、「ターゲットにどんな体験を提供するか」を中心に考えます。具体的には、興味喚起のためのメディア（テレビCMや交通広告、サンプリングなど）、検索や行動のランディングとなるメディア（Web・モバイルサイトやイベント会場など）、ゴールとしての集客、理解促進や顧客情報獲得のメディア（Web・モバイルサイトや店舗など）の組み合わせと全体の流れを設計します。特にモバイルは、ターゲットを特定できるだけでなく、リアルな状態（いつ・どこで・何をしているか）に働きかけられるため、クロスメディアにとって必須のアイテムとなりつつあります。

クロスメディアの成功の鍵を握るのがコンテンツとインセンティブです。ユーザーに「面白そう！」と思わせるアイデアのコンテンツや参加体験を提供できるか、また、クーポンの提供やポイント付与などにより商品の購入や会員登録などに結びつけて、ユーザー情報を取得できるかが重要です。Webサイトは、こうしたコンテンツからマーケティングまでの部分を担当します。

ソーシャルメディアで進化するクロスメディア

ソーシャルメディアは、これからのマーケティング施策では、従来の広告メディアに加えて必ずシナリオの一部に用いられるようになるでしょう。具体的には、TwitterやFacebookでリアルタイムに情報を提供し、ターゲットの興味に近い人達に話題を拡散させるといった活用方法が考えられます。

さらに、モバイルの位置情報を使ったジオメディアや、AR技術を駆使して現実世界とネットを横断したコンテンツを展開するARG（Alternate-Reality Game：現実代替ゲーム）を使って、複数のユーザーを巻き込みながら謎解きクエストなどを達成する手法も注目されています。

クロスメディアとは、テレビや雑誌、Webサイトなど複数のメディアで情報発信すること、またはユーザーにメディア間の行動を促すものだ。クロスメディアの成功は、ユーザーが興味をひくコンテンツを提供し、インセンティブによりユーザー情報を取得することだ。Webサイトは、コンテンツからマーケティングまでを担当し、今後はソーシャルメディアも必ずシナリオに加える。

クロスメディアプロモーションの例

たとえば、ビールの販促キャンペーンの場合、CMや広告でキャンペーンを告知し、Twitter投稿と連動したWebサイトでユーザーコメントを表示するコンテンツを展開。フォローで取得したIDにTwitterのDMでクーポンページのURLを送付して店頭へ誘導し、利用したユーザーの情報を得る、といったシナリオが想定される。

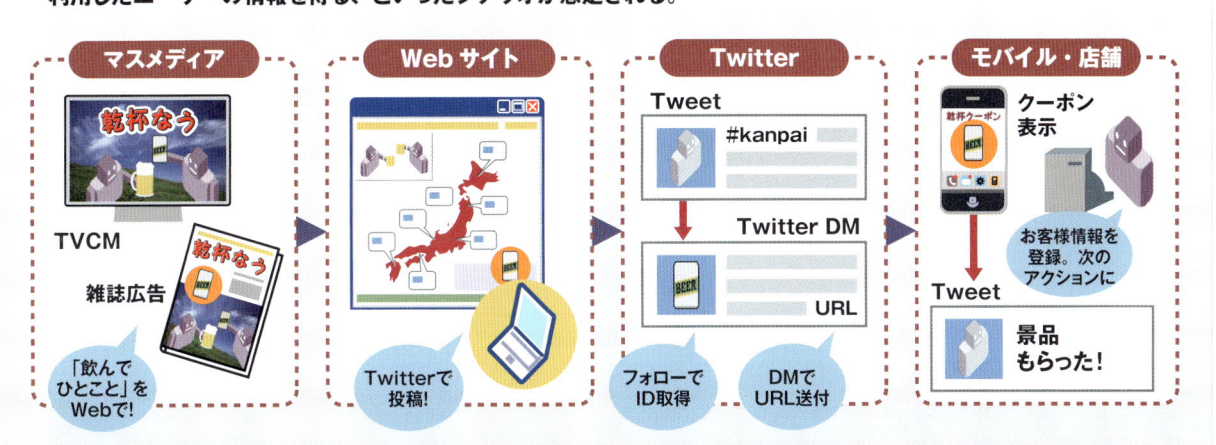

マスメディア
TVCM
雑誌広告
「飲んでひとこと」をWebで!

Webサイト
Twitterで投稿!

Twitter
Tweet #kanpai
Twitter DM URL
フォローでID取得
DMでURL送付

モバイル・店舗
クーポン表示
お客様情報を登録。次のアクションに
Tweet 景品もらった!

クロスメディア・プロモーションのフレームワーク

1 ゴール設定
- キャンペーン応募・入会促進などの「コンバージョンアップ」
- 店頭誘導・客単価向上などの「販売促進」
- 認知促進や話題喚起などの「ブランディング」

2 シナリオ設計
- 「ターゲットにどんな体験を提供するか」を中心に考える
- 興味喚起のメディア、ゴールとしての集客、理解促進や顧客情報獲得のメディアをそれぞれ組み合わせて、全体の流れを設計する

3 コンテンツプラン
- ターゲットの共感を促すコンテクストを形成する要素として重要
- 世界観を提示して参加を動機付けするため、行動を起こさせる仕掛けのアイデアやストーリー、広告表現を練る

4 マーケティングとCRM
- 取得したユーザー情報を基に、その後のマーケティング活動にどう活用していくかを検討する

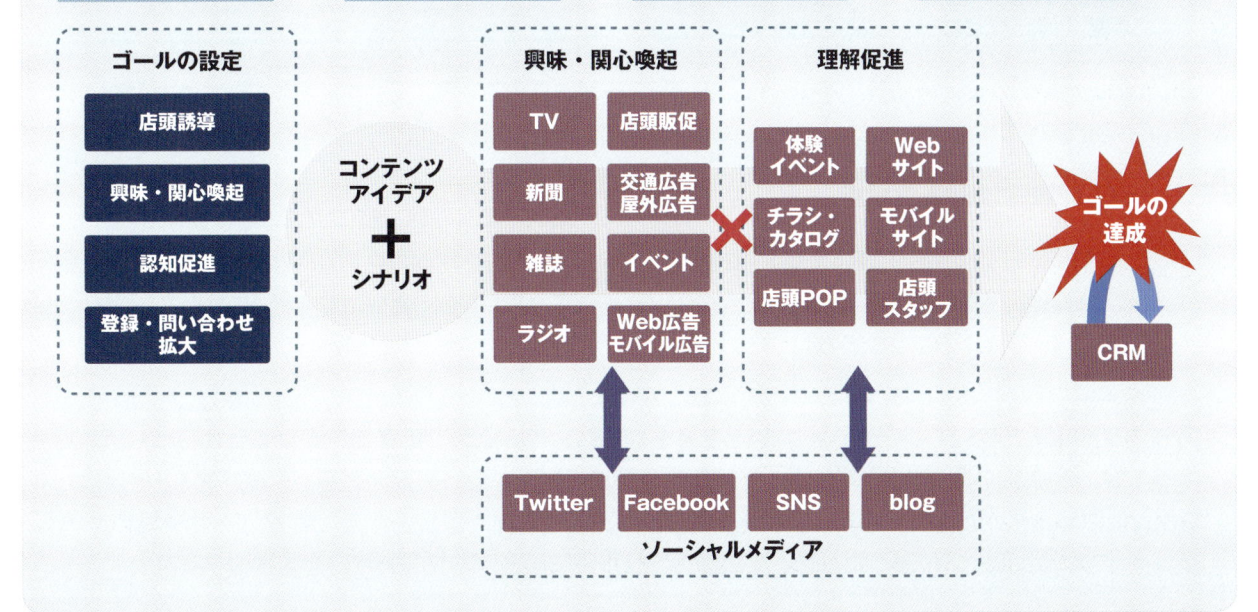

ゴールの設定
- 店頭誘導
- 興味・関心喚起
- 認知促進
- 登録・問い合わせ拡大

コンテンツアイデア + シナリオ

興味・関心喚起
TV / 店頭販促 / 新聞 / 交通広告屋外広告 / 雑誌 / イベント / ラジオ / Web広告モバイル広告

理解促進
体験イベント / Webサイト / チラシ・カタログ / モバイルサイト / 店頭POP / 店頭スタッフ

ソーシャルメディア
Twitter / Facebook / SNS / blog

ゴールの達成 → CRM

RELATION ▶ 035 044 112 113

120 国ごとで大きく異なる海外SEO／SEM事情

検索エンジンのトレンドをおさえよう

Text：WIPジャパン 情報事業部・海外向けWEB/ECマーケティンググループ

海外向けWebサイトの展開も、Webマーケティングの中心はSEO（検索エンジン最適化）／SEM（検索エンジンマーケティング）です。ただし、検索エンジンのトレンドは国によって異なるので、ターゲットとする国によって検索エンジン対策を変える必要があります。

検索エンジンの世界シェア概況

大まかに言えば、欧米圏ではほとんどの国でGoogleが80～90％という圧倒的なシェアを有しています。しかし、中国・韓国・ロシアなど新興国と呼ばれる国々では、自国発祥の検索エンジンが強い支持を受けています。

特筆すべきは、英語使用国ではいずれもGoogleのローカル版がGoogle.comのシェアを上回っている点です。具体的には、イギリス、カナダ、オーストラリア、ニュージーランド、シンガポールで現地ユーザー向けに設計されたGoogleのローカル版は、それぞれGoogle UK（76.5％）、Google Canada（72.7％）、Google Australia（72.6％）、Google New Zealand（76％）、Google Singapore（65.3％）と高いシェアを有しています。

SEO／SEM戦略における注意点

欧州、北米、南米では、Googleの寡占化が進んでいるのでGoogle向けのSEO／SEMを最優先とします。

特に、英語版Webサイトを制作する際は、どの国のユーザーに照準を絞るのかを決めて、その国のローカル版Googleに焦点を合わせたSEO、SEM対策を実施する必要があります。加えて、HTMLやPHPファイルを保存するWebサーバーも、ターゲット国での検索ランキング上昇に有効なものを選択することが重要です。

また、特定ユーザー層にターゲットを合わせた海外SEO、SEM戦略については、当該国の言語事情や階層別ネット利用動向も考慮して実施しなくてはなりません。

たとえば、22の公用語があるインドではGoogle Indiaが現在9言語をサポートしていますが、ネットの普及に伴い、今後サポートされる言語はさらに増える可能性があります。その言語は何語なのか、言語話者はどんな志向を持っていて、どんなサービスに興味があるのか、といった視点を持つことが肝要です。

また、ブラジルはユーザーが、所得・教育・所有物水準に応じて5階層に区分され、階層によってネットアクセスの頻度や環境が異なっています。このような市場では、階層ごとのネット利用傾向に対応した戦略が欠かせません。世界的に見ても、ユーザー層は富裕層から中間層へと拡大する傾向にあるので、どの階層がネットにアクセス可能なのか、情報を常にアップデートしましょう。

もちろん、中国やロシア、中東各国など、その他の多人口・複数民族の新興国への展開においても同様の視点が必要です。

海外向けWebサイトのマーケティングの中心も、SEO／SEMだ。検索エンジンのトレンドは国によって異なるので、ターゲット国によって検索エンジン対策を変える必要がある。欧州、北米、南米は、Googleの寡占化が進んでいるのでGoogle向けのSEO／SEMを最優先する。特定ユーザー層にターゲットを合わせた海外SEO／SEMは、当該国の言語事情や階層別ネット利用動向を考慮する。

世界の検索エンジンシェアランキング

		日本	アメリカ	中国	インド	ドイツ	韓国	イギリス	フランス
国旗		🇯🇵	🇺🇸	🇨🇳	🇮🇳	🇩🇪	🇰🇷	🇬🇧	🇫🇷
人口（万人）		1億2647	3億132	13億3672	11億8917	8148	4875	6270	6510
インターネット人口（万人）		9918	2億4500	4億8500	1億	6513	3944	5144	4526
インターネット利用率（%）		78.4%	78.2%	36.3%	8.4%	79.9%	80.9%	82.0%	69.5%
検索エンジンシェア	1	Google	Google	百度	Google	Google	NAVER	Google	Google
	2	Yahoo!	Yahoo!	Google	Yahoo!	Bing	Google	Bing	Bing
	3	Bing	Bing	Yahoo!	Bing	Yahoo!	Daum	Yahoo!	Yahoo!
公用語		日本語	英語	中国語（簡体字）	ヒンディ語、英語 他	ドイツ語	韓国語	英語	フランス語

		イタリア	ロシア	ブラジル	オーストラリア	オランダ	タイ	香港	台湾
国旗		🇮🇹	🇷🇺	🇧🇷	🇦🇺	🇳🇱	🇹🇭	🇭🇰	🇹🇼
人口（万人）		5809	1億3874	2億343	2177	1685	6672	712	2307
インターネット人口（万人）		3003	5970	7598	1703	1487	1831	488	1615
インターネット利用率（%）		51.7%	43.0%	37.4%	78.3%	88.3%	27.4%	68.5%	70.0%
検索エンジンシェア	1	Google	Google	Google	Google	Google	Google	Google	Google
	2	Yahoo!	Yandex	Bing	Bing	StartPagina	Bing	Yahoo!	Yahoo!
	3	Bing	Bing	Yahoo!	Yahoo!	Bing	Yahoo!	Bing	Bing
公用語		イタリア語	ロシア語	ポルトガル語	英語	オランダ語	タイ語	英語、中国語（繁体字）	中国語（繁体字）

（2011年　WIPジャパン調べ）

RELATION ▶ 065 066 067 114

121 メールマガジンによる メールマーケティング

あきられないコンテンツに工夫が必要

Text：パワープランニング

メールマガジンとは、電子メールを活用して、ユーザーへ興味のある情報や有益な情報を定期的（または不定期）に配信する仕組みのことです。もともとは雑誌のような読み物で構成された電子メールなのでメールマガジンと呼ばれ、さまざまなジャンルにおいて有料・無料のメールマガジンが発行されています。

企業がWebマーケティングに活用するケースも多く、自社サイトで会員登録を促し、商品情報やキャンペーン情報などを配信するのが代表例です。ここではメールマガジンによる広告配信（メールマーケティング）について説明します。

メールマーケティングの特徴

メールマーケティングは見込み顧客や既存顧客に対して、電子メールを活用して情報配信するマーケティング手法です。自社の商品やサービスに興味があるユーザーを囲い込んだり、ECサイトでのセール情報や新商品情報を配信することでリピーターを育成・増加したりするために用いられます。

メールマーケティングのメリットは、ユーザーの属性や趣味・思考・興味など、これまでの購入履歴などから属性分析に基づいた情報を配信できることにあります。また、メールマガジン内に設置したURLのクリック状況からアクション率を計測し、実際の効果を検証できるのも特徴です。

一方で、多すぎる配信頻度やユーザーの意にそぐわない内容であれば開封率が低くなり、期待した効果が得られないだけでなく、ユーザーに対してネガティブな印象を与える恐れもあります。

メールマーケティングの実施手順

メールマーケティングを実施するには、最初にオプトインまたはオプトアウトによってユーザー（読者）を集める必要があります。オプトインはWebサイトなどであらかじめ承諾を得たユーザーに、オプトアウトは既存の顧客リストなどに対して事前承諾なしに配信する方法です。いずれの場合も、迷惑メールと思われないようにユーザー視点に立ち、「特定電子メールの送信の適正化等に関する法律」などに準拠して運用しましょう。

ユーザーの視点に立ち、かつ効果の高いメールマーケティングを実施するには、新商品情報やセール情報などのユーザーが有益と感じる情報を提供するとともに、利用者をあきさせない工夫が重要です。ときには自社の宣伝だけでなく、読者がクチコミをしたくなるような情報や担当者が気になっている話、時事ネタなどをうまく盛り込みましょう。もちろん、新商品やキャンペーンの告知であれば、ユーザーがクリックしたくなるような魅力的な文章を書く技術も欠かせません。

メールマガジンは、電子メールを活用するマーケティングだ。セール情報や新商品情報、URLを配信し、目的のサイトに誘導する。ただし、商品情報だけではなく、一般的な飽きられないコンテンツも含める工夫が必要だ。効果検証はメール開封数（率）や誘導URLのクリック状況などでできる。迷惑メールとならないように、法律を遵守した運用に気をつける必要がある。

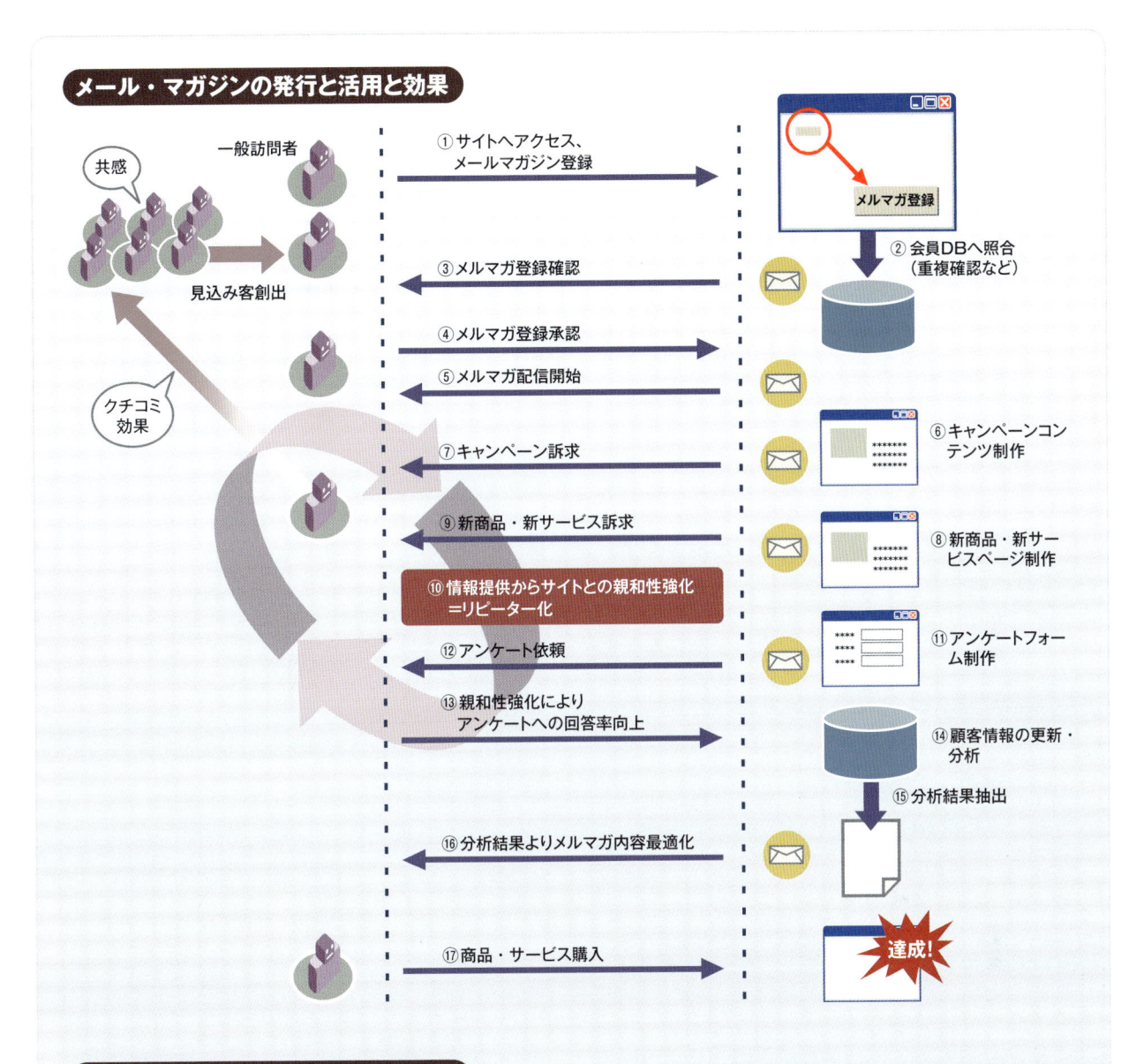

メール・マガジンの発行と活用と効果

- 共感
- 一般訪問者
- 見込み客創出
- クチコミ効果

① サイトへアクセス、メールマガジン登録
② 会員DBへ照合（重複確認など）
③ メルマガ登録確認
④ メルマガ登録承認
⑤ メルマガ配信開始
⑥ キャンペーンコンテンツ制作
⑦ キャンペーン訴求
⑧ 新商品・新サービスページ制作
⑨ 新商品・新サービス訴求
⑩ 情報提供からサイトとの親和性強化＝リピーター化
⑪ アンケートフォーム制作
⑫ アンケート依頼
⑬ 親和性強化によりアンケートへの回答率向上
⑭ 顧客情報の更新・分析
⑮ 分析結果抽出
⑯ 分析結果よりメルマガ内容最適化
⑰ 商品・サービス購入
達成！

オプトインメールとオプトアウトメール

	送付対象	特徴	結果
オプトインメール	メールマガジンの受信を事前許諾した利用者	広告メールを配信するパーミッションマーケティング手法のひとつ。利用者があらかじめ受信を承諾しているメールであるため、メール自体の開封率も高く、広告効果も高い	利用者が興味のある情報、または利用者が有益な情報を事前承認の後に配信するため、配信側と利用者の信用が積み重ねられ、利用者と継続的に接点を持ち続けることのできる有効手段
オプトアウトメール	メールマガジンの受信を事前承諾していない利用者	利用者の事前承諾無しに広告目的などのメールを配信する場合が多く、「特定電子メールの送信の適正化等に関する法律」に定められている表示義務を遵守する必要がある	「特定電子メールの送信の適正化等に関する法律」に従わなかった場合、行政処分の対象となる

ユーザー視点のコンテンツ設計

　ユーザーはWebサイトを問題解決のためのツールとして利用している。この点を忘れたWebサイトは、たとえばメーカー企業のトップページの商品分類が利用シーン別ではなく事業部別だったり、レストランのスマートフォンサイトに最寄り駅からの地図ではなく、人気メニューが紹介されているだけだったりする。

　コンテンツを設計するときは、ユーザーの属性や状況、動機などを適切に認識しなければならない。このとき意識すべきなのが「ニーズ（needs）」と「ウォンツ（wants）」の違いだ。

　ニーズを解決するコンテンツとは、ユーザーが具体的な解決策を持っておらず、場合によっては問題すら不明確な状態に提供する情報のことだ。たとえば「紅葉狩」というキーワードでWebサイトを訪れたユーザーは、自分がどこにどれくらいの予算で行きたいのかまだ決まっていない。この段階のユーザーに、「箱根一泊7,800円」と提案しても、解決策が一気に具体化しすぎて、「それなら他の行楽地も吟味してみよう」と思われ、もう一度検索エンジンに戻ってしまうだろう。

　一方、ウォンツを解決するコンテンツとは、ユーザーが具体的な解決策を知っており、最終的にどこから入手するか選択する状態に提供する情報のことだ。たとえば「パリ7泊8日」というキーワードでWebサイトを訪れたユーザーは、すでにパリに行くことを決めている。この段階のユーザーに「ロンドンなら7泊8日で1人￥198,000」と言っても興ざめだろう。むしろ、「ホテルとセットなら1人￥178,000」、「モンサンミシェルへのバスチケット付き」など、ウォンツを肯定し、強化するコンテンツを用意するべきだ。

　なお、ニーズとウォンツを知る方法には、キーワード以外に参照元サイトや時間帯、IPアドレスから推定できるユーザーの所在地などがある。

第10章 Webサイトの運用・改善

- 122 PDCAでまわす運用業務の基本 …… 298
- 123 運用業務の受注と体制の構築 …… 300
- 124 業務分担を明確にするECサイトの運営 …… 302
- [コラム7] 実例にみる大規模サイトの運用ディレクション …… 304
- 125 Webサイト運営のリスクマネジメント …… 306
- [コラム8] ソーシャルメディアの普及で注目されるテキストマイニングの可能性 …… 308
- 126 Webサイトの効果測定 …… 310
- 127 Webアクセス解析の活用 …… 312
- 128 アクセス解析レポートと定期ミーティング …… 316
- 129 アクセス解析から導く改善提案 …… 318
- [コラム9] アクセス解析と業務データの連携 …… 320
- 130 LPOとEFOによるWebサイトの改善 …… 322
- 131 A/Bテストによる効果検証 …… 324
- 132 レコメンデーションと行動ターゲティング …… 326

122 公開したWebサイトを活かすために PDCAでまわす運用業務の基本

Text：高木 結（インサイドテック）

Webサイトは作って終わりというわけではありません。作ってオープンしてからが本当のスタートです。Webサイトは日々動く生き物のようなもので、新しい情報を更新することによって、再び人が訪れ活性化します。いつまでも古い情報のままでは人が寄り付かなくなるのです。公開したWebサイトを活かすために必要な作業が、Webサイトの「運用業務」です。

運用業務の基本はPDCA

「運用」とはいってもさまざまな業務がありますが、基本的なフローは「PDCA」（Plan-Do-Check-Act）のサイクルに則って進めます。

1つ目は、Plan／Doにあたる「制作・更新業務」です。サイトの目的や目標に対して計画を定め、新しいコンテンツや機能を企画・制作したり、最新情報を発信したり、古い情報を削除したりします。

2つ目はCheckにあたる「効果検証」です。主に、アクセス解析によってユーザーの動向を計測することで、ユーザーがどのページをよく見てどこで離脱しているか、コンバージョンはどの程度達成できているかなどを測り、次の改善につなげます。

3つ目はActにあたる「改善」です。効果検証の結果、どこに問題があるのか、どう改善したらよりよいサイトになるのかを検討してサイトを修正・変更します。

運用代行のパターンと契約形態

運用はWebサイトを制作したら必ず必要になる業務ですが、クライアント側、制作会社側、その両方で分担する場合などのパターンがあります。

1つ目はほとんどの作業をクライアント側で担当し、制作会社は大きな追加などがあった際だけ依頼を受けるパターンです。運用コストが抑えられるメリットがありますが、クライアント側でHTMLのソースコードを書きかえるといった作業は難しく、レイアウトが崩れるなどのリスクもあるためCMS（Content Management System）を初期の段階で導入しておくことが多いです。

2つ目は制作会社が委託を受けるパターンです。毎月の作業内容がある程度予測できる場合は、業務に対する人件費などのコストを算出して金額を決めたうえで契約します。運用上、想定外の作業が起こる場合もあるので、その場合は別途費用を請求できるような契約をしておく必要があります。また、毎月の作業内容が分からない場合は、かかった作業費を後から請求したり、月の作業時間と金額を定めておき超過分は別途請求したり、といった契約を結ぶ場合もあります。もちろん、運用業務がある度に見積り・受発注するパターンもあります。運用代行を受注する際は、クライアントの要望に応じて臨機応変に決めていくことが大切です。

Webサイトの情報を頻繁に更新して活性化するための作業が運用業務だ。基本的なフローはPDCAで、Plan／Doにあたる「制作・更新業務」、Checkにあたる「効果検証」、Actにあたる「改善」でまわしていく。運用代行の主なパターンは、クライアント主体か制作会社の受託の2つだ。運用代行を受託する際、費用については、要望に応じて臨機応変に決めていく。

運用業務の基本

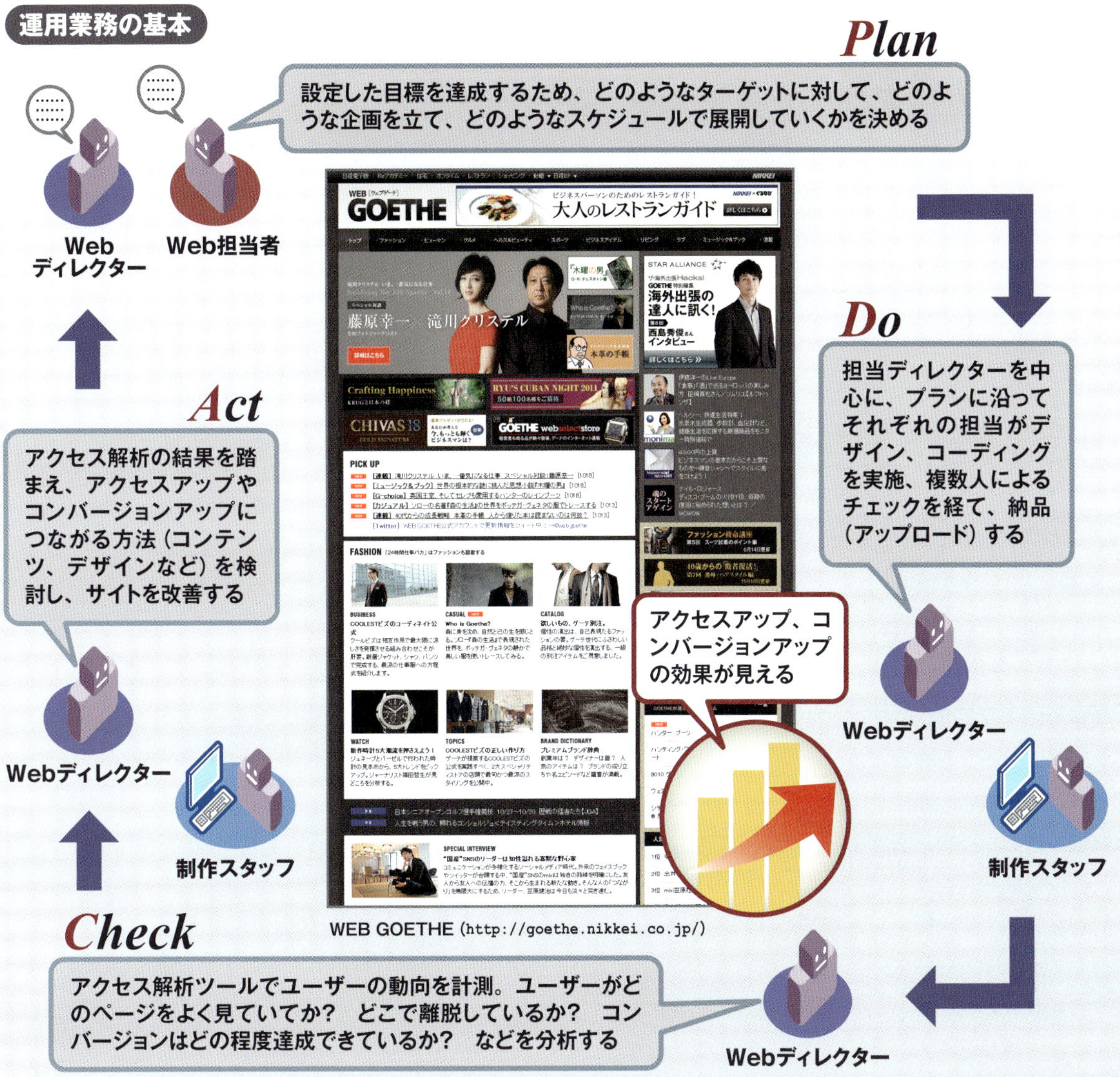

Plan
設定した目標を達成するため、どのようなターゲットに対して、どのような企画を立て、どのようなスケジュールで展開していくかを決める

Do
担当ディレクターを中心に、プランに沿ってそれぞれの担当がデザイン、コーディングを実施、複数人によるチェックを経て、納品（アップロード）する

Check
アクセス解析ツールでユーザーの動向を計測。ユーザーがどのページをよく見ていてか？　どこで離脱しているか？　コンバージョンはどの程度達成できているか？　などを分析する

Act
アクセス解析の結果を踏まえ、アクセスアップやコンバージョンアップにつながる方法（コンテンツ、デザインなど）を検討し、サイトを改善する

- Webディレクター
- Web担当者
- 制作スタッフ

アクセスアップ、コンバージョンアップの効果が見える

WEB GOETHE (http://goethe.nikkei.co.jp/)

Webサイトの運用パターンと契約形態

更新作業の担当	内容	契約例
クライアント側	更新担当者のWeb理解度を確認し、必要に応じてCMSなどの更新システムを導入。更新時に表示崩れやトラブルが無いように変更可能な範囲を設定して納品する	初期制作＋システムメンテナンス
制作会社側	スケジュールに沿って更新内容を作成し、デザイン、コーディングを実施し、確認後、納品する。あらかじめ決められた範囲内で作業し、追加がある場合は別途協議する	作業量に応じた月額運用

RELATION ▶ 006 007 054

123 運用業務の受注と体制の構築

Webサイトの円滑な運用業務のために

Text：高木 結（インサイドテック）

運用業務の受注が決まったら、受発注者間で取り決められた内容に沿って実際の運用業務が始まります。円滑な運用業務には、事前の体制構築が不可欠です。「誰が、何を、いつまでにする」か、担当者やルールを制作会社の社内で整えておく必要があります。

ページ追加型の運用体制

運用業務にはさまざまなパターンがありますので、ここでは代表的な2つの例を挙げて紹介します。

1つ目のパターンは、ショッピングサイトやポータルサイトなど、ページを随時増やしていくタイプのWebサイトです。この場合は通常のWebサイト制作と同じように、構成を作成して素材を用意し、デザインやコーディング、社内テスト、クライアントチェックを経て納品する流れが基本です。

案件にもよりますが、それぞれに担当者を付けて、チェック体制を構築します。重要なのは、必ず複数の人でチェックすることです。更新作業は、新鮮な情報をいち早くユーザーに提供するためにスピーディな作業が求められる一方、公開後にミスが見つかるとサイトの信用を落とし、アクセス数を減らす原因にもなりかねません。特に制作会社側で本番アップする際はなおさら慎重に作業する必要があります。最終確認やアップの作業には、十分に経験のあるスタッフを配置するとよいでしょう。

ページ変更型の運用体制

2つ目は、すでにあるページを部分的に変更したり追加したりするパターンです。すでに更新内容が決まっていてクライアントから指示を受ける場合や、相談しながら決める場合などがあります。

口頭で依頼された場合でも、間違いのないよう、作業内容を再度整理してメールで送るなど、エビデンス（証拠）を残しておくと、「言った」「言わない」のトラブルを回避できます。この場合も、窓口となる担当者と作業者を決め、必ず複数人でチェックし、クライアントの確認を経て本番環境にアップします。

CMSやブログを使って更新する場合も、作業の流れは大きく変わりません。ソースコードを書かなくても更新できるので、制作会社側で担当できる人員が増えたり、よりスピーディに対応できたりする利点はありますが、いずれにしても人手による作業ですので、必ずミスが起こる前提で作業内容の確認や複数人でのテストを実施するようにしましょう。

いずれのパターンでもWebサイトを活性化させるには、PDCAに沿った運用体制を整える必要があります。アクセス解析などの効果測定の結果をもとに関係者が集まって議論する場を定期的に持ち、コンテンツやサイト設計を見直すことで、Webサイトはより活性化できます。

> 円滑な運用業務には「誰が、何を、いつまでにする」かという事前の体制構築が不可欠だ。運用業務にはページを随時増やすページ追加型とすでにあるページを部分的に変更・追加するページ変更型が代表例となる。どちらのタイプも、PDCAに沿った運用体制を整え、関係者が定期的に集まって議論をし、コンテンツやサイト設計を見直すことで、運用業務は円滑に進み、Webサイトをより活性化できる。

運用ワークフローの構築例

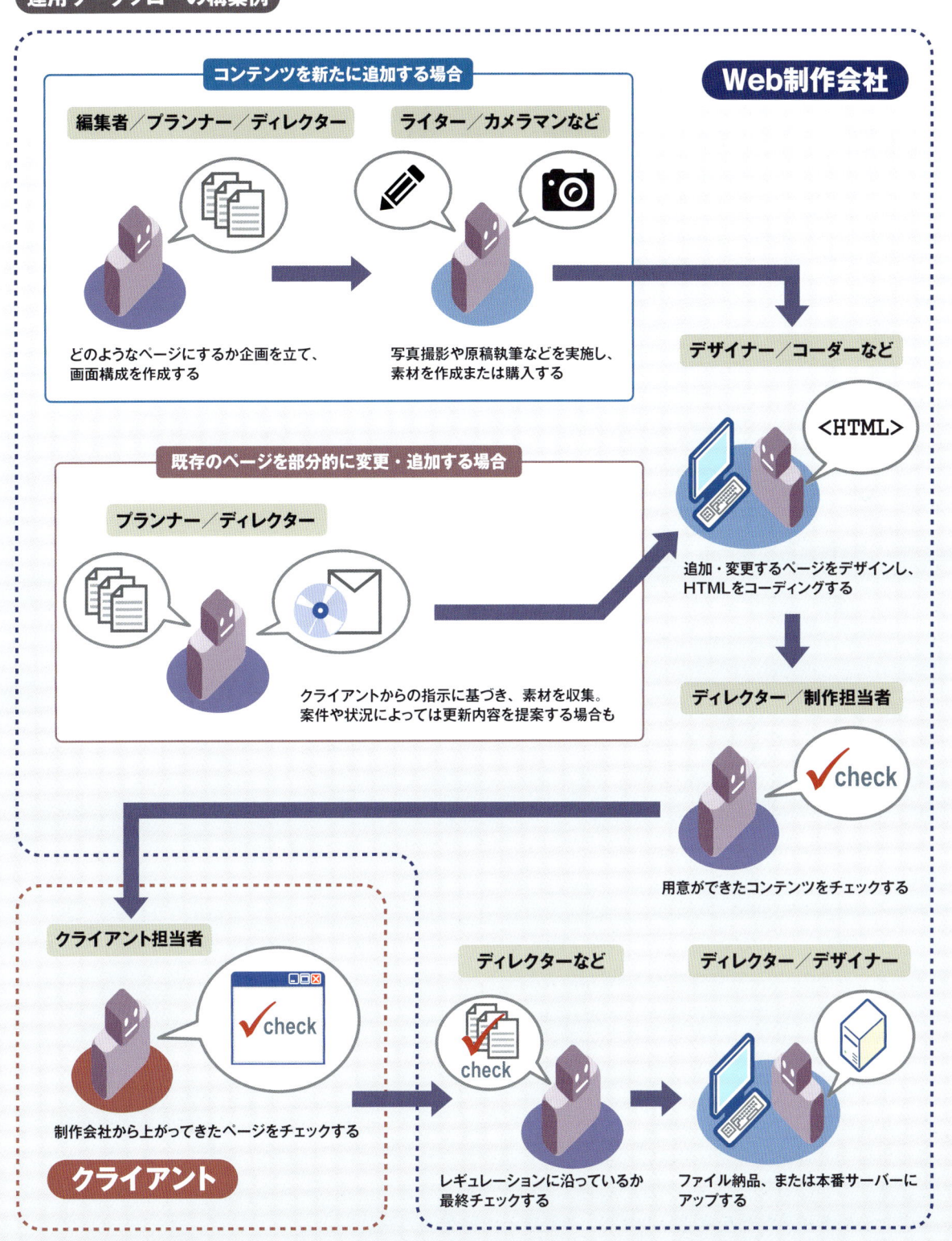

Web制作会社

コンテンツを新たに追加する場合

編集者／プランナー／ディレクター
どのようなページにするか企画を立て、画面構成を作成する

ライター／カメラマンなど
写真撮影や原稿執筆などを実施し、素材を作成または購入する

既存のページを部分的に変更・追加する場合

プランナー／ディレクター
クライアントからの指示に基づき、素材を収集。案件や状況によっては更新内容を提案する場合も

デザイナー／コーダーなど
追加・変更するページをデザインし、HTMLをコーディングする

ディレクター／制作担当者
用意ができたコンテンツをチェックする

クライアント

クライアント担当者
制作会社から上がってきたページをチェックする

ディレクターなど
レギュレーションに沿っているか最終チェックする

ディレクター／デザイナー
ファイル納品、または本番サーバーにアップする

RELATION ▶ 036 055 070 099 112 133

124 業務分担を明確にする ECサイトの運営

通常のWebサイトにない業務も

Text：パワープランニング

ECサイトの運営には、通常のWebサイトにはない在庫管理（Web上と実際の在庫の連動）や物流業務などが含まれます。実際に稼働しているECサイトの運営を制作会社側で受託する場合は、サイトに掲載する商品データの制作や注文対応、在庫管理・配送、プロモーション、カスタマーサポートなど多岐にわたることから、クライアントとの業務分担や責任範囲を明確にする必要があります。

商品ページ制作から在庫管理・配送まで

ECサイトの運営で発生する基本的な業務を、商品の仕入れ後から注文までの流れに沿って説明しましょう。

商品を仕入れると、Webサイトに掲載するための商品データを作成します。商品撮影、商品の説明文や商品サイズなどの商品に応じたデータを作成し、価格を設定して掲載します。

掲載した商品の注文があれば、注文内容の確認、配送担当者への配送指示を含む注文対応指示をします。

在庫管理・配送では、注文対応指示によって、物流担当者が商品の在庫を確認後、ラッピングし、商品を出荷します。商品出荷後に、返品や品物の取り替えが発生することもあり、その対応も在庫管理・配送業務に含まれます。

自社サイト以外にショッピングモールへ出店していたり、実店舗を持っていたりする場合は、それらの店舗との価格、在庫状況の連携も必要です。

プロモーションとカスタマーサポート

プロモーションとカスタマーサポート（顧客対応）も、ECサイトの運営に欠かせない業務です。

プロモーションには、プロモーションページの制作、プレスリリースの作成、リスティング広告の運用、SEOなどが含まれます。新規の顧客を集客し、売上拡大を図るとともに、メールマガジンやブログ通じて、新商品の入荷、タイムセールなどの情報を発信します。最近ではTwitterやFacebookなどのソーシャルメディアを利用して、ユーザーとのコミュニケーションを深めることも重要なプロモーションになっています。

カスタマーサポートは、商品購入の問い合わせや、商品購入後のサポート、クレーム対応などが主となります。

問い合わせに対して迅速・正確に対応できるマニュアルや体制が必要です。顧客の声がサービス向上に繋がる可能性もあるので、問い合わせ内容を運営元（受託元）に対してフィードバックできる仕組みを構築しましょう。

ECサイトの運営を受託する際、ECサイト固有の業務を把握することが第一です。そのうえで、自社の強みや予算、人材などあらゆるリソースを考慮し、結果が出せる運営受託が望まれます。

ECサイトの運営を受託する場合、特有の業務を把握し、クライアントとの分担、責任範囲を明確にしなければならない。大まかな業務の流れは、商品紹介ページを制作・掲載し、受注後の配送手配や在庫管理をする。プロモーションや顧客の声を直接受けるカスタマーサポートも業務に含まれる。これらの業務と自社の強みなどを考慮しながら、受託する内容を決めていく。

ECサイトの運営業務

概要	業務内容	説明
ページ制作	商品情報の登録・掲載	商品情報の執筆、商品撮影、撮影済み画像の加工、商品ページの公開
	ニュースページや特集ページの制作・運用	ニュース情報、特集ページとして掲載する情報の執筆・取材、画像の加工、ページの公開
	その他のページの運用	ECサイトの利用方法・決済方法のページ制作、ヘルプページ、Q&Aページの制作
注文対応	注文対応	注文内容の確認、注文受注の処理、配送指示
プロモーション・広告	プロモーションの企画	プロモーション全体の企画・立案、効果検討
	プロモーションページ運用	プロモーションページの企画・立案、制作、公開、終了後の公開停止
	メールマガジンの発行	メールマガジンの執筆、画像加工、HTML制作、メールマガジンの配信
	ブログ／クチコミマーケティング	ブログの制作、更新や、ソーシャルメディアを使ったクチコミマーケティング
	プレスリリース	プレスリリースの執筆、画像加工、ページ制作、プレスリリースの配信
	マーケティング	マーケティングデータ収集・分析、サイトや商品の改善
在庫管理・配送	在庫管理	商品の入荷、商品管理、棚卸
	検品	商品検品
	梱包	商品梱包（ラッピング、リボンつけなど）
	配送	商品配送
	不良品	不良品などの返品
カスタマーサポート	サイト利用、個人情報の案内	商品購入方法の案内、商品に関する案内、決済方法や配送に関する案内
	質問、意見への対応	商品、サイト利用などに関する意見、質問の受付・対応
	クレーム受付・対応	商品、サイト利用に対するクレーム受付・対応、クレーム内容・対応の報告・共有
	個人情報受付・対応	個人情報保護の案内、問い合せ受付・対応、問い合わせ、対応内容の報告
顧客情報	顧客情報の管理	顧客情報の管理、取引業者の管理

実例にみる大規模サイトの運用ディレクション

text：アンティー・ファクトリー

　大規模サイトでは、ページ数もさることながら、関係者も多く、運用ディレクションの手腕が問われます。当社が担当しているA社の事例を紹介します。

　A社はいわゆる大手メーカーで、そのWebサイトは数万ページにおよびます。A社は複数の事業部に分かれ、数多くの製品ブランドを保有しています。そのため、一貫したブランド訴求やサイト品質の均質化、CMSによるインフラコストの効率化などを目的としたサイトガバナンスを施行して統括、運用しています。

　さらに、サイト運営の中で生じる課題や改善点は、PDCAサイクルによる継続的な取り組みによって、サイト全体の品質を維持し改善に努めています。

運用ガイドラインの重要性

　膨大なページ数を保有する大規模サイトの運用にはガイドラインの存在が欠かせません。ガイドラインには、「デザインガイドライン」「ユーザビリティガイドライン」「コーディングガイドライン」など、さまざまな種類があります。また、ガイドラインではサイトの制作や運用に関するさまざまなルールを設定しています。これらのガイドラインを関係者全員が共有する仕組みを作り、遵守することで、ブランド訴求やサイト品質の一貫性が保たれています。

　またコミュニケーション管理として体制図や承認フローといった項目をとりまとめ、人為的トラブルを未然に防ぐ運用体制を実現しています。

　サイト全体の品質を中長期的に維持するため、さまざまな業務内容やノウハウがあります。それらを文書化、図表化によって「形式知」として蓄積し、突発的事象に対するリスクも回避できる管理体制を整えています。

PDCAサイクルの取り組み

　大規模Webサイトには、数多くのマイクロサイトも存在します。各サイトの目的やユーザー層も多岐にわたるため、日常的、中長期的に、多くの課題やユーザーニーズが抽出されてきます。

　それぞれの課題の改善やユーザーニーズを集約しても、サイト全体の一貫した品質を保たなければなりません。そのためには、計画（Plan）、実行（Do）、評価（Check）、改善（Act）のPDCAサイクルを継続的に効率よく回していかなければなりません。

　PDCAサイクルを実施し、サイト改善に取り組む中で、サイト全体を統括するルールの変更が必要になる場合があります。運用ガイドラインはあくまでも作成時点の想定に基づくルールですから、必要に応じて改訂します。随時アップデートできるようにガイドラインは柔軟性を持って作成しておき、改訂時にはすぐにオンラインで共有して、周知徹底を図るようにしています。

Webサイトの品質を保つ取り組み

● 数万ページにおよぶWebサイトの運用体制

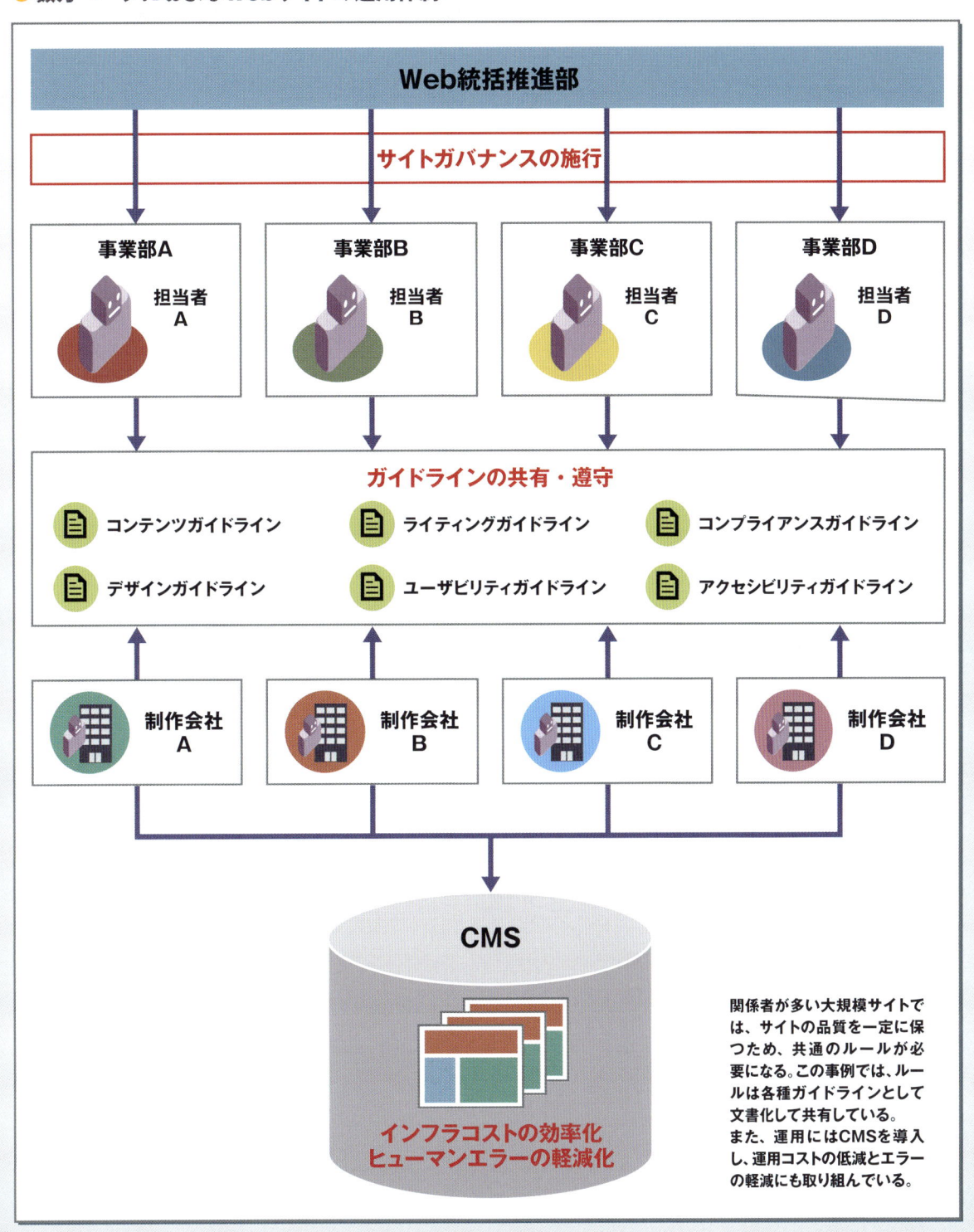

Web統括推進部

サイトガバナンスの施行

事業部A	事業部B	事業部C	事業部D
担当者A	担当者B	担当者C	担当者D

ガイドラインの共有・遵守

- 📄 コンテンツガイドライン
- 📄 ライティングガイドライン
- 📄 コンプライアンスガイドライン
- 📄 デザインガイドライン
- 📄 ユーザビリティガイドライン
- 📄 アクセシビリティガイドライン

制作会社A　制作会社B　制作会社C　制作会社D

CMS

インフラコストの効率化
ヒューマンエラーの軽減化

> 関係者が多い大規模サイトでは、サイトの品質を一定に保つため、共通のルールが必要になる。この事例では、ルールは各種ガイドラインとして文書化して共有している。また、運用にはCMSを導入し、運用コストの低減とエラーの軽減にも取り組んでいる。

RELATION ▶ 060 067 070 101

125 Webサイト運営のリスクマネジメント
迅速な信頼回復が不可欠

Text：大内 徹（ギブリー）

　リスクマネジメントとは、一般的に事故・不祥事・損失などの不利益な問題を洗い出し、各問題に対して回避や低減を図るプロセスを指します。

　Webサイト運営においては、個人情報の漏えいや風評被害、誹謗中傷、荒らし、炎上などのリスクがあります。一般的な企業サイトであっても、運営する公式ブログのコメント欄が炎上したり、ユーザー向けのコミュニティサイトが荒らされたりなどの事例は少なくありません。

　トラブルが起きれば、サービスに対する評価だけではなく、運営している企業の評価に影響を及ぼすことも考えられます。各リスクへの対応策を策定できればベストですが、最低限それぞれのリスクが企業にとってどんな影響を与えるのかを把握しておく必要があるでしょう。

ソーシャルメディア型Webサイトのリスク

　昨今のWebサイトでは、誰もが情報を発信でき、ユーザー同士で容易にコミュニケーションが取れて、さらにそのやり取りすべてがオープンになるという、ソーシャルメディアが主流になりつつあります。

　このパラダイムシフトによって、リスクも以前よりも多様化・複雑化してきました。たとえば、ユーザー同士の小さなトラブルが、Webを通じて多くの他のユーザーを巻き込み、やがて炎上に至るといった可能性もあり得ます。そのため運営者は、コミュニケーションの監視やユーザー規制、介入などの措置を講じて、消費者などユーザーのコミュニティを管理していく必要があります。

　ただ、ソーシャルメディア型のWebサイトでは、ユーザーを介して情報が飛散しやすく、問題がサイト運営者のコントロールの効かない掲示板サイトやマイクロブログサイトなどまで広がる可能性があるため、リスクマネジメントは非常に難しいものとなっています。

リスクへの対応方法とポイント

　リスクへの対応方法の1つは、投稿管理です。掲示板やコメント欄などユーザーからの情報は、公開する前に必ず目視による監視を入れることや、場合によっては専門の監視代行サービスの利用も検討します。

　風評被害や誹謗中傷、荒らし、炎上などがクライアント企業のサイトで起きた場合には、いち早く問題を解決し、迅速な対策を講じなければなりません。万が一、他の掲示板サイトやSNSまで誹謗中傷が広がった場合は、対象サイトに対して必要な申し入れをするなどの対応を検討しましょう。

　問題が発覚後、その事実を隠したり、歪曲した情報を公表したりすることは、ユーザーの信頼をより損なうことになります。原因や対応策、再発予防策を公表しユーザーに誠意ある対応を示すことが、信頼回復の正しい手段と言えるでしょう。

> Webサイトには、個人情報の漏えいや風評被害、誹謗中傷、荒らし、炎上などのリスクがある。トラブルは、サービスや運営している企業の評価に影響を及ぼす。ソーシャルメディア型Webサイトの場合、投稿管理によりトラブルを未然に防ぐ。トラブルが起きた場合、問題発覚後、正直に原因や対応策、再発予防策を公表しユーザーに誠意ある対応を示すことが、信頼回復の正しい手段だ。

Webサイトのリスクと対応一覧

リスクの内容	予防・発生軽減策	対応策
誹謗中傷	・規約などに禁止事項として盛り込み、法的に予防。 ・禁止ワードは投稿できないようにするなど、投稿内容を制御できるシステムを導入	・対象会員に対する処遇（忠告、アクセス禁止など）を検討 ・必要に応じてコンテンツの削除などを実施 ・コントロールの効かないサイトについては運営者への申し入れを検討
炎上	・規約などに禁止事項として盛り込み、法的に予防 ・特定のIPアドレスからの投稿を禁止するなどのシステムを導入。 ・会員制にして、会員ごとに投稿権限の管理ができるシステムを導入。 ・容易に不特定多数のアカウントを取得できないような仕組み（メールアドレス認証後のアカウント発行など）を導入。 ・投稿状況を監視し、コメントや投稿が急増したら通知する仕組みを導入	
特定の個人情報の掲載	・規約などに盛り込み、法的に予防 ・登録フォーム下部に、住所や氏名は投稿しないよう注意書きを記載。 ・氏名や住所について投稿できないシステムを導入	・必要に応じてコンテンツの削除などを実施 ・コントロールの効かないサイトについては運営者への申し入れを検討

投稿監視サービス

サービス名／URL	企業名	サービス内容（対応手段）
コミュニティパトロール http://solution.gaiax.co.jp/observe	ガイアックス	監視スタッフが24時間365日体制で企業サイトの投稿を目視監視し、不適切な投稿を削除する。EMA（モバイルコンテンツ審査・運用監視機構）のコミュニティサイト運用管理体制認定取得の支援実績も多数
投稿監視サービス http://www.e-guardian.co.jp/service/cat77/post.php	イー・ガーディアン	企業のブログやSNS、掲示板などを、専門オペレーターが24時間365日体制で目視により監視。独自の解析システムも活用して効率よく監視する。返金保証サービスにも特徴
サイトマネジメントソリューション http://tokyo.glovalex.net/solutions_01.html	グロヴァレックス	CGMサイトを対象に、専門スキルを持つスタッフとシステムによるパトロールを24時間365日体制で提供。ヘルプデスクやコールセンターなどのオプションも提供
投稿看視 http://www.pit-crew.co.jp/service/monitor.html	ピットクルー	コミュニティサイトを24時間365日有人リアルタイムで監視。トラックバックスパムやスパムコメントの削除対応やトラックバック元の確認によるスパム判断も可能。携帯キャリア公式サイト向けプランもあり
サイトオペレーションパッケージ http://www.wingle.jp/for_client/out-sorcing/cgm.html	ウイングル	企業が運営するCGMサイトを、24時間365日有人リアルタイムで監視。公序良俗など運営基準に反する投稿があった場合には、速やかに投稿削除や非公開設定を実施する。EMA認定支援サービスあり

ソーシャルメディアの普及で注目される テキストマイニングの可能性

text：江尻俊章（環）

ブログやSNSなど、個人による情報発信の影響度が高まるにつれ、テキストマイニングに対する期待が高まっています。

テキストマイニングとは、さまざまな統計解析手法を使って大量のデータを機械的に分析し、データの関係性や意味を見つけ出す「データマイニング」の1つ。テキストデータを単語や文節といった小さな単位に分割し、それらの出現頻度や相関関係などを解析することで、隠れた課題やチャンスを発見する技術です。

テキストマイニングの可能性

テキストマイニングを使えば人力では不可能な大量のテキストデータを分析できるので、テキストマイニングは従来から大企業などで活用されてきました。たとえば、アンケートの自由回答やサポートセンターへの問い合わせ内容など、膨大な非定型データから単語同士の関連付けを解析し、製品やサービスの課題を発見する、といった使い方です。

テキストマイニングの手法をWebに応用しようという取り組みも古くからあり、Googleなどのロボット型検索エンジンがその代表例と言えます。最近では、ECサイトなどで導入されているレコメンデーションサービスでもテキストマイニングは利用されており、ユーザーが入力したテキストからより希望に近いサービスを紹介し、満足度や購買金額を上げる効果が期待されています。

コンテンツマッチやインタレストマッチのような分野での応用も期待されています。たとえば、ナイフメーカーの広告が、ナイフを使った犯罪を報じたニュースサイトに表示されるようなケースです。単なるキーワードマッチではなく、ポジティブな意味なのかネガティブな意味なのかを文脈から判断できれば、より精度の高い広告を表示できるでしょう。

監視サービスでの実用が進む

現在、Webマーケティングにおいてテキストマイニングがもっとも実用的に運用されているのが、ソーシャルメディアを対象とした監視代行サービスです。

SNSやミニブログなどの普及によって、ユーザー間の交流が活発化していますが、中には非合法な行為や未成年者には不適切な内容の書き込みも増えています。これらの行為を監視するサービスは、従来は人力による目視監視が中心でしたが、最近ではテキストマイニングを活用した機械的な監視代行サービスが普及しつつあります。

ソーシャルメディアの普及により、Web上のテキストデータは増える一方です。アクセス解析などの定型データでは分からない課題を発見し、より低コストで大量の書き込みをできるテキストマイニングは、今後重要度を増していくことでしょう。

テキストマイニングの活用イメージ

テキストマイニングはさまざまな分野で活用が進んでいる

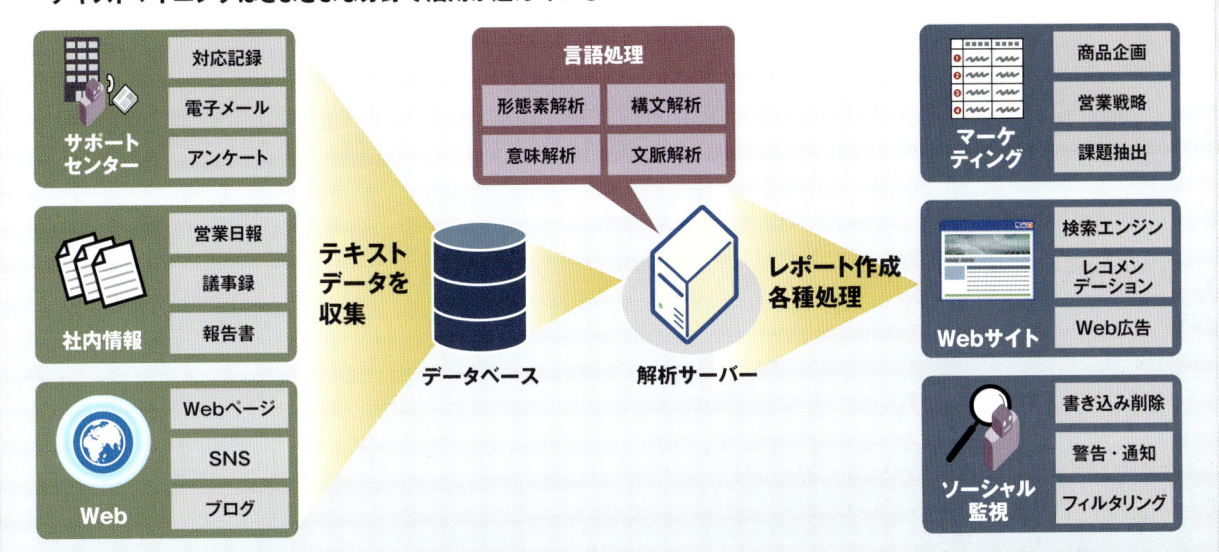

サポートセンター: 対応記録 / 電子メール / アンケート
社内情報: 営業日報 / 議事録 / 報告書
Web: Webページ / SNS / ブログ

→ テキストデータを収集 → データベース → 解析サーバー（**言語処理**: 形態素解析 / 構文解析 / 意味解析 / 文脈解析）→ レポート作成・各種処理 →

マーケティング: 商品企画 / 営業戦略 / 課題抽出
Webサイト: 検索エンジン / レコメンデーション / Web広告
ソーシャル監視: 書き込み削除 / 警告・通知 / フィルタリング

テキストマイニングによる解析結果の例

アンケート調査の自由回答から単語を抽出して分類した例。ECサイトへのユーザーニーズが発見できた

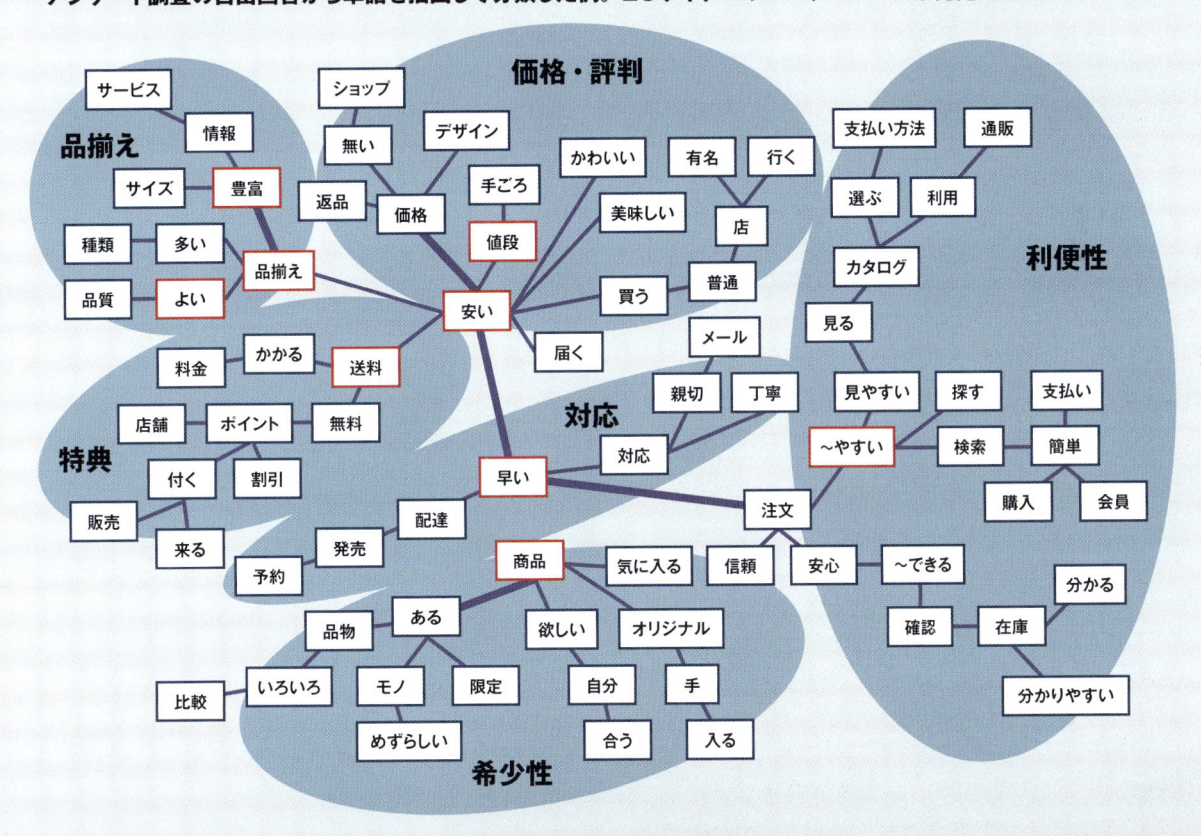

カテゴリ：品揃え、価格・評判、対応、利便性、特典、希少性

主な単語：サービス、情報、ショップ、デザイン、かわいい、有名、行く、支払い方法、通販、サイズ、豊富、無い、返品、手ごろ、美味しい、店、選ぶ、利用、種類、多い、価格、値段、買う、普通、カタログ、品質、よい、品揃え、安い、届く、メール、見る、料金、かかる、送料、親切、丁寧、見やすい、探す、支払い、店舗、ポイント、無料、対応、～やすい、検索、簡単、付く、割引、早い、注文、購入、会員、販売、来る、配達、信頼、安心、～できる、発売、予約、商品、気に入る、分かる、品物、ある、欲しい、オリジナル、確認、在庫、比較、いろいろ、モノ、限定、自分、手、分かりやすい、めずらしい、合う、入る

RELATION ▶ 022 023 126 127

成果や目標に対する施策を検証するために
126 Webサイトの効果測定

Text：小坂 淳(環)

企業がWebサイトを作るのは、何らかの成果を上げることが目的です。たとえば商品のプロモーションサイトであれば、商品の認知度を上げ、商品情報を提供することで店頭での購入行動につなげることが、また、ECサイトであれば、Web上で商品を販売して売り上げを立てることが、ビジネス上のゴールとなります。

そこで、Webサイトを作る際は、得たい成果や目標に対しての施策を講じることが必要です。また、実施した施策が成果につながっているか、成果達成のための課題は何かを知るために、効果を検証する必要もあります。制作会社は、Webサイト作成時にクライアントに対して効果の測定について提案するとよいでしょう。

効果測定とは、事前に設定した成果・目標と結果を比較して、改善すべき課題を明確にすることです。課題点がわかれば、その後やるべき施策が自ずと見えてきます。まずは、効果測定の指標を定めることが必要です。なお、Webサイトの目的によって定める指標は異なります。

Webサイトの効果測定手段

代表的な効果測定手段としては、アクセス解析が挙げられます。アクセス解析は、Webサイトを訪れたユーザーの行動履歴からページビューや直帰率※などの指標を計測するものです。また、大規模なサンプル調査をもとに、ユーザーの属性や利用時間併読サイトの状況などを把握できる視聴率調査や、インプレッション数（表示回数）、クリック数、クリック率（CTR）などから広告のパフォーマンスを測る広告効果測定といった測定の手段なども知られています。

最近では、自社のWebサイト以外の媒体、たとえばSNSやブログなどによる露出が増えていることから、参加ユーザー数や足跡を測定するソーシャルメディアでの効果測定も注目されています。

効果測定の具体的な手順

効果を測定する際には、まず効果の「目標」とそれを成し遂げるための「計画」を立てる必要があります。目標と実際の結果を計画に沿って比較することで、初めて成果の評価が可能となるからです。

次に、計画に基づき効果測定の頻度と測定項目を設定します。測定項目では、電話の問い合わせや来店といったWeb以外の効果も検討対象にすることをおすすめします。また、広告費用対効果を知るために広告やメルマガなどについても測定するとよいでしょう。メディアサイトのように、ビジネスのゴールが分かりにくい場合には、視聴率調査やブログ解析なども検討しましょう。

Webサイトの効果は、プロジェクト成否に関わる重要な検討課題です。分析経験豊富なコンサルタントに相談し、適切な効果指標を立てるように心がけましょう。

> Webサイトの制作では、成果を上げるための施策を講じる。実施した施策が成果につながっているか、成果達成のための課題は何かを知るための検証が必要になる。あらかじめ分析経験豊富なコンサルタントに相談し、適切な効果指標を定め、改善すべき課題を明確にして、その後の施策を立てる。代表的な効果測定としては、アクセス解析やインプレッション数などの広告効果測定がある。

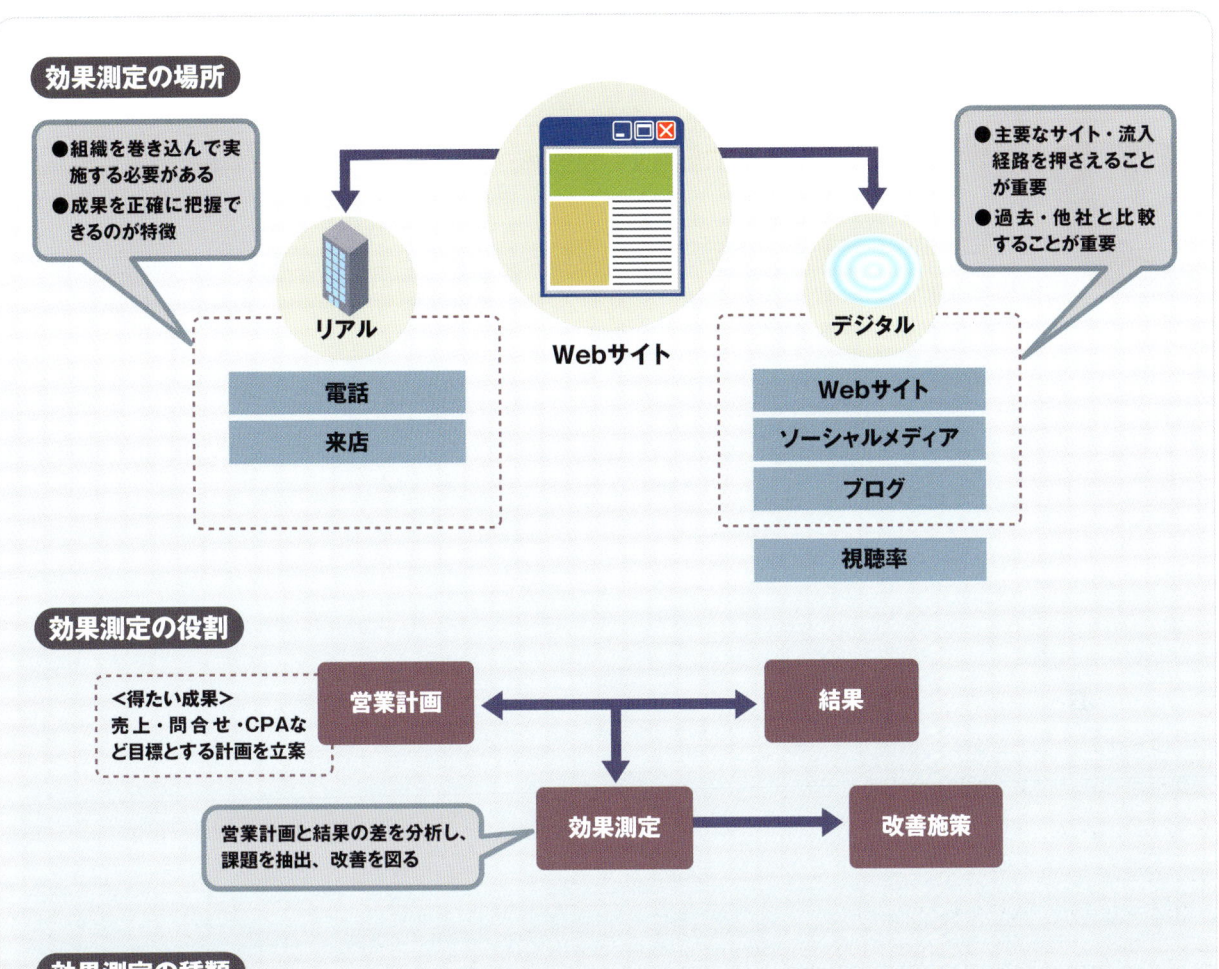

効果測定の場所

- ●組織を巻き込んで実施する必要がある
- ●成果を正確に把握できるのが特徴

リアル
- 電話
- 来店

Webサイト

デジタル
- Webサイト
- ソーシャルメディア
- ブログ
- 視聴率

- ●主要なサイト・流入経路を押さえることが重要
- ●過去・他社と比較することが重要

効果測定の役割

<得たい成果>
売上・問合せ・CPAなど目標とする計画を立案

営業計画 ⇔ 結果

営業計画と結果の差を分析し、課題を抽出、改善を図る

効果測定 → 改善施策

効果測定の種類

種類	概要・特徴	代表的なツール
アクセス解析	Webサイトのログデータから効果を測定。主な指標としてページビュー、セッション、直帰率など	Google Analytics シビラ
広告効果測定	基本的にはビーコン型のアクセス解析と同等の手段で測定。広告媒体によって測定手段は異なる	AD Plan
視聴率調査	テレビ視聴率同様、全世帯を代表する標本を抽出し調査。競合情報と比較できる半面、一定規模のサイトではないと測定できないのが難点	DoubleClick Ad Planner
ソーシャルメディアの測定	参加ユーザー数や足跡件数、リツイート数やいいね!数などのデータを定期的に測定。ソーシャルメディアだけで施策を打ち、自社サイトへ誘導しない場合に使う	Social Tracker
ブログの効果測定	ブログでのキーワードの出現数、エントリー数を測定。競合キーワードと比較できる半面、話題性がなければ効果測定できないのが難点	kizasi.jp

※ Webサイトを訪れた人のうち、最初の1ページだけ見てそのサイトを離れる割合

127 Webアクセス解析の活用

Webサイトの傾向やユーザーのニーズを知る

Text：伊藤貴通（環）

　アクセス解析とは、Webサイト内での訪問者の行動履歴やPCの仕様環境などを数値化して、Webサイトの傾向やユーザーのニーズを解析することです。

　訪問者がWebサイトにアクセスすると、ApacheなどのWebサーバーに「誰が」「いつ」「どこから」「どのページに」アクセスしたかという、「ログデータ」と呼ばれる履歴情報が記録されます。「ログデータ」を調べることで、ユーザーのニーズやサイト内ページ遷移の動線が分かり、サイト運営やマーケティングに活用できます。

　近年は、Webサイト運営や各種マーケティング施策に、ROI（投資対効果）が求められることも多くなっていて、効果的な予算配分のためにもアクセス解析が重要視されています。

アクセス解析の利用方法

　アクセス解析を効果的に実施するには、ログデータを見やすく加工し、レポートにまとめるアクセス解析ツールの利用が一般的です。アクセス解析ツールには、サーバーインストール型、パケットキャプチャ型、Webビーコン型などの種類があります。それぞれ長所・短所、向き・不向きがあるため、よく検討して選定しましょう。

　アクセス解析の実施前には、まずサイトの特性や目的に合わせて、コンバージョンページ（成果到達のページ・申込や問合せ完了ページ等）やKPI（業務評価指標）などを設定します。

　解析データを確認するタイミングは、サイトの目的や特性に応じて「毎日」や「週ごと」などに決めます。また、サイトのリニューアル時や販促手法の変更時などには、施策変更した前後のデータを比較して、効果を検討しましょう。併せて、過去データとの照合や、季節や時間・曜日などによる上昇・下降傾向といったデータのトレンド傾向も把握する必要があります。

　各指標の全体的な傾向や、指標間の連動を見ることでトレンド傾向を把握し、必要に応じて検索キーワードや参照元サイト別の差異や、一般ユーザーとコンバージョンユーザーとの違いなどを把握することが重要です。

アクセス解析の確認後の作業

　解析データの分析からサイトやマーケティング手法の問題点を洗い出したら、改善策の検討・実施に移ります。その後は、改善策実施後のアクセス解析から施策の効果を分析しましょう。アクセス解析では、このように計画→実行→評価→改善というPDCAサイクルを継続することが非常に重要です。

　アクセス解析によってWebサイトをよりよく改善でき、新たなビジネスの発見にも繋がっていきます。解析結果は数字だけを見るのでなく、マーケティングやサイト運営に活用できるよう考えていくことが大切です。

アクセス解析とは、Webサイト閲覧者の行動履歴やPCの環境などを数値化し、Webサイトの傾向やユーザーのニーズを解析することだ。アクセス解析は、ログデータをレポートにまとめるツールが一般的に利用される。解析データを分析し問題点から、改善策を検討・実施する。改善策実施後のアクセス解析から施策の効果を分析するというPDCAサイクルを継続することが非常に重要だ。

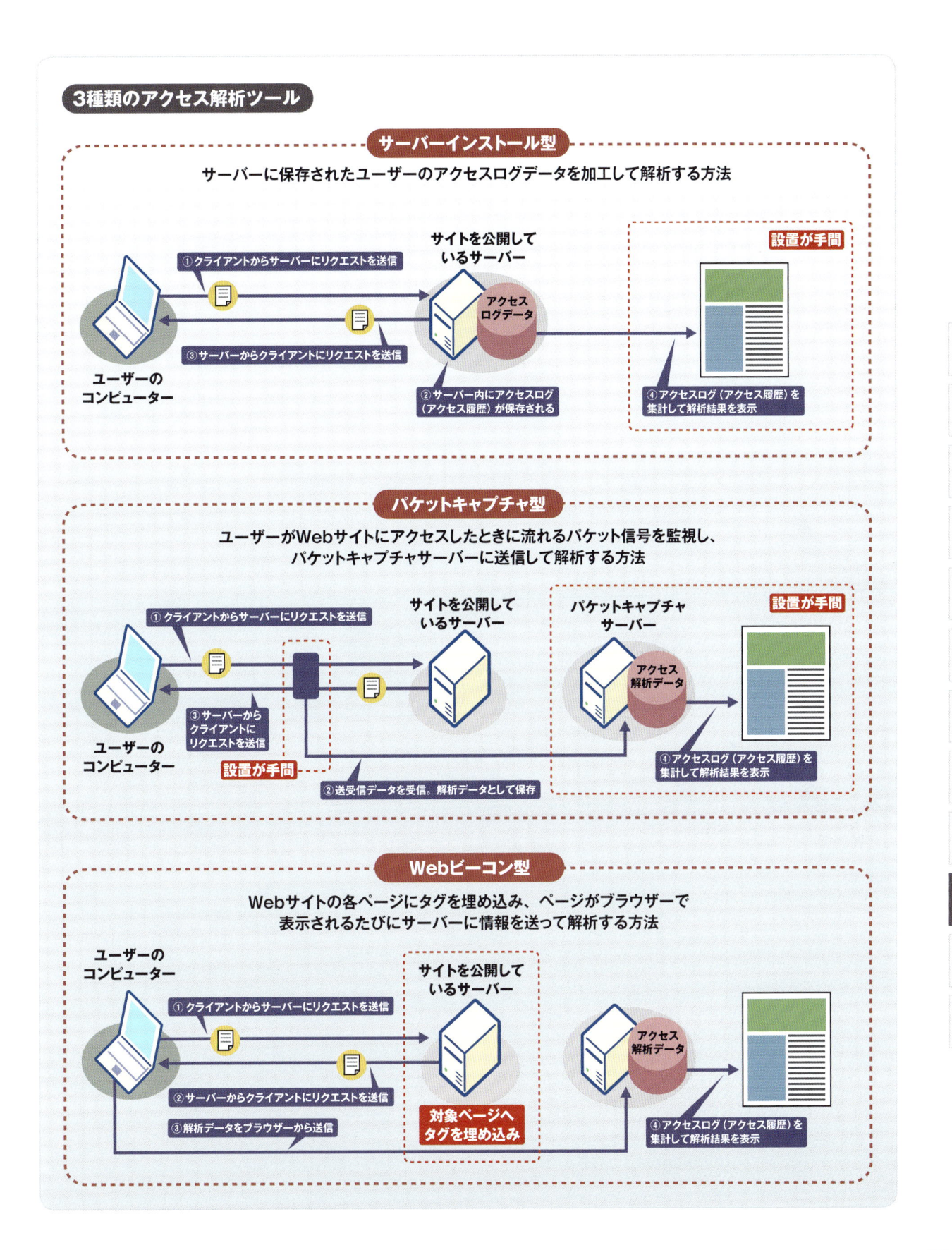

3種類のアクセス解析ツール

サーバーインストール型

サーバーに保存されたユーザーのアクセスログデータを加工して解析する方法

- ユーザーのコンピューター
- ① クライアントからサーバーにリクエストを送信
- ③ サーバーからクライアントにリクエストを送信
- サイトを公開しているサーバー
- ② サーバー内にアクセスログ（アクセス履歴）が保存される
- アクセスログデータ
- **設置が手間**
- ④ アクセスログ（アクセス履歴）を集計して解析結果を表示

パケットキャプチャ型

ユーザーがWebサイトにアクセスしたときに流れるパケット信号を監視し、パケットキャプチャサーバーに送信して解析する方法

- ユーザーのコンピューター
- ① クライアントからサーバーにリクエストを送信
- ③ サーバーからクライアントにリクエストを送信
- **設置が手間**
- ② 送受信データを受信。解析データとして保存
- サイトを公開しているサーバー
- パケットキャプチャサーバー
- アクセス解析データ
- **設置が手間**
- ④ アクセスログ（アクセス履歴）を集計して解析結果を表示

Webビーコン型

Webサイトの各ページにタグを埋め込み、ページがブラウザーで表示されるたびにサーバーに情報を送って解析する方法

- ユーザーのコンピューター
- ① クライアントからサーバーにリクエストを送信
- ② サーバーからクライアントにリクエストを送信
- ③ 解析データをブラウザーから送信
- サイトを公開しているサーバー
- **対象ページへタグを埋め込み**
- アクセス解析データ
- ④ アクセスログ（アクセス履歴）を集計して解析結果を表示

アクセス解析ツールの例

グーグルが提供する「Google Analytics」のレポート画面の例。
「ユーザー」「トラフィック」「コンテンツ」などに分類された指標を選択するとレポートが閲覧できる。

● ユーザーサマリー

指定した期間におけるページビュー、訪問数、ユーザー数、滞在時間など、ユーザーの大まかな傾向が把握できる。

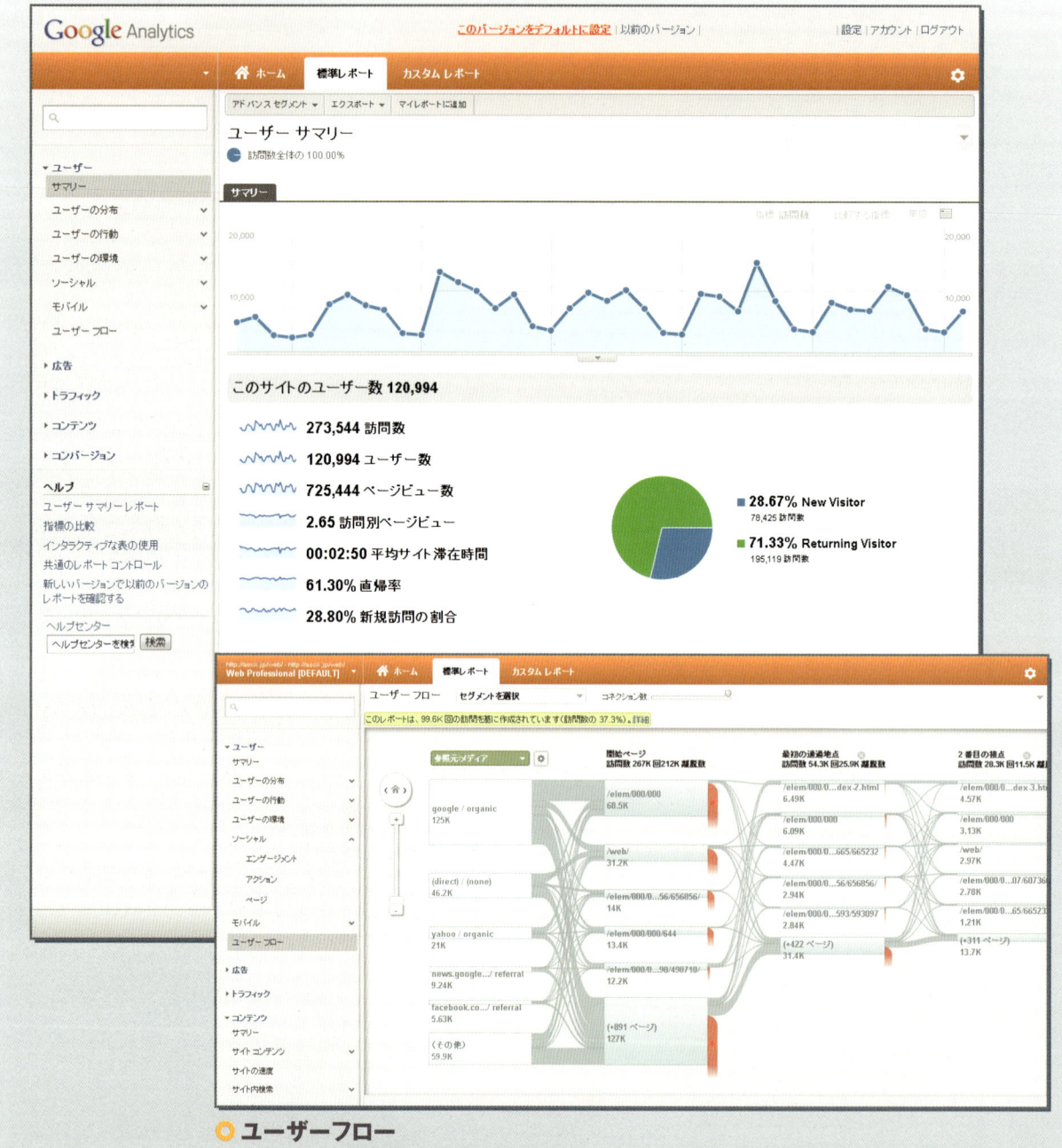

● ユーザーフロー

サイトに訪れた経路（トラフィック）からどこでサイトを離脱したかまで、ユーザーの行動をビジュアルで追いかけられる。

アクセス解析基本用語

アクセス解析にはさまざまな専門用語が使用される。
専門用語を知ることがアクセス解析を理解する第一歩だ。基本的な用語を覚えておこう。

用語	説明
PV（ページビュー）数	ページが表示された総数。5ページ閲覧された場合は、5PV（ページビュー）となる。
セッション（訪問／ユニークアクセス）数	Webサイトが訪問された回数。Webサイトを訪れたユーザーが、他のサイトへ移動したり、ブラウザーを閉じたりして、閲覧を終了するまでを1セッションと数える。そのため、1ユーザーが続けて5ページ閲覧しても、セッション数は1となる。
訪問ユーザー（ユニークユーザー／ユニークブラウザー）数	一定期間内にWebサイトを訪れたユーザーの数。個別のユーザー数をカウントするので、期間内に何度訪れて何ページ閲覧しても、訪問ユーザー数は1になる。ブラウザーのCookieを使って個別のユーザーを認識しているため、実際には同じユーザーであってもブラウザーやPCが異なっていると別のユーザーとみなされる。
平均ページビュー	Webサイトを訪れたユーザーが1セッション中に閲覧したページ数の平均。
コンバージョン率（CVR）	Webサイトを訪れたユーザー数が、サイトのゴール（商品購入や資料請求など）に到達した（コンバージョンした）割合。ECサイトでは購買率や転換率とも呼ばれる。
直帰率	Webサイトを訪れたユーザー（セッション）のうち、1ページだけ閲覧してサイトを離れた割合。
離脱率	そのページを最後に、他のサイトへ移動した（サイトを離脱した）割合。離脱数をページビューで割ったもの。
流入ページ（ランディングページ）	ユーザーが検索エンジンなどを経由して最初にアクセスしたページ。
流出ページ（離脱ページ）	ユーザーがサイト内で最後にアクセスした（離脱した／流出した）ページ。
検索フレーズ	各検索エンジンから訪問したユーザーが利用したキーワードを、ユーザーが検索した「同じ状態」で示したもの。たとえば、「株式会社　環」というキーワードでユーザーがWebサイトに辿り着いた場合、検索フレーズでは「株式会社　環」を1としてカウントする。
検索キーワード	検索エンジンから訪問したユーザーが利用したキーワードのこと。たとえば、「株式会社　環」というキーワードでユーザーが訪問した場合、「株式会社」と「環」をそれぞれを1つの単語としてカウントする。
クリック率（CTR）	リンクがクリックされた回数を、ページが表示された回数で割った割合。バナー広告などの効果測定で使われる。

RELATION ▶ 022 023 054

128 アクセス解析レポートと定期ミーティング

課題の共有でWebサイトの内容やパフォーマンスを改善

Text：奈良 梢（環）

Webサイトの内容やパフォーマンスを改善していくには、関係者の間で目的を共有する必要があります。そのためには、議題の根拠をまとめた「アクセス解析レポート」を作成し、現状と今後の方針についてとりまとめるための定期ミーティングの開催が重要です。

アクセス解析レポートを作成する際のポイント

「アクセス解析レポート」とは、アクセス解析ツールから得たデータを整形し、関係者間でWebサイトの現状と課題点、改善点を報告・共有するために作成するものです。盛り込む項目は、全体サマリー、アクセス数比較、コンテンツ別アクセス数推移、外部リンク元分析、検索フレーズ分析など、多岐にわたります。

レポートを作成するにあたっては、いくつかの点に留意します。具体的には、まずデータの算出方法を途中で変えないこと、また、月次の上旬・中旬・下旬での傾向を見ること、大型連休や定休日、イベント開催時のデータの変化に注目する、実施された施策（メルマガ、広告、サイト更新など）のページビューなどへの影響を確認するといった点です。

そして、レポート作成時に特に重要になるのが、必ずコメントを記載するということです。

コメントは、たとえば「△△の施策については、添付資料のような分析結果が得られました。この原因として■

■の下降傾向が見られたこと、連休中であったことなどが考えられます。また、▲▲という仮説から考えた場合、●●の差異の可能性もあります。これらによって導き出した課題点□□に対しては、▽▽といった改善策が考えられます」のように具体的に記載します。分析結果と課題点だけでなく、必ず「改善策」についても触れるとよいでしょう。また、クライアントの事業やビジネスモデルも視野に入れてレポート作成すると、より有意義な内容にとなります。

繰り返しになりますが、レポートは結果報告だけのツールではありません。あくまで「改善」が目的のツールだということを忘れずに作成しましょう。

定期ミーティングにはレポートも持参

定期ミーティングの狙いは、関係者間の意識共有です。ミーティングでは、先に分析結果を報告して、次に結果に対する課題点と改善点を述べます。上下した数値の良し悪しを言うのではなく、実施した施策や環境要因の結果も含めて数値を追っていくことが重要です。もちろん、ミーティングには、アクセスログ解析レポートを持参することが必須です。

なお、話し方について、一点注意があります。数値そのものの説明と、それに対する見解は混在しがちなので、相手が誤解しないように気を配ることが重要です。

Webサイトの改善には、関係者間で問題や目的を共有する必要がある。そのために、アクセス解析レポートから導き出した、現状と今後の方針をまとめるための定期ミーティングの開催が重要だ。アクセス解析レポートは、アクセス解析ツールのデータから、Webサイトの現状と課題点、改善点をあぶりだすために作成する。定期ミーティングは、関係者間の意識を共有するために開催する。

アクセスログ解析レポートの作成

○ レポートの構成例

表紙	定点指標分析	コンテンツ別アクセス数比較	外部リンク元分析	ユーザードメイン別分析
目次	前年アクセス数比較	入口分析	検索フレーズ分析	3点間経路分析
全体サマリー	アクセス数比較	出口分析	検索キーワード分析	リスティング広告結果報告

○ 具体的な内容の例：日別分析

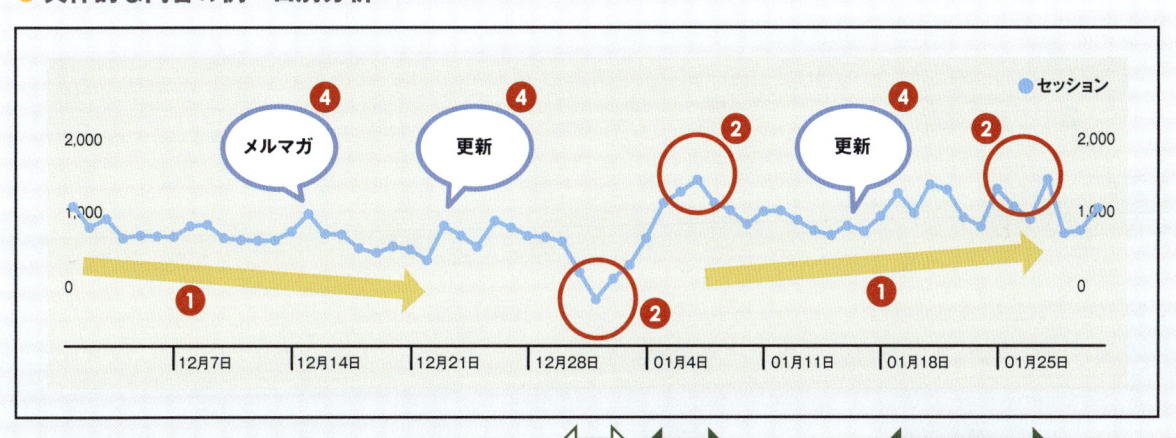

1. 月次上旬、中旬、下旬でのトレンドを見る（❶）
2. 増減ポイントをチェックする（❷）
3. 大型連休、定休日、イベントをチェックする（❸）
4. メルマガや広告、サイト更新などのネット上での施策をチェックする（❹）
5. イベントや施策がページビュー数に影響したかを検討する
6. 更新頻度、メルマガ配信のタイミングを検討する

定期ミーティングの実施

○ 典型的な定期ミーティングの例

開催頻度	月に1回 ※ECサイトなど、サイトの性質によって頻度は異なる
出席者	制作会社側＝Webディレクター／デザイナー クライアント側＝Web担当者
配付資料	当日のアジェンダ、アクセスログ解析レポート、提案書

129 アクセス解析から導く改善提案

Webサイトの成果をアップさせるために

Text：江尻俊章（環）

アクセス解析は、Webサイトのコンテンツ改善につなげることが重要です。ログデータを制作会社側で取得できる場合、データをもとにしたWebサイトの改善策をクライアントに提案できないかを検討します。

改善提案は、ユーザー分析による改善、参照元分析、コンテンツ改善の3ステップで実施します。

ユーザー分析による改善

ユーザー分析とは、Webサイトを訪れたユーザーが、サイト内でどのように行動しているのか、行動にはどんな傾向があるのかなどを把握し、分析することです。

あるECサイトを初めて訪れるユーザー（新規訪問者）とリピーターの購買率（コンバージョン率）の比較で考えてみましょう。ユーザー分析で新規訪問者のコンバージョン率が低いことがわかれば、初心者向けの購入ガイドを充実させる、初回購入者向けのキャンペーンを展開するといった施策を講じることを検討できます。

参照元分析による改善

参照元分析とは、ユーザーがどこからWebサイトへ流入してきたかというルートを把握、分析することです。

たとえば、参照元が個人のブログやQ&Aサイトの書き込みだった場合、そこでWebサイトがどのように言及、紹介されているのかを知ることで、次の段階としてネット上のユーザーの反応をWebプロモーションや商品開発に反映させることが可能になります。また、参照元が検索エンジンであれば、ユーザーが検索しているキーワードとWebサイトのコンテンツがマッチしているかを調べたり、ユーザーが求めているコンテンツをキーワードから推測したりできるでしょう。もしマッチしていない場合は、SEOで強化すべきキーワードを検討したり、逆にサイト内のコンテンツを見直したりといった施策につなげていけます。

コンテンツ改善

3つめのコンテンツ改善は、アクセス解析の結果をもとに、Webサイトのコンテンツを改善していくことです。

たとえば、直帰率（サイトのある1ページだけを見てすぐに離れるユーザーの割合）が高いページであれば、検索キーワードや参照元の内容と合致するようコンテンツを見直します。また、離脱率の高いページ（ユーザーが回遊をやめて他のサイトに移ってしまったページ）を突き止めて、ナビゲーションメニューやボタンの配置などユーザビリティを改善することも考えられます。

こうした3ステップから成る改善活動を含むPDCAサイクルを一定期間で回すことができれば、クライアントのWebでの成果をアップさせて、制作会社として信頼を勝ち取ることができるでしょう。

ログデータを制作会社側で取得できる場合、アクセス解析データによるWebサイトの改善策を、クライアントに提案できないか検討する。改善提案は、ユーザー分析による改善、参照元分析、コンテンツ改善の3ステップで実施する。この3ステップを含む改善活動のPDCAサイクルを回すことで、クライアントのWebでの成果をアップさせて、制作会社として信頼を勝ち取ることができる。

アクセス解析と改善のフローサイクル

現場担当者

データ分析（Check）
1. 事前準備：日程を決めてカレンダーを作成する
2. 日次チェック：カレンダーとデータの変化をチェックする
3. 週次チェック：データの集計とコメントを作成する
4. 月次チェック：関係者とのデータを共有する

分析データをもとに改善提案を考える

改善提案（Act）
- 仮説検証
- 原因分析
- 施策立案

上司へ報告・提案する

現場管理者／上級管理者

施策実行（Do）

施策をもとに効果を検証する

レポートをもとに新たな施策を決定する

方向性検討（Plan）

改善の3つのステップ

ユーザー分析による改善
新規訪問者／リピーターそれぞれのセッション数・ユニークユーザ数・平均ページビュー数・直帰率・新規セッション率・コンバージョン数を比較

コンテンツ改善
- 直帰率が高いページ
  →検索キーワードや参照元の内容と合致するようにコンテンツを見直す
- 離脱率が高いページ
  →ナビゲーションメニューやボタンの設置やフォームに誘導するリンクやフォームのユーザビリティを改善する

参照元改善
- 個人ブログやQ&A書き込みの情報を参考にする
- 検索キーワードと着地ページの親和性を分析してコンテンツを修正またはSEOを実施

検索エンジン　参照サイト

TOPページ → ページ1／ページ2／ページ3

アクセス解析と業務データの連携

text：江尻俊章（環）

アクセス解析を一歩進めて、Webサイトのアクセスログと、企業が保有している顧客情報や購買履歴などを連携させる事例が増えています。

インターネットとリアルのビジネスが密接に結びついている今日では、Webサイトの効果だけを測っても不十分なケースが増えているためです。アクセスログを購買履歴などのデータと組み合わせることで、Webサイトの効果をより正確に把握でき、ネットにとどまらないビジネス全般に有用なデータを得られます。その結果、真の優良顧客を発見できたり、より精度の高いプロモーションを実施できたりするのです。

アクセスログと顧客情報や購買履歴との連携

見込み客の獲得を目的とするようなサイトでは、まず資料請求の数を増やすことが重要です。しかし、収益に結び付けるためには、その後で資料請求をした顧客との商談や受注活動まで進展させる必要があります。

アクセスログと、CRM（Customer Relationship Management）やSFA（Sales Force Automation）などの顧客管理ソフトを連携して使用すれば、単なるコンバージョン（資料請求数）だけではなく、その後の商談率や受注率、再販率を結び付けて考察できます。Webサイトやプロモーションの成果が、実際どのくらいあったかを知ることも可能になります。

また、売上が成果となるネットショップでは、購買履歴とアクセスログを連携させれば、業績に直接関わるデータを取得できます。こうした連携は、Google Analyticsやシビラなどいくつかのアクセス解析ツールで可能です。

実際に、ダイレクトメールとネットショップの購買履歴、アクセスログデータを紐づけて、見込み客を絞り込み、DMのコストを10分の1に下げ、売上がほとんど下がらない優良顧客リストを作ったという事例もあります。

その他の連携例

業種やビジネスモデルによっては、統計データとの連携から一定の法則が見出せることがあります。

たとえば、福島県いわき市の地元コミュニティサイトでは、エリア別のアクセス解析を活用しています。具体的には、都道府県ごとのユニークユーザー数と人口統計を組み合わせ、さらに都道府県別の検索ワードの利用頻度を関連づけました。これにより、いわき市を訪れる岩手県からの観光客は海水浴など家族旅行目的が多いことや、同じく栃木県からの観光客は魚介類の購入や飲食を目的とする人が多いことなどが分かり、シティセールスに有用なデータを得られました。

特に意味が見出せない日時のアクセス数の変化も、ビジネスに関連の深いデータと紐づけると、法則やヒントが見えることがあるのです。

アクセスログと外部データとの連携

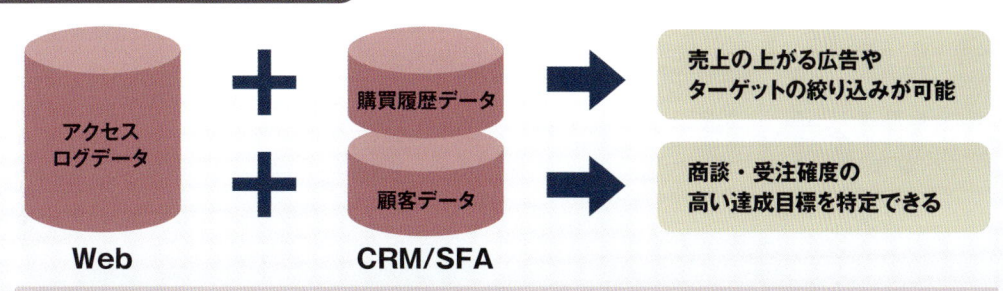

アクセスログデータ (Web) ＋ 購買履歴データ ＋ 顧客データ (CRM/SFA)
→ 売上の上がる広告やターゲットの絞り込みが可能
→ 商談・受注確度の高い達成目標を特定できる

購買履歴や顧客データと合わせて分析することで、収益のあがったキャンペーンや商品を特定し、マーケティング施策の改善につなげられる

アクセスログと購買履歴の分析事例

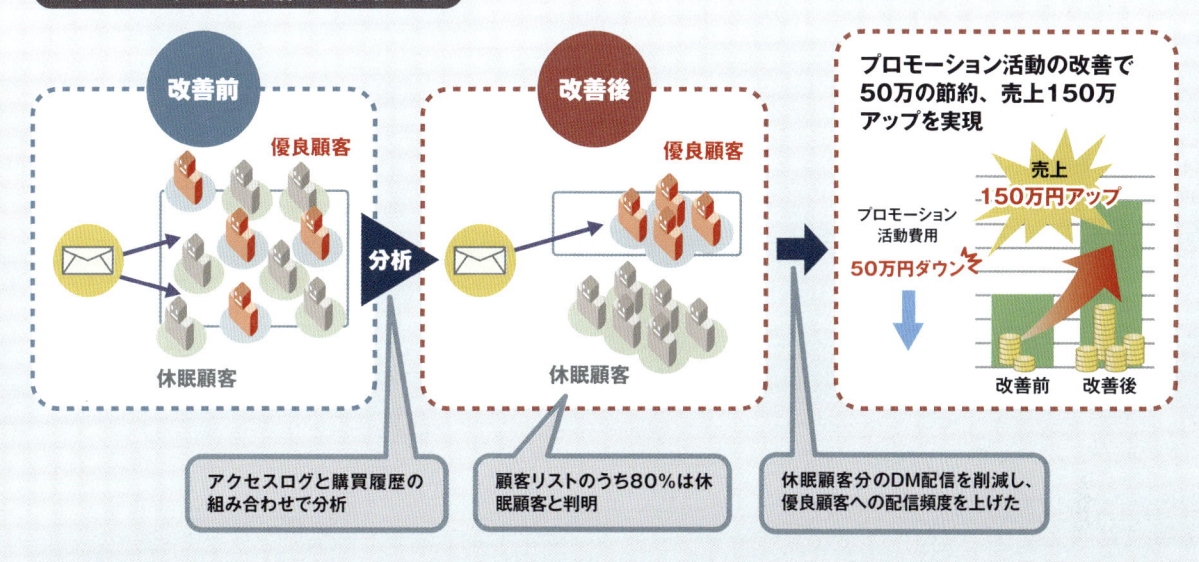

改善前 — 優良顧客／休眠顧客
→ 分析 →
改善後 — 優良顧客／休眠顧客
→ **プロモーション活動の改善で50万の節約、売上150万アップを実現**
- 売上 150万円アップ
- プロモーション活動費用 50万円ダウン

- アクセスログと購買履歴の組み合わせで分析
- 顧客リストのうち80％は休眠顧客と判明
- 休眠顧客分のDM配信を削減し、優良顧客への配信頻度を上げた

アクセスログ活用の応用例

都道府県別のユーザー数を人口統計で割ることで、Webサイトに対する都道府県別の関心度を算出できる

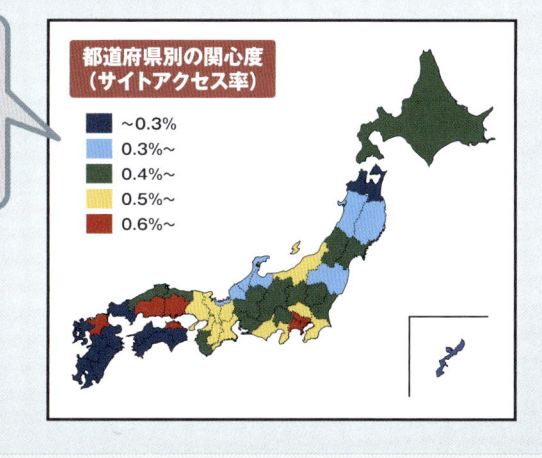

都道府県別の関心度（サイトアクセス率）
- ～0.3%
- 0.3%～
- 0.4%～
- 0.5%～
- 0.6%～

岩手県	栃木県
海水浴場	魚市場
海の家	食事
魚市場	レストラン
観光	海水浴場
・	・
・	・

検索ワードとその利用頻度を都道府県ごとに分析することで、地域別のニーズの差に気付ける

RELATION ▶ 023 044 122 138

130 部分最適化のための2手法
LPOとEFOによるWebサイトの改善

Text：宇野賢仁（環）

Webマーケティングでは、決めた目標の達成に向けてサイト全体をリニューアルやコンテンツの追加などさまざまな最適化（Optimization）策を実施します。また、サイト全体ではなく部分的な最適化の手法を採ることもあります。代表的なものが、LPOとEFOです。

LPOの目的と実施方法

LPO（Landing Page Optimization）とは、ユーザーが検索エンジンなどから最初に訪れるページ（ランディングページ）を改善することです。

たとえば、企業サイトで「サービス名 申し込み」で検索してきたユーザーがランディングページで申し込みボタンをすぐに発見できないと、検索ページに戻ってしまい申し込みにつながらない可能性があります。しかし、LPOによりランディングページを改善すれば、ユーザーを商品購入や資料請求といったWebサイトのゴール（コンバージョン）まで的確に誘導できるようになります。

LPOの具体的な方法としては、ランディングページ内のナビゲーションを分かりやすくする、ページの内容がすぐに分かるよう内容を簡潔にまとめたキャッチコピーを用意するなど、さまざまなことが考えられます。

また、ランディングページに表示するコンテンツを検索キーワードや時間帯などに応じて自動的に変換するLPOツールを利用する方法もあります。LPOツールを使えば、たとえば「商品名 比較」で検索したユーザーには他社に比べた自社商品の強みを紹介するコンテンツを表示して、「商品名 通販」で検索したユーザーには購入方法を示すページを表示するといったことが可能になり、Webサイトの目的達成に効果を上げます。

EFOの目的と実施方法

一方、EFO（Entry Form Optimization）は「入力フォーム最適化」のことで、Webサイトの入力フォームのデザインや入力方法を見直し、ユーザーが途中でフォームの入力をやめてしまうのを防ぐ目的で実施します。

ユーザーが途中で入力をやめるのは、入力する項目が多くて面倒だったり、何を入力すればよいかわからず迷ってしまったりするためです。そこで、EFOにより入力するユーザーの負担を軽減する工夫が必要になります。

具体的には、郵便番号を入力すると自動的に住所の一部を表示する機能をつけたり、入力すべき内容をポップアップで表示するといったことなどが考えられます。

また、EFOにも専用ツールがあり、上記のような入力支援機能などをはじめ、入力項目ごとの詳細なログ分析やログ管理まで可能な場合もあります。

EFOに取り組むことは、ページの離脱率を抑えて、コンバージョン率を上げることに直結するため、効果の高い改善方法と言えるでしょう。

サイトの部分的な最適化の手法で代表的なのが、LPOとEFOだ。LPO（Landing Page Optimization）は、ユーザーが検索エンジンなどから最初に訪れるページ（ランディングページ）を改善することだ。EFO（Entry Form Optimization）は「入力フォーム最適化」のことで、入力フォームのデザインや入力方法を見直し、ユーザーがフォームの入力を途中でやめることを防ぐことが目的だ。

LPO（ランディングページの最適化）を実施したページの例

一見して分かりやすいキャッチコピー

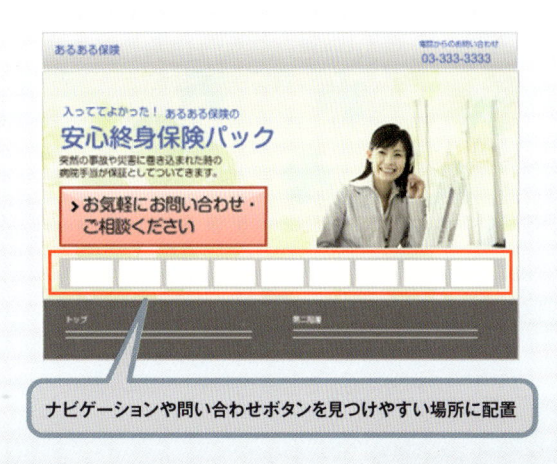

ナビゲーションや問い合わせボタンを見つけやすい場所に配置

※ページはいずれもイメージ

商品のキャッチとなる文章をイメージ画像と共に分かりやすく配置し、「商品詳細へのボタン」を設置することでユーザーの直帰率を抑えられる。また、「問い合わせ」などのボタンを配置することで、コンバージョン率の向上を図れる

EFO（エントリーフォーム最適化）の例

● EFOツールを使用した場合

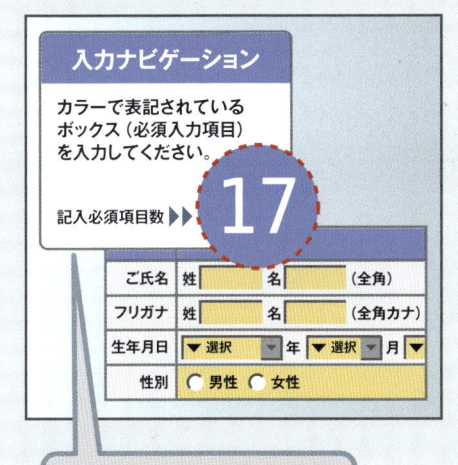

ユーザーが、入力方法や入力する内容に迷わないよう、注意点を表示する

入力ナビゲーションがポップアップ表示されて、カラーで表記されているボックス（必須入力項目）に入力するよう促す。さらに、まだ残っている必須記入項目数も表示

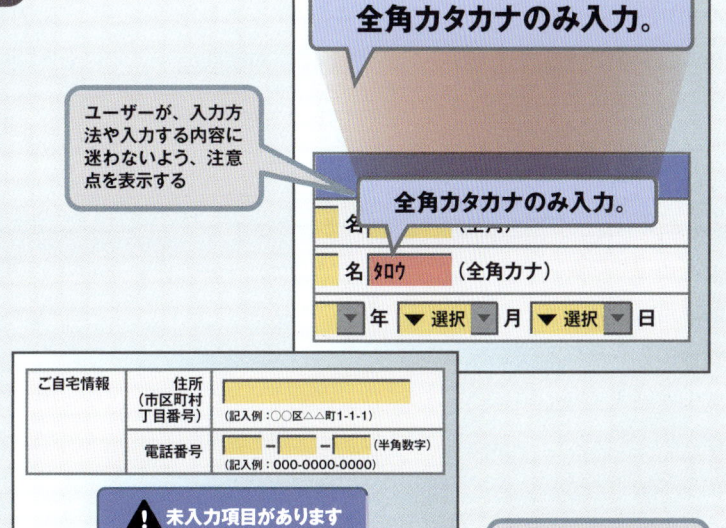

未入力項目があれば、ユーザーに注意を促す画面が表示される。すべての入力が完了すると、「次へ進む」ボタンがアクティブになり、押せるようになる

RELATION ▶ 021 043 051

131 広告やWebサイト効率よく最適化する
A/Bテストによる効果検証

Text：環

A/Bテストとは、異なる2パターンの広告やWebページを用意し、実際にユーザーに利用してもらって効果を比較するクリエイティブテストのことです。別名「スプリット・ラン・テスト」とも呼ばれ、広告やWebページのデザイン、ナビゲーションを最適化し、効果を高める手法です。

典型的な例としては、色違いのバナーや異なるキャッチコピーを配置したランディングページを用意して、CTR（クリック率）やCVR（転換率）を比較する方法があります。クリエイティブの最適化には、期間をずらして広告配信やページ設定を変え、その効果を見極める方法もありますが、不正確で時間もかかります。A/Bテストを利用すれば、プランニング時の仮説を正確かつ短期間に検証し、改善につなげることが可能です。

A/Bテストを実施するには

A/Bテストは、アクセス解析ツールのオプション機能などを使って手動で実施することも可能ですが、一般的には専用のテストツールを利用します。

代表的なツールとしては、グーグルが提供する「ウェブサイトオプティマイザー」※があります。Webサイトの場合は、JavaScriptなどを使って2つのコンテンツを動的に切り替えます。またリスティング広告の場合は、ほとんどのサービスでA/Bテスト機能が標準で備わっているため、管理画面でA/Bテストを設定すれば実施できます。

実施後は、テストから得られた広告やコンテンツのCTRや直帰率、CVRなどの数値を比較して、より効果を上げられるクリエイティブを選択していきます。

A/Bテストの実施と注意点

A/Bテストの具体的な実施方法を、Webページを例に説明しましょう。まず、テストを実施したいランディングページにテストツールが発行する専用のタグ（JavaScriptのコードなど）を埋め込みます。次に、テスト対象となる画像やテキストなどのコンテンツを用意し、管理画面でテスト用のコンテンツとして登録します。テストを開始すると、タグを埋め込んだ部分のコンテンツ（ページの一部）が動的に切り替わるようになり、クリック数が計測されていきます。

A/Bテストを成功させるには、シンプルなテスト計画とある程度の期間設定が重要です。一度に多くの内容を変更すると、得られた結果とコンテンツとの因果関係が分かりづらくなりますし、あまりに短期間の実施では誤差が大きくなります。

一度のテストで変更する内容は極力絞ったうえで、2～3週間程度の期間を目安にテストを実施するとよいでしょう。小さなA/Bテストを繰り返し実施することで、より効果の高いWebサイトを実現できます。

Webページの最適化のために用いるA/Bテストは、異なるWebページを、実際にユーザーが利用した効果を比較する。典型的な例は、色違いのバナーや異なるキャッチコピーを配置したランディングページの、CTRやCVRを比較する方法。期間をずらしたり、ページ設定を変えたりする方法は、不正確で時間がかかる。A/Bテストは、仮説を正確かつ短期間に検証し、改善につなげられる。

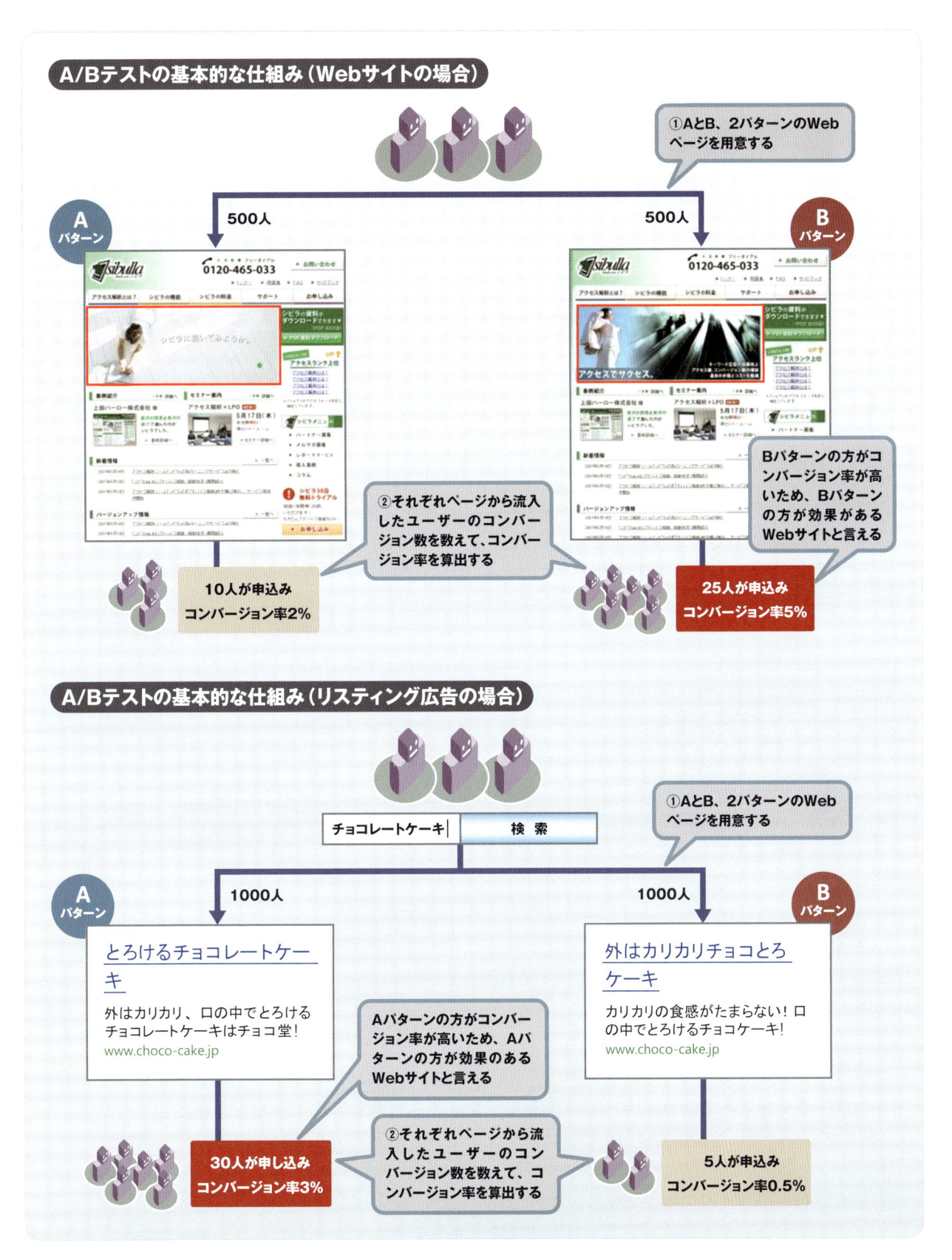

A/Bテストの基本的な仕組み（Webサイトの場合）

①AとB、2パターンのWebページを用意する

A パターン　500人　　500人　B パターン

②それぞれページから流入したユーザーのコンバージョン数を数えて、コンバージョン率を算出する

Bパターンの方がコンバージョン率が高いため、Bパターンの方が効果があるWebサイトと言える

10人が申込み
コンバージョン率2%

25人が申込み
コンバージョン率5%

A/Bテストの基本的な仕組み（リスティング広告の場合）

チョコレートケーキ　検索

①AとB、2パターンのWebページを用意する

A パターン　1000人　　1000人　B パターン

とろけるチョコレートケーキ
外はカリカリ、口の中でとろけるチョコレートケーキはチョコ堂！
www.choco-cake.jp

外はカリカリチョコとろケーキ
カリカリの食感がたまらない！口の中でとろけるチョコケーキ！
www.choco-cake.jp

Aパターンの方がコンバージョン率が高いため、Aパターンの方が効果のあるWebサイトと言える

②それぞれページから流入したユーザーのコンバージョン数を数えて、コンバージョン率を算出する

30人が申し込み
コンバージョン率3%

5人が申込み
コンバージョン率0.5%

※　http://www.google.com/websiteoptimizer/

132 レコメンデーションと行動ターゲティング

ユーザーに適したコンテンツを自動的に表示する

Text：環

ユーザーの行動履歴や購買履歴などのログデータを分析し、各ユーザーに適したコンテンツを自動的に表示する技術が注目されています。代表的なのが、「レコメンデーション」と「行動ターゲティング」です。

購買点数や単価アップに効くレコメンデーション

レコメンデーションとは、ECサイトなどでユーザーの購買履歴や行動履歴から好みの傾向を分析し、おすすめ商品を表示するサービスや技術のことです。Amazon.co.jpやZOZOTOWNなどのECサイトで、「この商品を買った人はこんな商品も買っています」といった表示を見たことがあるでしょう。

一般的なECサイトでは、検索やナビゲーションから欲しい商品を自分で探す必要がありますが、レコメンデーションを導入しているECサイトでは、自分に合った商品情報が自動的に表示されます。そのため、ユーザーにとっては欲しい商品を探す手間が省け、サイト運営者にとっては購買点数や購買単価のアップ（クロスセル[※1]、アップセル[※2]）を図れるメリットがあります。

広告を効率化する行動ターゲティング

行動ターゲティングとは、過去の行動履歴（訪問サイトや検索キーワード）からユーザーをグループ化し、グループごとにマッチした広告を表示する技術です。代表的な広告サービスとしては「Yahoo! インタレストマッチ」があります。

たとえば、ヨーロッパを中心にサッカー観戦パッケージツアーを販売している旅行会社Aが、ポータルサイトへ出稿し、自社サイトへ誘導したいとしましょう。従来のバナー広告であれば掲載する位置やページしか指定できないため、サッカーやヨーロッパ旅行に関心のないユーザーにも広告が表示されていました。

これに対して行動ターゲティング広告では、過去に「旅行サイト」「サッカーサイト」を閲覧し、キーワード「イタリア」での検索履歴があるユーザーがポータルサイトを訪れたときにだけ広告を表示する、といった表示条件を指定できます。確度の高いユーザーにだけ広告を表示するため、従来の広告よりもコンバージョンにつながりやすい、というわけです。

特徴を把握して効果的な運用を

レコメンデーションや行動ターゲティングは、大量のログデータを活用して成果につなげる仕組みであり、効果的な運用のためには各ツールやサービスの特徴を把握する必要があります。特にレコメンデーションは、データマイニングやテキストマイニングなどの知識とノウハウが必要です。自社に実績がない場合は、外部の専門家に相談しながら導入を勧めるとよいでしょう。

「レコメンデーション」と「行動ターゲティング」は、ユーザーの行動履歴や購買履歴を分析して、ユーザーに適したコンテンツを自動的に表示する技術。コンバージョン率や購買単価のアップを図れるのがメリットだが、効果的な運用のためにはツールやサービスの特徴を把握する必要がある。特にレコメンデーションは、データマイニングやテキストマイニングなどの知識とノウハウが必要になる。

レコメンデーションの例

レコメンデーションにはさまざまな方法があるが、
典型的なのが他のユーザーの購買履歴から関連商品を表示する方法だ。

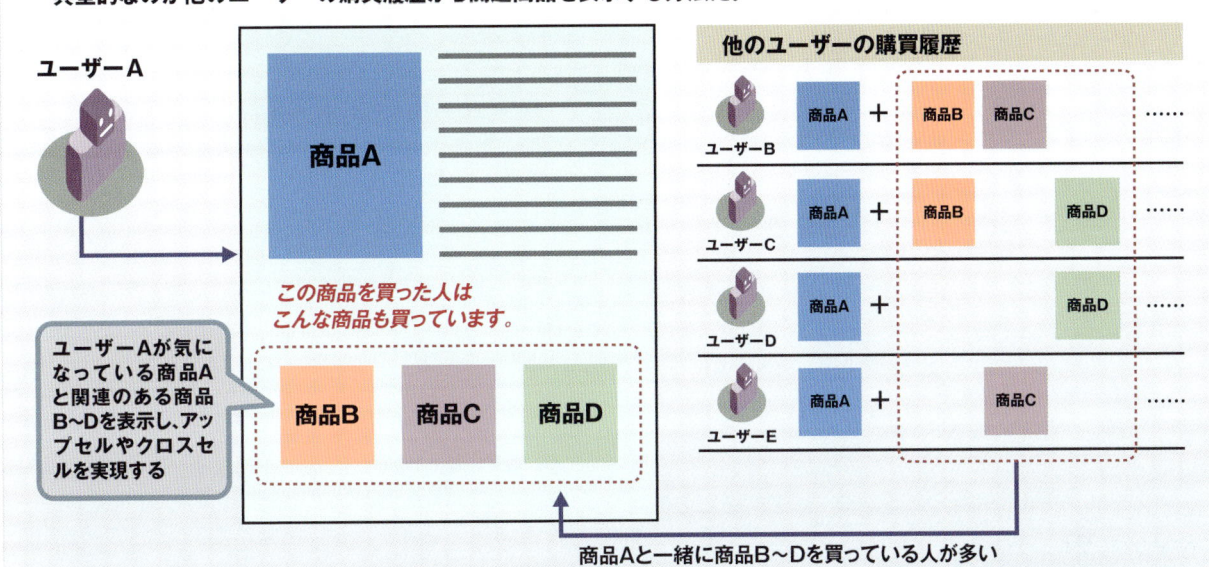

ユーザーA

商品A

この商品を買った人は
こんな商品も買っています。

商品B　商品C　商品D

ユーザーAが気になっている商品Aと関連のある商品B～Dを表示し、アップセルやクロスセルを実現する

他のユーザーの購買履歴

- ユーザーB：商品A ＋ 商品B　商品C ……
- ユーザーC：商品A ＋ 商品B　商品D ……
- ユーザーD：商品A ＋ 商品D ……
- ユーザーE：商品A ＋ 商品C ……

商品Aと一緒に商品B～Dを買っている人が多い

● 主なレコメンデーションサービス

サービス名	企業名	URL	特徴
Rtoaster	ブレインパッド	http://www.rtoaster.com/	行動履歴に基づくレコメンドと、運営者が設定したルールに従ってコンテンツを出し分けられる。会員管理システムやメール配信システムとの連携も可能
レコナイズ	ホットリンク	http://www.hottolink.co.jp/reconize/	行動履歴に基づく「協調フィルタリング」、内容の類似から判断する「コンテンツベース」など、複数の方法を組み合わせられる
ログレコメンダー	アルベルト	http://www.albert2005.co.jp/logreco/products/omakase/	行動履歴に基づくレコメンデーション。ログデータがない場合は手動で設定した代替コンテンツを表示可能

行動ターゲティング広告の例

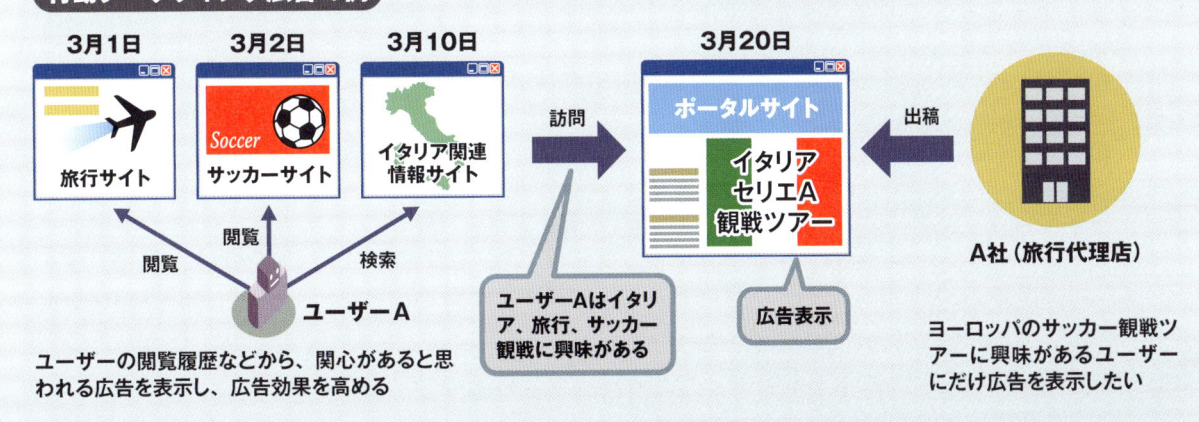

3月1日：旅行サイト（閲覧）
3月2日：サッカーサイト（閲覧）
3月10日：イタリア関連情報サイト（検索）

ユーザーA

訪問 → 3月20日：ポータルサイト（イタリア セリエA 観戦ツアー 広告表示）← 出稿 ← A社（旅行代理店）

ユーザーの閲覧履歴などから、関心があると思われる広告を表示し、広告効果を高める

ユーザーAはイタリア、旅行、サッカー観戦に興味がある

ヨーロッパのサッカー観戦ツアーに興味があるユーザーにだけ広告を表示したい

※1　商品の購入を検討している客に対し、関連する商品や、組み合わせることで割引になる商品の購入を勧める販売方法。たとえば、ハンバーガーを注文した客に、サイドメニューを勧めるなど
※2　商品の購入を考えている客に対し、希望よりも上位で高い商品を勧める販売方法。Mサイズのドリンクを注文した客にLサイズを勧めるなど

Webディレクション　用語集❻

●PDCAサイクル
事業活動を円滑に進めるための管理手法の1つ。Plan（計画）-Do（実行）-Check（評価）-Act（改善）の4段階を1サイクルとして繰り返すこと。

●アクセス解析
Webサイト内での訪問者の行動や利用環境などから、ユーザーの傾向やニーズを把握すること。コンテンツやナビゲーションなど、Webサイトの改善に利用する。

●LPO
Landing Page Optimizationの略。検索エンジンなどから訪れる着地先のページ（ランディングページ）を改善し、Webサイトのゴールへ的確に誘導すること。

●EFO
Entry Form Optimizationの略。資料請求などの入力フォームのデザインや入力方法を見直し、ユーザーが入力途中で離脱しないようにすること。

●A/Bテスト
異なる2パターンの広告やWebページを用意し、実際にユーザーに利用させて効果を比較するクリエイティブテストのこと。スプリット・ラン・テストとも呼ばれる。

●レコメンデーション
ECサイトなどでユーザーの購買履歴や行動履歴から好みの傾向を分析し、おすすめ商品として表示するサービスや技術のこと。

●行動ターゲティング
訪問サイトや検索キーワードなど、過去の行動履歴からユーザーをグループ化し、グループごとにマッチした広告を表示する広告配信技術。

●SEO
Search Engine Optimizationの略で、検索エンジン最適化のこと。検索エンジンで特定のキーワードを検索したときに、自社のWebサイトが検索結果の上位に表示されるようにする施策。

●SEM
Search Engine Marketingの略で、検索エンジンを使ったマーケティング活動を指す。狭義には、検索エンジンにユーザーが入力したキーワードに応じて関連するテキスト広告を表示する「リスティング広告」のこと。

●アフィリエイト
ECサイトと、Webサイトやメルマガを運営している個人・企業が広告掲載を通して業務提携すること。アフィリエイト・サービス・プロバイダーを仲介役として広告を掲載し、成果に応じて報酬が支払われる。

●ソーシャルメディア
SNS（Social Networking Service：会員制交流サイト）やブログ、クチコミ情報サイトなど、ユーザーの情報発信によって形成されるメディアのこと。ソーシャルメディアを利用したマーケティング活動をソーシャルメディア・マーケティングと呼ぶ。

●クロスメディア
テレビや雑誌、Webサイトなどの複数のメディアを組み合わせて情報を発信すること。また、そのことによってターゲットユーザーの行動を促すプロモーション手法のこと。

●メールマガジン
電子メールを活用してユーザーへ興味のある情報や有益な情報を定期的もしくは不定期に配信する仕組みのこと。

●フィーチャーフォン
従来型の音声通話を中心とした携帯電話のこと。独自のWeb閲覧サービスによる「ケータイサイト」や、ゲームなどの「ケータイアプリ」が利用できる。

●スマートフォン
携帯電話と情報端末の機能を融合させた携帯端末のこと。PC並みの表示能力を持つフルブラウザーや、スケジュール管理機能などを搭載し、アプリケーションによる柔軟なカスタマイズができる。スマートフォン向けに最適化したWebサイトを「スマートフォンサイト」と呼ぶ。

●スマートフォンOS
スマートフォン向けに開発されたOSのこと。アップルのiOS、グーグルのAndroid、マイクロソフトのWindows Phoneなどがある。

●タブレット端末
タッチパネルを搭載し、主に指によるタッチ操作で利用する板状の携帯端末のこと。アップルのiPadが有名。

第11章 モバイルサイトの構築

- 133 携帯電話とインターネットアクセス 330
- 134 ケータイサイトの種類とビジネスモデル 332
- 135 ケータイサイトの要件定義 334
- 136 PCとの違いにみるケータイサイトの設計 336
- 137 ケータイサイト制作のポイント 338
- 138 ケータイサイトの集客手法 340
- 139 ソーシャルメディアの広がりとモバイルデバイス 342
- 140 モバイルアクセス解析の特徴とツールの選び方 344
- 141 ケータイアプリの開発フロー 346
- 142 スマートフォンとWeb制作 348
- 143 スマートフォンサイトの制作 350
- 144 iPhoneアプリ開発のワークフロー 352
- 145 マルチスクリーンサイトの設計・制作 354
- 146 モバイルCMSの種類と選び方 356
- [コラム⑩] モバイルコンテンツ市場の動向と今後の可能性 358

RELATION▶ 017 040 134 143

133 携帯電話とインターネットアクセス
PCに代わるネット端末の主流へ

Text：アンティー・ファクトリー

　インターネットにアクセスできる端末は、PCだけではありません。現在ではむしろ、携帯電話などのモバイル端末の利用が増え、PCサイトだけでなくモバイルサイトを整備する企業も多くなっています。

携帯電話サービスとフィーチャーフォン

　国内の携帯電話サービスは、NTTドコモ、KDDI／沖縄セルラー電話（ブランド名はau）、ソフトバンクモバイル、イー・アクセス（ブランド名はイー・モバイル）の4社が提供しています。これらの通信事業者を「キャリア」、特にユーザー数が多いドコモ、au、ソフトバンクを「3キャリア」と呼びます。

　各キャリアは、音声通話に加えて、「iモード」（ドコモ）、「EZweb」（au）、「Yahoo!ケータイ」（ソフトバンク）などのWeb閲覧サービスを提供しています。これらのサービスの仕様に沿ったサイト（いわゆる「ケータイサイト」）は、HTTPやHTMLなどのインターネット技術をベースにしつつも、独自の言語拡張や課金システムなど、（PC向けの）インターネットとは異なる特徴を持っています。

　各キャリアから提供される携帯電話端末にも、PCとの違いがあります。小さな画面に最適化された専用ブラウザー、内蔵カメラとの連携、音楽コンテンツの着信音利用、位置情報を取得できるGPSなど、モバイルの特性を生かした機能が多く搭載されています。

　一方で、同一のキャリアであっても、画面サイズや解像度、ブラウザーの仕様が端末によって異なり、1ページに表示できる容量にも上限があります。同一のWebページであっても、端末によって表示結果が違うケースも珍しくありません。

　なお、最近では、後述するスマートフォンの普及によって、従来型の携帯電話を「フィーチャーフォン」と呼んで区別することがあります。

スマートフォンの台頭

　2010年ごろから台頭してきたのが、「スマートフォン」です。スマートフォンはiOS、Androidなどの汎用OSを採用し、PC並みの表示能力を持つフルブラウザーを備えたモバイル端末です。

　スマートフォンではiモードなどのキャリア独自のWeb閲覧サービスは提供されず、PCのWebサイトがそのまま利用できますが、画面サイズなどの制約からスマートフォン向けのサイトを用意する場合も増えています。

　インターネット端末といっても、PCとモバイル端末では機能や環境は大きく異なります。モバイルサイト自身もフィーチャーフォンとスマートフォンとでは違いがあり、まったく別のものと考えられます。クライアントの要求に応えられるように、携帯電話のサイトに関する幅広い知識を身につけておきましょう。

> 携帯電話などのモバイル端末によるWebサイトへのアクセスが増えている。従来型の携帯電話であるフィーチャーフォンでは、独自の「ケータイサイト」が基本だ。iOS、Androidなどの汎用OSを採用するスマートフォンは、PC並みのフルブラウザーを備えており、PC向けのWebサイトがそのまま利用できる。最近ではスマートフォン向けのサイトを用意することも多い。

モバイル端末とインターネット

モバイル端末向けのWeb制作を請け負う場合は、クライアントの要求に応えられるように、キャリアや端末の特徴をよく把握しておこう

● 国内の主要通信キャリアとサービス

キャリア名	NTTドコモ	KDDI、沖縄セルラー	ソフトバンク
ブランド名	NTT docomo	au	SoftBank
Web閲覧サービス	iモード	EZweb	Yahoo! ケータイ

● フィーチャーフォンとスマートフォンの違い

端末 / 機能	フィーチャーフォン	スマートフォン
OS	独自OS 同じキャリア内でもOSは端末により異なる	汎用OS iOS / Windows Phone / android
ブラウザー	モバイルブラウザー、フルブラウザー (基本的にPCのWebページは見られず、いわゆるケータイサイトのみ閲覧できる)	フルブラウザー (PCのページはほぼ見られるが、完全互換ではない)
通信回線	3G	3G+Wi-Fiによる高速回線
画面の大きさ、解像度	端末ごとで異なる	OSのバージョンと端末によって異なる
キー操作	テンキー	フルキーボード
メール	SMS／MMS (撮影した写真を添付して送付可能)	Eメール (PCと同じメールアドレスを使える)
アプリケーション	Java、Flash Lite	ネイティブ (開発言語はOSによる)
テレビ電話搭載	一部キャリア、機種で搭載	アプリで対応
デジタルカメラ/ムービーカメラ	○	○
携帯音楽プレーヤー	○	○
地上波デジタルテレビ（ワンセグ）	○	△ Androidの一部端末で対応
GPS	○	○
装飾メール（デコメ）	○	×
おサイフケータイ	○	△ Androidの一部機種で対応
バーコード（QRコード）リーダー	○	アプリで対応

RELATION ▶ 135 138 141

134 ケータイサイトの種類とビジネスモデル

公式サイト、勝手サイトの違いを理解する

Text：アンティー・ファクトリー

ケータイサイトには、通信キャリアの企画審査を通って承認された「公式サイト」と、それ以外の俗に「勝手サイト」と呼ばれる2種類のサイトがあります。ケータイサイトを企画・制作するときは、サイトの内容やビジネスモデルから、公式サイト、勝手サイトのどちらのサイトにするかを検討します。

公式サイトと勝手サイトの特徴

公式サイトは、キャリアの公式メニューからリンクされ、公式サイト内検索の上位表示も期待できます。また、ケータイアプリの配布ができ、キャリアによる課金回収代行ができるといったメリットがあります。

しかし、サイトの公開前にキャリアの承認を得る必要があること、キャリアによって審査基準が異なることから、サイトの企画段階から綿密な計画を立てなければなりません。キャリアごとに細かく異なる仕様や要件に合わせて制作する必要があり、ドコモ、au、ソフトバンクすべてに対応する公式サイトを制作する場合、全キャリアから承認を得られる企画・設計が求められます。

勝手サイトは、キャリアの公式メニューからのリンクや課金回収代行のような機能は利用できません。しかし、キャリアの承認が不要なため自由度が高く、スピーディーに新サイトを立ち上げられます。企画がキャリアの審査を通らなくても、勝手サイトであれば制約はなく自由に公開・運営できるのが、最大のメリットです。

一方で、サイトの認知や集客の導線経路をすべて自前で用意しなければならないので、広告・広報戦略も併せて策定する必要があります。決済が必要な場合もやはり自前で決済代行会社などと契約する必要があります。

ビジネスモデルの違い

キャリアによる課金回収代行が利用できる公式サイトでは、ユーザーへの直接課金モデルのサイトの運営に適しています。具体的には、着メロ・着うた、コミック、ゲームといったコンテンツサイトです。

勝手サイトは直接課金モデルの構築が難しく、これまで広告モデルが中心と認識されてきました。しかし、Amazon.co.jpや楽天市場のように、PCサイトとの連動性の高い通販サイトの出現で状況は変わりつつあります。PCサイトで会員登録したユーザーが外出時の移動時間中にケータイサイトから商品を購入するといった消費行動をとるようになったからです。PCサイトで培った信頼感と知名度を活かし、高い売り上げをケータイサイトで上げている通販サイトも多く見受けられます。

公式・勝手サイトのメリット・デメリットを理解し、コンテンツ配信なら公式サイト、プロモーションや通販なら勝手サイトというように、内容やビジネスモデルを吟味して、より適している種類を選びましょう。

ケータイサイトには2種類ある。ひとつは、キャリアの仕様や要件に合わせて制作する必要がある公式サイトで、ビジネス面も含めてキャリアのサポートが受けられる。もうひとつは、勝手サイトで、キャリアとはまったくかかわりがない代わりに自由度が高く、すばやく新サイトを公開できる。公式・勝手サイトのメリット・デメリットを吟味して、適している種類を選択する必要がある。

公式サイトと勝手サイトの違い

ケータイサイトの制作にあたっては、それぞれのメリット・デメリットを考慮し、適切な方法を選定する

	公式サイト	勝手サイト
メリット	・キャリア公式メニューからの集客が見込める ・公式検索エンジンに登録され、集客が見込める ・キャリアによる料金回収代行サービスを利用できる ・ケータイアプリを提供できる ・キャリアのお墨付きによる安心感がある	・企画やコンテンツ内容に制約がなく、自由度の高いサイトが運営できる ・3キャリアで共通のコンテンツ、サイトを展開しやすい ・CGMやSNSなどのユーザー主導型サイトを展開しやすい ・外部サイトへのリンクを自由に設定できる ・広告を自由に掲載できる
デメリット	・キャリアによる企画審査が必要 ・外部サイトへのリンクや獲得した会員の活用に制限がある ・コンテンツに対するキャリアの制約があるため、CGMやSNSサイトには不向き ・広告掲載に制限がある	・公式検索エンジンに登録されない ・認知、集客にコストがかかる **集客方法**: モバイルSEO／SEM、QRコードの配布、空メール送信
向いているサイト	・着メロ／着うた ・コミック／占い／ゲームなどのコンテンツ販売サイト	・CGMコンテンツ／SNSサイト ・広告モデルのメディアサイト ・ECサイト
ビジネスモデル	・ユーザーに対する直接課金（キャリア決済）	・広告収入 ・ユーザーに対する直接課金（自前の決済）
代表的なサイトの例	music.jp http://music.jp/ 着うた、着メロの配信サイト。邦楽、洋楽、アニメ／ゲーム音楽など、幅広いジャンルの豊富な楽曲を揃える。エムティーアイが運営	Mobage（モバゲー） http://mbga.jp/ 会員数2000万人を超える携帯電話専用のSNSサイト。ミニゲームと仮想通貨販売による課金が特徴。ディー・エヌ・エーが運営

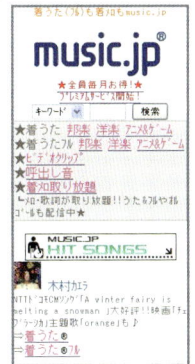

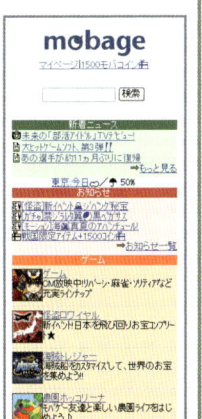

RELATION ▶ 009 010 011 094 134 137

135 ケータイサイトの要件定義

キャリアや端末の違いに注意して要件を網羅する

Text：アンティー・ファクトリー

　ケータイサイトの制作を受注したら、最初に取り組むのが要件定義です。要件定義とは「そのサイトが何のためにあり、どういったコンテンツ（機能）を持たせたいのか、それをどのように表現するのか」をまとめることです。

　要件定義をまとめたドキュメントを要件定義書と呼び、要件定義書の内容を実現するための機能や仕様を決定して、実制作を進めていきます。制作過程での仕様変更を最小限に抑えるためにも、要件定義にはしっかり時間をかけ、必要な要件を漏れなくドキュメント化することが重要です。

ケータイサイトの要件定義の進め方とポイント

　要件定義はPC向けの一般的なWebサイト制作でもありますが、ケータイサイトの場合はPCサイトと違い、キャリアや端末によって表示環境の仕様が大きく異なり、細分化されています。端末によってブラウザーが対応するHTMLのバージョンや1ページに使用できる容量が異なることから、すべての端末・キャリアに対応するのは容易ではありません。

　各キャリアや端末の仕様の違いに注意しながら、対象にするキャリア・端末を絞り込んでいきます。

　ほかにも、文字コードや画面解像度、絵文字など、キャリア・端末によって仕様が異なる要素については、個別に対応するか、全キャリア共通の仕様にするかを検討します。全キャリア共通にする場合、キャリアごとに実装方法の異なる機能は使用しないことを前提にしなければなりません。

　サイトの公開範囲を携帯電話のみにするか、もしくはPCも対象にするかも検討します。携帯電話だけを対象にする場合は、キャリア判別が必要です。ユーザーエージェントやIPアドレスなどの何の情報で判別するか、判別処理はサーバーサイドプログラムまたはサーバー設定で実装するのかも決定します。

　ケータイサイトをPCでも閲覧できるようにする場合も、単純にサイトをそのまま表示すればよいわけではありません。PCと携帯電話を判別し、PCでは表示できない絵文字を変換したり、使用できない機能を外したりといった調整が必要です。

　さらに、公式サイトの場合は、キャリアごとに審査基準が異なるため、各キャリアの基準に沿ってコンテンツ内容や仕様を策定しなければなりません。

　ケータイサイトのディレクションでは、対象キャリア・端末の決定、キャリア判別の実装方法など、技術的な知識が必須であり、テクニカルエンジニア、システムエンジニアとの密な連携が欠かせません。新機種に伴う仕様変更のサイクルも早いので、情報収集を怠らないようにしましょう。

ケータイサイトの要件定義は、キャリアや端末によって表示環境の仕様が大きく異なり、細分化されているので、対象範囲を決める必要がある。そのほかにも、公開範囲を携帯電話のみか、PCも対象にするのかも決める。公式サイトの場合は、キャリアごとの審査基準に沿った内容や仕様を策定する。ケータイサイトのディレクションには、技術的な知識が必須であり、エンジニアとの連携が欠かせない。

要件定義チェックシートの例

キャリアや端末によって異なる仕様に対応するため、あらかじめ対応範囲を明確にしておく

項目	内容	備考
公開URL		独自ドメイン、サブドメイン、ディレクトリ名など公開URLを決定
ガイドライン	□有 □無	発注者が自社サイト構築のガイドラインを有しているか事前に確認
対象キャリア	□NTTドコモ □au □SoftBank □全キャリア共通	対象とするキャリアを事前に決めておく
HTMLバージョン	■NTTドコモ 　□imode対応XHTML（バージョン：　） 　□imode対応HTML（バージョン：　） ■au 　□XHTML ■SoftBank 　□XHTML　□HTML ■全キャリア共通 　□XHTML　□HTML	HTMLバージョンによって使用できるタグや表現力が異なるため、キャリアごとの対応HTMLバージョンを決めておく
対象機種（世代）	■NTTドコモ 　□3G以降　□3G以前 ■au 　□3G以降　□3G以前 ■SoftBank 　□3G以降　□3G以前	キャリアごとの対応機種の世代により、使用できる機能が異なる
キャリア判別	□有　□無 有の場合、判別方法 □サーバー設定　□プログラム	ケータイ向け最適化のみの場合は「無」、判別する場合は処理方法を決定する
文字コード	■NTTドコモ 　□Shift_JIS　□UTF-8 ■au 　□Shift_JIS ■SoftBank 　□Shift_JIS　□EUC-JP　□ISO-2022　□UTF-8	キャリア・世代により使用できる文字コードは異なる。通常は3キャリア共通で使用できるShift_JISで作成する
画面解像度（横幅）	□240ピクセル　□480ピクセル □それ以外（　　　）	現在は240ピクセルが主流。機種により解像度が異なり、480ピクセルの端末もある
Flash Lite	□1.0　□1.1　□2.0　□3.0　□未使用	バージョンによりファイル容量、機能が異なる
SSL	□あり　□無SSL使用 有の場合、証明書の種類 □ベリサイン　□グローバルサイン　□サイバートラスト □その他（　　　）	端末により対応する証明書が異なるため要注意

RELATION ▶ 040 043 045 047 135 137

136 PCとの違いに見る ケータイサイトの設計

使い勝手のいいサイトを作るために

Text：アンティー・ファクトリー

ケータイサイトには、画面サイズや解像度、1ページに使用できるファイル容量（HTML、画像）といったさまざまな制限があります。それらの制限を念頭においたページ設計が求められます。

ケータイサイトのレイアウト

商品紹介ページを例に、PCサイトのモバイル版を設計する場合を考えてみましょう。このページは、商品名、商品概要、商品画像（サムネイル画像）の3つの要素で構成されます。

このようなページは、PCサイトの場合、商品名や商品画像を1つのブロックとして水平方向に複数並べるレイアウトがよく使われます。しかし、画面が小さく解像度が低い携帯電話では、1つ1つの要素が見づらくなり、現実的ではありません。

また、1ページにいくつもの画像を並べると、キャリアや端末が定めるページ容量の上限を超える可能性がありますし、回線速度が遅い端末や環境では読み込みに時間がかかります。

こうしたさまざまな制約をクリアするために、ケータイサイトでは商品一覧と商品詳細の2ページに分割し、一覧ではテキスト要素のみ表示します。画像はそれぞれの商品詳細ページで1つだけ使用します。

また、PCサイトではヘッダー部分にグローバルナビゲーションを配置するのが通例ですが、ケータイサイトでは画面領域が狭いため、グローバルナビゲーションはフッター部分にまとめ、コンテンツ内容を優先して表示します。その代わり、フッターは全ページ共通とし、ナビゲーションリンクにはアクセスキー（数字キーによるショートカット）を設定して数字キーを押すだけで移動できるようにします。

以上のように、携帯電話の特性を踏まえ、サイトの構造やページ内の配置を検討していきます。

軽量なページですばやい表示に

1ページの容量制限内に収まるようにテキストのみでページを構成したとしても、携帯電話では長いテキストは読みづらく、ページの読み込みも遅くなります。特に、詳細ページへのリンクが中心となるトップページやカテゴリートップでは、すばやい表示も重要です。

そこで、画像だけではなく、商品概要のテキストも商品詳細ページに移動し、商品一覧ページには商品名のみを表示します。商品一覧ページは商品名だけに簡略化されますが、軽量で早く表示されるようになります。

ケータイサイトは、単にPCサイトの要素を携帯電話の画面サイズに合わせて並べ替えるだけではありません。キャリアや端末の仕様を理解し、ケータイサイトならではの使い勝手も考慮して設計しましょう。

ケータイサイトは、画面サイズや解像度、1ページに使用できるHTMLや画像のファイル容量などに制限がある。携帯電話の特性を踏まえ、サイトの構造やページ内の配置を検討することが重要だ。PCサイトの要素を携帯電話の画面サイズに合わせて並べ替えるだけではなく、キャリアや端末の仕様を理解し、ケータイサイトならでは使い勝手のよいページを設計する必要がある。

ケータイサイトの設計

● PCサイトとケータイサイトの設計の違い

	PCサイト	ケータイサイト
ファーストビュー	ヘッダーにグローバルナビゲーションを配置	グローバルナビゲーションの機能をフッターに集約。アクセスキーを設定し、ページ遷移の利便性を向上
ページ構成	ページ容量の制限は無い 例：商品概要、詳細、画像を1ページの一覧にまとめて表示	ページ容量に制限がある 例：商品概要を一覧とし、商品詳細と画像は別ページで見せる
画面解像度	十分な広さがある。ある程度テキスト量が多くても可読性は損なわれない	画面が小さく、一度に表示できる情報量は限られる。情報量が多い場合は別ページに分けて表示する

● PCサイトとケータイサイトのページ構成例

商品一覧ページを例に、PCサイトとケータイサイトのレイアウトを比較する

PCサイト

- ロゴ
- トップページ　店舗概要　商品一覧　お問い合わせ
- ■商品一覧
  - 商品A　商品画像
  - 商品B　商品画像
  - 商品C　商品画像
- フッター

ケータイサイト

- ロゴ
- ■商品一覧
  - ・商品A
  - ・商品B
  - ・商品C
- [1] 店舗概要
- [2] 商品一覧
- [3] お問い合わせ
- [4] トップページ

情報量が多いページは別ページに分ける

グローバルナビの機能はフッターに集約

アクセスキーを設定

- 商品A
  - 商品画像
  - 概要 ■■■■■■■■■
  - 詳細 ■■■■■■■■■
- [1] 店舗概要
- [2] 商品一覧
- [3] お問い合わせ
- [4] トップページ

RELATION ▶ 076 078 087 090 093 135

137 ケータイサイト制作のポイント

携帯電話特有の制約、仕様をおさえる

Text：アンティー・ファクトリー

制作するケータイサイトの要件が固まったら、制作作業に入ります。デザインをもとに画像やHTMLを用意してページを組み上げていく工程そのものはPC向けのWebサイトと同じですが、ケータイサイトでは携帯電話の機能的な制約や、キャリアや携帯電話端末の世代による仕様の違いを意識することが重要です。

キャリアや端末の違いに留意して実装

ケータイサイトのHTMLは、要件定義で決定した仕様に従って作成します。対象端末が広範に及ぶ場合、3G対応以降の端末ではXHTMLで統一し、それ以前の端末ではコンパクトHTMLやHDMLなど、キャリアや端末ごとの対応言語を使って記述します。ただし、HTMLのバージョンによっては使用できるタグに制限がありますので、言語の仕様を確認しましょう。

絵文字やアクセスキー（数字キーによるショートカット）、入力フォームの入力モード指定など、キャリア固有の機能を使う場合は、キャリアごとにHTMLを分岐させる必要があります。方法はいくつかあり、サーバーサイドプログラムを利用してキャリアごとにHTMLタグを動的に出力したり、キャリアや端末ごとに用意したテンプレートを切り替えたりして対応します。

ページ内で読み込む画像は、キャリアや端末によって対応しているフォーマットが異なります。全キャリアで使用できるフォーマットで統一するか、複数のフォーマットの画像ファイルを用意して切り替えるかを検討します。

携帯電話のブラウザーの多くは、JavaScriptが使用できません。PCサイトのようなリッチな表現や機能は実装できませんので、代替手段としてFlash Liteを使用します。ただし、Flash Liteのバージョンは端末によって異なり、バージョンによって実装できる機能は異なるので、対象機種に合わせた制作が必要です。

ディレクターは制作者と連携して進行を

ケータイサイトの制作におけるディレクターの役割は、前に挙げたような点に留意して制作が進んでいるかをチェックすることです。特に、要件定義にあいまいな点が残っていた場合、制作者が独断で実装してしまうことがあります。制作者と密に連携をとり、相談しながら解決していきましょう。

完成したサイトの実機検証もディレクターの大切な役割です。ほとんどの場合、制作作業はPC上のシミュレーターで確認しながら進めますが、シミュレーターで正しく動作しても実機で動かないことも珍しくありません。対象となるすべてのキャリアの全端末を用意するのは現実的ではありませんので、世代ごとの検証端末を決めて確認するとよいでしょう。

Web制作自体はPC向けと同様だが、ケータイサイトでは端末の機能的な制約、キャリアや端末の世代による違いに注意して実装を進める。ディレクターは、制作が進んでいるかをチェックすることと、実機検証が大きな役割だ。検証はPCのシミュレーターでできるが、実機で動かないこともある。対象の全端末は用意できないので、世代ごとの検証端末を決めて確認するとよい。

ケータイサイトのキャリア・世代別仕様一覧

ケータイサイトで利用できるHTMLのバージョンや画像フォーマットは、キャリアや端末の世代によって異なる。それぞれの仕様を確認しながら制作を進めよう

キャリア	タイプ	形式	搭載時期	対応端末	ページ容量	画像形式	XHTML対応
ドコモ	iモード対応HTML1.0	HTML	1999年頃	mova501iシリーズ	5KB（画像含む）	GIF（ノンインターレース）	—
	iモード対応HTML2.0	HTML	2000年頃	mova502iシリーズなど	標準モード：5KB（画像含む）拡張モード：10KB（画像含む）	GIF	—
	iモード対応HTML3.0	HTML	2001年頃	mova503iシリーズなど FOMA 2001/2002/2101V	mova：10KB（画像含む）FOMA：100KB（画像含む）、30KB（画像を除く）	GIF/JPEG（FOMAと1部movaのみ対応）	—
	iモード対応HTML4.0	HTML	2002年頃	mova504iシリーズなど FOMA 2051/2102V/2701	mova：10KB（画像含む）FOMA：100KB（画像含む）、30KB（画像を除く）	GIF/JPEG	iモード対応XHTML1.0（FOMAのみ）
	iモード対応HTML5.0	HTML	2003〜2004年頃	mova505i、506シリーズなど FOMA 900i、901iシリーズなど	mova：20KB（一部10KB/画像含む）FOMA：100KB（画像含む）、30KB（画像を除く）	GIF/JPEG	iモード対応XHTML1.1（FOMAのみ）
	iモード対応HTML6.0	HTML	2005年頃	FOMA 902iシリーズなど	FOMA：100KB（画像含む）、30KB（画像を除く）	GIF/JPEG	iモード対応XHTML2.0（FOMAのみ）
	iモード対応HTML7.0	HTML	2006〜2007年頃	FOMA 903i、904iシリーズなど	FOMA：100KB（画像含む）、30KB（画像を除く）	GIF/JPEG	iモード対応XHTML2.1（FOMAのみ）
	iモード対応HTML7.1	HTML	2007〜2008年頃	FOMA 905iシリーズなど	FOMA：100KB（画像含む）、30KB（画像を除く）	GIF/JPEG	iモード対応XHTML2.2（FOMAのみ）
	iモード対応HTML7.2	HTML	2008年〜	FOMA 906iシリーズなど	FOMA：100KB（画像含む）、30KB（画像を除く）	GIF/JPEG	iモード対応XHTML2.3（FOMAのみ）
au	HDMLブラウザー搭載端末	HDML	1999〜2002年頃	A1000/C1000/C400/C300/C200シリーズ	モノクロ機種：1.2KB以内推奨（画像含む）カラー機種：7.5KB以内推奨（画像含む）※テキスト部分は1.2KB以内推奨	PNG/BMP/JPEG（一部対応）	—
	WAP2.0ブラウザー搭載端末	XHTML	2002年〜	HDMLブラウザー搭載端末以外すべて	9KB推奨（画像含む）※画像を含めた実際のサイズは、各端末ごとで異なる。WIN端末は一部を除き約130KBまで表示可能。ただしテキスト部分は9KB以内推奨	GIF/PNG/JPEG/BMP	XHTML
ソフトバンク	非パケット対応機（C型）	MML/HTML	2000〜2006年頃		6KB（画像含む）	PNG/JPEG	—
	パケット対応機（P型）	MML/HTML	2002〜2006年頃		P4、P5型 12KB（画像含む）P6、P7型 30KB（画像含む）	PNG/JPEG/MNG	—
	XHTML対応機（W型）	MML/XHTML	2003〜2004年		200KB（画像含む）	PNG/JPEG/MNG/GIF	XHTML
	XHTML対応機（3GC型）	MML/XHTML	2004年〜		300KB（画像含む）	PNG/JPEG/MNG/GIF	XHTML

138 ケータイサイトの集客手法

PCサイトとは異なる手法を知る

Text：アンティー・ファクトリー

Webサイトを公開したらユーザーを集客しなければならない点はPCでもケータイサイトでも同じです。しかし、ケータイサイトの集客では、PC向けのWebサイトとは異なる点も少なくありません。

キャリアの企画審査で承認された公式サイトであれば、公式メニューからのリンクによって多くの集客が見込めます。公式の検索エンジンでも優先的に表示されるので、検索結果からの流入も期待できます。ただ、公式サイトはキャリアによる厳しい審査をクリアする必要があり、容易に公式サイトになれるわけではありません。

公式サイト、勝手サイトの双方で使える集客方法としては、ターゲットユーザーが利用しているケータイサイトへのバナー広告掲載、モバイルSEO／SEM、QRコード、空メールなどの方法があります。

モバイル SEO ／ SEM や QR コードによる集客

ケータイサイトのSEO／SEMでは、モバイル版の検索エンジンへの対応が必要です。主要な検索エンジンはモバイル版を用意しており、検索結果でもリスティング広告でもPCサイトとケータイサイトを区別しています。

そこで、検索エンジンのクローラーがアクセスできるようにIPアドレスやユーザーエージェントの制限を緩和するなど、検索エンジンにケータイサイトとして認識してもらうための作業が必要です。

コストはかかりますが、テレビや雑誌などの他のメディアへQRコードを掲載した広告を出稿してサイトへ誘導する方法もあります。QRコードを見たユーザーがすぐにその場でサイトへアクセスできるので、ケータイサイトではポピュラーな集客方法となっています。

空メール、ソーシャルメディアによる集客

ユーザーに空メール（本文を入力していないメール）を送ってもらい、URLを記したメールを自動返信してケータイサイトへ誘導する集客もあります。メールの手軽さを活用した集客方法で、若年層向けサイトやプレゼントキャンペーンで広く使われています。空メールを本格的に運用するには、自動返信メールシステムの構築が必要ですが、手軽に使えるASPもあります。

このほかにも、最近ではTwitterやmixiなどのソーシャルメディアも集客に使われています。ユーザー間の口コミを利用したバズマーケティングの1つですが、情報伝播速度の速い携帯電話との相性の良さから、キャンペーンなどで多用されています。

このように、ケータイサイトの集客方法にはさまざまな手法があります。メリット、デメリットを考えながら、サイトの内容や集めたいユーザーのターゲットに合わせて検討しましょう。必要なコストと得られる効果を見極めた選択がポイントになります。

ケータイサイトならではの集客として、モバイル版の検索エンジン向けのSEO／SEMがある。また、QRコードを使ってサイトへ誘導したり、空メールの自動返信にURLを記す方法もある。情報伝播速度の速い携帯電話と相性が良い、Twitterなどのソーシャルメディアを活用する方法もある。メリット、デメリットを考え、必要なコストと得られる効果を見極めた選択がポイントだ。

ケータイサイトの集客方法

公式サイト
公式サイトとして認められれば、キャリアの公式メニューからリンクされ、公式検索エンジンの検索結果でも優先的に表示される。
キャリアがコンテンツの安全性の保証したという安心感をユーザーに与える

SEO/SEM
サイトがモバイルサイトであることを検索エンジンに認識、クロールされるように登録する（モバイルSEO）。ケータイサイト用のリスティング広告と組み合わせて、モバイルSEMを実施する

QRコード
雑誌、テレビなどのメディアや、電車などの交通広告にQRコードを掲載し、携帯電話でスキャンしてサイトに直接アクセスできるようにする

バナー広告
対象となるユーザーが利用しているケータイサイトに対してバナー広告を掲載。サイトの存在を認知してもらい、アクセスを促す

空メール
携帯電話から所定のメールアドレスに空メールを送信してもらう。URLを記載したメールを自動返信し、ケータイサイトへ誘導する。URL入力の手間を軽減し、アクセスしやすくする

ソーシャルメディア
TwitterやFacebook、mixiなどのモバイル対応SNSを通じてURLを共有し、クチコミでサイトへ誘導する

検索エンジンの違い

検索エンジンはPC向けのサイトとケータイサイトを区別して認識している。
たとえばYahoo! JAPANでは、PCと携帯電話で以下のように検索結果が異なる。

PC版のYahoo! JAPAN

モバイル版のYahoo! JAPAN

RELATION ▶ 018 109 117

139 ソーシャルメディアの広がりとモバイルデバイス

ブログや日記などのクチコミを企画に取り込む

Text：アンティー・ファクトリー

ブログや日記など、ユーザーが投稿したクチコミによって形成される場を「メディア」と見なすソーシャルメディアが、携帯電話の世界でも急速に広がってきています。注目を集めている主要なソーシャルメディアのモバイルにおける状況を紹介しましょう。

モバイルへの移行が進む国内のソーシャルメディア

国内におけるソーシャルメディアといえば、2004年にPC向けサービスを開始した「mixi」（運営＝ミクシィ）がもっとも有名です。2012年現在、会員数は2500万人を超え、国内最大級のSNSになっています。

同じく国内最大級のSNSに成長したのが、ケータイサイトに注力してきた「Mobage（旧モバゲータウン）」（ディー・エヌ・エー）と「GREE」（グリー）です。どちらも、ゲーム性の高いコンテンツが若年層を中心にブレイクし、それらの躍進に後押しされる形で、老舗のmixiもケータイサイトに注力するようになりました。このような現象は、ソーシャルメディアの中心がPCサイトからケータイサイトへと移行したことを物語っています。

海外でもモバイル中心へ

海外におけるソーシャルメディアといえば、「Twitter」と「Facebook」が有名です。

Twitterは当初、140文字のミニブログ的なサービスとして始まりました。思ったことを簡潔に投稿できる手軽さが、携帯電話端末、中でもスマートフォンとうまくマッチして、日本でも一躍有名になりました。TwitterはAPI※を公開しており、膨大なリソースを利用したアプリケーションを外部の開発者が開発できるため、派生サービスが数多く生まれています。

海外でも、日本と同様にスマートフォンからソーシャルメディアを利用する割合が飛躍的に増大しています。これまで圧倒的な会員数を誇っていたMyspaceが、後発でモバイル対応に力を入れてきたFacebookに逆転されました。Facebookは、位置情報と連動するなどのモバイル向けの機能を強化しており、今後もモバイル対応に注力していくとみられます。

Twitter、Facebookと並んで海外で評判が高いのが「foursquare」です。GPS機能付きのスマートフォンを使って、訪れた場所に「チェックイン」します。チェックインの回数などに応じてバッジがもらえるといった、ゲーム性を取り入れたサービスが話題で、米国ではお店と提携してクーポンを発行するなど、リアルな社会と連動した展開を見せています。

PCサイトからケータイサイトに移行し、進化し続けているソーシャルメディアに対しては、今後も広くアンテナを張り、最新の情報をキャッチしてサイト企画に反映する必要があるでしょう。

ソーシャルメディアが携帯電話の世界でも急速に広がっている。日本では、「mixi」「Mobage」「GREE」がモバイル環境に力を入れている。海外では、APIを公開しているため派生サービスが多い「Twitter」やモバイル対応に注力してきた「Facebook」が主力になっている。モバイル環境と相性のよいソーシャルメディアの最新情報を収集し、サイトの企画に反映しよう。

モバイルに対応する主なソーシャルメディア

名称	提供企業	モバイル対応	主なサービス	特徴
mixi	ミクシィ	フィーチャーフォン（ケータイサイト）スマートフォン	日記 コミュニティ ニュース配信 アプリ開発API	PC、モバイルから利用できる。日記、コミュニティといった基本機能に加え、mixi上で個人や企業がサービスを提供できるmixiアプリも提供
GREE	グリー	フィーチャーフォン（ケータイサイト）スマートフォン	日記 コミュニティ ニュース配信 ゲーム	PC、モバイルから利用できるが、モバイルからのアクセスが大半を占める。ゲームコンテンツが充実
Mobage（旧モバゲータウン）	ディー・エヌ・エー	フィーチャーフォン（ケータイサイト）スマートフォン	日記 コミュニティ ニュース配信 アバター ゲーム	携帯電話に特化したサービスだが、2010年からはヤフーと共同でPC向けのサービスも提供している。ゲームコンテンツ、アバター機能が中核
Facebook	米フェイスブック	フィーチャーフォン（ケータイサイト）スマートフォン	つぶやき投稿 写真共有 企業ページ アプリ開発API	米国発のSNS。2012年現在、世界最大の会員を抱える。非会員でも閲覧できる「Facebook」ページ機能が、企業のキャンペーンなどに利用されている
Myspace	米マイスペース	スマートフォン	日記 音楽配信	米国発のSNS。音楽に特化した機能を持ち、音楽業界にも強い影響を及ぼしている
foursquare	米フォースクエア	スマートフォン	位置情報共有 コミュニティ	位置情報を利用した居場所の共有とゲーム性が特徴
Twitter	米ツイッター	フィーチャーフォン（ケータイサイト）スマートフォン	つぶやき投稿 アプリ開発API	140文字以内の「つぶやき」を投稿するサービス。APIを利用した関連サービスが数多く公開されている

モバイルの特性を生かしたソーシャルメディア

短いテキスト
Twitterは140文字以内、Facebookは500文字未満の短文によるコミュニケーションが中心。携帯電話でも投稿・閲覧しやすい

リアルタイム性
Twitterのつぶやきは時系列で表示される。携帯電話なら、時間と場所を問わず、いま何が起きているかがすぐに分かる

位置情報連動
ほとんどのスマートフォンにはGPS機能が搭載されている。foursquareでは位置情報を共有して楽しめる

※ Application Program Interfaceの略。ソフトウェアの機能を呼び出すための仕様のこと

RELATION ▶ 126 127 128 129

携帯電話ならではの利用状況を把握するために

140 モバイルアクセス解析の特徴とツールの選び方

Text：環

携帯電話の普及に伴い、ケータイサイトの利用状況を測定するモバイルアクセス解析ツールの必要性が増しています。アクセス解析の基本的な考え方はPCでもモバイルでも同じですが、デバイスの特性や技術的な制約から、PCとは異なる点も多くあります。

携帯アクセス解析結果の活用方法

携帯電話とPCの大きな違いは、携帯電話はユーザーの生活により密着している、ということです。PCはオフィスや自宅などの机の前に構えて使いますが、携帯電話であれば時間や場所を問いません。時間帯や日別のログから、ユーザーのライフスタイルや詳細なニーズを読み取れるのが、モバイルアクセス解析の特徴です。

たとえば、ある旅行会社のケータイサイトでは、台風が発生すると23時ごろにアクセスが集中します。翌日出発のツアーが予定通り実施されるかを確認するために、帰宅前のユーザーが一斉にアクセスしているのです。モバイルアクセス解析では、こうしたユーザーの動きを細かく読み取り、ニーズに応えるコンテンツを提供したり、ナビゲーションを改善したりできます。

ケータイサイトの解析

フィーチャーフォンを対象としたケータイサイトのアクセス解析では、技術的な制約により、PCほど多くの情報が取得できない弱点もあります。PCのブラウザーでは、流入元のURLなどが含まれるリファラー情報が送信されますが、携帯電話では送信しない端末がありますし、個別の端末を識別するCookieが使用できない端末も多くあります。こうした弱点は、広告出稿時などにパラメーター付きのURLで流入元を特定できるようにしたり、「iモードID」などの端末識別情報を使ったりすることである程度カバーできます。

アクセス解析ツールの多くはモバイル版を提供しており、追加モジュールを導入することでケータイサイトにも対応できますが、アクセス解析ツールの解析方式などによって、メリット・デメリットがあります。解析したい目的のデータが計測できるか、導入のしやすさはどうかなどを総合的に判断して検討するとよいでしょう。

スマートフォンサイトの解析

フィーチャーフォンに代わって急速に普及しているスマートフォンは、PCに近いフルブラウザーを搭載し、CookieやJavaScriptにも対応しているので、PC向けのアクセス解析ツールや解析手法がそのまま利用できます。

アクセス解析ツールでPCサイトのOSシェアを分析し、iPhoneやAndroidなどのシェアが高ければスマートフォン専用サイトの制作を検討する、といった具合に判断するとよいでしょう。

モバイルサイトのアクセス解析からは、ユーザーのライフスタイルや詳細なニーズを読み取れる。アクセス解析ツールの多くはモバイル版を提供しており、フィーチャーフォン向けのケータイサイトでは追加モジュールを導入することでケータイサイトにも対応できる。一方、スマートフォンはPCに近いフルブラウザーを搭載するため、PC向けのアクセス解析ツールや解析手法を利用する。

主なモバイルアクセス解析ツール

	概要・利用方法	メリット	デメリット
Google Analytics http://www.google.com/intl/ja/analytics/ 提供会社：グーグル 解析方式：Webビーコン型 料金：無料	・グーグルが提供しているアクセス解析ツール。PHP、Perl、JSP、ASPのいずれかが動作する必要がある。専用プログラムをサイト内に設置し、プログラムコードを各ページに埋め込む	・無料で提供されているので導入しやすく、幅広い機能が利用できる	・解析するすべてのページにプログラムコード（2カ所）を埋め込む必要がある ・月間500万PVまでの利用上限がある
MOBYLOG http://www.mobylog.jp/ 提供会社：セラン 解析方式：ハイブリッド型 料金：有料	・専用のApache用モジュールをサーバーにインストールすることにより、サイト内の各ページに動的にタグが埋め込まれる	・セッションの引き回しなどを気にする必要がなく、動的生成ページや静的ページでも同様に解析できる ・コンテンツそのものにトラッキングタグ等を埋め込む必要がないため導入しやすい	・Webサーバーを自由に設定できる環境が必要。共有レンタルサーバーなどでの導入は難しい
RTmetrics http://www.auriq.co.jp/products/rtmetrics/ 提供会社：オーリックシステムズ 解析方式：Webビーコン型 料金：有料	・比較的、規模の大きなサイト向けのツール。Webサーバーの手前、もしくはスイッチングハブのポートミラーリング機能を使って、Webリクエストのパケットからログデータを収集する	・WebサーバーやWebコンテンツに手を加えずに設置するだけで利用できる	・ネットワークに対する知識および自由に変更できる環境が必要
シビラ http://www.sibulla.com/ 提供会社：環 解析方式：Webビーコン型 料金：有料	・モバイル用のプログラムをサイトに設置し（PHPもしくはJSP）、モバイル用タグをページに埋め込むだけで利用できる	・PCサイトと同じアカウントで解析でき、機能もPC版とほぼ同等 ・安価で中小サイトでも導入しやすい	・トラッキングタグ埋め込みのほかに、専用のプログラムをサイト内に設置する必要がある

携帯電話とPCのアクセス解析の違い

PCではCookieで、携帯電話では端末認識番号で端末を識別する

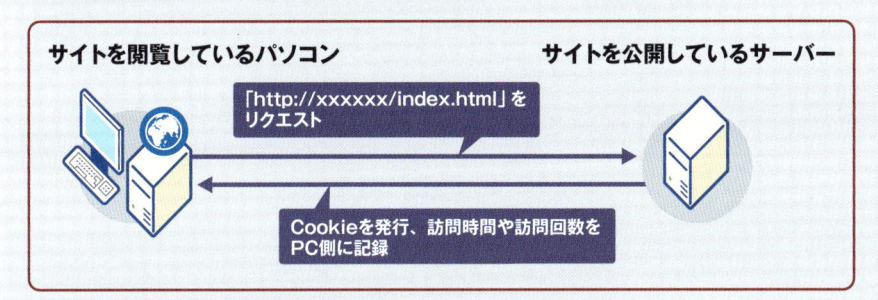

サイトを閲覧しているパソコン → サイトを公開しているサーバー
「http://xxxxxx/index.html」をリクエスト
Cookieを発行、訪問時間や訪問回数をPC側に記録

サイトを閲覧している端末 → ドコモ内のゲートウェイ → サイトを公開しているサーバー
「http://xxxxxx/index.html?guid=on」をリクエスト
リクエストに「guid=on」があればHTTPヘッダー「HTTP_X_DCMGUID」に端末識別番号を追加
環境変数「HTTP_X_DCMGUID」より端末識別番号を取得

※ただし、リクエストがSSLの場合、リクエスト情報も暗号化されているため、ゲートウェイにて「guid=on」が付いているか分からない。つまり、SSLの場合、端末識別情報が送信されない

141 ケータイアプリの開発フロー

大まかな流れをおさえよう

Text：クロスコ

ケータイアプリとは、携帯電話(フィーチャーフォン)で動くゲームや各種ツールなどのアプリケーションのことです。アプリはサイトから端末にダウンロードして使用するため、一度ダウンロードすれば、通信が切断された状態でも利用できます(ただし、利用時に通信を必要とするアプリもあります)。

典型的なケータイアプリには、パズルやテーブルゲームなどのミニゲーム、通信を必要とする高機能のオンラインRPGなどのゲーム、またビジネスシーンで利用する交通情報をはじめとした情報ツールなどがあります。

ケータイアプリ開発の流れ

ケータイアプリの開発は、企画、キャリア申請、設計、開発、検証の流れで進めていきます。なお、ケータイアプリのプラットフォームには、NTTドコモの「iアプリ」、KDDIの「EZアプリ」、ソフトバンクの「S!アプリ」がありますが、それぞれ開発仕様や開発言語が異なっていて、各社間の互換性はありません。

開発の際は、まず開発するアプリの企画を立てます。企画内容によっては携帯キャリアへの申請手続きが必要な場合がありますので、その場合は作業の前か同時並行で申請手続きも進める必要があります。申請時には、ケータイアプリの企画概要や画面構成、運営方法などの資料が必要になり、モバイル公式サイトを保有していないと申請できないといった制限もあります。申請条件についても確認しておきましょう。

具体的な開発は、各キャリアが提供している仕様書に準拠した方法で進めていきます。前述のとおり、キャリアには互換性がないため、3キャリアに対応する場合は3つのアプリを作る必要があります。

最後の検証作業とは、各キャリアから提供されているエミュレーターを用いて、PC上で動作を確認することです。万全を期すために、エミュレーターだけでなく携帯電話の実機でも必ず検証するようにしましょう。

ケータイアプリ開発の留意点

ケータイアプリの開発には独自のノウハウが必要になるため、専門の開発会社と組むケースがほとんどです。そこでWebディレクターは、全体のスケジュールと開発の進捗状況を見ながら、企画内容と開発時に発生する個々の課題を調整する役割を担うことになります。

最近では、携帯電話向けのアプリを配信する場として、NTTドコモでは「ドコモマーケット」が、KDDIでは「au one Market」が用意されています。また、「ドコモマーケット」のiモード向け「アプリストア」では企業だけでなく個人開発者もiアプリを販売でき、GPSや電話帳、音声認識、Bluetoothなど高度な機能を利用したアプリの開発ができるようになっています。

携帯電話で動くゲームや各種ツールなどのアプリケーションをケータイアプリという。開発は、企画、キャリア申請、設計、開発、検証の流れで進める。具体的には、各キャリアが提供している仕様書に準拠するが、キャリアには互換性がないため、対応するキャリアの数だけアプリを作る必要がある。検証作業では、PC上のエミュレーターだけではなく、実機での検証も必要になる。

ケータイアプリの種類

シンプルなゲームアプリから複雑な3Dゲーム、生活に役立つアプリなどまで、さまざまなものがある。

iアプリ（NTTドコモ）

地図アプリ
提供：ゼンリンデータコム

現在地を地図で確認したり、目的地を指定するだけでGPS機能と連動して道順を案内したりするアプリ。

Gガイド番組表リモコン
提供：インタラクティブ・プログラム・ガイド、ディーツー コミュニケーションズ

テレビ番組表を表示し、テレビやDVDレコーダーをリモコン感覚で操作できるアプリ。

EZアプリ（au）

ドラゴンボールウォーズ
提供：バンダイナムコゲームス

人気コミックが原作のシミュレーションロールプレイングゲーム。毎月シナリオが追加され継続的に遊べる。

ウイニングイレブン2010モバイル 蒼き侍の挑戦
提供：コナミデジタルエンタテインメント

日本サッカー協会公認のサッカーゲームアプリ。日本代表チームを操作して試合ができる。

S!アプリ（ソフトバンク）

TETRIS 1to3
提供：G-mode

Tetris® & ©1985-2008 Tetris Holding, LLC. Licensed to The Tetris Company.
Game Design by Alexey Pajitnov. Logo Design by Roger Dean.
All Rights Reserved. Sub-licensed to Electronic Arts Inc. and G-mode, Inc.

ブロックを揃えて消していくシンプルなルールの定番ミニゲーム。簡単な操作で隙間時間に遊べる。

起動戦士ガンダム 逆襲のシャア
提供：バンダイナムコゲームス

人気アニメーションを再現した3Dアクションゲーム。ソフトバンクのサービス「リアル3Dゲーム」として930Pにプリインストールして提供される。

ケータイアプリの開発フロー

ケータイアプリの開発には、大きく分けて4つの段階がある。

企画
- ケータイアプリ概要
- 開発/運用体制
- 事業計画

キャリア申請
- キャリア窓口開設
- 申請書類作成
- 申請手続き

開発
- Javaなどで開発
- キャリア互換性は無し
- 更新ツール開発

検証
- シミュレーター検証
- 実機検証

RELATION ▶ 040 133 144 145

142 スマートフォンとWeb制作
フィーチャーフォンからの移行が進む

Text：クロスコ

スマートフォンとは、携帯電話・PHSと携帯情報端末（PDA）を融合させた携帯端末です。通常の音声通話や、携帯電話で可能な通信機能だけでなく、本格的なネットワーク機能、PDAが得意とするスケジュール・個人情報の管理といった多様な機能を持っているのが特徴です。

スマートフォンのOSには、「Android」や、iPhoneに採用されている「iOS」、「Windows Phone」、「BlackBerry」などがあり、それぞれ特徴が異なります。

国内では、2011年時点のスマートフォンユーザーの使用機種ランキング※で、iPhone 4が21.8％、iPhone 3GSが7.8％とiPhoneシリーズが上位を占めていますが、OSシェアでは端末数の多いAndroidが60.9％、iOSが36.3％となり、Androidのシェアが高くなっています。

スマートフォンと携帯電話の違い

スマートフォンと従来の携帯電話（フィーチャーフォン）との大きな違いは、PCのようなカスタマイズ自由度の高さです。公開されている各種アプリをインストールすることで、さまざまな機能を追加できます。また、無線LANに接続すれば、Web上にある楽曲や動画なども、フィーチャーフォンよりも高速でストレスなくダウンロードできます。さらには、スケジュールやアドレス帳などをPCと同期させたり、機種によってはExcelやWord、PDFなどのファイルを閲覧・編集したりでき、ビジネスシーンでも活用できます。

スマートフォンのコンテンツ制作

スマートフォンはフィーチャーフォンよりも高スペックで、通信キャリアによる制約も少ないため、コンテンツの自由度も非常に高くなります。そのため、既存のWebサービスから派生したコンテンツやビジネス用途のサイトなど、フィーチャーフォンよりもWebとシームレスに連動したサービスが実現できます。

Webとの連動性が高いこともあり、スマートフォン向けにコンテンツを制作する際は、スマートフォンのみならずPCやタブレット端末などマルチデバイスを想定したコンテンツ制作が求められることがよくあります。

現在、フィーチャーフォンからスマートフォンへの移行期にあり、今後数年で市場は大きく変わると考えられます。それに伴い、Web制作でも、複数のデバイスに対応したサイトやコンテンツがより求められるようになっていくでしょう。マルチデバイスでは、従来よりもコンテンツの制作は複雑になり、技術的な要件が増えて、開発量も多くなります。

Webディレクターは、それぞれのデバイスの利用状況を把握し、技術トレンドと開発コストを意識した提案と開発手法を選択していくことが重要です。

スマートフォンとは、携帯電話と携帯情報端末が融合したもの。OSには、Android、iOSなどがある。スマートフォンは、カスタマイズがしやすく、Webとシームレスに連動したコンテンツサービスが実現できる。Webサイト制作も、スマートフォン、タブレット、PCなどマルチデバイスを想定する必要がある。Webディレクターは、マルチデバイスを意識した提案と開発手法の選択が重要になる。

スマートフォンの市場規模予測

スマートフォン出荷台数・比率の推移・予測

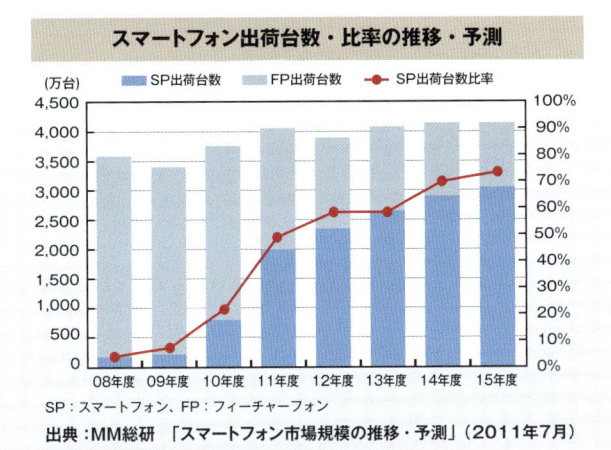

（万台）／SP出荷台数／FP出荷台数／SP出荷台数比率
08年度～15年度

SP：スマートフォン、FP：フィーチャーフォン
出典：MM総研「スマートフォン市場規模の推移・予測」（2011年7月）

スマートフォン契約数・比率の推移・予測

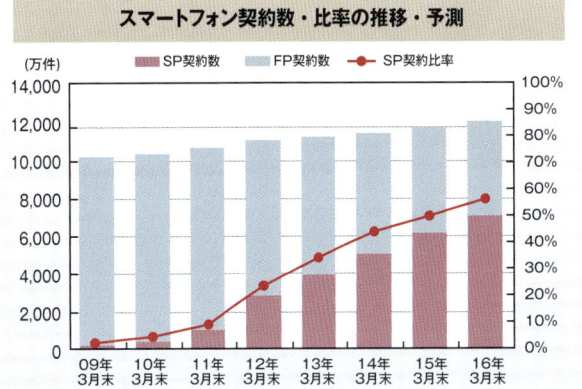

（万件）／SP契約数／FP契約数／SP契約比率
09年3月末～16年3月末

スマートフォンのプラットフォーム

● 代表的なスマートフォンのOSプラットフォーム

OS名	ベンダー	概要
Android	グーグル	米グーグルが、モバイル向けプラットフォームとして開発。無償で誰にでも提供されるオープンソースOS。
Symbian OS	ノキア	長期連続稼動しつづける携帯機器のために設計されたOS。メモリの使用量を低く保ち、バッテリーの持続時間が長い。
iOS	アップル	iPhone、iPod touch、およびiPadに搭載される、マルチタッチや加速度センサーなどの独自UIを持った組み込みOS。
BlackBerry OS	リサーチ・イン・モーション（RIM）	企業利用を念頭に、グループウェアとの親和性が高く、遠隔管理とアクセス、メッセージングに重点をおいたOS。
Windows Phone	マイクロソフト	マイクロソフトが開発した、スマートフォン向けの小型のOS。Office Mobile（Word、Excel、PowerPointのWindows Mobile版）を搭載するなど、Windowsとの親和性が高い。
bada	サムスン電子	サムスン電子が発表した独自のモバイル向けプラットフォーム。オープンなモバイルOSとして、SDKなどとともに提供される。

● 2011年第4四半期のプラットフォーム別世界スマートフォンシェア

順位	OSベンダー	出荷台数（単位：百万台）	シェア（%）	成長率（前年同期比）（%）
1	グーグル	81.9	51.6	148.7
2	アップル	37.0	23.4	128.1
3	ノキア	18.3	11.6	-40.9
4	RIM	13.2	8.3	-9.7
5	サムスン電子	3.8	2.4	39.1
6	マイクロソフト	2.5	1.6	-14.0
7	その他	1.8	1.1	117.9
	総計	158.5	100	56.6

2010年同時期に比べ、グーグルのシェアは18.8%増、アップルも7.4%増で、ほぼ2強の状態。サムスンが新たにシェアを獲得しはじめている。

（資料：Canalys estimate）

※ インプレスR&D インターネットメディア総合研究所「Android利用動向調査報告書2012」

RELATION ▶ 040 080 081 142 144

143 スマートフォンサイトの制作

「できる」「できない」をしっかり理解しよう

Text：アンティー・ファクトリー

スマートフォンは、PC向けのWebサイトをほぼそのまま閲覧できる「フルブラウザー」を搭載しています。しかし、画面解像度や回線速度の制限、タッチパネル操作が主流といった特性から、PC向けサイトのままでは見づらく、使いづらい場合も少なくありません。

そこで、スマートフォンに最適化された「スマートフォンサイト」を用意する企業も増えています。

スマートフォンサイトとPCサイトの違い

スマートフォンにはさまざまなプラットフォームがありますが、スマートフォンサイトでは国内シェアが高いiPhone／Androidが対象になることがほとんどです。

iPhone／Androidの標準ブラウザーは、どちらもPC用のSafariなどと同じ「WebKit」というレンダリング（描画）エンジンを採用しています。このため、iPhoneとAndroidの表示結果は似ており、PCのSafariとも近い表示結果になります。

一方で、PCとの違いもあります。スマートフォンのブラウザーは常に全画面で表示され、ウィンドウサイズは変更できません。そのため、ボタンや文字は全画面で表示されることを前提に、読みやすく、タッチ操作しやすい大きさに調整します。

1ページに使用できるファイルの容量やJavaScriptの処理時間にも制限があります。iPhone／Android端末ともにサイズの大きなページを開くと動作が遅くなりますし、PCに比べて通信速度も遅いので、ケータイサイトと同様、できるだけ軽量に作る必要があります。

また、ほとんどのスマートフォンのブラウザーでは、プラグインが使用できません。iPhoneはFlash Playerに対応していないので、Flashコンテンツは再生できません。AndroidにはFlash Playerがありますが、すべての端末に搭載されているわけではありません。

プラグインが利用できない代わりに、iPhoneやAndroidではHTML5やCSS3といった最新技術が利用できます。リッチな表現が求められる場合は、こうした代替技術の利用を検討しましょう。

スペックや仕様変更にも注意しよう

スマートフォンは、PCに比べてハードウェアの性能が低いので、PCでは問題なく動作していたサイトでも、スマートフォンでは処理能力が追いつかず、適切なパフォーマンスが得られないこともあります。

スマートフォンはOSのアップデートや新機種投入のサイクルが早く、ハードウェアの性能や仕様、制限事項もその都度変わります。ここで触れたポイントも、本書が発行された時点では過去のものとなっている可能性もあります。Webディレクターは常に最新の情報を得るようにして、サイト制作に反映するよう心がけましょう。

> スマートフォンは、PCサイトをそのまま閲覧できるフルブラウザーを搭載しているが、PCに比べて処理能力が低いため適切なパフォーマンスが得られないこともある。スマートフォンの特性にあった代替技術の検討・採用がWebディレクターには求められる。また、スマートフォンはOSのアップデートや新機種投入が早いので、最新情報を踏まえたサイト制作が必要だ。

iPhone/Android端末のブラウザー機能

機能＼OS	iOS (iPhone)	Android
標準ブラウザーの名称	Mobile Safari	ブラウザ
レンダリングエンジン	WebKit	WebKit
画面解像度	960×640ドット (iPhone 4S／iPhone 4)、480×320ドット (iPhOne 3GS／iPhone 3)	端末によって異なる
HTML5	一部対応 canvas要素 video要素 (MPEG4／H.264) audio要素 (PCM／MP3／AAC) Geolocation API など	一部対応 canvas要素 video要素 (Android 2.1以上) audio要素 (Android 2.1以上) Geolocation API (Android 2.1以上) など
CSS3	一部対応	一部対応
JavaScript	iOS 4は処理時間10秒以内 (iOS 4以前はさらに短い)	処理速度は端末依存するため、処理時間制限なし
Flash Player	非対応	Flash Player 10.1 (Android 2.2以上)
ファイル操作	アップロード・ダウンロードともに不可	ダウンロードのみ対応

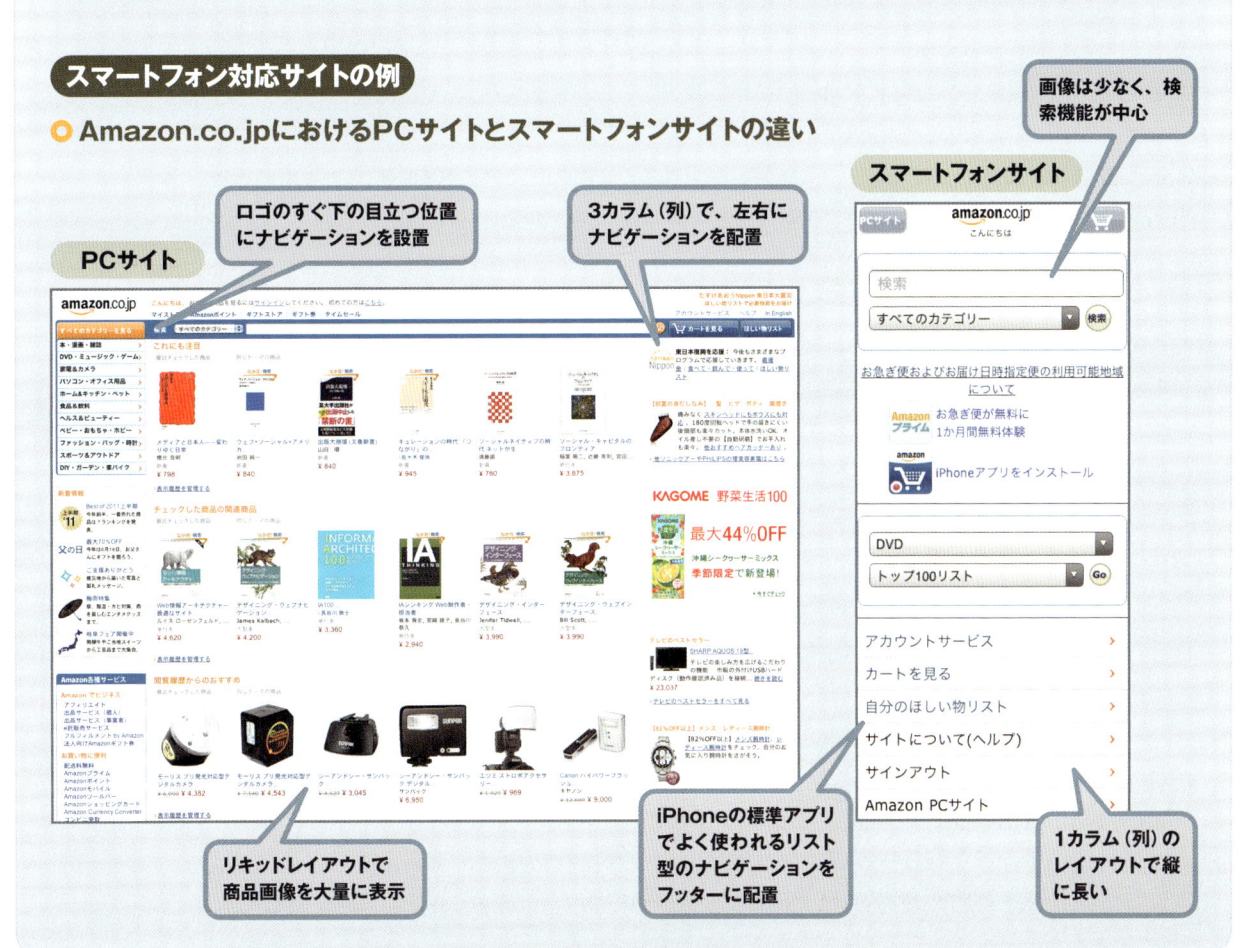

スマートフォン対応サイトの例

● Amazon.co.jpにおけるPCサイトとスマートフォンサイトの違い

PCサイト

- ロゴのすぐ下の目立つ位置にナビゲーションを設置
- 3カラム (列) で、左右にナビゲーションを配置
- リキッドレイアウトで商品画像を大量に表示
- iPhoneの標準アプリでよく使われるリスト型のナビゲーションをフッターに配置

スマートフォンサイト

- 画像は少なく、検索機能が中心
- 1カラム (列) のレイアウトで縦に長い

144 iPhoneアプリ開発のワークフロー

スマートフォンの機能を活かしたアプリを

Text：アンティー・ファクトリー

スマートフォンユーザーの急増を受け、大手メーカーなどでは、新製品のプロモーションやキャンペーンでスマートフォン用のアプリケーションを開発、配布するケースが増えています。

スマートフォンアプリでは、ブラウザベースのスマートフォンサイトではできない、カメラやモーションセンサーなどの端末固有の機能を利用できます。一度端末にインストールしてしまえばオフラインでも使用できるのも、アプリならではのメリットです。

ほとんどのスマートフォンではアプリの開発環境やドキュメントが公開されており、開発環境を揃えれば誰もアプリを開発できます。ここでは、特に開発案件が多い、iPhoneアプリの開発フローを紹介しましょう。

iPhoneアプリの開発に必要なこと

iPhoneアプリ開発にあたって最初に必要なのが、開発環境の準備です。Mac OS X 10.6以降をインストールしたMac本体を用意し、統合開発環境である「Xcode」をアップルのWebサイトからダウンロードしてインストールします。

iPhoneアプリではプログラミング言語にObjective-Cを使い、「Cocoa Touch」と呼ばれるアプリケーションフレームワークを使ってプログラムを記述します。開発ツールに含まれるシミュレーターや実機で動作を確認しながら開発を進め、アプリを完成させます。

iPhoneアプリの配布元は、アップルが運営する「App Store」に限られており、アップルの基準をクリアしたアプリだけが配布できます。アプリが完成したらアップルに審査を申請して、承認されるとApp Storeでの配布が始まります。

アプリ特有の仕様やフローを理解しよう

iPhoneアプリの開発にあたっては、いくつか注意したい点があります。1つは、アップルが定める仕様をよく確認することです。iPhoneアプリの開発では使用できる機能もUIも、Web制作とは違います。開発者向けのドキュメントをしっかりと読み、実現できることを把握した上で設計しなければなりません。

仕様が変わる点にも注意しましょう。iPhoneに搭載されるiOSのバージョンに合わせて、利用できるXcodeやMac OSのバージョンも変わります。新バージョンが出ると旧バージョンの配布は終了するので、バージョンは必ず確認しておきましょう。

開発にあたっては、開発にかかる期間だけではなく、App Storeへの申請、審査期間も考慮したスケジュールを立てる必要があります。アップルの審査次第では企画そのものが通らないケースもありますので、あらかじめクライアントに説明しておきましょう。

---

iPhoneアプリは、XcodeをインストールしたMacでを準備し、Objective-Cとフレームワーク「Cocoa Touch」を使って開発する。アップルの審査基準をクリアしたアプリが「App Store」だけで配布できるので、スケジュールは、開発期間、アップルへの申請、審査期間も考慮する必要がある。審査次第では企画そのものが通らないケースも想定しておく。

iPhoneアプリ開発の流れ

1 デベロッパー登録
- Apple ID の取得
- iPhone Developer Programへ登録し、ライセンス購入

2 開発環境の準備
- Mac本体／Mac OS X 10.6以降
- iPhone実機
- Xcodeのダウンロード、インストール

3 アプリ開発
- 統合開発環境であるXcodeを使用
- Cocoa Touchフレームワークの提供する機能を使用して開発
- プログラミング言語「Objective-C」による実装

4 アプリ審査・公開
- 完成したiPhoneアプリをiTunes Connectに登録
- アップルの審査は2週間〜1カ月程度の期間を要する
- 審査にて却下された場合、指摘事項を修正し再提出
- 審査通過後、24〜72時間程度でApp Storeに公開（公開日の指定も可能）

iPhoneアプリの例

I Love beer
（アンティー・ファクトリー）

ビールに特化した飲酒記録アプリ。カレンダーから日々の飲酒量を記録していくと、累計の飲酒量や金額をビジュアルで確認できる

アディダス フットボール大学
（アディダス ジャパン）

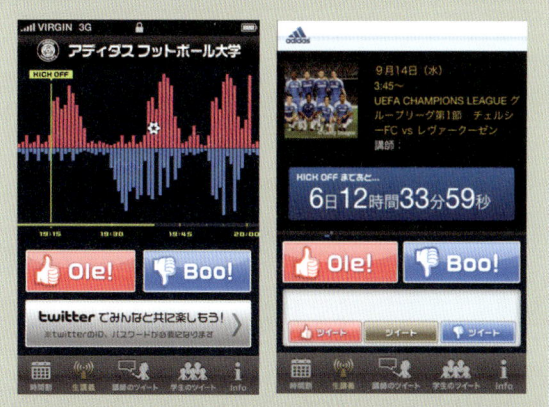

フットボールの試合観戦中の"盛り上がり"を共有できるアプリ。拍手やブーイングを送ったり、Twitterと連携してコメントを見たりできる

RELATION▶ 040 045 085 108 146

145 マルチスクリーンサイトの設計・制作

多様化するデバイスに低コストで対応するために

Text：クロスコ

マルチスクリーンサイトとは、コンテンツデータを一元管理して、携帯電話とPC、あるいはスマートフォンとPCなど、2つ以上のデバイスに対応するサイトのことを言います。

従来はデバイスごとにサイトを制作するのが一般的でした。しかし今後は、携帯電話やスマートフォン、パソコン、タブレット端末などインターネット端末が多様化し、デバイスごとに制作していては開発コストが大幅に増え、修正作業も広範囲に及ぶことが考えられます。事前にマルチスクリーンサイトを設計・開発しておけば、コストを抑え、運用を軽減することが可能です。

マルチスクリーンサイトの設計と対応方法

マルチスクリーンサイトを制作する際には、まず対象デバイスと対象ブラウザーを選定する必要があります。「対応すべき対象デバイスは何か」「そのデバイスの対象ブラウザーは何か」について、開発前にきちんと整理しておきましょう。同一のデバイスであっても、対象ブラウザーが異なる場合もあります。

デバイスを判別するには、アクセス元のデバイス情報が含まれているユーザーエージェントという情報を利用する方法があります。判別後に各デバイスに対応したHTMLやCSSを出力することで、最適化されたWebサイトが閲覧できます。

マルチスクリーンサイトの開発方法

マルチスクリーンサイトの開発方法には2通りあります。1つは、いちから開発する方法で、デバイス判別プログラムの開発から始まり、各デバイスに共通したプログラム、デバイスごとの特性に合わせたプログラムを開発していきます。このやり方のメリットは、Webサイトのデザインや開発の自由度が高く、デバイスごとの複雑な要件に対応できることです。

2つ目は、マルチデバイスに対応したコンテンツマネジメントシステム（CMS）を利用する方法です。CMSと、Webコンテンツを構成するテキストや画像、レイアウト情報などを収集し、サイト構築や配信に利用するシステムのことで、デバイス判別プログラムや共通プログラムがすでに準備されているため、いちから開発するより手間がかからず、低コストで済みます。ただし、CMSには開発仕様の制限があり、要件に合った開発ができない場合もあります。一般的に、後者はコストを下げる目的で選択されるケースが多いと言えるでしょう。

今後は、マルチスクリーンサイトの考え方がより重要となるでしょう。とはいえ、GPS機能連動など、デバイスの特性を活かしたコンテンツは制作できない場合もあります。要件定義と設計をよく検討し、コストを考慮した上で、開発方法を決めることが重要です。

マルチスクリーンサイトとは、2つ以上のデバイスに対応すること。デバイスごとに制作せずに、マルチスクリーンサイトでコストを抑え、運用を軽減する。対象デバイスとブラウザーを選定してから開発にかかる。開発方法は、いちから開発する方法とマルチデバイスに対応したCMSを利用する方法がある。要件定義と設計をよく検討し、コストを考慮した上で、開発方法を決めることが重要だ。

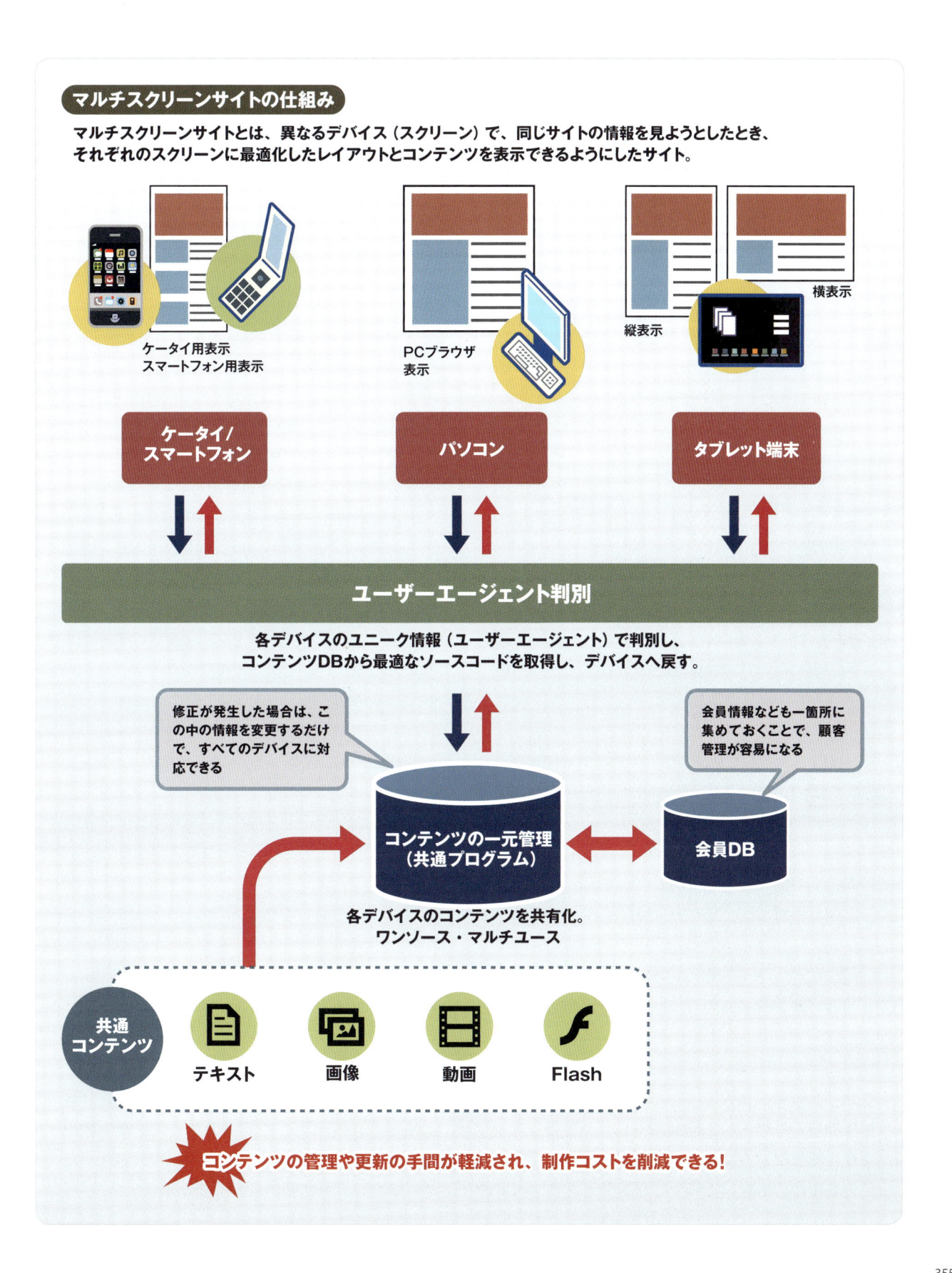

マルチスクリーンサイトの仕組み

マルチスクリーンサイトとは、異なるデバイス（スクリーン）で、同じサイトの情報を見ようとしたとき、それぞれのスクリーンに最適化したレイアウトとコンテンツを表示できるようにしたサイト。

ケータイ用表示
スマートフォン用表示

PCブラウザ表示

縦表示
横表示

ケータイ／スマートフォン　**パソコン**　**タブレット端末**

ユーザーエージェント判別

各デバイスのユニーク情報（ユーザーエージェント）で判別し、コンテンツDBから最適なソースコードを取得し、デバイスへ戻す。

修正が発生した場合は、この中の情報を変更するだけで、すべてのデバイスに対応できる

会員情報なども一箇所に集めておくことで、顧客管理が容易になる

コンテンツの一元管理（共通プログラム）　⇔　**会員DB**

各デバイスのコンテンツを共有化。
ワンソース・マルチユース

共通コンテンツ　テキスト　画像　動画　Flash

コンテンツの管理や更新の手間が軽減され、制作コストを削減できる！

355

RELATION ▶ 085 108 137 143 145

146 モバイルCMSの種類と選び方
キャリアと端末の差を吸収できる

Text：IN VOGUE

モバイルサイトでは、通信キャリアや端末機種によって動作や表示に違いがあることから、制作や運営には高い技術とノウハウが必要とされています。そうした事情を背景に、モバイルサイトの制作現場で導入が進んでいるのが、「モバイルCMS」です。

PCとは異なる機能を持つモバイルCMS

モバイルCMSとは、ケータイサイトやスマートフォンサイトの管理・編集機能を持つCMS（Content Management System）のこと。通信キャリアや機種によって異なる画面解像度に応じた画像のサイズや文字数の調整、画像フォーマットや絵文字、HTMLの変換など、PC向けのCMSとは異なる機能を有しています。

モバイルCMSを利用すると、キャリアや端末の差を気にする必要がなくなるため、制作にかかる手間やコストを大幅に削減でき、情報をスムーズに発信できるようになります。また、ページ間のリンク切れや、レイアウト崩れなどの不具合も発生しにくくなり、サイト全体の品質向上にもつながります。

モバイルCMSの選び方

モバイルCMSには大きく分けて、ASP型とパッケージインストール型があり、それぞれ小規模なWebサイト向けのものから大規模サイト向けのものまでさまざまな製品があります。最適なCMSを選択するためのポイントを、コストと機能面から紹介しましょう。

コスト面では、ASP型の多くは初期費用が低く、導入しやすい代わりに、毎月の利用料が必要です。パッケージインストール型は、初期費用だけで利用できるものがほとんどですが、定期的なバージョンアップ対応やテクニカルサポートなどに別途費用が発生する場合があります。パッケージインストール型の中でも、オープンソースソフトを使う場合は、ライセンスは無料で利用できますが、導入に関する技術的な知識を持つ人材が必要になり、そのための人件費を考慮する必要があります。

機能面では、CMSを実際に操作するクライアント担当者のスキルやリテラシーを考慮し、CMSに備わる管理画面の使い勝手（UIの操作性、ヘルプ機能やマニュアルの有無、WYSIWIGによるページ編集機能など）を中心にチェックします。特にSEO（検索エンジン最適化）を意識しているクライアントであれば、検索エンジンがクロールしやすいHTMLファイルを出力できるかどうかもポイントになるでしょう。

これらのほかに、新機種へのスピーディーな対応や、iPhone／Android端末などのスマートフォンへの対応なども重要なチェックポイントです。また、要件によっては、メールマガジンの配信や、公式サイトの運営機能なども必要かどうか、検討しましょう。

モバイルサイトは、通信キャリアや端末機種によって違いがあるので、高い技術とノウハウが必要とされている。そのため、通信キャリアや機種によって異なる画面解像度に応じた画像のサイズや文字数の調整、画像フォーマットや絵文字、HTMLの変換などの機能があるモバイルCMSの導入が進んでいる。モバイルCMSは、ASP型とパッケージインストール型があり、コストと機能面から選択する。

モバイルCMSの機能と仕組み

モバイルCMSは、コンテンツを通信キャリアや端末機種に最適化した状態で表示する機能を持つ

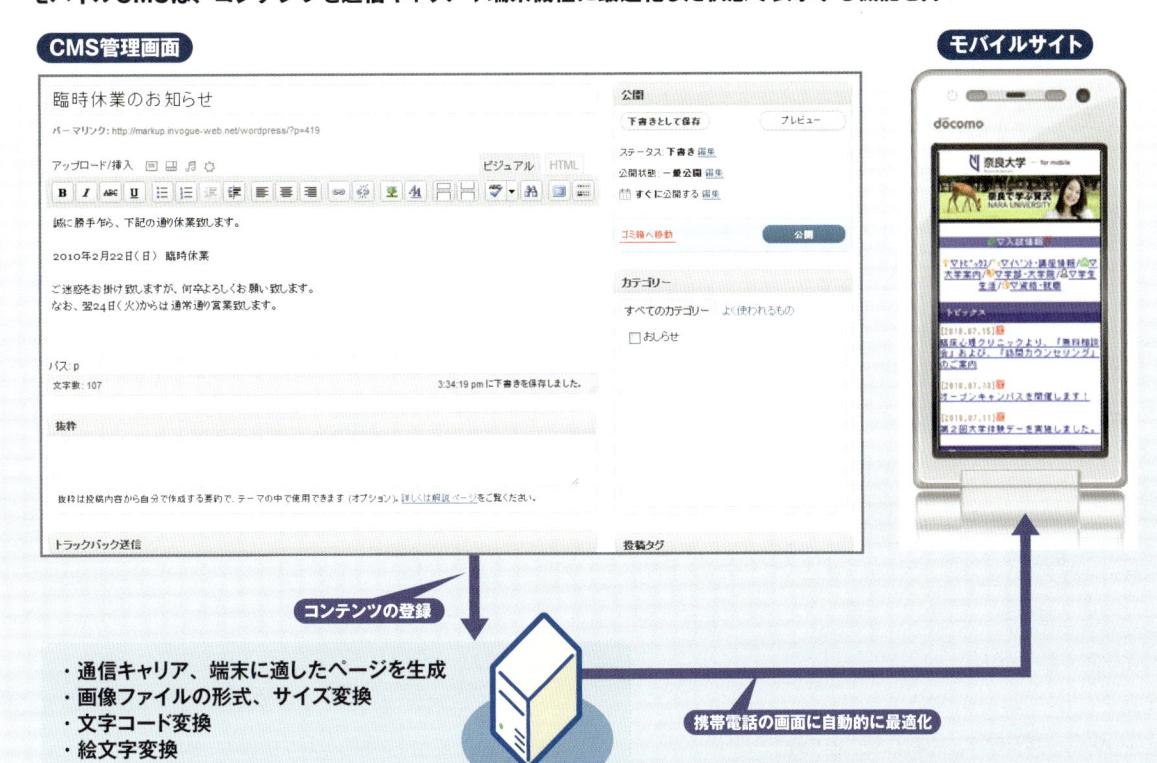

CMS管理画面 → コンテンツの登録 → CMSサーバー → 携帯電話の画面に自動的に最適化 → **モバイルサイト**

- 通信キャリア、端末に適したページを生成
- 画像ファイルの形式、サイズ変換
- 文字コード変換
- 絵文字変換

モバイルCMSの主な製品

○ パッケージインストール型
管理するサーバーにCMSをインストールし、保守、運用するタイプ。プラグインを利用した機能拡張やカスタマイズができる

製品名	提供企業	ライセンス	特徴
Movable Type ※プラグインで対応	シックス・アパート	商用ライセンス	国内で豊富な導入実績を持つブログ型CMS。PCサイトとモバイルサイトを共存できる。ケータイサイト向けのプラグインや情報が充実している
WordPress ※プラグインで対応	―	オープンソース	世界でもっとも普及しているCMS。PCサイトとモバイルサイトを共存できる。スマートフォンサイト向けのプラグインや情報が充実
Soy CMS	日本情報化農業研究所	オープンソース	カスタマイズ自由度の高さが特徴のオープンソースCMS。絵文字変換機能やモバイル向けテンプレートを備える

○ ASP型
CMSの機能をホスティングして利用するタイプ。初期費用のほかにランニングコストがかかるが、インストールやカスタマイズの作業が必要なく、すぐに利用できる

製品名	提供企業	価格帯	特徴
Let'sケータイ！ホームページ	ネットドリーマーズ	月額1万9800円～	2500社以上の導入実績を持つASPサービス。ページの作成・更新だけでなく、空メールやメルマガ配信、顧客管理などのマーケティング機能も持つ
ZEKE CMS	ユビキタスエンターテインメント	月額50万円～	各キャリアの課金方式、着うたやFlashなどのコンテンツダウンロードなどに対応し、キャリア公式サイト運営が可能。大規模サイト向け

モバイルコンテンツ市場の動向と今後の可能性

Text：クロスコ

携帯電話の普及に伴い、携帯電話で利用できる着信音系、ゲーム系、電子書籍などのデジタルコンテンツ、いわゆるモバイルコンテンツも多様化しています。最近では、携帯端末の中でiPhoneをはじめとしたスマートフォンのシェアが拡大しており、AR（拡張現実）技術や位置情報技術のGPSを活用したユニークな新しいモバイルの可能性を広げていくコンテンツも出てきています。

モバイルコンテンツの市場規模

社団法人モバイル・コンテンツ・フォーラムの調査（2011年7月）によると、2010年のモバイルコンテンツ市場の規模は前年比117％の6465億円となっていて、着実に成長を続けています。

ジャンル別で見た場合、これまで最大市場だった「着うた」「着うたフル」の着信音系市場が前年までに比べて縮小する一方、「アバター／アイテム販売（SNS等）」が前年比311％と急成長し、逆転しています。mixiやモバゲー、GREEに代表されるSNSなどで利用する、コミュニケーション機能を生かしたソーシャルゲームが注目を集めています。

また、電子書籍市場もコミックを中心に拡大が続いており、今後もKindleのような電子書籍専用端末やiPadなどのタブレット端末が普及するにつれて、電子書籍のラインナップも増加すると考えられます。

ほかにも、「きせかえコンテンツ関連」やデコメなどの「装飾メールコンテンツ」が引き続き成長しています。さらに、「動画専門」も、端末の高機能化やパケット定額制の普及、生中継などの新たなビジネスモデルの出現によって利用が大きく伸びています。

注目される2つのモバイルコンテンツ

スマートフォン市場は急拡大し、AR技術やGPSを活用したコンテンツも急激に増加しました。AR技術の活用事例としては、「セカイカメラ」が代表的です。iPhone、Androidに内蔵されたデジタルカメラによって目の前の景色が画面上に映し出された上に、その場所・対象物に関連する「エアタグ」と呼ばれる付加情報が重ねて表示され、ユーザー間で共有できるアプリケーションです。

位置情報の活用例では、「コロニーな生活（コロプラ）」というゲームが知られています。コロプラは携帯位置情報を利用し、「コロニー」という街を成長させていくシミュレーションゲームで、利用者は自分の移動距離分のゲーム内通貨を獲得して、その通貨を使ってコロニーを育てていきます。

今後はさらに新しい技術が登場し、それを活用したコンテンツやサービスも飛躍的に伸びていくと予想されます。現在話題のコンテンツに注目しつつ、最新のコンテンツも積極的にキャッチアップしていきましょう。

モバイルコンテンツ市場動向

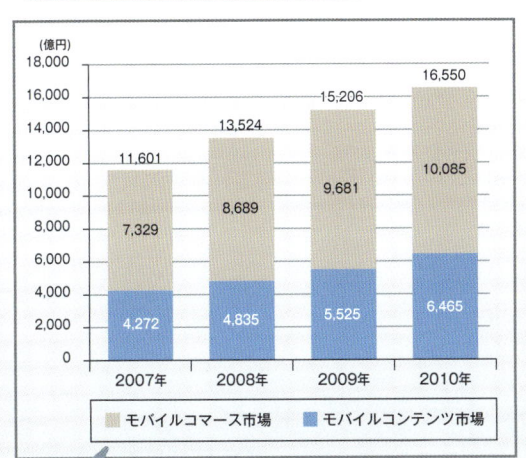

	2007年	2008年	2009年	対前年比	2010年	対前年比
着メロ系市場	559	473	402	85%	335	83%
着うた系市場	1,074	1,190	1,201	101%	1,133	94%
（内訳）着うた市場	568	483	432	89%	369	85%
（内訳）着うたフル市場	506	707	769	109%	764	99%
モバイルゲーム市場	848	869	884	102%	822	93%
装飾メール系	116	171	228	133%	243	107%
電子書籍市場	221	395	500	127%	516	103%
リングバックトーン市場	87	110	115	105%	130	113%
占い市場	182	200	191	96%	185	97%
待受系市場	227	229	226	99%	214	95%
きせかえ市場	23	64	99	155%	117	118%
天気／ニュース市場 *1	73	78	97	124%	127	131%
交通情報市場 *2	164	206	241	117%	267	111%
生活情報市場 *3	54	77	121	157%	170	140%
アバター/アイテム販売(SNSなど) *4	60	157	447	285%	1,389	311%
動画専門 *5	36	62	112	181%	162	145%
芸能・エンタテインメント系 *6	195	201	241	120%	242	100%
メディア・情報系 *7	77	66	66	100%	62	94%
その他	276	287	354	123%	351	99%
モバイルコンテンツ市場合計	4,272	4,835	5,525	114%	6,465	117%

総務省発表資料「2010年モバイルコンテンツの産業構造実態に関する調査結果」
＊一般社団法人モバイル・コンテンツ・フォーラム調査

2010年
モバイルコンテンツ関連市場の合計は、1兆6550億円
モバイルコンテンツ市場は、6465億円
モバイルコマース市場は、1兆85億円

「アバター／アイテム販売」「電子書籍」「動画」「きせかえ関連」「装飾メール」のコンテンツが拡大！

＊1 天気／ニュース市場＝天気情報、時事、金融などのニュース
＊2 交通情報市場＝ナビゲーション/地図情報、乗換案内などの交通情報
＊3 生活情報市場＝辞書、学習、健康情報等
＊4 アバター／アイテム販売（SNS等）＝SNS等での有料コンテンツの販売、アバターはコミュニケーションサイトなどで用いられるキャラクター、アイテムはSNSのゲームサイト等で購入可能な道具類
＊5 動画専門市場＝動画コンテンツを専門に提供するサイト
＊6 芸能・エンタテインメント系市場＝芸能プロダクションが提供するアーティスト情報や芸能ニュース、映画などの情報
＊7 メディア・情報系市場＝テレビ局やラジオ局、出版社などが運営している番組情報、雑誌情報など

注目のコンテンツ事例

AR（拡張現実）事例

セカイカメラ
提供：頓智ドット

世界でもっとも有名なARアプリ。Ver2.0ではエアタグを通じてソーシャル・コミュニケーションができる「セカイライフ」、動画エアタグを表示する「エア・ムービー」、Twitterと連係する「エアTweet」など、独自の世界をさらに広げている。

位置情報コンテンツ事例

コロニーな生活
提供：コロプラ

携帯電話の位置情報送信機能を利用したシミュレーションゲームで、利用料無料、個人情報の登録も不要。ユーザー自身の移動距離分のゲーム内通貨「プラ」を獲得し、そのプラを使って自分のコロニーを育てていくゲーム。ユーザー数は200万人に上る。

「レスポンシブ・Webデザイン」の新潮流

　スマートフォンやタブレット端末の急速な普及に伴い、注目されているのが「レスポンシブ・Webデザイン」という制作手法だ。

　レスポンシブ・Webデザインとは、スクリーンサイズに応じてデザインをフレキシブルに調整する制作手法のこと。従来のWebサイト制作では、「PC向け」「スマートフォン向け」「タブレット端末向け」など、デバイスに応じてHTMLやCSSを用意し、ユーザーエージェントなどの端末情報をもとにサーバーサイドで切り替えるのが一般的だった。

　これに対してレスポンシブ・Webデザインでは、1つのHTML/CSSファイルを使い、CSS3のメディアクエリーと呼ばれる技術で、クライアントサイド（Webブラウザー）で切り替えるのが特徴だ。ワンソース・マルチユースであらゆるデバイスに対応できるのが最大のメリットであり、海外を中心に企業サイトでも採用が広がりつつある。

　レスポンシブ・Webデザインが注目されている背景には、Webアクセス端末の多様化がある。スマートフォンやタブレット端末といった端末の種類によって、画面サイズや解像度は異なり、OSやブラウザーによっても表示結果は一定ではない。それぞれに対応したWebサイトを個別に制作していては、コストも制作期間も膨らむ一方である。レスポンシブ・Webデザインの手法を使うことで、こうした問題を解決できるわけだ。

　とはいえ、レスポンシブ・Webデザインは万能ではない。ワンソース・マルチユースという性質上、スマートフォンでもPC向けの大きな画像や、HTML/CSSを読み込んだりする必要があるため、表示に時間がかかってしまう。画面幅に応じてレイアウトが変わるため、ページ設計が複雑になり、CSSなどの技術的な要求も高くなる。

　レスポンシブ・Webデザインはこうしたデメリットも踏まえ、自社サイトなどで経験を積んでから提案するとよいだろう。

第12章

Web技術の応用

- 147 Webアクセス端末としての
ビデオゲーム機 ……… 362
- 148 デスクトップウィジェットの
開発と可能性 ……… 364
- 149 情報端末におけるWeb技術の活用 ……… 366
- 150 タッチパネル端末向け
コンテンツの制作 ……… 368
- 151 デジタル放送と
マルチメディアサービス ……… 370
- 152 デジタルサイネージの
コンテンツ制作 ……… 372
- [コラム⓫] 海外、国内でも広がる
デジタルサイネージの実例と可能性 ……… 374
- [コラム⓬] ディレクターが押さえておきたい
世界のWebトレンド ……… 376

RELATION ▶ 040 079 133 145

147 Webアクセス端末としてのビデオゲーム機

ターゲットに応じた適切なサポートを

Text：IN VOGUE

最近のビデオゲーム機には、写真の表示、動画やテレビの再生など、さまざまな機能が搭載されています。無線LANに対応し、Webブラウザーを搭載している機種も増え、パソコンや携帯電話だけでなく、ゲーム機からもWebへアクセスできるようになりました。

家庭用ゲーム機では、「プレイステーション3（PS3）」や「Wii」、携帯用ゲーム機では「プレイステーション・ポータブル（PSP）」や「ニンテンドーDS」などがブラウザーを搭載していますが、画面解像度やブラウザーの仕様はゲーム機によって大きく異なります。

若年層向けのサイトなどで、ゲーム機からのアクセスにも考慮する場合は、ターゲットとするゲーム機の仕様や特性を把握してサイトを制作する必要があります。

ゲーム機の仕様に応じた制作を

PCとのもっとも大きな違いは、画面解像度です。たとえば、Wiiでは、800×628ピクセルと、一般的なPCに比べて低く、PC向けのサイトでは横幅が見切れてしまうことがあります。Wiiよりも画面の小さいPSPやニンテンドーDSではさらに解像度は低くなります。

これらのゲーム機のユーザーにストレスなくWebサイトを見てもらうには、JavaScriptなどで端末を識別し、それぞれの端末に合わせてレイアウトを調整したCSSへ切り替えます。

また、ゲーム機ではマウスやキーボードではなく、コントローラーを使って操作するため、ボタンを大きくするなどの工夫も必要です。

PC向けのサイトでは多用されているFlashコンテンツも、機種によってFlash Playerが搭載されていない、バージョンの違いなどにより、再生できない場合があります。一方、Flashを再生できるゲーム機、たとえばWiiでは、リモコンで遊べるFlashゲームなど、ゲーム機に適したコンテンツを手軽に制作できます。

ゲーム機特有の機能の利用

ゲーム機特有の機能が存在する機種もあります。たとえばニンテンドーDSでは、2つある画面を利用した「縦長モード」「2画面モード」2通りの表示方法があります。縦長モードでは2つの画面を合わせて1つの画面として表示し、2画面モードでは片方の画面でページの一部を拡大して表示できます。さらに、ニンテンドーDSiでは、拡大した画面に合わせてテキストを自動で折り返す機能も搭載されています。

多くのWebサイトの場合、現時点で、ゲーム機からのアクセスは決して多くはないでしょう。しかし、ゲーム機からのアクセス数や割合が多いサイトであれば、ゲーム機特有の機能による見え方も意識してサイトを設計・デザインする必要があるでしょう。

Webへアクセスできるゲーム機が増えている。ゲーム機によっては、画面解像度の関係でPC向けのサイトの横幅が見切れてしまったり、Flashに対応してなかったりする。画面解像度は端末に合わせたCSSを切り替えて対応する。ゲーム機からのアクセス数が多いWebサイトであれば、ゲーム機特有の機能を活かしたサイトを設計・デザインする必要がある。

ニンテンドーDSによるWebアクセスの例

上下に2つのディスプレイを持つニンテンドーDSならではの「2画面モード」。下の画面にはWebページのサムネイルが、上の画面には一部を拡大した状態が表示される(写真は表示イメージ)。

主なゲーム機のブラウザースペック

ゲーム機によって解像度やブラウザーの仕様は大きく異なる

ゲーム機名	Wii	プレイステーション3	ニンテンドーDS	ニンテンドーDSi	プレイステーション・ポータブル(PSP)
機能名称	インターネットチャンネル	インターネットブラウザ	ニンテンドーDSブラウザー	ニンテンドーDSiブラウザー	インターネットブラウザ
画面解像度	【ツールバー表示中】 800×528px (4:3モード) 800×396px (16:9モード) 【ツールバー非表示】 800×628px (4:3モード) 800×472px (16:9モード)	1920x1080〜 480x365px	【通常表示の拡大画面】 256x176px 【通常表示の全体画面】 768x528px 【タテ長表示】 240x352px	【通常表示の拡大画面】 256x176px 【通常表示の全体画面】 768x528px 【タテ長表示】 240x352px	480x272px (拡大縮小表示不可)
ブラウザーエンジン	Opera 9.3	NetFront	Opera 8.5	Opera 9.5	NetFront
プロトコル	http https (SSL3.0、TLS1.0/1.1)	http https (SSL3.0)	http https (SSL 2.0/3.0, TLS 1.0)	http https (SSL3.0、TLS1.0) ※一部対応していない機能あり	http https (SSL3.0)
対応仕様	HTML4.01/XHTML1.1 WML2.0 CSS2.1 DOM2 Cookie	HTML4.01 CSS1 CSS2のPositioning DOM1 DOM2の一部	HTML/XHTML XML CSS ※一部対応していない機能あり	HTML/XHTML CSS ※一部対応していない機能あり DOM XMLHTTPRequest Canvas XML XSLT	HTML4.01/XHTML1.1 CSS1 CSS2の一部 DOM1 DOM2の一部
対応画像形式	GIF、JPEG、PNG、BMP	GIF、JPEG、PNG	GIF、JPEG、PNG	GIF、JPEG、PNG、BMP、ICO	GIF、JPEG、PNG
Flash	Flash Lite 3.1 (Flash 8相当)	Flash Player 9 (9.0.124.0)	非対応	非対応	Flash Player 6 (6.0.72.27)
JavaScript	対応	JavaScript1.5の一部 XMLHTTPRequestの responseText	対応	対応	JavaScript1.5の一部
Cookie	対応	対応	電源オフ時にリセット	対応	対応
ユーザーエージェント	Opera/9.30 (Nintendo Wii; U; ; 3642; ja)	Mozilla/5.0 (PLAYSTATION 3; 1.00)	Mozilla/4.0 (compatible; MSIE 6.0; Nitro) Opera 8.50 [ja]	Opera/9.50 (Nintendo DSi; Opera/446; U;ja)	Mozilla/4.0 (PSP PlayStation Portable);2.00)
仕様書URL	http://www.nintendo.co.jp/wii/features/internet/spec.html	http://www.jp.playstation.com/ps3/pdf/Web_Content-Guidelines_j250.pdf	http://www.nintendo.co.jp/ds/browser/	http://www.nintendo.co.jp/ds/dsiware/hngj/spec.html	http://www.jp.playstation.com/psp/dl/pdf/InternetBrowser_ContentGuideline-J_500.pdf

RELATION ▶ 080 090 092 119

148 デスクトップウィジェットの開発と可能性

Web技術で作られる小さなアプリ

Text：IN VOGUE

デスクトップウィジェット（またはガジェットとも呼ばれる）とは、パソコンのデスクトップ上で利用できる小型のアプリケーションのこと。時計やメモ帳、RSSリーダーなどのアクセサリーを中心に、使用頻度の高いちょっとした機能が、さまざまなウィジェットとして提供されています。

ウィジェットのメリットと開発手法

ウィジェットは、プラットフォームとなるアプリケーション（ウィジェットエンジン）に、プラグインのような感覚でウィジェットを追加して利用します。代表的なウィジェットプラットフォームには、Windowsの「Windows Vista／7ガジェット」、Mac OS Xの「Dashboardウィジェット」、「Yahoo!ウィジェット」「Adobe AIR」[※1]などがあります。

Windows Vista／7ガジェットやDashboardウィジェットはOSに標準で搭載されています。その他のプラットフォームは別途インストールが必要ですが、一度プラットフォームをインストールしておくと、ウィジェットをWebサイトからダウンロードするだけですぐに導入できるのがメリットです。また、Yahoo!ウィジェットやAIRはマルチプラットフォームに対応しており、OSに左右されない点も利点として挙げられます。

ほとんどのウィジェットの開発には、Flash、XML、HTML、JavaScriptなど、Webサイトと同様の技術が使用できます。一般的なデスクトップアプリケーションよりも開発は容易で、少ないコストで開発できます。

特に、Flashを利用すると、アニメーションや動画を用いたリッチコンテンツや、インタラクティブなコンテンツを提供できます。また、AIRの場合は、PCのファイルシステムやカメラなどの機能も呼び出せるので、より複雑なウィジェットを開発できます。

マーケティングにもウィジェットを利用

デスクトップウェジェットには、メモ帳などのアクセサリー類が目立ちますが、ユーザーの目に触れる機会が多く、プッシュで情報を届けられることから、キャンペーンやプロモーションの用途でも活用されています。

キャンペーンではデジタルインセンティブ、いわゆる"オマケ"としてユーザーに配布されることが多いです。たとえば、タレントの写真や動画に商品情報を組み合わせて配信するアプリや、オリジナルのカレンダーアプリなどがあります。

プロモーションの場合、一度配布して終わりではなく、継続的な情報配信やバージョンアップによって、ユーザーとの関係を維持できます。さらに、こうした考え方を発展させ、CRM[※2]にウィジェットを活用するマーケティング事例もあります。

デスクトップウィジェットとは、パソコンのデスクトップ上で利用できる、時計やメモ帳などの小型のアプリケーションのこと。ウィジェットは、プラットフォームとなるウィジェットエンジンに追加して利用する。ウィジェットの開発はHTML、JavaScript、Flashなどが使用できる。プッシュで情報を届けられることから、キャンペーンやプロモーション、CRMの用途でも活用されている。

ウィジェットの利用イメージ

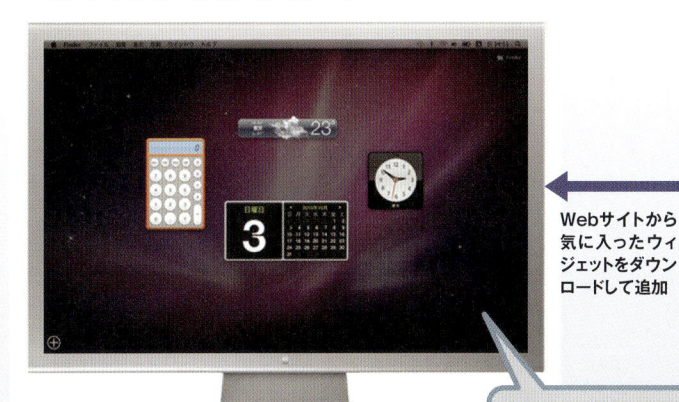

Mac OS Xにはあらかじめ「Dashboard」というプラットフォームが用意されており、多数のウィジェットが付属している。さらにWebサイトからダウンロードすることで容易にウィジェットを追加できる。

Webサイトから気に入ったウィジェットをダウンロードして追加

デスクトップ上ですぐに呼び出して利用できる。ネットワーク通信でデータの取得も可能

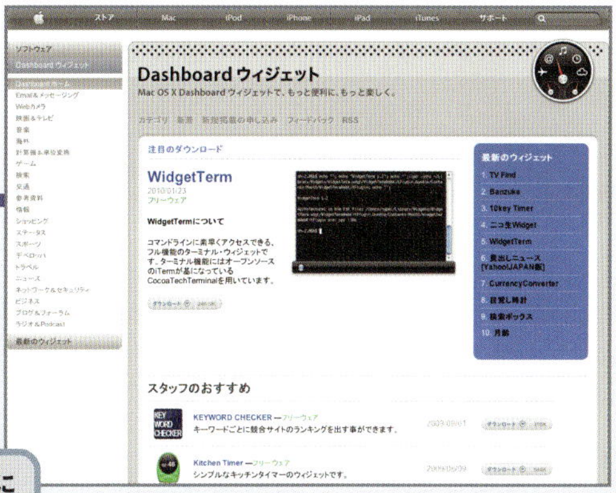

http://www.apple.com/jp/downloads/dashboard/

配布されているウィジェットの例

SUUMO AIR アプリ
リクルート

物件を簡単操作で、住みたい駅・沿線、行政区を指定して探せるAIRアプリケーション。
その他、SUUMOのつぶやきをリアルタイムで表示する機能や、SUUMOのかわいい電卓機能が搭載されている。

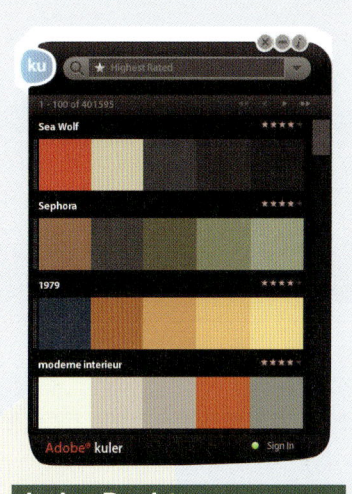

kuler Desktop
アドビ システムズ

アドビ システムズが公開している配色パターン共有サイト「kuler」を、デスクトップ上で利用できるアプリケーション。
さまざまなテーマを検索したり、人気の一覧を閲覧したりでき、ダウンロードしたテーマはPhotoshopで使用できる。

UGOUGO AIR
IN VOGUE

動画情報をダイレクトにユーザーへ提供する、映像配信支援ツール。
Webサイトにアクセスすることなく、新着動画やRSSを閲覧できる。
定期的な情報発信によって、長期間効果的なプロモーションを展開できるCRM的なウィジェット。

※1　AIRは厳密にはRIA技術（→214ページ）だが、広義のウィジェットプラットフォームに含まれることも多い
※2　Customer Relationship Management、顧客関係管理の略。顧客との継続的な関係を築く仕組みのこと

RELATION ▶ 040 088 090 133 150

149 情報端末におけるWeb技術の活用

広がるWeb制作の領域

Text：飯川 亮（ブルージラフ）

　コンビニエンスストアで、ATMやチケット販売のサービスを利用することは珍しくなくなりました。情報端末の普及は、Web制作会社にとっても関係のない話ではありません。

　キオスク端末と呼ばれる情報端末は、図書館・美術館・病院・役所・駅など公共のいたるところに設置されています。多くの場合、案内用途としてその場でユーザーが触れるだけで簡単に情報を引き出せるように置いてあります。このユーザーインタフェースをFlashなどのWeb技術を使って作成できます。

　かつては専用に開発したハードウェアとソフトウェアで制作されていた情報端末が、PCとタッチパネル・ディスプレイという汎用的な機器で構成されるようになったことがWeb制作会社に参入の機会を与えています。

　同時に、コンテンツも単独で完結するものから、サーバーと通信して情報を取得するものへと移行しており、それがWebとの親和性を一層高めています。

さまざまな情報端末

　ひとくちに情報端末と言っても、形状も用途もさまざまです。広く知られているキオスク端末には、会社の受付に設置されている内線呼び出し用の端末、博物館でお目当てのブースに向かってかざすとヘッドホンから案内音声が流れる端末、駅で切符を買ったりICカードにチャージしたりする端末などがあり、私たちの生活を便利にしてくれています。いずれも、より迅速なオペレーションや人件費削減などの理由から、これまでの従業員による対応に代わって使われています。

　一方、情報家電や携帯電話、携帯情報端末（PDA）などは、これまでは存在しておらず、新たに私たちの生活の中に登場してきた情報端末です。パソコンと一体となったテレビでは、テレビ番組表が見られるだけでなく、ある番組を見ている人の数が分かったり、コンテンツをダウンロードして視聴できたり、ハードディスクドライブと通信して録画予約までこなしたり、さらに見ている番組に関連の番組まで提案したりと、ユーザー補助の視点からさまざまな情報を提供できます。

今後の情報端末

　今後、情報端末のさらなる発展が予想される主な領域としては、ホームセキュリティや認証などの防犯・防災分野をはじめ、病院と病院あるいは病院と自宅を結ぶ医療・介護分野、学校教材や資格認定試験などの教育分野、空港や観光地など複数の言語を扱うような公共分野が挙げられます。また、ディスプレイの大きさ・重さ・薄さ、通信速度などの発展次第では、テーブル型や壁掛け型といった形の変化や、それらを相互に通信させるなど、利用の幅も広がることが期待されます。

図書館・駅などの公共の場所に設置されているキオスク端末に代表される情報端末は、専用機からPCなどの部品で構成されるようになった。コンテンツも単独のものから、外部と接続するものへと変わってきている。それがWebとの親和性を高め、Web制作会社にもビジネスチャンスをもたらしている。今後、情報端末は防犯、医療、教育などへの拡大が予想されている。

対面接客と情報端末の比較

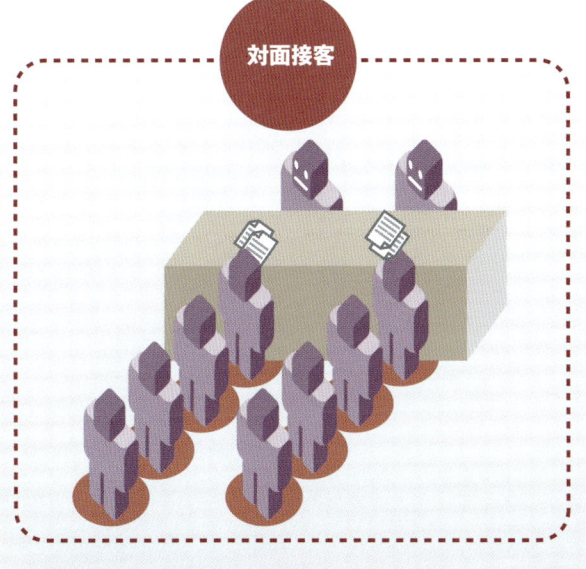

項目	対面接客	情報端末
対応の品質	個人差あり	一定
対応力	比較的柔軟	プログラム範囲内
費用	教育費、人件費	開発費、保守費
向いている用途	定時利用での運用 1人あたりの利用頻度が高い 得意先などの限定的利用	24時間など長時間運用 1人あたりの利用頻度が低い 不特定多数の利用

クリニックでの情報端末の実例

加藤レディスクリニック －ストークラウンジ－

レディスクリニック内のラウンジに設置された説明用タッチパネル。選択式で対話を進めながら、個人に合った知識を深められるよう作られている

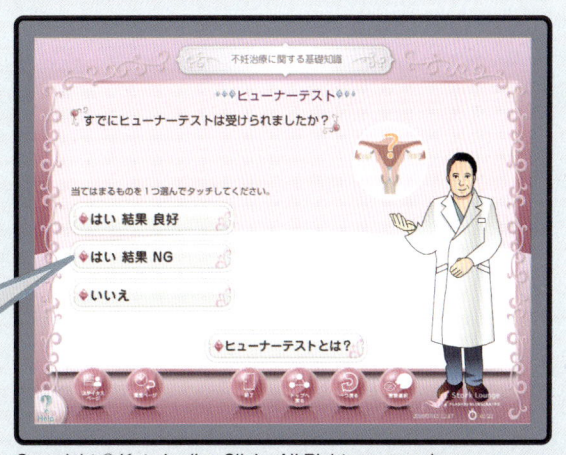

Copyright © Kato Ladies Clinic. All Rights reserved.

RELATION ▶ 039 040 041 142 149

150 タッチパネル端末向けコンテンツの制作

使いやすく、直感的に、驚きを

Text：飯川 亮（ブルージラフ）

タッチパネル端末は、表示された画面を「触る」ことで情報の入出力を同時にできる装置です。多くの場合、指やペンで直感的に操作できるので、年齢や国・地域を問わず幅広く利用され、浸透しています。

業務用では、銀行ATMや駅の自動券売機のような公共性の高い設備から、不動産店舗で物件検索ができる装置まで、街中に多く設置されています。個人向けとしてもアップルの「iPhone」「iPad」を筆頭に各社のスマートフォンやタブレット端末などに搭載されています。

タッチパネルの仕組みと使い方

タッチパネルは、操作した画面の位置情報を検出し、その情報をディスプレイに反映する仕組みになっています。多点に反応するマルチタッチ、点だけでなく面に反応する機能、ペンや筆などの指以外のデバイスでの操作、圧力による強弱反応など、その種類・機能は豊富でそれぞれ方式の異なる技術が使われています。

一般的な仕様では、タッチする（触れる）ことはマウス操作におけるクリックに相当し、ダブルクリックやドラッグなどの機能も実装しています。

制作実務上の3つのポイント

タッチパネルを利用したコンテンツ制作では、次の3つのポイントに留意する必要があります。

1つめは使用条件です。想定される持ち方・使われ方、ディスプレイの大きさや設置場所など、ユーザーとその利用環境を知ることが重要です。特に文字入力については、ディスプレイの大きさが十分確保できない限りは一覧からの選択式にするなどの配慮を要します。Webではおなじみのカーソル移動やマウスオーバーなどの動きに関しては、ハードウェア側がサポートしていない可能性も考えられます。また、機器によってマルチタッチの可否と制限数が異なり、制限数は1点から理論上無限と幅広くなっています。

2つめは快適な操作性です。直感的なデザインやレイアウトには、特に気を遣いましょう。タッチパネルを初めて触る人にも使えるように、指を滑らす「フリック入力」など独自のジェスチャーやマルチタッチの操作方法について説明が必要な場合があります。テストとして色々な人に触って使ってもらうことで、ある程度共通した感覚を取り入れるとよいでしょう。

3つめとしては効果的な演出が挙げられます。ユーザーとの物理的な距離が近いというタッチパネルの利点を生かし、タッチに反応したエフェクトやギミックなどを盛り込み、ユーザーに驚きを持って体験してもらうことができます。ただし、逆に長時間触ったりすると疲労感を与えやすい側面もあるため、ユーザーへの配慮を十分に盛り込んだ構成・コンテンツ作りを心がけてください。

タッチパネル端末は、画面を触って情報の入出力ができる装置だ。銀行ATMや駅の自動券売機、スマートフォンなどに使われている。コンテンツは、想定される持ち方・使われ方などユーザーの利用環境を想定した使用条件、直感的なデザインやレイアウトに気を遣った快適な操作性、ユーザーに驚きを持って体験してもらうエフェクトやギミックなどを盛り込んだ効果的な演出に留意して制作する。

タッチパネルの活用

◯ 代表的なタッチパネル製品の例

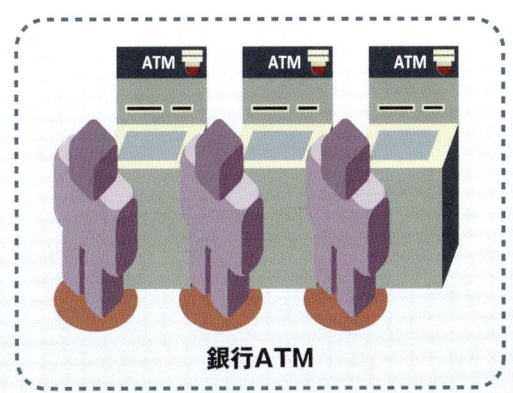

銀行ATM

PC、ディスプレイ、携帯情報端末

タッチパネルの長所
- 直感的で簡単に操作できる
- ソフトウェア次第で自由な操作性が作れる
- 操作デバイス不要で省スペース

タッチパネルの短所
- 触感がない（視覚障害者には操作が困難）
- 画面が汚れやすく不衛生になりやすい
- 文字入力には向かない

タッチパネルコンテンツにおける制作上の留意点

避けるべき例

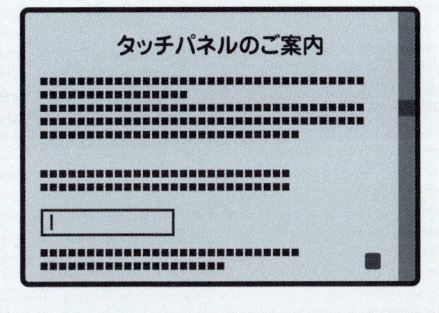

望ましい例

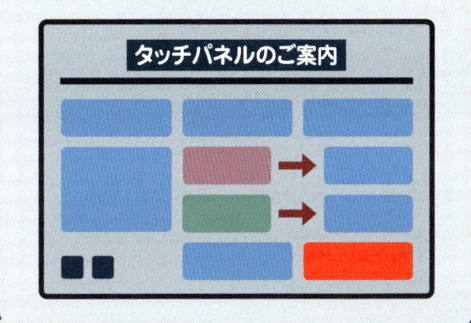

項目	避けるべき例	望ましい例
文字サイズ	・小さい文字やボタン	・対象ユーザーを想定し文字が大きく読みやすい（可変も可）
ページ構成	・1ページあたりの情報量が多い ・スクロールバーがある	・1ページを1画面で伝え切れる内容 ・大きいボタンなどで次ページへ展開する
その他	・文字入力の必要がある ・読ませる、見せるだけの内容 ・押されたかどうかがわからないボタン	・入力はなるべく選択式にする ・インタラクティブな部分がある ・リアクションを音や見た目で表現する

151 デジタル放送とマルチメディアサービス

Web制作との共通点も多い

Text：江尻俊章（環）　協力：浦野丈治（一般社団法人電波産業会 データ放送方式作業班主任）

2011年7月に、テレビはアナログ放送から地上・BS共にデジタル放送に移行しました。一見、Webとは関係がなさそうなテレビ放送ですが、デジタル放送の特徴の1つであるデータ放送はWebとの関連性が強く、今後はさらに連携していく可能性があります。

データ放送とは何か？

デジタル放送では、放送電波を利用して映像・音声以外に電子番組ガイド（EPG）やデータ放送を同時に送れます。データ放送で配信できる情報には、字幕サービスのほか、番組に連動した情報やニュース・天気といった番組から独立した情報（マルチメディアサービス）があります。マルチメディアサービスは、テレビリモコンの「dボタン」を押せば簡単に操作できます。

また、テレビをインターネットに接続すれば、ユーザー側が情報を発信できる双方向サービスを受けることができ、さらにモバイルで視聴するワンセグでのデータ放送機能もあります。

こうしたデータ放送のマルチメディアサービスで使われる言語がBML（Broadcast Markup Language）です。

データ放送の言語 BML とは

BMLは、ARIB（社団法人電波産業会）によって策定された、日本発のXMLベースの記述言語です。CSSでレイアウトを決め、XHTML1.0でタグ付けし、プログラム機能としてECMAScript（JavaScript）が備わっていると聞けば、Webサイトを作成する作業と非常に似ていて、親近感が湧くのではないでしょうか。

もちろん、BMLはテレビのデータ放送用の言語ですから、画面とタイミングを連動させて表示を切り替えることができ、リモコン操作にも対応しています。

データ放送の可能性と Web との連携

限りある電波網を有効活用するために、データ放送では配信できるコンテンツ量が限られています。一方で、緊急性が高い災害情報の配信では、通信回線が遮断された場所でもテレビさえあれば受信できるといった利点もあります。

今後は、テレビ放送とデータ放送、インターネットとの連携があります。具体的には、ドラマで俳優が着ていた服の価格をデータ放送で確認し、インターネットで購入するといった可能性が考えられるでしょう。

また、モバイルで視聴するワンセグサービスのデータ放送はWebとの親和性がさらに高く、データ放送とWebサイトの連携は一般的です。今後はWebプロモーションの一環としてワンセグ放送とデータ放送で広告を配信して、インターネットで販売するというモデルも普及するかもしれません。

デジタル放送の1つ、データ放送のマルチメディアサービスでは、番組連動情報やニュースなどの情報を配信できる。マルチメディアサービスで使われる記述言語はXMLベースのBMLだ。BMLは、XHTML 1.0やCSS、ECMAScriptで記述するため、Webサイト制作とよく似ている。今後、テレビ放送、データ放送、インターネットとの連携が予測されている。

データ放送画面とBML

● データ放送の画面

テレビリモコンのdボタンを押すことでデータ放送を表示できる

● ワンセグでのコーディング例

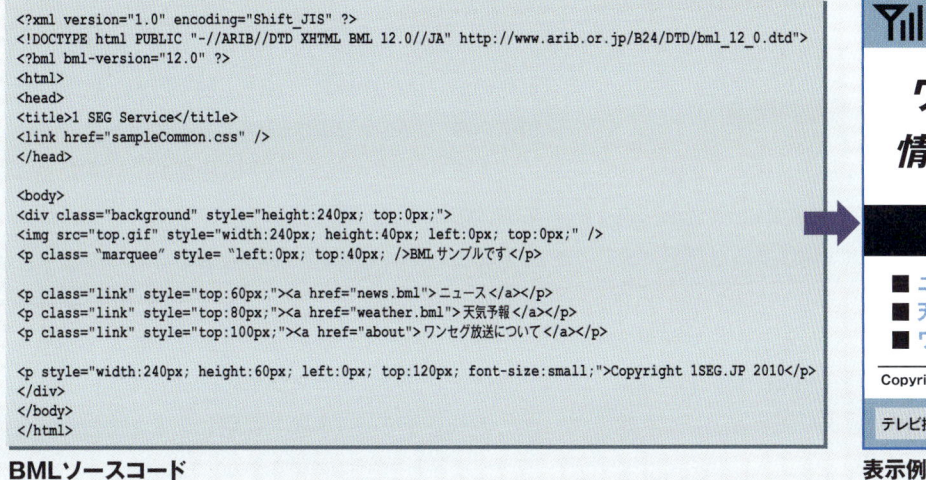

```
<?xml version="1.0" encoding="Shift_JIS" ?>
<!DOCTYPE html PUBLIC "-//ARIB//DTD XHTML BML 12.0//JA" http://www.arib.or.jp/B24/DTD/bml_12_0.dtd">
<?bml bml-version="12.0" ?>
<html>
<head>
<title>1 SEG Service</title>
<link href="sampleCommon.css" />
</head>

<body>
<div class="background" style="height:240px; top:0px;">
<img src="top.gif" style="width:240px; height:40px; left:0px; top:0px;" />
<p class= "marquee" style= "left:0px; top:40px; />BMLサンプルです</p>

<p class="link" style="top:60px;"><a href="news.bml">ニュース</a></p>
<p class="link" style="top:80px;"><a href="weather.bml">天気予報</a></p>
<p class="link" style="top:100px;"><a href="about">ワンセグ放送について</a></p>

<p style="width:240px; height:60px; left:0px; top:120px; font-size:small;">Copyright 1SEG.JP 2010</p>
</div>
</body>
</html>
```

BMLソースコード

表示例

ワンセグを利用したキャンペーン

● 日本テレビとNTTドコモが2007年に実施した実証実験の事例

ワンセグデータ放送画面へ広告とクーポン情報を配信 → 端末に蓄積されたクーポン情報を確認 → 専用のケータイサイトでQRコードを取得 → 自動販売機でQRコードを提示すると試飲できる

152 デジタルサイネージのコンテンツ制作

Webサイトと同様に制作できる

Text：クロスコ

RELATION ▶ 064 071 078 090

デジタルサイネージとは、大型のディスプレイに映像や情報などさまざまなデジタルコンテンツを表示した電子看板のこと。ディスプレイごと、あるいは時間帯によって表示する内容を変えられるのが特徴で、交通広告のデジタルポスターや、商業施設の広告・案内メディアとして設置数が増えています。用途はバラエティに富んでいますが、基本的なシステム構成と、データの作成方法はほぼ同じです。

デジタルサイネージの基本構成と利用法

デジタルサイネージのシステムは、メーカーに関わらず、コンテンツを表示する大型ディスプレイ（プラズマディスプレイ・液晶）、コンテンツを再生するセットトップボックス（STB）、STB用のプレーヤーソフト、コンテンツの配信を管理するサーバーソフト（サイネージシステム）によって構成されています。管理者は、サイネージシステムからコンテンツを登録し、再生スケジュールを作成します。各STBにスケジュールとコンテンツデータを配信し、STBのプレーヤープログラムがスケジュール通りにコンテンツを再生する仕組みです。

デジタルサイネージのコンテンツの種類

デジタルサイネージでは、JPEG／PNG／BMP形式などの静止画、MPEG／WMV／MPEG-4 AVC/H.264などの動画、FlashムービーやHTMLなどが再生できます。デジタルサイネージ向けのコンテンツは基本的にWeb制作でハンドリングしているデータと同じ環境で制作できるため、Web制作会社がデジタルサイネージ向けのコンテンツ制作を受注するケースが増えています。

コンテンツ制作時に気をつけること

デジタルサイネージ向けのコンテンツの制作では、配信先のサイネージシステムで、利用可能な動画や静止画のデータフォーマットを確認する必要があります。

また、サイネージによっては画面をフレームで分割して複数の情報を同時に表示している場合があり、レイアウトによって必要なデータの大きさが異なります。適切な動画や静止画のサイズ、表示時間も確認しておきましょう。

同じディスプレイサイズでも、ディスプレイが設置されている環境によっては、視認できる文字のサイズや視聴可能な秒数なども変わります。せっかく作成したデータが読み取れないということが起こらないよう、実際の環境での確認が重要です。

また、画面がタッチパネル式だったり、FeliCaリーダーと連動していたり、画像認識によるコンテンツを出し分けたりといった特殊なシステムになっている場合は、それぞれの仕組みに合わせてコンテンツを制作します。

デジタルサイネージとは、大型のディスプレイに広告・案内などを表示する電子看板のこと。表示できるのは、JPEGなどの静止画、MPEGなどの動画、FlashムービーやHTMLなどで、基本的にWeb制作と同じ環境で制作できる。扱えないデータフォーマット、適切な動画や静止画のサイズ、視認可能な文字のサイズや視聴可能な秒数、特殊なシステムなどに注意してコンテンツを制作する。

デジタルサイネージの一般的なシステム構成

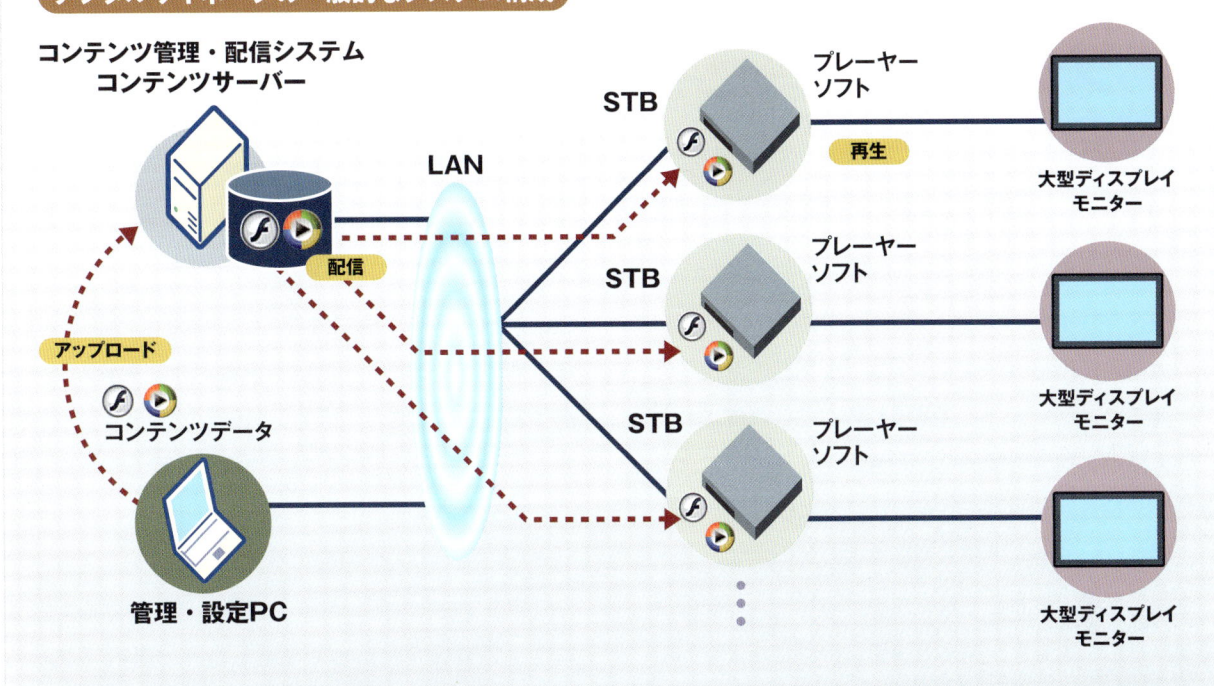

コンテンツ管理・配信システム
コンテンツサーバー

LAN

STB — プレーヤーソフト — 再生 — 大型ディスプレイモニター
STB — プレーヤーソフト — 大型ディスプレイモニター
STB — プレーヤーソフト — 大型ディスプレイモニター

配信

アップロード

コンテンツデータ

管理・設定PC

コンテンツの配信・管理システムの機能

① 画面レイアウト編集
・画面の分割
・コンテンツの割り振り

| 動画 | Flash |
| テロップ | |

② タイムテーブル・スケジュール設定
（日、週、月間）

スケジュール

③ コンテンツ配信設定
・配信予約
・配信先設定

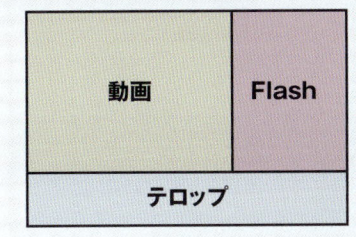

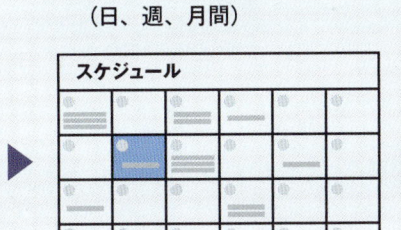

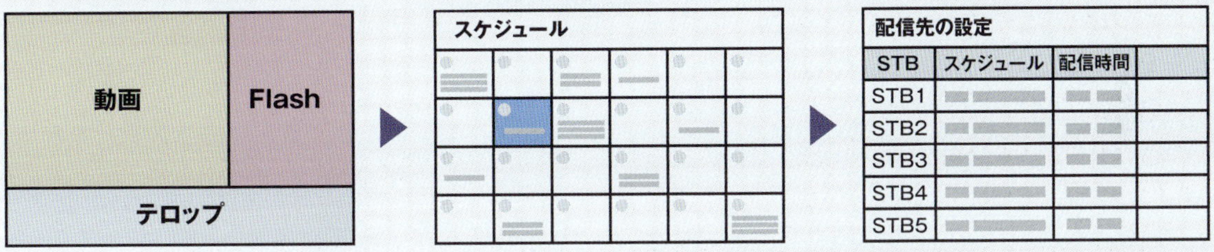

配信先の設定

STB	スケジュール	配信時間
STB1		
STB2		
STB3		
STB4		
STB5		

コンテンツの表示までの流れ

コンテンツデータ作成
●動画　●静止画
●Flash　●HTML
●音声データ

一般的な制作環境で作成

番組編集・配信設定
●画面レイアウト
●タイムテーブル作成
（時間・曜日・週間・月間）
●配信スケジュール設定

コンテンツ管理・配信システムを用いて設定・管理・配信

コンテンツ配信
●STBにコンテンツと配信スケジュールを自動配信

コンテンツ表示
●プレイヤーソフトがスケジュールに合わせてコンテンツを表示

クライアントシステムが自動で表示

海外、国内でも広がるデジタルサイネージの実例と可能性

Text：クロスコ

　デジタルサイネージは、フラットパネルディスプレイの大型・低価格化とインターネット回線の普及に伴い、新しいメディアとして登場しました。設置されただけで話題となった黎明期は過ぎ、現在では広告・販促効果や投資対効果（ROI）が問われるようになっており、新たなビジネスモデルも追求されています。

　時間と場所に合わせて情報が出せるサイネージの特徴を生かし、本当に空間と視聴者に合わせた仕組みにしていこう、というのがその基本的な考え方です。

アメリカと日本におけるサイネージの活用事例

　アメリカ大手小売店のウォルマート社は、2006年に天井から高い位置にモニターを吊り下げた「ウォルマートTV」を展開して話題になりました。その後、広告視聴率が伸び悩んだことから最適な店舗やアプリケーションの設定などを研究して、新たに「スマート・ネットワーク」を開発しました。店舗の入り口付近には大型で音声無しの「ウェルカム・スクリーン」、売り場には音声付きの「カテゴリー・スクリーン」、棚エンドには個別の商品説明をする「エンドキャップ・スクリーン」と、ビジュアルマーチャンダイジング（VMD）の考え方に則って展開しています。運営会社が、メディアの維持と広告管理をするという、新たなビジネススキームも特徴です。

　国内のデジタルサイネージのビジネスでは、通行量の絶対数が多い交通広告の分野が注目されています。電車内の液晶モニター広告や駅構内の電子ポスターが媒体として認知されてきているほか、商品サンプル部分をサイネージ化した自動販売機の設置も駅構内を中心に進んでいます。

　また、多くの人が利用するコンビニエンスストアでの展開も本格化しています。店舗の外に向けた大型モニターで情報を発信して集客したり、店内では商品キャンペーンを告知したり、物販以外のサービスを案内するメディアも設置されるようになっています。

デジタルサイネージの可能性

　現在、デジタルサイネージのシステムを利用して、マーケティング効果を上げる取り組みがされています。具体的には、人の性別、年齢、表情、ジェスチャー、店内での行動を認識し、ターゲットに合わせたコンテンツを出し分ける技術を使い、どの時間帯にどのようなプロフィールの人が何人視聴したかという、効果測定も可能になりました。

　デジタルサイネージは、ネットワークに繋がった「特定のサイトを表示しているブラウザー」とも考えられます。そこで、今後はソーシャルメディアとも連動し、店舗などの場所と人とをつなぐコミュニケーションメディアとしての新しい使われ方や、Webやモバイルとの融合も進んでいくことが予想されます。

視聴者（顧客）と商品・サービスの関係を作るサイネージ

○ スーパーマーケットなどでのサイネージの設置例

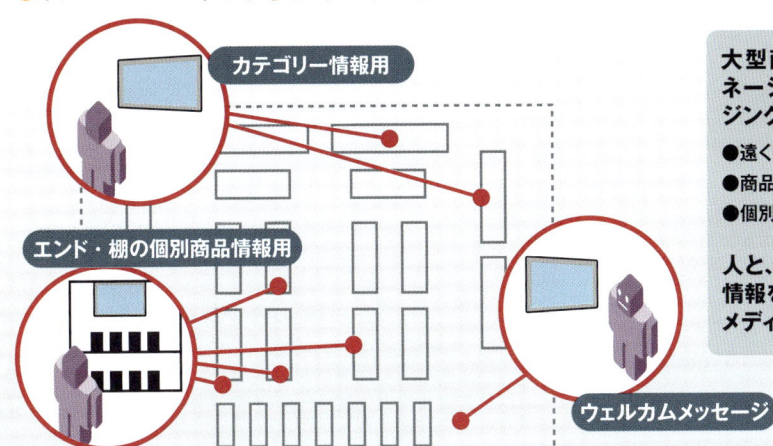

カテゴリー情報用

エンド・棚の個別商品情報用

ウェルカムメッセージ

大型商業施設に設置されるデジタルサイネージは、VMD（ビジュアルマーチャンダイジング）の手法で展開される。
- 遠くから視認し、誘客するメディア
- 商品カテゴリごとの売れ筋を伝えるメディア
- 個別の商品の特徴を伝えるメディア

人と、商品と、空間の関係において最適な情報を提供できる、人の目的と行動をもとにメディアをデザインすることが重要。

○ コンビニエンスストアなどでのサイネージの設置例

店内の顧客ではなく、店外を通りかかった通行者、または店外で滞留する顧客向けにガラス越しに映像を表示。誘客効果のほか、モバイルを用いた情報を発信し、キャンペーンとの連動を図ることなどが、試みられている。

モバイルからはクーポンなどにより店舗への再誘導ができる。

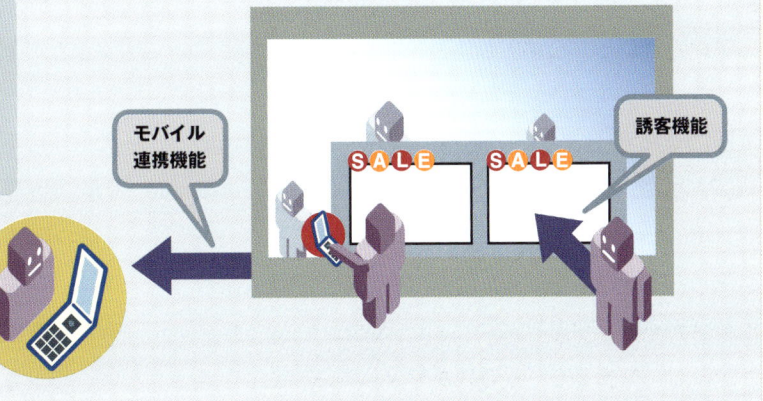

モバイル連携機能

誘客機能

○ マーケティング機能を持ったサイネージ

広告の効果測定をシステム的に実現するサイネージの例
- 何人が視聴したか
- 視聴者のセグメント（性別・年齢）
- 注目度の高いコンテンツは何か
- タッチパネルの場合の選択ログ
- FeliCa連動の場合のタッチ数

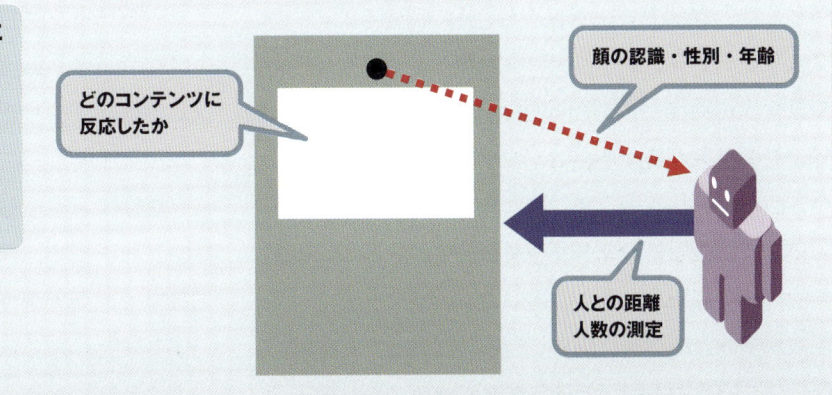

どのコンテンツに反応したか

顔の認識・性別・年齢

人との距離人数の測定

ディレクターが押さえておきたい世界のWebトレンド

Text：WIPジャパン 情報事業部・海外向けWEB/ECマーケティンググループ

グローバル化に伴い、国内だけでなく海外を対象としたWebサイトを制作する機会も増えています。グローバルに展開するWebサイトを企画・制作する場合に押さえておきたい海外事情について紹介します。

世界のブロードバンド回線事情

世界のブロードバンド回線速度は、全体的に年々速くなっています。2011年時点でのインターネット接続回線速度の世界平均は2.7Mbpsで、1位は韓国の16.7Mbps、以下香港、日本、ラトビアと続き、米国は16位で6.1Mbpsとなっています※。また、ブロードバンドの普及率は一般的に大都市ほど高く、個人より企業が高い傾向があります。

今後もブロードバンド環境が向上していくことを考えると、ブロードバンド先進国である韓国の動向は注目しておくとよいでしょう。具体的に、韓国市場を席巻してきたWebサイトを見ると、特に若者向けサイトではリッチコンテンツや大容量動画を多く含む、ページ全体がFlashベースで作成されている、ページ当たりのリンク数が極めて多い、フォントサイズが極めて小さい、などの特徴が挙げられます。

一方、韓国以外のユーザーから見た場合には、自国の回線速度に耐えられない重いコンテンツが多く、文字数が多いため機械翻訳がしづらいといった、非常に使いにくい点も多いことに留意する必要があります。

注目すべき世界のWeb動向・トップ5

2012年現在、世界的に注目されているWebのトレンドやキーワードを簡単に紹介しましょう。

第1は、「HTML5/CSS3」です。HTML5は、HTMLの5回目の大型改訂版です。2014年に正式勧告の予定で、ビデオやオーディオの再生、ドラッグ＆ドロップなどの新APIが追加される予定です。一方CSS3は、Webページのレイアウトやスタイルを定義する規格の最新版で、ドロップシャドウやアニメーションなどの機能がデザインの幅を広げてくれます。

2つ目は、「デジタルネイティブ」というキーワードです。生まれた時からインターネットやPCが身近に存在した世代のことで、ソーシャルメディア、クラウド、ネット購入などを抵抗なく使いこなしています。

3つ目はSNSやマイクロブログ、ソーシャルゲーム、動画共有などを活用した「ソーシャルメディア・マーケティング」で、急速に普及しつつあります。また、「Google Apps」や「Microsoft Office Web Apps」などの登場で、「クラウド・コンピューティング」もにわかに身近なものになってきました。

最後は、「スマートフォンとiPadへの収斂」を挙げたいと思います。携帯電話＋PC＋デジタルカメラから、スマートフォンやiPadなどのタブレット端末に収斂する傾向が強まっており、今後この流れはさらに加速すると見られています。

世界のインターネット接続回線平均速度

順位	国／地域	平均接続速度（Mbps）
1	韓国	16.7
2	香港	10.5
3	日本	8.9
4	ラトビア	8.9
5	ニュージーランド	8.5
・	・	・
・	・	・
13	米国	6.1
—	グローバル平均	2.7

※米アカマイ「2011年第3四半期版 インターネットの現状」より抜粋

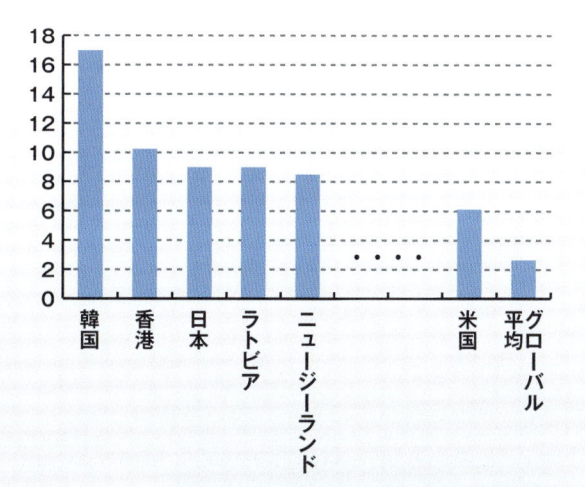

注目される世界のWeb動向トップ5

① HTML5/CSS3

次世代Web標準規格のHTML5やCSS3では、Flashなどのプラグインを使わずにビデオを再生したり、インタラクティブな表現をしたりできる。すでにYouTubeは一部をHTML5化、アップルはCSS3でサイトを構築している。

② デジタルネイティブ

2008年夏の米大統領選ではネットを積極的に活用し、デジタルネイティブへの支持を広げたバラク・オバマ氏が歴史的勝利を収めた。

③ ソーシャルメディア

TwitterやFacebookなどのソーシャルメディアをマーケティングに活用する企業が広がっている。

④ クラウド・コンピューティング

マイクロソフトが主力製品の「Microsoft Office」のWeb版を発表するなど、クラウドの利用へ関心が高まっている。

⑤ スマートフォン、iPad

インターネット閲覧端末として、PCに代わるiPadなどのタブレット端末やスマートフォンへの関心が高まっている。

※ 米アカマイ「2011年第四半期版 インターネットの現状」

EPUBで広がる電子書籍ビジネスの可能性

　2010年に発売されたアップルのiPadをきっかけに、日本国内における電子書籍への関心が一気に高まった。電子書籍は、Web制作会社にとっても大きなビジネスチャンスだ。電子書籍の標準フォーマットであるEPUB3.0は、HTML5、CSS2.1/CSS3がベースとなっているため、Webサイト制作との親和性が高い。むしろ、Webサイト制作で培ったインタラクティブ・コンテンツなどのノウハウを活用できる可能性を秘めている。

　EPUB (Electronic PUBlication) 表現の基本はリフローである。電子書籍リーダーで、ページレイアウトが決まっているPDFなどを拡大すると、閲覧画面内に収まらず上下左右へのスクロールが頻発する。リフローは、拡大をしても文字が次ページに送られページ数は増えるが、ページ送りだけで読み進められるので、文字中心の電子書籍に適している。ただ、XHTML1.1とCSS2をベースにしたEPUB2.0.1は、縦書きやルビに対応していなかった。

　2011年10月10日に米国の電子出版業界の標準化団体IDPF (International Digital Publishing Forum) によって公開されたEPUB3.0の最終仕様では、リフロー以外にも表現の幅が広がった。縦書き、ルビ、多言語などへの対応による国際化、クリックアクションなどに対応した双方向性、ビデオフォーマットの埋め込みによるマルチメディア化、音声読み上げなどのアクセシビリティ対応などだ。EPUB形式の電子書籍は、こられのコンテンツをZIPによって圧縮し、ファイル拡張子を「.epub」に変更したものである。

　EPUB3.0に対応する電子書籍リーダーには、アップルの「iBooks」、Android搭載機種などがある。現在のところ、レンダリング（描画）エンジンではWebKitが、ブラウザーではGoogle Chromeが対応し、Firefoxはアドオンで対応している。制作ツールもInDesignなどのDTPソフトが対応を始め、専用ツールも増えてきた。EPUB3への対応は業界で広がりつつある。

付録

索　引

■A
AIDMA　76
AISAS　76
Ajax　114,214,216,258
Alternate-Reality Game　290
Amazon EC2　84,248
Amazon Webサービス　258
Amazon.co.jp　270,326,332
AMEX　262
Android　82,330,344,348,350,356,358
Apache　260,312
API　258,342
Application Service Provider　256
AppStore　352
AR　82
ARG　290
ARIB　370
AR技術　290,358
ASP　42,100,178,256,266,270,284,356
Asynchronous JavaScript + XML　214,216
ATM　366
Atom　202
Atom Syndication Format　202
au　330,332
au one Market　346

■B
Bing　276
BlackBerry　348
Bluetooth　346
BML　370
BMP　372
Broadcast Markup Language　370
BSD　260
BtoB　62,176
BtoC　62,176
BTS　138,144

■C
Cascading Style Sheets　194
CAT端末　262
ccTLD　94
CDN　178
CGI　186
Check　304
CI　128
class　204
CloudFront　248
CMS　20,42,208,232,242,256,260,266,298,300,354,356
CMYKモード　162
Cocoa Touch　352

Content Management System　208,232,256,266,298,356
Cookie　344
CPU　186,240
CRM　256,320,364
CSR　64
CSS　16,18,108,188,194,196,198,242,354,356
CSS1　194
CSS2　194
CSS2.1　194,200
CSS3　194,200,350,376
CtoC　62
CTR　310,324
Customer Relationship Mnagement　320
CVR　324
CVS　190

■D
Dashboardウィジェット　364
Denial of Service attack　252
Diners　262
DNS　18
Do　304
DoS　252
Drupal　266
DTD　192
DVD　160
dボタン　370

■E
EC　86
EC-CUBE　244
ECMA　196
ECMAScript　198,370
ECサイト……12,26,42,56,62,98,104,152,168,174,216,262,284,302
ECシステム　260
ECプラットフォーム　270
EFO　322
Entry Form Optimization　322
EPG　370
EUC　210
EV SSL　254
Excel　68,118,144,348
Extended Validation SSL　254
Extensible Markup Language　202
EZweb　330
EZアプリ　346

■F
Facebook　58,82,244,286,290,302,346
FeliCaリーダー　372
Firefox　108,212
Fireworks　122,184
Flash　82,96,114,196,212,214,220,224,228,242,362,364,366,376
Flash Lite　220,338
Flash Media Interactive　178
Flash Player　200,220,350,362
Flash Professional　220
Flash Video　176
Flashコンテンツ　96
Flashムービー　372
Flickr　172

foursquare　342
Frameset　192
FTP　252

■G
GIF　162
GIFアニメーション　162
Gmail　256
GNU General Public License　260
Google　276,282,292,308
Google Analytics　320
Google App Engine　248
Google Apps　376
Google Chrome　108,212
Google India　292
Google Maps API　258
Google.com　292
Google+　286
GPL　260
GPS　330,346,358
GPS機能連動　354
GREE　82,342,358
gTLD　94

■H
H.264　176
h1タグ　116
hCalendar　204
hCard　204
HCD　27
hRecipe　204
hResume　204
hReview　204
HTML　16,18,68,106,108,116,122,152,188,192,196,198,214,242
HTML 4.01　192
Html Validator　212
HTML5　176,192,200,350,376
HTMLタグ　116
HTTP　330
https://　254

■I
IA　112
ICANN　94
IDS　252
IE　198
IETester　212
Illustrator　118,122,184
Insyrusion Prevention Sysytem　252
Internet Explorer　108,152,198,212
Intrusion Detection System　252
iOS　330,348
iPad　82,368,376
iPhone　82,344,348,350,356,358,368
iPhoneアプリ　352
IPS　252
IPアドレス　188,340
IR　60,64,180
ISP　186
iアプリ　346
iモード　330
iモードID　344

■J

JAS法　168
Java　196
JavaScript　196,198,212,216,242,244,258,324,338,344,350,362,364,370
JavaScriptライブラリー　216
JCB　262
JIS X 8341-3　106
Joomla!　266
JPEG　162,372
JPRS　94
jQuery　216
JSON　258
JWDA WEBデザインアワード　226

■K
KDDI　346
KGI　86
Kindle　358
KJ法　90
KPI　86,312
KSF　86

■L
Landing Page Optimization　322
Linux　228
LPO　322

■M
Mac OS　228
MasterCard　262
meta description　116
meta keywords　116
metaタグ　120
Microdata　204
microformat　204
microformats.org　204
Microsoft Office Web Apps　376
MIT　260
mixi　82,268,286,340,342,358
Mobage　342
Movable Type　84,244
MPEG　372
MPEG-4　176
MPEG-4 AVC/H.264　176,372
Myspace　342
MySQL　246,260

■N
NDA　160
Netscape　198
NTTドコモ　330,346

■O
Objective-C　352
OJT　136
Onedaree　258
OpenPNE　268
Opera　108,212
Optimization　322
Oracle Database　246
OS　108,188,244

■P
p（タグ）　194
P2P　228
PCI-DSS　264
PC-Talker　108
PCサイト　340

PDA	348,366	Strict	192
PDCAサイクル	98,298,304,318	Structured Query Language	246
PDF	180,348	Subversion	190
PDF作成ソフト	180	SWOT分析	84
Peer to Peer	228		
Perl	16,196,242,258	■T	
Photoshop	162,184	title（タグ）	116,120
PHP	16,186,188,196,242,244,258,292	TLD	94
Plan	304	Transitional	192
PNG	162,372	Tweetボタン	114
PostgreSQL	246	Twitter	58,114,178,224,266,286,290,302,340,342
PowerPoint	36,118,122		
PPC広告	282	■U	
Project（ソフト）	144	UI	110,196
PS3	362	Unicode	96,210
PSP	362	URL	120,344
Pマーク	250	URLの正規化	116
		USP	88
■Q		USTREAM	178
QRコード	340	UX	110

■R
RDBMS 246
RDF Site Summary 1.0 202
Really Simple Syndication2.0 202
rel（属性） 204
Relational Database Management System 246
rev 204
RFP 48,148
RGBモード 162
RIA（Rich Internet Application） 214
ROI 27,58,312,374
RSS 60,202
RSSフィード 202
RSSリーダー 202,364
Ruby 244

■S
S!アプリ 346
SaaS 42,256
Safari 108,350
Sales Force Automation 320
Salesforce CRM 256
SE 234,238
Search Engine Marketing 282
Search Engine Optimization 276,282
Secure Socket Layer 254
SEM 282,292
SEO 70,98
SFA 320
Shift_JIS 210
Silverlight 214,228
SIPS 76
SLA 52
SMM 286
SNS 66,76,82,138,242,256,268,308,310,376
Social Networking Service 268
Software as a Service 256
SQL 246
SQL Server 246
SSL 232,254
SSLサーバー証明書 42,254
STB 372
STP 74

■V
VISA 262
VMD 374
VPN 250
VPSサーバー 186

■W
W3C 192
WAI 106
WBS 142,150
WCAG 106
Web API 258
Web Standards 198
WebKit 350
WebSlice 204
Webガバナンス 132
Web技術 366
Webサーバー 178,186,188,234
Webサーバーソフト 188
Webサイトの公開 272
Webシステム 40,42,232
Webストラテジスト 27
Web制作会社 14
Web戦略 27
Webディレクター 12,16,112,118,122,156,164,188,206,234,262,346
Webデザイナー 16,238
Web標準 198
Webブラウザー 26,108,152,162
Webプランナー 28
Webプロモーション 82
Webマーケティング 292
Webメールサービス 256
Webライティング 164
Webリテラシー 24
Wii 362
Wiki 138
Windows 228
Windows Phone 348
Windows Video 348
Windows Vista/7ガジェット 364
WMV 372
Word 348
WordPress 244,260,266
WYSIWIG 356

■X
Xcode 352
XHTML 198
XHTML 1.0 192,370
XML 198,202,258,364,370
XMLサイトマップ 116
XOOPS 266

■Y
Yahoo! JAPAN 276,282
Yahoo!インタレストマッチ 326
Yahoo!ウィジェット 364
Yahoo!ケータイ 330
Yahoo!ショッピング 270
Yahoo!メール 256
YouTube 178

■Z
ZOZOTOWN 326

■あ行
アートディレクター 28,130
アイテム販売 358
アイデンティティ 66,104
アクション率 294
アクセシビリティ 68,106,110,164
アクセス解析 26,70,86,300,308,312,318
アクセス解析ツール 312,344
アクセス解析レポート 316
アクセスキー 338
アクセス数比較 316
アクセス制限 158
アクセス量 240
アクセスログ 70,320
アジェンダ 32,34,90
アスペクト 176
値（CSS） 194
アップセル 326
アドビシステムズ 180
アナログ放送 370
アナログメディア 158
アニメーション 224
アバター 358
アフィリエイター 284
アフィリエイト 284
アフィリエイト・サービス・プロバイダー 284
アフィリエイト広告 280,284
アプリケーション認証 254
アプリケーションフレームワーク 352
アプリストア 346
アマゾン・ドットコム 84
アメブロ 286
洗替 264
荒らし 306
粗利 146
アルゴリズム 276
アンケート 70,80,92
イー・アクセス 330
イー・モバイル 330
意識共有 316
移転 250
イレギュラー処理 238
色の三属性 126
インターネット広告 280

インターネット接続回線速度 376
インターネット端末 330,354
インターフェイス 16
インタレストマッチ 308
インフォメーション・アーキテクチャー 112
インフォメーション・アーキテクト 112,118,122
インフラ 84
インプレッション数 310
インプレッション保証型 280
ウェルカム・スクリーン 374
ウィジェット 364
ウィジェットエンジン 364
ウイルスチェックサービス 256
ウェブコンテンツ・アクセシビリティ・ガイドライン 106
ウェブサイトオプティマイザー 324
ウォールマートTV 374
売上型成功報酬 280
運用（セキュリティ） 250
運用エンジニア 252
運用業務 298
エアタグ 358
営業経費 146
営業利益 146
液晶 372
エキスパートレビュー 72
越境電子商取引 100
閲覧環境 108
エビデンス 300
エフェクト 368
エミュレーター 166,346
絵文字 334,338,356
エンコード 176
エンジニア 188
演出家 28
炎上 306
エンターテインメント 27,152
エンドキャップ・スクリーン 374
沖縄セルラー電話 330
オーガニック検索結果 276
オープンソース 62,100,260
オープンソース・ソフト 98,260,266
オプトアウト 294
オプトイン 294
オペラ 200
オリエンテーション 12,18,32,34
音声認識 346
音声ブラウザー 106,108
オンデマンド配信 178
オンラインRPG 346
オンライン決済 262

■か行
海外向けEC 100
概算金額 42,46
改善（運用） 298
改善策 316
階層型ナビゲーション 104,114
外注管理 148
ガイドライン 198,206
回避 250
外部要因 276
外部リンク元分析 316
可逆圧縮 162

課金回収代行 332	グラデーション 126	購買率 318	サーバーサイド技術 242,244
課金方法 280	グリー（企業） 342	購買履歴 320,326	サーバーサイドプログラム
拡張現実技術 358	クリエイター 16,58	広報戦略 288	334,338
ガジェット 364	クリエイティブ・コモンズ 172	コーダー 16,192,206	サーバー環境 34,36
カスタマーサポート 84,98,302	クリエイティブディレクター 28	コーディング 12,14,16,142,	サーバー設定 334
カスタマイズ 42,256	クリエイティブ表現 88	148,152,162	サーバールーム 186
仮想サーバー 248	クリック課金型 280	コーディングガイドライン	サービスサイト 56
画像フォーマット 162	クリック数 310	192,206,304	サービス品質合意書 52
画像編集ソフト 162	クリックスルー保証型 280	コーデック 176	サービスプロバイダー 14
課題管理表 148,150	クリック単価 282	コーポレートサイト 26,60	在庫管理 302
勝手サイト 332	クリック報酬型 280,284	ゴール 56	最終意思決定者 16
家庭用品品質表示法 168	クリック率 310,324	顧客管理システム 256	最終テスト 152
カテゴリー・スクリーン 374	グループインタビュー 80	顧客情報 320	最終バージョン 166
カテゴリートップ 104	グループウェア 256	顧客対応 302	最適化 322
紙焼き 158	クレジットカード 262	ゴシック体 124	彩度 126
加盟店（決済） 264	グローバルWebサイト 96,132	個人情報の漏えい 306	サイト設計 12,14,80,112,116
カメラマン 16,156	グローバルエリア 104,122	個人情報保護法 168,170	サイトパーソナリティー 66
画面解像度 108,334,362	グローバルテンプレート 132	コスト管理 140,156	サイトマップ 36,42,68,104,
画面設計 70	クローラー 116,164,200	コピーライター 156,238	118,142
画面遷移 40,40,206	クロスセル 326	コピーライティング費用 42	サイネージシステム 372
空メール 340	クロスメディア 26,290	コピーライト 104	再販率 320
簡易Webシステム 234	形式知 304	古物営業法 168	サブサイト 68
監視代行サービス 306,308	掲示板 242	個別契約書 52	サブドメイン型 270
関税法 168	継続決済 264	コミュニケーション 16,22,24,	サミュエル・ローランド・
間接原価 146	継続的役務 262	66,112	ホール 76
間接費 146	携帯情報端末 348,366	コミュニケーション計画書	参照元分析 318
ガントチャート 144,148,150	携帯電話 188,366	138,150	サンプリング 80,290
管理機能（EC） 62	景品表示法 168	コミュニケーションツール 118	ジェシー・ジェームス・
管理経費 146	刑法 168	コミュニティサイト 14,28,268	ギャレット 110
関連ナビゲーション 104	契約書 50,52	コミュニティポータル型 268	色彩計画 126
キーカラー 126	ケータイアプリ 346	コミュニティマネージャー 28	色相 126
キーボード 108	ケータイサイト 26,166,330,	コロニーな生活 358	色調 126
キーワード含有率 116	340,344	コロプラ 358	事後対策（セキュリティ対策） 250
キーワード近接度 164	月額利用料 264	コンサルタント 58	自社構築型（EC） 270
キーワード調査 92	決済 100	コンセプト 18,60,62,88,92,	自社メディア 288
キオスク端末 366	決済代行会社 262,264	98,124,128	システム化 232
企画提案書 18,32,36,40,46	決済手数料 264	コンセプトキーワード 88	システム開発会社 14
企画ディレクション費用 42	検索エンジン	コンセプトメイキング 88	システム関連費用 42
期間保証型 280	28,78,116,164,242,276	コンタクトポイント 78	システム仕様書 234
企業サイト 56,60,104	検索エンジン最適化	コンテンツ 70,72,122,132	システム設計書 234,272
記事タイアップ 58	116,276,292	コンテンツエリア 104,122,132	システムディレクター 234
技術要件 206	検索エンジンマーケティング	コンテンツ改善 318	システムドキュメント 234
議事録 32,136,148	292	コンテンツ仕様書 112	システムフロー 238,272
きせかえコンテンツ 358	検索キーワード 86,282,312	コンテンツ素材 156,160	システム要件 14
基本契約書 148	検索キーワード連動型広告 280	コンテンツ素材の管理 160	事前準備（セキュリティ対策） 250
ギミック 368	検索フレーズ 316	コンテンツデータ 354	実行予算 146
機密保持契約 158	検索連動型 282	コンテンツの企画 66,80,	実績管理 146
機密保持契約書 148	現実代替ゲーム 290	92,156	自動化 232
キャッチコピー 88	検収 14,52,152	コンテンツの発注 156	シナリオ 78
キャリア 330	検収書 50,152	コンテンツ配信 332	シナリオライター 28
キャンペーン 12,78,82,88,94	現状把握 68	コンテンツ別アクセス数推移 316	支払い 50
競合分析 68,112	現状分析 70	コンテンツマスター 27	シビラ 320
強調文字 124	現地法 100	コンテンツマッチ 308	シミュレーションゲーム 358
共通パーツ 128	原盤権 168	コンテンツマッピング 112	シミュレーター 338
業務委託契約書 52	コアコンピタンス 140	コンテンツマトリックス 112	社団法人電波産業会 370
業務評価指標 312	効果検証 298	コンテンツ連動型 282	社団法人モバイル・
共用サーバー 186	効果測定 300	コンバージョン	コンテンツ・フォーラム 358
銀行ATM 368	広告 88	58,130,320,322	社長ブログ 288
グーグル 200,248	広告代理店 14,16,158	コンバージョンページ 312	重要業績評価指標 86
クーリング・オフ 174	広告表現 158	コンバージョンユーザー 312	重要成功要因 86
クライアント 88,270	広告フォーマット 280	コンバージョン率 318	重要目標達成指標 86
クライアント（顧客） 16,18,22,24,	公式サイト 332,340,356	コンビニエンスストア払い 262	受注 50
27,32,40,46,48,	公式ブログ 306	コンペ 18,48,130	受注契約 52
50,52,58,64,68	公式メニュー 332		受注率 320
クライアントサイド 242	公序良俗 168	■さ行	出現頻度 308
クライアントマシン 188,220	校正 14,166	サーバー 40,42,68,192,	受領証 160
クラウド 376	交通広告 290	214,240,250	使用許諾 260
クラウド・コンピューティング	行動ターゲティング 326	サーバーOS 248	使用言語 266
27,248,376	行動履歴 326	サーバー攻撃 252	詳細サイトマップ 118

382

肖像権	168
商談率	320
常駐型	202
消費行動モデル	76
商標権	168
情報アーキテクチャー	112
情報家電	366
情報キュレーター	27
情報共有	138
情報構造	70
情報サイト	56
情報設計	16,122
情報漏えい事件	250
初期費用	264
食品衛生法	168
書体	124
ショッピングカート	40,242,264,270
ショッピングモール	62,98,100,270
進行管理	12,14
審査基準	334
侵入検知システム	252
侵入防止システム	252
新聞広告費	280
信用照会端末	262
スキル	20,22
スクールカラー	126,128
スクリーンリーダー	106,108
スケジューリング	20
スケジュール	142,144,148
スケジュール管理	142,156
スタッフのアサイン	140
スタンドアロン	228
ステークホルダー	16,64,66
ステータス	224
ステップナビゲーション	104
ストーリーテラー	28
ストックフォト	172
ストリーミング	178
ストリーミングサーバー	178
ストリーミング動画再生	228
ストリーミング配信	176
ストレージサービス	160
スプリット・ラン・テスト	324
スマート・ネットワーク	374
スマートフォン	26,82,330,344, 348,354,356,368,376
スマートフォンサイト	330,350
成果物スコープ	142
成果報酬型	280,284
請求書	50
制作・更新業務	298
制作会社	52
制作ガイドライン	108
制作実績	32
制作仕様書	206
ぜい弱性	252
製造原価	146
セールスフォース・ドットコム	256
セカイカメラ	26,358
セカンダリー（ペルソナ）	80
セキュリティ対策	250
セキュリティホール	252
セキュリティポリシー	160
セットトップボックス	372
セレクター（CSS）	194
先祖返り	166
全体サマリー	316

専用サーバー	186
相関関係	308
装飾メールコンテンツ	358
ソーシャルアプリ	82
ソーシャルゲーム	358,376
ソーシャルメディア	27,60,76, 78,82,98,178,286,306, 308,310,342,376
ソーシャルメディア・マーケティング	286,376
ソースコード	212,260,300
素材集	172
ソフトバンク	330,332,346

■た行

ターゲット	58,78,80,98, 124,126,128
ターゲティング方法	280
第2レベルドメイン	94
第3レベルドメイン	94
タイポグラフィ	124,128
タイムライン	220
対面決済	262
代理店	14,16,152
ダイレクトナビゲーション	104
ダウンロード	178
タグ	192
タグクラウド	114
タグ付け（バージョン管理）	190
タスクリスト	144
タッチパネル・ディスプレイ	366
タッチパネル操作	350
タッチパネル端末	368
タッチポイント	78
縦長モード	362
旅侍	258
タブ	196
ダブルチェック	166
タブレット端末	26,82,368,376
段取り力	20
地域別広告	280
チェックアウト	190
チェックシート	150,152
地上デジタル放送	26,370
着うた	332,358
着うたフル	358
着メロ	332
注文書	50
著作権	168,172
著作隣接権	168
直帰率	310,318,324
通信事業者	186
ツリー図	118
提案依頼書	48,148
ディー・エヌ・エー（企業）	342
定期ミーティング	316
低減（リスク対応）	250
ディスプレイ	108
ティッカー型	202
ディレクター	22,128,130
ディレクトリ登録	282
ディレクトリマップ	68,120,122
データセンター	186
データベース	40,68,186,188, 234,242,246,248
データマイニング	26,308,326
データ量	240
テーブル（データベース）	246

テキスト広告	280
テキストマイニング	308,326
テキストリンク	284
テクスチャー	128
テクニカルディレクター	234
デコメ	358
デザイナー	14,22,122,130,156,206
デザイン	124,126,128,130,132
デザイン案	130
デザイン解説書	130
デザインガイドライン	130,206,304
デザインカンプ	36,130,152,192
デザインソフト	184
デザインテンプレート	120
デザイン費用	42
デザインマネジメント	112
デジタルサイネージ	26,372
デジタルドキュメント	180
デジタルネイティブ	376
デジタル放送	370
デジタルポスター	372
デスクトップウィジェット	364
デスクトップ実行型	214
テスト環境	188
テストサーバー	18,166,188,272
テスト仕様書	152
テストツール	212
デバイス別広告	280
デバイス別判別プログラム	354
テレビCM	290
テレビ広告費	280
転換率	324
電気通信事業者法	168
電子番組ガイド	370
電子マネー	262
電子メール広告	280
電通	76
テンプレート	122,208,338
テンプレートファイル	208
電話帳	346
問い合わせフォーム	106
動画コンテンツ	176,178
動画専門（モバイル）	358
動画フォーマット	176
統計解析手法	308
投稿管理	306
投資対効果	27,312
トーン	126
トーン＆マナー	104,128
独自ドメイン型（EC）	270
特定商取引法	168,174
特定電子メール送信適正化法	168
ドコモ	332
ドコモマーケット	346
トップページ	104,128
トップレベルドメイン	94
ドメイン	42,94
トランザクション料	264

■な行

内部対策（SEO）	116
内部見積もり	146
内部要因	276
ナビゲーション	104,114,120, 122,126,130,224

ナビゲーション設計	114
ニコニコ生放送	178
日本酒ナイン	226
ニュースリリース	180
入力フォーム最適化	322
人間中心設計	27
ニンテンドーDS	362
ニンテンドーDSi	362
ネットスケープ・コミュニケーションズ	198
ネットワーク（回線）	240
納品	50
納品書	50

■は行

バージョン管理ツール	190
ハードディスク	240
配色	126,128,130
配信プラットフォーム	178
ハイレベルサイトマップ	112,118
ハウジング	186
バグ	260
バグ管理システム	144
バズセッション	90
バックヤード	62
パッケージ	160,172
パッケージインストール型	356
パッケージソフト	42,98,266
バナー広告	58,162,280, 284,286,340
パブリックドメイン	172
パンくず	104,114
版下データ	162
販売機能（EC）	62
ヒアリング	18,20,24,32,36, 40,46,56,142
ヒアリングシート	34,150
非可逆圧縮	162
ピクセル	108
ビジネスモデル	62,332
ビジュアルデザイン	122
ビジュアルマーチャンダイジング	374
ビジョン	60
非対面決済	262
ビットレート	176
ビデオゲーム機	362
非同期通信機能	258
ひな形	208
誹謗中傷	306
ヒューリスティック評価	70,72
描画エンジン	350
表示回数	310
表示保証型	280
被リンク対策	278
品質管理	152,156
ファイアウォール	240,250
ファイルサイズ	176
ファイル名	120
ファインダビリティ	124
ファン	286
フィーチャーフォン	330,344,346,348
風評被害	306
フォント	130,210
フォントサイズ	376
負荷分散型サーバー	178
不正侵入	252
復旧対応方針	240

383

ブックマークレット 114	ベーシック認証 188,254	モジュール方式 264	レイアウト 104,124
プッシュ型 280	ページビュー 310	モジラ 200	レコメンデーション 308,326
フッター 104,122,128,130,184	ページリスト 120	モダンブラウザー 198	レンダリングエンジン 350
物流業務 302	ベースカラー 128	モバイルCMS 356	レンタルサーバー 84,186,240,248
プライバシーポリシー 62,104,170	ベジェ曲線 184	モバイルSEM 340	ロイヤリティフリー 172
プライマリー（ペルソナ） 80	ヘッダー 104,122,128,130,132,184	モバイルSEO 340	ローカルエリア 104,122
ブラウザー外実行モード 228	ベリサイン 254	モバイル公式サイト 346	ロードバランサー 240
ブラウザー戦争 198	ペルソナ 80,112	モバイルサイト 330	ログデータ 312,318,326,344
ブラウザーテスト 212	ペルソナマーケティング 80	モバイル端末 330	ロゴ 158
プラグイン 176,364	ベンチマーキング 70	モバゲー 82,358	ロボット（検索エンジン） 116
プラグイン型（RIA） 214	報酬単価 284		ロボット型検索エンジン 308
プラグインフリー型（RIA） 214	ポータルサイト 286	■や行	
プラズマディスプレイ 372	ホームページ・リーダー 108	薬事法 168	■わ行
フラットパネルディスプレイ 374	ポジフィルム 158	ヤコブ・ニールセン 110	ワークフロー 68
プラットフォーム 244	保守業務 52	ユーザーインタフェイス 110,130	ワイヤーフレーム 36,112,120,122,122,142,192
ブランチ（バージョン管理） 190	保守契約書 52	ユーザーエージェント 340	ワンセグ 370
ブランディング 60,66	ホスティング会社 252	ユーザーエクスペリエンス 110,112	
ブランド 66,84	ホスト名 94	ユーザー規制 306	
ブランドアイデンティティ 132	ボタン 224	ユーザーシナリオ 112	
ブランドイメージ 128	ポッドキャスティング 202	ユーザーテスト 70,70,72	
ブランドパーソナリティー 66	保有（リスク対応） 250	ユーザーニーズ 80	
プランナー 22,156	本番環境 18,188,272	ユーザー認証 254	
フリック入力 368	本番サーバー 166	ユーザビリティ 16,16,70,72,98,110,112,124,164	
フルFlashサイト 224	翻訳費用 42	ユーザビリティガイドライン 304	
プル型 280		ユーザビリティ調査 72,112	
フルブラウザー 350	■ま行	有料ブログ 266	
プレイステーション・ポータブル 362	マークアップ 106,192	ユビキタスコンピューティング 27	
プレイステーション3 362	マークアップエンジニア 192	要件定義 62,152,334	
フレームワーク 74	マーケッター 27	要件定義書 40,48,334	
ブレーンストーミング 90,150	マーケティング 14,26,74,76	予算管理 146	
プレスリリース 98,288	マーケティング手法 312		
プレゼンテーション 12,40,46	マーケティング戦略 100	■ら行	
フローチャート 238	マイクロソフト 198,200	ライセンス 260	
ブロードバンド 376	マイクロデータ 204	ライセンス形式 266	
ブログ 76,98,208,242,256,260,266,308,310	マイクロフォーマット 204	ライセンス費用 40	
ブログサービス 208	マイクロブログ 376	ライター 16,164	
ブログポータル 286	マイクロブログサイト 306	ライツマネージド 172	
プログラマー 14,16,234,238	マインドマップ 150	ライブストリーミング 178	
プログラミング 12	マウス 108	ライブラリー 244	
プログラミング言語 68,244,248	マスメディア 288	ライブラリー（画像） 172	
プログラム 188,244	マッシュアップ 258	楽天市場 270,332,98	
プログレッシブダウンロード 178	マルチスクリーンサイト 354	ラフデザイン 96	
プロジェクター 46	マルチタッチ 368	ランディングページ 322	
プロジェクト 16,18,32,50	マルチプラットフォーム 364	ランニング費用 40,42,42	
プロジェクト計画書 142	マルチメディアサービス 370	リスク管理 150	
プロジェクトスコープ 142	ミクシィ（企業） 342	リスク管理表 150	
プロジェクト体制図 140	見出し 130	リスク対応 250	
プロジェクトチーム 140	見積もり 18	リスクマネジメント 306	
プロジェクトマネジメント 112	見積書 40,42,46,50	リスティング広告 276,282,286	
プロジェクトメンバー 206	ミニゲーム 346	リソース 248	
ブロックノイズ 162	明朝体 124	リソースヒストグラム 146	
プロデューサー 16,146	無線LAN 26,362	離脱率 318	
プロパティ（CSS） 194	村越tv 226	リッチコンテンツ 364	
プロパティリリース 172	無料ブログ 266	リッチスニペット 204	
プロファイル情報 80	明度 126	リニューアル 70	
プロモーション 14,78,88,94,98,302	メール 22,138	リビジョン番号 200	
プロモーションサイト 26,56,58,152	メールフォーム 40,272	リファラー情報 344	
文書型宣言 68	メールマーケティング 294	リポジトリ 200	
文書の定義 200	メールマガジン 26,60,98,294	旅行業法 168	
文節 308	メディアサイト 104	リリース（公開） 50	
ペイジー 262	メディアプラン 78	リリース準備 272	
ページID 120	メディアプランニング 78	リレーショナルデータベース 246	
ページ決済 262	メモリー 108,186,220,240	リロード 216	
ページ単価 42	メルマガ 310	リンク方式 264	
	メルマガ配信サービス 256	リンク元サイト 278	
	モール型（EC） 270		
	文字校正 152		
	文字コード 96,210		

⬤ 一般社団法人 日本Webソリューションデザイン協会[JWSDA]のご案内

一般社団法人 日本Webソリューションデザイン協会（JWSDA）は、2012年に一般社団法人 日本WEB デザイナーズ協会（JWDA）とモバイル マーケティング ソリューション協議会（MMSA）が統合して設立されました。

インターネットへのアクセス環境、サービスの多様化が進み、Webは、なくてはならない世の中の重要なインフラとなりました。
環境変化は我々の想像を超えるスピードで進んでおり、モバイルとPC、あるいは開発とデザインといったこれまでの区分の意味合いがどんどん薄れてきていることを実感しています。

こうした変化を踏まえ、Webに関するものづくり全般をカバーする業界団体としてその対象や手法論ではなく「解決策（＝ソリューション）をデザインする」という意図を団体名に掲げ、インターネットを利用した仕組み、サービスの制作・開発を通じて提供されるソリューション、新世代のコミュニケーションを創造することで、日本のさらなる産業と文化の発展に貢献できればと考えております。

■おもな活動内容

1. **イベント・セミナーの開催**
   最新のWeb技術やノウハウの共有を目的に、JWSDA主催のイベント・セミナーを定期的に開催しています。また、JWSDA会員にはJWSDAが主催するイベントへの優待案内などの特典も提供しています。

2. **JWSDA Webソリューションデザインアワードの開催**
   新しいWebソリューションの可能性を魅せる作品を年に一度、当協会のサイトにて募集し、応募作品の中から、「グッドデザイン」「グッドアイデア」「グッドビジネス」の評価軸で受賞作品を決定します。

3. **JWSDA 認定資格制度の創設と検定事業の展開**
   職能（スキル）に応じた3つの検定事業を展開しています。
   - Webディレクション検定®
   - Webアナリスト検定®
   - Webデザイン検定®

そのほかの活動内容、JWSDAへの入会方法など、
詳しくは、JWSDAのWebサイトをご覧ください。

▼一般社団法人 日本Webソリューションデザイン協会
http://www.jwsda.jp/

「Webディレクション検定」「Webアナリスト検定」「Webデザイン検定」は、
一般社団法人 日本Webソリューションデザイン協会の登録商標です。

執筆者プロフィール

株式会社アンティー・ファクトリー

企業のWeb戦略施策はもちろん、タッチパネルやスマートフォン・タブレットなどの各種マルチデバイスのインターフェイス・アプリケーション開発、次世代広告コミュニケーションの設計や開発を行なうクリエイティブファーム。コンテンツ制作、ソーシャルメディアとの連携、ビジネス戦略に立脚したPDCAサイクルの提案・実施など、企業のマーケティング戦略のさまざまなニーズに応えるトータルサービスを提供している。

▼株式会社アンティー・ファクトリー
http://www.un-t.com/

株式会社インサイドテック

マーケティングおよびコンセプトメイキングからコミュニケーションの設計・制作を行なうクリエイティブカンパニー。「世の中にもっと笑顔を!」をスローガンに、Webを中心とする総合的なプロモーションのプロデュース、企業や商品のブランディング、ネットショップの開発運営、スマートフォン・ソーシャルプロモーション、プロダクトデザイン、自社サービスの開発など、枠に捕われない自由な発想で日々進化を続けている。

▼株式会社インサイドテック
http://www.insidetech.jp/

株式会社IN VOGUE

「Leading Innovation × Communication Concierge―つなぐ、とどける、うごかすクリエイティブ―」。高いデザイン力と高度な技術によるクリエイティブワークで成長を続け、Web媒体にとらわれず総合的にコミュニケーションデザインをプロデュースするデザイン会社。ネスレ、日産自動車、ライオン、千趣会、関西テレビ、大学法人などのWebサイト制作を手がける。受賞歴多数。受託制作だけでなく自社ソリューションサービス「LACNEシリーズ」、iPadなどの新しいデバイスにおける表現の研究「Portfolio for iPad」、自社コンテンツ「団長とおいでや!Road to IN VOGUE」、メディアアート、アプリ開発といったWebに関わるサービスや実験活動、プロダクトデザインを通したインテリア制作も行なっている。

▼株式会社IN VOGUE
http://www.invogue.co.jp/

▼LACNEシリーズ
http://www.lacne.jp/

WIPジャパン株式会社

2000年に設立。さまざまな情報を多言語で発信・伝達・入手する必要のある約4000社以上の企業、政府組織、研究機関を顧客に抱え、海外リサーチ・マーケティングコンサルティング・多言語翻訳などのグローバルビジネス支援サービス(Global Business Service:GBS)を提供している。同社情報事業部・海外向けWeb／ECマーケティンググループでは、海外向けネットマーケティング、世界各国に広がる現地法人Webサイトを含む日本企業のグローバルWebサイトを世界各国のマーケット事情に即して診断する「ウェブグローバルガバナンス改善パッケージ」、多言語Web／ECサイトの構築、国内唯一の自社ドメインショップ型多言語多通貨対応ショッピングカート「マルチリンガルカート」を提供している。

▼WIPジャパン株式会社
http://japan.wipgroup.com/

▼マルチリンガルカート
http://www.multilingualcart.com/

エレクス株式会社

"ソフトウェアにおける真のサービスを提供する"ことを第一の目的とし、情報技術に特化した会社として1993年に設立。システム開発、パッケージソフトウェア開発、Webサイトデザイン構築・運用業務から、最近はスマートフォン・タブレットアプリやARコンテンツ開発を展開。今後は、"CSP（Cloud Solution Provider）"として、クラウドを活用してお客様のニーズに最適なソリューションを提供し、さらなる情報化社会の発展に貢献します。

▼エレクス株式会社
http://www.elecs-web.co.jp/

水野良昭

オンラインデスクトップ株式会社 代表取締役。一般社団法人日本WEBデザイナーズ協会理事。1968年東京都生まれ。商社にて7年間勤務後、シリコンバレーに渡米。帰国後、自治体Webサイトを構築。その後、ISPにてグループウェアASPを商品化。第13回KSPベンチャー・ビジネススクールにて準優秀賞を受賞し、同ビジネスプランにてオンラインデスクトップ株式会社を設立。同社では、自治体のふるさと納税クレジット決済システムを構築したほか、月額課金システムを利用した請求書作成サービスを提供している。

▼オンラインデスクトップ株式会社
http://www.onlinedesktop.co.jp/

株式会社環

2000年よりWebアクセス解析を軸に、Web解析コンサルティング、Webサイト構築、Web解析ツールの開発・運営を行なう。2004年にアクセス解析ツール「シビラ」をリリース。2010年からは「ウェブ解析士認定講座」の事務局として、講座の普及活用や事務局運営にあたっている。

▼株式会社環
http://www.kan-net.com/
▼アクセス解析「シビラ」
http://www.sibulla.com/
▼ウェブ解析士認定講座事務局
http://www.web-mining.jp/

株式会社ギブリー

「インターネットを通じて、豊かな社会を創造する」ことをビジョンに掲げ、時代に先駆けたITを基軸とし、クライアントの成果を最大化する支援を行なう。ギブリー（givery）とは、英単語の"give"と"very"を掛け合わせた造語。行動指針である"give&give"の精神の通り、仕事に対するスタンスと想いを、常に具体的行動に表していくべく、"give"の最上級を表す社名となっている。

▼株式会社ギブリー
http://givery.co.jp/

クロスコ株式会社

映像技術とコミュニケーション支援のサービスドメインを持ち、Webサイト、動画・映像などを組み合わせたクロスメディア・プロモーションをワンストップで実現。アナログ停波後のデジタルメディアの多様化、ソーシャルメディアのコミュニケーションにも先立って対応し、あらゆるタイプのマルチデバイス、マルチスクリーンのコンテンツの制作・開発・サービスを独自のアプローチ「ビジュアル・マーケティング」によって提供している。企業にこれから必要とされる新しいコミュニケーションの形を、先進のノウハウにより戦略から提案、提供する。

▼クロスコ株式会社
http://www.crossco.co.jp/

株式会社ディーネット

インターネットの可能性と未来を確信し、1995年、世界初・国内初・業界初の優位性、先見性を備えたユニークな企業体質をもってスタート。高い企画性を強みに、最新のIT技術を提供している。インターネットデータセンターとマネージドサービスを組み合わせたクラウド・ネットワーク・サービス、システムインテグレーターに必須の技術者対応コールセンターなど、ネットワーク・バックエンド業務を包括的にサポートする事業を展開。ISO 20000、ISO 27000にも対応し、世界標準ナレッジによる運用を実現。J-SOX対応では外部監査への対応など、徹底したサポートも行なう。

▼株式会社ディーネット
http://www.denet.co.jp/

神原弥奈子

広島県生まれ。1993年 学習院大学大学院修士課程修了。同年、Webサイト制作のカブス設立。2001年 株式会社ニューズ・ツー・ユーを設立。国内初のリリースポータル「News2u.net」の運営や広報支援サービス「News2uリリース」「News2u電子社内報」の提供を通じて、インターネットを活用したPR＝「ネットPR」を推進している。2003年9月から社長ブログ「minako's blog」をスタート。現在、毎日更新中。2005年からモデレーターをしているアカデミーヒルズのオンラインビジネスセミナーは60回以上開催。2009年ネットPR発想でのWebソリューションを提案する株式会社パンセ設立、代表取締役に就任。著書に「勝つためのインターネットPR術」（日経BP社／共著）「ウェブPR力」（翔泳社／監修）「マーケティングとPRの実践ネット戦略」（日経BP社／監修）などがある。

▼株式会社ニューズ・ツー・ユー
http://www.news2u.co.jp/
▼株式会社パンセ
http://www.pensees.co.jp/

パワープランニング株式会社

ECサイトを企画・運営する「eコマース事業」、成果報酬型のWebサービスを提供する「ネットメディア事業」を展開。まったく異なる業界、業種のサイトを運営することから、「サイト牧場」という独特の戦略を展開し、数々のWebサイトで成功を収める。現在は、国内取扱実績で有数の規模を誇る「腕時計本舗」をはじめ、保険のプロが生命保険の見直し・新規加入・検討をサポートする「みんなの生命保険アドバイザー」、ペット用品の通販サイト「モコペット」を運営している。

▼パワープランニング株式会社
http://pp-net.com/
▼腕時計本舗
http://www.10keiya.com/
▼みんなの生命保険アドバイザー
http://www.41fp.com/
▼モコペット
http://www.rakuten.ne.jp/gold/1096dog/

株式会社フライング・ハイ・ワークス

東京都渋谷区のホームページ制作会社。「常に最高の力でお客様のご期待にお応えすること」をモットーに、東京都およびその近郊（首都圏）を中心として、一般企業サイト、ホテル系サイト、ファッション系サイト、不動産系サイト、採用系サイトなど、さまざまなWebサイトの企画・制作や、CMS（Movable Type、WordPress）の設置・構築を行なっている。

▼株式会社フライング・ハイ・ワークス
http://www.flying-h.co.jp/

ブルージラフ株式会社

「もっと楽しく、もっと格好良く、もっとわかりやすく」をキャッチコピーに、Flashやアプリ開発を中心に、アニメーション、3D-CG、映像などのコンテンツ制作を手掛ける。難しいモノをわかりやすくすることに強みを持ち、特に「医療」や「エコ・環境ビジネス」の分野での実績豊富。コンテンツに対するフィードバックを重視し、コンテンツそのものを成長させる仕組みづくりに力を入れている。一方で、社員がよりよく制作できるよう、ユニークな社内の仕組みづくりにも取り組む。使い手、顧客、社員にとって、もっと楽しい、もっと格好良い、もっとわかりやすい環境づくりに貢献していくことを目指している。

▼ブルージラフ株式会社
http://www.bluegiraffe.co.jp

梅村圭司

株式会社ロイヤルゲートCEO & Founder。北海道札幌市生まれ。同社にてITの総合ソリューションをワンストップで提供。大手アーテイストサイトやさまざまな企業のIT分野のソリューションやコンサルティングを担当している。「IT社会に新しい文化を創造する」と「日本発のグローバルIT企業に成長する」をビジョンに掲げ、新しいサービスを創造し社会に貢献できる企業を目指している。自分で作れるカタログギフト専用ショッピングカート「Gift Cart」をはじめ、自社運営できるFacebookページ連動型タイムセール専用カート「Social Cart」やスマートフォン型クレジットカード決済サービス「PAYGATE」を開発しサービスを提供している。

▼株式会社ロイヤルゲート
http://www.royalgate.co.jp/
▼Gift Cart
http://www.giftcart.jp/
▼Social Cart
http://www.socialcart.jp/
▼PAYGATE
http://www.paygate.ne.jp/

スタッフ一覧

株式会社アンティー・ファクトリー
中川直樹　　厚主壮太
中川雅史　　伊藤　賢
内田　翔　　吉川由紀

株式会社インサイドテック
高木　結

株式会社IN VOGUE
米田純也　　豊田恵子
薄井大輔　　藤井宏樹
山本弘晴　　山本拓海
柴田真吾　　東丸重利
花田豊嘉　　奥田純也
西澤健太　　濱川和宏
宮本浩規　　久保義裕
坂本　聖　　坂本大輔
村田洋平　　笹野昌彦
千葉　真　　川上直毅
鳥居朋子　　新井成幸
佐藤麻耶　　勝田夕子
岩村東正　　服部生実
三島輝彦　　石村和孝
寺谷　剛　　塚本悠司
武田泰明　　加賀篤史
朝生直樹　　荒井祐一郎
田中泰雄

WIPジャパン株式会社
上田輝彦ジェームズ
情報事業部・海外向けWEB/ECマーケティンググループ
芦田陽介　　山﨑牧郎
百瀬道子　　根本祥平

エレクス株式会社
多並利幸

オンラインデスクトップ株式会社
水野良昭

株式会社環
江尻俊章　　小坂　淳
長沼　洋　　後藤高志
高遠節子　　音羽那奈
伊藤貴通　　奈良　梢
宇野賢仁

株式会社ギブリー
梅田　優　　大内　徹
石井さやの

クロスコ株式会社
掛田憲吾　　高橋　仁
菰田竜臣　　坂本直矢

株式会社ディーネット

株式会社ニューズ・ツー・ユー／株式会社パンセ
神原弥奈子

パワープランニング株式会社

株式会社フライング・ハイ・ワークス
松田治人　　轡田高志
安原慶英　　大嶋宏己

ブルージラフ株式会社
小林孝至　　橋本幸哉
飯川　亮

株式会社ロイヤルゲート
梅村圭司

■図版作成
　田尾昌子

■ブックデザイン
　POWER HOUSE
　大谷昌稔

■本文制作
　佐藤 卓

■編集協力
　肥後紀子

■編集
　中野克平
　小橋川誠己
　京塚 貢

●本書の読者アンケート、各種ご案内、お問い合わせ方法は、下記をご覧ください。
http://www.kadokawa.co.jp/
※本書の記述を超えるご質問（ソフトウェアの使い方など）にはお答えできません。

Webディレクション標準スキル152
企画・提案からプロジェクト管理、運用まで

2012年3月16日　初版発行
2014年7月22日　第1版第3刷発行

編　者	日本WEBデザイナーズ協会
発行者	塚田 正晃
発　行	株式会社KADOKAWA
	〒102-8177　東京都千代田区富士見2-13-3
	電話 03-3238-8521（営業）
プロデュース	アスキー・メディアワークス
	〒102-8584　東京都千代田区富士見1-8-19
	電話 0570-003030（編集）
印刷・製本	株式会社加藤文明社

本書の無断複製（コピー、スキャンデジタル化等）並びに無断複製物の譲渡および配信は、著作権法上での例外を除き禁じられています。また、本書を代行業者などの第三者に依頼して複製する行為は、たとえ個人や家庭内での利用であっても一切認められておりません。
落丁・乱丁本はお取り替えいたします。購入された書店名を明記して、アスキー・メディアワークス　お問い合わせ窓口あてにお送りください。送料小社負担にてお取り替えいたします。
ただし、古書店で本書を購入されている場合はお取り替えできません。
定価はカバーに表示してあります。

ISBN978-4-04-868746-1 C3004
©2012 Japan Web Designers Association　　　　　　　　　　　　Printed in Japan

※日本WEBデザイナーズ協会（JWDA）は2012年7月、日本Webソリューションデザイン協会（JWSDA）に名称変更しました。